职业教育院校重点专业系列教材
模具设计与制造专业教学用书
机械工业出版社精品教材

塑料成型工艺与模具设计

主　编　屈华昌
副主编　吴梦陵
参　编　齐晓杰　张　旭　王兰珍
　　　　张守学　任兆坤　江昌勇
　　　　郝洪艳
主　审　伍建国

机 械 工 业 出 版 社

本书是职业教育院校模具专业规划教材，它是根据现阶段职业教育模具专业人才培养要求进行编写的。

全书共11章。第一章介绍塑料成型在生产中的重要地位、塑料成型技术的发展趋势、塑料成型模具的分类和学习本课程的基本要求；第二章介绍塑料成型与模具设计所必须了解的基础理论，包括高分子聚合物的结构特点与性能、聚合物的热力学性能和流变学性质，以及聚合物熔体在成型过程中的物理化学变化，此外还介绍了塑料的工艺特性与常用塑料；第三章介绍塑料制件的尺寸精度与结构工艺性；第四章介绍注射模的各种基本结构、注射机的主要技术参数及与注射模具的关系；第五章着重介绍了塑料制件在模具中的位置与浇注系统设计、成型零部件设计、合模导向机构设计、推出机构设计、侧向分型与抽芯机构和温度调节系统等有关内容；第六章介绍注射成型新技术的应用；第七章至第十章分别介绍了压缩成型工艺与压缩模设计、压注成型工艺与压注模设计、挤出成型工艺与挤出模设计、气动成型工艺与模具设计；第十一章介绍塑料注射模设计的技术要求及设计程序。

本书适合于高职及重点中职学校模具专业，成人高校、二级职业技术学院的模具专业和民办高校开设的职业技术学院模具专业使用，也可供机械类其他专业选用，并可供模具企业有关工程技术人员参考。

图书在版编目（CIP）数据

塑料成型工艺与模具设计/屈华昌主编．—北京：机械工业出版社，2008.7（2024.7重印）

职业教育院校重点专业系列教材．模具设计与制造专业教学用书

ISBN 978-7-111-24574-2

Ⅰ．塑…　Ⅱ．屈…　Ⅲ．①塑料成型-工艺-高等学校：技术学校-教材　②塑料模具-设计-高等学校：技术学校-教材　Ⅳ．TQ320.66

中国版本图书馆CIP数据核字（2008）第099649号

机械工业出版社（北京市百万庄大街22号　邮政编码100037）
责任编辑：汪光灿　责任校对：张　媛
封面设计：陈　沛　责任印制：郜　敏
北京富资园科技发展有限公司印刷
2024年7月第1版第10次印刷
184mm×260mm · 22.25印张 · 551千字
标准书号：ISBN 978-7-111-24574-2
定价：59.80元

电话服务
客服电话：010-88361066
010-88379833
010-68326294

网络服务
机　工　官　网：www.cmpbook.com
机　工　官　博：weibo.com/cmp1952
金　　书　　网：www.golden-book.com
机工教育服务网：www.cmpedu.com

前　言

本书是职业教育院校模具专业规划教材，它是根据现阶段职业教育模具专业人才培养要求进行编写的。

本书共11章。第一章介绍塑料成型在生产中的重要地位、塑料成型技术的发展趋势、塑料成型模具的分类和学习本课程的要求；第二章介绍塑料成型与模具设计所必须了解的基础理论，包括高分子聚合物的结构特点与性能、聚合物的热力学性能和流变学性质，以及聚合物熔体在成型过程中的物理化学变化，此外还介绍了塑料的工艺特性与常用塑料；第三章介绍塑料制件的尺寸精度与结构工艺性；第四章介绍注射模的各种基本结构、注射机的主要技术参数及与注射模具的关系；第五章介绍注射成型工艺与注射模的设计技术；第六章着重介绍了注射成型新技术、新工艺，包括热固性塑料注射成型、气体辅助注射成型、低发泡注射成型、共注射成型及反应注射成型等；第七章介绍压缩成型工艺与压缩模设计；第八章介绍压注成型工艺与压注模设计；第九章介绍挤出成型工艺与挤出模设计；第十章介绍气动成型工艺与模具设计，其中主要介绍中空吹塑成型、抽真空成型及压缩空气成型的工艺以及模具的设计；第十一章介绍塑料注射模设计的技术要求及设计程序。

本教材编写的一大特点是，每一类模具的成型工艺与该类模具的设计放在一起进行介绍，让读者能够充分地将这两方面的内容结合起来学习，以便尽快入门。

在每一类模具设计内容的编写中，详细介绍了模具的组成、结构特点、工作原理、设计要点、模具成型生产所用的设备、模具材料和热处理要求等。由于注射成型模具应用最为广泛，而且模具的结构最为复杂，因此，在第五章中用了较大的篇幅对塑料制件在模具中的位置与浇注系统设计、成型零部件设计、合模导向机构设计、推出机构设计、侧向分型与抽芯机构、温度调节系统等作了重点介绍。

在本书的编写过程中，力求知识实用，结合近年来模具技术的发展，注重反映先进技术，编写了注射成型新技术、新工艺一章的内容；为了使教材通俗易懂，编写时省略了好多公式的推导而直接给出结论；教材还介绍了国家标准的注射模标准模架；在侧向抽芯机构的设计介绍后，列举了相应的模具应用实例，以便读者对注射模的重要结构设计有进一步理解；此外，为了方便读者学习与思考，每章后均附有一些思考题；在附录中，还介绍了各种塑料成型的缺陷及其产生的原因和解决的措施。

为了让读者能够较快地掌握设计塑料模具的技术，本教材比较详细地介绍了塑料注射模设计的技术要求及设计程序，这是本教材的又一特点。

本书的11章中，第一、五章5~8节、六章以及附录由南京工程学院屈华昌编写；第二章由黑龙江工程学院齐晓杰编写；第三章由湖南工程学院张旭编写；第十一章由南京工程学院王兰珍编写；第四、七章由南京工程学院吴梦陵编写；第八、十章由华北航天工业学院张守学、任兆坤编写。第九章由常州工学院延陵分院江昌勇编写；第五章1~4节由南京工程学院郝洪艳编写。

本书由南京工程学院屈华昌任主编，并负责全书的统稿及修改，吴梦陵任副主编，由沙洲工学院伍建国负责全书的审稿。

本书在编写过程中得到了南京工程学院以及兄弟院校、有关企业专家的大力支持和帮助，在此一并表示感谢，同时也十分感谢所被引用文献的作者。

由于编者水平有限，书中难免存在不当和错误之处，恳请广大读者批评指正。

编　者

2008年6月

目　　录

第一章 绪论

第一节 塑料成型在生产中的重要地位

一、模具和模具工业

模具是工业产品生产用的重要工艺装备，在现代工业生产中，60% ~90% 的工业产品需要使用模具，模具已成为工业发展的基础，许多新产品的开发和研制在很大程度上都依赖于模具生产，特别是汽车、摩托车、轻工、电子、航空等行业尤为突出。而作为制造业基础的机械行业，根据国际生产技术协会的预测，21 世纪机械制造工业的零件，其粗加工的 75% 和精加工的 50% 都将依靠模具完成，因此，模具工业已经成为国民经济的重要基础工业。模具工业发展的关键是模具技术的进步。模具作为一种高附加值和技术密集型产品，其技术水平的高低已成为衡量一个国家制造水平的重要标志之一，世界上许多国家，特别是一些工业发达国家，都十分重视模具技术的开发，大力发展模具工业，积极采用先进技术和设备，提高模具制造水平，并且已经取得了显著的经济效益。不论在经济繁荣时期，还是在经济萧条时期，模具工业都不可或缺。经济发展快时产品畅销，自然要求模具能跟上；而经济发展滞缓时期，产品不畅销，企业必然千方百计开发新产品，这同样会对模具带来强劲需求。因此，模具工业被称为不衰的工业。

目前，世界模具市场仍供不应求，近几年，世界模具市场总量已超过 700 亿美元，其中美国、日本、法国、瑞士等国一年出口模具约占本国模具总产值的 1/3。因此，研究和发展模具技术，提高模具技术水平，对于促进国民经济的发展有着特别重要的意义。美国工业界认为“模具工业是美国工业的基石”，日本把模具誉为“进入富裕社会的原动力”，德国则冠之为“加工工业中的帝王”，在欧美其他一些发达国家，模具被称为“磁力工业”。由此可见，模具工业在各国国民经济中的重要地位。

中国加入 WTO 以来，全球制造业重心逐步向中国大陆转移，我国的汽车、电子、通信、电器、仪器和家电等相关产业得以飞速发展。而这些领域中 85% 以上的产品都是靠模具成形，这势必会带动模具产业的迅猛发展。目前，我国模具产业总产值已达到 400 亿元以上，发展势头强劲。随着上海 GDP 每年以 10% 以上的增长率高速发展，上海在全世界的经济地位日益重要。而以上海为龙头、江浙为两翼的长江三角洲地区，经济基础雄厚，区域条件优越，经济增长势头良好，发展潜力巨大。其中汇集了 6 万余家模具企业，增长势头迅猛，商业渠道覆盖到海内外的广阔市场领域，已成为全国模具产品的主要集散地。模具工业的发展对制造模具所用机床和设备的研制及生产带来了前所未有的机遇，国内的模具制造设备及机床也已经逐步走上规模化、专业化、国际化的发展道路，反过来又为广大模具企业提供良好的发展契机。随着全球制造业重心加快向中国大陆地区转移，我国将在 10 年内成为世界制造业中心。中国积极发展汽车工业，并且保持连续增长势头，从而将带动模具工业市场的进一步繁荣。可以预言，随着工业生产的不断发展，模具工业在国民经济中的地位将日益提高，并在国民经济发展过程中发挥越来越重要的作用。

二、塑料及塑料工业的发展

塑料是以树脂为主要原材料的高分子有机化合物，简称高聚物。一般相对分子质量都大于1万，有的甚至达到百万级。在一定温度和一定压力下具有可塑性，加入了添加剂（增塑剂、稳定剂、增强剂、固化剂及其他配合剂）就成为塑料，可以利用模具成型为具有一定几何形状和尺寸精度的塑料制件。

塑料制件在工业生产中的应用日趋普遍，这是由于它们具有一系列特殊的优点所决定的。塑料密度小，质量轻，大多数塑料的密度在1.0～1.4g/cm^{3}之间，相当于钢材密度的0.11和铝材密度的0.5左右，即在同样的体积下，塑料制件要比金属制件轻得多，这就是“以塑代钢”的优点。塑料的比强度高，钢的拉伸比强度为160MPa，而玻璃纤维增强的塑料的拉伸比强度可高达170～400MPa。塑料的绝缘性能好，介电损耗低，是电子工业不可缺少的原材料；塑料的化学稳定性高，对酸、碱和许多化学药品都有良好的耐蚀能力，其中聚四氟乙烯塑料的化学稳定性最高，“王水”对它也无可奈何，所以称之为“塑料王”。此外，塑料减摩、耐磨及减震、隔音性能也很好。因此，塑料已经代替部分金属、木材、皮革及无机材料发展成为国民经济各个部门不可缺少的化学材料，并跻身于金属、纤维材料和硅酸盐三大传统材料之列。在国民经济中，塑料制件已经成为各行各业不可缺少的重要材料之一。

塑料工业是一门新兴的工业，是随着石油工业发展，塑料工业的发展大致分为以下几个阶段。

（1）初创阶段　20世纪30年代以前，科学家研制成了酚醛、硝酸纤维素及醋酸纤维素等塑料，它们的工业化特征仅是间歇法、小批量生产。

（2）发展阶段　20世纪30年代，低密度聚乙烯、聚苯乙烯、聚氯乙烯和聚酰胺等热塑性塑料相继工业化，奠定了塑料工业的基础，为其进一步发展开辟了道路。

（3）飞跃发展阶段　20世纪50年代中期到20世纪60年代末，石油化工的高速度发展为塑料工业提供了丰富而廉价的原材料，齐格勒-纳塔用有机金属络合物定向催化体系聚合工艺的创立、高分子学科的进一步发展及聚合技术的开拓，使得高密度聚乙烯和聚丙烯工业化。工程塑料也因聚碳酸酯和聚甲醛、聚酰亚胺等塑料的相继出现并实现工业化生产，使得塑料向耐高温的领域发展。增强及复合材料的出现使塑料步入高强度、耐高温的尖端领域。这一阶段，塑料的产量和品种不断增加，成型加工技术日趋完善。

（4）稳定增加阶段　20世纪70年代以来，由于石油危机的出现，原材料价格猛涨，塑料的增长速度显著下降。这一阶段工业化的特点是通过共聚、交联、共混、复合、增强、填充和发泡等方法来改进塑料的性能，提高产品的质量，扩大应用领域，生产技术更趋合理。塑料工业向着生产工艺自动化、连续化、产品系列化以及不断开拓功能性塑料的新领域发展。

我国的塑料工业起步较晚，但也同样经历着这些阶段。20世纪40年代只有酚醛和赛璐珞两种塑料，年产量仅200t。20世纪50年代末，万吨级聚氯乙烯装置的投产和20世纪70年代中期几套石油化工装置的引进并建成投产，使塑料工业有了两次大的跃进，与此同时，塑料成型加工机械和方法也得到迅速发展，各种加工工艺也都已齐全。目前，我国石化工业一年生产约500多万吨聚乙烯、聚丙烯和其他合成树脂。

塑料作为一种新的工程材料，由于不断被开发与应用，加之成型工艺不断成熟与完善，极大地促进了塑料成型模具的开发与制造。随着工业塑料制件和日用塑料制件的品种和需求量的增加，而且更新换代周期也越来越短，对塑料的产量和质量提出了越来越高的要求，这就要求塑料模具的开发、设计与制造的水平也必须越来越高。

三、塑料成型工业在生产中的重要地位

在现代塑料成型生产中，塑料制件的质量与塑料成型模具、塑料成型设备和塑料成型工艺这三项因素密切相关。在这三项要素中，塑料成型模具质量最为关键，它的功能是双重的：赋于塑料熔体以期望的形状、性能、质量；冷却并推出成型的制件。模具是决定最终产品性能、规格、形状及尺寸精度的载体。塑料成型模具是使塑料成型生产过程顺利进行，保证塑料成型制件质量不可缺少的工艺装备，是体现塑料成型设备高效率、高性能和合理先进塑料成型工艺的具体实施者，也是新产品开发的决定性环节。由此可见，为了周而复始地获得符合技术经济要求及质量稳定的塑料制件，塑料成型模具的优劣是成败的关键，它最能反映出整个塑料成型生产过程的技术含量及经济效益。

据新近有关统计资料表明，在国内外模具工业中，各类模具占模具总量的比例大致如下：冲压模、塑料模各占35%～40%；压铸模占10%～15%；粉末冶金模、陶瓷模、玻璃模等其他模具占10%左右，因此，塑料成型模具的应用在各类模具的应用中占有与冲压模并驾齐驱的“老大”位置。随着我国经济与国际的接轨和国家经济建设持续稳定发展，塑料制件的应用快速上升，模具设计与制造和塑料成型的各类企业日益增多，塑料成型工业在基础工业中的地位和对国民经济的影响将显得日益重要。

第二节 塑料成型技术的发展趋势

在塑料成型生产中，先进的模具设计、高质量的模具制造、优质的模具材料、合理的加工工艺和现代化的成型设备都是成型优质塑件的重要条件。一副优良的注射模具可以成型上百万次，一副优良的压缩模具可以成型25万次以上，这与上述因素有很大的关系。

考察国内外模具工业的现状及我国国民经济和现代工业品生产中模具的地位，从塑料成型模具的设计理论、设计实践和制造技术出发，塑料成型技术大致有以下几个方面的发展趋势。

1. CAD/CAE/CAM技术在模具设计与制造中的应用日趋广泛

经过多年的推广应用，模具设计“软件化”和模具制造“数控化”已经在我国模具企业中成为现实。采用CAD技术是模具生产的一次革命，是模具技术发展的一个显著特点。引用模具CAD系统后，模具设计借助计算机完成传统设计中的各个环节的设计工作，大部分设计与制造信息由系统直接传送，图样不再是设计与制造环节的分界线，也不再是制造、生产过程中的唯一依据，图样将被简化，甚至最终消失。近年来，CAD/CAE/CAM技术发展主要有如下特点：

（1）模具CAD技术及其应用日趋成熟 模具CAD/CAM技术日益深入人心，并且发挥其越来越重要的作用。在20世纪，能够进行复杂形体几何造型和NC加工的CAD/CAM系统，主要是在工作站上采用UNIX操作系统开发和应用的，如美国的ProE、UGⅡ、CADDS5

软件等。随着微机技术的突飞猛进，新一代的微机 CAD/CAM 软件如 Solidworks、Solidadge 崭露头角，并深得用户好评。这些微机软件不仅在采用诸如 NURBS 曲面、三维参数化特征造型等先进技术方面继承了工作站级 CAD/CAM 软件的优点，而且在 Windows 风格、动态导航、特征树、面向对象等方面有工作站软件级所不能比拟的优点。

（2）基于网络化的 CAD/CAE/CAM 一体化系统结构初见端倪　随着计算机硬件和软件的进步以及工业部门的实际需求，国外许多著名计算机软件开发商已能按实际生产过程中的功能要求划分产品系列，在网络系统下实现了 CAD/CAM 的一体化，解决了传统混合型 CAD/CAM 系统无法满足实际生产过程分工协作的要求，而更能符合实际应用的自然过程。

（3）CAD/CAM 软件的智能化程度正在逐渐提高　由于现阶段模具设计和制造在很大程度上仍然依靠模具设计和制造者的经验，任何一个企业，要掌握全部先进的技术，成本都将非常昂贵，要培养并且留住掌握这些技术的人才也会非常困难。于是，模具 CAD 的 ASP 模式就应运而生，应用服务包括如逆向设计、快速原型制造、数控加工外包、模具设计和模具成型过程分析等，这样使得许多用于模具加工的数控机床统一化、一体化，使整个社会的模具制造企业，按照价值链和制造流程分工，使制造资源得以最优发挥。

（4）CAE 技术正在逐步推广　利用 CAE 技术可以在模具加工前，在计算机上对整个注塑成型过程进行模拟分析，准确预测熔体的填充、保压、冷却情况，以及塑件中的应力分布、分子和纤维取向分布、制品的收缩和翘曲变形等情况，以便设计者能尽早发现问题，及时修改制件和模具设计，而不是等到试模以后再返修模具。这是对传统模具设计方法的一次变革与突破。CAE 分析技术主要应用于塑料产品设计、模具设计和注塑成型。在塑料产品设计方面，利用流动分析熔融塑料能否全部充满模具型腔、制件实际最小壁厚的确定、浇口位置是否合适；在模具设计和制造方面，CAE 分析可指出模具良好的充填形式、最佳的浇口位置与浇口数量、浇注系统和冷却系统的优化设计，减少返修成本；在注射成型方面，可以给出更加宽广更加稳定的加工"裕度"、减小塑件应力和翘曲、省料和减少过量充模和采用最小的流道尺寸和回用料成本。

在实际应用中，澳大利亚 Moldflow 公司的三维真实感流动模拟软件 Moldflow Advisers 已经受到用户广泛的应用和好评。国内研制的同类软件有华中理工大学 HSC3D4.5F 及郑州工业大学的 Zmold，它们也正在不断地被推广和应用。

在今后的一段时期内，国内的模具企业要提高 CAD/CAE/CAM 技术在塑料模设计与制造中的应用层次。

2. 大力发展快速原型制造技术

塑料模是型腔模具中的一种类型，其模具型腔是由凹模和凸模所组成。对于具有形状复杂的曲面塑料制件，为了缩短研制周期，在现代制造模具技术中，可以不急于直接加工出难以测量和加工的模具凹模和凸模，而是采用快速原型制造技术，先制造出与实物相同的样品，看该样品是否满足设计要求和工艺要求，然后再开发模具。快速原型制造（RPM）技术是一种综合运用计算机辅助设计技术、数控技术、激光技术和材料科学的发展成果，采用分层增材制造的新概念取代了传统的去材或变形法加工，是当代最具有代表性的先进制造技术之一。快速原型制造工艺方法有选区激光烧结、熔融堆积造型和叠层制造等多种。利用快速成型技术不需任何工装，可快速制造出任意复杂的工件（甚至连数控设备都极难制造或根本不可能制造出来的产品样件），这样大大减少了产品开发风险和加工费用，缩短了研制周期。值得我们关注的是，RPM 技术已发展到通过金属粉末直接烧结或熔射沉积直接制造模具的研究阶段。迅速发展的 RPM 技术将对传统的模具制造技术产生深远的影响。

目前，这种先进的快速原型制造设备，我国某些大学正在生产和进一步的开发研制。该项先进制造技术在国内少数的塑料企业也已经开始得到应用，并且正在大力推广中。

3. 研究和应用模具的快速测量技术与逆向工程

在塑料产品的开发设计与制造过程中，设计与制造者往往面对的并非是由 CAD 模型描述的复杂曲面实物样件，这就必须通过一定的三维数据采集方法，将这些实物原型转化为 CAD 模型，从而获得零件几何形状的数学模型，使之能利用 CAD、CAM、RPM 等先进技术进行处理或管理。这种从实物样件获取产品数学模型的相关技术，称为逆向工程或反求工程技术。对于具有复杂自由曲面零件的模具设计，可采用逆向工程技术。首先获取其表面几何点的数据，然后通过 CAD 系统对这些数据进行预处理，并考虑模具的成形工艺性再进行曲面重构，以获得模具的凹模和凸模的型面，最后通过 CAM 系统进行数控编程，完成模具的加工。原型实样表面三维数据的快速测量技术是逆向工程的关键。三维数据采集可采用接触式（如三坐标测量机测量和接触扫描测量）和非接触式（如激光摄像法等）方法进行。采用逆向工程技术，不但可缩短模具设计周期，更重要的是可提高模具的设计质量，提高企业快速应变市场的能力。逆向工程是一项先进现代模具成形技术，目前，国内能采用该项技术的企业还不多，应逐步加以推广和应用。

4. 发展优质模具材料和采用先进的热处理和表面处理技术

模具材料的选用在模具的设计与制造中是一个涉及到模具加工工艺、模具使用寿命、塑料制件成型质量和加工成本等的重要问题。国内外的模具材料的研究工作者在分析模具的工作条件、失效形式和如何提高模具使用寿命的基础上进行了大量的研究工作，开发研制出具有良好使用性和加工性能好、热处理变形小、抗热疲劳性能好的新型模具钢种，如预硬钢、耐腐蚀钢等。另外，模具成型零件的表面抛光处理技术和表面强化处理技术方面的发展也很快，国内的许多单位进行了研究与工程实践，取得了一些可喜的成绩。模具热处理的发展方向是采用真空热处理，国内的许多热处理中心和有些大型模具企业已经得到应用并且正在进一步推广。模具表面处理除普及常用表面处理方法如渗碳、渗氮、渗硼、渗铬、渗钒外，应发展设备昂贵、工艺先进的气相沉积、等离子喷涂等技术。目前，上述的研究与开发工作还在不断地深入进行，已取得的成果也正在大力推广。

5. 提高模具标准化水平和模具标准件的使用率

模具的标准化水平在某种意义上也体现了一个国家模具工业发展的水平。采用标准模架和使用标准零件，可以满足大批量制造模具和缩短模具制造周期的需要。经过一段时期的建设，我国模具标准化程度正在不断提高，估计目前我国模具标准件使用覆盖率已达到 40% 左右。发达国家的模具标准件使用覆盖率一般为 80% 左右。为了适应模具工业发展，模具标准化工作必将加强，模具标准化程度将进一步提高，模具标准件生产也必将得到发展。目前，我国塑料模标准化工作有了一定的进展，GB/T 12555—1990 是大型注射模架的国家标准；GB/T 12556—1990 是中小型注射模架的国家标准；GB/T 4169.1—1984 ~ GB/T4169.11—1984 是塑料模的 11 个技术条件的标准。目前，国内企业有一定生产规模的模具标准件生产企业已超过 100 家。主要产品有塑料模架、推杆、推管等，其中塑料模架已可生产较大型产品，为发展大型精密模具打下了基础。此外，许多工厂还有各自的企业标准。

热流道标准元件和模具的温度控制标准装置以及精密标准模架和精密导向元件目前都正在进行重点研究和开发，已经取得了一些成果并正在推广应用。

但与国外工业先进国家的模具标准化程度相比较，在标准体系、标准件的品种和规格以及标准化的管理工作等方面仍有较大的差距。因此，提高模具标准化水平和模具标准件的使用率仍然是今后一段时期内我国模具工作者的一项任务。

6. 模具的复杂化、精密化与大型化

为了满足塑料制件在各种工业产品中的使用要求，塑料成型技术正朝着复杂化、精密化与大型化方向发展，例如，汽车的保险杠和某些内装饰件等塑料件的成型。大型塑料件和精密塑料件的成型，除了必须研制开发或引进大型的和精密的成型设备外，大型的和精密的塑料成型模具更需要采用先进的 CAD/CAE/CAM 技术来设计与制造模具，否则，这类投资很大的模具研制将难以获得成功。

7. 模具成型新技术与新工艺的不断涌现和推广

模具成型新的技术不断得到创新，模具成型新的工艺不断涌现，这尤其是在注射成型方面得到充分体现，使得成型塑料制件的质量得到了很大的提高。这些新的技术和工艺有：气体辅助注射成型、精密注射成型、热固性塑料注射成型、低发泡注射成型、共注射成型等。目前，新的工艺甚至可以使用金属粉料（例如不锈钢粉）加了某些添加剂后采用注射方法成型型坯，而后再烧结成产品。

第三节 塑料成型模具的分类

按照塑料制件成型的方法不同，塑料成型模具通常可以分成以下几类：

（1）注射模　注射模又称注塑模。塑料注射成型是在金属压铸成型的基础上发展起来的，成型所使用的设备是注射机。它通常适合于热塑性塑料的成型。热固性塑料的注射成型正在推广和应用中。塑料注射成型是塑料成型生产中自动化程度最高、采用最广泛的一种成型方法。

（2）压缩模　压缩模又称压塑模或压胶模。塑料压缩成型是塑件成型方法中较早采用的一种方法，也是热固性塑料通常采用的成型方法之一。成型所使用的设备是塑料成型压力机。与塑料注射成型相比，塑料压缩成型周期较长，生产效率较低。

（3）压注模　压注模又称传递模。压注成型所使用的设备和塑料的适应性与压缩成型完全相同，只是模具的结构不同。

（4）挤出模　挤出模安装在挤出机料筒端部，挤出模也称为挤出机头。成型所使用的设备是塑料挤出机。只有热塑性塑料才能采用挤出成型。

（5）气动成型模　气动成型模是指利用气体作为动力介质成型塑料制件的模具。气动成型包括中空吹塑成型、抽真空成型和压缩空气成型等。与其他模具相比较，气动成型模具结构最为简单，只有热塑性塑料才能采用该方法成型。

除了上述介绍的几种常用的塑料成型模具外，还有浇铸成型模、泡沫塑料成型模、聚四氟乙烯冷压成型模和滚塑模等。

第四节 学习本课程的基本要求

塑料成型工艺与模具设计课程是设计类课程，要学会并且能够正确设计塑料模具，必须打好塑料模具设计的基础，这就需要了解模具成型所用的主要原材料——高分子聚合物的结构特点与性能、塑料的组成与工艺特性和塑料成型制件的结构工艺性，熟悉注射模、压缩模、压注模、挤出模和气动成型模等塑料模具的成型工艺，了解注射机的基本构造和熟悉注射模与注射机之间的关系。由于注射模在塑料成型工业中应用最广泛，模具的结构也最为复杂，因此，作为塑料模具设计的入门，我们必须重点学会该类模具的设计。在这一基础上，其他塑料模具设计方法的掌握就显得容易得多。而在注射模设计中，侧向分型与抽芯机构设计的难度最大，略为复杂一点的模具都要用到该机构，所以在学习时，应对此更加要给予足够的重视。

塑料成型技术发展十分迅速，新的成型工艺层出不穷，因此，在学习塑料成型工艺与模具设计课本理论知识的同时，还必须了解新的塑料成型工艺、成型技术和新材料的发展动态，以便掌握和推广。

由于“塑料成型工艺与模具设计”是一门实践性很强的课程，所以学习时必须理论联系实际。在努力学习理论知识的基础上，必须以负责任的态度到模具企业去积极参加生产实习，认真进行课程设计，将所学到的书本知识与模具工业的生产实际进行联系与比较、归纳与提升，从而在凭借自己的能力以及查阅有关资料的情况下，实现在校期间就能够设计具有一定难度的塑料模具。

思考题

1-1 塑料成型在工业生产中有何重要地位？

1-2 简述塑料成型技术的发展趋势。

1-3 塑料模是如何分类的？

1-4 本课程学习的基本要求是什么？

第二章 塑料成型基础

塑料是以高分子聚合物（树脂）为主要成分，再加入一些其他添加剂所形成的一种物质。高分子聚合物也称高聚物。要正确设计塑料成型模具，制订合理的塑料成型工艺，就应该了解塑料的性能和特点，为此，就必须认识高分子聚合物的结构、热力学性能、流变学性质、成型过程中的流动行为和物理及化学变化。

第一节 聚合物的分子结构与热力学性能

一、聚合物的分子结构

（一）高分子与低分子

无论是天然树脂还是合成树脂，它们都属于高分子聚合物，简称高聚物。塑料的许多优异性能都与聚合物的分子结构密切相关。下面先介绍高分子与低分子的区别。

众所周知，一切物质都是由分子组成的，而分子又是由原子构成的。无论是有机物还是无机物，它们的分子中所含的原子数一般都不多。例如，水分子 H_2O 由 3 个原子构成，石灰石分子 $CaCO_3$ 由 5 个原子构成，酒精分子 C_2H_5OH 由 9 个原子构成，蔗糖分子 $C_{12}H_{22}O_{11}$ 中也只含有 45 个原子。有一种比较复杂的有机物称为三硬脂酸甘油脂，其分子 $C_{57}H_{110}O_6$ 中也不过只有 173 个原子。再复杂一点的化合物，其分子中所含的原子数最多也不过是几百个。但是，聚合物则不同，一个聚合物分子中含有成千上万、甚至几十万个原子。例如，尼龙分子中大约含有 4 千个原子，天然橡胶分子中大约含有 5 万到 6 万个原子，纤维素（木材中含有此成分）分子中大约含有 10 万到 20 万个原子。从相对分子质量来看，水的相对分子质量为 18，石灰石为 100，酒精为 46，蔗糖为 324，三硬脂酸甘油酯也只有 890，这些统称为低分子化合物，其相对分子质量只有几十或几百；而高分子化合物（简称高分子）的相对分子质量比低分子化合物的高得多，一般从几万至上千万。例如，尼龙分子的相对分子质量为 2.3 万左右，天然橡胶为 40 万。再从分子长度来看，低分子乙烯的长度约为 0.0005μm，而高分子聚乙烯的长度为 6.8μm，后者是前者的 13600 倍。

由此可见，高分子是含有原子数很多、相对分子质量很高、分子很长的巨型分子。正是由于高分子与低分子存在着如此悬殊的差异，才使聚合物具有许多与低分子化合物很不相同的特性。

（二）聚合物的分子结构

单就分子中所含原子个数、相对分子质量的大小和分子的长短还不足以表达高分子的结构特性。每个高分子里含有一种或数种原子或原子团，这些原子或原子团按照一定的方式排列，首先是排列成许多重复结构的小单元，称之为结构单元，再通过化学链连成一个高分子。例如，聚乙烯分子里的小单元为 C_2H_4，每个聚乙烯分子里含有 n 个像下面这样连接起来的小单元：

$$\cdots—C_2H_4—C_2H_4—C_2H_4—C_2H_4—\cdots$$

这些小单元称为“链节”，好像链条里的每个链节；n 称为“链节数”（聚合度），表示有多少链节聚合在一起。由许多链节构成一个很长的聚合物分子，称为“分子链”。例如，聚乙烯的相对分子质量若是56000，那么一个聚乙烯分子里就含有两千多个乙烯单体分子（单体分子是指用以合成聚合物的小分子）。

如果聚合物的分子链呈不规则的线状（或者团状），聚合物是一根根的分子链组成的，则称为线型聚合物，如图2-1a所示。如果在大分子的链之间还有一些短链把它们相互交联起来，成为立体结构，则称为体型聚合物，如图2-1c所示。此外，还有一些聚合物的大分子主链上带有一些或长或短的小支链，整个分子链呈枝状（见图2-1b），称为带有支链的线型聚合物。

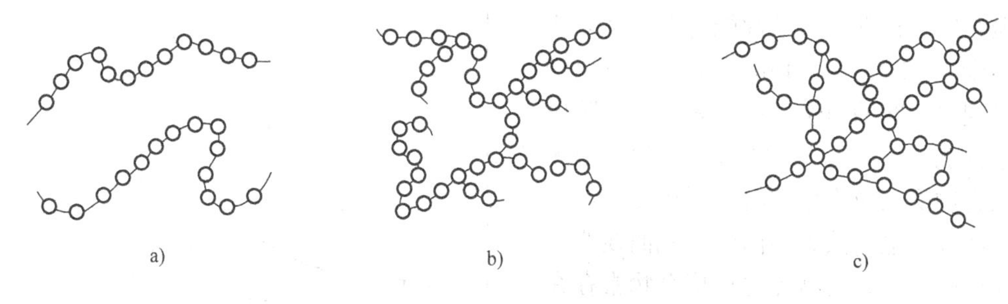

图2-1　聚合物分子链结构示意图

a）线型　b）带有支链线型　c）体型

聚合物的分子结构不同，其性质也不同。线型聚合物的物理特性是具有弹性和塑性，在适当的溶剂中可溶胀或溶解，温度升高时则软化至熔化状态而流动，且这种特性在聚合物成型前后都存在，因而可以反复成型，习惯上称这种材料具有热塑性。体型聚合物的物理特性是脆性大、弹性较高和塑性很低，成型前是可溶与可熔的，而一经成型硬化后，就成为既不溶解也不熔融的固体，所以不能再次成型。因此，又称这种材料具有热固性。

（三）聚合物的聚集态结构及其性能

聚合物由于分子特别大且分子间力也较大，容易聚集为液态或固态，而不形成气态。固体聚合物的结构按照分子排列的几何特点，可分为结晶型和无定形两种。

结晶型聚合物由“晶区”（分子作有规则紧密排列的区域）和“非晶区”（分子处于无序状态的区域）所组成，如图2-2所示。晶区所占的质量百分数称为结晶度。例如低压聚乙烯在室温时的结晶度为85%～90%。通常聚合物的分子结构简单，

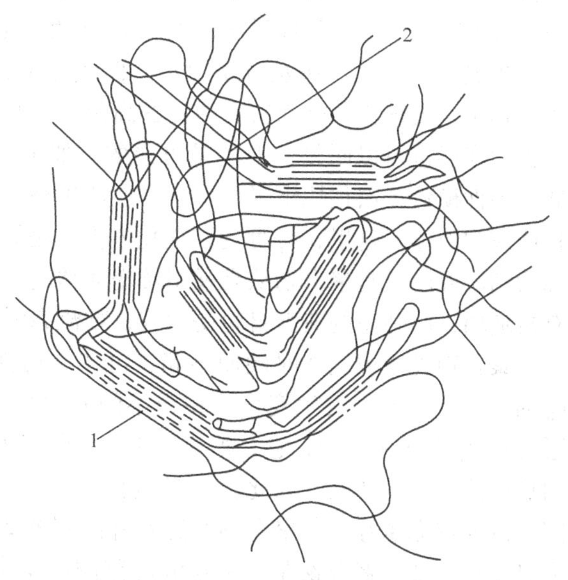

图2-2　结晶型聚合物结构示意图

1—晶区　2—非晶区

主链上带有的侧基体积小，对称性高，分子间作用力大时，有利于结晶；反之，对结晶不利或不能形成结晶区。结晶只发生在线型聚合物和含交联链不多的体型聚合物中。

结晶对聚合物的性能影响重大，由于结晶造成了分子的紧密集聚状态，增强了分子间的作用力，所以使聚合物的强度、硬度、刚度及熔点、耐热性和耐化学性等性能都有所提高。而与链运动有关的性能，如弹性、伸长率和冲击强度等则降低。

对无定形聚合物的结构，过去一直认为其分子排列是杂乱无章、相互穿插交缠的。但用电子显微镜观察，发现无定形聚合物的质点排列不是完全无序的，而是大距离范围内无序，小距离范围内有序，即："远程无序，近程有序"。体型聚合物由于分子链间存在大量交联，分子链难以作有序排列，所以都具有无定形结构。

二、聚合物的热力学性能与加工工艺性

(一) 聚合物的热力学性能

聚合物的物理、力学性能与温度密切相关，温度变化时，聚合物的受力行为发生变化，呈现出不同的力学状态，表现出分阶段的力学性能特点。图 2-3 中曲线 1 为线型无定形聚合物受恒应力作用时变形程度与温度的关系曲线，也叫热力学曲线。此曲线明显分为三个阶段，即线型无定形聚合物常存在的三种物理状态：玻璃态、高弹态和粘流态。

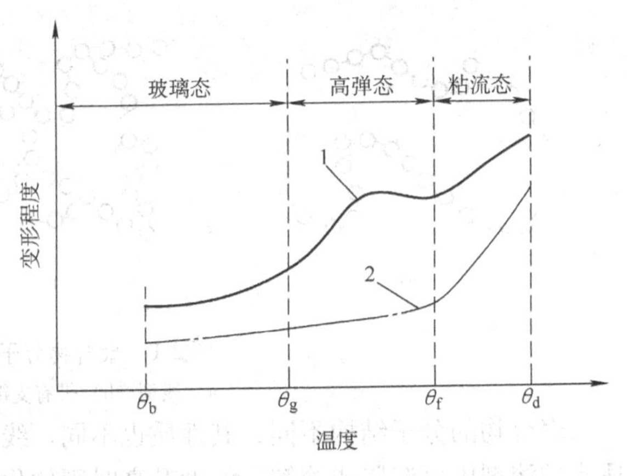

图 2-3　聚合物的热力学曲线

在温度较低时（低于 θ_g 温度），曲线基本是水平的，变形程度小，而且是可逆的；但弹性模量较高，聚合物处于刚性状态，表现为玻璃态。此时，物体受力的变形符合胡克定律，应变与应力成正比，并在瞬时达到平衡；当温度上升时（在 θ_g 至 θ_f 间），曲线开始急剧变化，但很快稳定趋于水平。聚合物的体积膨胀，表现为柔软而富有弹性的高弹态。此时，变形量很大，而弹性模量显著降低，外力去除变形量可以回复，弹性是可逆的。如果温度继续上升（高于 θ_f 温度），变形迅速发展，弹性模量再次很快下降，聚合物即产生粘性流动，成为粘流态。此时变形是不可逆的，物质成为液体。这里，θ_g 称为玻璃化温度，是聚合物从玻璃态转变为高弹态的临界温度；θ_f 称为粘流温度，是聚合物从高弹态转变为粘流态的临界温度。常温下，玻璃态的典型材料是有机玻璃，高弹态的典型材料是橡胶，粘流态的典型物质是熔融树脂（如胶粘剂）。

聚合物处于玻璃态时硬而不脆，可作结构件使用。但使用温度不能太低，当温度低于 θ_b 时，物理性能将发生变化，在很小的外力作用下就会发生断裂，使塑料失去使用价值。通常称 θ_b 为脆化温度，它是塑料使用的下限温度。当温度高于 θ_g 时，塑料不能保持其尺寸的稳定性和使用性能，因此，θ_g 是塑料使用的上限温度。显然，从使用的角度看，θ_b 和 θ_g 间的范围越宽越好。当聚合物的温度升高到图 2-3 中的 θ_d 温度时，便开始分解，所以称 θ_d 为热分解温度。聚合物在 $\theta_f \sim \theta_d$ 温度范围内是粘流态，塑料大部分的成型加工就是在这个范围内进行的。这个范围越宽，塑料成型加工就越容易进行。

据上所述，聚合物的成型加工是在粘流状态中实现的。欲使聚合物达到粘流态，加热只是方法之一。加入溶剂使聚合物达到粘流态则是另外一种方法。通过加入增塑剂可以降低聚合物的粘流温度。粘流温度 θ_f 是塑料成型加工的最低温度，粘流温度不仅与聚合物的化学结构有关，而且与其相对分子质量的大小有关。粘流温度随相对分子质量的增高而升高。在塑料的成型加工过程中，首先要测定聚合物的粘度与熔融指数（熔融指数是指聚合物在挤压力作用下获得变形和流动的能力），然后确定成型加工的温度。粘度值小，熔融指数大的树脂（即相对分子质量低的树脂）成型加工温度可选择低一些，但相对分子质量低的树脂制成的塑件强度较差。

以上所述是线型无定形聚合物的热力学性能，而高度交联的体型聚合物（热固性树脂）由于分子运动阻力很大，一般随温度发生的力学状态变化较小，所以通常不存在粘流态甚至高弹态，即遇热不熔，高温时则分解。

对于完全线型结晶型聚合物，其热力学曲线如图 2-3 中曲线 2 所示。通常不存在高弹态，只有在相对分子质量较高时才有可能出现高弹态。和 θ_f 对应的温度叫做熔点 θ_m，是线型结晶型聚合物熔融或凝固的临界温度，并且熔点很高，甚至高于分解温度，所以采用一般的成型加工方法难以使其成型。如聚四氟乙烯塑件通常是采用高温烧结法制成的。与线型无定形聚合物相比较，线型结晶型聚合物在低于熔点时的形变量很小，因此其耐热性较好，且由于不存在明显的高弹态，可在脆化温度至熔点之间应用，其使用温度范围也较宽。

（二）聚合物的加工工艺性

聚合物在温度高于 θ_f 的粘流态呈液体状态，称为熔体。从 θ_f 开始分子热运动大大激化，材料的弹性模量降低到最低值，这时聚合物熔体形变的特点是在不大的外力作用下就能引起宏观流动，此时形变中主要是不可逆的粘性形变，冷却聚合物就能将形变永久保持下来。因此，这一温度范围常用来进行熔融纺丝、注射、挤出、吹塑和贴合等加工。过高的温度将使聚合物的粘度大大降低，不适当地增大流动性容易引起诸如注射成型中的溢料、挤出塑件的形状扭曲、收缩和纺丝过程中纤维的毛细断裂等现象。温度高到分解温度 θ_d 附近还会引起聚合物分解，以致降低产品物理力学性能或引起外观不良等。因此，θ_f 与 θ_d 一样都是聚合物材料进行成型加工的重要参考温度。不同状态下塑料的物理性能与加工工艺性见表 2-1。

表 2-1　热塑性塑料在不同状态下的物理、工艺性能

状态	玻璃态	高弹态	粘流态
温度	θ_g 以下	$\theta_g \sim \theta_f$	$\theta_f \sim \theta_d$
分子状态	分子纠缠为无规则线团或卷曲状	分子链展开，链段运动	高分子链运动，彼此滑移
工艺状态	坚硬的固态	高弹性固态，橡胶状	塑性状态或高粘滞状态
加工可能性	可作为结构材料进行锉、锯、钻、车、铣等机械加工	弯曲、吹塑、引伸、真空成型、冲压等，成型后会产生较大的内应力	可注射、挤出、压延、模压等，成型后应力小

第二节　聚合物流变方程与分析

一、牛顿流体及其流变方程

聚合物在成型过程中，除极少数几种工艺外，大部分工艺均要求它处于粘流态，因为在这种状态下的聚合物不仅易于流动，而且易于变形。

液体的流动和变形都是在受应力作用的情况下得以实现的。重要的应力有切应力 τ、拉伸应力 σ 和流体静压力 p 三种。三种应力中，切应力对塑料的成型最为重要，因为成型时聚合物熔体或分散体在设备或模具中流动的压力降、所需功率以及塑件的质量等都受它的制约。拉伸应力经常与切应力共同出现，如挤出成型和注射成型中物料进入口模、浇口和型腔时流道截面发生改变条件下的流动以及在吹塑中型坯的延伸、吹塑薄膜时泡管的膨胀等。成型中流体静压力对流体流动性质的影响相对说不及前两者显著，但它对粘度有影响。

众所周知，液体在平直圆管内受切应力而发生流动的形式有层流和湍流两种。层流时，液体的流动是按许多彼此平行的流层进行的；同一流层之间的各点速度彼此相同，但各层之间的速度却不一定相等，而且各层之间也无明显的相互影响。如果增大流动速度而使其超过一定的临界值，则流动即转为湍流，湍流时液体各点速度的大小和方向都随时间而变化。层流与湍流的区分以雷诺数（Re）为准，通常，凡 $Re<2100\sim4000$ 时均为层流，大于4000则为湍流。在成型过程中，聚合物熔体流动时的雷诺数常小于10，而聚合物分散体的雷诺数常不止此数，但也不会大于2100，所以它们的流动基本上是层流。

为了研究流体流动的性质，可以把层流流动看成是一层层彼此相邻的薄层液体沿外力作用方向进行的相对滑移。液层是平直的平面，彼此之间完全平行。图2-4是液体在流道中流动时的速度梯度图。F 为外部作用于整个液体的恒定剪切力，A 为向两端无限延伸的液层面积。液层上的切应力 τ 为

$$\tau = F/A \tag{2-1}$$

在恒定应力作用下液体的应变表现为液层以均匀的速度 v 沿剪切力作用方向移动。但液层间的粘性阻力和管壁的摩擦力使相邻液层间在移动方向上存在速度差。管中心阻力最小，液层移动速度最大。管壁附近液层同时受到液体粘性阻力和管壁摩擦力的作用，速度最小，在管壁上液层的移动速度为零（假定不产生滑动时）。当液层间的径向距离为 $\mathrm{d}r$ 的两液层的移动速度分别为 v 和 $v+\mathrm{d}v$ 时，则液层间单位距离内的速度差即是速度梯度 $\mathrm{d}v/\mathrm{d}r$。但液层移动速度 v 等于单位时间 $\mathrm{d}t$ 内液层沿管轴 x-x 上移动的距离 $\mathrm{d}x$，即 $v=\mathrm{d}x/\mathrm{d}t$，于是

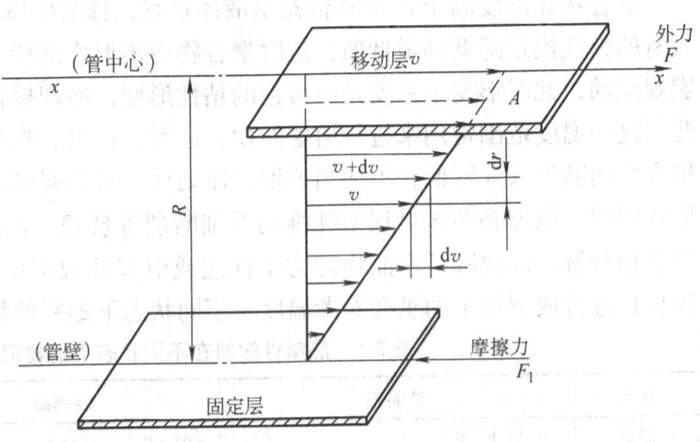

图2-4 液体在流道中流动时的速度梯度图

$$\mathrm{d}v/\mathrm{d}r = \mathrm{d}(\mathrm{d}x/\mathrm{d}t)/\mathrm{d}r = \mathrm{d}(\mathrm{d}x/\mathrm{d}r)/\mathrm{d}t \tag{2-2}$$

式中 $\mathrm{d}x/\mathrm{d}r$——一个液层相对于另一个液层移动的距离，它是剪切力作用下该层液体产生的切应变 γ，即 $\gamma=\mathrm{d}x/\mathrm{d}r$。

这样，式（2-2）可改写为

$$\mathrm{d}v/\mathrm{d}r = \mathrm{d}\gamma/\mathrm{d}t = \dot{\gamma} \tag{2-3}$$

式中 $\dot{\gamma}$——单位时间内的切应变，称为剪切速率（s^{-1}）。

这样，就可以用剪切速率来代替速度梯度，两者在数值上相等。

牛顿（Newton）在研究低分子液体的流动行为时，发现切应力和剪切速率之间存在着一定关系，可表示为

$$\tau = \eta(\mathrm{d}v/\mathrm{d}r) = \eta(\mathrm{d}\gamma/\mathrm{d}t) = \eta\dot{\gamma} \tag{2-4}$$

上式说明液层单位表面上所加的切应力 τ 与液层间的速度梯度（$\mathrm{d}v/\mathrm{d}r$）成正比，η 为比例常数，称为牛顿粘度。它是液体自身所固有的属性，反映了液体的粘稠性，η 的大小表征液体抵抗外力引起形变的能力，不同液体的 η 值不同，与其分子结构和所处温度有关。式（2-4）描述了层流液体最简单的规律，通常称为牛顿流动定律，即牛顿流体的流变方程。凡液体层流时符合牛顿流动定律的通称为牛顿流体。其特征为应变随应力作用的时间线性地增加，且粘度保持不变，应变具有不可逆性质，应力解除后应变以永久变形保持下来。

由于大分子的长链结构和缠结，聚合物熔体的流动行为远比低分子液体复杂。在宽广的剪切速率范围内，这类液体流动时剪切力和剪切速率不再成比例关系，液体的粘度也不是一个常数，因而聚合物熔体的流变行为不服从牛顿流动定律。通常把流动行为不服从牛顿流动定律的流动称为非牛顿型流动，具有这种流动行为的液体称为非牛顿液体。聚合物加工时大多处于中等剪切速率范围（$\dot{\gamma}=10\sim10^4\mathrm{s}^{-1}$）。此时，大多数聚合物都表现为非牛顿流体。

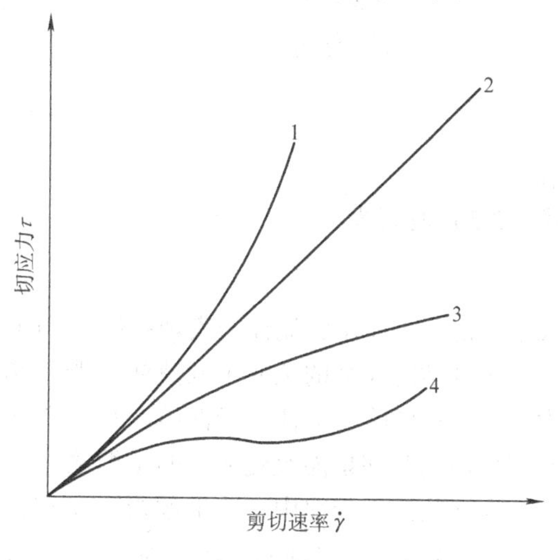

图 2-5 不同类型流体的流动曲线
1—膨胀性流体 2—牛顿流体 3—假塑性流体 4—复合型流体

图 2-5 所示为以切应力对剪切速率作图时，塑料成型加工中常用聚合物在非牛顿流体状态下的流动曲线。它们已不再是简单的直线，而是向上或向下弯曲的复杂曲线。这说明不同类型的非牛顿流体的粘度对剪切速率的依赖性不同。从图 2-5 可以看出，当作用于假塑性液体的切应力变化时，剪切速率的变化要比切应力的变化快得多。而膨胀性液体的流变行为则正好相反，流体中剪切速率的变化比切应力的变化要慢。很明显，流体的粘度已不是一个常数，它随剪切速率或切应力而变化。因此，将非牛顿流体的粘度定义为表观粘度 η_a（即非牛顿粘度）。图 2-6 为不同类型流体的表观粘度与剪切速率的关系。

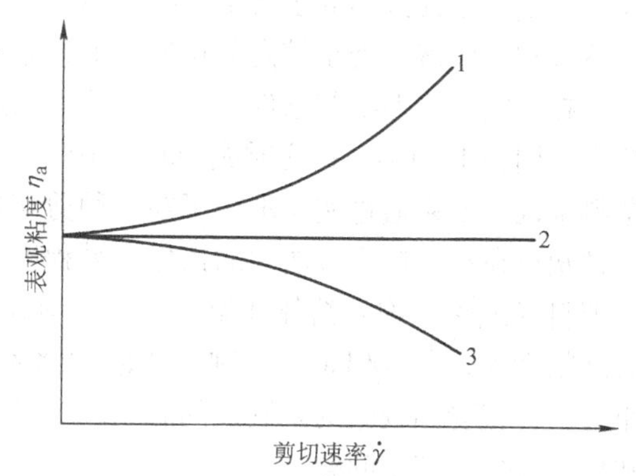

图 2-6 不同类型流体的表观粘度与剪切速率关系
1—膨胀性流体（$n>1$） 2—牛顿液体（$n=1$） 3—假塑性液体（$n<1$）

由 Ostwald-De Waele 提出的所谓指数定律方程是一种较能反映粘性流体流变性质的经验性表达式，在有限的范围内（剪切速率通常在同一个数量级范围内）有相当好的准确性，且

形式简单。对一定的成型加工过程来说，剪切速率总不可能很宽，因此，指数定律在分析液体的流变行为、加工能量的计算以及加工设备或模具的设计等方面都较成功。该定律认为：聚合物粘性流体在定温下于给定的剪切速率范围内流动时，切应力和剪切速率具有指数函数关系，其表达式为

$$\tau = K\left(\frac{\mathrm{d}v}{\mathrm{d}r}\right)^n = K\left(\frac{\mathrm{d}\gamma}{\mathrm{d}t}\right)^n = K\dot{\gamma}^n \tag{2-5}$$

式中 K——与聚合物和温度有关的常数，可反映聚合物熔体的粘稠性，称为稠度系数；

n——与聚合物和温度有关的常数，可反映聚合物熔体偏离牛顿流体性质的程度，称为非牛顿指数。

将式（2-5）化为

$$\tau = (K\dot{\gamma}^{n-1})\dot{\gamma}$$

取

$$\eta_a = K\dot{\gamma}^{n-1} \tag{2-6}$$

式（2-5）改写为

$$\tau = \eta_a \dot{\gamma} \tag{2-7}$$

式中 η_a——非牛顿流体的表观粘度（Pa·s）。

表观粘度表征的是非牛顿液体（服从指数流动规律）在外力作用下抵抗剪切变形的能力，表观粘度除与流体本身性质以及温度有关外，还受剪切速率影响，这就意味着外力大小及其作用的时间也能改变流体的粘稠性。

在指数流动规律中，非牛顿指数 n 和稠度系数 K 均可由试验测定。当 $n=1$ 时，$\eta_a=K=\eta$，这意味着非牛顿流体转变为牛顿流体，所以 n 值可用来反映非牛顿流体偏离牛顿流体性质的程度。$n<1$ 时，称为假塑性液体。在注射成型中，除了热固性聚合物和少数热塑性聚合物外，大多数聚合物熔体均有近似假塑性液体的流变学性质。$n>1$ 时，称为膨胀性液体。属于膨胀性液体的主要是一些固体含量较高的聚合物悬浮液，以及带有凝胶结构的聚合物溶液和悬浮液，处于较高剪切速率下的聚氯乙烯糊的流动行为就近似这类液体。

在一定的成型工艺条件下，塑料的剪切速率的范围通常是固定的，如压缩成型时的剪切速率范围为 $1\sim10\mathrm{s}^{-1}$；注射成型时为 $10^3\sim10^5\mathrm{s}^{-1}$；压注成型为 $10^2\sim10^3\mathrm{s}^{-1}$ 等。对于给定的塑料来说，如果通过实验求得了在这种剪切速率范围下的粘度数据（即流动曲线图），则对该种塑料在指定成型方法中的操作难易程度就能作出初步判断。譬如在注射成型时，如果某一塑料（或聚合物）溶体在温度不大于其降解温度而于剪切速率为 $10^3\mathrm{s}^{-1}$ 的情况下测得其表观粘度为 50~500Pa·s，则在注射中将不会发生困难。表观粘度过大时，则塑料模的大小与设计就受到较大的限制，同时压缩塑件很易出现缺陷；过小时，溢料的现象比较严重，塑件质量也会产生问题。

常用熔融塑料的粘度范围为 $10\sim10^7$Pa·s，分散体的粘度约为 1Pa·s。

二、温度和压力对粘度的影响

影响粘度的主要因素有温度、压力、施加的应力和应变速率等。后两者与粘度的关系前面已经讨论，这里仅分析温度和压力对粘度的影响。

（一）温度对剪切粘度的影响

温度与液体剪切粘度（包括表观粘度）的关系可用下式表示：

$$\eta = \eta_0 e^{\alpha(\theta_0 - \theta)} \tag{2-8}$$

式中 η——液体在温度为 θ 时的剪切粘度；

η_0——某一基准温度 θ_0 时的剪切粘度；

α——常数，由实验测定，在温度范围为 50℃时，对大多数液体来说都是常数，超出此范围则变化较大。

式（2-8）应用于剪切粘度对切应力（或剪切速率）敏感的液体时，则该式只有当切应力（或剪切速率）保持恒定时才是准确的。

式（2-8）对聚合物的熔体、熔液和糊都适用，但必须指出，当用于聚合物糊时，应以在所指温度范围内聚合物没有发生溶胀与溶解的情况为准。表 2-2 列出了几种常用热塑性塑料熔体在恒定剪切速率下的表观粘度与温度关系的数据。

表 2-2 常用热塑性塑料在恒定剪切速率下表观粘度与温度关系的数据

聚合物	θ_1/℃	η_1/Pa·s	θ_2/℃	η_2/Pa·s	粘度对温度的敏感性 η_1/η_2
高压聚乙烯（HDPE）	150	400	190	230	1.7
低压聚乙烯（LDPE）	150	310	190	240	1.3
软聚氯乙烯（LPVC）	150	900	190	620	1.45
硬聚氯乙烯（HPVC）	150	2000	190	1000	2.0
聚丙烯（PP）	190	180	230	120	1.5
聚苯乙烯（PS）	200	180	240	110	1.6
聚甲醛（POM）	180	330	220	240	1.35
聚碳酸酯（PC）	230	2100	270	620	3.4
聚甲基丙烯酸甲酯（PMMA）	200	110	240	270	4.1
聚酰胺-6（PA-66）	240	175	280	80	2.2
聚酰胺-66（PA-66）	270	170	310	49	3.5

注：1. 表中数据是在剪切速率 $\dot{\gamma} = 10^3 s^{-1}$ 时测得的。

2. 表中所列聚合物均为指定的产品，其数据仅供参考。

在成型工艺中，对一种表观粘度随温度变化不大的聚合物来说，如仅靠增加温度来增加其流动性能以使它能够成型是错误的，因为温度幅度增加很大，而它的表观粘度却降低有限（如聚丙烯、聚乙烯、聚甲醛等）。另一方面，这样大幅度地增加温度很可能使聚合物发生降解，从对比角度来看，在成型中利用增温来降低聚甲基丙烯酸甲酯、聚碳酸酯和聚酰胺-66 等的表观粘度是可行的，因为增温不多而它的表观粘度却能下降不少。

（二）压力对剪切粘度的影响

由于液体的剪切粘度（包括表观粘度）依赖于分子间的作用力，而作用力又与分子间的距离有关，因而当液体承受压力而使分子间的距离减小时，液体的剪切粘度总是趋于增大。低分子物的液体，其压缩性都很有限，但是属于高分子的聚合物熔体却不然。特别是聚合物熔体的加工压力通常都比较高，例如在注射模塑中，聚合物常需在 150℃下受压达 35～150MPa，因而它们的压缩性是可观的，其压缩率常可达 5% 甚至 10% 以上。实验证明，聚合物熔体在受到压力时，因受压缩率的影响，其粘度定会有所增高，如聚乙烯在压力由

100kPa 升高到 100MPa 时，其表观粘度增加 2.5 倍，且聚合物的压缩率不同，其粘度对压力的敏感性也不同。几种聚合物粘度与压力的关系见图 2-7。单纯通过增大压力来提高聚合物熔体的流量是不恰当的，即使在同一压力作用下的同一种聚合物熔体，成型时所用设备大小不同，则其流动行为也有差别，因为尽管所受压力相同，所受切应力依然可以不同。事实上，一种聚合物在正常的加工温度范围内，增加压力对粘度的影响和降低温度的影响有相似性。这种在加工过程中通过改变压力或温度，都能获得同样的粘度变化的效应称为压力-温度等效性。例如，对很多聚合物，压力增加到 100MPa 时，熔体粘度的变化相当于降低 30～50℃ 温度的作用。一般在维持粘度恒定的情况下，聚合物温度与压力的等效值（$\Delta\theta/\Delta p$）为 0.3～0.9℃/MPa，这一数值并不依赖于相对分子质量。在注射成型生产中考虑压力对粘度的影响（压力增加，则粘度降低）时，需要解决关键的问题在于：如何综合考虑生产的经济性、设备和模具的可靠性以及塑件的质量因素，以确保成型工艺能有最佳的注射压力和注射温度。

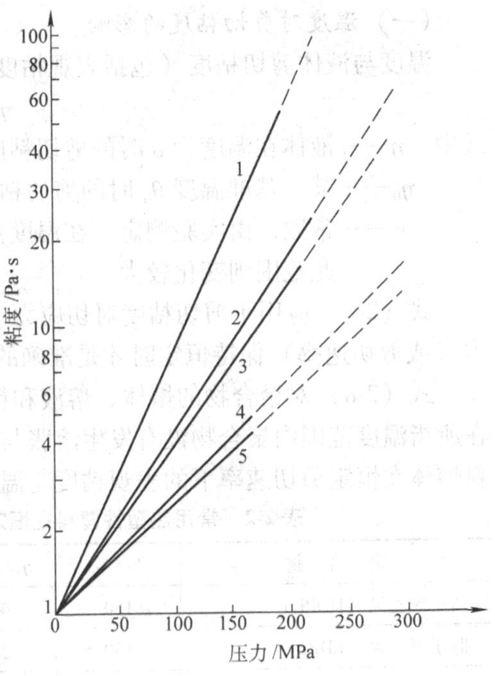

图 2-7　切应力和温度恒定时熔体粘度与压力的关系

1—聚甲基丙烯酸甲酯　2—聚丙烯（210℃）　3—低密度聚乙烯　4—聚酰胺-66　5—聚甲醛（共聚物）

三、聚合物熔体的粘弹性

聚合物熔体（包括分散体）不仅具有粘流性，而且还具有如固体般的弹性，即当熔体受到应力时，一部分能量消耗于粘性变形（即流动）；而另一部分变形的能量将会被熔体储存，一旦外界应力移去，变形就得到恢复，如塑料在挤压时的出模膨胀（见图 2-8）。这种现象对低分子液体来说是没有的。在粘弹性流动中弹性行为已不能忽视的液体称为粘弹性液体。液体中的弹性行为是流动过程中聚合物大分子构象改变（蜷曲变为伸展）所引起的。大分子伸展储存了弹性能，外界应力去除后大分子会部分恢复原来蜷曲的构象，因而引起高弹形变并释放弹性能。实践证明，这种弹性恢复并不是瞬时的，因为大分子构象的恢复过程需要克服内在粘性的阻滞。

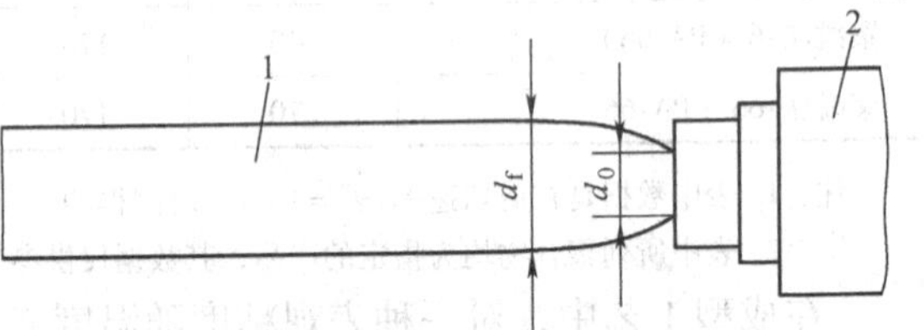

图 2-8　挤出塑料时的出模膨胀

1—挤出物　2—挤出机

d_0—挤出机口模内径　d_f—挤出物膨胀后的直径

液体流动是以粘性形变为主还是以弹性形变为主，取决于外力作用时间 t 与松弛时间 t_s 的关系。当 $t \gg t_s$ 时，即外力作用时间比松弛时间长得多时，液体的总形变以粘性形变为主，反之将以弹性形变为主。对粘度很低的简单液体，$t_s \approx 10^{-1}$s；对基本上表现为固体的物质，$t_s > 10^4$s；一般粘弹性聚合物熔体的松弛时间 $t_s = 10^{-4} \sim 10^4$s。如注射聚甲基丙烯酸甲酯，已知注射温度为 230℃，注射时间为 2s，其松弛时间约为 43×10^{-6}s；把注射时间看成外力作用时间，则其远远大于松弛时间，由此可知注射过程中的弹性变形部分是极小的。应该注意的是，即便是少量的弹性变形，也能使熔体产生流动缺陷，使塑件产生变形。

流动熔体中的弹性形变与聚合物的相对分子质量、外力作用速度或时间以及熔体的温度等有关。一般地，随相对分子质量增大，外力作用时间缩短（或作用速度加快），当熔体的温度稍高于材料熔点时，弹性现象表现的特别显著。粘弹性熔体的应力-应变关系如图 2-9 所示。由图可以看出，γ_H是总形变的可逆部分（弹性部分），γ_V 则是不可逆部分（粘性部分），并以永久形变存在于熔体中。

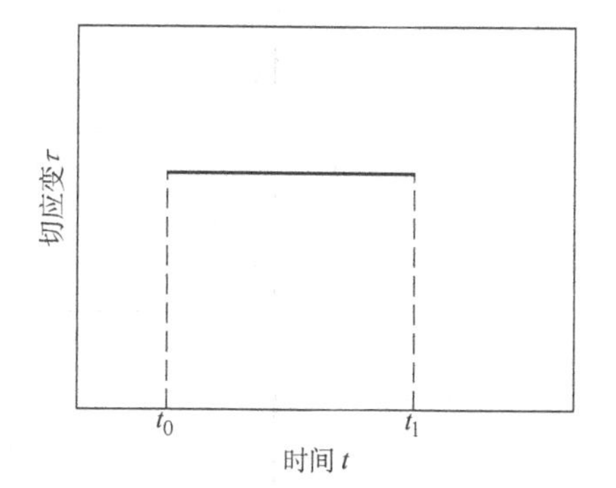

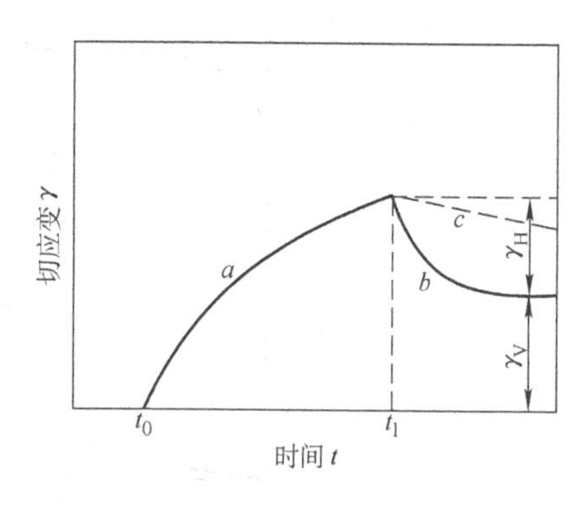

图 2-9　粘弹性熔体的应力-应变关系曲线
a—成型加工时的形变（$\theta > \theta_g$）　b—成型后可逆形变回复（$\theta > \theta_g$）　c—成型后可逆形变回复（θ = 室温或 $\theta < \theta_g$）

四、热塑性和热固性聚合物流变行为的比较

在通常的加工条件下，对热塑性聚合物加热乃是一种物理作用，其目的是使聚合物达到粘流态（或软化）以便于成型，材料在加工过程所获得的形状必须通过冷却来定型（硬化）。虽然，由于多次加热和受到加工设备的作用会引起材料内在性质发生一定变化（如聚合物降解或局部交联等），但并未改变材料整体可塑性的基本特性，特别是材料的粘度在加工条件下基本没有发生不可逆的改变。

但热固性聚合物则不同，加热不仅可使材料熔融，能在压力下产生流动、变形和获得所需形状等物理作用，并且还能使具有活性基团的组分在足够高的温度下产生交联反应，并最终完成硬化等化学反应。一旦热固性材料硬化后，粘度变为无限大，并失去了再次软化、流动和通过加热而改变形状的能力。可见热固性聚合物加工过程中粘度的这种变化规律与热塑性聚合物有着本质的差别。

热塑性聚合物和热固性聚合物流变行为的不同可由图 2-10 加以说明，由图 2-10a 和图 2-10b可以看出，热固性聚合物加热初期流动性的增大（粘度降低）是由于热松弛作用的结果，在达到硬化之前的一段时间，体系粘度随时间的变化不大，过此之后，聚合与交联反应进一步进行，聚合物相对分子质量很快增大而导致流动性迅速减小。

从图 2-10c 可以看出，温度对流动性的影响是由粘度和固化速度两种互相矛盾的因素决定的，这种关系可进一步用图 2-11 来说明。由该图可以看出，在较低温度范围内温度对粘度的影响起主导作用，在 θ_{max} 以下，粘度随温度升高而降低，所以交联之前总的流动性随温度上升而增加；而在较高的温度范围（即 θ_{max} 以上），则对化学交联反应起主导作用，随温度升高，交联反应速度加快，熔体的流动性迅速降低。所以，热固性聚合物的交联速度可以通过温度来控制。温度的这种特性正是热固性塑料注射成型中注射机与模具分别采用不同温度的原因。例如，注射的最佳温度是产生最低粘度而又不引起迅速交联的温度，浇口和模具的温度则应是有利于迅速硬化的温度。因此，对热固性聚合物来说，正确的加工工艺的关键是使聚合物组分在交联之前完成流动过程。

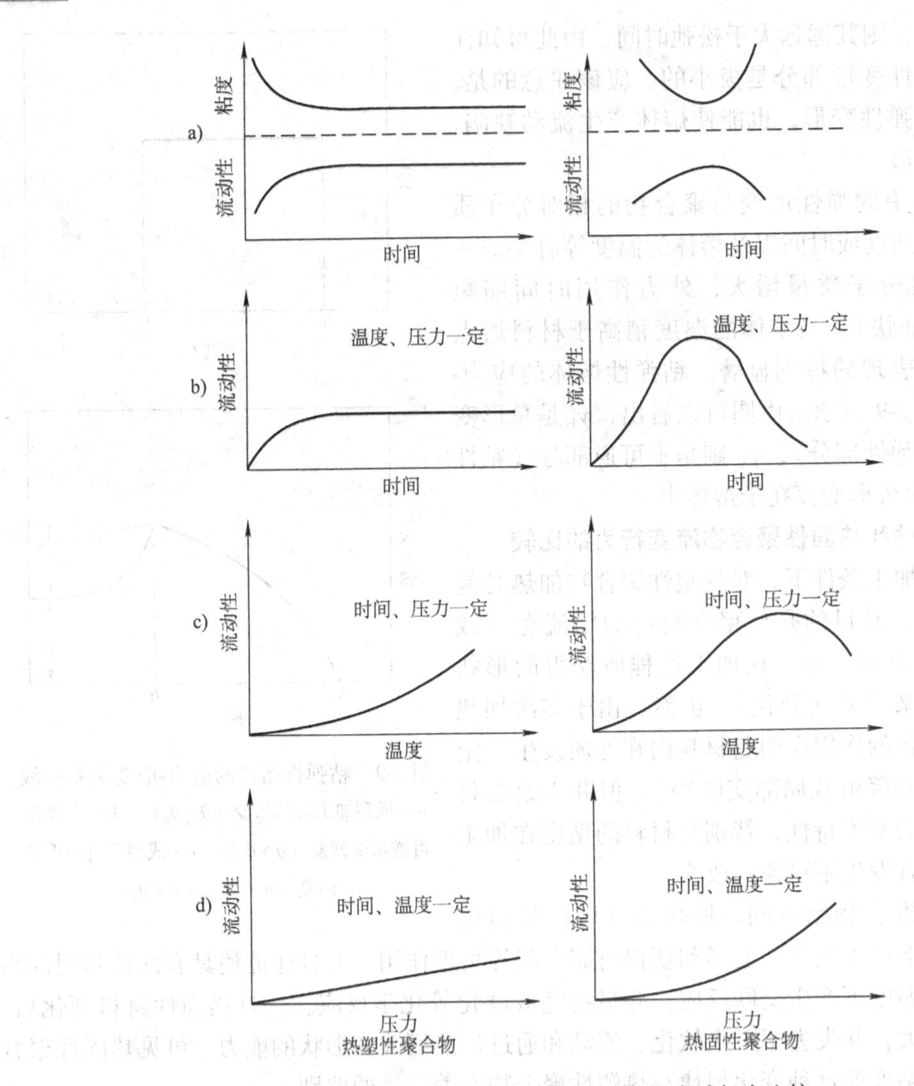

图 2-10　热塑性聚合物与热固性聚合物流动行为比较

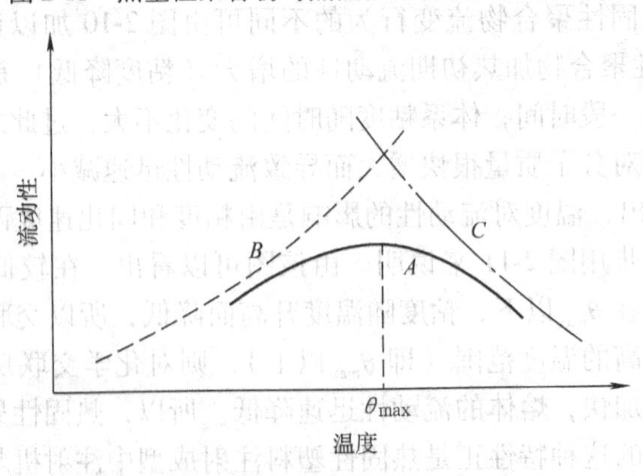

图 2-11　温度对热固性聚合物流动性的影响

A—总的流动曲线　*B*—粘度对流动性的影响曲线

C—硬化速度对流动性的影响曲线

从图 2-10d 可以看出，切应力或剪切速率对熔体流动性有一定的影响，有促进流动性的趋势，但影响过程是复杂的，目前还无定性的研究。

第三节　聚合物在成型过程中的流动状态

在塑料成型过程中，经常会遇到聚合物熔体在各种几何形状的通道内流动的情况。注射过程中，熔体在螺杆和柱塞的推动下，从喷嘴经浇注系统注入型腔内；在挤出成型中，熔体被螺杆挤入各种口模。研究熔体流动过程中流量与压力降的关系、物料流速分布、端末效应等都是十分重要的，这对控制成型工艺、塑件质量和模具设计都有直接关系。由于非牛顿流体流变行为的复杂性，下面仅研究熔体在简单截面导管内的流动。因熔体的流动是在施加压力的状态下进行的，而压力损失即熔体流动的阻力对熔体的流动起到极大的阻碍作用。以高分子聚合物为主要原材料的塑料在成型过程中的压力损失愈大，那么，其充填模具型腔越困难，因此，这一节首先研究熔体在圆形截面和扁槽（矩形）截面中流动时的压力损失，然后进行流动的分析。

一、聚合物熔体在圆形截面导管内的流动

为了研究聚合物熔体在圆形导管内的流动，假设导管的半径为 R，熔体在管内作等温稳定的层流运动，且服从指数定律。取离管中心半径为 r 的流体圆柱体单元，其长度为 L，如图 2-12 所示。当它在压力 p 的作用下，由左向右移动时，在流体层间产生摩擦力，于是，其中压力损失 Δp 与圆柱体截面的乘积必等于切应力 τ 与流体层间接触面积的乘积，即

$$\Delta p(\pi r^2) = \tau(2\pi rL)$$

所以切应力为

$$\tau = \frac{r\Delta p}{2L} \tag{2-9a}$$

在管壁处，$r=R$，$\tau=\tau_w$

则

$$\tau_w = \frac{R\Delta p}{2L} \tag{2-9b}$$

将上述两式相除得

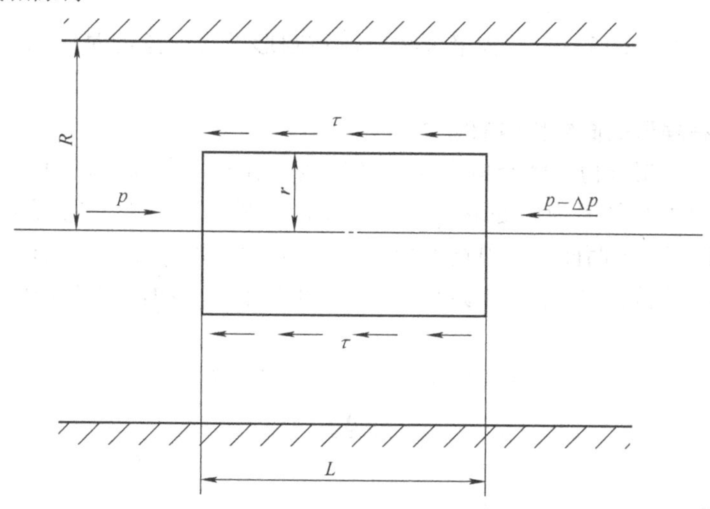

图 2-12　圆形导管中流动液体受力分析

$$\tau = \tau_w \frac{r}{R} \tag{2-10}$$

由此看出，切应力在管中心为零，逐渐增大至管壁处为最大。据此进一步推导出的结果，可说明流体在圆形管内的速度分布为什么呈抛物线型。

由指数规律可知，剪切速率与切应力有如下关系：

$$\frac{\mathrm{d}v}{\mathrm{d}r} = \left(\frac{\tau}{K}\right)^{\frac{1}{n}} \tag{2-11}$$

将上式积分，r 由 r 到 R，相对流速 v 由 v 到 0

$$v = \int_r^R \left(\frac{\tau}{K}\right)^{\frac{1}{n}} \mathrm{d}r \tag{2-12}$$

相应的体积流量 q_V 为

$$q_V = \int_0^R 2\pi r v \mathrm{d}r$$

$$q_V = \pi \int_0^R v \mathrm{d}r^2 \tag{2-13}$$

通过对式（2-13）积分（积分过程比较繁杂，在这里省略推导）可以得到压力损失 Δp 与体积流量 q_V 的关系式

$$q_V = \frac{n\pi R^3}{3n+1}\left(\frac{R\Delta p}{2LK}\right)^{\frac{1}{n}} \tag{2-14}$$

即
$$\frac{R\Delta p}{2L} = K\left(\frac{3n+1}{4n}\,\frac{4q_V}{\pi R^3}\right)^n = K\left(\frac{3n+1}{4n}\right)^n\left(\frac{4q_V}{\pi R^3}\right)^{n-1}\frac{4q_V}{\pi R^3}$$

令 $\eta_a = K\left(\frac{3n+1}{4n}\right)^n\left(\frac{4q_V}{\pi R^3}\right)^{n-1}$ 代入上式得

$$\Delta p = \eta_a \frac{8Lq_V}{\pi R^4} \tag{2-15}$$

式（2-14）和式（2-15）分别为聚合物熔体在圆形导管内流动时体积流量 q_V 和压力损失 Δp 的表达式。

二、聚合物在扁形截面导槽内的流动

在等温条件下，聚合物熔体经扁形导槽（扁槽）作稳定层流运动时，其情况如图 2-13 所示。在扁槽内以中心平面为中心取一矩形单元体，其厚度为 $2y$，宽度取 1 个单位长度，长度为 L。假定扁槽上下两面为无限宽平行面（扁槽宽度 W 应大于扁槽上下平行面距离 $2B$ 的 20 倍，此时扁槽两侧壁对流速的减缓作用可忽略不计），根据压力与切应力的关系，可得出下式：

$$\Delta p(2y \times 1) = \tau(1 \times L \times 2)$$

得
$$\tau = \frac{\Delta p}{L} y \tag{2-16}$$

从非牛顿指数规律 $\tau = K\left(\frac{\mathrm{d}v}{\mathrm{d}y}\right)^n$ 得

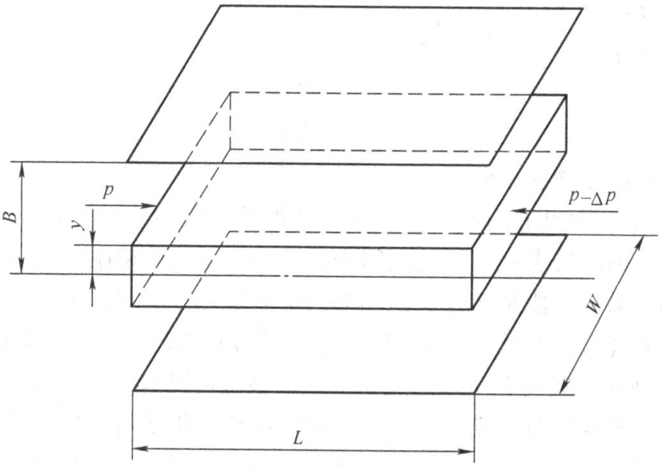

图 2-13　扁槽内流动液体受力分析

$$\frac{\mathrm{d}v}{\mathrm{d}y}=\left(\frac{\tau}{K}\right)^{\frac{1}{n}}$$

将式（2-16）代入上式并积分

$$v=\left(\frac{\Delta p}{KL}\right)^{\frac{1}{n}}\int_{y}^{B}y^{\frac{1}{n}}\mathrm{d}y$$

$$v=\left(\frac{\Delta p}{KL}\right)^{\frac{1}{n}}\frac{n}{n+1}[B^{\frac{n+1}{n}}-y^{\frac{n+1}{n}}] \tag{2-17}$$

相应的扁槽单位宽度体积流量为

$$q'_{\mathrm{V}}=\int_{0}^{B}2v\mathrm{d}y$$

通过积分并整理后可得

$$\frac{B\Delta p}{L}=K\left(\frac{2n+1}{2n}\frac{q'_{\mathrm{V}}}{B^{2}}\right)^{n} \tag{2-18}$$

式中　$\frac{B\Delta p}{L}$——扁槽壁处切应力；

$\left(\frac{2n+1}{2n}\frac{q'_{\mathrm{V}}}{B^{2}}\right)$——扁槽壁处的剪切速率；

K——流体粘度系数。

这里 q'_{V} 为扁槽单位宽度的体积流量。当求取扁槽整个宽度的体积流量 q_{V} 时，必须将单位宽度的体积流量乘以扁槽宽度 W，则

令 $h=2B$，$q'_{\mathrm{V}}=Wq_{\mathrm{V}}$ 代入式（2-18）得

$$\frac{h\Delta p}{2L}=K\left(\frac{2n+1}{2n}\frac{4q_{\mathrm{V}}}{Wh^{2}}\right)^{n}=K\left(\frac{2n+1}{3n}\frac{6q_{\mathrm{V}}}{Wh^{2}}\right)^{n} \tag{2-19}$$

将式（2-19）改写成

$$\frac{h\Delta p}{2L}=K\left(\frac{2n+1}{3n}\right)^{n}\left(\frac{6q_{\mathrm{V}}}{Wh^{2}}\right)^{n-1}\left(\frac{6q_{\mathrm{V}}}{Wh^{2}}\right)$$

令 $\eta_a = K\left(\frac{2n+1}{3n}\right)^n\left(\frac{6q_V}{Wh^2}\right)^{n-1}$，则上式化为

$$\Delta p = \eta_a \frac{12Lq_V}{Wh^3} \tag{2-20}$$

三、成型过程中的流动状态分析

注射成型中流动过程如图 2-14 所示。流动过程可以分为三个区段。第一区段是塑料聚合物熔体在注射机内的旋转螺杆与料筒之间进行输送、压缩、熔融塑化，并将塑化好的熔体储存在料筒的端部。第二区段是储存料筒端部的熔体受螺杆的向前推压力并通过喷嘴、模具的主流道、分流道和浇口，开始射入模腔内。这一区段的特点是各段流道（包括喷嘴和浇口）长径比较大，截面一般具有简单的几何形状。该段的熔体一般不发生物理、化学变化。第三区段是塑料熔体经浇口射入模具型腔过程中的流动、相变与固化。这一区段完全在模具内完成，其过程非常复杂，涉及三维流动、相迁移理论、不稳定导热等方面的知识，本书不作这方面的介绍。下面仅对第二区段熔体在浇注系统中的流动作简单分析。

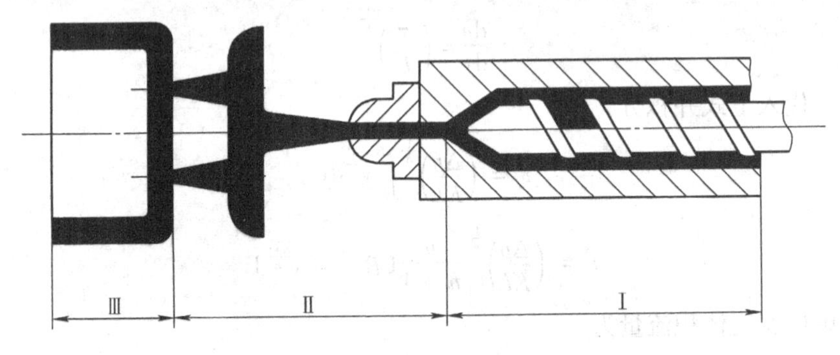

图 2-14　注射过程中塑料熔体流动的三个区段

如前所述，符合指数规律的聚合物熔体在圆管和扁槽中流动时的压力损失 Δp 的表达式分别为 $\Delta p = \eta_a \frac{8Lq_V}{\pi R^4}$［见式（2-15）］和 $\Delta p = \eta_a \frac{12Lq_V}{Wh^3}$［见式（2-20）］。如果浇注系统和型腔流动阻力较小，则在型腔充满之前，熔体的体积流量 q_V 基本上取决于注射机注射液压泵的供油速率，为一恒定值。由式（2-15）和式（2-20）可知，当充模速率一定时，流动中的压力损失 Δp 与下列因素有关。

1）压力损失 Δp 和流动距离 L 成正比，随着流动距离 L 的增加而增大。流道（包括型腔）越长，压力损失就越大。因此，在浇注系统的设计时，在可能的情况下，流道应越短越好，以减小压力损失。

2）压力损失 Δp 和流道（包括型腔）的截面尺寸有关。对于圆形流动通道，压力损失与流道半径的 4 次方成反比；对矩形流动通道，压力损失与流道深度的 3 次方和宽度的 1 次方成反比，即流道截面尺寸愈小，压力损失就愈大。另外，矩形流道的深度对压力损失的影响要比宽度对压力损失的影响敏感得多、大得多。因此，在设计分流道或浇口时，其深度应尽量小一些，以便试模后留有返修的余地。但浇注系统的截面积也不是越大越好，因为随着浇注系统截面的增大，熔体的流速减小，剪切速率也会减小，导致熔体表观粘度增加，流动性降低，压力损失反而增大。因此，浇口截面的增大有个极限值，这就是大浇口的上限。反

之，小截面浇口也不一定都会失败。例如，点浇口和潜伏浇口之所以能成功，就是因为绝大多数塑料熔体的表观粘度是剪切速率的函数，即 $\eta_a = K\dot{\gamma}^{n-1}$。因此，采用小浇口时，流速愈快，它的剪切速率愈大，所以表观粘度愈小，愈容易注射。另外，熔体高速流经小浇口时，摩擦力增大，部分能量转变为热能，遂提高了浇口处的局部温度，也有利于表观粘度的降低。但当浇口截面过小，剪切速率提高到 $10^4 s^{-1}$ 以上时，剪切速率与表观粘度的依存关系则不复存在，即超过此极限，剪切速率再增加，表观粘度也不再降低，此时的浇口截面就是小浇口的极限尺寸。

3）压力损失和熔体的表观粘度成正比，表观粘度愈大，压力损失也愈大。因此，降低粘度有利于充模。降低粘度的一种办法是升高熔体温度，但升高熔体温度也有一定限制，不能高于聚合物的降解温度。有些聚合物（如聚乙烯、聚丙烯、聚甲醛等）达到一定温度后，若再大幅度提高温度，而它的表观粘度却降低有限，反而会造成降解。降低粘度的另一种办法是提高聚合物的剪切速率。提高剪切速率可借助于小浇口尺寸或增加注射压力（即增大切应力）。但需要注意的是，提高剪切速率要防止聚合物的降解以及“熔体破碎”现象的发生。

四、速度分布与端末效应

（1）速度分布　分析熔体在各种截面通道内流动时，不论牛顿型流体或非牛顿型流体，都被假定为稳定流动状态，即切应力在管中心为零，向管壁逐渐增大，在管壁处为最大。也就是说，流体在圆管内的速度分布在管中心为最大，向管壁逐渐减小，在管壁处为零。对牛顿型流体来说，这种分布呈抛物线型；对非牛顿型流体来说，这种抛物线型稍尖（$n>1$）或稍平（$n<1$）。图 2-15 所示为各种流体在圆管内的速度分布，横坐标是流体层半径 r 与管子半径 R 的比值，而纵坐标是半径 r 的流层流速 v 与流体平均速度 v_m 的比值。

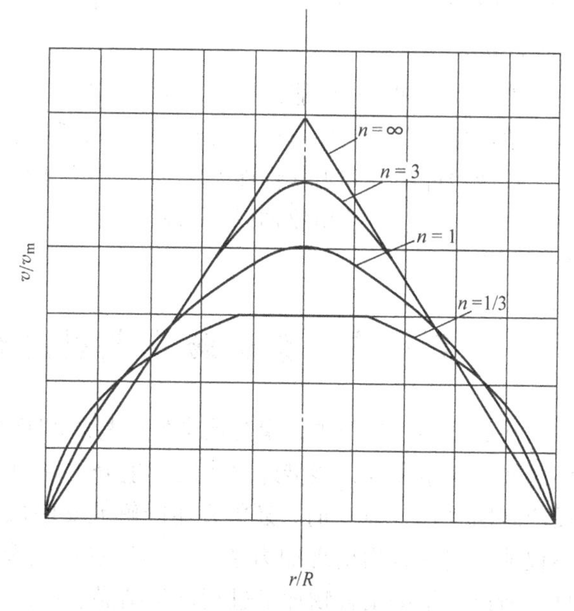

图 2-15　各种流体的速度分布

（2）端末效应　当流体由储槽、大管进入导管时就不属于稳定流动，流体各质点运动速度的大小和方向都随时发生变化，因而其速度分布曲线非常平坦而成直线，只有贴近管壁极薄一层液层处，其速度骤降，至管壁处为零。流体在进入导管后须经过一定距离 L_e 后，稳定状态方能形成，如图 2-16 所示。实验测定，聚合物熔体的 L_e = （0.03 ~ 0.05）DRe，式中 D 为导管内径，Re 为流体的雷诺数。流体在此段内的压力损失总是比计算出的大，这是由于聚合物熔体在此区域内产生弹性变形和速度调整消耗了一部分能量的结果。

聚合物熔体在出口区域，已经不受导管的约束，料流各点速度在此重新调整为相等的速度，于是料流断面即行收缩，其收缩比以 $\frac{D_s}{D}$ 来表示，牛顿型流体 $\frac{D_s}{D}=0.87$，假塑性流体的 $\frac{D_s}{D}$

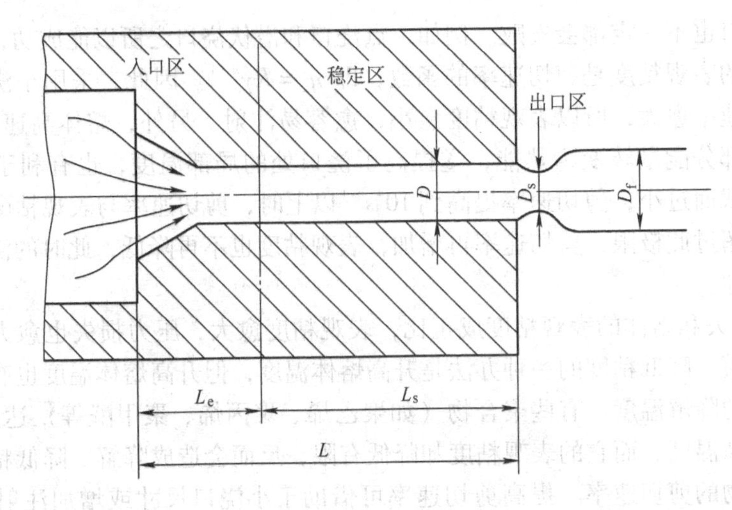

图 2-16　聚合物熔体在管子入口区和出口区的流动

>0.87。在出口区，假塑性流体继收缩之后，由于弹性的恢复又会出现膨胀效应，自然流动时膨胀的最大直径 D_f 与管子直径 D 之比 $\frac{D_f}{D}$ 称为膨胀比。当流出速度恒定时，导管愈短，膨胀愈严重。

入口效应和出口膨胀效应通常对塑料的成型都是不利的，特别是在注射成型、挤出成型和拉丝过程中，可能导致产品变形和扭曲，降低塑件的尺寸稳定性，并可能在塑件内产生应力，降低塑件物理和力学性能。增加管子或口模平直部分的长度、适当降低成型时的压力和提高成型温度、对挤出物加以适当速度的牵引或拉伸等，均有利于减小或消除端末效应带来的不利影响。

第四节　聚合物在成型过程中的物理和化学变化

在成型加工过程中，聚合物会发生物理和化学变化，例如，在某些条件下，聚合物能够结晶或改变结晶度，能借外力作用产生分子取向；当聚合物分子键中存在薄弱环节或有活性反应基团（活性点）时，还能发生降解或交联反应。加工过程出现的这些物理和化学变化，不仅能引起聚合物出现如力学、光学、热性能及其他性质的变化，而且影响了加工工艺条件。所以，了解聚合物加工过程产生结晶、取向、降解和交联等物理和化学变化的特点以及加工条件对它们的影响，并根据产品性能和用途的需要，对这些物理和化学变化进行控制，在聚合物的成型和应用上有很大的实际意义。

一、聚合物的结晶

如前所述，聚合物的聚集态结构有结晶型和无定形两种。结晶型是指聚合物中具有分子作有规则紧密排列的区域——结晶区，其结晶的程度和能力可用结晶区在聚合物中所占的重量百分数——结晶度来度量。聚合物的结晶倾向不同，即使成型方法相同，其具体的控制方法也不会一样。

聚合物由非晶态转为晶态的过程就是结晶过程，已如前述，结晶过程只能发生在玻璃化温度 θ_g 以上和熔点 θ_m 以下这一温度区间内。同金属的结晶相类似，聚合物的结晶过程也由晶核生成和晶体生长两步完成。

在聚合物主体中，如果它的某一局部的分子链段已成为有序排列，且其大小已能使晶体自发地生长，则该种大小有序排列的微粒即称为晶坯。晶坯在高于熔点 θ_m 时时结时散，处于一种动态平衡状态。温度接近 θ_m 乃至刚刚冷至 θ_m 以下时，晶坯依然有时结时散的情况，但某些晶坯也会长大，以致达到临界的稳定尺寸，即变成晶核。晶核生成的速率与温度密切相关，若以 $\Delta\theta$ 表示晶核生成的温度与熔点 θ_m 之间的温差，则当 $\Delta\theta$ 等于零时，即温度为熔点，晶核生成的速率为零。$\Delta\theta$ 逐渐增大，晶核生成速率很快上升，以致达到一个最大值。这时，没有达到临界尺寸的晶坯结多散少，最有利于形成晶核。$\Delta\theta$ 继续增大，分子链段的运动阻力会增大，因而晶核生成率又会降低，直至接近于玻璃化温度 θ_g 时又降为零。此时，分子主链的运动停止，因此，晶坯的生长，晶核的生成及晶体的生长都停止。这样，凡是尚未开始结晶的分子均以无序状态或非晶态保持在聚合物中，从而构成了聚合物中的非晶区。值得注意的是，在晶核生成的过程中，如果熔体中存有外来的物质（异相成核），则会大大提高晶核的生成速率。

晶体生长速率以恰在熔点 θ_m 以下的某一温度为最快，温度下降时由于分子链段活动阻力增大而使晶体的生长速率随之下降。显然，聚合物结晶的总速率，受晶核生成和晶体生长速率的共同制约，一般变化规律为开始慢，很快达到极大值后逐渐减慢为零。

综上所述，具有结晶倾向的聚合物，在成型的塑料制件中，会不会出现晶形结构，需由成型时塑料制件的冷却速率来决定。至于出现晶形结构后其结晶度有多大，各部分的结晶情况是否一致，在很大程度上取决于对冷却控制的情况。由于结晶度能够影响塑件的性能，因而工业上为了改善由具有结晶倾向的聚合物所制的塑件性能，常采用热处理方法（即烘若干时间）以使其非晶相转变为晶相。将不太稳定的晶形结构转为稳定的晶形结构，微小的晶粒转为较大的晶粒等。但也必须注意，适当的热处理可以提高聚合物的性能，也会由于晶粒的过分粗大，使聚合物变脆，性能反而变坏。

二、成型过程中的取向

如前所述，聚合物熔体在导管（如圆管）内流动的速率在管中心最大，管壁处为零；在导管截面上各点的速度分布呈扁平的抛物线形状。在这种流动情况下，热固性和热塑性塑料中各自存在的细而长的纤维状填料（如木粉、短玻璃纤维等）和聚合物分子，在很大程度上，都会顺着流动的方向作平行的排列，这种排列常称为取向作用。其原因是若不作这样的排列，细而长的单元势必以不同的速度运动，这是不可能的。其次，由于同样原因，热塑性塑料在其玻璃化温度与粘流温度（或软化点）之间进行拉伸时，也会发生取向作用。显然这些取向单元如果继续存在于塑件中，则塑件就将出现各向异性。各向异性有时是塑件所需要的，如制造取向薄膜与单丝等，这样就能使塑件沿拉伸方向的抗拉强度与光泽程度等有所增加。但在制造许多厚度较大的塑件（如压缩产品）时，又要力图消除这种各向异性现象，因为塑件中存在的这一现象不仅使取向不一致，而且各部分的取向程度也有差别，这样会使塑件在某些方向上的机械强度得到提高，而在另外一些方向上反而降低，甚至发生翘曲或裂纹。

（1）注射、压注成型塑件中纤维状填料的取向　注射、压注成型塑件中填料的取向方向与程度主要依赖于浇口的形状与位置，如图 2-17 所示。在成型扇形试件时，填料在充填过程中的位置变更是按图 2-17a ~ h 顺次进行的。可以看出，填料排列的方向主要顺着流动的方向，碰上阻断力（如模壁等）后，它的流动就改成与阻断力成垂直的方向，并按此定形。测试表明，扇形试件在切线方向上的力学强度总是大于径向的，而在切线方向上的收缩率（试件在存放其间的收缩）又往往小于径向的。这显然与填料在扇形试件中的取向有关，因此在设计模具时，浇口位置的开设与塑料制件在模具上位置的布置，应使其在使用时的受力方向与塑料在模内的流动方向相同，以保证填料的取向与受力方向一致。填料在热固性塑料制件中的取向是无法在制品成型后消除的。

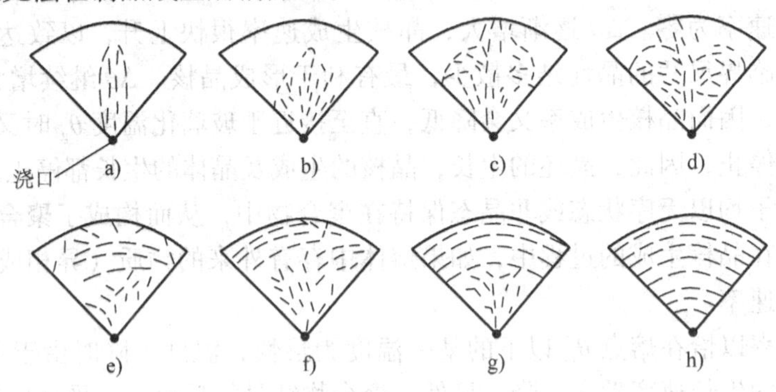

图 2-17　扇形片试样中填料的取向

（2）注射、压注成型塑件中聚合物分子的取向　一般情况下，聚合物在成型过程中只要存在熔体的流动，就会有分子的取向。图 2-18 所示是用双折射法测量长条形注射试件的取向情况。从图中可以看出，沿试件轴向的分子取向程度从浇口处顺着料流方向逐渐增加，达到最大值（靠近浇口一边）后又逐渐减弱。沿试件截面越靠近中心区域取向程度越小，取向程度较高的区域是在中心两侧（从整体来说则是中心的四周）而不到表层的一带。产生上述现象的原因是熔体流动过程中切应力和分子热运动作用的综合结果。

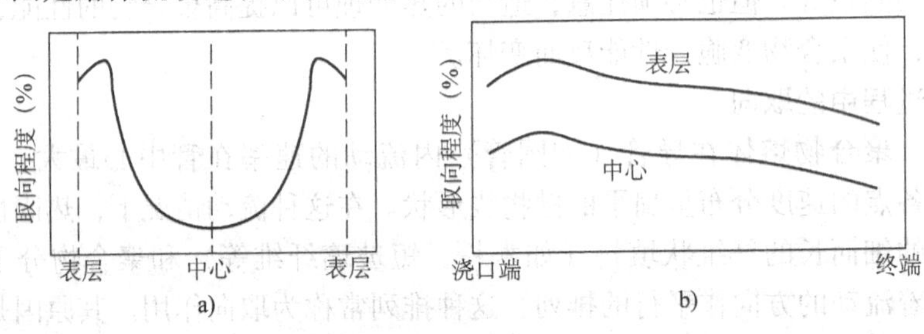

图 2-18　注射成型长条形试样中聚合物取向程度分析

a）横向截面　b）轴向纵截面

通过实验分析可知，影响塑件中聚合物分子取向的原因有以下几个方面：

1）随着成型温度、塑件高度（即型腔的深度），塑料充填时的温度等的增加，分子取向程度即有减弱的趋势。

2）增加浇口长度、压力和成型时间，分子取向程度也随之增加。

3）分子取向程度与浇口开设的位置和形状有很大关系。为减少分子取向程度，浇口最好设在型腔深度较大的部位。

塑料制件中如果存在分子取向现象，则顺着分子取向方向（即塑料在成型中的流动方向）上的力学性能总是优于其他方向。如聚苯乙烯试件的纵向抗拉强度为 45MPa，伸长率为 1.6%；而横向的抗拉强度为 20MPa，伸长率为 0.9%。收缩率也是纵向大于横向。

三、聚合物的降解

聚合物成型塑件常常是在高温和应力作用下进行的。因此，聚合物分子可能由于受到热和应力的作用或由于高温下聚合物中微量水分、酸、碱等杂质及空气中氧的作用而导致其相对分子质量降低，使聚合物的大分子结构发生化学变化。通常把相对分子质量降低的现象称为降解（或裂解）。

降解的实质表现为断链、交联、分子链结构的改变，侧基的改变以及它们的综合作用。加工过程中聚合物的降解一般都难以完全避免。轻度降解会使聚合物带色，进一步降解会使聚合物分解出低分子物质，相对分子质量（或粘度）降低，塑件出现气泡和流纹等弊病，并因此削弱塑件的各种物理、力学性能。严重的降解会使聚合物焦化变黑，产生大量的分解物质，甚至分解产生物与未分解的聚合物会从加料筒中猛烈喷出，使加工过程不能顺利进行。对成型来说，热降解是主要的，由力、氧和水等引起的降解次之。

聚合物在成型过程中出现降解后，塑件外观变坏，内在质量降低，使用寿命缩短。因此，加工过程大多数情况下都应设法减少和避免聚合物降解。为此，通常可采取如下措施：

1）严格控制原材料的技术指标，使用合格的原材料。聚合物的质量在很大程度上受合成过程中工艺的影响，例如大分子结构中含有双键或支链，相对分子质量分散性大，原料不纯或因后期净化不良而混有引发剂、催化剂、酸、碱或金属粉末等多种化学或机械杂质时，聚合物的稳定性和加工性变坏。

2）使用前对聚合物进行严格干燥，特别是聚酯、聚醚和聚酰胺等聚合物在存放过程中容易从空气中吸附水分，使用前通常应使水分含量降低到 0.05% 以下。

3）确定合理的加工工艺和加工条件，使聚合物在不易产生降解的条件下加工成型，这对于那些热稳定性差、加工温度和分解温度非常接近的聚合物尤为重要。绘制聚合物成型加工温度范围图（见图 2-19）有助于确定合适的成型条件。一般加工温度应低于聚合物的分解温度。一些聚合物的加工温度与分解温度见表 2-3。

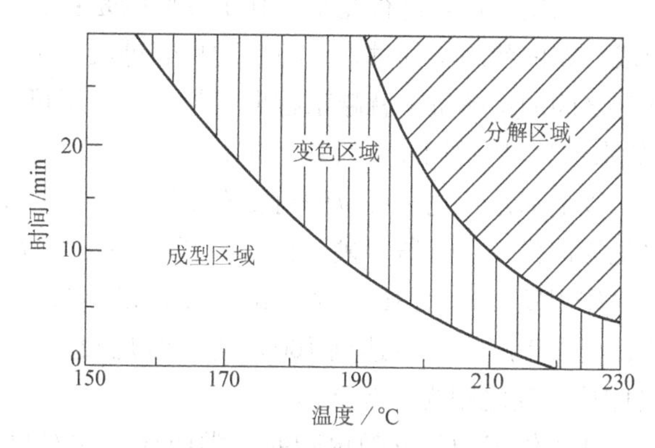

图 2-19　硬聚氯乙烯成型温度范围

4）使用附加剂，根据聚合物性能，特别是加工温度较高的情况，在配方中考虑使用抗氧剂、稳定剂等以加强聚合物对降解的抵抗能力。

表 2-3　常用聚合物的分解温度与加工温度　（单位：℃）

聚　合　物	热分解温度	加工温度	聚　合　物	热分解温度	加工温度
聚苯乙烯（PS）	310	170～250	高密度聚乙烯（HDPE）	320	220～280
聚氯乙烯（PVC）	170	150～190	聚丙烯（PP）	300	200～300
聚甲基丙烯酸甲酯（PMMA）	280	180～240	聚对苯二甲酸乙二酯（PETP）	380	260～280
聚碳酸酯（PC）	380	270～320	聚酰胺-6（PA-6）	360	230～290
氯化聚醚（CPS）	290	180～270	聚甲醛（POM）	220～240	195～220

聚合物的降解在大多数情况下是有害的，但也有一些情况例外，如利用降解作用来改变聚合物的性质（包括加工性质）以扩大聚合物的用途等，如通过机械降解（辊压或共挤）作用使聚合物之间或两种聚合物的单体之间进行接枝或嵌段聚合制备共聚物，以改良聚合物性能并扩大聚合物应用范围就是一例，该种方法已在工业上得到应用。

四、聚合物的交联

聚合物在加工过程中，形成三维结构的反应称为交联，通过交联反应能制得交联（即体型）聚合物。和线型聚合物比较，交联聚合物的力学强度、耐热性、耐溶剂性、化学稳定性和塑件的形状稳定性等均有所提高。所以，在一些对强度、工作温度、蠕变等要求较高的场合，交联聚合物有较广泛的应用。通过不同途径如以压缩、压注及层压等加工方法生产热固性塑料的过程，就存在着典型的交联反应；但在加工热塑性聚合物时，由于加工条件不适当或其他原因（如原料不纯等）也可能在聚合物中引起交联反应，使聚合物的性能改变。这种交联称为非正常交联，是加工过程要避免的。

通常，热固性塑料尚未成型时，其主要组成物（树脂）都是线型聚合物。这些线型聚合物分子与热塑性中的线型聚合物分子的不同点在于，前者在分子链中都带有反应集团（如羟甲基等）或反应活点（如不饱和键等）。成型时，这些分子通过自带的反应集团的作用或自带反应活点与交联剂（也称硬化剂，是后加的）的作用而交联在一起，这些化学反应都称为交联反应。已经发生作用的基团和活点对原有反应基团或活点的比值称为交联度。

交联反应很难进行完全，其主要原因是：交联反应是热固性树脂分子向三维发展并逐渐形成巨型网状结构的过程，随着过程的进展，未发生作用的反应基团之间，或反应活点与交联剂之间的接解机会就越来越少，甚至变为不可能；有时反应系统中包含着气体反应生成物（如水汽），因而阻止了反应的进行。

以上都是从化学反应的角度来说明交联作用的。在成型工业中，交联一词常常用硬化、熟化等词代替。所谓“硬化得好”或“硬化得完全”并不意味着交联作用的完全，而是指交联作用发展到一种最为适宜的程度，以致塑料制件的物理-力学性能等达到最佳状况。显然，交联程度是不会达到100%的，但是硬化程度却可以。一般硬化程度大于100%的为“过熟”，反之则为“欠熟”。

硬化作用的类型随树脂的种类而异，它对热固性塑料的储存期和成型所需的时间起着决定性的作用。硬化不足的热固性塑料制件，其中常存有较多的可熔性低分子物，而且由于分子结合得不够强（指交联作用不够），以致对塑件的性能带来影响，例如力学强度、耐热性、耐化学腐蚀性、电绝缘性等的下降，热膨胀、后收缩、内应力、受力时的蠕变量等的增加，表面缺少光泽，容易发生翘曲等。硬化不足时，有时还可能使塑件产生裂纹，这种裂纹有时甚至用肉眼也能观察到。裂纹的存在使前面列举的性能进一步恶化，吸水量也有显著的增加。过度硬化或过熟的塑件，在性能上也会出现很多缺陷，例如力学强度不高、发脆、变色、表面出现密集的小泡等等。过度硬化或过熟还包括成型中所产生的焦化和裂解等现象。塑料制件过熟一般都是成型不当所引起的。必须指出，过熟和欠熟的现象有时会发生在同一塑件上。出现的主要原因可能是成型温度过高、上下模的温度不同、塑件过大或过厚等。

第五节　塑料的组成及工艺特性

一、塑料的组成

塑料的成分相当复杂，几乎所有的塑料都是以各种各样的树脂为基础，再加入用来改善其性能的各种添加剂制成的。

（一）树脂

树脂是塑料的主要成分，它联系或胶粘着塑料中的其他一切组成部分，并决定塑料的类型和性能（如热塑性或热固性、物理、化学及力学性能等）。塑料之所以具有可塑性或流动性，就是树脂所赋予的。

（二）填充剂

填充剂又称填料，它是塑料中的另一重要的但并非必要的成分。在许多情况下填充剂所起的作用并不比树脂小。因而，正确地选择填充剂可以改善塑料的性能和扩大它的使用范围。

填充剂既有增量作用又有改性效果。塑料中加入填充剂后，不仅能使塑料的成本大大降低，而且还能使塑料的性能得到显著改善，对塑料的推广和应用起了促进作用。例如，酚醛树脂中加入木粉后，既克服了它的脆性，又降低了成本。聚乙烯、聚氯乙烯等树脂中加入钙质填料后，便成为十分价廉的具有足够刚性和耐热性的钙塑料。聚酰胺、聚甲醛等树脂中加入二硫化钼、石墨、聚四氟乙烯后，使塑料的耐磨性、抗水性、耐热性、硬度及力学强度等得到全面的改进。用玻璃纤维作为塑料的填充剂，能使塑料的力学强度大幅度地提高。有的填充剂还可以使塑料具有树脂所没有的性能，如导电性、导磁性、导热性等。

填充剂按其化学性能可分为无机填料和有机填料；按其形状可分为粉状的、纤维状的和层状（片状）的。粉状填料有木粉、纸浆、硅藻土、大理石粉、滑石粉、云母粉、石棉粉、高岭土、石墨、金属粉等；纤维状填料有棉花、亚麻、石棉纤维、玻璃纤维、碳纤维、硼纤维、金属须等；层状填料有纸张、棉布、石棉布、玻璃布、木片等。

（三）增塑剂

有些树脂（如硝酸纤维、醋酸纤维、聚氯乙烯等）的可塑性很低，柔软性也很差，为了降低树脂的熔融粘度和熔融温度，改善其成型加工性能，改进塑料的柔软性以及其他各种必要的性能，通常加入能与树脂相溶的不易挥发的高沸点有机化合物，这类物质称为增塑剂。树脂中加入增塑剂后，加大了其分子间的距离，因而削弱了大分子间的作用力。这样便使树脂分子容易滑移，从而使塑料能在较低的温度下具有良好的可塑性和柔软性。如聚氯乙烯树脂中加入邻苯二甲酸二丁酯，可变为像橡胶一样的软塑料。加入增塑剂固然可以使塑料的工艺性能和使用性能均得到改善，但也降低了树脂的某些性能，如硬度、抗拉强度等。因此，添加增塑剂要适量。对增塑剂的要求是：与树脂有良好的相溶性；挥发性小，不易从塑件中析出；无毒、无臭味、无色；对光和热比较稳定；不吸湿。常用的增塑剂是液态或低熔点固体有机化合物。其中主要有甲酸酯类、磷酸酯类和氯化石蜡等。

（四）稳定剂

稳定剂可以提高树脂在热、光、氧和霉菌等外界因素作用时的稳定性，阻缓塑料变质。许多树脂在成型加工和使用过程中由于受上述因素的作用，性能会变坏。加入少量（千分之几）稳定剂可以减缓这种情况的发生。对稳定剂的要求是除对聚合物的稳定效果好外，还应能耐水、耐油、耐化学药品，并与树脂相溶，在成型过程中不分解、挥发小、无色。常用的稳定剂有硬脂酸盐、铅的化合物及环氧化合物等。稳定剂可分热稳定剂、光稳定剂等。

（五）润滑剂

为改进塑料熔体的流动性，减少或避免对设备或模具的摩擦和粘附，以及降低塑件表面粗糙度等而加入的添加剂称为润滑剂。常用的润滑剂有硬酯酸及其盐类。

（六）着色剂

在塑料中有时可以用有机颜料、无机颜料和染料使塑料制件具有各种色彩，以适合使用上的美观要求。有些着色剂兼有其他作用，如本色聚甲醛塑料用碳黑着色后能在一定程度上有助于防止光老化；聚氯乙烯用二盐基性亚磷酸铅等颜料着色后，可避免紫外线的射入，对树脂起着屏蔽作用，因此，它们还可以提高塑料的稳定性。对着色剂的一般要求是：性质稳定，不易变色，不与其他成分（增塑剂、稳定剂等）起化学反应，着色力强，与树脂有很好的相溶性。

（七）固化剂

固化剂又称硬化剂，它的作用在于通过交联使树脂具有体型网状结构，成为较坚硬和稳定的塑料制件。例如，在酚醛树脂中加入六亚甲基四胺，在环氧树脂中加入乙二胺、顺丁烯二酸酐等。

塑料的添加剂除上述几种外，还有发泡剂、阻燃剂、防静电剂、导电剂和导磁剂等。并非每一种塑料都要加入全部添加剂，而是根据塑料品种和使用要求加入所需的某些添加剂。

另外，塑料可以制成“合金”，即把不同种性能的塑料溶合起来，或者将不同单体通过化学共聚或接枝等方法结合起来，组成改性品种。例如，ABS 塑料就是由苯乙烯、丁二烯、丙烯腈组成，经共聚和混合而制成的三元“合金”或复合物；苯乙烯-氯化聚乙烯-丙烯腈（ACS）、丁腈-酚醛和聚苯撑氧-苯乙烯等三元或二元复合物都属于这类塑料。

二、塑料的分类

目前，塑料的品种很多，从不同角度按照不同原则进行分类的方式也各不相同。但常用的塑料分类方法有以下两种：

（一）按照合成树脂的分子结构及其特性分类

（1）热塑性塑料　这类塑料的合成树脂都是线型或带有支链型结构的聚合物，因而受热变软，成为可流动的稳定粘稠液体。在此状态具有可塑性，可塑制成一定形状的塑件，冷却后保持既得的形状；如再加热，又可变软塑制成另一形状，如此可以反复进行多次。在这一过程中一般只有物理变化，因而其变化过程是可逆的。

简而言之，热塑性塑料是由可以多次反复加热而仍具有可塑性的合成树脂制得的塑料。聚乙烯、聚丙烯、聚苯乙烯、聚氯乙烯、有机玻璃、聚酰胺、聚甲醛、ABS、聚碳酸酯、聚砜等塑料均属此类。

（2）热固性塑料　这类塑料的合成树脂是带有体型网状结构的聚合物，在加热之初，因分子呈线型结构，具有可溶性和可塑性，可塑制成一定形状的塑件；当继续加热时，温度达到一定程度后，分子呈现网状结构，树脂变成不溶或不熔的体型结构，使形状固定下来不再变化。如再加热，也不再软化，不再具有可塑性。在这一变化过程中既有物理变化，又有化学变化，因而其变化过程是不可逆的。

简而言之，热固性塑料是由加热硬化的合成树脂制得的塑料。酚醛塑料、氨基塑料、环氧塑料、有机硅塑料、不饱合聚酯塑料等均属此类。

（二）按塑料的应用范围分类

（1）通用塑料 这类塑料主要是指产量大、用途广、价格低的一类塑料，主要包括六大品种：聚乙烯、聚氯乙烯、聚苯乙烯、聚丙烯、酚醛塑料和氨基塑料。它们的产量占塑料总产量的一大半以上，构成了塑料工业的主体。

（2）工程塑料 工程塑料常指在工程技术中用作结构材料的塑料。它除具有较高的机械强度外，还具有很好的耐磨性、耐腐蚀性、自润滑性及尺寸稳定性等，即具有某些金属性能，因而可以代替金属作某些机械构件。

从广义来说，几乎所有的热塑性塑料甚至热固性塑料都可作为工程塑料。但实际上目前常用的工程塑料仅包括聚酰胺、聚甲醛、聚碳酸酯、ABS、聚砜、聚苯醚、聚四氟乙烯等几种。

（3）特殊塑料 特殊塑料指具有某些特殊性能的塑料。这类塑料有高的耐热性或高的电绝缘性及耐腐蚀性等。如氟塑料、聚酰亚胺塑料、有机硅树脂、环氧树脂等，还包括为某些专门用途而改性制得的塑料、导磁塑料以及导热塑料等。

三、塑料的成型工艺性能

塑料的工艺性能表现在许多方面，有些性能直接影响成型方法和工艺参数的选择，有的则只与操作有关，下面就热塑性塑料与热固性塑料的工艺性能要求分别进行讨论。

（一）热塑性塑料的工艺性

热塑性塑料的成型工艺性能除了前面讨论过的热力学性能、结晶性及取向性外，还应包括收缩性、流动性、相容性、吸湿性及热稳定性等。

1. 收缩性

一定量的塑料在熔融状态下的体积总比其固态下的体积大，说明塑料经成型冷却后发生了体积收缩，这种性质称为收缩性。收缩性的大小以单位长度塑件收缩量的百分数来表示，叫做收缩率。由于成型模具材料与塑料的线胀系数不同，收缩率分为实际收缩率和计算收缩率。实际收缩率表示模具或塑件在成型温度时的尺寸与塑件在室温时的尺寸之间的差别，而计算收缩率则表示室温时模具尺寸与塑件尺寸的差别。这两种收缩率的计算可按下列公式求得

$$s_s = \frac{a - b}{b} \times 100\% \tag{2-21}$$

$$s_j = \frac{c - b}{b} \times 100\% \tag{2-22}$$

式中 s_s——实际收缩率；

s_j——计算收缩率；

a——模具或塑件在成型温度时的尺寸；

b——塑件在室温时的尺寸；

c——模具在室温时的尺寸。

实际收缩率表示塑料实际所发生的收缩，在大型、精密模具成型零件尺寸计算时常采用。在普通中、小型模具成型零件尺寸计算时，计算收缩率与实际收缩率相差很小，所以常

采用计算收缩率。

塑件收缩的形式除由于热胀冷缩、塑件脱模时的弹性恢复、塑性变形等原因产生的尺寸线性收缩外；还会按塑件形状、料流方向及成型工艺参数的不同产生收缩方向性；此外，塑件脱模后残余应力的缓慢释放和必要的后处理工艺也会使塑件产生后收缩。显然，影响塑件成型收缩的因素主要有：

（1）塑料品种　各种塑料都具有各自的收缩率。同种塑料由于树脂的相对分子质量、填料及配方比等不同，收缩率及各向异性也不同。例如，树脂的相对分子质量高，填料为有机的，树脂含量较多，则塑料的收缩率就大。

（2）塑件结构　塑件的形状、尺寸、壁厚、有无嵌件、嵌件数量及其分布对收缩率的大小也有很大影响。如塑件的形状复杂；壁薄、有嵌件、嵌件数量多且对称分布，收缩率就小。

（3）模具结构　模具的分型面、浇口形式、尺寸及其分布等因素直接影响料流方向、密度分布、保压补缩作用及成型时间。采用直接浇口和大截面的浇口，可减小收缩，但方向性强；浇口宽且短，则方向性小，距浇口近的或与料流方向垂直的部位收缩大。

（4）成型工艺条件　模具温度高，熔料冷却慢，则密度低，收缩大。尤其对于结晶料，因结晶度高，体积变化大，故收缩更大。模温分布与塑件内外冷却及密度均匀性也有关，直接影响到各部位收缩量的大小及方向性。此外，成型压力及保压时间对收缩也有较大影响，压力高，时间长的收缩小，但方向性大。注射压力高，熔料粘度小，层间切应力小，脱模后弹性回跳大，故收缩也可相应减小。料温高，则收缩大，但方向性小。因此，在成型时调整模温、压力、注射速度及冷却时间等因素也可适当改变塑件收缩情况。

影响塑料收缩率变化的因素很多，而且相当复杂。不同品种的塑料，其收缩率各不相同，即使同一品种而批号不同的塑料，或同一塑件的不同部位，其收缩率也经常不同。因此，收缩率不是一个固定值，而是在一定范围内变化的，这个波动范围越小，塑件的尺寸精度就越容易保证，否则就难于控制。在模具设计时应根据以上因素综合考虑选取塑料的收缩率。

2. 流动性

在成型过程中，塑料熔体在一定的温度与压力作用下充填模腔的能力，称为塑料的流动性。塑料流动性的好坏，在很大程度上影响成型工艺的许多参数，如成型温度、压力、周期、模具浇注系统的尺寸及其他结构参数。在决定零件大小与壁厚时，也要考虑流动性的影响。

从分子结构来讲，流动的产生实质上是分子间相对滑移的结果。聚合物熔体的滑移是通过分子链段运动来实现的。显然，流动性主要取决于分子组成、相对分子质量大小及其结构。只有线型分子结构而没有或很少有交联结构的聚合物流动性好，而体型结构的高分子一般不产生流动。聚合物中加入填料会降低树脂的流动性；加入增塑剂、润滑剂可以提高流动性。流动性差的塑料，在注射成型时不易充填模腔，易产生缺料。有时当采用多个浇口时，塑料熔体的会合处不能很好地熔接而产生熔接痕。这些缺陷甚至会导致零件报废。相反，若材料流动性太好，注射时容易产生流涎、造成塑件在分型面、活动成型零件、推杆等处的溢料飞边，因此，成型过程中应适当选择与控制材料的流动性，以获得满意的塑料制件。

塑料流动性的好坏采用统一的方法来测定。对热塑性塑料常用的方法有熔融指数测定法

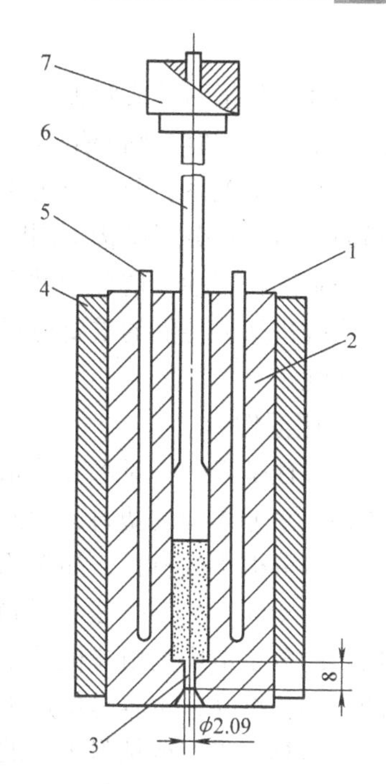

图 2-20　熔融指数测定仪结构示意图
1—热电偶测温管　2—料筒　3—出料孔
4—保温层　5—加热棒　6—柱塞
7—重锤（重锤加柱塞共重 2160g）

和螺旋线长度试验法。熔融指数测定法是将被测塑料装入如图 2-20 所示的标准装置内，在一定的温度和压力下，通过测定熔体在 10min 内通过标准毛细管（直径为 ϕ2.09mm 的出料孔）的塑料重量值来确定其流动性的状况，该值叫熔融指数。熔融指数越大，流动性越好。熔融指数的单位为 g/10min，通常以 MI 代表。螺旋线长度试验法是将被测塑料在一定的温度与压力下注入如图 2-21 所示的标准的阿基米德螺旋线模具内，用其所能达到的流动长度（图中所示数字，单位为 cm）来表示该塑料的流动性。流动长度越长，流动性就越好。

热塑性塑料的流动性分为三类：流动性好的，如聚乙烯、聚丙烯、聚苯乙烯、醋酸纤维素等；流动性中等的，如改性聚苯乙烯、ABS、AS、有机玻璃、聚甲醛、氯化聚醚等；流动性差的，如聚碳酸酯、硬聚氯乙烯、聚苯醚、聚砜、氟塑料等。

影响流动性的因素主要有：

（1）温度　料温高，则流动性大，但不同塑料也各有差异。聚苯乙烯、聚丙烯、聚酰胺、有机玻璃、ABS、AS、聚碳酸酯、醋酸纤维等塑料的流动性随温度变化的影响较大；而聚乙烯、聚甲醛的流动性受温度变化的影响较小。

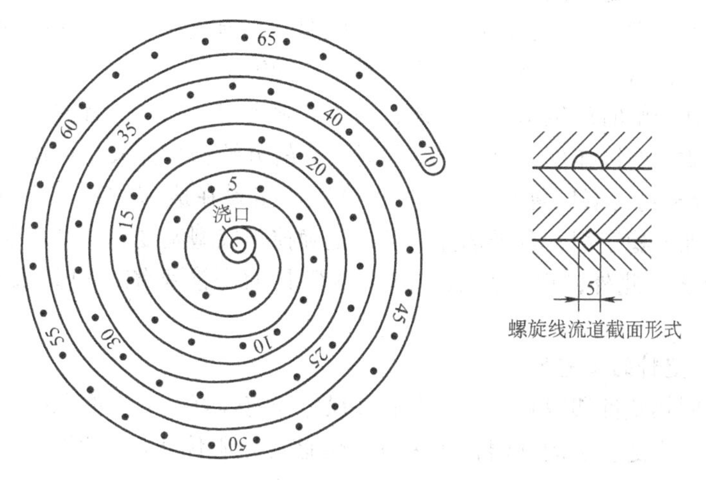

图 2-21　螺旋流动试验模具流道示意图

（2）压力　注射压力增大，则熔料受剪切作用大，流动性也增大，尤其是聚乙烯、聚甲醛较为敏感。

（3）模具结构　浇注系统的形式、尺寸、布置（如型腔表面粗糙度、浇道截面厚度、型腔形式、排气系统）、冷却系统的设计、熔料的流动阻力等因素都直接影响熔料的流动性。凡促使熔料温度降低，流动阻力增加的，流动性就会降低。

3. 相容性

相容性是指两种或两种以上不同品种的塑料，在熔融状态不产生相分离现象的能力。如果两种塑料不相容，则混熔时制件会出现分层、脱皮等表面缺陷。不同塑料的相容性与其分子结构有一定关系，分子结构相似者较易相容，例如高压聚乙烯、低压聚乙烯、聚丙烯彼此之间的混熔等；分子结构不同时较难相容，例如聚乙烯和聚苯乙烯之间的混熔。

塑料的相容性又俗称为共混性。通过塑料的这一性质，可以得到类似共聚物的综合性能，是改进塑料性能的重要途径之一，例如聚碳酸酯和ABS塑料相容，就能改善聚碳酸酯的工艺性。

4. 吸湿性

吸湿性是指塑料对水分的亲疏程度。据此塑料大致可以分为两种类型：第一类是具有吸湿或粘附水分倾向的塑料，例如聚酰胺、聚碳酸酯、ABS、聚苯醚、聚砜等；第二类是吸湿或粘附水分极小的材料，如聚乙烯、聚丙烯等。造成这种差别的原因主要是由于其组成及分子结构的不同。如聚酰胺分子链中含有酰胺基CO—NH极性基因，对水有吸附能力；而聚乙烯类的分子链中是由非极性基因组成，表面是蜡状，对水不具有吸附能力。材料疏松使塑料的表面积增大，也容易增加吸湿性。

凡是具有吸湿或粘附水分的塑料，如果水分含量超过一定的限度，则由于在成型加工过程中，水分在成型机械的高温料筒中变成气体，会促使塑料高温水解，从而导致材料降解、成型后的塑件出现气泡、银丝与斑纹等缺陷，因此，塑料在加工成型前，一般都要经过干燥，使水分含量在0.5%~0.2%以下。并要在加工过程中继续保温，以防重新吸潮。

5. 热敏性

热敏性是指某些热稳定性差的塑料，在高温下受热时间较长或浇口截面过小及剪切作用大时，料温增高就易发生变色、降解、分解的倾向。具有这种特性的塑料称为热敏性塑料，如硬聚氯乙烯、聚偏氯乙烯、聚甲醛、聚三氟氯乙烯等。

热敏性塑料在分解时产生单体、气体、固体等副产物，尤其是有的分解气体对人体、设备、模具都有刺激、腐蚀作用或有毒性，同时，有的分解物往往又是促使塑料分解的催化剂（如聚氯乙烯的分解物为氯化氢）。为了防止热敏性塑料在成型过程中出现过热分解现象，可采取在塑料中加入稳定剂，合理选择设备，正确控制成型温度和成型周期，及时清理设备中的分解物等办法。此外，也可采取合理设计模具的浇注系统，模具表面镀铬等一些措施。

（二）热固性塑料的工艺性

热固性塑料同热塑性塑料相比，具有制件尺寸稳定性好、耐热好和刚性大等特点，所以在工程上应用十分广泛。热固性塑料在热力学性能上明显不同于热塑性塑料。其主要的工艺性能指标有收缩率、流动性、水分及挥发物含量、固化速度等。

1. 收缩率

同热塑性塑料一样，热固性塑料也具有因成型加工而引起的尺寸减小。计算方法与热塑性塑料收缩率相同。产生收缩的主要原因有：

（1）热收缩　这是因热胀冷缩而引起的尺寸变化。由于塑料是由高分子化合物为基础组成的物质，线胀系数比钢材大几倍至十几倍，制件从成型加工温度冷却到室温时，就会产生远大于模具尺寸收缩的收缩，这种热收缩所引起的尺寸减小是可逆的。收缩量大小可用塑料线胀系数的大小来判断。

（2）结构变化引起的收缩　热固性塑料的成型加工过程是热固性树脂在模腔中进行化学反应的过程，即产生交联结构，分子链间距离缩小，结构紧密，引起体积收缩。这种由结构变化而产生的收缩，在进行到一定程度时，就不会继续产生。

（3）弹性恢复　塑料制件固化后并非刚性体，胶模时，成型压力降低，产生一弹性恢复值，这种现象降低了收缩率。在成型以玻璃纤维和布质为填料的热固性塑料时，这种情况尤为明显。

（4）塑性变形　这主要表现在制件脱模时，成型压力迅速降低，但模壁紧压着制件的周围，产生塑性变形。发生变形部分的收缩率比没有发生变形部分的收缩率大，因此，制件往往在平行加压方向收缩较小，而垂直加压方向收缩较大。为防止两个方向的收缩率相差过大，可采用迅速脱模的办法补救。

影响收缩率的因素与热塑性塑料相同，有原材料、模具结构或成型方法及成型工艺条件等。塑料中树脂和填料的种类及含量，直接影响收缩率的大小。当所用树脂在固化反应中放出的低分子挥发物较多时，收缩率较大；放出低分子挥发物较少时，收缩率也小。在同类塑料中，填料含量增多，收缩率小；填料中无机填料比有机填料所得的塑料件收缩小，例如以木粉为填料的酚醛塑料的收缩率，比相同数量无机填料（如石英粉）的酚醛塑料收缩率大（前者为0.6%～1.0%，后者为0.15%～0.65%）。

凡有利于提高成型压力，增大塑料充模流动性，使塑件密实的模具结构，均能减少制件的收缩率，例如用压缩或压注成型的塑件比注射成型的塑件收缩率小。凡能使塑件密实，成型前使低分子挥发物溢出的工艺因素，都能使制件收缩率减少，例如成型前对酚醛塑料的预热、加压等。

2. 流动性

流动性的意义与热塑性塑料流动性类同，但热固性塑料通常以拉西格流动性来表示，而不是用熔融指数表示。其测定原理如图2-22所示，将一定重量的欲测塑料预压成圆锭，将圆锭放入压模中，在一定的温度和压力下，测定它从模孔中挤出的长度（毛糙部分不计在内，以mm计），此即拉西格流动性，数值大则流动性好。

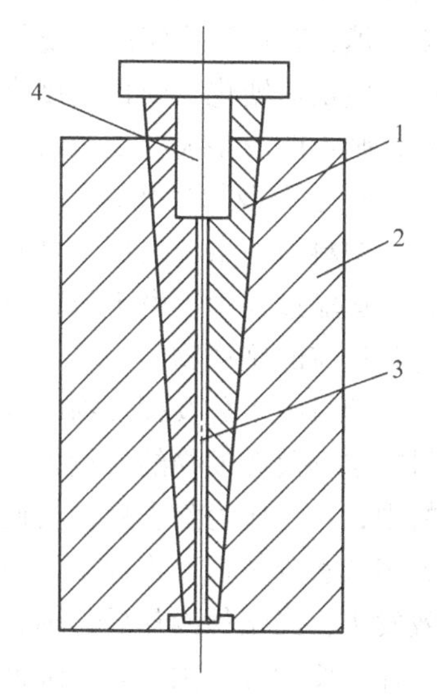

图2-22　拉西格流动性测定模
1—组合凹模　2—模套
3—流料槽　4—加料室

每一品种的塑料分为三个不同等级的流动性：拉西格流动值为100～130mm，适用于压制无嵌件、形状简单、厚度一般的塑件；拉西格流动值为131～150mm，用于压制中等复杂程度的塑件；拉西格流动值为151～180mm，可用于压制结构复杂、型腔很深、嵌件较多的薄壁塑件，或用于压注成型。

流动性过大容易造成溢料过多，填充不密实，塑件组织疏松，树脂与填料分头聚积，易粘模而使脱模和清理困难以及过早硬化等缺陷；流动性过小则填充不足，不易成型，成型压力增大。因此选用塑料的流动性必须与塑件要求、成型工艺及成型条件相适应。模具设计时应根据流动性来考虑浇注系统、分型面及进料方向等。

影响流动性的因素主要有以下三点：

(1) 塑料品种　不同品种的塑料，其流动性各不相同，即使同一品种塑料，由于其中相对分子质量的大小、填料的形状、水分和挥发物的含量以及配方不同，其流动性也不相同。

(2) 模具结构　模具成型表面光滑，型腔形状简单，采用不溢式压缩模（与溢式或半溢式压塑模相比）等都有利于改善流动性。

(3) 成型工艺　采用压锭及预热，提高成型压力，在低于塑料硬化温度的条件下提高成型温度等都能提高塑料的流动性。

3. 比容和压缩率

比容是单位重量的松散塑料所占的体积，以 cm^3/g 计；压缩率是塑料的体积与塑件的体积之比，其值恒大于1。比容和压缩率都表示粉状或短纤维状塑料的松散性。它们都可用来确定模具加料室的大小。比容和压缩率较大，则要求模具加料室尺寸要大，这样便使模具体积增大，操作不便，浪费钢材，不利于加热。同时，比容和压缩率大，使塑料内充气增多，排气困难，成型周期变长，生产率降低；比容和压缩率小，使压锭和压缩、压注容易，而且压锭重量也较准确。但是，比容太小，则影响塑料的松散性，以容积法装料时造成塑件重量不准确。

比容的大小也常因塑料的粒度及颗粒不均匀度不同而有误差。

4. 硬化速度

热固性塑料在成型过程中要完成交联反应，即树脂分子由线型结构变成体型结构，这一变化过程称为硬化。硬化速度通常以塑料试样硬化1mm厚度所需的秒数来表示，此值越小时，硬化速度就越快。硬化速度与塑料品种、塑件形状、壁厚、成型温度及是否预热、预压等有密切关系。例如，采用压锭、预热，提高成型温度，增长加压时间，都能显著加快硬化速度。此外，硬化速度还应适合成型方法的要求。例如，压注或注射成型时，应要求在塑化、填充时化学反应慢，硬化慢，以保持长时间的流动状态，但当充满型腔后，在高温、高压下应快速硬化。硬化速度慢的塑料，会使成型周期变长，生产率降低；硬化速度快的塑料，则不能成型大型复杂的塑件。

5. 水分及挥发物含量

塑料中的水分及挥发物来自两个方面：其一是塑料在制造中未能全部除净水分，或在储存、运输过程中，由于包装或运输条件不当而吸收水分；另一方面是来自压缩或压注过程中化学反应的副产物。

塑料中水分及挥发物的含量，在很大程度上直接影响塑件的物理、力学和介电性能。塑料中水分及挥发物的含量大，在成型时产生内压，促使气泡产生或以内应力的形式暂存于塑料中，一旦压力除去后便会使塑件变形，力学强度降低。压制时，由于温度和压力的作用，大多数水分及挥发物逸出。但尚未逸出时，它占据着一定的体积，严重地阻碍化学反应的有效发生，当塑件冷却后，则会造成组织疏松。当逸出时，挥发物气体又像一把利剑割裂塑件一样，使塑件产生龟裂，降低机械强度和介电性能。此外，水分及挥发物含量过多时，会促使流动性过大，容易溢料，成型周期增长，收缩率增大，塑件容易发生翘曲、波纹及光泽不好等现象。但是，塑料中水分及挥发物的含量不足，会导致流动性不良，成型困难，同时也不利于压锭。水分及挥发物在成型时变成气体，必须排出模外，有的气体对模具有腐蚀作用，对人体也有刺激作用。为此，在模具设计时应对这种特征有所了解，并采取相应措施。

水分及挥发物的测定，是采用15 ±0.2g的试验用料，在烘箱中于103～105℃干燥30min后，测其试验前后重量差求得。计算公式为

$$X = \frac{m_b}{m_a} \times 100\% \tag{2-23}$$

式中　X——挥发物含量的百分比；

m_a——塑料干燥的重量损失（g）；

m_b——塑料干燥前的重量（g）。

第六节　常用塑料

一、热塑性塑料

（一）聚乙烯（PE）

（1）基本特性　聚乙烯塑料是塑料工业中产量最大的品种。按聚合时采用的压力不同可分为高压、中压和低压三种。低压聚乙烯的分子链上支链较少，相对分子质量、结晶度和密度较高（故又称高密度聚乙烯），所以比较硬、耐磨、耐蚀、耐热及绝缘性较好。高压聚乙烯分子带有许多支链，因而相对分子质量较小，结晶度和密度较低（故称低密度聚乙烯），且具有较好的柔软性、耐冲击性及透明性。

聚乙烯无毒、无味、呈乳白色。密度为0.91～0.96g/cm³，有一定的力学强度，但和其他塑料相比力学强度低，表面硬度差。聚乙烯的绝缘性能优异，常温下聚乙烯不溶于任何一种已知的溶剂，并耐稀硫酸、稀硝酸和任何浓度的其他酸以及各种浓度的碱、盐溶液。聚乙烯有高度的耐水性，长期与水接触其性能可保持不变。其透水气性能较差，而透氧气和二氧化碳以及许多有机物质蒸气的性能好。在热、光、氧气的作用下会产生老化和变脆。一般高压聚乙烯的使用温度约在80℃左右，低压聚乙烯为100℃左右。聚乙烯能耐寒，在－60℃时仍有较好的力学性能，－70℃时仍有一定的柔软性。

（2）主要用途　低压聚乙烯可用于制造塑料管、塑料板、塑料绳以及承载不高的零件，如齿轮、轴承等；高压聚乙烯常用于制作塑料薄膜、软管、塑料瓶以及电气工业的绝缘零件和包覆电缆等。

（3）成型特点　聚乙烯成型时，在流动方向与垂直方向上的收缩差异较大，注射方向的收缩率大于垂直方向的收缩率，易产生变形，并使塑件浇口周围部位的脆性增加；聚乙烯收缩率的绝对值较大，成型收缩率也较大，易产生缩孔；冷却速度慢，必须充分冷却，且冷却速度要均匀；质软易脱模，塑件有浅的侧凹时可强行脱模。

（二）聚丙烯（PP）

（1）基本特性　聚丙烯无色、无味、无毒。外观似聚乙烯，但比聚乙烯更透明更轻。密度仅为0.90～0.91g/cm³。它不吸水，光泽好，易着色。屈服强度、抗拉、抗压强度和硬度及弹性比聚乙烯好。定向拉伸后聚丙烯可制作铰链，有特别高的抗弯曲疲劳强度。如用聚丙烯注射成型一体铰链（盖和本体合一的各种容器），经过7×10^7次开闭弯折未产生损坏和断裂现象。聚丙烯熔点为164～170℃，耐热性好，能在100℃以上的温度下进行消毒灭菌。其低温使用温度达－15℃，低于－35℃时会脆裂。聚丙烯的高频绝缘性能好。因不吸水，绝缘性能不受湿度的影响。但在氧、热、光的作用下极易解聚、老化，所以必须加入防老化剂。

（2）主要用途　聚丙烯可用作各种机械零件如法兰、接头、泵叶轮、汽车零件和自行车零件。作水、蒸汽、各种酸碱等的输送管道，化工容器和其他设备的衬里、表面涂层。制造盖和本体合一的箱壳，各种绝缘零件，并用于医药工业中。

（3）成型特点　成型收缩范围大，易发生缩孔、凹痕及变形；聚丙烯热容量大，注射成型模具必须设计能充分进行冷却的冷却回路；聚丙烯成型的适宜模温为80℃左右，不可低于50℃，否则会造成成型塑件表面光泽差或产生熔接痕等缺陷。温度过高会产生翘曲现象。

（三）聚氯乙烯（PVC）

（1）基本特性　聚氯乙烯是世界上产量最大的塑料品种之一。聚氯乙烯树脂为白色或浅黄色粉末。根据不同的用途可以加入不同的添加剂，使聚氯乙烯塑件呈现不同的物理性能和力学性能。在聚氯乙烯树脂中加入适量的增塑剂，就可制成多种硬质、软质和透明制品。纯聚氯乙烯的密度为1.4g/cm^3，加入了增塑剂和填料等的聚氯乙烯塑件的密度一般在1.15～2.00g/cm^{3}范围内。硬聚氯乙烯不含或含有少量的增塑剂，有较好的抗拉、抗弯、抗压和抗冲击性能，可单独用作结构材料。软聚氯乙烯含有较多的增塑剂，它的柔软性、断裂伸长率、耐寒性增加，但脆性、硬度、抗拉强度降低。聚氯乙烯有较好的电气绝缘性能，可以用作低频绝缘材料。其化学稳定性也较好。但聚氯乙烯的热稳定性较差，长时间加热会导致分解，放出氯化氢气体，使聚乙烯变色。其应用温度范围较窄，一般在－15～55℃之间。

（2）主要用途　由于聚氯乙烯的化学稳定性高，所以可用于防腐管道、管件、输油管、离心泵、鼓风机等。聚氯乙烯的硬板广泛用于化学工业上制作各种储槽的衬里、建筑物的瓦楞板、门窗结构、墙壁装饰物等建筑用材。由于电气绝缘性能优良而在电气、电子工业中，用于制造插座、插头、开关、电缆。在日常生活中，用于制造凉鞋、雨衣、玩具、人造革等。

（3）成型特点　聚氯乙烯在成型温度下容易分解放出氯化氢，所以必须加入稳定剂和润滑剂，并严格控制温度及熔料的滞留时间。不能用一般的注射成型机成型聚氯乙烯，因为聚氯乙烯耐热性和导热性不好，用一般的注射机需将料筒内的物料温度加热到166～193℃，会引起分解；应采用带预塑化装置的螺杆式注射机。模具浇注系统应粗短，进料口截面宜大，模具应有冷却装置。

（四）聚苯乙烯（PS）

（1）基本特性　聚苯乙烯是仅次于聚氯乙烯和聚乙烯的第三大塑料品种。聚苯乙烯无色透明、无毒无味，落地时发出清脆的金属声，密度为1.054g/cm^3。聚苯乙烯的力学性能与聚合方法、相对分子质量大小、定向度和杂质量有关。相对分子质量越大，力学强度越高。聚苯乙烯有优良的电性能（尤其是高频绝缘性能）和一定的化学稳定性。能耐碱、硫酸、磷酸、10%～30%的盐酸、稀醋酸及其他有机酸，但不耐硝酸及氧化剂的作用。对水、乙醇、汽油、植物油及各种盐溶液也有足够的抗蚀能力。能溶于苯、甲苯、四氯化碳、氯仿、酮类和脂类等。聚苯乙烯的着色性能优良，能染成各种鲜艳的色彩。但耐热性低，热变形温度一般在70～98℃，只能在不高的温度下使用。质地硬而脆，有较高的热胀系数，因此，限制了它在工程上的应用。近几十年来，发展了改性聚苯乙烯和以苯乙烯为基体的共聚物，在一定程度上克服了聚苯乙烯的缺点，又保留了它的优点，从而扩大了它的用途。

（2）主要用途　聚苯乙烯在工业上可作仪表外壳、灯罩、化学仪器零件、透明模型等。在电气方面用作良好的绝缘材料、接线盒、电池盒等。在日用品方面广泛用于包装材料、各种容器、玩具等。

(3) 成型特点　流动性和成型性优良，成品率高，但易出现裂纹，成型塑件的脱模斜度不宜过小，但顶出要均匀；由于热胀系数高，塑件中不宜有嵌件，否则会因两者的热胀系数相差太大而导致开裂，塑件壁厚应均匀；宜用高料温、高模温、低注射压力成型并延长注射时间，以防止缩孔及变形，降低内应力，但料温过高，容易出现银丝；因流动性好，模具设计中大多采用点浇口形式。

（五）丙烯腈-丁二烯-苯乙烯共聚物（ABS）

(1) 基本特性　ABS是由丙烯腈、丁二烯、苯乙烯共聚而成的。这三种组分的各自特性，使ABS具有良好的综合力学性能。丙烯腈使ABS有良好的耐化学腐蚀性及表面硬度，丁二烯使ABS坚韧，苯乙烯使它有良好的加工性和染色性能。

ABS无毒、无味，呈微黄色，成型的塑料件有较好的光泽。密度为$1.02\sim1.05g/cm^3$。ABS有极好的抗冲击强度，且在低温下也不迅速下降。有良好的力学强度和一定的耐磨性、耐寒性、耐油性、耐水性、化学稳定性和电气性能。水、无机盐、碱、酸类对ABS几乎无影响，在酮、醛、酯、氯代烃中会溶解或形成乳浊液，不溶于大部分醇类及烃类溶剂，但与烃长期接触会软化溶胀。ABS塑料表面受冰醋酸、植物油等化学药品的侵蚀会引起应力开裂。ABS有一定的硬度和尺寸稳定性，易于成型加工。经过调色可配成任何颜色。其缺点是耐热性不高，连续工作温度为70℃左右，热变形温度约为93℃左右。耐气候性差，在紫外线作用下易变硬发脆。

根据ABS中三种组分之间的比例不同，其性能也略有差异，从而适应各种不同的应用。根据应用不同可分为超高冲击型、高冲击型、中冲击型、低冲击型和耐热型等。

(2) 主要用途　ABS在机械工业上用来制造齿轮、泵叶轮、轴承、把手、管道、电机外壳、仪表壳、仪表盘、水箱外壳、蓄电池槽、冷藏库和冰箱衬里等。汽车工业上用ABS制造汽车挡泥板、扶手、热空气调节导管、加热器等，还有用ABS夹层板制小轿车车身。ABS还可用来制作水表壳、纺织器材、电器零件、文教体育用品、玩具、电子琴及收录机壳体、食品包装容器、农药喷雾器及家具等。

(3) 成型特点　ABS在升温时粘度增高，所以成型压力较高，塑料上的脱模斜度宜稍大；ABS易吸水，成型加工前应进行干燥处理；易产生熔接痕，模具设计时应注意尽量减小浇注系统对料流的阻力；在正常的成型条件下，壁厚、熔料温度及收缩率影响极小。要求塑件精度高时，模具温度可控制在50～60℃，要求塑件光泽和耐热时，应控制在60～80℃。

（六）聚甲基丙烯酸甲酯（PMMA）

(1) 基本特性　聚甲基丙烯酸甲酯俗称有机玻璃，是一种透光性塑料，透光率达92%，优于普通硅玻璃。

有机玻璃产品有模塑成型料和型材两种。模塑成型料中性能较好的是改性有机玻璃372#、373#塑料。372#有机玻璃为甲基丙烯酸甲酯与少量苯乙烯的共聚体，其模塑成型性能较好。373#有机玻璃是372#粉料100份加上了腈橡胶5份的共混料，有较高的耐冲击韧度。

有机玻璃密度为$1.18g/cm^3$，比普通硅玻璃轻一半。力学强度为普通硅玻璃的10倍以上。它轻而坚韧，容易着色，有较好的电气绝缘性能。化学性能稳定，能耐一般的化学腐蚀，但能溶于芳烃、氯代烃等有机溶剂。在一般条件下尺寸较稳定。其最大缺点是表面硬度低，容易被硬物擦伤拉毛。

(2) 主要用途　用于制造要求具有一定透明度和强度的防震、防爆和观察等方面的零件，如飞机和汽车的窗玻璃、飞机罩盖、油杯、光学镜片、透明模型、透明管道、车灯灯罩、油标及各种仪器零件，也可用作绝缘材料、广告铭牌等。

(3) 成型特点

1) 为了防止塑件产生气泡、混浊、银丝和发黄等缺陷，影响塑件质量，原料在成型前要很好地干燥。

2) 为了得到良好的外观质量，防止塑件表面出现流动痕迹、熔接线痕和气泡等不良现象，一般采用尽可能低的注射速度。

3) 模具浇注系统对料流的阻力应尽可能小，并应制出足够的脱模斜度。

(七) 聚酰胺 (PA)

(1) 基本特性　聚酰胺通称尼龙。由二元胺和二元酸通过缩聚反应制取或是以一种丙酰胺的分子通过自聚而成。尼龙的命名由二元胺与二元酸中的碳原子数来决定，如己二胺和癸二酸反应所得的缩聚物称尼龙610，并规定前一个数指二元胺中的碳原子数，而后一个数为二元酸中的碳原子数；若由氨基酸的自聚来制取的，则由氨基酸中的碳原子数来定。如己内酸胺中有6个碳原子，故自聚物称尼龙6或聚己内酰胺。常见的尼龙品种有尼龙1010、尼龙610、尼龙66、尼龙6、尼龙9、尼龙11等。

尼龙有优良的力学性能，抗拉、抗压、耐磨。其抗冲击强度比一般塑料有显著提高，其中尼龙6更优。作为机械零件材料，具有良好的消音效果和自润滑性能。尼龙耐碱、弱酸，但强酸和氧化剂能侵蚀尼龙。尼龙本身无毒、无味、不霉烂。其吸水性强，收缩率大，常常因吸水而引起尺寸变化。其稳定性较差，一般只能在80~100℃之间使用。

为了进一步改善尼龙的性能，常在尼龙中加入减摩剂、稳定剂、润滑剂、玻璃纤维填料等，克服了尼龙存在的一些缺点，提高了机械强度。

(2) 主要用途　由于尼龙有较好的力学性能，被广泛地使用在工业上制作各种机械、化学和电气零件，如轴承、齿轮、滚子、辊轴、滑轮、泵叶轮、风扇叶片、蜗轮、高压密封扣圈、垫片、阀座、输油管、储油容器、绳索、传动带、电池箱、电器线圈等零件。

(3) 成型特点　熔融粘度低、流动性良好，容易产生飞边。成型加工前必须进行干燥处理；易吸潮，塑件尺寸变化较大；壁厚和浇口厚度对成型收缩率影响很大，所以塑件壁厚要均匀，防止产生缩孔，一模多件时，应注意使浇口厚度均匀化；成型时排除的热量多，模具上应设计冷却均匀的冷却回路；熔融状态的尼龙热稳定性较差，易发生降解使塑件性能下降，因此不允许尼龙在高温料筒内停留时间过长。

(八) 聚甲醛 (POM)

(1) 基本特性　聚甲醛是继尼龙之后发展起来的一种性能优良的热塑性工程塑料。其性能不亚于尼龙，而价格却比尼龙低廉。

聚甲醛表面硬而滑，呈淡黄或白色，薄壁部分半透明。有较高的机械强度及抗拉、抗压性能和突出的耐疲劳强度，特别适合于作长时间反复承受外力的齿轮材料。聚甲醛尺寸稳定、吸水率小，具有优良的减摩、耐磨性能。能耐扭变，有突出的回弹能力，可用于制造塑料弹簧制品。常温下一般不溶于有机溶剂，能耐醛、酯、醚、烃及弱酸、弱碱，但不耐强酸。耐汽油及润滑油性能也很好。有较好的电气绝缘性能。其缺点是成型收缩率大，在成型温度下的热稳定性较差。

（2）主要用途　聚甲醛特别适合于作轴承、凸轮、滚轮、辊子、齿轮等耐磨、传动零件，还可用于制造汽车仪表板、汽化器、各种仪器外壳、罩盖、箱体、化工容器、泵叶轮、鼓风机叶片、配电盘、线圈座、各种输油管、塑料弹簧等。

（3）成型特点　聚甲醛成型收缩率大，熔点明显（约153～160℃），熔体粘度低，粘度随温度变化不大，在熔点上下聚甲醛的熔融或凝固十分迅速，所以，注射速度要快，注射压力不宜过高；摩擦因数低，弹性高，浅侧凹槽可采用强制脱出，塑件表面可带有皱纹花样；聚甲醛热稳定性差，加工温度范围窄，所以要严格控制成型温度，以免引起温度过高或在允许温度下长时间受热而引起分解；冷却凝固时排除热量多，模具上应设计均匀冷却的冷却回路。

（九）聚碳酸酯（PC）

（1）基本特性　聚碳酸酯是一种性能优良的热塑性工程塑料，密度为1.20g/cm^3，本色微黄，而加点淡蓝色后，得到无色透明塑件，可见光的透光率接近90%。它韧而刚，抗冲击性在热塑性塑料中名列前茅。成型零件可达到很好的尺寸精度并在很宽的温度变化范围内保持其尺寸的稳定性。成型收缩率恒定为0.5%～0.8%。抗蠕变、耐磨、耐热、耐寒。脆化温度在－100℃以下，长期工作温度达120℃。聚碳酸酯吸水率较低，能在较宽的温度范围内保持较好的电性能。耐室温下的水、稀酸、氧化剂、还原剂、盐、油、脂肪烃，但不耐碱、胺、酮、脂、芳香烃，并有良好的耐气候性。其最大的缺点是塑件易开裂，耐疲劳强度较差。用玻璃纤维增强聚碳酸酯，克服了上述缺点，使聚碳酸酯具有更好的力学性能，更好的尺寸稳定性，更小的成型收缩率，并提高了耐热性和耐药性，降低了成本。

（2）主要用途　在机械上主要用作各种齿轮、蜗轮、蜗杆、齿条、凸轮、芯轴、轴承、滑轮、铰链、螺母、垫圈、泵叶轮、灯罩、节流阀、润滑油输油管、各种外壳、盖板、容器、冷冻和冷却装置零件等。在电气方面，用作电机零件、电话交换器零件、信号用继电器、风扇部件、拨号盘、仪表壳、接线板等。还可制作照明灯、高温透镜、视孔镜、防护玻璃等光学零件。

（3）成型特点　聚碳酸酯虽然吸水性小，但高温时对水分比较敏感，所以加工前必须干燥处理，否则会出现银丝、气泡及强度下降现象；聚碳酸酯熔融温度高，熔融粘度大，流动性差，所以，成型时要求有较高的温度和压力，且其熔融粘度对温度比较敏感，所以一般用提高温度的办法来增加融熔塑料的流动性。

（十）聚砜（PSU）

（1）基本特性　聚砜是20世纪60年代出现的工程塑料，它是在大分子结构中含有砜基（—SO_2—）的高聚物，此外还含有苯环和醚键（—O—），故又称聚苯醚砜；呈透明而微带琥珀色，也有的是像牙色的不透明体。它具有突出的耐热、耐氧化性能，可在－100～＋150℃的范围内长期使用，热变形温度为174℃，有很高的力学性能，其抗蠕变性能比聚碳酸酯还好，还有很好的刚性。其介电性能优良，即使在水和湿气中或190℃的高温下，仍保持高的介电性能。聚砜具有较好的化学稳定性，在无机酸、碱的水溶液、醇、脂肪烃中不受影响，但对酮类、氯化烃不稳定，不宜在沸水中长期使用。其尺寸稳定性较好，还能进行一般机械加工和电镀。但其耐气候性较差。

（2）主要用途　聚砜可用于制造精密公差、热稳定性、刚性及良好电绝缘性的电气和电子零件，如断路元件、恒温容器、开关、绝缘电刷、电视机元件、整流器插座、线圈骨架、仪器仪表零件等；制造需要具备热性能好、耐化学性、持久性、刚性好之零件，如转向柱轴环、电动机罩、飞机导管、电池箱、汽车零件、齿轮、凸轮等。

(3) 成型特点　塑件易发生银丝、云母斑、气泡甚至开裂，因此，加工前原料应充分干燥；聚砜熔融料流动性差，对温度变化敏感，冷却速度快，所以模具浇口的阻力要小，模具需加热；成型性能与聚碳酸酯相似，但热稳定性比聚碳酸酯差，可能发生熔融破裂；聚砜为非结晶型塑料，因而收缩率较小。

(十一) 聚苯醚 (PPO)

(1) 基本特性　聚苯醚是由2、6二甲基苯酚聚合而成的，全称为聚二甲基苯醚。这种塑料造粒后呈琥珀色透明的热塑性工程塑料，硬而韧；硬度较尼龙、聚甲醛、聚碳酸酯高；蠕变小，有较好的耐磨性能；使用温度范围宽，长期使用温度为-127～121℃，脆化温度低达-170℃，无载荷条件下的间断使用温度达205℃；其电绝缘性能优良；耐稀酸、稀碱、盐；耐水及蒸汽性能特别优良；吸水性小，在沸水中煮沸仍具有尺寸稳定性，且耐污染、无毒。缺点是塑件内应力大，易开裂，熔融粘度大，流动性差，疲劳强度较低。

(2) 主要用途　聚苯醚可用于制造在较高温度下工作的齿轮、轴承、运输机械零件、泵叶轮、鼓风机叶片、水泵零件、化工用管道及各种紧固件、联接件等。还可用于线圈架、高频印制电路板、电机转子、机壳及外科手术用具，食具等需要进行反复蒸煮消毒的器件。

(3) 成型特点　流动性差，模具上应加粗浇道直径，尽量缩短浇道长度，充分抛光浇口及浇道；为避免塑件出现银丝及气泡，成型加工前应对塑料进行充分的干燥；宜用高料温、高模温、高压、高速注射成型，保压及冷却时间不宜太长；为消除塑件的内应力，防止开裂，应对塑件进行退火处理。

(十二) 氯化聚醚 (CPT)

(1) 基本特点　氯化聚醚是一种有突出化学稳定性的热塑性工程塑料，对多种酸、碱和溶剂有良好的抗腐蚀性，化学稳定性仅次于聚四氟乙烯（塑料王），而价格比聚四氟乙烯低廉。其耐热性能好，能在120℃下长期使用，抗氧化性能比尼龙高。其耐磨、减摩性比尼龙聚甲醛还好，吸水率只有0.01%，是工程塑料中吸水率最小的一种。它的成型收缩率小而稳定，有很好的尺寸稳定性。具有较好的电气绝缘性能，特别是在潮湿状态下的介电性能优异。但氯化聚醚的刚性较差，抗冲击强度不如聚碳酸酯。

(2) 主要用途　机械上可用于制造轴承、轴承保持器、导轨、齿轮、凸轮、轴套等。在化工方面，可作防腐涂层、储槽、容器、化工管道、耐酸泵件、阀、窥镜等。

(3) 成型特点　塑件内应力小，成型收缩率小，尺寸稳定性好，宜成型高精度、形状复杂、多嵌件的中小型塑件；吸水性小，加工前必须进行干燥处理；模温对塑件影响显著，模温高，塑件抗拉、抗弯、抗压强度均有一定提高，坚硬而不透明，但冲击强度及伸长率下降；成型时有微量氯化氢等腐蚀气体放出。

(十三) 氟塑料

氟塑料是各种含氟塑料的总称，主要包括聚四氟乙烯、聚三氟乙烯、聚全氟乙丙烯、聚偏氟乙烯等。

1. 氟塑料的基本特性及主要用途

(1) 聚四氟乙烯 (PTFE)　聚四氟乙烯树脂为白色粉末，外观呈蜡状，光滑不粘。它平均密度为$2.2g/cm^3$，是最重的一种塑料。聚四氟乙烯具有卓越的性能，非一般热塑性塑料所能比拟，因此，有“塑料王”之称。化学稳定性是目前已知塑料中最优越的一种，它对强酸、强碱及各种氧化剂等腐蚀性很强的介质都完全稳定，甚至沸腾的“王水”、原子工业中用的强腐蚀剂五氟化铀对它都不起作用，其化学稳定性超过金、铂、玻璃、陶瓷及特重钢等。在常温下还没有找到一种溶剂能溶解它。它有优良的耐热耐寒性能，可在 -195 ~ +250℃范围内长期使用而不发生性能变化。聚四氟乙烯的电气绝缘性能良好，且不受环境湿度、温度和电频率的影响。其摩擦因数是塑料中最低的。

聚四氟乙烯的缺点是热胀系数大，而耐磨性、力学强度差，刚性不足且成型困难。一般将粉料冷压成坯件，然后再烧结成型。

聚四氟乙烯在防腐化工机械上用于制造管子、阀门、泵、涂层衬里等；在电绝缘方面广泛应用在要求有良好高频性能并能高度耐热、耐寒、耐腐蚀的场合如喷气式飞机、雷达等方面。也可用于制造自润滑减摩轴承、活塞环等零件。由于它具有不粘性，在塑料加工及食品工业中被广泛地作为脱模剂用。在医学上还可用作代用血管、人工心肺装置等。

（2）聚三氟氯乙烯（PCTFE） 聚三氟氯乙烯呈乳白色。与聚四氟乙烯相比，密度相似，为 2.07 ~ 2.18g/cm^3，硬度较大，摩擦因数大，耐热性及高温下耐蚀性稍差。长期使用温度为 -200 ~ +200℃，具有中等的力学强度和弹性，有特别好的透过可见光、紫外线、红外线及阻气的性能。

它可用来制造各种用于腐蚀性介质中的机械零件，如泵、计量器等；也可用于制作耐腐蚀的透明零件，如密封填料、高压阀的阀座。利用其透明性制作视镜及防潮、防粘等涂层和罐头盒的涂层。

（3）聚全氟乙丙烯（PEP） 聚全氟乙丙烯是聚乙烯和六氟丙烯的共聚物。密度为 2.14 ~ 2.17g/cm^3。其突出的优点是抗冲击性能好。耐热性能优于聚三氟氯乙烯，比聚四氟乙烯稍差。长期使用温度为 -85 ~ +205℃，高温下流动性比聚三氟氯乙烯好，易于成型加工。其他性能与聚四氟乙烯相似。

聚全氟乙丙烯通常可用来代替聚四氟乙烯，用于化工、石油、电子、机械工业及各种尖端科学技术装备的元件或涂层等。

2. 聚三氟氯乙烯、聚全氟乙丙烯的成型特点

吸湿性小，成型加工前可不必干燥；这类塑料对热敏感，易分解产生有毒、有腐蚀性气体。因此，要注意通风排气；熔融温度高，熔融粘度大，流动性差，因此采用高温、高压成型。模具应加热；熔料容易发生熔体破裂现象。

二、热固性塑料

（一）酚醛塑料（PF）

（1）基本特性 酚醛塑料是热固性塑料的一个品种，它是以酚醛树脂为基础而制得的。酚醛树脂通常由酚类化合物和醛类化合物缩聚而成。酚醛树脂本身很脆，呈琥珀玻璃态。必须加入各种纤维或粉末状填料后才能获得具有一定性能要求的酚醛塑料。酚醛塑料大致可分为四类：①层压塑料；②压塑料；③纤维状压塑料；④碎屑状压塑料。

酚醛塑料与一般热塑性塑料相比，刚性好，变形小，耐热耐磨，能在 150 ~ 200℃的温度范围内长期使用。在水润滑条件下，有极低的摩擦因数。其电绝缘性能优良。缺点是质脆，冲击强度差。

（2）主要用途 酚醛层压塑料用浸渍过酚醛树脂溶液的片状填料制成，可制成各种型材

和板材。根据所用填料不同，有纸质、布质、木质、石棉和玻璃布等各种层压塑料。布质及玻璃布酚醛层压塑料具有优良的力学性能、耐油性能和一定的介电性能，用于制造齿轮、轴瓦、导向轮、无声齿轮、轴承及电工结构材料和电气绝缘材料。木质层压塑料适用于作水润滑冷却下的轴承及齿轮等。石棉布层压塑料主要用于高温下工作的零件。

酚醛纤维状压塑料可以加热模压成各种复杂的机械零件和电器零件，具有优良的电气绝缘性能、耐热、耐水、耐磨。可制作各种线圈架、接线板、电动工具外壳、风扇叶子、耐酸泵叶轮、齿轮、凸轮等。

(3) 成型特点　成型性能好，特别适用于压缩成型；模温对流动性影响较大，一般当温度超过160℃时流动性迅速下降；硬化时放出大量热，厚壁大型塑件内部温度易过高，发生硬化不匀及过热现象。

(二) 氨基塑料

氨基塑料是由氨基化合物与醛类（主要是甲醛）经缩聚反应而制得的塑料，主要包括脲-甲醛、三聚氰胺-甲醛等。

1. 氨基塑料的基本特性及主要用途

(1) 脲-甲醛塑料（UF）　脲-甲醛塑料是脲-甲醛树脂和漂白纸浆等制成的压塑粉。可染成各种鲜艳的色彩，外观光亮，部分透明，表面硬度较高，耐电弧性能好，耐矿物油、耐霉菌的作用。但耐水性较差，在水中长期浸泡后电气绝缘性能下降。

脲-甲醛塑料大量用于压制日用品及电气照明用设备的零件、电话机、收音机、钟表外壳、开关插座及电气绝缘零件。

(2) 三聚氰胺-甲醛塑料（MF）　由三聚氰胺-甲醛树脂与石棉滑石粉等制成。三聚氰胺-甲醛塑料可制成各种色彩、耐光、耐电弧、无毒的塑件，在 -20 ~ 100℃的温度范围内性能变化小，能耐沸水而且耐茶、咖啡等污染性强的物质。它能像陶瓷一样方便地去掉茶渍一类污染物，且有重量轻、不易碎的特点。

密胺塑料主要用作餐具、航空茶杯及电器开关、灭弧罩及防爆电器的配件。

2. 氨基塑料的成型特点

氨基塑料常用于压缩、传递成型。传递成型收缩率大；含水分及挥发物多，使用前需预热干燥，且成型时有弱酸性分解及水分析出，模具应镀铬防腐，并注意排气；流动性好，硬化速度快，因此，预热及成型温度要适当，装料、合模及加工速度要快；带嵌件的塑料易产生应力集中，尺寸稳定性差。

(三) 环氧树脂（EP）

(1) 基本特性　环氧树脂是含有环氧基的高分子化合物。未固化之前，是线型的热塑性树脂。只有在加入固化剂（如胺类和酸酐等）之后，才交联成不熔的体型结构的高聚物，才有作为塑料的实用价值。环氧树脂种类繁多，应用广泛，有许多优良的性能。其最突出的特点是粘结能力很强，是人们熟悉的“万能胶”的主要成分。此外，还耐化学药品、耐热，电气绝缘性能良好，收缩率小。比酚醛树脂有较好的力学性能。其缺点是耐气候性差、耐冲击性低，质地脆。

(2) 主要用途　环氧树脂可用作金属和非金属材料的粘合剂，用于封装各种电子元件。用环氧树脂配以石英粉等来浇铸各种模具。还可以作为各种产品的防腐涂料。

(3) 成型特点　流动性好，硬化速度快；用于浇注时，浇注前应加脱模剂，因环氧树脂热刚性差，硬化收缩小，难于脱模；硬化时不析出任何副产物，成型时不需排气。

思考题

2-1　按照聚集态结构（分子排列的几何特点）的不同，聚合物可分为哪几类？各类的特点是什么？

2-2　说明线型无定形聚合物热力学曲线上的θ_b、θ_g、θ_f、θ_d的定义，解释在恒力作用下无定形聚合物随着温度的升高变形程度的变化情况，并指出塑料制件使用温度范围和塑料制件的成型温度范围。

2-3　什么是牛顿流体？写出牛顿流动定律（即牛顿流变方程），并指出其特征。

2-4　什么是非牛顿流体？写出非牛顿流体的指数定律，指出表观粘度的含义。

2-5　热固性聚合物与热塑性聚合物的流变行为有什么不同？

2-6　分别写出压力损失Δp在圆形截面及扁槽形截面的通道内流动（服从指数定律）的表达式，并分析影响Δp的因素。

2-7　线型结晶型聚合物的结晶对其性能有什么影响？

2-8　聚合物在注射和压注成型过程中的取向有哪两类？取向的原因是什么？

2-9　什么是聚合物的降解？如何防止降解？

2-10　塑料一般由哪些成份所组成？各自起什么作用？

2-11　塑料是如何进行分类的？

2-12　什么是塑料的计算收缩率？塑件产生收缩的原因是什么？影响收缩率的因素有哪些？

2-13　什么是塑料的流动性？影响流动性的因素有哪些？

2-14　测定热塑性塑和热固性塑料的流动性分别使用什么仪器？如何进行测定？

第三章 塑料成型制件的尺寸精度与结构工艺性

要想获得合格的塑料制件，除合理选用塑件的原材料外，还必须考虑塑件的尺寸精度和塑件的结构工艺性。塑件的结构工艺性与模具设计有直接关系，只有塑件设计满足成型工艺要求，才能设计出合理的模具结构，以防止成型时产生气泡、缩孔、凹陷及开裂等缺陷，达到提高生产率和降低成本的目的。在进行塑件结构工艺性设计时，必须遵循以下几个原则：

1）在设计塑件时，应考虑原料的成型工艺性，如流动性、收缩率等。

2）在保证使用性能、物理与力学性能、电性能、耐化学腐蚀性能和耐热性能等的前提下，力求结构简单，壁厚均匀，使用方便。

3）在设计塑件时应同时考虑其成型模具的总体结构，使模具型腔易于制造，抽芯和推出机构简单。

4）当设计的塑件外观要求较高时，应先通过造型，而后逐步绘制图样。

塑料制件结构工艺性设计的主要内容包括：尺寸和精度、表面粗糙度、塑件形状、壁厚、斜度、加强肋、支承面、圆角、孔、螺纹、齿轮、嵌件、文字、符号及标记等。

第一节　塑料成型制件的尺寸精度

塑件尺寸的大小取决于塑料的流动性。在注射成型和压注成型中，流动性差的塑料（如布基塑料、玻璃纤维增强塑料等）及薄壁塑件等的尺寸不能设计得过大。大而薄的塑件在塑料尚未充满型腔时已经固化，或勉强能充满但料的前锋已不能很好熔合而形成冷接缝，影响塑件的外观和结构强度。注射成型的塑件尺寸要受到注射机的注射量、锁模力和模板尺寸的限制；压缩和压注成型的塑件尺寸要受到压机最大压力和压机工作台面最大尺寸的限制。

塑件的尺寸精度是指所获得的塑件尺寸与产品图中尺寸的符合程度，即所获塑件尺寸的准确度。影响塑件尺寸精度的因素很多，首先是模具的制造精度和模具的磨损程度，其次是塑料收缩率的波动以及成型时工艺条件的变化、塑件成型后的时效变化和模具的结构形状等。因此，塑件的尺寸精度往往不高，应在保证使用要求的前提下尽可能选用低精度等级。

目前，我国已颁布了工程塑料模塑塑料件尺寸公差的国家标准（GB/T　14486—1993），见表3-1。模塑件尺寸公差的代号为MT，公差等级分为7级，每一级又可分为A、B两部分，其中A部分为不受模具活动部分影响尺寸的公差，B部分为受模具活动部分影响尺寸的公差（例如由于受水平分型面溢边厚薄的影响，压缩件高度方向的尺寸）；该标准只规定标准公差值，上、下偏差可根据塑件的配合性质来分配。

表 3-1　塑件公差数值表（GB/T　14486—1993）　　（单位：mm）

公差等级	公差种类	基本尺寸												
		>0 ~3	3~6	6~10	10~14	14~18	18~24	24~30	30~40	40~50	50~65	65~80	80~100	100~120
标注公差的尺寸公差值														
MT1	A	0.07	0.08	0.09	0.10	0.11	0.12	0.14	0.16	0.18	0.20	0.23	0.26	0.29
	B	0.14	0.16	0.18	0.20	0.21	0.22	0.24	0.26	0.28	0.30	0.33	0.36	0.39
MT2	A	0.10	0.12	0.14	0.16	0.18	0.20	0.22	0.24	0.26	0.30	0.34	0.38	0.42
	B	0.20	0.22	0.24	0.26	0.28	0.30	0.32	0.34	0.36	0.40	0.44	0.48	0.52
MT3	A	0.12	0.14	0.16	0.18	0.20	0.24	0.28	0.32	0.36	0.40	0.46	0.52	0.58
	B	0.32	0.34	0.36	0.38	0.40	0.44	0.48	0.52	0.56	0.60	0.66	0.72	0.78
MT4	A	0.16	0.18	0.20	0.24	0.28	0.32	0.36	0.42	0.48	0.56	0.64	0.72	0.82
	B	0.36	0.38	0.40	0.44	0.48	0.52	0.56	0.62	0.68	0.76	0.84	0.92	1.02
MT5	A	0.20	0.24	0.28	0.32	0.38	0.44	0.50	0.56	0.64	0.74	0.86	1.00	1.14
	B	0.40	0.44	0.48	0.52	0.58	0.64	0.70	0.76	0.84	0.94	1.06	1.20	1.34
MT6	A	0.26	0.32	0.38	0.46	0.54	0.62	0.70	0.80	0.94	1.10	1.28	1.48	1.72
	B	0.46	0.52	0.58	0.68	0.74	0.82	0.90	1.00	1.14	1.30	1.48	1.68	1.92
MT7	A	0.38	0.48	0.58	0.68	0.78	0.88	1.00	1.14	1.32	1.54	1.80	2.10	2.40
	B	0.58	0.68	0.78	0.88	0.98	1.08	1.20	1.34	1.52	1.74	2.00	2.30	2.60
未注公差的尺寸允许偏差														
MT5	A	±0.10	±0.12	±0.14	±0.16	±0.19	±0.22	±0.25	±0.28	±0.32	±0.37	±0.43	±0.50	±0.57
	B	±0.20	±0.22	±0.24	±0.26	±0.29	±0.32	±0.35	±0.38	±0.42	±0.47	±0.53	±0.60	±0.67
MT6	A	±0.13	±0.16	±0.19	±0.23	±0.27	±0.31	±0.35	±0.40	±0.47	±0.55	±0.64	±0.74	±0.86
	B	±0.23	±0.26	±0.29	±0.33	±0.37	±0.41	±0.45	±0.50	±0.57	±0.65	±0.74	±0.84	±0.96
MT7	A	±0.19	±0.24	±0.29	±0.34	±0.39	±0.44	±0.50	±0.57	±0.66	±0.77	±0.90	±1.05	±1.20
	B	±0.29	±0.34	±0.39	±0.44	±0.49	±0.54	±0.60	±0.67	±0.76	±0.87	±1.00	±1.15	±1.30

公差等级	公差种类	基本尺寸											
		120~140	140~160	160~180	180~200	200~225	225~250	250~280	280~315	315~355	355~400	400~450	450~500
标注公差的尺寸公差值													
MT1	A	0.32	0.36	0.40	0.44	0.48	0.52	0.56	0.60	0.64	0.70	0.78	0.86
	B	0.42	0.46	0.50	0.54	0.58	0.62	0.66	0.70	0.74	0.80	0.88	0.96
MT2	A	0.46	0.50	0.54	0.60	0.66	0.72	0.76	0.84	0.92	1.00	1.10	1.20
	B	0.56	0.60	0.64	0.70	0.76	0.82	0.86	0.94	1.02	1.10	1.20	1.30
MT3	A	0.64	0.70	0.78	0.86	0.92	1.00	1.10	1.20	1.30	1.44	1.60	1.74
	B	0.84	0.90	0.98	1.06	1.12	1.20	1.30	1.40	1.50	1.64	1.80	1.94
MT4	A	0.92	1.02	1.12	1.24	1.36	1.48	1.62	1.80	2.00	2.20	2.40	2.60
	B	1.12	1.22	1.32	1.44	1.56	1.68	1.82	2.00	2.20	2.40	2.60	2.80
MT5	A	1.28	1.44	1.60	1.76	1.92	2.10	2.30	2.50	2.80	3.10	3.50	3.90
	B	1.48	1.64	1.80	1.96	2.12	2.30	2.50	2.70	3.00	3.30	3.70	4.10
MT6	A	2.00	2.20	2.40	2.60	2.90	3.20	3.50	3.80	4.30	4.70	5.30	6.00
	B	2.20	2.40	2.60	2.80	3.10	3.40	3.70	4.00	4.50	4.90	5.50	6.20

（续）

公差等级	公差种类	基本尺寸											
		120 ~ 140	140 ~ 160	160 ~ 180	180 ~ 200	200 ~ 225	225 ~ 250	250 ~ 280	280 ~ 315	315 ~ 355	355 ~ 400	400 ~ 450	450 ~ 500
标注公差的尺寸公差值													
MT7	A	2.70	3.00	3.30	3.70	4.10	4.50	4.90	5.40	6.00	6.70	7.40	8.20
	B	3.10	3.20	3.50	3.90	4.30	4.70	5.10	5.60	6.20	6.90	7.60	8.40
未注公差的尺寸允许偏差													
MT5	A	±0.64	±0.72	±0.80	±0.88	±0.96	±1.05	±1.15	±1.25	±1.40	±1.55	±1.75	±1.95
	B	±0.74	±0.82	±0.90	±0.98	±1.06	±1.15	±1.25	±1.35	±1.50	±1.65	±1.85	±2.05
MT6	A	±1.00	±1.10	±1.20	±1.30	±1.45	±1.60	±1.75	±1.90	±2.15	±2.35	±2.65	±3.00
	B	±1.10	±1.20	±1.30	±1.40	±1.55	±1.70	±1.85	±2.00	±2.25	±2.45	±2.75	±3.10
MT7	A	±1.35	±1.50	±1.65	±1.85	±2.05	±2.25	±2.45	±2.70	±3.00	±3.35	±3.70	±4.10
	B	±1.45	±1.60	±1.75	±1.95	±2.15	±2.35	±2.55	±2.80	±3.10	±3.45	±3.80	±4.20

塑件公差等级的选用与塑料品种及装配情况有关，一般配合部分尺寸精度高于非配合部分的尺寸精度，受到塑料收缩被动的影响，小尺寸易达到较高的精度。塑件的精度要求越高，模具的制造精度也越高，模具加工的难度与成本亦增高，同时塑件的废品率也会增加。因此，在塑料成型工艺一定的情况下，按照表3-2合理选用精度等级。

对孔类尺寸可取表中数值冠以（+）号，对轴类尺寸可取表中数值冠以（-）号，对中心距尺寸可取表中数值之半冠以（±）号。

表3-2　精度等级的选用

类别	塑料品种	公差等级		
		标注公差尺寸		未注公差尺寸
		高精度	一般精度	
1	聚苯乙烯（PS） 聚丙烯（PP、无机填料填充） ABS 丙烯腈—苯乙烯共聚物（AS） 聚甲基丙烯酸甲酯（PMMA） 聚碳酸酯（PC） 聚醚砜（PESU） 聚砜（PSU） 聚苯醚（PPO） 聚苯硫醚（PPS） 聚氯乙烯（硬）（RPVC） 尼龙（PA、玻璃纤维填充） 聚对苯二甲酸丁二醇酯（PBTP、玻璃纤维填充） 聚邻苯二甲酸二丙烯酯（PDAP） 聚对苯二甲酸乙二醇酯（PETP、玻璃纤维填充） 环氧树脂（EP） 酚醛塑料（PF、无机填料填充） 氨基塑料和氨基酚醛塑料（VF/MF无机填料填充）	MT2	MT3	MT5

（续）

类别	塑料品种	公差等级		
		标注公差尺寸		未注公差尺寸
		高精度	一般精度	
2	醋酸纤维素塑料（CA） 尼龙（PA、无填料填充） 聚甲醛（≤150mmPOM） 聚对苯二甲酸丁二醇酯（PBTP、无填料填充） 聚对苯二甲酸乙二醇酯（PETP、无填料填充） 聚丙烯（PP、无填料填充） 氨基塑料和氨基酚醛塑料（VF/MF 有机填料填充） 酚醛塑料（PF、有机填料填充）	MT3	MT4	MT6
3	聚甲醛（＞150mm POM）	MT4	MT5	MT7
4	聚氯乙烯（软）（SPVC） 聚乙烯（PE）	MT5	MT6	MT7

第二节 塑料制件的结构工艺性

一、表面粗糙度

塑件的外观要求越高，表面粗糙度值应越小。这除了在成型时从工艺上尽可能避免冷疤、云纹等疵点来保证外，主要是取决于模具型腔表面粗糙度值。一般模具表面粗糙度值要比塑件的要求低 1～2 级。塑料制件的表面粗糙度值一般为 R_a0.2～0.8μm 之间。模具在使用过程中，由于型腔磨损而使表面粗糙度值不断加大，所以应随时给以抛光复原。透明塑件要求型腔和型芯的表面粗糙度值相同，而不透明塑件则根据使用情况决定它们的表面粗糙度值。

二、形状

塑件的内外表面形状应尽可能保证有利于成型。由于侧抽芯或瓣合凹模或凸模不但使模具结构复杂，制造成本提高，而且还会在分型面上留下飞边，增加塑件的修整量。因此，塑件设计时应尽可能避免侧向凹凸，如果有侧向凹凸，则在模具设计时应在保证塑件使用要求的前提下，可适当改变塑料制件的结构，以简化模具的结构。表 3-3 所示为改变塑件形状以利于成型的几个实例。

表 3-3 改变塑件形状以利模具成型的典型实例

序号	不合理	合理	说明
1			将左图侧孔容器改为右图侧凹容器，则不需采用侧抽芯或瓣合分型的模具

（续）

序号	不合理	合理	说明
2	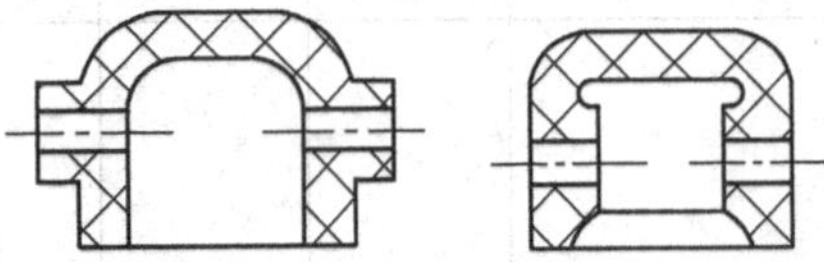	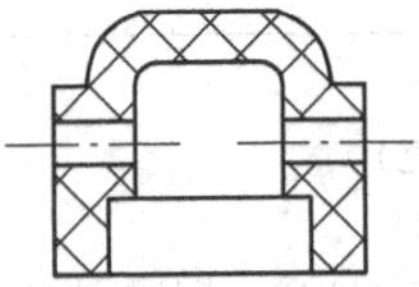	应避免塑件表面横向凹台，以便于脱模
3	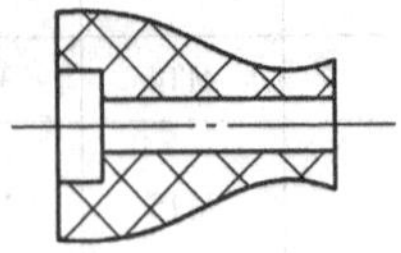	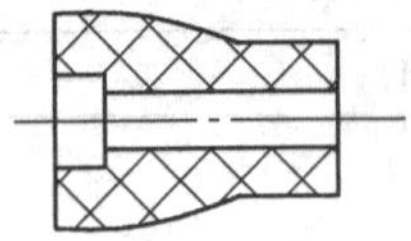	塑件外侧凹，必须采用瓣合凹模，使塑料模具结构复杂，塑件表面有接缝
4	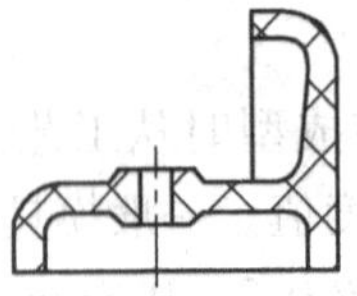	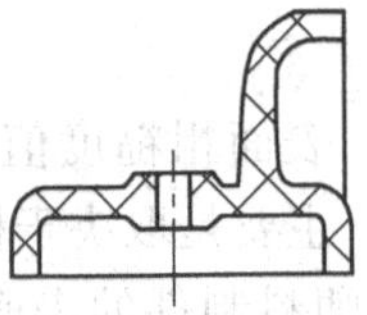	塑件内侧凹，抽芯困难
5	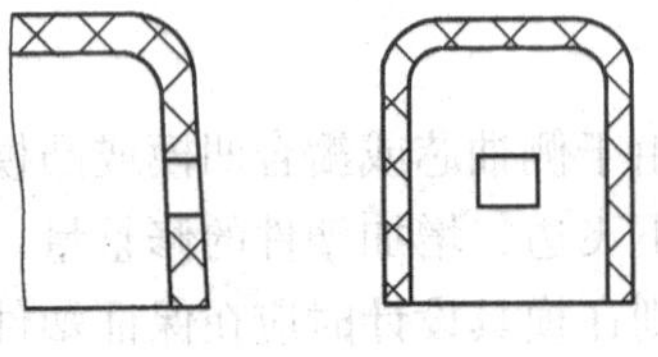	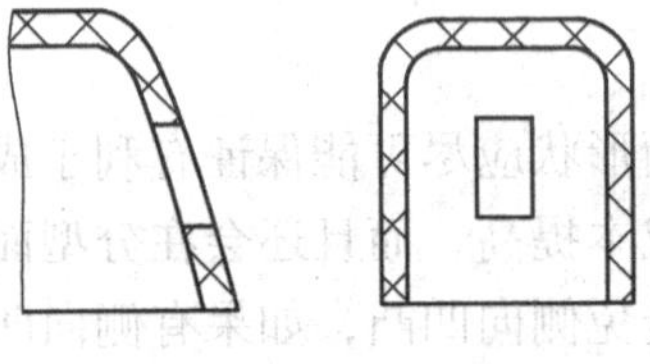	改变制件形状避免侧孔抽侧型芯
6	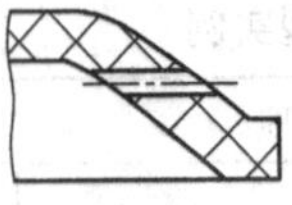	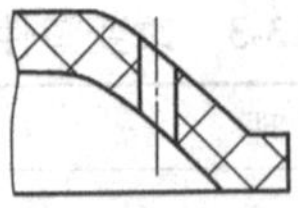	将横向侧孔改为垂直向孔，可免去侧抽芯机构

塑件内侧凹较浅并允许带有圆角时，则可以用整体凸模采取强制脱模的方法使塑件从凸模上脱下，如图 3-1a 所示。但此时塑件在脱模温度下应具有足够的弹性，以使塑件在强制脱下时不会变形，例如聚乙烯、聚丙烯、聚甲醛等能适应这种情况。塑件外侧凹凸也可以强制脱模，如图 3-1b 所示。但是，多数情况下塑件的侧向凹凸不可能强制脱模，此时应采用侧向分型抽芯结构的模具。

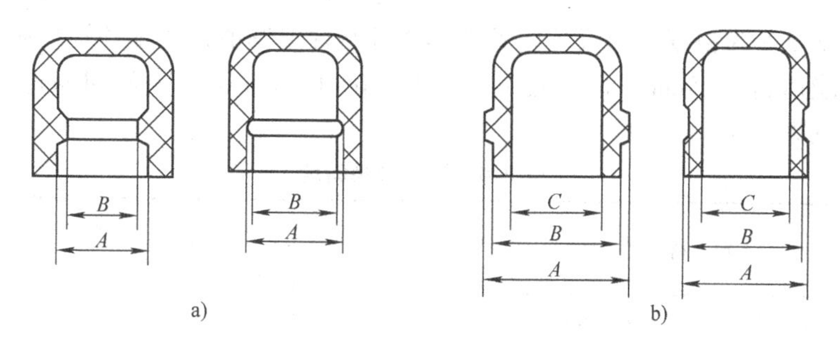

图 3-1　可强制脱模的侧向凹、凸

a) $\frac{(A-B)\ \times 100}{B}\% \leqslant 5\%$　b) $\frac{(A-B)\ \times 100}{C}\% \leqslant 5\%$

三、斜度

塑件冷却时的收缩会使它包紧住模具型芯或型腔中的凸起部分，因此，为了便于从塑件中抽出型芯或从型腔中脱出塑件，防止脱模时拉伤塑件，在设计时，必须使塑件内外表面沿脱模方向留有足够的斜度，在模具上即称为脱模斜度，如图 3-2 所示。脱模斜度取决于塑件的形状、壁厚及塑料的收缩率。通常塑件外表面的脱模斜度 α 应小于内表面的脱模斜度 α'。一般脱模斜度取 30′ ~ 1°30′。成型型芯愈长或型腔愈深，则斜度应取偏小值；反之可选用偏大值。塑件高度不大（通常小于 2 ~ 3mm）时可不设计脱模斜度。当使用上有特殊要求时，脱模斜度可采用外表面（型腔）为 5′，内表面（型芯）为 10′ ~ 20′。沿脱模方向有几个孔或呈矩形槽而使脱模阻力增大时，宜采用较大的脱模斜度。侧壁带有皮革花纹时应留有 4° ~ 6° 的斜度。在一般情况下，若斜度不妨碍塑件的使用，则可将斜度值取大些。有时为了使塑件留在凹模内或凸模上，往往有意地减小凹模的脱模斜度而增大凸模的脱模斜度或者相反。热固性塑料一般较热塑性塑料收缩率要小一些，故脱模斜度也相应小一些。一般情况下，脱模斜度不包括在塑件的公差范围内。表3-4为常用塑件的脱模斜度。

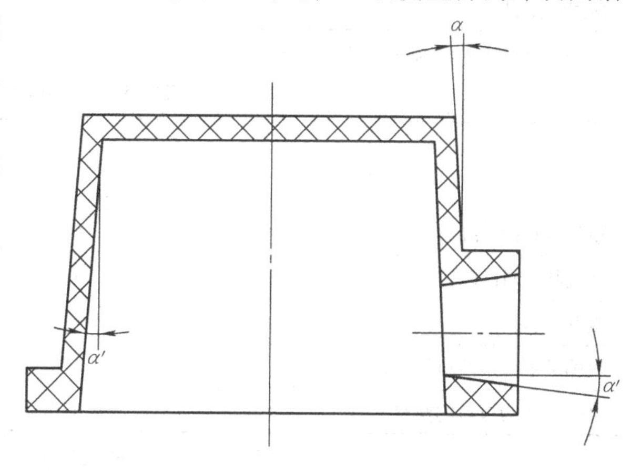

图 3-2　脱模斜度

四、壁厚

塑料制件的壁厚对塑件质量有很大影响，壁厚过小成型时流动阻力大，大型复杂塑件就难以充满型腔。塑件壁厚的最小尺寸应满足以下几方面要求：具有足够的强度和刚度；脱模时能经受推出机构的推出力而不变形；能承受装配时的紧固力。塑料制件规定有最小壁厚值，它随塑料品种和塑件大小不同而异。壁厚过大，不但造成原料的浪费，而且对热固性塑料的成型来说增加了模压成型时间，并易造成固化不完全；对热塑性塑料则增加了冷却时间，降低了生产率，另外也影响产品质量，如产生气泡、缩孔、凹陷等缺陷。

热固性塑料的小型塑件，壁厚取 1.6 ~ 2.5mm，大型塑件取 3.2 ~ 8mm。布基酚醛塑料等流动性差者取较大值，但一般不宜大于 10mm。脆性塑料如矿物填充的酚醛塑件壁厚应不小于3.2mm。表3-5为根据外形尺寸推荐的热固性塑件壁厚值；热塑性塑料易于成型薄壁塑件，最小壁厚能达到0.25mm，但一般不宜小于0.6~0.9mm，常取2~4mm。各种热塑性塑料壁厚常用值见表3-6。

表3-4 塑件脱模斜度

塑料名称	脱模斜度	
	型腔	型芯
聚乙烯、聚丙烯、软聚氯乙烯、聚酰胺、氯化聚醚 (PE) (PP) (LPVC) (PA) (CPT)	25′~45′	20′~45′
硬聚氯乙烯、聚碳酸酯、聚砜 (HPVC) (PC) (PSU)	35′~40′	30′~50′
聚苯乙烯、有机玻璃、ABS、聚甲醛 (PS) (PMMA) (POM)	35′~1°30′	30′~40′
热固性塑料	25′~40′	20′~50′

注：本表所列脱模斜度适于开模后塑件留在凸模上的情形。

表3-5 热固性塑件壁厚 （单位：mm）

塑料名称	塑件外形高度		
	~50	>50~100	>100
粉状填料的酚醛塑料	0.7~2.0	2.0~3.0	5.0~6.5
纤维状填料的酚醛塑料	1.5~2.0	2.5~3.5	6.0~8.0
氨基塑料	1.0	1.3~2.0	3.0~4.0
聚酯玻璃纤维填料的塑料	1.0~2.0	2.4~3.2	>4.8
聚酯无机物填料的塑料	1.0~2.0	3.2~4.8	>4.8

表3-6 热塑性塑件最小壁厚及推荐壁厚 （单位：mm）

塑料种类	制件流程50mm的最小壁厚	一般制件壁厚	大型制件壁厚
聚酰胺（PA）	0.45	1.75~2.60	>2.4~3.2
聚苯乙烯（PS）	0.75	2.25~2.60	>3.2~5.4
改性聚苯乙烯	0.75	2.29~2.60	>3.2~5.4
有机玻璃（PMMA）	0.80	2.50~2.80	>4~6.5
聚甲醛（POM）	0.80	2.40~2.60	>3.2~5.4
软聚氯乙烯（LPVC）	0.85	2.25~2.50	>2.4~3.2
聚丙烯（PP）	0.85	2.45~2.75	>2.4~3.2
氯化聚醚（CPT）	0.85	2.35~80	>2.5~3.4
聚碳酸酯（PC）	0.95	2.60~2.80	>3~4.5
硬聚氯乙烯（HPVC）	1.15	2.60~2.80	>3.2~5.8
聚苯醚（PPO）	1.20	2.75~3.10	>3.5~6.4
聚乙烯（PE）	0.60	2.25~2.60	>2.4~3.2

同一塑料零件的壁厚应尽可能一致，否则会因冷却或固化速度不同产生附加内应力，使塑件产生翘曲、缩孔、裂纹甚至开裂。塑件局部过厚，外表面会出现凹痕，内部会产生气

泡。表3-7为改善塑件壁厚的典型实例。如果结构要求必须有不同壁厚时，不同壁厚的比例不应超过1∶3，且应采用适当的修饰半径以减缓厚薄过渡部分的突然变化。

表3-7　改善塑件壁厚的典型实例

序号	不　合　理	合　　理	说　明
1	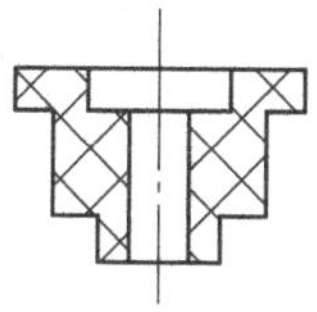	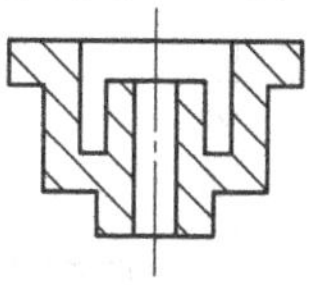	左图壁厚不均匀，易产生气泡及使塑件变形，右图壁厚均匀，改善了成型工艺条件，有利于保证质量
2	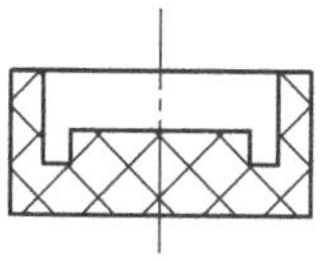	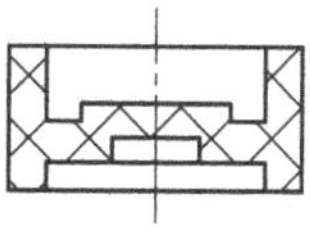	
3	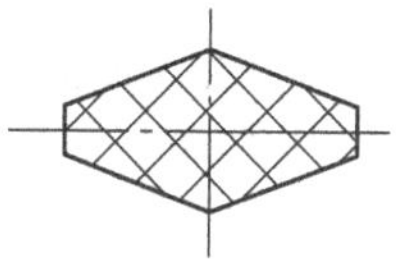	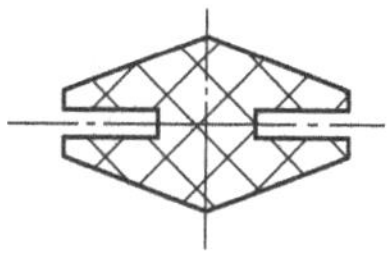	
4	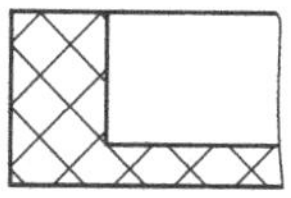	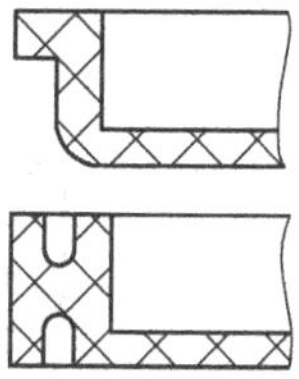	
5	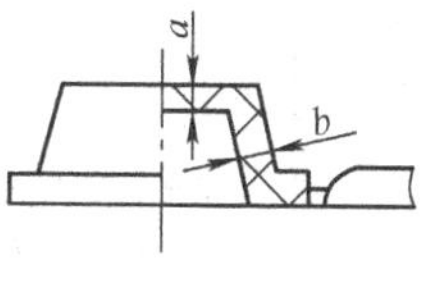	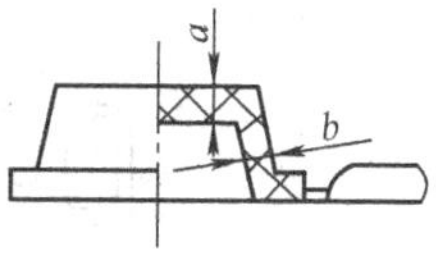	平顶塑件，采用侧浇口进料时，为避免平面上留有熔接痕，必须保证平面进料通畅，故 $a>b$
6	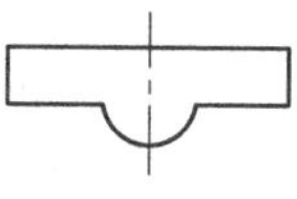	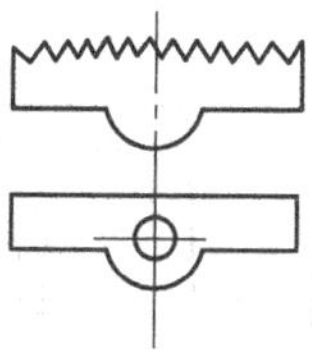	壁厚不均塑件，可在易产生凹痕表面采用波纹形式或在厚壁处开设工艺孔，以掩盖或消除凹痕

五、加强肋及其他防变形结构

加强肋的主要作用是增加塑件强度和避免塑件变形翘曲。用增加壁厚的办法来提高塑件的强度，常常是不合理的，且易产生缩孔或凹陷，此时可采用加强肋以增加塑件强度。表3-8所示为加强肋设计的典型实例。

表 3-8　加强肋设计的典型实例

序号	不合理	合理	说明
1	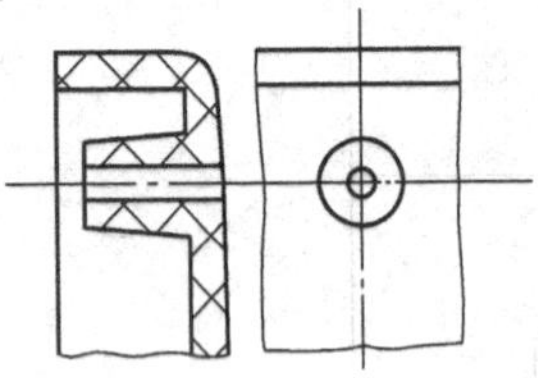	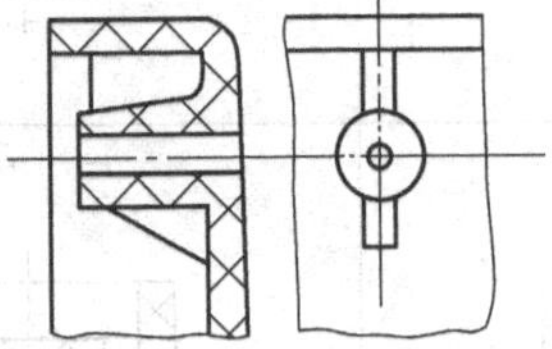	增设加强肋后，可提高塑件强度，改善料流状况
2	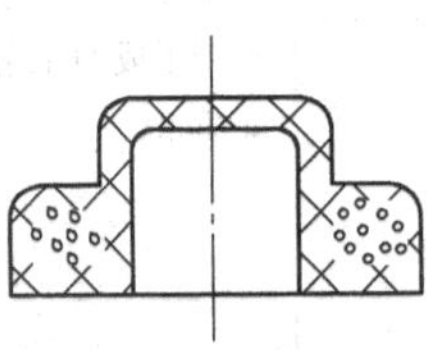	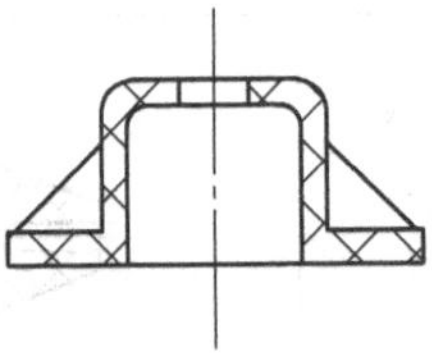	采用加强肋，既不影响塑件强度，又可避免因壁厚不匀而产生伸缩孔
3	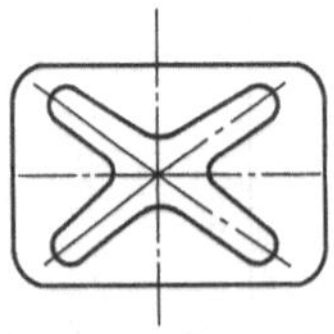	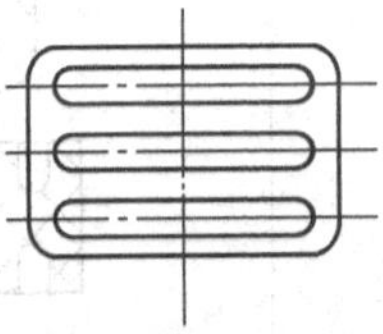	平板状塑件，加强肋应与料流方向平行，以免造成充模阻力过大和降低塑件韧性
4	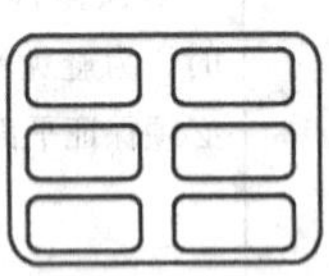	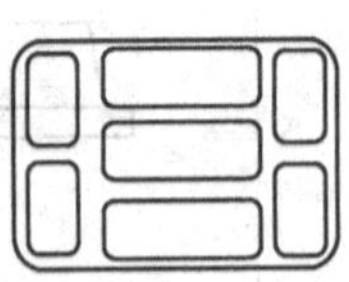	非平板状塑件，加强肋应交错排列，以免塑件产生翘曲变形
5	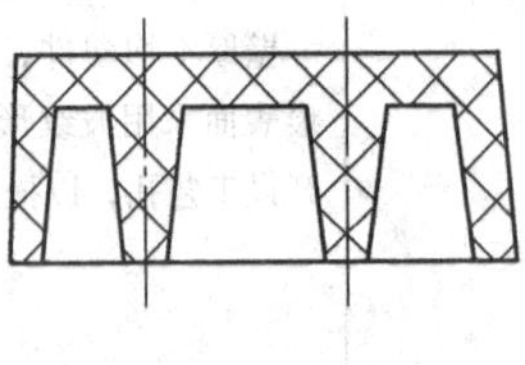	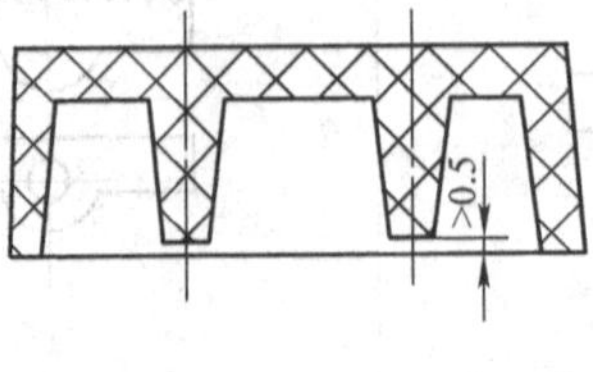 >0.5	加强肋应设计得矮一些，与支承面应有大于0.5mm的间隙

加强肋不应设计得过厚，一般应小于该处的壁厚，否则在其对应的壁上会产生凹陷。加强肋必须有足够的斜度，肋的底部应呈圆弧过渡。加强肋以设计得矮一些多一些为好。加强肋的典型结构形如图3-3所示，若塑件厚度为δ，则加强肋的高度$L=(1\sim3)\delta$；肋根宽$b=(1/4\sim1)\delta$；肋根过渡圆角$R=(1/8\sim1/4)\delta$，肋端部圆角$r=\delta/8$；收缩角$\alpha=2°\sim5°$。当$\delta\leqslant 2\text{mm}$时，取$b=\delta$。

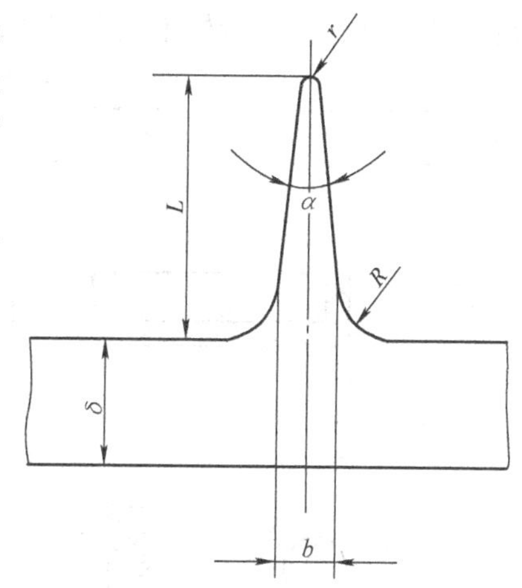

图3-3 加强肋尺寸

除了采用加强肋外，薄壳状的塑件可制成球面或拱曲面，这样可以有效地增加刚性和减少变形，如图3-4所示。对于薄壁容器的边缘，可按图3-5所示设计来增加刚性和减少变形。矩形薄壁容器采用软塑料（如聚乙烯）时，侧壁易出现内凹变形，如图3-6a所示。如果事先把塑件侧壁设计得稍许外凸，使变形后正好平直，则较为理想，如图3-6b所示，但这是很困难的。因此，在不影响使用的情况下，可将塑件各边均设计成向外凸出的弧形，使变形不易看出，如图3-6c所示。

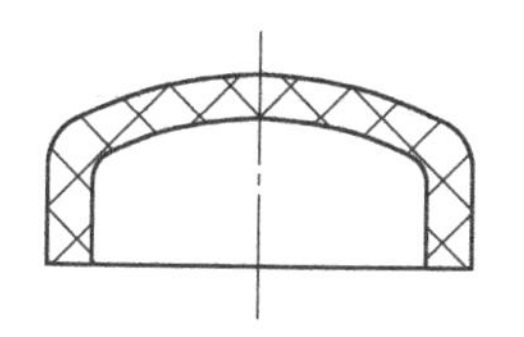
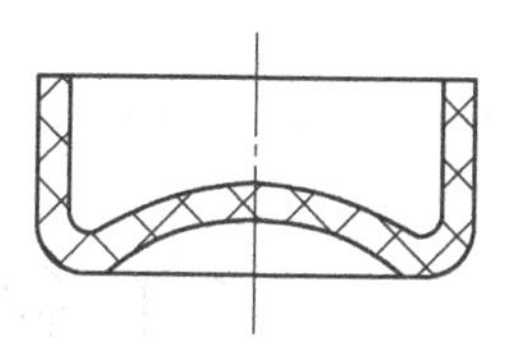
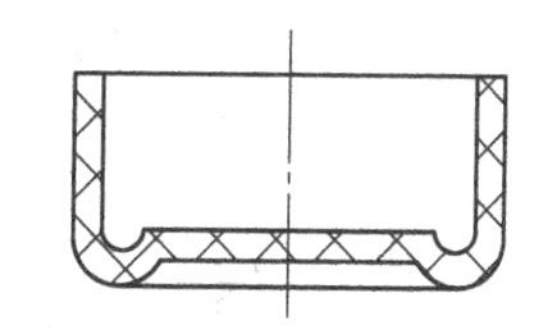

图3-4 容器底与盖的加强

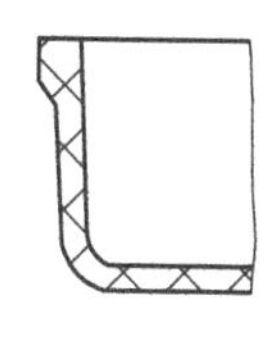
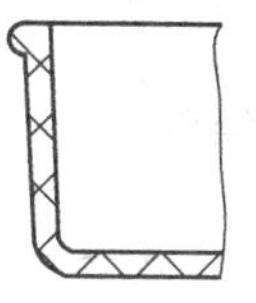
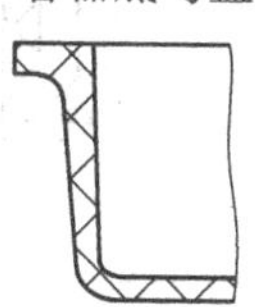
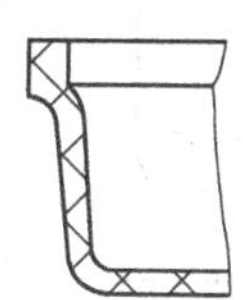
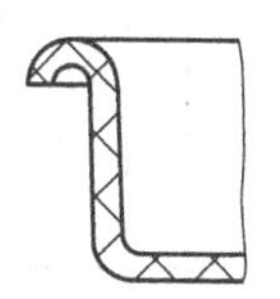

图3-5 容器边缘的增强

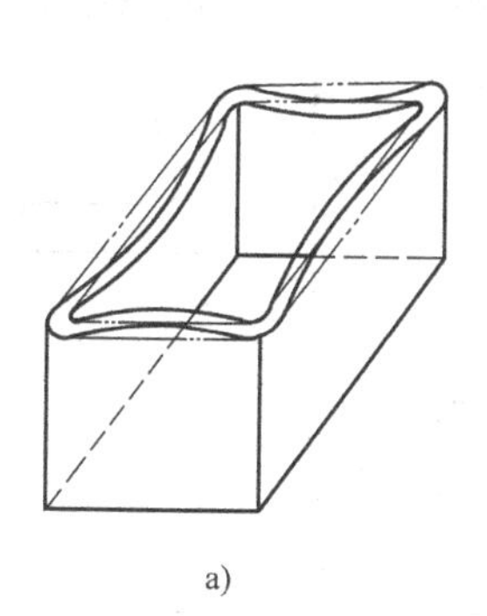

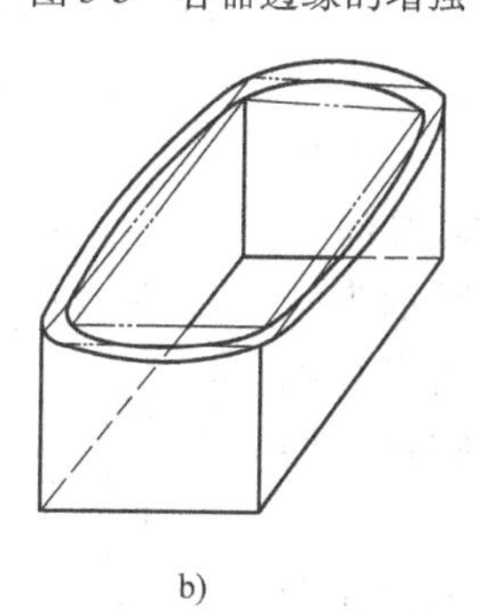

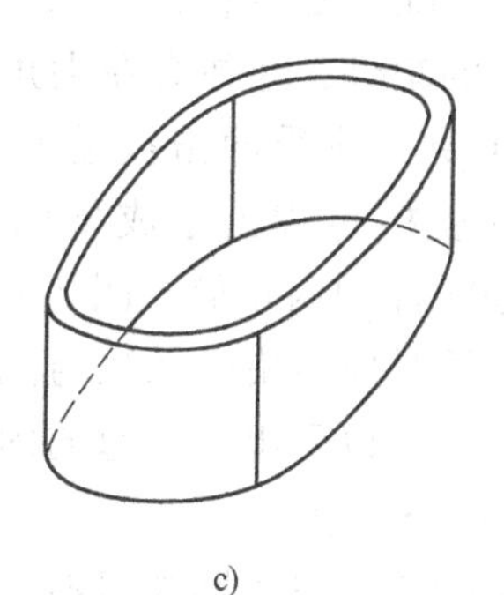

图3-6 防止矩形薄壁容器侧壁内凹变形

六、支承面及凸台

以塑件的整个底面作为支承面是不合理的，因为塑件稍许翘曲或变形就会使底面不平。通常采用的是底脚（三点或四点）支承或边框支承，如表3-9中序号1所列。

凸台是用来增强孔或装配附件的凸出部分的。设计凸台时，除应考虑前面所述的一般问题外，在可能情况下，凸台应当位于边角部位，其几何尺寸应小，高度不应超过其直径的两倍，并应具有足够的脱模斜度。设计固定用的凸台时，除应保证有足够的强度以承受紧固时的作用力外，在转折处不应有突变，连接面应局部接触，如表 3-9 中序号 2、3 所列。

表 3-9　支承面和固定凸台的结构

序号	不　合　理	合　理	说　明
1	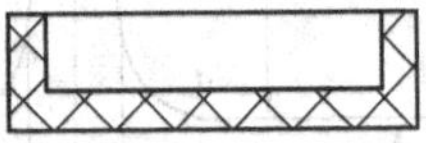	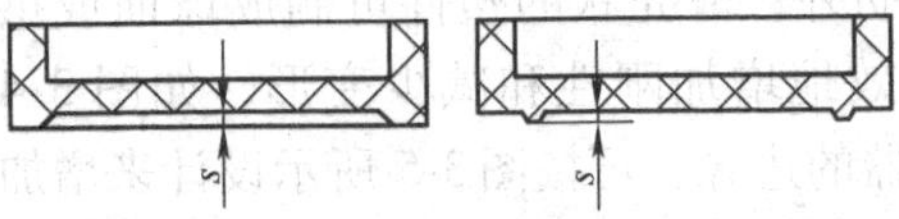	采用凸边或底脚作支承面，凸边或底脚的高度 s 取 0.3 ~ 0.5mm
2	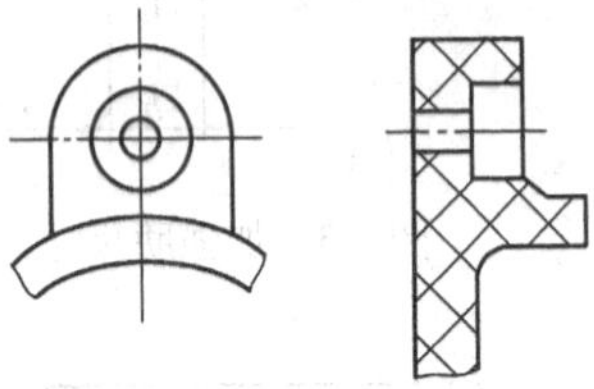	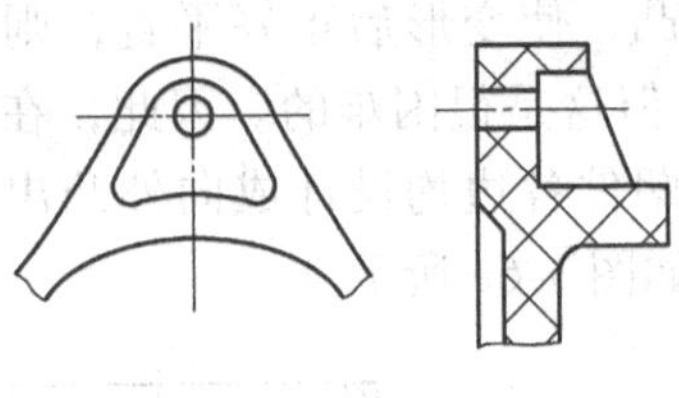	安装紧固螺钉用的凸台或凸耳应有足够的强度，避免突然过渡和用整个底面作支承面
3	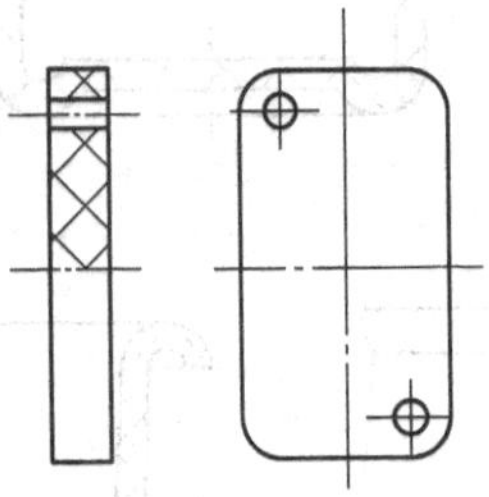	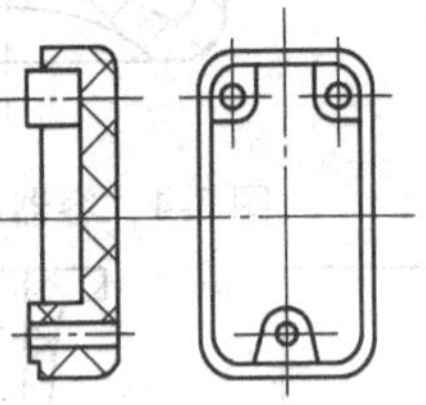	凸台应位于边角部位

七、圆角

塑料制件除了使用上要求采用尖角之外，其余所有转角处均应尽可能采用圆角过渡，因为带有尖角的塑件，往往会在尖角处产生应力集中，在受力或受冲击振动时会发生破裂，甚至在脱模过程由于成型内应力而开裂，特别是塑件的内角处。图 3-7 所示为塑件受应力作用时应力集中系数与圆角半径的关系。从图中可以看出，理想的内圆角半径应为壁厚的 1/3 以上。

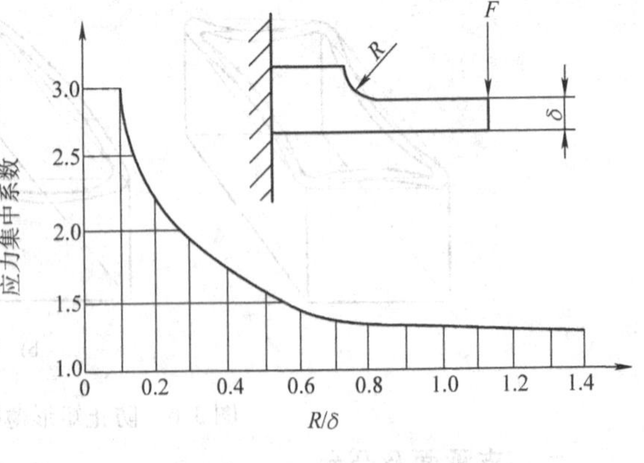

图 3-7　R/δ 与应力集中系数的关系

塑件上转角处采用圆弧过渡，不仅避免了应力集中，提高了强度，而且还使塑件变得美观，有利于塑料充模时的流动。此外，有了圆角，模具在淬火或使用时不致因应力集中而开裂。但是，采用圆角会使凹模型腔加工复杂化，使钳工劳动量增大。通常，内壁圆角半径应是壁厚的一半，而外壁圆角半径可为壁厚的 1.5 倍，一般圆角半径不应小于

0.5mm。壁厚不等的两壁转角可按平均壁厚确定内、外圆角半径。对于塑件的某些部位，在成型必须处于分型面、型芯与型腔配合处等位置时，则不便制成圆角，而采用尖角。

八、孔的设计

塑件上孔的形状是多种多样的，常见的有通孔、不通孔、形状复杂的孔等。理论上说，可用模具上的型芯成型任何形状的孔，但成型复杂的孔，其模具制造困难，成本较高，因此，在塑件上设计孔时应考虑便于模具的加工制造。

孔应设置在不易削弱塑件强度的地方。相邻两孔之间和孔与边缘之间应保留适当距离。热固性塑件两孔之间及孔与边缘之间的关系如表3-10所列，当两孔直径不一样时，按小的孔径取值。热塑性塑件两孔之间及孔与边缘之间的关系可按表3-10中所列数值的75%确定。塑件上固定用孔和其他受力孔的周围可设计一凸边或凸台来加强，如图3-8所示。

表3-10　热固性塑件孔间距、孔边距与孔径关系　　（单位：mm）

孔径 d	~1.5	>1.5~3	>3~6	>6~10	>10~18	>18~30
孔间距 孔边距 b	1~1.5	>1.5~2	>2~3	>3~4	>4~5	>5~7

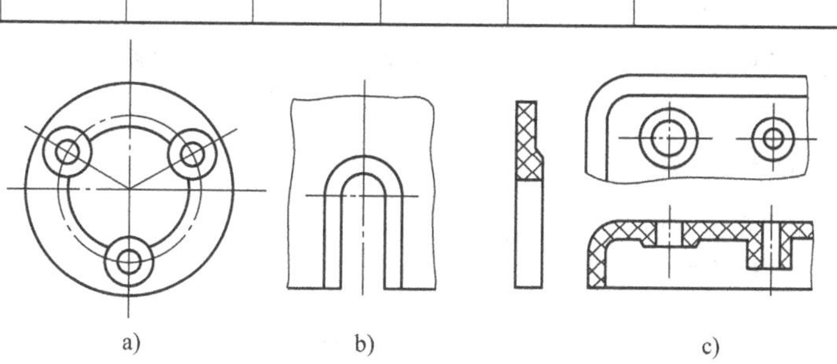

a)　　b)　　c)

图3-8　孔的加强

塑件上的孔有四种成型方法：

（一）通孔

通孔成型方法如图3-9所示。图3-9a是由一端固定的型芯来成型，这时在孔的一端有不易修整的横向飞边（见图中A处），由于型芯单支点固定，孔较深时或孔较小时型芯易弯曲；图3-9b是由一端固定的两个型芯来成型，同样有横向飞边，由于不易保证两型芯的同轴度，则应使其中一个型芯的径向尺寸比另一个大0.5~1mm，这样即使稍有不同心，也不至于引起安装和使用上的困难，其特点是型芯长度缩短了一半，增加了型芯的稳定性；图3-9c是由一端固定、另一端导向支撑的双支点型芯来成型，其优点是强度和刚性较好，应用较多，尤其是轴向精度要求较高的情况。但导向部分因导向误差易磨损，以致长期使用产生圆角漏料，出现纵向飞边（见图中B处）。

（二）不通孔

不通孔只能用一端固定的单支点型芯来成型，因此其深度应比通孔浅。根据经验，注射成型或压注成型时，孔深应不超过孔径的4倍；压缩成型时，孔的深度应浅些，平行于压缩方向的孔径一般不超过孔径的2.5倍，垂直于压缩方向的孔一般不超过孔径的2倍。直径小于1.5mm的孔或深度太大的孔最好用成型后再机械加工的方法获得。如能在成型时钻孔的位置上压出定位浅孔，则会给后加工带来很大方便。

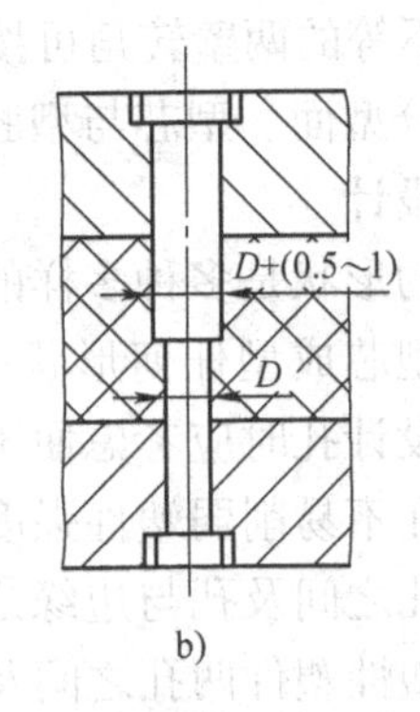

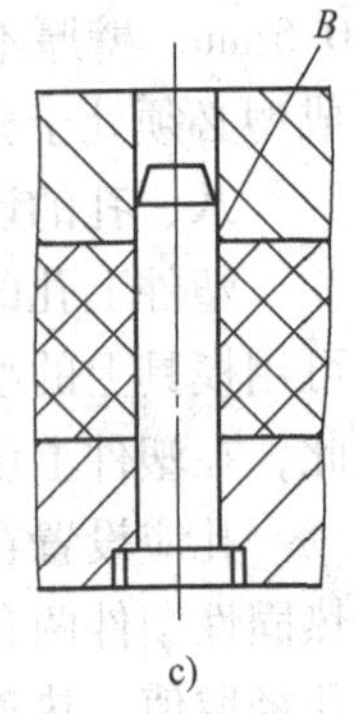

图3-9　通孔的成型方法

各种塑料适宜成型的最小孔径和最大孔深见表3-11。

表3-11　塑件的最小孔径与最大孔深　（单位：mm）

成型方法	塑料名称	最小孔径 d	最大孔深	
			不通孔	通孔
压缩成型与压注成型	压塑粉	1.0	压缩：$2d$ 压注：$4d$	压缩：$4d$ 压注：$8d$
	纤维塑料	1.5		
	碎布塑料	1.5		
注射成型	聚酰胺（PA） 聚乙烯（PE） 软聚氯乙烯（LPVC）	0.2	$4d$	$10d$
	有机玻璃（PMMA）	0.25	$3d$	$8d$
	氯化聚醚（CPT） 聚甲醛（POM） 聚苯醚（PPO）	0.3	$3d$	$8d$
	硬聚氯乙烯（HPVC）	0.25		
	改性聚苯乙烯	0.3		
	聚碳酸酯（PC） 聚砜（PS）	0.35	$2d$	$6d$

（三）异形孔

对于斜孔或形状复杂的孔可采用拼合的型芯来成型，以避免侧向抽芯。图3-10为几种常见的例子。

九、螺纹设计

塑件上的螺纹可以在成型时直接成型，也可以用后加工的办法机械加工成型，在经常装拆和受力较大的地方，则应该采用金属的螺纹嵌件。塑件上的螺纹应选用螺牙尺寸较大者，螺纹直径较小时不宜采用细牙螺纹（见表3-12），特别是用纤维或布基作填料的塑料成型的螺纹，其螺牙尖端部分常常被强度不高的纯树脂所充填，如螺牙过细将会影响使用强度。

成型塑料螺纹的精度不能要求太高，一般低于3级。塑料螺纹的机械强度是金属螺纹机械强度的1/10～1/5。成型过程中螺距易变化，因此，一般塑件螺纹的螺距不小于0.7mm，

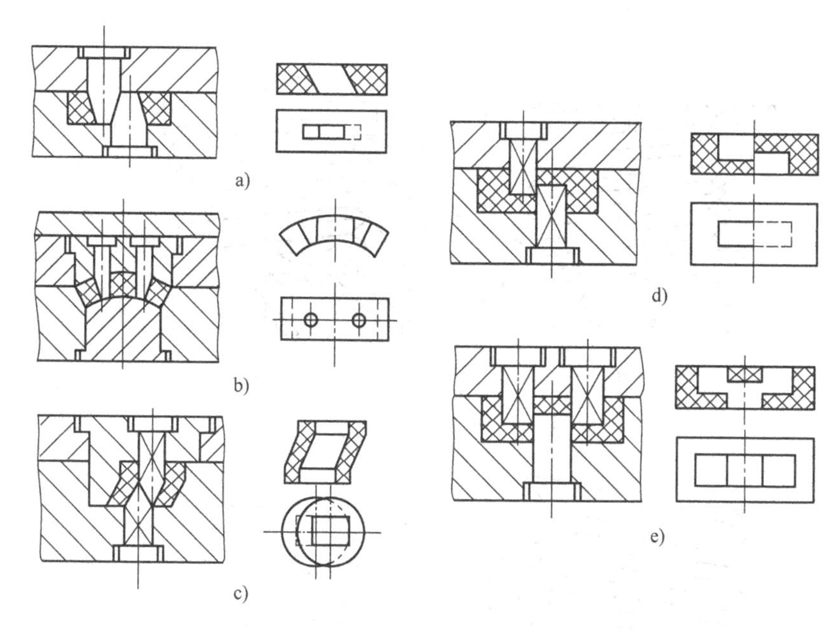

图 3-10　用拼合型芯成型复杂孔

注射成型螺纹直径不小于 2mm，压缩成型螺纹直径不小于 3mm。如果模具的螺纹螺距未加上收缩值，则塑料螺纹与金属螺纹的配合长度就不能太长，一般不大于螺纹直径的 1.5 倍（或 7 ~ 8 牙），否则会因收缩引起塑件上的螺距小于与之相旋合的金属螺纹的螺距，造成连接时塑件上螺纹的损坏及连接强度的降低。

表 3-12　螺纹选用范围

螺纹公称直径 /mm	螺纹种类				
	公制标准螺纹	1 级细牙螺纹	2 级细牙螺纹	3 级细牙螺纹	4 级细牙螺纹
<3	+	−	−	−	−
3 ~ 6	+	−	−	−	−
6 ~ 10	+	+	−	−	−
10 ~ 18	+	+	+	−	−
18 ~ 30	+	+	+	+	−
30 ~ 50	+	+	+	+	+

注：表中“+”号表示能选用螺纹。

螺纹直接成型的方法有：采用螺纹型芯或螺纹型环在成型之后将塑件旋下；外螺纹采用瓣合模成型，这时工效高，但精度较差，还带有不易除尽的飞边；要求不高的螺纹（如瓶盖螺纹）用软塑料成型时，可强制脱模，这时螺牙断面最好设计得浅一些，且呈圆形或梯形断面，如图 3-11 所示。

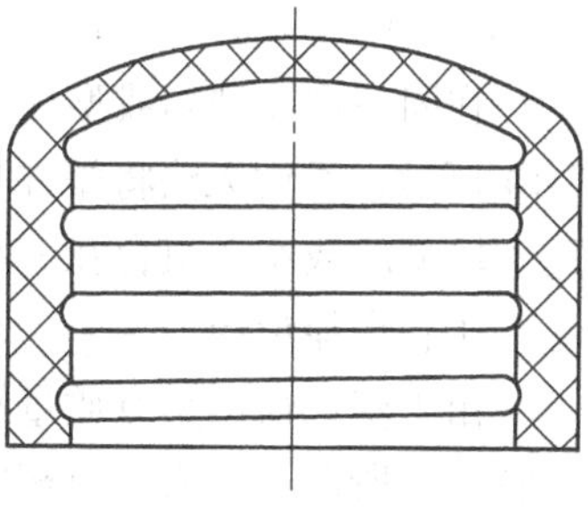

图 3-11　能强制脱模的圆牙螺纹

为了防止螺孔最外圈的螺纹崩裂或变形，应使螺纹最外圈和最里圈留有台阶，如图 3-12 和图 3-13 所示，图 3-12a 和图 3-13a 是不正确的；图 3-12b 和图 3-13b 是正确的。螺纹的始端和终端应逐渐开始和结束，有一段过渡长度 l，其值可按表 3-13 选取。

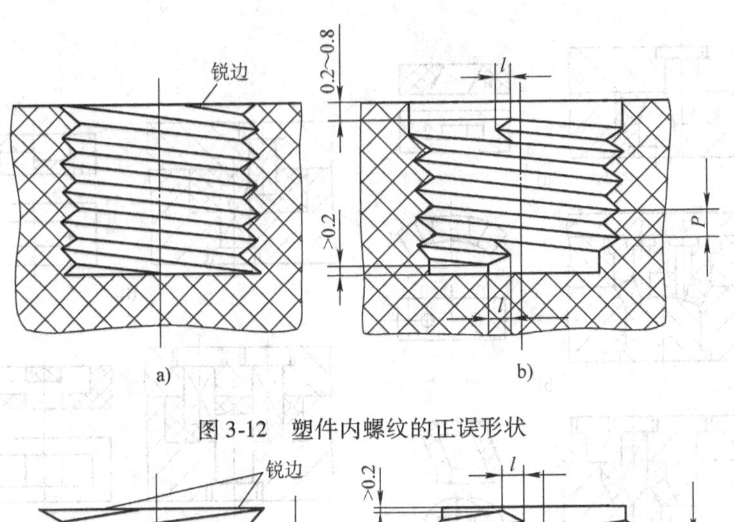

图 3-12　塑件内螺纹的正误形状

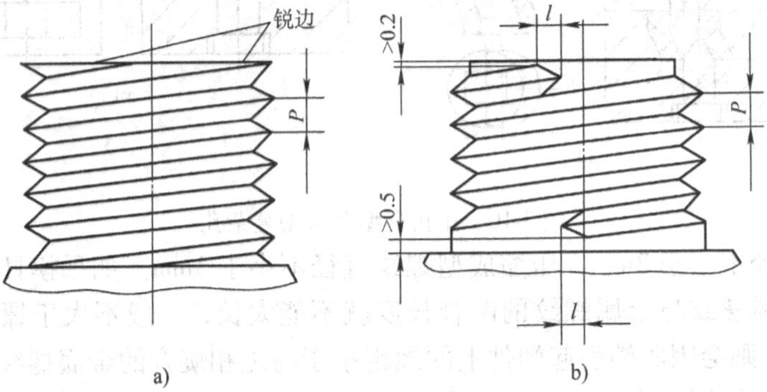

图 3-13　塑件外螺纹的正误形状

表 3-13　塑件上螺纹始末过渡部分长度　　（单位：mm）

螺纹直径	螺　　距　*P*		
	<0.5	>0.5	>1
	始末过渡部分长度尺寸 *l*		
≤10	1	2	3
>10～20	2	3	4
>20～34	2	4	6
>34～52	3	6	8
>52	3	8	10

注：始末部分长度相当于车制金属螺纹型芯或型腔时的退刀长度。

在同一螺纹型芯或型环上有前后两段螺纹时，应使两段螺纹旋向相同、螺距相等，如图 3-14 所示，否则无法将塑件从螺纹型芯或型环上旋下来。当螺距不等或旋向不同时，就需采用两段型芯或型环组合在一起的形式，成型后分段旋下，如图 3-14b 所示。

十、齿轮设计

由于塑料齿轮具有质量轻、弹性模量小、在同样制造精度下比钢和铸铁齿轮传动噪声小等特点，所以近年来在机械电子工业中的应用越来越广泛。目前，在精度和强度要求不太高的机构中，经常见到塑料齿轮传动，其常用的塑料有聚酰胺、聚甲醛、聚碳酸酯及聚砜等。

为了使塑件适应注射成型工艺，保证轮缘、辐板和轮毂有相应的厚度，要求轮缘宽度 t_1

至少为全齿高 t 的 3 倍。辐板厚度 H_1 应小于或等于轮缘厚度 H，轮毂厚度 H_2 应大于或等于轮缘厚度 H，并相当于轴孔直径 D，最小轮毂外径 D_1 应为 D 的 1.5～3 倍，如图 3-15 所示。由于齿轮承受的是交变载荷，所以应尽量避免截面的突然变化，各表面相接或转折处应尽可能用大圆角过渡，以减小尖角处的应力集中和成型时应力的影响。为了避免装配时产生应力，轴和孔应尽可能采用过渡配合而不采用过盈配合，并用销钉固定或半月形孔配合的形式传递扭矩，如图 3-16 所示。

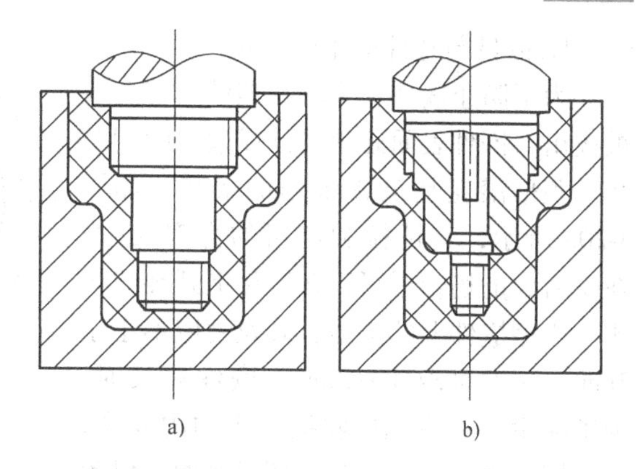

图 3-14　两段同轴齿轮螺纹的成型

对于薄型齿轮，厚度不均匀能引起齿形歪斜，若用无毂无轮缘的齿轮可以很好地改善这种情况。但如在辐板上有大的孔时（见图 3-17a），因孔在成型时很少向中心收缩，会使齿轮歪斜；若改用图 3-17b 的形式，即轮毂和轮缘之间采用薄肋时，则能保证轮缘向中心收缩。

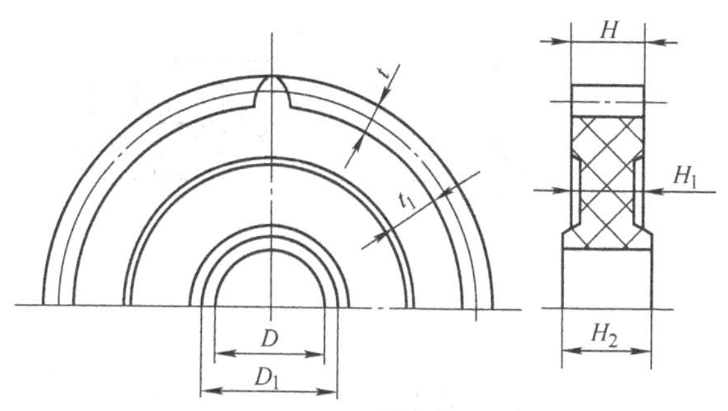

图 3-15　齿轮各部尺寸

由于塑料的收缩率较大，所以一般只宜用收缩率相同的塑料齿轮相互啮合工作。

十一、嵌件设计

（一）嵌件的用途及形式

在塑料内镶入金属零件或玻璃及已成形的塑件等形成牢固不可卸的整体，则此镶入件称为嵌件。塑件中镶入嵌件的目的或者是为了增加塑件局部的强度、硬度、耐磨性、导磁导电性等；或者是为了提高精度、增加塑件的尺寸和形状的稳定性；或者是为了满足某些对塑件的特殊性能要求。采用嵌件往往会增加塑件的成本，使模具结构复杂，同时成型时在模具中安装嵌件会降低塑件的生产率，使生产难于实现自动化，因此，塑件设计时应慎重合理地选择嵌件结构。图 3-18 所示为几种常见的金属嵌件的形式。图 3-18a 为圆筒形螺纹嵌件，有通孔和不通孔两种。带螺纹孔的嵌件是常见的形式，它用于经常拆卸或受力较大的场合以及导电部位的螺纹联接。图 3-18b 为带台阶的圆柱形嵌件；图 3-18c 为片状嵌件，常用作塑件内导体、焊片等；图 3-18d 为细杆状贯穿嵌件，汽车转向盘即为此例。

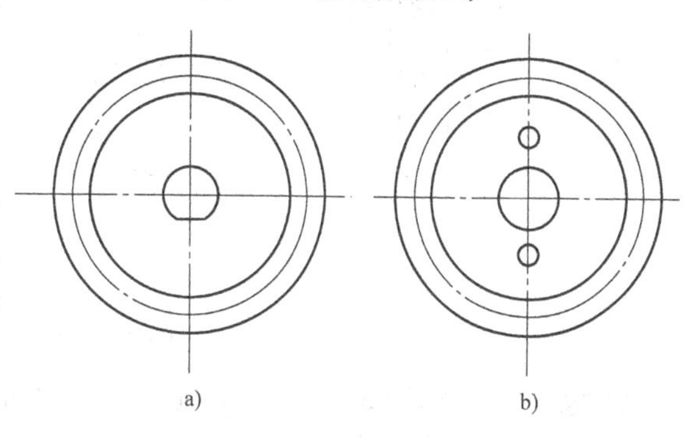

图 3-16　塑料齿轮固定形式

其他特种用途的嵌件形式很多，如冲制的薄壁嵌件、薄壁管状嵌件等。非金属嵌件如图 3-19 所示，它是用 ABS 黑色塑料作嵌件的改性有机玻璃仪表壳。

（二）嵌件的设计

1. 嵌件与塑件应牢固连接

为了防止嵌件受力时在塑件内转动或被拔出，嵌件表面必须设计成适当的凹凸状。菱形滚花是最常采用的形状，如图3-20a所示，其抗拉和抗扭的力都较大；在受力大的场合还可以在嵌件上开环状沟槽。小型嵌件上的沟槽，其宽度应不小于2mm，深度可取1～2mm。嵌件较长时，为了减少塑料沿轴向收缩产生的内应力，可采用直纹滚花，并制出环形沟槽，以免受力时被拔出，如图3-20b所示；图3-20c所示为六角形嵌件，因易在尖角处产生应力集中，故较少采用；图3-20d所示为片状嵌件，可以用孔眼、切口或局部折弯来固定；图3-20e所示的薄壁管状嵌件可采用边缘翻边固定；针状嵌件可用砸扁其中一段或折弯等方法固定，如图3-20f所示。

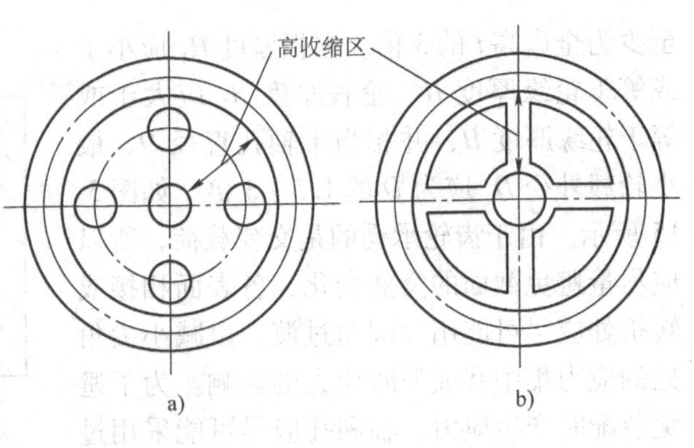

图3-17　塑料齿轮辐板结构

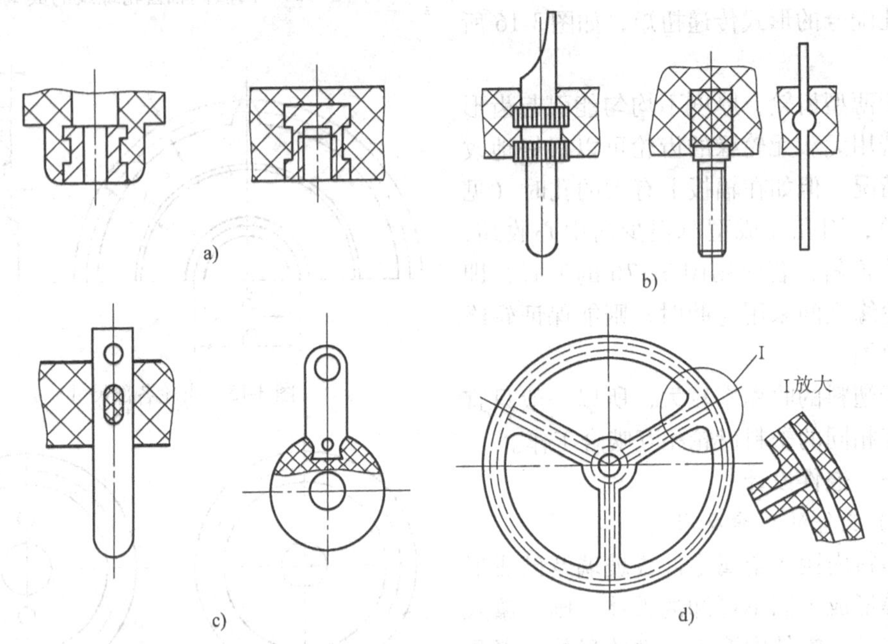

图3-18　常见金属嵌件形式

2. 嵌件在模内应可靠定位

安放在模具内的嵌件，在成型过程中要受到塑料流的冲击，因此有可能发生位移和变形，同时塑料还可能挤入嵌件上预留的孔或螺纹中，影响嵌件使用，因此必须可靠定位。图3-21所示为外螺纹嵌件在模内固定的形式。图3-21a利用嵌件上的光杆部分和模具配合；图3-21b采用一凸肩配合的形式，即可增加嵌件插入后的稳定性，又可

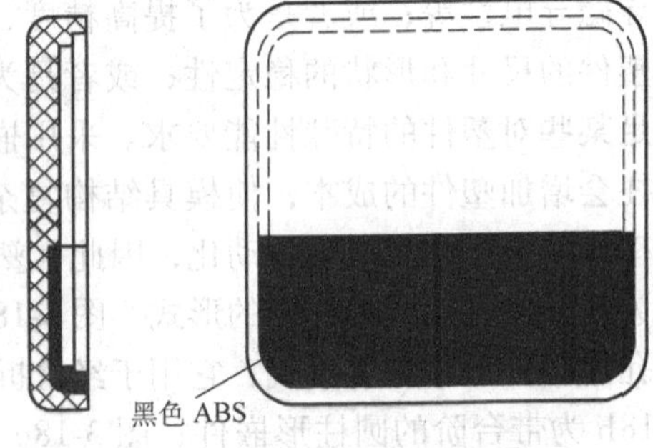

图3-19　以黑色塑件作嵌件的透明仪表壳

阻止塑料流入螺纹中；图 3-21c 所示嵌件上有一凸出的圆环，在成型时圆环被压紧在模具上而形成密封环，以阻止塑料的溢入。

图 3-22 所示为内螺纹嵌件在模内固定的形式。当注射压力不大，且螺牙很细小（M3.5mm 以下）时，内螺纹嵌件也可直接插在模具内的光杆上，塑料可能挤入一小段螺纹牙缝内，但并不妨碍多数螺纹牙，这样安放嵌件使操作大为简便。图 3-22a 为嵌件直接插在模内的圆形光杆上的形式；图 3-22b 和图 3-22c 为用一凸出的台阶与模具上的孔相配合的形式，以增加定位的稳定性和密封性；图 3-22d 为采用内部台阶与模具上的插入杆配合的形式。

嵌件在模具内安装的配合形式常采用 H8/f8，配合长度一般为 3 ~ 5mm。

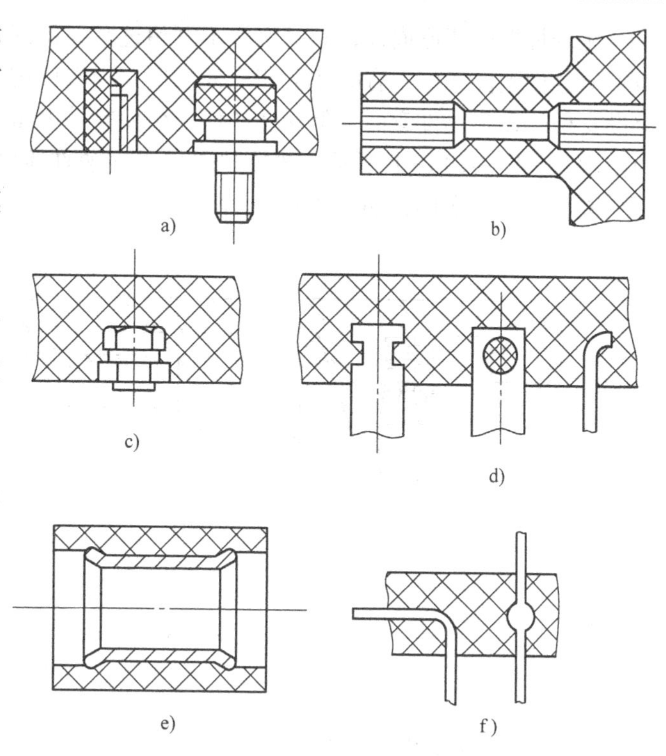

图 3-20　嵌件在塑件内的固定

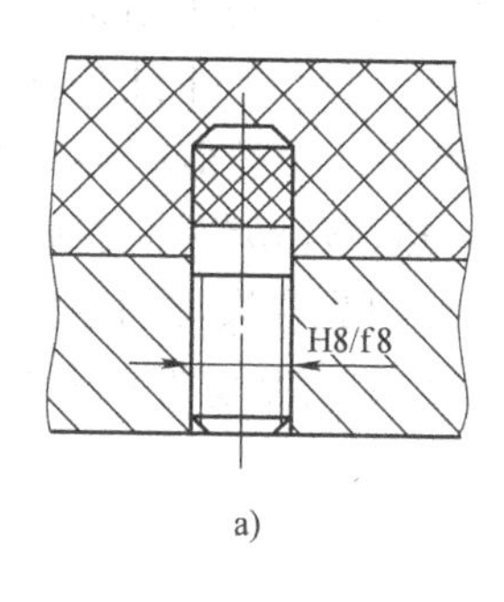

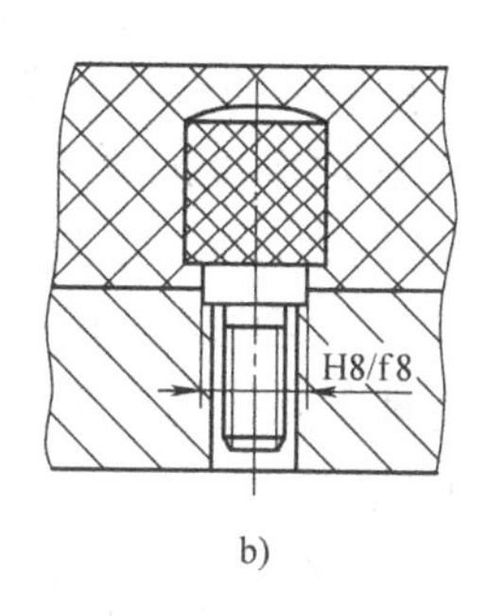

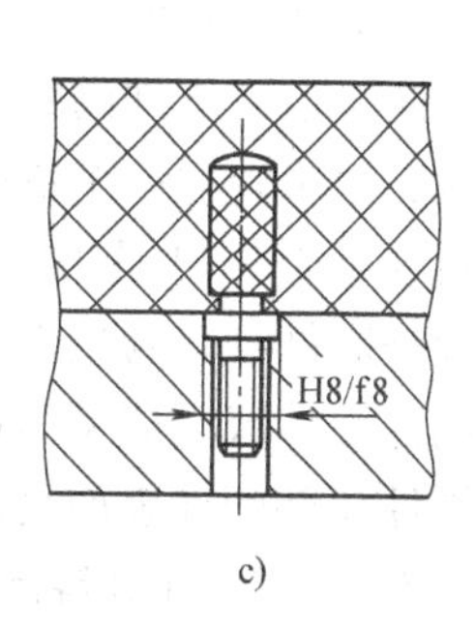

图 3-21　外螺纹嵌件在模内的定位

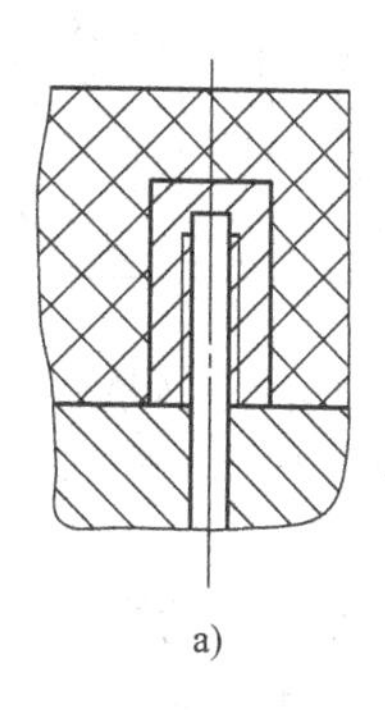

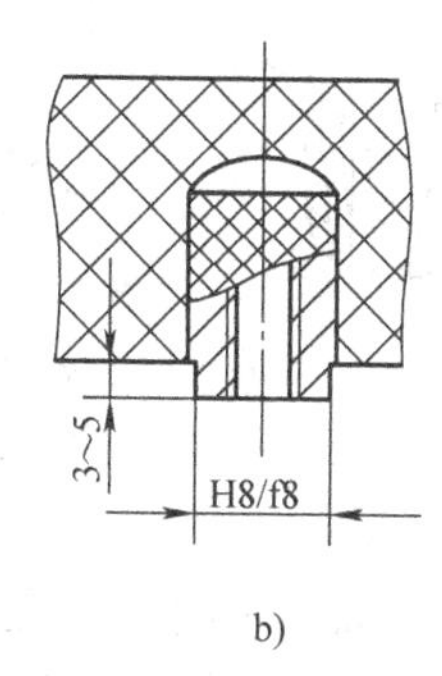

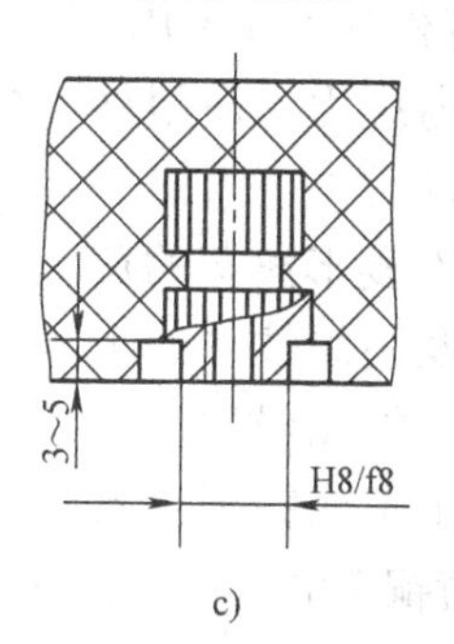

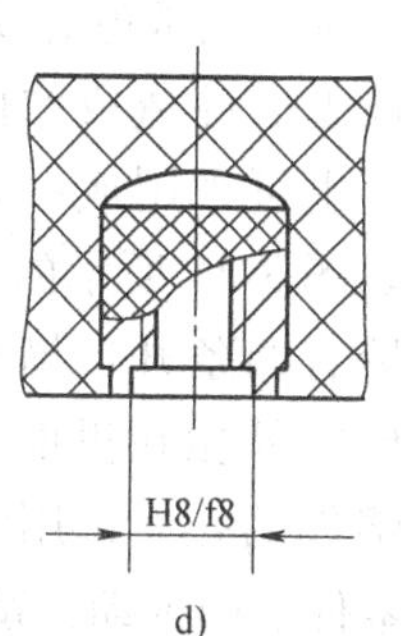

图 3-22　内螺纹嵌件在模内的定位

无论杆形或环形嵌件，其高度都不宜超过其定位部分直径的两倍，否则，塑料熔体的压力不但会使塑件移位，有时还会使嵌件变形。当嵌件过高或为细长杆状或片状时，应在模具上设支柱，以免嵌件弯曲。但支柱的使用会使塑件上留下孔，设计时应考虑该孔不影响塑件的使用，如图 3-23a、b 所示。薄片状嵌件可在塑件流动的方向上打孔，降低料流阻力，以减少嵌件的受力变形，如图 3-23c 所示。

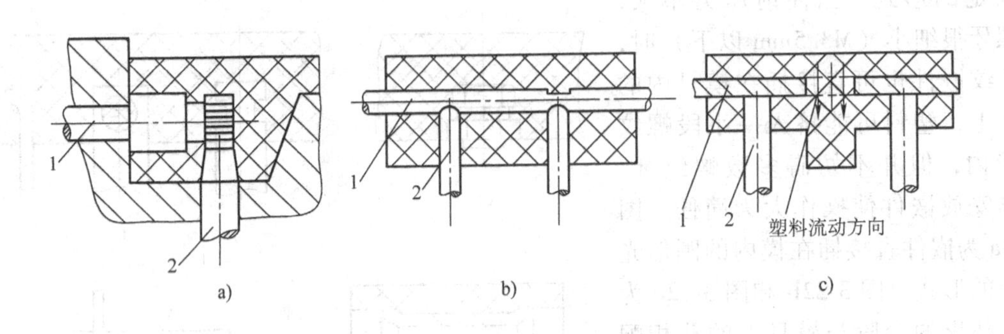

图 3-23　细长嵌件在模内的支撑固定
1—嵌件　2—支柱

3. 嵌件周围的塑料层厚度

由于金属嵌件冷却时尺寸变化与塑料的热收缩值相差很大，致使嵌件周围产生很大的内应力，甚至造成塑件的开裂。对某些刚性强的工程塑料更甚，但对于弹性大的、收缩率较小的塑料则应力值较低。当然，如能选用与塑料线胀系数相近的金属嵌件，内应力值也可以降低。为防止带有嵌件的塑件开裂，嵌件周围的塑料层应有足够的厚度。但由于上述各种因素的影响，很难建立一个嵌件直径与塑料层厚度的详尽关系，对于酚醛及相类似的热固性塑料，可参考表 3-14 选取。同时嵌件不应带尖角，以减少应力集中。热塑性塑料注射成型时，应将大型嵌件预热到接近于物料温度。对于内应力难于消除的塑料，可先在嵌件周围覆一层高聚物弹性体或在成型后进行退火处理来降低内应力。嵌件的顶部也应有足够厚的塑料层，否则嵌件顶部塑件表面会出现鼓泡或裂纹。

生产带嵌件的塑料制件会降低生产效率，使塑件的生产不易实现自动化，因此在设计塑件时，能避免的嵌件尽可能不用。

为了减少嵌件造成的内应力，使塑件不致破裂，也可采用成型以后再压入嵌件的方法。如图 3-24 所示的有菱形滚花的黄铜套，它带有四条开口槽及内螺纹，一个铜制十字形零件扣在里面，将此嵌件放入成型后的塑件的孔中，用手工或特制工具将十字形零件沿槽推动，黄铜套的菱形滚花部分即胀开而紧固。这种嵌件的嵌入应在脱模后趁热进行，以利用塑件后收缩来提高紧固性。近年来，还有利用超声波使嵌件周围的热塑性塑料层软化而压入嵌件的。

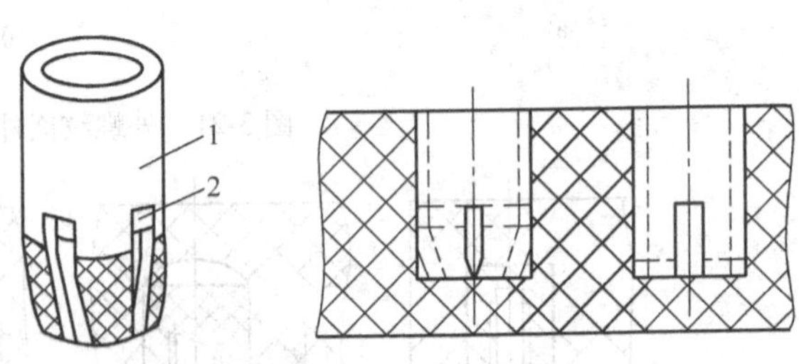

图 3-24　塑件成型后压入嵌件
1—内螺纹黄铜套　2—十字形零件

表 3-14 金属嵌件周围塑料层厚度 （单位：mm）

图例	金属嵌件直径 D	周围塑料层最小厚度 C	顶部塑料层最小厚度 H
	≤4	1.5	0.8
	>4～8	2.0	1.5
	>8～12	3.0	2.0
	>12～16	4.0	2.5
	>16～25	5.0	3.0

十二、文字、符号及标记

由于装潢或某些特殊要求，塑件上常常要求有标记、符号等，但必须使文字、符号等的设置不致引起脱模的困难。

塑件的标记、符号有凸形和凹形两类。标记、符号在塑件上为凸形时，在模具上就为凹形；标记、符号在塑件上为凹形时，则在模具上就为凸形。模具上的凹形标记、符号易于加工，文字可用刻字机刻制，图案等可用手工雕或电加工等。模具上的凸形标记、符号难于加工，直接作出凸形一般需要采用电火花、电铸或冷挤压成形。另外，有时为了便于更换标记、符号，也可以在模内镶入可成型标记、符号部分的镶件，但这种方法会在塑件上留下凹或凸的痕迹。

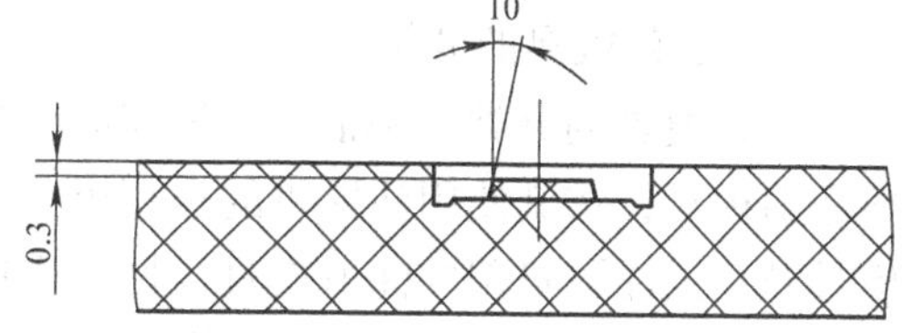

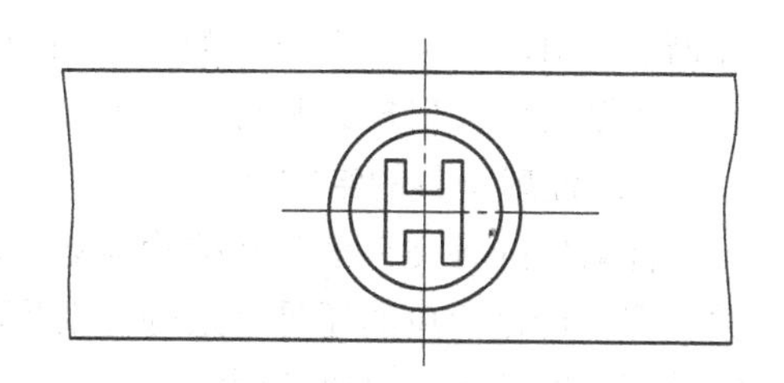

图 3-25 塑件上的标记

图 3-25 所示为凹坑凸字的形式，即在与塑件有文字地方对应的模具上镶上刻有字迹的镶块。为了避免镶嵌的痕迹，可将镶块周围的结合线作边框，则凹坑里的凸字无论在模具研磨抛光或塑件使用时，都不会因碰撞而损坏。

塑件上标记的凸出高度不小于 0.2mm，线条宽度一般不小于 0.3mm，通常以 0.8mm 为宜。两条线的间距不小于 0.4mm，边框可比字高出 0.3mm 以上，标记的脱模斜度可大于 10°。

思 考 题

3-1 塑料制件的公差等级精度及公差数值是如何确定的？举例说明。

3-2 绘出有台阶的通孔成型的三种形式结构简图。

3-3 塑料螺纹设计要注意哪些方面？

3-4 嵌件设计时应注意哪几个问题？

第四章 注射成型模具结构及注射机

塑料注射成型模具主要用于成型热塑性塑料制件，近年来在热固性塑料的成型中也得到了日趋广泛的应用。由于塑料注射成型模具对塑料的适应性比较广，而且用这种方法成型塑料制件的内在和外观质量均较好，生产效率特别高（与塑料的其他成型方法相比），所以注射成型模具日益引起人们的重视。作为成型塑料制件的重要工艺装备之一，其结构的合理性，将直接影响塑件的成型质量、生产效率、劳动强度、模具寿命及成本等。本章主要介绍各类热塑性塑料注射成型模具的结构及其特点，以便在学习如何设计注射模之前对此有一个基本的了解。

第一节　注射模具的分类及结构组成

一、注射模具的分类

注射模具的分类方法很多。按其成型塑料的材料可分为热塑性塑料注射模具和热固性塑料注射模具；按其使用注射机的类型可分为卧式注射机用的注射模具、立式注射机用的注射模具及角式注射机用的注射模具；按其采用的流道形式可分为普通流道注射模具和热流道注射模具；按其结构特征可分为单分型面注射模具、双分型面注射模具、斜导柱（弯销、斜导槽、斜滑块、齿轮齿条）侧向分型与抽芯注射模具、带有活动镶件的注射模具、定模带有推出装置的注射模具和自动卸螺纹注射模具等。

二、注射模具的结构组成

注射模的种类很多，其结构与塑料品种、塑件的复杂程度和注射机的种类等很多因素有关，但不论是简单的还是复杂的注射模具，其基本结构都是由动模和定模两大部分组成的。定模部分安装在注射机的固定模板上；动模部分安装在注射机的移动模板上，在注射成型过程中它随注射机上的合模系统运动。注射成型时，动模部分与定模部分由导柱导向而闭合，塑料熔体从注射机喷嘴经模具浇注系统进入型腔。注射成型冷却后开模，一般情况下塑件留在动模上与定模分离，然后模具推出机构将塑件推出模外。

根据模具上各零部件所起的作用，一般注射模具可由以下几个部分组成，如图 4-1 所示。

（一）成型零部件

成型零部件是指动、定模部分有关组成型腔的零件。如成型塑件内表面的凸模和成型塑件外表面的凹模以及各种成型杆、镶件等。如图 4-1 所示的模具中，型腔是由动模板 1、定模板 2 和凸模 7 等组成。

（二）合模导向机构

合模导向机构是保证动模和定模在合模时准确对合，以保证塑件形状和尺寸的精确度，并避免模具中其他零部件发生碰撞和干涉。常用的合模导向机构是导柱和导套（见图4-1中的8、9），对于深腔薄壁塑件，除了采用导柱导套导向外，还常采用在动、定模部分设置互相吻合的内外锥面导向、定位机构。

（三）浇注系统

浇注系统是熔融塑料从注射机喷嘴进入模具型腔所流经的通道，它包括主流道、分流道、浇口及冷料穴等。

（四）侧向分型与抽芯机构

当塑件的侧向有凹凸形状的孔或凸台时，在开模推出塑件之前，必须先把成型塑件侧向凹凸形状的瓣合模块或侧向型芯从塑件上脱开或抽出，塑件方能顺利脱模。侧向分型或抽芯机构就是为实现这一功能而设置的。图4-6所示就是具有侧向抽芯机构的模具。

（五）推出机构

推出机构是指分型后将塑件从模具中推出的装置，又称脱模机构。一般情况下，推出机构由推杆、推杆固定板、推板、主流道拉料杆、复位杆及为了该机构运动平稳所设置的导向机构所组成的。图4-1中的推出机构由推板13、推杆固定板14、拉料杆15、推板导柱16、推板导套17、推杆18和复位杆19等组成。

常见的推出机构有推杆推出机构、推管推出机构、推件板推出机构，此外还有凹模推出机构、顺序推出机构和二级推出机构等。

（六）加热和冷却系统

加热和冷却系统亦称温

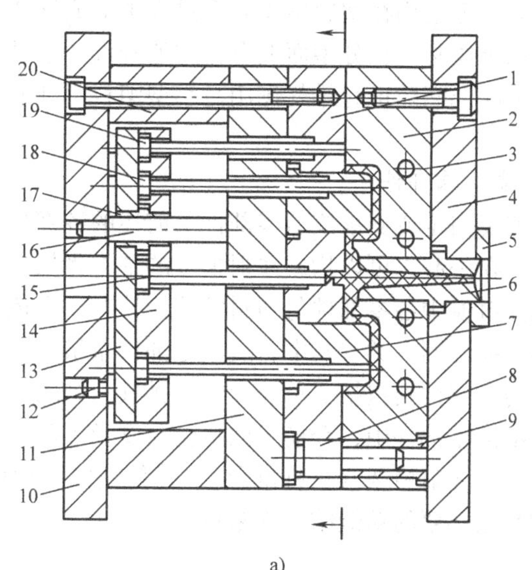

a)

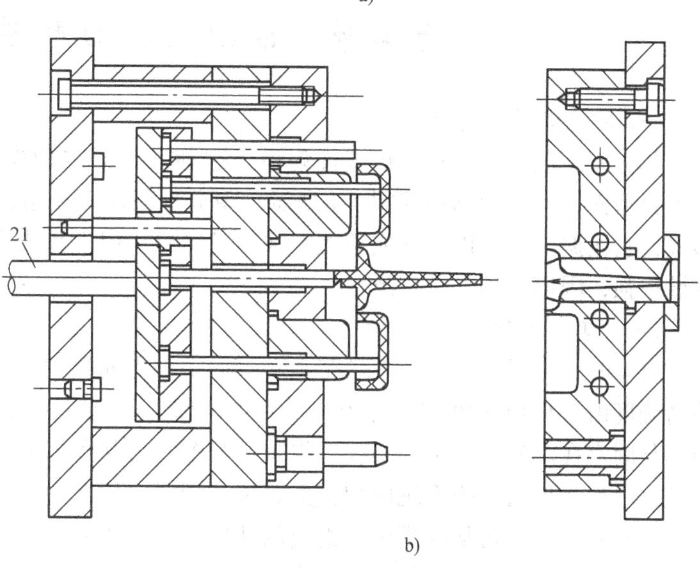

b)

图4-1　注射模的结构

1—动模板　2—定模板　3—冷却水道　4—定模座板　5—定位圈　6—浇口套　7—凸模　8—导柱　9—导套　10—动模座板　11—支承板　12—支承柱　13—推板　14—推杆固定板　15—拉料杆　16—推板导柱　17—推板导套　18—推杆　19—复位杆　20—垫块　21—注射机顶杆

度调节系统，它是为了满足注射成型工艺对模具温度的要求而设置的，其作用是保证塑料熔体的顺利充型和塑件的固化定型。注射模具中是设置冷却回路还是设置加热装置要根据塑料的品种和塑件成型工艺来确定。冷却系统一般是在模具上开设冷却水道（见图 4-1 中 3），加热系统则在模具内部或四周安装加热元件。

(七) 排气系统

在注射成型过程中，为了将型腔中的空气及注射成型过程中塑料本身挥发出来的气体排出模外，以避免它们在塑料熔体充型过程中造成气孔或充不满等缺陷，常常需要开设排气系统。排气系统通常是在分型面上有目的地开设几条排气沟槽，许多模具的推杆或活动型芯与模板之间的配合间隙可起排气作用。小型塑料制件的排气量不大，因此可直接利用分型面排气。

(八) 支承零部件

用来安装固定或支承成型零部件及前述的各部分机构的零部件均称为支承零部件。支承零部件组装在一起，可以构成注射模具的基本骨架。

根据注射模中各零部件与塑料的接触情况，上述八大部分功能结构也可以分为成型零部件和结构零部件两大类。其中，成型零部件系指与塑料接触，并构成模腔的模具的各种功能构件；结构零部件则包括支承、导向、排气、推出塑件、侧向分型与抽芯、温度调节等功能构件。在结构零部件中，合模导向机构与支承零部件合称为基本结构零部件，因为二者组装起来可以构成注射模架（已标准化）。任何注射模均可以借用这种模架为基础，再添加成型零部件和其他必要的功能结构件来形成。

第二节　注射模具的典型结构

一、单分型面注射模

单分型面注射模又称两板式注射模，这种模具只在动模板与定模板（二板）之间具有一个分型面，其典型结构如图 4-1 所示。单分型面注射模是注射模具中最简单最基本的一种形式，它根据需要可以设计成单型腔注射模，也可以设计成多型腔注射模。对成型塑件的适应性很强，因而应用十分广泛。

(一) 工作原理

合模时，注射机开合模系统带动动模向定模方向移动，在分型面处与定模对合，其对合的精确度由合模导向机构（见图 4-1 中件 8、9）保证。动模和定模对合后，定模板 2 上的凹模与固定在动模板 1 上的凸模 7 组合成与塑件形状和尺寸一致的封闭型腔，型腔在注射成型过程中被注射机合模系统所提供的锁模力锁紧，以防止它在塑料熔体充填型腔时被所产生的压力涨开。注射机从喷嘴中注射出的塑料熔体经由开设在定模上的主浇道进入模具，再由分浇道及浇口进入型腔，待熔体充满型腔并经过保压、补缩和冷却定型之后开模。开模时，注射机开合模系统便带动动模后退，这时动模和定模两部分从分型面处分开，塑件包在凸模 7 上随动模一起后退，拉料杆 15 将主浇道凝料从浇口套 6 中拉出。当动模退到一定位置时，安装在动模内的推出机构在注射机顶出装置的作用下，使推杆 18 和拉料杆 15 分别将塑件及浇注系统的凝料从凸模 7 和冷料穴中推出，塑件与浇注系统凝料一起从模具中落下，至此完成一次注射过程。合模时推出机构靠复位杆 19 复位，从而准备下一次的注射。

（二）设计注意事项

1）分型面上开设分流道，既可开设在动模一侧或定模一侧，也可开设在动、定模分型面的两侧，视塑件的具体形状而定。但是，如果开设在动、定模两侧的分型面上，必须注意合模时流道的对中拼合。

2）由于推出机构一般设置在动模一侧，所以应尽量使塑件在分型后留在动模一边，以便于推出，这时要考虑塑件对凸模型芯的包紧力，塑件注射成型后对凸模型芯包紧力的大小往往用凸模或型芯被塑料熔体所包络住的侧面积的大小来衡量，一般将包紧力大的凸模或型芯设置在动模一侧，包紧力小的凸模或型芯设置在定模一侧。

3）为了让主流道凝料在分型时留在动模一侧，动模一侧必须设有拉料杆。拉料杆有“Z”字形、球形等。用“Z”形拉料杆时，拉料杆固定在推杆固定板上。用球形拉料杆时，拉料杆固定在动模板上，而且球形拉料杆仅适用于推杆板推出机构的模具。

4）推杆的复位方式有多种，如弹簧复位或复位杆复位等，常用的是复位杆复位。

单分型面的注射模是一种最基本的注射模具结构。根据具体塑件的实际要求，单分型面的注射模也可增加其他的零部件，如嵌件、螺纹型芯或活动型芯等，因此，在这种基本形式的基础上，就可演变成其他各种复杂的结构。

二、双分型面注射模

双分型面注射模具有两个分型面，如图4-2所示。*A-A*为第一分型面，分型后浇注系统凝料由此脱出；*B-B*为第二分型面，分型后塑件由此脱出。与单分型面注射模具相比较，双分型面注射模具在定模部分增加了一块可以局部移动的中间板，所以也叫三板式（动模板、中间板、定模板）注射模具，它常用于点浇口进料的单型腔或多型腔的注射模具，开模时，中间板在定模的导柱上与定模板作定距离分离，以便在这两模板之间取出浇注系统凝料。

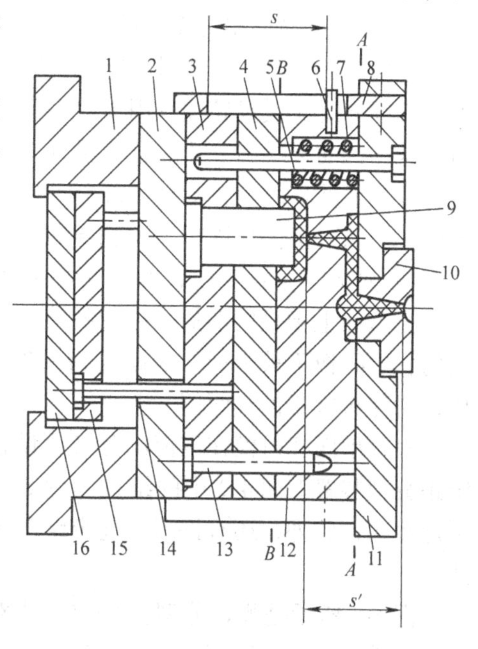

图4-2　双分型面注射模

1—模脚　2—支承板　3—动模板　4—推件板　5—导柱　6—限位销　7—弹簧　8—定距拉板　9—凸模　10—浇口套　11—定模板　12—中间板　13—导柱　14—推杆　15—推杆固定板　16—推板

（一）分型脱模原理

开模时，开合模系统带动动模部分后移，由于弹簧7对中间板12施压，迫使中间板与定模板11首先在*A*处分型，并随动模一起向后移动，主浇道凝料随之拉出。当中间板向后移动到一定距离时，安装在定模板上的定距拉板8挡住装在中间板上的限位销6，中间板停止移动。动模继续后移，*B*分型面分型。因塑件包紧在凸模9上，这时浇注系统凝料就在浇口处自行拉断，然后在*A*分型面之间自行脱落或由人工取出。动模继续后移至注射机的顶杆接触推板16时，推出机构开始工作，推件板4在推杆14的推动下将塑件从凸模上推出，塑件由*B*分型面之间自行落下。

（二）设计注意事项

分析图4-2可知，因为增加了一个中间板，双分型面注射模整体结构比单分型面注射模总体结构要复杂一些。设计模具时应注意以下几个问题。

1）若是点浇口形式的双分型面注射模，应注意使分型面 A 的分型距离能保证浇注系统凝料顺利取出，一般 A 分型面分型距离为

$$s = s' + 3 \sim 5\text{mm}$$

式中 s——A 分型面分型距离（mm）；

s'——浇注系统凝料在合模方向上的长度（mm）。

2）由于双分型面注射模使用的浇口多为点浇口，截面积较小，通道直径只有 0.5 ~ 1.5mm，故对大型塑件或流动性差的塑料不宜采用这种结构形式。

3）在双分型面模具中要注意导柱的设置及导柱的长度。一般的注射模中，动、定模之间的导柱既可设置在动模一侧，也可设置在定模一侧，视具体情况而定，通常设置在型芯凸出分型面最长的那一侧。而双分型面的注射模，为了中间板在工作过程中的支承和导向，所以在定模一侧一定要设置导柱，如该导柱同时对动模部分导向，则导柱导向部分的长度应按下式计算：

$$L \geqslant s + H + h + 8 \sim 10\text{mm}$$

式中 L——导柱导向部分长度（mm）；

s——A 分型面分型距离（mm）；

H——中间板的厚度（mm）；

h——型芯凸出分型面的长度。

如果定模部分的导柱仅对中间板支承和导向，则动模部分还应设置导柱，用于对中间板的导向，这样，动定模部分才能合模导向。如果动模部分是推件板脱模，则动模部分一定要设置导柱，用以对推件板进行支承和导向。

4）弹簧应布置 4 个，并尽可能对称布置于 A 分型面上模板的四周，以保持分型时弹力均匀，中间板不被卡死。定距拉板一般采用 2 块，对称布置于模具两侧。

双分型面注射模在定模部分必须设置顺序定距分型装置。图 4-2 中的结构为弹簧分型拉板定距式，此外，还有许多其他定距分型的形式。

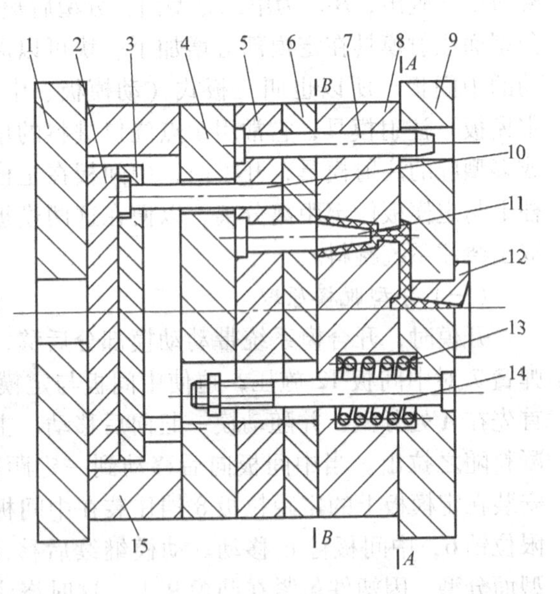

图 4-3　弹簧分型拉杆定距式双分型面注射模

1—动模座板　2—推板　3—推杆固定板　4—支承板　5—动模板　6—推件板　7—导柱　8—中间板　9—定模板　10—推杆　11—型芯　12—浇口套　13—弹簧　14—定距导柱拉杆　15—垫块

图 4-3 所示是弹簧分型拉杆定距式双分型面注射模。其工作原理与弹簧分型拉板定距式双分型面注射模基本相同，所不同的是定距方式不一样，拉杆式定距是采用拉杆端部的螺母来限定中间板的移动距离。

图 4-4 是导柱定距式双分型面注射模，在导柱上开限距槽，并通过定距钉 13 来达到限制中间板移动距离的目的。分型时，在顶销 5 作用下 A 分型面分型，塑件和浇注系统凝料随

动模一起后移，当定距钉 13 与导柱 12 上的槽相接触时，*A* 分型面分型结束，*B* 分型面分型，最后推杆 3 推动推件板使塑件从凸模 16 上脱下。

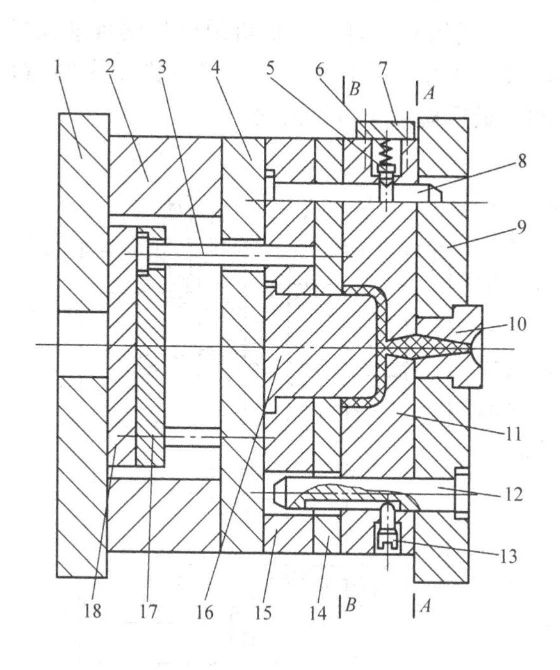

图 4-4　定距导柱式双分型面注射模
1—动模座板　2—支承块　3—推杆　4—支承板　5—顶销　6—弹簧　7—压块　8—导柱　9—定模板　10—浇口套　11—中间板　12—导柱　13—定距钉　14—推件板　15—动模板　16—凸模　17—推杆固定板　18—推板

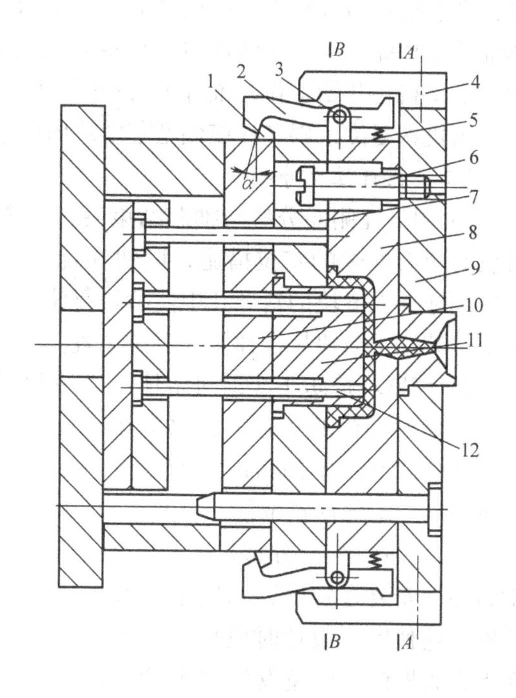

图 4-5　摆钩分型螺钉定距双分型面注射模
1—挡块　2—摆钩　3—转轴　4—压块　5—弹簧　6—定距螺钉　7—动模板　8—中间板　9—定模板　10—支承板　11—凸模　12—推杆

另外，拉杆定距式和导柱定距式双分型面注射模较之拉板定距式双分型面注射模的结构要紧凑一些，体积也相应小一些，这对于成型小型塑件的模具来说，选用这两种结构形式就显得较经济与合理一些。

图 4-5 是摆钩分型螺钉定距的双分型面注射模。开模时，由于固定在中间板 8 上的摆钩 2 拉住支承板 10 上的挡块 1，模具从 *A* 分型面分型，塑件包在凸模 11 上随动模一起后移，主流道凝料被拉出浇口套。开模到一定距离后，摆钩 2 在压块 4 的作用下产生摆动而脱离挡块 1，同时定距螺钉 6 限制中间板 8 不能再移动，*B* 分型面分型。最后推出机构工作，由推杆 12 将塑件从凸模 11 上推出脱模。这种机构设计时应注意的是摆钩和压块等零件应对称布置在模具的两侧。

三、斜导柱侧向分型与抽芯注射模

当塑件有侧凸、侧凹（或侧孔）时，模具中成型侧凸、侧凹（或侧孔）的零部件必须制成可移动的，开模时，必须使这一部分构件先行移开，塑件脱模才能顺利进行。图 4-6 为一斜导柱驱动型芯滑块侧向移动抽芯的注射模。在这类模具中，侧向抽芯机构是由斜导柱 10、侧型芯滑块 11、楔紧块 9 和侧型芯滑块抽芯结束时的定位装置（挡块 5、滑块拉杆 8、弹簧 7 等）所组成。

（一）工作原理

注射成型后开模，在动模部分后退的过程中，开模力通过斜导柱 10 作用于侧型芯滑块 11，型芯滑块随着动模的后退在动模板 16 的导滑槽内向外滑移，直至滑块与塑件完全脱开，侧抽芯动作完成。这时塑件包在凸模 12 上随动模继续后移，直到注射机顶杆与模具推板接触，推出机构开始工作，推杆 19 将塑件从凸模 12 上推出。合模时，复位杆（图中未画出）使推出机构复位，斜导柱使侧型芯滑块向内移动，最后楔紧块将其锁紧。

（二）设计注意事项

1）斜导柱侧向分型与抽芯结束后在脱离侧型芯滑块时应有准确的定位措施，以便在合模时斜导柱能顺利地插入滑块的斜导孔中使滑块复位。图 4-6 中的定位装置是挡块拉杆弹簧式定位装置。

2）楔紧块是防止注射时熔体压力使侧型芯滑块产生位移而设置的，为了有效工作，其上面的斜面应与侧型芯滑块上的斜面斜度一致，并且设计时斜面应留有一定的修正余量，以便装配时修正。

3）斜导柱侧向分型抽芯机构有四种基本形式：①斜导柱安装在定模，侧型芯（型腔）滑块设置在动模，这种形式设计时应尽量避免在侧型芯的投影面下设置推杆，以免发生“干涉”现象，如无法避免，则必须采取推杆先复位措施；②斜导柱安装在动模，侧型芯（型腔）滑块设置在定模，这种形式必须注意脱模与侧抽芯不能同时进行，否则塑件会留在定模无法脱出，或者侧型芯或塑件会受到损坏；③斜导柱与侧型芯（型腔）滑块同安装在定模，这种形式的结构在定模部分必须增加一个分型面，采用定距分型机构造成斜导柱与侧型芯滑块的相对运动；④斜导柱与侧型芯（型腔）滑块同安装在动模，这种形式应该采用推出机构造成两者之间的相对运动从而达到侧向分型与抽芯的目的。

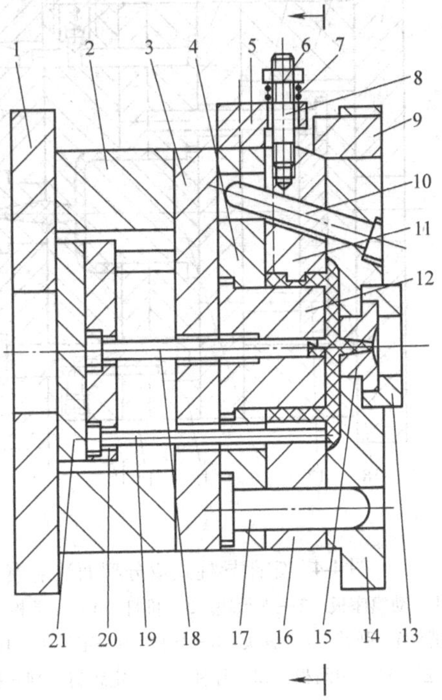

图 4-6 斜导柱侧向抽芯注射模

1—动模座板 2—垫块 3—支承板 4—凸模固定板 5—挡块 6—螺母 7—弹簧 8—滑块拉杆 9—楔紧块 10—斜导柱 11—侧型芯滑块 12—凸模 13—定位圈 14—定模板 15—浇口套 16—动模板 17—导柱 18—拉料杆 19—推杆 20—推杆固定板 21—推板

斜导柱侧向分型与抽芯机构的设计要点很多，在第五章中均有详细分析与阐述。

四、斜滑块侧向分型与抽芯注射模

斜滑块侧向分型与抽芯注射模和斜导柱侧向分型与抽芯注射模一样，也是用来成型带有侧向凹凸塑件的一类模具，所不同的是，其侧向分型与抽芯动作是由可斜向移动的斜滑块来完成的，常常用于侧向分型与抽芯距离较短的场合。图 4-7 所示是斜滑块侧向分型抽芯的注射模，注射成型后开模，动模向后移动，带动包紧在动模上的塑件和斜滑块 15 一起运动，拉料杆 3 同时将主流道凝料从浇口套中拉出，动模继续下移，注射机顶杆接触推板 1，推出机构开始工作，推杆 18 将塑件及斜滑块 5 从动模板中推出，斜滑块在推出的同时沿斜导柱 14 向两侧移动，将固定于滑块上的侧型芯 7 抽出，塑件随之掉落。斜导柱始终在斜滑块中，合模时，定模板底面迫使斜滑块复位。

图4-8所示为斜滑块侧向分型的结构，注射成型开模后，动模部分向下移动，至一定位置，注射机顶杆开始与推板接触、推杆7将斜滑块3及塑件从动模板6中推出，斜滑块在推出的同时在动模板6的斜导槽内向两侧移动分型，塑件从滑块中脱出。

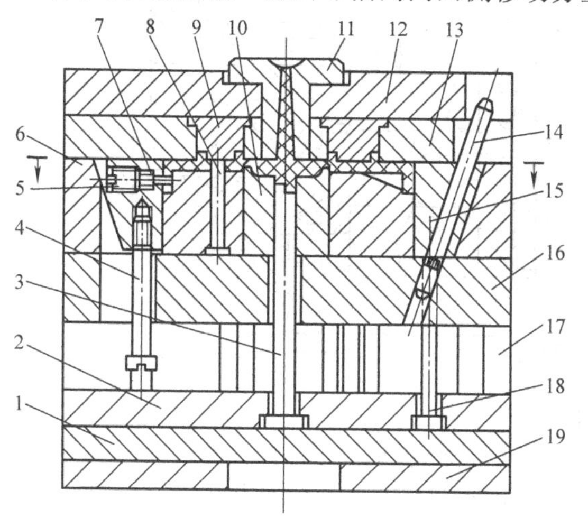

图4-7　斜滑块侧向抽芯注射模

1—推板　2—推杆固定板　3—拉料杆　4—限位螺钉　5—螺塞　6—动模板　7—侧型芯　8—型芯　9—定模镶件　10—动模镶件　11—浇口套　12—定模座板　13—定模板　14—斜导柱　15—斜滑块　16—支承板　17—垫块　18—推杆　19—动模座板

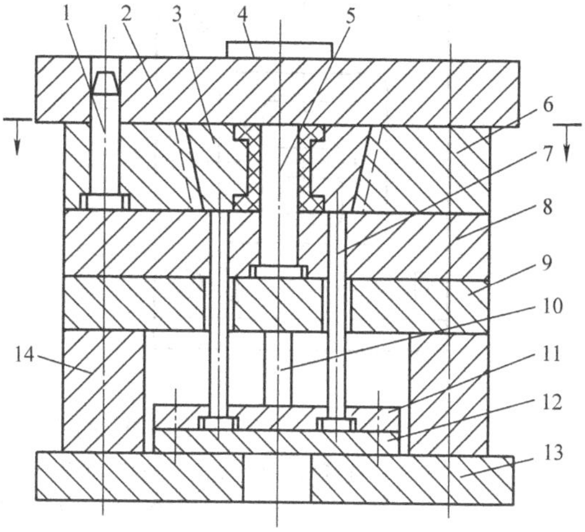

图4-8　斜滑块侧向分型注射模

1—导柱　2—定模板　3—斜滑块　4—定位圈　5—型芯　6—动模板　7—推杆　8—型芯固定板　9—支承板　10—拉料杆　11—推杆固定板　12—推板　13—动模座板　14—垫块

斜滑块侧向分型与抽芯的特点是，斜滑块的分型与抽芯动作是与塑件从动模型芯上被推出的动作同步进行的，但抽芯距比斜导柱侧抽芯机构的抽芯距短。在设计、制造这类注射模时，应注意保证斜滑块的移动可靠、灵活，不能出现停顿及卡死的现象，否则抽芯将不能顺利进行，甚至会将塑件或模具损坏。另外，斜滑块的安装高度应略高于动模板，而底部与动模支承板或型芯固定板略有间隙，以利于合模时压紧。此外，斜滑块的推出高度、推杆的位置选择、开模时斜滑块的止动等均要在设计时加以注意，这部分内容将在第五章第六节中详细介绍。

五、带有活动镶件的注射模

有些塑料制件上虽然有侧向的通孔及凹凸形状，但是由于塑件的特殊要求，例如需要在模具上设置螺纹型芯或螺纹型环等。这样的模具，有时很难用侧向抽芯机构来实现侧向抽芯的目的。为了简化模具结构，并不采用斜导柱、斜滑块等结构，而是在型腔的局部设置活动镶件。开模时，这些活动镶件不能简单地沿开模方向与塑件分离，而必须在塑件脱模时连同塑件一起移出模外，然后通过手工或用专门的工具将它与塑件相分离，在下一次合模注射之前，再重新将其放入模内。

采用活动镶件结构形式的模具，其优点不仅省去了斜导柱、滑块等复杂结构的设计与制造，使模具外形缩小，大大降低了模具的制造成本，更主要的是在某些无法安排斜滑块等结构的场合，便可采用活动镶件形式。其缺点是操作时安全性较差，生产效率较低。

图 4-9 所示是带有活动镶件的注射模，开模时，塑件包在型芯 4 和活动镶件 3 上随动模部分向左移动而脱离定模板 1，分型到一定距离，推出机构开始工作，设置在活动镶件 3 上

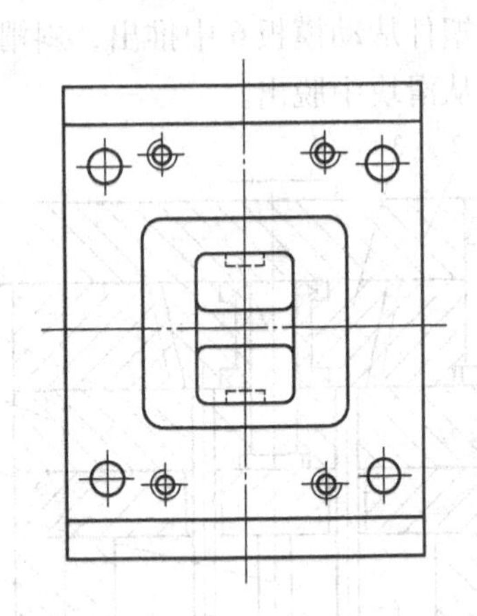

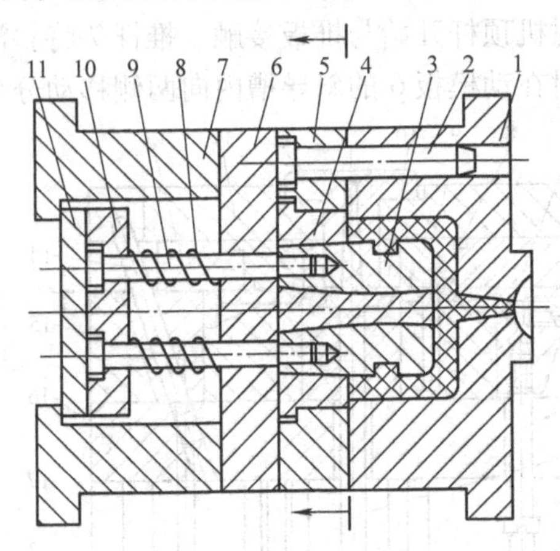

图 4-9　带有活动镶件的注射模之一

1—定模板　2—导柱　3—活动镶件　4—型芯　5—动模板　6—支承板　7—模脚　8—弹簧　9—推杆　10—推杆固定板　11—推板

的推杆 9 将活动镶件连同塑件一起推出型芯脱模，由人工将活动镶件从塑件上取下。合模时，推杆 9 在弹簧 8 的作用下复位，推杆复位后动模板停止移动，然后人工将活动镶件重新插入镶件定位孔中，再合模后进行下一次的注射动作。

图 4-10 所示是带有活动镶件的又一种形式的模具，塑件的内侧有一圆环，无法设置斜导柱或斜滑块，故采用活动镶件 12，合模前人工将其定位于动模板 18 中。由于活动镶件下面设置了推杆 11，故为了便于安装镶件，在四只复位杆上安装了四只弹簧，以便让推出机构先复位。该模具是点浇口的双分型面注射模。

对于成型带螺纹塑件的注射模，可以采用螺纹型芯或螺纹型环，螺纹型芯或型环实质也是活动镶件。开模时，活动螺纹型芯或型环随塑件一起被推出机构推出模外，然后用手工或专用工具将螺纹型芯或型环从塑件中旋出，再将其放入模腔中进行下一次注射成型。

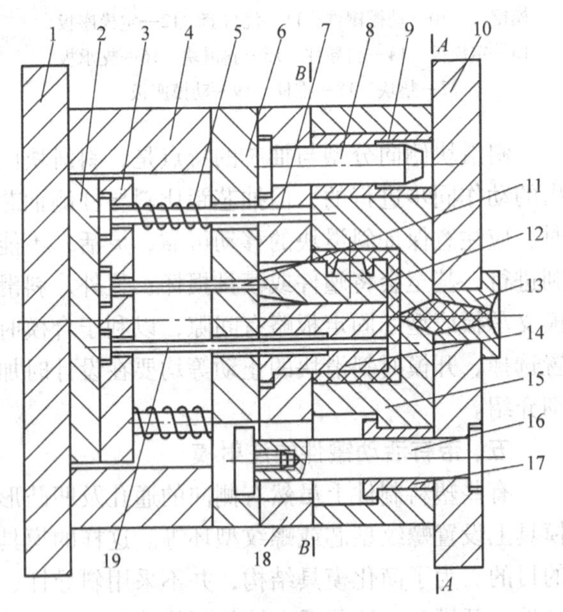

图 4-10　带有活动镶件的注射模之二

1—动模座板　2—推板　3—推杆固定板　4—垫块　5—弹簧　6—支承板　7—复位杆　8—导柱　9—导套　10—定模座板　11—推杆　12—活动镶件　13—浇口套　14—凸模　15—定模板　16—拉杆导柱　17—导套　18—动模板　19—推杆

设计带有活动镶件的注射模具时应注意：活动镶件在模具中应有可靠的定位，它与安装孔之间一般以 H8/f8 的配合，配合长度为 3 ~ 5mm，然后在下部制出 3° ~ 5° 的斜度；由于脱模工艺的需要，有些模具在活动

镶件的下面需要设置推杆，开模时将活动镶件推出模外后，为了下一次安放活动镶件，推杆就必须预先复位，否则活动镶件就无法放入安装孔内。图4-9中的弹簧8和图4-10中的弹簧5便能起到使推出机构先复位的作用。也可以将活动镶件设计成合模时一部分与定模分型面接触，推杆将其推出时，并不全部推出安装孔，还留一部分（但可方便地取件），安装活动镶件就利用这一部分，将活动镶件搁住，合模时，由定模分型面将活动镶件全部推入所安放的孔内，如图4-11所示。活动镶件放入模具中处在容易滑落的位置时，如立式注射机的上模或合模时受冲击振动较大的卧式注射机的动模一侧，当有活动镶件插入时，应有弹性连接装置加以稳定，以免合模时镶件落下或移位造成塑件报废或模具损坏。图4-12是用豁口柄的弹性形式将活动螺纹型芯安装在立式注射机上模的安装孔内，用来直接成型内螺纹塑件，成型后镶件随塑件一起拉出，然后再用专用工具将镶件从塑件上取下。由于豁口柄的弹性连接力较弱，所以此种弹性安装形式适合于直径小于8mm的镶件。其他防止滑落或振动的活动型芯安装形式参见图5-53。为了使活动镶件在没有完全到位而发生事故时减少对型腔的损坏，活动镶件的硬度应略低于型腔的硬度。

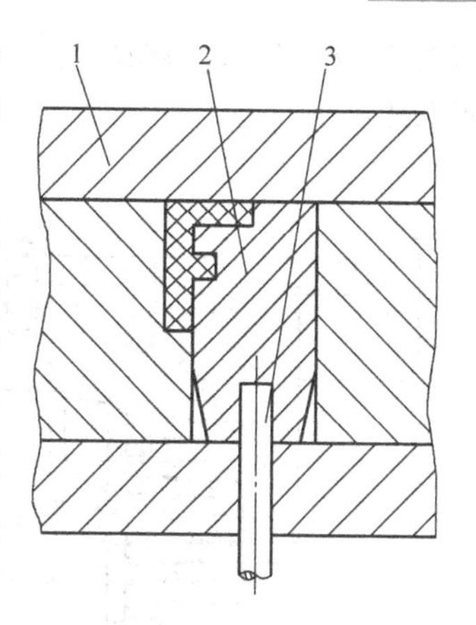

图4-11　活动镶件的形成
1—定模　2—活动镶件　3—推杆

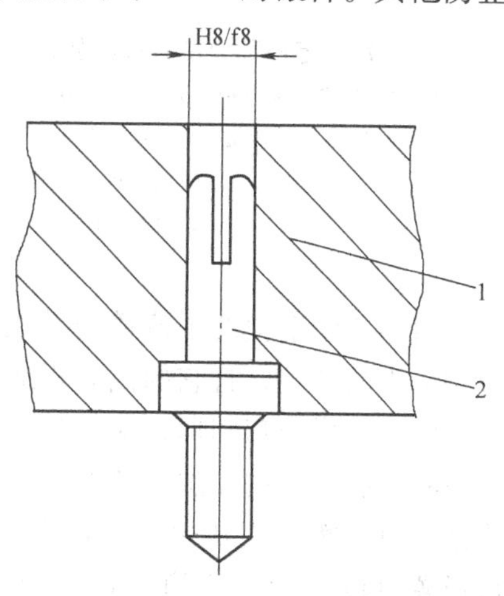

图4-12　带弹性连接的活动镶件安装形式
1—上模　2—带有豁口柄的活动螺纹型芯

六、定模带有推出装置的注射模

前面所述各种类型的注射模结构中，其推出装置均是安装在动模一侧，这样有利于注射机开合模系统中顶出装置的工作。在实际生产中，由于某些塑件具有特殊要求或受形状的限制，将塑件留在定模一侧对成型要有利一些。这时，为使塑件从模具中脱出，就必须在定模一侧设置推出脱模机构。定模一侧的推出机构一般是采用拉板、拉杆或链条与动模相连，因此，实际上留在定模一侧的塑件不是被推出而是被拉出脱模的。图4-13所示为成型塑料衣刷的注射模。由于受衣刷的形状限制，将塑件留在定模上采用直接浇口能方便成型。

开模时，动模向左移动，塑件因包紧在凸模11上留在定模一侧而从动模板5及成型镶块3中脱出。当动模左移至一定距离时，拉板8通过定距螺钉6带动推件板7将塑件从凸模上脱出。

设计这类模具时应使拉板作用于脱模板的拉力要平衡，即拉板应在模具两侧对称布置，以防止脱模板因受力不平衡而卡死不能动作；拉板长度设计应保证动模与定模之间的分离距离能使塑件顺利地从中取出；对脱模板及动模导向的导柱应有足够的长度，满足导向的要求。

七、角式注射机用注射模

角式注射机用注射模又称直角式注射模。该类模具在成型时进料的方向与开合模方向垂直。图4-14所示是一般的直角式注射模。开模时，带着流道凝料的塑件包紧在凸模8上与动模部分一起向左移动，经过一定距离后，推出机构工作，推杆 11 推动推件板 6 将塑件从凸模 8 上脱下。

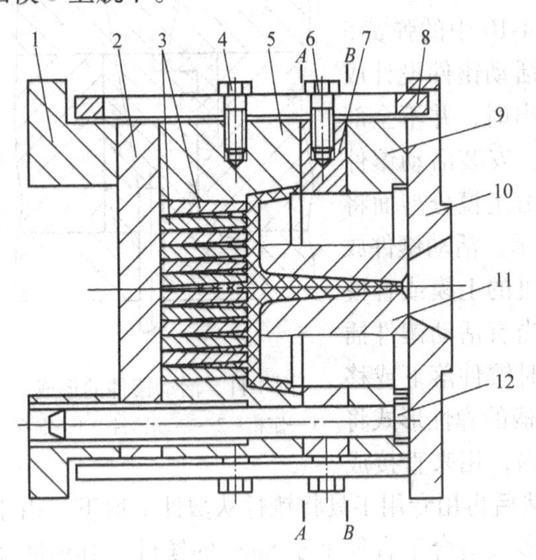

图 4-13　定模部分带有推出装置的注射模

1—模脚　2—支承板　3—成型镶块　4—拉板紧固螺钉　5—动模板　6—定距螺钉　7—推件板　8—拉板　9—定模板　10—定模座板　11—凸模　12—导柱

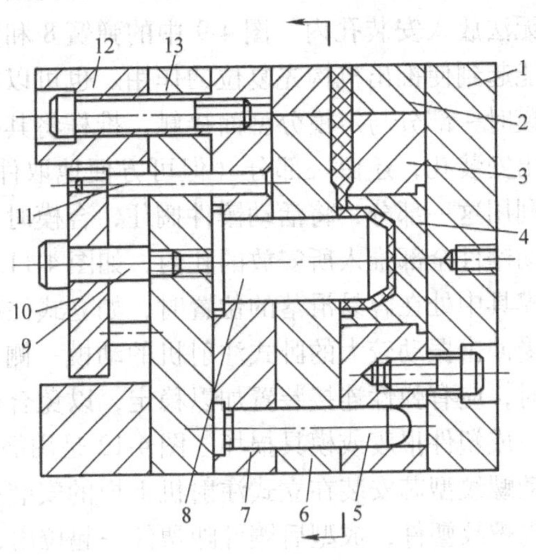

图 4-14　直角式注射模

1—定模座板　2—浇道镶块　3—定模板　4—凹模　5—导柱　6—推件板　7—动模板　8—凸模　9—限位螺钉（兼推板导柱）　10—推板　11—推杆　12—垫块　13—支承板

直角式注射模的主流道开设在动、定模分型面上的两侧，且它的截面积通常是不变的，常呈圆形或扁圆形，这与其他注射机用的模具是有区别的。主流道的端部，为了防止注射机喷嘴与主流道口端的磨损和变形，可设置可以更换的浇道镶块，如图 4-14 中的 2 所示。

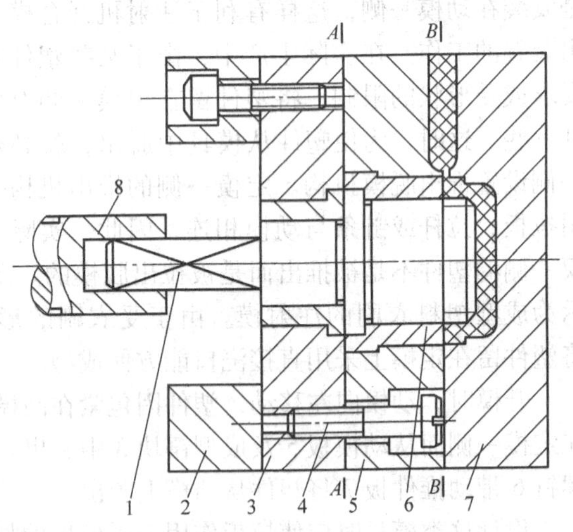

图 4-15　自动卸螺纹的直角式注射模

1—螺纹型芯　2—垫块　3—支承板　4—定距螺钉　5—动模板　6—衬套　7—定模板　8—注射机开合模丝杠

图 4-15 是自动卸螺纹的直角注射模。开模时，*A* 分型面先分开，同时螺纹型芯 1 随着注射机开合模丝杠 8 的后退而自动旋转，此时，螺纹塑件由于定模板 7 的止转而并不移动，仍然留在模腔内。当 *A* 分型面分开一段距离，螺纹型芯 1 在塑件内还有最后一牙时，定距螺钉 4 拉动动模板 5 使 *B* 分型面分型，此时，塑件随着型芯一道离开定模型腔，然后从 *B* 分型面两侧的空间取出。

这类注射模在设计时应注意：螺纹型芯的后端需铣成方轴，插入角式注射机开合模丝杠的方孔内，开模时，由于方轴的连接，螺纹型芯就随着开合模丝杠的旋转而退出塑件；螺纹型芯在衬套中不应太紧或太松，同时要考虑热膨胀的因素，防止型芯和衬套胶合粘连。如模温过高，可用冷却水冷却；为了使型芯转动时脱出塑件，塑件的外侧或端部必须有防止转的相应措施；为了提高生产效率，可设计成一模多腔的自动脱螺纹角式注射模，把分布在同一圆周上的各螺纹型芯的一端设计成从动轮，然后与插入注射机开合模丝杠方孔内的主动轮啮合，工作时，由开合模丝杠带动主动齿轮轴旋转，使从动齿轮（即螺纹型芯）自动地从塑件中脱出。

第三节 注射模与注射机的关系

注射模是安装在注射机上进行注射成型生产的，模具设计者在开始设计模具之前，除了必须了解注射成型工艺规程之外，对有关注射机的技术规范和使用性能也应该熟悉。只有这样，才能处理好注射模与注射机之间的关系，使设计出来的注射模能在注射机上安装和使用。

一、注射机有关工艺参数的校核

设计注射模时，设计者首先需要确定模具的结构、类型和一些基本的参数和尺寸，如模具的型腔个数、需用的注射量、塑件在分型面上的投影面积、成型时需用的合模力、注射压力、模具的厚度、安装固定尺寸以及开模行程等。这些数据都与注射机的有关性能参数密切相关，如果两者不相匹配，则模具无法使用。为此，必须对两者之间有关的数据进行校核，并通过校核来设计模具与选择注射机型号。

（一）型腔数量的确定和校核

模具设计的第一步就是确定型腔数量。型腔数量与注射机的塑化速率、最大注射量及锁模力等参数有关，此外，还受塑件的精度和生产的经济性等因素影响。下面介绍根据注射机性能参数确定型腔数量的几种方法，用这些方法可以校核初定的型腔数量能否与注射机规格相匹配。

（1）由注射机料筒塑化速率确定型腔数量 n

$$n \leqslant \frac{KMt/3600 - m_2}{m_1} \tag{4-1}$$

式中 K——注射机最大注射量的利用系数，一般取0.8；

M——注射机的额定塑化量（g/h 或 cm^3/h）；

t——成型周期（s）；

m_2——浇注系统所需塑料质量或体积（g 或 cm^3）；

m_1——单个塑件的质量或体积（g 或 cm^3）。

（2）按注射机的最大注射量确定型腔数量 n

$$n \leqslant \frac{Km_N - m_2}{m_1} \tag{4-2}$$

式中 m_N——注射机允许的最大注射量（g 或 cm^3）。

其他符号意义同前。

（3）按注射机的额定锁模力确定型腔数量 n

$$n \leqslant \frac{F - pA_2}{pA_1} \tag{4-3}$$

式中 F——注射机的额定锁模力（N）；

A_1——单个塑件在模具分型面上的投影面积（mm^2）；

A_2——浇注系统在模具分型面上的投影面积（mm^2）；

p——塑料熔体对型腔的成型压力（MPa），其大小一般是注射压力的 80%，注射压力大小见表 3-1。

需要指出的是，在用上述三式确定型腔数量或进行型腔数量校核时，还必须考虑注射机安装模板尺寸的大小（能装多大的模具）、成型塑件的尺寸精度及模具的生产成本等。一般说来，型腔数量越多，塑件的精度越低（经验认为，每增加一个型腔，塑件的尺寸精度便降低 4% ~8%），模具的制造成本越高。

（二）注射量校核

模具型腔能否充满与注射机允许的最大注射量密切相关，设计模具时，应保证注射模内所需熔体总量在注射机实际的最大注射量的范围内。根据生产经验，注射机的最大注射量是其允许最大注射量（额定注射量）的 80%，由此有

$$nm_1 + m_2 \leqslant 80\% m \tag{4-4}$$

式中 m——注射机允许的最大注射量（g 或 cm^3）。

其他符号意义同前。

在利用上式校核时应注意，柱塞式注射机和螺杆式注射机所标定的允许最大注射量是不同的。国际上规定柱塞式注射机的允许最大注射量是以一次注射聚苯乙烯的最大克数为标准；而螺杆式注射机的允许最大注射量以螺杆在料筒中的最大推出容积（cm^3）表示。

（三）塑件在分型面上的投影面积与锁模力校核

注射成型时，塑件在模具分型面上的投影面积是影响锁模力的主要因素，其数值越大，需要的锁模力也就越大。如果这一数值超过了注射机允许使用的最大成型面积，则成型过程中将会出现涨模溢料现象。因此，设计注射模时必须满足下面关系：

$$nA_1 + A_2 < A \tag{4-5}$$

式中 A——注射机允许使用的最大成型面积（mm^2）。

其他符号意义同前。

注射成型时，模具所需的锁模力与塑件在水平分型面上的投影面积有关，为了可靠地锁模，不使成型过程中出现溢料现象，应使塑料熔体对型腔的成型压力与塑件和浇注系统在分型面上的投影面积之和的乘积小于注射机额定锁模力，即

$$(nA_1 + A_2)p < F \tag{4-6}$$

式中符号意义同前。

（四）注射压力的校核

注射压力的校核是核定注射机的最大注射压力能否满足该塑件成型的需要，塑件成型所需要的压力是由注射机类型、喷嘴形式、塑料流动性、浇注系统和型腔的流动阻力等因素决定的。如螺杆式注射机，其注射压力的传递比柱塞式注射机好，因此，注射压力可取得小一些；流动性差的塑料或细长流程塑件注射压力应取得大一些。设计模具时，可参考各种塑料的注射成型工艺确定塑件的注射压力，再与注射机额定压力相比较。

（五）模具与注射机安装模具部分相关尺寸的校核

不同型号的注射机其安装模具部位的形状和尺寸各不相同，设计模具时应对其相关尺寸加以校核，以保证模具能顺利安装。需校核的主要内容有喷嘴尺寸、定位圈尺寸、模具的最大厚度与最小厚度及安装螺钉孔等。

（1）喷嘴尺寸　注射机喷嘴头一般为球面，其球面半径应与相接触的模具主流道始端凹下的球面半径相适应（详见浇注系统设计）。有的角式注射机喷嘴头为平面，这时模具与其相接触面也应作成平面。

（2）定位圈尺寸　模具安装在注射机上必须使模具中心线与料筒、喷嘴的中心线相重合，因此，注射机定模板上设有一定位孔，要求模具的定位部分也设计一个与主流道同心的凸台，即定位圈，并要求定位圈与注射机定模板上的定位孔之间采用一定的配合。

（3）模具厚度　模具厚度 H（又称闭合高度）必须满足

$$H_{min} < H < H_{max} \tag{4-7}$$

式中　H_{min}——注射机允许的最小模厚，即动、定模板之间的最小开距；

H_{max}——注射机允许的最大模厚。

国产机械锁模的角式注射机对模具的最小厚度没有限制。在校核模具厚度的同时，应考虑模具外形尺寸（长×宽）与注射机模板尺寸和拉杆间距相适应，校核其能否穿过拉杆间的空间装到模板上。

（4）安装螺孔尺寸　模具常用的安装方法有两种：一种是用螺钉直接固定；另一种是用螺钉、压板固定。采用前一种方法设计模具时，动、定模部分的底板尺寸应与注射机对应模板上所开设的螺孔的尺寸和位置相适应（注射机动、定模安装板上开有许多不同间距的螺钉孔，只要保证与其中一组相适应即可）；若采用后一种方法，自由度较大。

（六）开模行程的校核

开模行程 s（合模行程）指模具开合过程中动模固定板的移动距离。它的大小直接影响模具所能成型的塑件高度。太小则不能成型高度较大的塑件，因为成型后，塑件无法从动、定模之间取出。设计模具时必须校核所选注射机的开模行程，以便使其与模具的开模距离相适应。下面分三种情况加以讨论。

（1）注射机最大开模行程 s_{max} 与模厚无关时的校核　这主要是指液压和机械联合作用的锁模机构，使用这种锁模机构的注射机有：XS-Z30、XS-ZY-60、XS-ZY-125、XS-ZY-350、XS-Z-500、XS-Z-1000 和 G54-S200/400 等，它们的开模距离均由连杆机构的冲程或其他机构（如 XS-ZY1000 注射机中的闸杆）的冲程所决定，不受模具厚度的影响，其开模距离用下述方法校核。

1）对于单分型面注射模（见图 4-16）

$$s_{max} \geqslant s = H_1 + H_2 + 5 \sim 10\text{mm} \tag{4-8}$$

式中　H_1——推出距离（脱模距离）（mm）；

H_2——包括浇注系统凝料在内的塑件高度（mm）。

2）对于双分型面注射模（见图 4-17）

$$s \geqslant H_1 + H_2 + a + 5 \sim 10\text{mm} \tag{4-9}$$

式中　a——取出浇注系统凝料必须的长度（mm）。

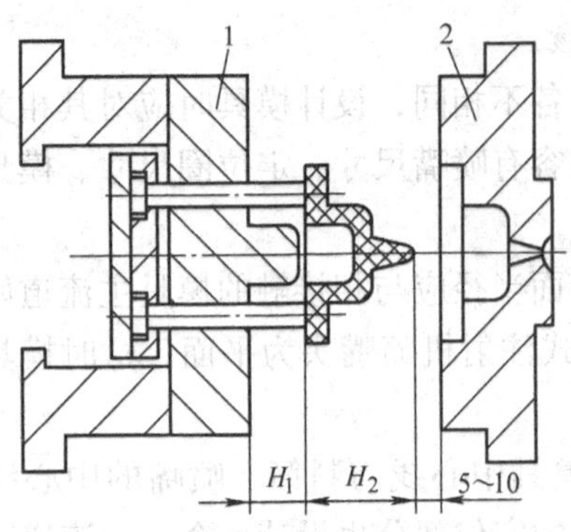

图 4-16　单分型面注射模开模行程

1—动模　2—定模

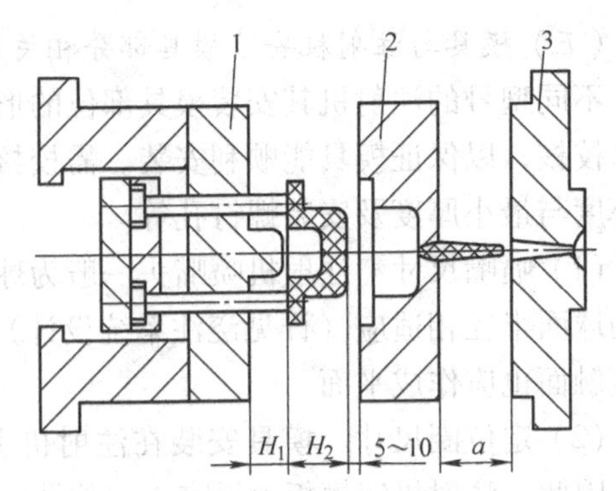

图 4-17　双分型面注射模开模行程

1—动模板　2—中间板　3—定模板

（2）注射机最大开模行程（s_{max}）与模具厚度有关时的校核　这主要是指合模系统为全液压式的注射机（如 XS-ZY250 等）和带有丝杠传动合模系统的直角式注射机（如 SYS-45 和 SY-60 等），它们的最大开模行程直接与模具厚度有关，即

$$s_{max} = s_k - H_M \tag{4-10}$$

式中　s_k——注射机动模固定板和定模固定板的最大间距（mm）；

H_M——模具厚度（mm）。

如果单分型面注射模或双分型面注射模在上述两类注射机上使用，则可分别用下面两种方法校核模具所需的开模距离是否与注射机的最大开模距离相适应。

1）对于单分型面注射模（见图 4-18）

$$s_{max} = s_k - H_M \geqslant H_1 + H_2 + (5 \sim 10)\text{mm} \tag{4-11}$$

或

$$s_k > H_M + H_1 + H_2 + (5 \sim 10)\ \text{mm} \tag{4-12}$$

2）对于双分型面注射模

$$s_{max} = s_k - H_M \geqslant H_1 + H_2 + a + (5 \sim 10)\text{mm} \tag{4-13}$$

或

$$s_k \geqslant H_M + H_1 + H_2 + a + (5 \sim 10)\ \text{mm} \tag{4-14}$$

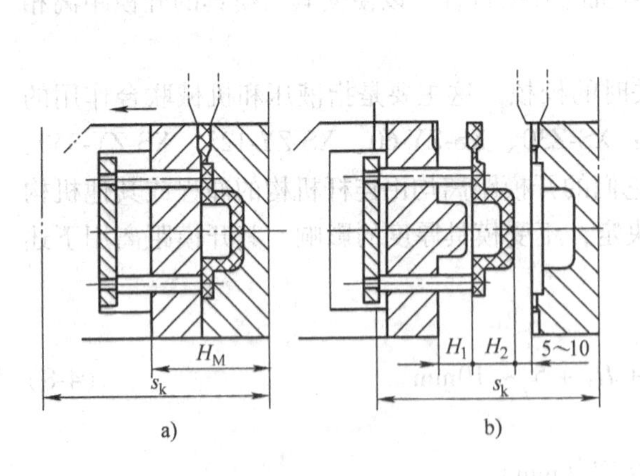

图 4-18　直角式单分型面注射模的开模行程

a）开模前　b）开模后

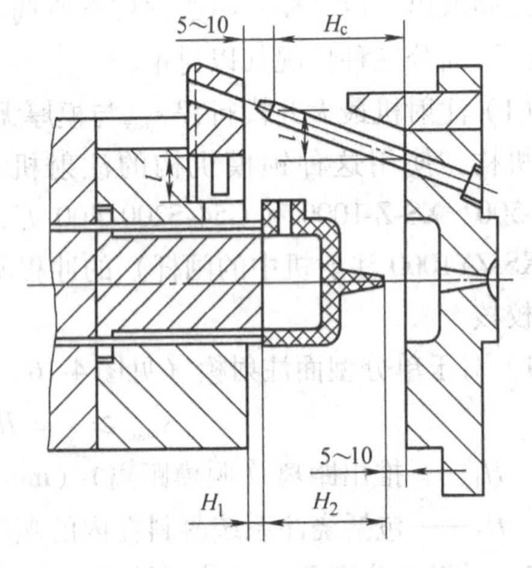

图 4-19　有侧向抽芯时注射模的开模行程

（3）具有侧向抽芯时的最大开模行程校核　当模具需要利用开模动作完成侧向抽芯动

作时（见图4-19），开模行程的校核还应考虑为完成抽芯动作所需增加的开模行程。设完成抽芯动作的开模距离为 H_c，可分下面两种情况校核该模具所需的开模行程是否与注射机的最大开模行程 s_{max} 相适应。

1）当 $H_c > H_1 + H_2$ 时，可用 H_c 代替前述各校核式中的 $H_1 + H_2$，其他各项保持不变。

2）当 $H_c < H_1 + H_2$ 时，H_c 对开模行程没有影响，仍用上述各公式进行校核。

除了上述介绍的三种校核情况之外，注射成型带有螺纹的塑件且需要利用开模运动完成脱卸螺纹的动作时，如果要校核注射机最大开模行程，还必须考虑从模具中旋出螺纹型芯或型环所需的开模距离。

（七）顶出装置的校核

各种型号注射机开合模系统中采用的顶出装置和最大顶出距离不尽相同，设计的模具必须与其相适应。通常是根据开合模系统顶出装置的顶出形式、顶出杆直径、顶出杆间距（注射机多顶出杆的情况）和顶出距离等，校核模具内的推杆位置是不是合理，推杆长度能否达到足以将塑件脱模出来的效果。国产注射机的顶出装置大致可分为以下几类：

（1）中心顶出杆机械顶出　如卧式 XS-Z-60、ZS-ZY-350、立式 SYS-30、直角式 SYS-45 及 SYS-60 等型号注射机。

（2）两侧双顶杆机械顶出　如卧式 XS-Z-30、XS-ZY-125 等型号注射机。

（3）中心顶出杆液压顶出与两侧顶出杆机械顶出联合作用　如卧式 XS-ZY-250、XS-ZY-500 等型号注射机。

（4）中心顶杆液压顶出与其他开模辅助油缸联合作用　如卧式 XS-ZY-1000 注射机。

二、国产注射机的主要技术规格

注射机类型和规格很多，分类的方法各异，通常按其外形分为卧式、立式和角式三种，应用较多的是卧式注射机，如图4-20所示。

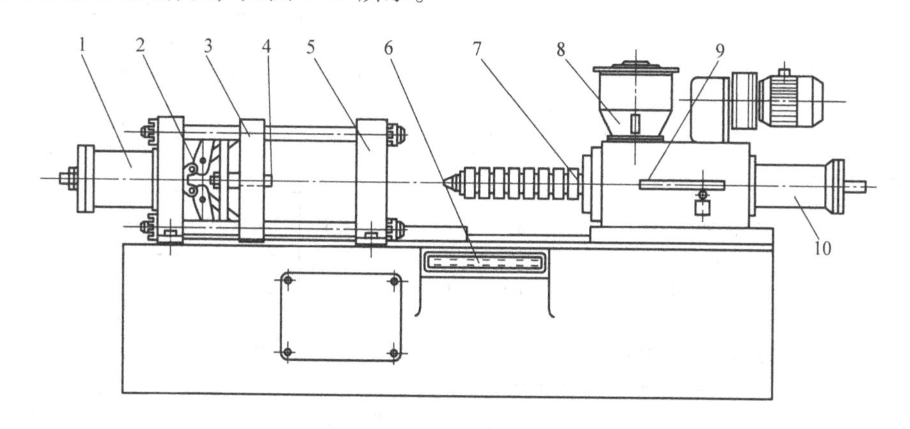

图4-20　卧式注射机

1—锁模液压缸　2—锁模机构　3—移动模板　4—顶杆　5—固定模板　6—控制台
7—料筒及加热器　8—料斗　9—定量供料装置　10—注射液压缸

各种注射机尽管外形不同，但基本上都是由合模系统与注射系统组成。它们的特点如下：

（一）卧式注射机

柱塞（或螺杆）与合模机构均沿水平方向布置的注射机。这类注射机重心低，稳定，加料、操作及维修均很方便，塑件推出后可自行脱落，便于实现自动化生产。大、中型注射机一般均采用这种形式。其主要缺点是模具安装较麻烦，嵌件放入模具有倾斜和落下的可能，机床占地面积较大。

常用的卧式注射机型号有：XS-Z-30、ZS-ZY-60、XS-ZY-125、XS-ZY-500、ZS-ZY-1000等。其中：XS——塑料成型机；Z——注射机；Y——螺杆式；30、60、125等——注射机的最大注射量。

（二）立式注射机

立式注射机的柱塞（或螺杆）与合模机构是垂直于地面安装的。其主要优点是占地面积小，安装和拆卸模具方便，安放嵌件较容易。缺点是重心高、不稳定，加料较困难，推出的塑件要人工取出，不易实现自动化生产。这种机型一般为小型的，最大注射量在60g以

表4-1　部分国产注射机技术规格

项目＼型号	XS-ZS-22	XS-Z-30	XS-Z-60	XS-ZY-125	G54-S 200/400	XS-ZY-250	SZY-300
额定注射量/cm^3	30、20	30	60	125	200～400	250	320
螺杆（柱塞）直径/mm	25×2 20×2	28	38	42	55	50	60
注射压力/MPa	75、117	119	122	120	109	130	77.5
注射行程/mm	130	130	170	115	160	160	150
注射时间/s	0.45、0.5	0.7	2.9	1.6		2.0	
螺杆转数/$r\cdot min^{-1}$				29、43、56 69、83、101	16、28、48	25、31、39 58、32、89	15～90
注射方式	双柱塞（双色）	柱塞式	柱塞式	螺杆式	螺杆式	螺杆式	螺杆式
合模力/kN	250	250	500	900	2540	1800	1500
最大成型面积/cm^2	90	90	130	320	645	550、500	
最大开（合）模行程/mm	160	160	180	300	260	500	340
模具最大厚度/mm	180	180	200	300	406	350	355
模具最小厚度/mm	60	60	70	200	165	200	285
动、定模固定板尺寸/mm	250×280	250×280	330×440	428×458	532×634	598×520	620×520
拉杆空间/mm	235	235	190×300	260×290	290×368	448×370	400×300
合模方式	液压-机械	液压-机械	液压-机械	液压-机械	液压-机械	增压式	液压-机械
液压泵 {流量/$L\cdot min^{-1}$ 压力/MPa	50 6.5	50 6.5	70、12 6.5	100、12 6.5	170、12 6.5	180、12 6.5	103.9、12.1 7.0
电动机功率/kW	5.5	5.5	11	11	18.5	18.5	17
螺杆驱动功率/kW				4	5.5	5.5	7.8
加热功率/kW	1.75		2.7	5	10	9.83	6.5
机器外形尺寸/mm	2340×800×1460	2340×800×1460	3160×850×1550	3340×750×1550	4700×1400×1800	4700×1000×1815	5300×940×1815

（续）

项目 \ 型号	XS-ZY-500	XS-ZY-1000	SZY-2000	XS-ZY-3000	XS-ZY-4000	XS-ZY-6000	T-S-Z-7000
额定注射量/cm^3	500	1000	2000	3000	4000	6000	3980、5170、7000（g）
螺杆（柱塞）直径/mm	65	85	110	120	130	150	110、130、150
注射压力/MPa	145	121	90	90、115	106	110	158、85、113
注射行程/mm	200	260	280	340	370	400	450
注射时间/s	2.7	3.0	4.0	3.8	~6.0	10.0	10.0
螺杆转数/r·min^{-1}	20、25、32、38 42、50、63、80	21、27、35、40、 45、50、65、83	0~47	20~100	16、20、32、 41、51、74	0~80	15~67
注射方式	螺杆式	螺杆式	螺杆式	螺杆式	螺杆式	螺杆式	螺杆式
合模力/kN	3500	4500	6000	6300	10000	18000	18000
最大成型面积/cm^2	1000	1800	2600	2520	3800	5000	7200~14000
最大开（合）模行程/mm	500	700	750	1120	1100	1400	1500
模具最大厚度/mm	450	700	800	960、680、400	1000	1000	1200
模具最小厚度/mm	300	300	500		700	700	600
动、定模固定板尺寸/mm	700×850	900×1000	1180×1180	1350×1250			1800×1900
拉杆空间/mm	540×440	650×550	760×700	900×800	1050×950	1350×1460	1200×1800
合模方式	液压-机械	两次动作液压式	液压-机械	充液式	两次动作液压式	两次动作液压式	两次动作液压式
液压泵 {流量/L·min^{-1} 压力/MPa	200、25 6.5	200、18、1.8 14	175.8×2、14.2 14	194×2、48、63、14、21	50、50 20	107×2、58、25、200 21、32、15	406、25.4 14、32
电动机功率/kW	22	40、5.5、5.5	40、40	45、55	17、17	117、5	55、55
螺杆驱动功率/kW	7.5	13	23.5	37	30	61.5	60
加热功率/kW	14	16.5	21	40	37	50	41.5
机器外形尺寸/mm	6500×1300×2000	7670×1740×2380	10908×1900×3430	11000×2900×3200	11500×3000×4500	12000×2200×3000	

下。常用的立式注射机为：SYS-30、SYS-45 等。

（三）角式注射机

该类机型的注射柱塞（或螺杆）与合模机构运动方向相互垂直，故又称为直角式注射机。目前国内使用最多的角式注射机系采用沿水平方向合模，沿垂直方向注射，合模采用开合模丝杠传动，注射部分除采用齿轮齿条传动外也有采用液压传动的。它的主要优点是结构简单，便于自制。主要缺点是机械传动无准确可靠的注射和保压压力及锁模力，模具受冲击和振动较大。常见的角式注射机有：SYS-45 等。

部分国产注射机技术规格列于表 4-1 中。我国浙江宁波天海生产的注射机的技术规格列于表 4-2 中，它分为 HTF、HTB 和 HTW 三种类型。

表 4-2　我国浙江宁波海天生产的注射机的技术规格（一）

项目	型号	HTF80			HTF80J			HTF150			HTF150J			HTF180			HTF240			HTB300			HTB360			HTB450		
		A	B	C	A	B	C	A	B	C	A	B	C	A	B	C	A	B	C	A	B	C	A	B	C	A	B	C
注射装置	螺杆直径/mm	34	36	40	34	36	40	40	45	48	40	45	48	45	50	55	50	55	60	60	65	70	65	70	75	70	80	84
	螺杆长径比	21.2	20	18	21.2	20	18	22.5	20	18.8	22.5	20	18.8	22.2	20	18.2	22	20	18.3	21.7	20	18.6	21.5	20	18.7	22.9	20	19
	理论容量 /cm^3	111	124	153	111	124	153	253	320	364	253	320	364	334	412	499	442	535	636	727	853	989	1072	1243	1427	1424	1860	2050
	注射重量 /cm^3	101	113	19	101	113	139	230	291	331	230	291	331	304	375	454	402	487	579	662	776	900	965	1119	1284	1296	1693	1866
	注射速率 /$g \cdot s^{-1}$	77	86	106	77	86	106	110	139	158	110	139	158	131	162	196	158	192	228	238	279	324	305	354	406	349	456	503
	塑化能力/$g \cdot s^{-1}$	12	17	19.2	12	17	19.2	16.5	22	27.4	16.5	22	27.4	19.4	24	29	27	35.3	40.2	45.5	55.8	60.8	45	52	60	47.2	76.7	81.1
	注射压力 /MPa	206	183	149	206	183	149	202	159	140	202	159	140	210	170	141	205	169	142	213	182	157	208	179	156	204	156	141
	螺杆转速/$r \cdot min^{-1}$	0 ~ 220			0 ~ 220			0 ~ 180			0 ~ 180			0 ~ 150			0 ~ 160			0 ~ 180			0 ~ 160			0 ~ 150		
合模装置	合模力/kN	800			800			1500			1500			1800			2400			3000			3600			4500		
	移模行程 /mm	270			270			350			350			420			470			580			660			740		
	移模速度/$m \cdot min^{-1}$	71.4			71.4			37.2			37.2			37.2			37.2			48			57.6			49.8		
	拉杆内距/mm	350×350			350×350			410×410			410×410			460×460			520×520			660×660			710×710			782×760		
	最大模厚/mm	300			300			380			380			430			480			600			710			780		
	最大模厚/mm	150			150			180			180			200			220			250			250			350		
	顶出行程/mm	65			65			80			80			100			100			125			160			150		
	顶出力/kN	22			22			33			33			53			62			62			110			110		
	顶杆根数/Pc	1			1			5			5			5			5			5			13			13		
其他	最大液压泵压力/MPa	16			17.5			16			17.5			16			16			16			16			16		
	液压泵功率 /kW	11			7.5			15			11			18.5			22			30			37			45		
	电热功率/kW	5.8			5.8			7.5			7.5			12.45			14.85			17.25			19.65			23.85		
	外形尺寸/m	3.57×1.23×1.6			3.57×1.23×1.6			4.58×1.38×1.85			4.58×1.38×1.85			5.05×1.5×196			5.46×1.5×2.1			6.35×1.66×2.25			6.7×1.92×2.28			7.6×2.05×3.27		
	重量 /t	2.6			2.6			4.5			4.5			6			8			10			15			18		
	料斗容积 /kg	25			25			25			25			50			50			50			100			100		
	油箱容积 /L	200			200			230			230			300			356			508			922			948		

表 4-2 我国浙江宁波海天生产的注射机的技术规格(二)

项目	型号	HTF530			HTF630			HTF750			HTF1000			HTF1250			HTF1500			HTF1800			HTF2500		
		A	B	C	A	B	C	A	B	C	A	B	C	A	B	C	A	B	C	A	B	C	A	B	C
注射装置	螺杆直径/mm	75	84	90	80	90	100	90	100	110	100	110	1210	110	120	130	120	130	140	130	140	150	150	160	170
	螺杆长径比	22.4	20	18.7	22.5	20	18	22.2	20	18.2	22	20	18.3	21.8	20	18.5	21.7	20	18.6	21.5	20	18.7	21.3	20	18.8
	理论容量 /cm^3	1749	2195	2519	2036	2576	3183	2799	3456	4181	3770	4562	5429	5227	6220	7300	6661	7818	9067	8349	9683	11115	12971	14758	16660
	注射重量 /cm^3	1592	1997	2292	1853	2344	2895	2547	3145	3805	3431	4151	4940	4757	5660	6643	6062	7114	8251	7598	8812	10115	11804	13430	15161
	注射速率 /$g \cdot s^{-1}$	396	497	570	428	541	668	542	669	809	660	799	951	793	944	1108	966	1134	1315	1035	1200	1387	1320	1502	1696
	塑化能力 /$g \cdot s^{-1}$	52.1	69.8	82.6	63.7	79.8	90	78.9	89.1	107.1	88.3	106.1	142.1	103	122.6	147.3	136.6	167.6	182.8	147.3	167.4	192.2	181	255.6	274.4
	注射压力 /MPa	205	163	142	224	177	143	228	184	152	246	205	172	205	172	147	193	164	142	189	163	142	179	157	139
	螺杆转速 /$r \cdot min^{-1}$	0~120			0~120			0~110			0~110			0~90			0~99			0~87			0~82		
合模装置	合模力 /kN	5300			6300			7500			10000			12500			15000			18000			25000		
	移模行程 /mm	820			850			970			1050			1200			1300			1500			1700		
	移模速度 /$m \cdot min^{-1}$	27			27			31.2			31.2			30			27			22.8			21.6		
	拉杆内距 /mm	820×820			880×820			970×900			1100×1000			1250×1150			1400×1300			1600×1400			1800×1600		
	最大模厚 /mm	830			850			970			1050			1200			1300			1500			1700		
	最小模厚 /mm	370			400			480			500			600			800			900			1000		
	顶出行程 /mm	175			200			250			300			300			300			350			350		
	顶出力 /kN	158			186			186			215			215			318			430			430		
	顶杆根数 /Pc	17			13			17			17			17			21			25			29		
其他	最大液压泵压力/MPa	16			16			16			16			16			16			16			16		
	液压泵功率 /kW	55			30+30			37+37			55+55			55+55			45+45+45			45+45+45			55+55+55		
	电热功率 /kW	34.05			38.25			47.25			58.45			63.65			68.45			82.9			98.55		
	外形尺寸 / m	8.32×2.19×3.6			9×2.15×3.55			10.39×2.38×3.62			11.3×2.49×3.69			12.4×2.84×4.21			13.415×3.46×4.26			14.7×3.548×4.35			15.3×3.7×4.43		
	重量 /t	29			32			42			53			60			100			145			180		
	料斗容积 /kg	200			200			200			200			400			400			400			400		
	油箱容积 /L	1250			1487			1780			2306			2800			2800			3070			3430		

表 4-2 我国浙江宁波海天生产的注射机的技术规格(三)

项目	型号	HTB80			HTB150			HTB180			HTB240			HTB300			HTB360			HTB450			HTW88		
		A	B	C	A	B	C	A	B	C	A	B	C	A	B	C	A	B	C	A	B	C	A	B	C
注射装置	螺杆直径 /mm	34	36	40	40	45	48	45	50	55	50	55	60	60	65	70	65	70	75	70	80	84	34	36	40
	螺杆长径比	21.2	20	18	22.5	20	18.8	22.2	20	18.2	22	20	18.3	21.7	20	18.6	21.5	20	18.7	22.9	20	19	21.2	20	18
	理论容量 /cm^3	111	124	153	253	320	364	334	412	499	442	535	636	727	853	989	1068	1239	1423	1424	1860	2050	112	125	155
	注射重量 /cm^3	101	113	139	230	291	331	304	375	454	402	487	579	662	776	900	972	1127	1295	1296	1693	1866	101	113	140
	注射速率 /$g \cdot s^{-1}$	77	86	106	110	139	158	131	162	196	158	192	228	238	279	324	317	368	422	349	456	503	83	93	115
	塑化能力 /$g \cdot s^{-1}$	12	17	19.2	16.5	22	27.4	19.4	24	29	27	35.3	40.2	45.5	55.8	60.8	55.8	60.8	65.8	47.2	76.7	81.1	13	15.5	19.2
	注射压力 /MPa	206	183	149	202	159	140	210	170	141	205	169	142	213	182	157	208	180	156	204	156	141	205	183	148
	螺杆转速/$r \cdot min^{-1}$	0 ~ 220			0 ~ 180			0 ~ 150			0 ~ 160			0 ~ 180			0 ~ 180			0 ~ 150			0 ~ 220		
合模装置	合 模 力 /kN	800			1500			1800			2400			3000			3600			4500			880		
	移模行程 /mm	270			350			420			470			580			620			740			340		
	移模速度 /$m \cdot min^{-1}$	71.4			37.2			37.2			37.2			48			42.6			49.8					
	拉杆内距 /mm	350×350			410×410			460×460			520×520			660×600			700×660			782×760			400×400		
	最大模厚 /mm	300			380			430			480			600			700			780			400		
	最小模厚 /mm	150			180			200			220			250			250			350			150		
	顶出行程 /mm	65			80			100			100			125			125			150			100		
	顶 出 力 /kN	22			33			53			62			62			62			110			33		
	顶杆根数 /Pc	1			5			5			5			5			13			13			5		
其他	最大液压泵压力/MPa	16			16			16			16			16			16			16			16		
	液压泵功率 /kW	11			15			18.5			22			30			37			45			11		
	电热功率 /kW	5.8			7.5			12.45			14.85			17.25			19.65			23.85			5.8		
	外形尺寸 /m	3.57×1.23×1.6			4.58×1.38×1.85			5.05×1.5×1.96			5.46×1.5×2.1			6.35×1.66×2.25			6.7×1.86×2.28			7.6×2.05×3.27			4.0×1.4×1.7		
	重 量 /t	2.6			4.5			6			8			10			12.5			18			3		
	料斗容积 /kg	25			25			50			50			50			100			100			25		
	油箱容积 /L	200			230			300			356			508			922			948			200		

表 4-2　我国浙江宁波海天生产的注射机的技术规格(四)

项目	型号	HTW128			HTW180			HTW228			HTW 280			HTW328			HTW380			HTW480			HTW580		
		A	B	C	A	B	C	A	B	C	A	B	C	A	B	C	A	B	C	A	B	C	A	B	C
注射装置	螺杆直径 /mm	40	45	50	45	50	55	50	55	60	60	65	70	65	70	75	70	75	80	75	80	90	80	90	100
	螺杆长径比	22.5	20	18	22.2	20	18.2	22	18.3	21.7	21.7	20	18.6	21.5	20	18.7	21.4	20	18.8	21.3	20	17.8	22.5	20	18
	理论容量 /cm^3	254	321	397	334	412	499	444	537	639	727	853	989	1072	1243	1427	1308	1502	1709	1758	2000	2532	2041	2583	3189
	注射重量 /cm^3	229	289	356	301	370	449	400	483	575	654	768	890	965	1119	1284	1170	1344	1529	1582	1800	2278	1837	2325	2870
	注射速率 /$g \cdot s^{-1}$	110	139	170	120	148	179	165	200	238	260	305	354	305	354	406	371	425	485	400	450	570	489	546	654
	塑化能力 /$g \cdot s^{-1}$	15	19.5	25	20	23.5	28	26	31	34.4	33.2	39	45.2	45	52	60	52	58	63	60	65	72	63.3	72.8	83.3
	注射压力 /MPa	238	188	152	216	175	144	204	169	142	212	181	156	208	179	156	204	177	156	204	180	142	224	177	143
	螺杆转速/$r \cdot min^{-1}$	0 ~ 180			0 ~ 180			0 ~ 180			0 ~ 165			0 ~ 160			0 ~ 160			0 ~ 160			0 ~ 150		
合模装置	合 模 力 /kN	1280			1800			2280			2800			3280			3800			4800			5800		
	移模行程 /mm	410			460			520			580			550			720			820			900		
	移模速度 /$m \cdot min^{-1}$																								
	拉杆内距 /mm	450 × 450			510 × 510			570 × 570			630 × 630			710 × 710			750 × 750			820 × 820			900 × 900		
	最大模厚 /mm	450			510			570			630			710			750			820			900		
	最小模厚 /mm	180			200			220			250			250			300			350			400		
	顶出行程 /mm	110			130			130			160			160			200			200			260		
	顶 出 力 /kN	33			62			62			62			110			110			158			186		
	顶杆根数 /Pc	5			9			9			9			13			13			17			17		
其他	最大液压泵压力/MPa	16			16			16			16			16			16			16			16		
	液压泵功率 /kW	15			18.2			22			30			37			45			55			30 + 30		
	电热功率 /kW	6.9			12.45			14.85			17.25			19.65			23.85			36.15			38.25		
	外形尺寸 /m	4.9 × 1.5 × 1.9			5.5 × 1.6 × 2.0			6.3 × 1.8 × 2.2			6.8 × 1.9 × 2.4			7.5 × 2.1 × 2.5			8.2 × 2.2 × 2.6			8.7 × 2.3 × 2.7			9.4 × 2.4 × 2.8		
	重 量 /t	4.5			6			8			11			15			20			30			36		
	料斗容积 /kg	25			50			50			50			100			100			200			200		
	油箱容积 /L	230			300			356			580			922			1010			1250			1487		

思 考 题

4-1 注射模按其各零部件所起的作用，一般由哪几部分结构组成？

4-2 点浇口进料的双分型面注射模，定模部分为什么要增设一个分型面？其分型距离是如何确定的？定模定距顺序分型有哪几种形式？

4-3 点浇口进料的双分型面注射模如何考虑设置导柱？

4-4 斜导柱侧向分型与抽芯机构由哪些零部件组成？按教材图示结构，阐述该类注射模的工作原理。

4-5 阐述斜滑块侧向分型与抽芯注射模的工作原理。

4-6 带有活动镶件的注射模设计时应注意哪些问题？

4-7 设计注射模时，应对哪些注射机的有关工艺参数进行校核？

第五章 注射成型工艺与注射模设计

塑料的种类很多，其成型方法也很多，有注射成型、压缩成型、压注成型、挤出成型、气动成型等，其中注射成型方法最为常用。

注射模具的功能是双重的：赋予塑化的材料以期望的形状、质量；冷却并推出注射成型的制件。模具决定最终产品的性能、形状、尺寸和精度。为了周而复始地获得符合技术经济要求及质量稳定的产品，模具的结构特征、成型工艺及浇注系统的流动条件是影响塑料制件的质量及生产率的关键因素。目前，我国注射模具的设计已由经验设计阶段逐渐向理论计算设计阶段发展，因此，在了解并掌握塑料的成型工艺特性、塑料制件的结构工艺性及注射机性能等成型技术的基础上，设计出先进合理的注射模具，是一名合格的模具设计技术人员所必须达到的要求。

第一节 注射成型原理及其工艺特性

一、注射成型原理及其特点

1. 注射成型原理

由于注射机分成柱塞式注射机和螺杆式注射机两种，因此，以下分别介绍这两种注射机的注射成型原理。图5-1所示为柱塞式注射机注射成型的原理。将颗粒状或粉状塑料从注射机的料斗送进加热的料筒中，经过加热熔化呈流动状态后，在柱塞的推动下，熔融塑料被压缩并向前移动，进而通过料筒前端的喷嘴以很快的速度注入温度较低的闭合模腔中，充满型腔的熔料在受压的情况下，经冷却固化后即可保持模具型腔所赋予的形状，然后开模分型获得成型塑件。这样在操作上完成了一个成型周期，以后就不断地重复上述周期的生产过程。

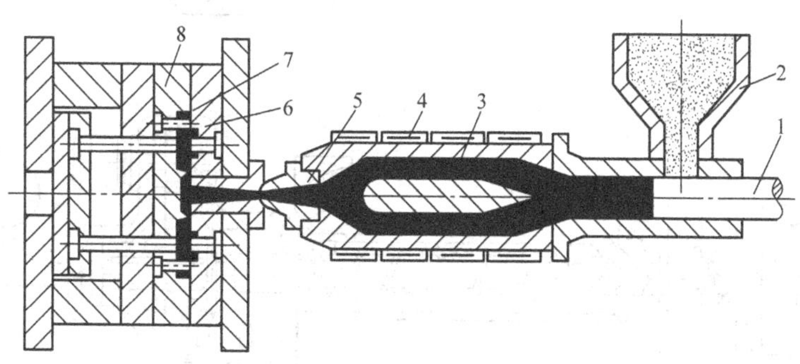

图5-1 注射成型原理之一

1—柱塞 2—料斗 3—分流梭 4—加热器 5—喷嘴

6—定模板 7—塑件 8—动模板

图 5-2 所示为螺杆式注射机注射成型原理。将颗粒状或粉状塑料加入到料斗中，在外部安装电加热圈的料筒内，颗粒状或粉状的塑料在螺杆的作用下，边塑化边向前移动，预塑着的塑料在转动着的螺杆作用下通过其螺旋槽被输送至料筒前端的喷嘴附近，螺杆的转动使塑料进一步塑化，料温在剪切摩擦热的作用下进一步提高，塑料得以均匀塑化。当料筒前端积聚的熔料对螺杆产生一定的压力时，螺杆就在转动中后退，直至与调整好的行程开关相接触，具有模具一次注射量的塑料预塑和储料（即料筒前部熔融塑料的储量）结束，接着注射液压缸开始工作，与液压缸活塞相连接的螺杆以一定的速度和压力将熔料通过料筒前端的喷嘴注入温度较低的闭合模具型腔中，如图 5-2a 所示；保压一定时间，经冷却固化后即可保持模具型腔所赋予的形状，如图 5-2b 所示；然后开模分型，在推出机构的作用下，将注射成型的塑料制件推出型腔，如图 5-2c 所示。

通常，一个成型周期从几秒钟至几分钟不等，时间的长短取决于塑件的大小、形状和厚

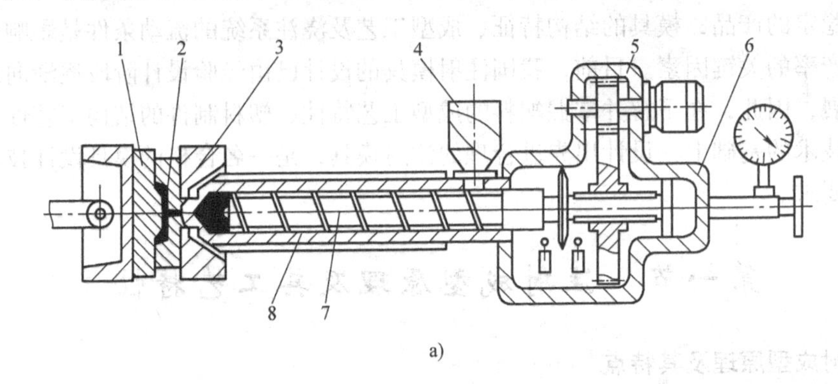

a)

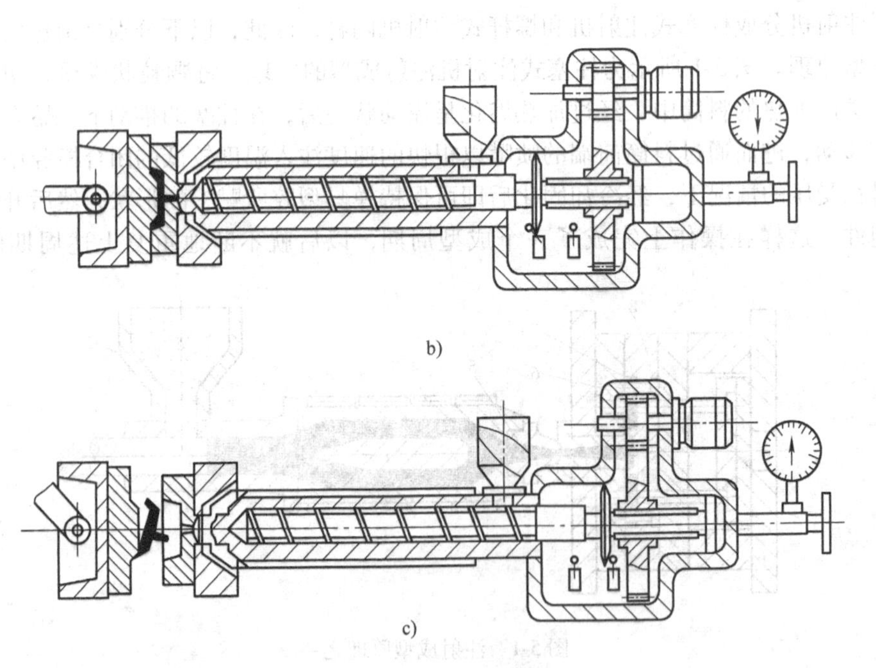

b)

c)

图 5-2　注射成型原理之二

1—动模　2—塑件　3—定模　4—料斗　5—传动装置　6—液压缸　7—螺杆　8—加热器

度、模具的结构、注射机的类型及塑料的品种和成型工艺条件等因素。每个塑件的重量可从小于一克至数十千克不等，视注射机的规格及塑件的需要而异。

2. 注射成型的特点及应用

注射成型是热塑性塑料成型的一种重要方法。到目前为止，除氟塑料外，几乎所有的热塑性塑料都可以采用此法成型。它具有成型周期短，能一次成型外形复杂、尺寸精确、带有金属或非金属嵌件的塑料制件；对成型各种塑料的适应性强；生产效率高，易于实现全自动化生产等一系列优点。因此，广泛地用于塑料制件的生产中，其产品占目前塑料制件生产的30%左右。但应当注意的是，注射成型的设备价格及模具制造费用较高，不适合单件及批量较小的塑料件的生产。

目前，注射成型工艺发展很快，除了热塑性塑料注射成型以外，一些热固性塑料也可以成功地用于注射成型，且具有效率高，产品质量稳定的特点；低发泡塑料（密度在0.2～0.9g/cm^3的发泡塑料）注射成型提供了缓冲、隔声、隔热等优良性能的塑料制件；双色或多色注射成型提供了多种颜色、美观适用的塑料商品。此外，应用热流道注射成型工艺在获得大型塑件和降低或消除浇注系统凝料等方面具有明显优点。注射成型还是获得中空塑料制品型坯的重要工艺方法。

二、注射成型工艺

完整的注射工艺过程，按其先后顺序应包括：成型前的准备、注射过程、塑件的后处理等。

1. 成型前的准备

为使注射过程能顺利进行并保证塑料制件的质量，在成型前应进行一些必要的准备工作，包括原料外观（如色泽、颗粒大小及均匀性等）的检验和工艺性能（熔融指数、流动性、热性能及收缩率）的测定；原料的染色及对粉料的造粒；易吸湿的塑料容易产生斑纹、气泡和降解等缺陷，应进行充分的预热和干燥；生产中需要改变产品、更换原料、调换颜色或发现塑料中有分解现象时的料筒清洗；带有嵌件塑料制件的嵌件预热及对脱模困难的塑料制件的脱模剂选用等。由于注射原料的种类、形态、塑件的结构、有无嵌件以及使用要求的不同，各种塑件成型前的准备工作也不完全一样。

2. 注射过程

注射过程一般包括加料、塑化、注射、冷却和脱模几个步骤。

（1）加料　由于注射成型是一个间歇过程，因而需定量（定容）加料，以保证操作稳定，塑料塑化均匀，最终获得良好的塑件。加料过多、受热的时间过长等容易引起物料的热降解，同时注射机功率损耗增多；加料过少，料筒内缺少传压介质，型腔中塑料熔体压力降低，难于补塑（即补压），容易引起塑件出现收缩、凹陷、空洞等缺陷。

（2）塑化　加入的塑料在料筒中进行加热，由固体颗粒转换成粘流态并且具有良好的可塑性的过程称为塑化。决定塑料塑化质量的主要因素是物料的受热情况和所受到的剪切作用。通过料筒对物料加热，使聚合物分子松弛，出现由固体向液体转变；一定的温度是塑料得以形变、熔融和塑化的必要条件；而剪切作用（指螺杆式注射机）则以机械力的方式强化了混合和塑化过程，使混合和塑化扩展到聚合物分子的水平（而不仅是静态的熔融），它使塑料熔体的温度分布、物料组成和分子形态都发生改变，并更趋于均匀；同时螺杆的剪切作用能在塑料中产生更多的摩擦热，促进了塑料的塑化，因而螺杆式注射机对塑料的塑化比柱塞式注射机要好得多。总之，对塑料的塑化要求是：塑料熔体在进入型腔之前要充分塑化，既要达到规定的成型温度，又要使塑化料各处的温度尽量均匀一致，还要使热分解物的含量达到最小值；并能提供上述质量的足够的熔融塑料以保证生产连续并顺利地进行，这些要求与塑料的特性、工艺条件的控制及注射机塑化装置的结构等密切相关。

（3）注射　不论何种形式的注射机，注射的过程可分为充模、保压、倒流、浇口冻结后的冷却和脱模等几个阶段。

1）充模：塑化好的熔体被柱塞或螺杆推挤至料筒前端，经过喷嘴及模具浇注系统进入并填满型腔，这一阶段称为充模。

2）保压：在模具中熔体冷却收缩时，继续保持施压状态的柱塞或螺杆迫使浇口附近的熔料不断补充入模具中，使型腔中的塑料能成型出形状完整而致密的塑件，这一阶段称为保压。

3）倒流：保压结束后，柱塞或螺杆后退，型腔中压力解除，这时型腔中的熔料压力将比浇口前方的高，如果浇口尚未冻结，就会发生型腔中熔料通过浇口流向浇注系统的倒流现象，使塑件产生收缩、变形及质地疏松等缺陷。如果保压结束之前浇口已经冻结，那就不存在倒流现象。

4）浇口冻结后的冷却：当浇注系统的塑料已经冻结后，继续保压已不再需要，因此可退回柱塞或螺杆，卸除料筒内塑料的压力，并加入新料，同时通入冷却水、油或空气等冷却介质，对模具进行进一步的冷却，这一阶段称为浇口冻结后的冷却。实际上冷却过程从塑料注入型腔起就开始了，它包括从充模完成、保压到脱模前的这一段时间。

5）脱模：塑件冷却到一定的温度即可开模，在推出机构的作用下将塑料制件推出模外。

3. 塑件的后处理

注射成型的塑件经脱模或机械加工之后，常需要进行适当的后处理以消除存在的内应力，改善塑件的性能和提高尺寸稳定性。其主要方法是退火和调湿处理。

（1）退火处理　退火处理是将注射塑件在定温的加热液体介质（如热水、热的矿物油、甘油、乙二醇和液体石蜡等）或热空气循环烘箱中静置一段时间，然后缓慢冷却的过程。其目的是减少由于塑件在料筒内塑化不均匀或在型腔内冷却速度不同，致使塑件内部产生的内应力，这在生产厚壁或带有金属嵌件的塑件时更为重要。退火温度应控制在塑件使用温度以上10～20℃，或塑料的热变形温度以下10～20℃。退火处理的时间取决于塑料品种、加热介质温度、塑件的形状和成型条件。退火处理后冷却速度不能太快，以避免重新产生内应力。

（2）调湿处理　调湿处理是将刚脱模的塑件放在热水中，以隔绝空气，防止对塑料制件的氧化，加快吸湿平衡速度的一种后处理方法，其目的是使制件的颜色、性能以及尺寸得到稳定。通常聚酰氨类塑料制件需进行调湿处理，处理的时间随聚酰胺塑料的品种、塑件的形状、厚度及结晶度大小而异。

三、注射成型工艺的参数

注射成型工艺的核心问题，就是采用一切措施以得到塑化良好的塑料熔体，并把它注射到型腔中去，在控制条件下冷却定型，使塑件达到所要求的质量。影响注射成型工艺的重要参数是塑化流动和冷却的温度、压力以及相应的各个作用时间。

1. 温度

注射成型过程需控制的温度有料筒温度、喷嘴温度和模具温度等。前二种温度主要影响塑料的塑化和流动；而后一种温度主要是影响塑料的流动和冷却。

（1）料筒温度　料筒温度的选择与各种塑料的特性有关。每一种塑料都具有不同的粘流态温度 θ_f（对结晶型塑料即为熔点 θ_m），为了保证塑料熔体的正常流动，不使物料发生变质分解，料筒最合适的温度范围应在粘流态温度 θ_f 和热分解温度 θ_d 之间。

料筒温度过高，时间过长（即使是温度不十分高的情况下）时，塑料的热氧化降解量就会变大。因此，对热敏性塑料，如聚甲醛、聚三氟氯乙烯、硬聚氯乙烯等，除需严格控制料筒最高温度外，还应控制塑料在加料筒中停留的时间。

同一种塑料，由于来源和牌号不同，其平均相对分子质量和相对分子质量分布亦不同，则其粘流态温度及热分解温度是有差别的。为了获得适宜的流动性，对于平均相对分子质量高、分布较窄的塑料，因其熔融温度一般都偏高，应适当提高料筒温度。玻璃纤维增强的热塑性塑料，随着其含量的增加，熔体的流动性降低，因此要相应地提高料筒温度。

柱塞式和螺杆式注射机由于其塑化过程不同，因而选择料筒温度也不同。通常后者选择的温度应低一些（一般约比柱塞式的低 10～20℃）。

选择料筒温度还应结合塑件及模具的结构特点。由于薄壁塑件的型腔比较狭窄，熔体注入的阻力大，冷却快，因而，为了顺利充型，料筒温度应选择高一些；相反，注射厚壁塑件时，料筒温度可降低一些。对于形状复杂及带有嵌件的塑件，或者熔体充模流程曲折较多或较长时，料筒温度也应该选择高一些。

料筒温度的分布，一般是从料斗一侧（后端）起至喷嘴（前端）止逐步升高的，以使塑料温度平稳地上升以达到均匀塑化的目的。但当原料含湿量偏高时，也可适当提高后端温度。由于螺杆注射机的剪切摩擦热有助于塑化，因而前段的温度不妨略低于中段，以便防止塑料的过热分解。

（2）喷嘴温度　喷嘴温度一般略低于料筒最高温度，以防止熔料在直通式喷嘴发生“流涎现象”。由喷嘴低温产生的影响可以从塑料注射时所发生的摩擦热得到一定的补偿。当然，喷嘴温度也不能过低，否则将会造成熔料的早凝而将喷嘴堵死，或者由于早凝料注入模腔而影响塑件的质量。

料筒和喷嘴温度的选择不是孤立的，与其他工艺条件存有一定关系。例如，选用较低的注射压力时，为保证塑料流动，应适当提高料筒温度；反之，料筒温度偏低就需要较高的注射压力。由于影响因素很多，一般都在成型前通过“对空注射法”或“塑件的直观分析法”来进行调整，以便从中确定最佳的料筒和喷嘴温度。

（3）模具温度　模具温度对塑料熔体的充型能力及塑件的内在性能和外观质量影响很大。模具温度的高低决定于塑料结晶性的有无、塑件的尺寸和结构、性能要求以及其他工艺条件（熔料温度、注射速度及注射压力、模具周期等）。

模具温度通常是由通入定温的冷却介质来控制的，也有靠熔料注入模具自然升温和自然散热达到平衡而保持一定的模温。在特殊情况下，也有采用电阻加热圈和加热棒对模具加热等而保持定温。不管采用什么方法使模具保持定温，对塑料熔体来说都是冷却，保持的定温都低于塑料的玻璃化温度 θ_g 或工业上常用的热变形温度，这样才能使塑料成型和脱模。

无定形塑料熔体注入模腔后，随着温度的不断降低而固化，但并不发生相变。模温主要影响熔料的粘度，也就是充型速率。如果充型顺利，采用低模温是可取的。因为这样可以缩短冷却时间，从而提高生产效率。因此对于熔融粘度较低或中等的无定型塑料（如聚苯乙烯、醋酸纤维素等），模具的温度常偏低；反之，对于熔融粘度高的塑料（如聚碳酸酯、聚苯醚、聚砜等），则必须采取较高的模温（聚碳酸酯为90~120℃，聚苯醚为110~130℃，聚砜为130~150℃）。不过应该说明的是，对于软化点较高的塑料，提高模温可以调整塑件的冷却速率使其均匀一致，以防因温差过大而产生凹痕、内应力和裂纹等缺陷。

结晶性塑料注入模腔后，当温度降低到熔点以下即开始结晶。结晶的速率受冷却速率的控制，而冷却速率是由模具温度控制的，因而模具温度直接影响到塑件的结晶度和结晶构型。模具的温度高时，冷却速率小，但结晶速率可能大，因为一般塑料最大结晶速率的温度都在熔点下的高温一边；其次，模具温度高时还有利于分子的松弛过程，分子取向效应小，这种条件仅适于结晶速率很小的塑料，如聚对苯二甲酸乙二酯等，在实际注射中很少采用，因为模温高也会延长成型周期和使塑件发脆。模具温度适当时，冷却速度适宜，塑料分子的结晶和定向也都适中的，这是通常用得最多的条件。模具温度低时，冷却速率大，熔体的流动与结晶同时进行，但熔体在结晶温度区间停留时间缩短。此外，模具的结构和注射条件也会影响冷却速率，例如，提高料筒温度和增加塑件厚度都会使冷却速率发生变化，对高压聚乙烯可达2%~3%，低压聚乙烯可达10%，聚酰胺可达40%。即使是同样一塑件，其中各部分的密度也可能是不相同的，这说明各部分的结晶度不一样。造成这种现象的主要原因是熔料各部分在模内的冷却速率差别太大。

2. 压力

注射模塑过程中的压力包括塑化压力和注射压力两种，它们直接影响塑料的塑化和塑件质量。

(1) 塑化压力　塑化压力又称背压，是指采用螺杆式注射机时，螺杆头部熔料在螺杆转动后退时所受到的压力。这种压力的大小是可以通过液压系统中的溢流阀来调整的。注射中，塑化压力的大小是随螺杆的设计、塑件质量的要求以及塑料的种类等的不同而异的。如果这些情况和螺杆的转速都不变，则增加塑化压力时即会提高熔体的温度，并使熔体的温度均匀、色料的混合均匀并排出熔体中的气体。但增加塑化压力会降低塑化速率、延长成型周期，甚至可能导致塑料的降解。一般操作中，塑化压力应在保证塑件质量的前提下越低越好，其具体数值是随所用塑料的品种而异的，但通常很少超过6MPa。注射聚甲醛时，较高的塑化压力（也就是较高的熔体温度）会使塑件的表面质量提高，但也可能使塑料变色、塑化速率降低和流动性下降。对聚酰胺来说，塑化压力必须降低，否则塑化速率将很快降低，这是因为螺杆中逆流和漏流增加的缘故。如需增加料温，则应采用提高料筒温度的方法。聚乙烯的热稳定性较高，提高塑化压力不会有降解的危险，这有利于混料和混色，不过塑化速率会降低。

(2) 注射压力　注射机的注射压力是指柱塞或螺杆头部对塑料熔体所施加的压力。在注射机上常用表压指示注射压力的大小，一般在40~130MPa之间。其作用是克服塑料熔体从料筒流向型腔的流动阻力，给予熔体一定的充型速率以及对熔体进行压实等。

注射压力的大小取决于注射机的类型、塑料的品种、模具浇注系统的结构、尺寸与表面粗糙度、模具温度、塑件的壁厚及流程的大小等，关系十分复杂，目前难以作出具有定量关系的结论。在其他条件相同的情况下，柱塞式注射机作用的注射压力应比螺杆式的大，其原因在于塑料在柱塞式注射机料筒内的压力损耗比螺杆式的大。塑料流动阻力的另一决定因素是塑料与模具浇注系统及型腔之间的摩擦系数和熔融粘度，两者越大时，注射压力应越高，同一种塑料的摩擦因数和熔融粘度是随所用料筒温度和模具温度而变动的。此外，还与是否加有润滑剂有关。

为了保证塑件的质量，对注射速度（熔融塑料在喷嘴处的喷出速度）常有一定的要求，而对注射速度较为直接的影响因素是注射压力。就塑件的机械强度和收缩率来说，每一种塑件都有各自的最佳注射速度，而且经常是一个范围的数值。这一数值与很多因素有关，其中最主要的影响因素是塑件的壁厚。厚壁的塑件用低的注射速度，反之则相反。

型腔充满后，注射压力的作用全在于对模内熔料的压实。在生产中，压实时的压力等于或小于注射时所用的注射压力。如果注射和压实时的压力相等，则往往可以使塑件的收缩率减小，并且它们的尺寸稳定性较好。缺点是会造成脱膜时的残余压力过大和成型周期过长。但对结晶性塑料来说，成型周期不一定增长，因为压实压力大时可以提高塑料的熔点（例如聚甲醛，如果压力加大到50MPa，则其熔点可提高90℃），脱模可以提前。

3. 时间

（成型周期）完成一次注射成型过程所需的时间称成型周期，它包括以下各部分：

成型周期
- 注射时间
  - 充模时间（柱塞或螺杆前进时间）
  - 保压时间（柱塞或螺杆停留在前进位置的时间）
- 模内冷却时间（柱塞后撤或螺杆转动后退的时间均在其中）
- 其他时间（指开模、脱模、喷涂脱模剂、安放嵌件和合模时间）

（保压时间与模内冷却时间合称）总冷却时间

成型周期直接影响到劳动生产率和注射机使用率，因此在生产中，在保证质量的前提下，应尽量缩短成型周期中各个阶段的有关时间。在整个成型周期中，以注射时间和冷却时间最重要，他们对塑件的质量均有决定性的影响。注射时间中的充模时间与充模速率成正比。在生产中，充模时间一般为3～5s。注射时间中的保压时间就是对型腔内塑料的压实时间，在整个注射时间内所占的比例较大，一般为20～25s（特厚塑件可高达5～10min）。在浇口处熔料冻结之前，保压时间的多少，对塑件密度和尺寸精度有影响，若在此以后则无影响。这在前面都已有所说明。保压时间的长短不仅与塑件的结构尺寸有关，而且与料温、模温以及主流道和浇口的大小有关。如果主流道和浇口的尺寸合理、工艺条件正常，通常以塑件收缩率波动范围最小的压实时间为最佳值。

冷却时间主要决定于塑件的厚度、塑料的热性能和结晶性能以及模具温度等。冷却时间的长短应以脱模时塑件不引起变形为原则。冷却时间一般在30～120s之间。冷却时间过长，不仅延长生产周期，降低生产效率，对复杂塑件还将造成脱模困难。成型周期中的其他时间则与生产过程是否连续化和自动化以及两化的程度等有关。

常用塑料注射成型工艺条件见表5-1。

表5-1　各种塑料的注射工艺参数

项目＼塑料	LDPE	HDPE	乙丙共聚PP	PP	玻纤增强PP	软PVC	硬PVC	PS
注射机类型	柱塞式	螺杆式	柱塞式	螺杆式	螺杆式	柱塞式	螺杆式	柱塞式
螺杆转速/r·min^{-1}	—	30～60	—	30～60	30～60	—	20～30	—

（续）

项目 \ 塑料	LDPE	HDPE	乙丙共聚PP	PP	玻纤增强PP	软PVC	硬PVC	PS
喷嘴 形式	直通式	直通式	直通式	直通式	直通式	直通式	直通式	直通式
喷嘴 温度/℃	150~170	150~180	170~190	170~190	180~190	140~150	150~170	160~170
料筒温度 前段/℃	170~200	180~190	180~200	180~200	190~200	160~190	170~190	170~190
料筒温度 中段/℃	—	180~200	190~220	200~220	210~220	—	165~180	—
料筒温度 后段/℃	140~160	140~160	150~170	160~170	160~170	140~150	160~170	140~160
模具温度/℃	30~45	30~60	50~70	40~80	70~90	30~40	30~60	20~60
注射压力/MPa	60~100	70~100	70~100	70~120	90~130	40~80	80~130	60~100
保压力/MPa	40~50	40~50	40~50	50~60	40~50	20~30	40~60	30~40
注射时间/s	0~5	0~5	0~5	0~5	2~5	0~8	2~5	0~3
保压时间/s	15~60	15~60	15~60	20~60	15~40	15~40	15~40	15~40
冷却时间/s	15~60	15~60	15~50	15~50	15~40	15~30	15~40	15~30
成型周期/s	40~140	40~140	40~120	40~120	40~100	40~80	40~90	40~90

项目 \ 塑料	HIPS	ABS	高抗冲ABS	耐热ABS	电镀级ABS	阻燃ABS	透明ABS	ACS
注射机类型	螺杆式	螺杆式	螺杆式	螺杆式	螺杆式	螺杆式	螺杆式	螺杆式
螺杆转速/r·min^{-1}	30~60	30~60	30~60	30~60	20~60	20~50	30~60	20~30
喷嘴 形式	直通式	直通式	直通式	直通式	直通式	直通式	直通式	直通式
喷嘴 温度/℃	160~170	180~190	190~200	190~200	190~210	180~190	190~200	160~170
料筒温度 前段/℃	170~190	200~210	200~210	200~220	210~230	190~200	200~220	170~180
料筒温度 中段/℃	170~190	210~230	210~230	220~240	230~250	200~220	220~240	180~190
料筒温度 后段/℃	140~160	180~200	180~200	190~200	200~210	170~190	190~200	160~170
模具温度/℃	20~50	50~70	50~80	60~85	40~80	50~70	50~70	50~60
注射压力/MPa	60~100	70~90	70~120	85~120	70~120	60~100	70~100	80~120
保压力/MPa	30~40	50~70	50~70	50~80	50~70	30~60	50~60	40~50
注射时间/s	0~3	3~5	3~5	3~5	0~4	3~5	0~4	0~5
保压时间/s	15~40	15~30	15~30	15~30	20~50	15~30	15~40	15~30
冷却时间/s	10~40	15~30	15~30	15~30	15~30	10~30	10~30	15~30
成型周期/s	40~90	40~70	40~70	40~70	40~90	30~70	30~80	40~70

（续）

项目 \ 塑料	SAN (AS)	PMMA		PMMA /PC	氯化聚醚	均聚 POM	共聚 POM	PET
注射机类型	螺杆式	螺杆式	柱塞式	螺杆式	螺杆式	螺杆式	螺杆式	螺杆式
螺杆转速/r·min^{-1}	20～50	20～30	—	20～30	20～40	20～40	20～40	20～40
喷嘴 形式	直通式	直通式	直通式	直通式	直通式	直通式	直通式	直通式
喷嘴 温度/℃	180～190	180～200	180～200	220～240	170～180	170～180	170～180	250～260
料筒温度 前段/℃	200～210	180～210	210～240	230～250	180～200	170～190	170～190	260～270
料筒温度 中段/℃	210～230	190～210	—	240～260	180～200	170～190	180～200	260～280
料筒温度 后段/℃	170～180	180～200	180～200	210～230	180～190	170～180	170～190	240～260
模具温度/℃	50～70	40～80	40～80	60～80	80～110	90～120	90～100	100～140
注射压力/MPa	80～120	50～120	80～130	80～130	80～110	80～130	80～120	80～120
保压力/MPa	40～50	40～60	40～60	40～60	30～40	30～50	30～50	30～50
注射时间/s	0～5	0～5	0～5	0～5	0～5	2～5	2～5	0～5
保压时间/s	15～30	20～40	20～40	20～40	15～50	20～80	20～90	20～50
冷却时间/s	15～30	20～40	20～40	20～40	20～50	20～60	20～60	20～30
成型周期/s	40～70	50～90	50～90	50～90	40～110	50～150	50～160	50～90

项目 \ 塑料	PBT	玻纤增强 PBT	PA6	玻纤增强 PA6	PA11	玻纤增强 PA11	PA12	PA66
注射机类型	螺杆式	螺杆式	螺杆式	螺杆式	螺杆式	螺杆式	螺杆式	螺杆式
螺杆转速/r·min^{-1}	20～40	20～40	20～50	20～40	20～50	20～40	20～50	20～50
喷嘴 形式	直通式	直通式	直通式	直通式	直通式	直通式	直通式	自锁式
喷嘴 温度/℃	200～220	210～230	200～210	200～210	180～190	190～200	170～180	250～260
料筒温度 前段/℃	230～240	230～240	220～230	220～240	185～200	200～220	185～220	255～265
料筒温度 中段/℃	230～250	240～260	230～240	230～250	190～220	220～250	190～240	260～280
料筒温度 后段/℃	200～220	210～220	200～210	200～210	170～180	180～190	160～170	240～250
模具温度/℃	60～70	65～75	60～100	80～120	60～90	60～90	70～110	60～120
注射压力/MPa	60～90	80～100	80～110	90～130	90～120	90～130	90～130	80～130
保压力/MPa	30～40	40～50	30～50	30～50	30～50	40～50	50～60	40～50
注射时间/s	0～3	2～5	0～4	2～5	0～4	2～5	2～5	0～5
保压时间/s	10～30	10～20	15～50	15～40	15～50	15～40	20～60	20～50
冷却时间/s	15～30	15～30	20～40	20～40	20～40	20～40	20～40	20～40
成型周期/s	30～70	30～60	40～100	40～90	40～100	40～90	50～110	50～100

（续）

项目 \ 塑料	玻纤增强PA66	PA610	PA612	PA1010		玻纤增强PA1010		透明PA
注射机类型	螺杆式	螺杆式	螺杆式	螺杆式	柱塞式	螺杆式	柱塞式	螺杆式
螺杆转速/r·min⁻¹	20~40	20~50	20~50	20~50	—	20~40	—	20~50
喷嘴 形式	直通式	自锁式	自锁式	自锁式	自锁式	直通式	直通式	直通式
喷嘴 温度/℃	250~260	200~210	200~210	190~200	190~210	180~190	180~190	220~240
料筒温度 前段/℃	260~270	220~230	210~220	200~210	230~250	210~230	240~260	240~250
料筒温度 中段/℃	260~290	230~250	210~230	220~240	—	230~260	—	250~270
料筒温度 后段/℃	230~260	200~210	200~205	190~200	180~200	190~200	190~200	220~240
模具温度/℃	100~120	60~90	40~70	40~80	40~80	40~80	40~80	40~60
注射压力/MPa	80~130	70~110	70~120	70~100	70~120	90~130	100~130	80~130
保压力/MPa	40~50	20~40	30~50	20~40	30~40	40~50	40~50	40~50
注射时间/s	3~5	0~5	0~5	0~5	0~5	2~5	2~5	0~5
保压时间/s	20~50	20~50	20~50	20~50	20~50	20~40	20~40	20~60
冷却时间/s	20~40	20~40	20~50	20~40	20~40	20~40	20~40	20~40
成型周期/s	50~100	50~100	50~110	50~100	50~100	50~90	50~90	50~110

项目 \ 塑料	PC		PC/PE		玻纤增强PC	PSU	改性PSU	玻纤增强PSU
注射机类型	螺杆式	柱塞式	螺杆式	柱塞式	螺杆式	螺杆式	螺杆式	螺杆式
螺杆转速/r·min⁻¹	20~40	—	20~40	—	20~30	20~30	20~30	20~30
喷嘴 形式	直通式	直通式	直通式	直通式	直通式	直通式	直通式	直通式
喷嘴 温度/℃	230~250	240~250	220~230	230~240	240~260	280~290	250~260	280~300
料筒温度 前段/℃	240~280	270~300	230~250	250~280	260~290	290~310	260~280	300~320
料筒温度 中段/℃	260~290	—	240~260	—	270~310	300~330	280~300	310~330
料筒温度 后段/℃	240~270	260~290	230~240	240~260	260~280	280~300	260~270	290~300
模具温度/℃	90~110	90~110	80~100	80~100	90~110	130~150	80~100	130~150
注射压力/MPa	80~130	110~140	80~120	80~130	100~140	100~140	100~140	100~140
保压力/MPa	40~50	40~50	40~50	40~50	40~50	40~50	40~50	40~50
注射时间/s	0~5	0~5	0~5	0~5	2~5	0~5	0~5	2~7
保压时间/s	20~80	20~80	20~80	20~80	20~60	20~80	20~70	20~50
冷却时间/s	20~50	20~50	20~50	20~50	20~50	20~50	20~50	20~50
成型周期/s	50~130	50~130	50~140	50~140	50~110	50~140	50~130	50~110

（续）

项目＼塑料	聚芳砜	聚醚砜	PPO	改性PPO	聚芳酯	聚氨酯	聚苯硫醚
注射机类型	螺杆式	螺杆式	螺杆式	螺杆式	螺杆式	螺杆式	螺杆式
螺杆转速/r·min^{-1}	20～30	20～30	20～30	20～50	20～50	20～70	20～30
喷嘴 形式	直通式	直通式	直通式	直通式	直通式	直通式	直通式
喷嘴 温度/℃	380～410	240～270	250～280	220～240	230～250	170～180	280～300
料筒温度 前段/℃	385～420	260～290	260～280	230～250	240～260	175～185	300～310
料筒温度 中段/℃	345～385	280～310	260～290	240～270	250～280	180～200	320～340
料筒温度 后段/℃	320～370	260～290	230～240	230～240	230～240	150～170	260～280
模具温度/℃	230～260	90～120	110～150	60～80	100～130	20～40	120～150
注射压力/MPa	100～200	100～140	100～140	70～110	100～130	80～100	80～130
保压力/MPa	50～70	50～70	50～70	40～60	50～60	30～40	40～50
注射时间/s	0～5	0～5	0～5	0～8	2～8	2～6	0～5
保压时间/s	15～40	15～40	30～70	30～70	15～40	30～40	10～30
冷却时间/s	15～20	15～30	20～60	20～50	15～40	30～60	20～50
成型周期/s	40～50	40～80	60～140	60～130	40～90	70～110	40～90

项目＼塑料	聚酰亚胺	醋酸纤维素	醋酸丁酸纤维素	醋酸丙酸纤维素	乙基纤维素	F46
注射机类型	螺杆式	柱塞式	柱塞式	柱塞式	柱塞式	螺杆式
螺杆转速/r·min^{-1}	20～30	—	—	—	—	20～30
喷嘴 形式	直通式	直通式	直通式	直通式	直通式	直通式
喷嘴 温度/℃	290～300	150～180	150～170	160～180	160～180	290～300
料筒温度 前段/℃	290～310	170～200	170～200	180～210	180～220	300～330
料筒温度 中段/℃	300～330	—	—	—	—	270～290
料筒温度 后段/℃	280～300	150～170	150～170	150～170	150～170	170～200
模具温度/℃	120～150	40～70	40～70	40～70	40～70	110～130
注射压力/MPa	100～150	60～130	80～130	80～120	80～130	80～130
保压力/MPa	40～50	40～50	40～50	40～50	40～50	50～60
注射时间/s	0～5	0～3	0～5	0～5	0～5	0～8
保压时间/s	20～60	15～40	15～40	15～40	15～40	20～60
冷却时间/s	30～60	15～40	15～40	15～40	15～40	20～60
成型周期/s	60～130	40～90	40～90	40～90	40～90	50～130

第二节 塑料制件在模具中的位置

注射模具每一次注射循环所能成型的塑件数量是由模具的型腔数目决定的。型腔数目及排列方式、分型面的位置确定等决定了塑料制件在模具中的成型位置。

一、型腔数量及排列方式

当塑料制件的设计已经完成，并选定所用材料后，就需要考虑是采用单型腔模具还是多型腔模具。

与多型腔模具相比，单型腔模具有如下优点：

(1) 塑料制件的形状和尺寸始终一致　在多型腔模具中很难达到这一要求，因此如果生产的零件要求很小的尺寸公差时，采用单型腔模具也许更为适宜。

(2) 工艺参数易于控制　单型腔模具因仅需根据一个塑件调整成型工艺条件，所以工艺参数易于控制。多型腔模具，即使各型腔的尺寸是完全相同的，同模生产的几个塑件因成型工艺参数的微小差异而使得其尺寸和性能往往也各不一样。

(3) 模具的结构简单紧凑，设计自由度大　单型腔模具的推出机构、冷却系统和模具分型面的技术要求，在大多数情况下都能满足而不必综合考虑。

此外，单型腔模具还具有制造成本低、制造周期短等优点。

当然，对于长期大批量生产而言，多型腔模具是更为有益的形式，它可以提高生产效率，降低塑件的生产成本。如果注射的塑件非常小而又没有与其相适应的设备，则采用多型腔模具是最佳选择。现代注射成型生产中，大多数小型塑件的成型模具是多型腔的。

(一) 型腔数目的确定

在设计实践中，有先确定注射机的型号，再根据所选用的注射机的技术规范及塑件的技术经济要求，计算能够选取的型腔的数目；也有根据经验先确定型腔数目，然后根据生产条件，如注射机的有关技术规范等进行校核计算，看所选定的型腔数目是否满足要求。但无论采用哪种方式，一般考虑的要点有：

(1) 塑料制件的批量和交货周期　如果必须在相当短的时期内注射成型大批量的产品，则使用多型腔模具可提供独特的优越条件。

(2) 质量控制要求　塑料制件的质量控制要求是指其尺寸、精度、性能及表面粗糙度要求等。如前所述，每增加一个型腔，由于型腔的制造误差和成型工艺误差的影响，塑件的尺寸精度要降低约4% ~8%，因此多型腔模具（$n>4$）一般不能生产高精度塑件，高精度塑件宁可一模一腔，以保证质量。

(3) 成型的塑料品种与塑件的形状及尺寸　塑件的材料、形状尺寸与浇口的位置和形式有关，同时也对分型面和脱模的位置有影响，因此确定型腔数目时应考虑这方面的因素。

(4) 所选用的注射机的技术规范　根据注射机的额定注射量及额定锁模力求型腔数目，详见第四章第三节。

因此，根据上述要点所确定的型腔数目，既要保证最佳的生产经济性，技术上又要充分保证产品的质量，也就是应保证塑料制件最佳的技术经济性。

(二) 型腔的布局

多型腔模具设计的重要问题之一就是浇注系统的布置方式，由于型腔的排布与浇注系统布置密切相关，因而型腔的排布在多型腔模具设计中应加以综合考虑。型腔的排布应使每个型腔都通过浇注系统从总压力中均等地分得所需的足够压力，以保证塑料熔体同时均匀地充满每个型腔，使各型腔的塑件内在质量均一稳定。这就要求型腔与主流道之间的距离尽可能最短，同时采用平衡的流道和合理的浇口尺寸以及均匀的冷却等。合理的型腔排布可以避免塑件尺寸的差异、应力形成及脱模困难等问题。图 5-3 列出了多型腔模具型腔布局的几则实例。图 5-3a ~ c 为平衡式，其特点是从主流道到各型腔浇口的分流道的长度、截面形状及尺寸均对应相同，可实现均衡进料和同时充满型腔的目的；图 5-3d ~ f 为非平衡式，其特点是从主流道到各型腔浇口的分流道的长度不相等，因而不利于均衡进料，但可以缩短流道的总长度，为达到同时充满型腔的目的，各浇口的截面尺寸要制作得不相同。

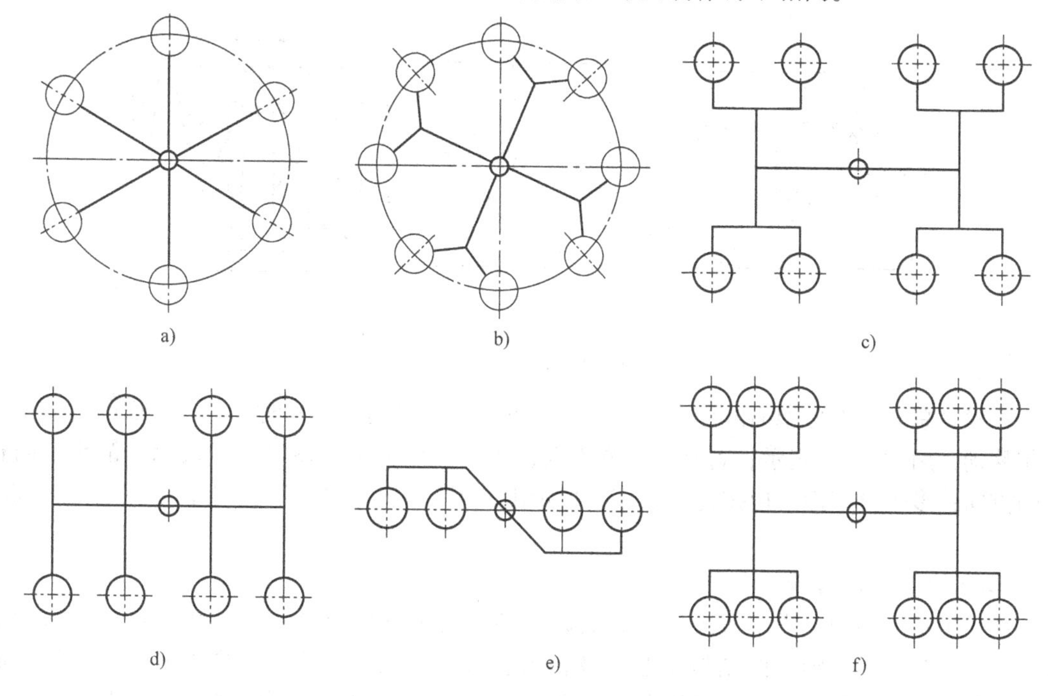

图 5-3　多型腔模具型腔布局举例

应该指出的是，多型腔模具最好成型同一尺寸及精度要求的制件，不同塑件原则上不应该用同一副多型腔模具生产。在同一副模具中同时安排尺寸相差较大的型腔不是一个好的设计，不过有时为了节约，特别是成型配套式塑件的模具，在生产实践中还使用这一方法，但难免会引起一些缺陷，如有些塑件发生翘曲，有些则有过大的不可逆应变等。

二、分型面的设计

将模具适当地分成两个或几个可以分离的主要部分，这些可以分离部分的接触表面分开时能够取出塑件及浇注系统凝料，当成型时又必须接触封闭，这样的接触表面称为模具的分型面。分型面是决定模具结构形式的重要因素，它与模具的整体结构和模具的制造工艺有密切关系，并且直接影响着塑料熔体的流动充填特性及塑件的脱模，因此，分型面的选择是注射模设计中的一个关键。

（一）分型面的形式

注射模具有的只有一个分型面，有的有多个分型面。分模后取出塑件的分型面称为主分型面，其余分型面称为辅助分型面。分型面的位置及形状如图 5-4 所示。图 5-4a 为平直分型面；图 5-4b 为倾斜分型面；图 5-4c 为阶梯分型面；图 5-4d 为曲面分型面；图 5-4e 为瓣合分型面。

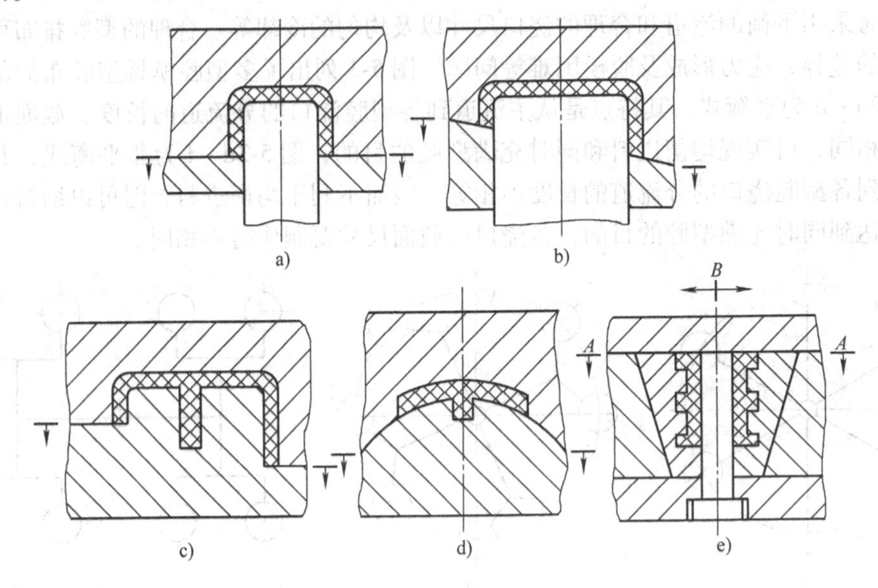

图 5-4　分型面的形式

在模具总装图上分型面的标示一般采用如下方法：当模具分开时，若分型面两边的模板都作移动，用“⟷”表示；若其中一方不动，另一方作移动，用“⊢”表示，箭头指向移动的方向；多个分型面，应按先后次序，标示出“*A*”、“*B*”、“*C*”或“Ⅰ”、“Ⅱ”、“Ⅲ”等。

（二）分型面的选择

如何确定分型面，需要考虑的因素比较复杂。由于分型面受到塑件在模具中的成型位置、浇注系统设计、塑件的结构工艺性及精度、嵌件位置、形状以及推出方法、模具的制造、排气、操作工艺等多种因素的影响，因此在选择分型面时应综合分析比较，从几种方案中优选出较为合理的方案。选择分型面时一般应遵循以下几项基本原则：

（1）分型面应选在塑件外形最大轮廓处　当已经初步确定塑件的分型方向后分型面应选在塑件外形最大轮廓处，即通过该方向上塑件的截面积最大，否则塑件无法从型腔中脱出。

（2）确定有利的留模方式，便于塑件顺利脱模　通常分型面的选择应尽可能使塑件在开模后留在动模一侧，这样有助于动模内设置的推出机构动作，否则在定模内设置推出机构往往会增加模具整体的复杂性。如图 5-5 所示塑件，按图 5-5a 分型，塑件收缩后包在定模型芯上，分型后会留在定模一侧，这样就必须在定模部分设置推出机构，增加了模具结构的复杂性；若按图 5-5b 分型，分型后，塑件会留在动模上，依靠注射机的顶出装置和模具的推出机构可推出塑件。有时即使分型面的选择可以保证塑件留在动模一侧，但不同的位置仍然会对模具结构的复杂程度及推出塑件的难易程度产生影响，如图 5-6 所示。按图 5-6a 分型时，虽然塑件分型后留于动模，但当孔间距较小时，便难以设置有效的推出机构，即使可以设置，所需脱模力大，会增加模具结构的复杂性，也很容易产生不良后果，如塑件翘曲变形

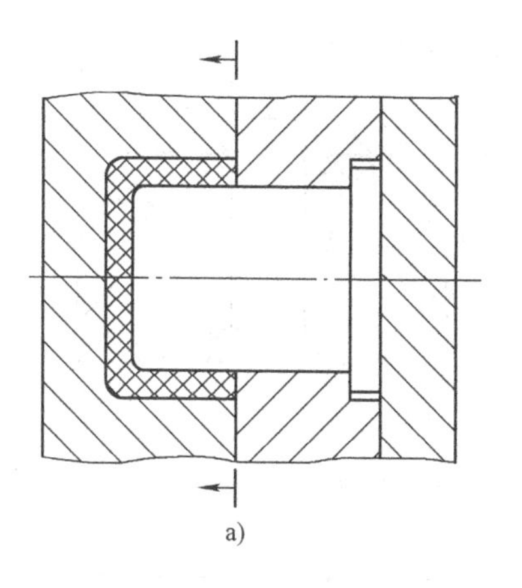

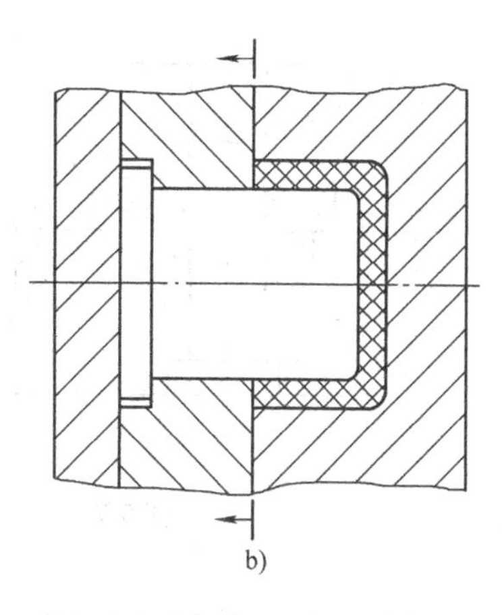

图 5-5 分型面对脱模的影响之一

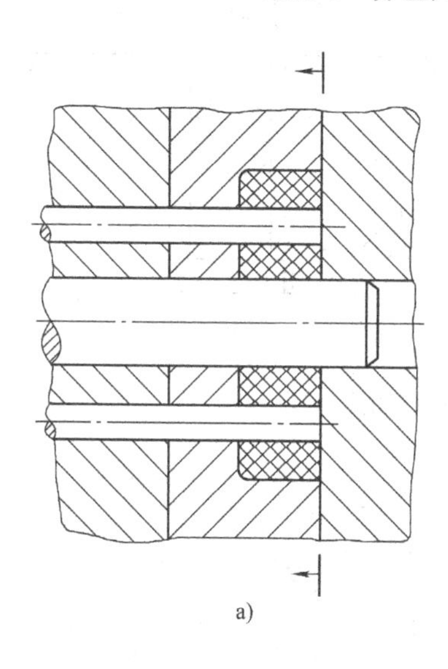

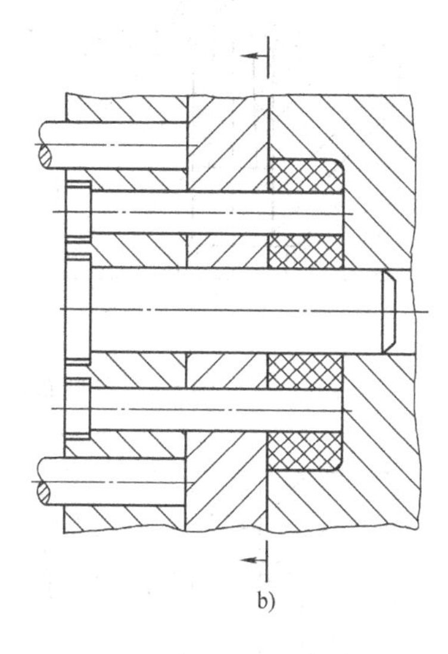

图 5-6 分型面对脱模的影响之二

等；若按图 5-6b 分型，因只需在动模上设置一个简单的推件板作为脱模机构即可，故较为合理。

（3）保证塑件的精度要求 与分型面垂直方向的高度尺寸，若精度要求较高，或同轴度要求较高的外形或内孔，为保证其精度，应尽可能设置在同一半模具型腔内。如果塑件上精度要求较高的成型表面被分型面分割，就有可能由于合模精度的影响引起形状和尺寸上不允许的偏差，塑件因达不到所需的精度要求而造成废品。图 5-7 所示为双联塑料齿轮，按图 5-7a分型，两部分齿轮分别在动、定模内成型，则因合模精度影响导致塑件的同轴度不能满足要求；若按图 5-7b 分型，则能保证两部分齿轮的同轴度要求。

（4）满足塑件的外观质量要求 选择分型面时应避免对塑件的外观质量产生不利的影响，同时需考虑分型面处所产生的飞边是否容易修整清除，当然，在可能的情况下，应避免分型面处产生飞边。如图 5-8 所示的塑件，按图 5-8a 分型，圆弧处产生的飞边不易清除且会影响塑件的外观；若按图 5-8b 分型，则所产生的飞边易清除且不影响塑件的外观。图 5-9 所示的塑件，按图 5-9a 分型，则容易产生飞边；若按图 5-9b 分型，虽然配合处要制出 2° ~

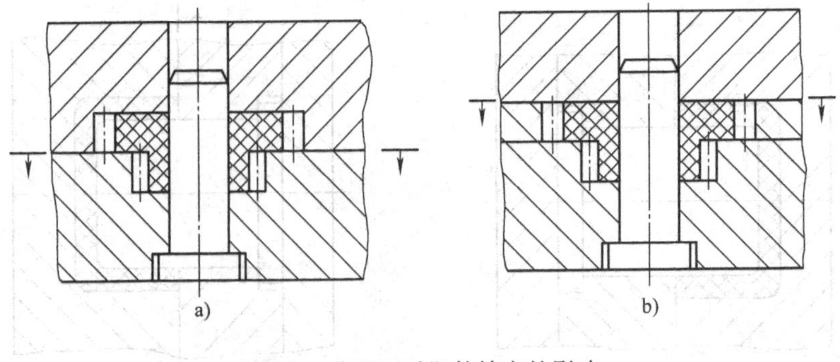

图 5-7　分型面对塑件精度的影响

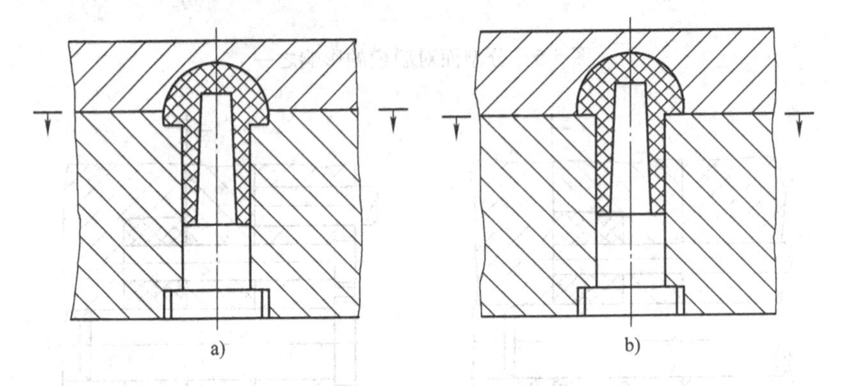

图 5-8　分型面对外观质量的影响之一

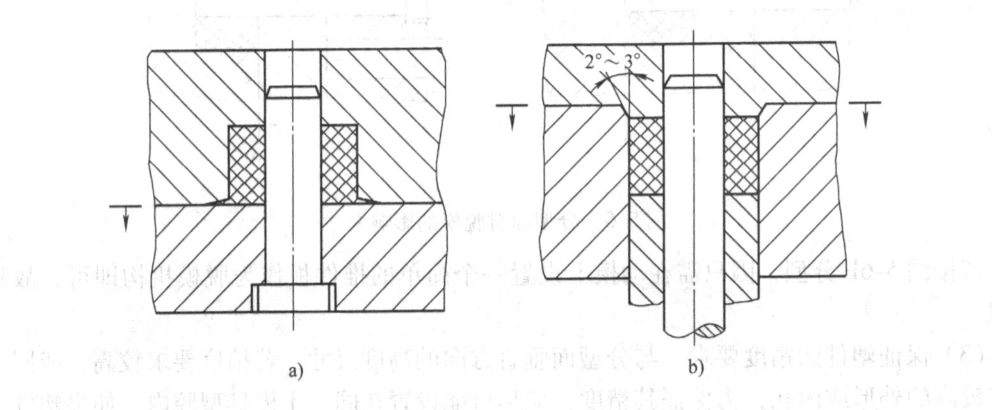

图 5-9　分型面对外观质量的影响之二

3°的斜度，但没有飞边产生。

（5）便于模具加工制造　为了便于模具加工制造，应尽量选择平直分型面或易于加工的分型面。如图 5-10 所示的塑件，图 5-10a 采用平直分型面，在推管上制出塑件下端的形状，这种推管加工困难，装配时还要采取止转措施，同时还会因受侧向力作用而损坏；若按图 5-10b 采用阶梯分型面，则加工方便。再如图 5-11 所示的塑件，按图 5-11a 分型，型芯和型腔加工均很困难；若按图 5-11b 所示采用倾斜分型面，则加工较容易。

（6）对成型面积的影响　注射机一般都规定其相应模具所允许使用的最大成型面积及额定锁模力，注射成型过程中，当塑件（包括浇注系统）在合模分型面上的投影面积超过允许的最大成型面积时，将会出现涨模溢料现象，这时注射成型所需的合模力也会超过额定锁模力。因此，为了可靠地锁模以避免涨模溢料现象的发生，选择分型面时应尽量减少塑件（型腔）在合模分型面上的投影面积。如图 5-12 所示角尺型塑件，按图 5-12a 分型，塑件在合模分型面上的投影面积较大，锁模的可靠性较差；而若采用图 5-12b 分型，塑件在合模分型面上的投影面积比图 5-12a 小，保证了锁模的可靠性。

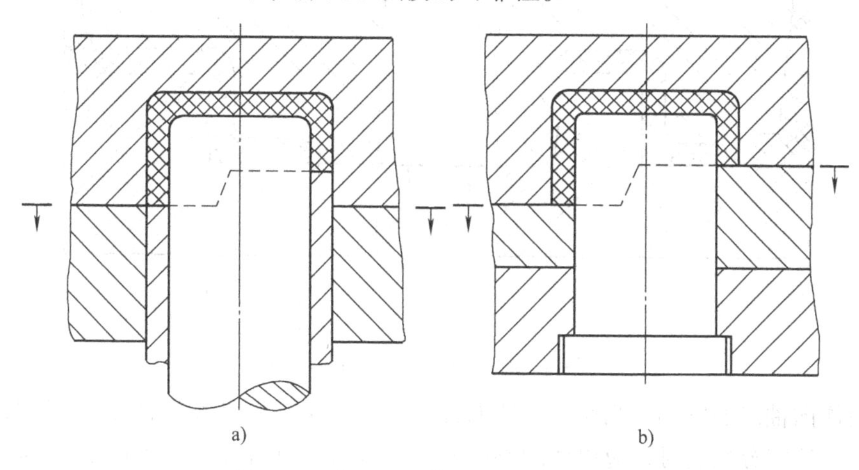

图 5-10　分型面对模具加工的影响之一

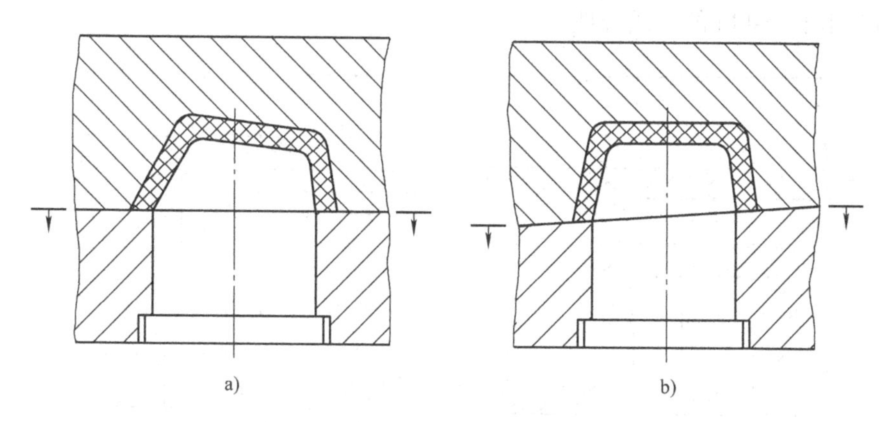

图 5-11　分型面对模具加工的影响之二

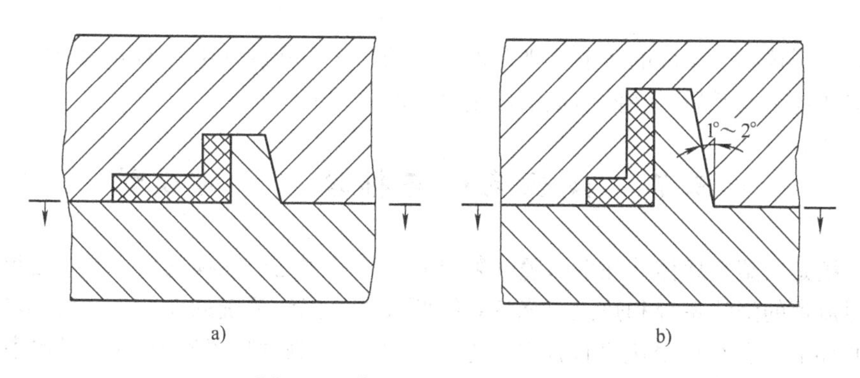

图 5-12　分型面对成型面积的影响

（7）有利于提高排气效果　分型面应尽量与型腔充填时塑料熔体的料流末端所在的型腔内壁表面重合，如图 5-13 所示。图 5-13a 的结构，其排气效果较差；图 5-13b 的结构对注射过程中的排气有利，因此这样分型是合理的。

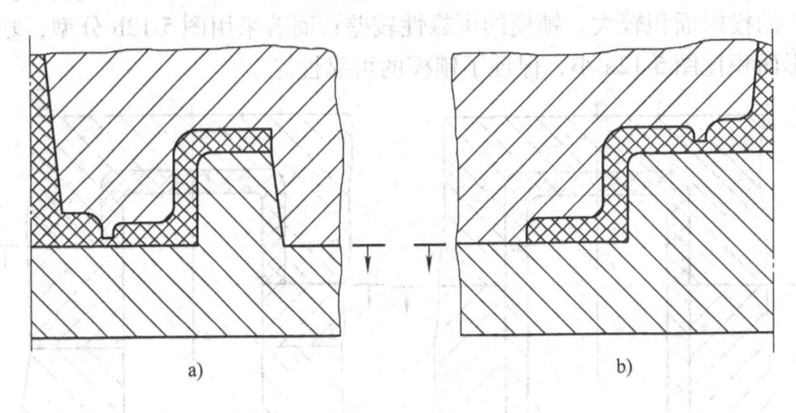

图 5-13　分型面对排气效果的影响

（8）对侧向抽芯的影响　当塑件需侧向抽芯时，为保证侧向型芯的放置容易及抽芯机构的动作顺利，选定分型面时，应以浅的侧向凹孔或短的侧向凸台作为抽芯方向，将较深的凹孔或较高的凸台放置在开合模方向，并尽量把侧向抽芯机构设置在动模一侧，如图 5-14 所示。图 5-14b 比图 5-14a 的形式合理。

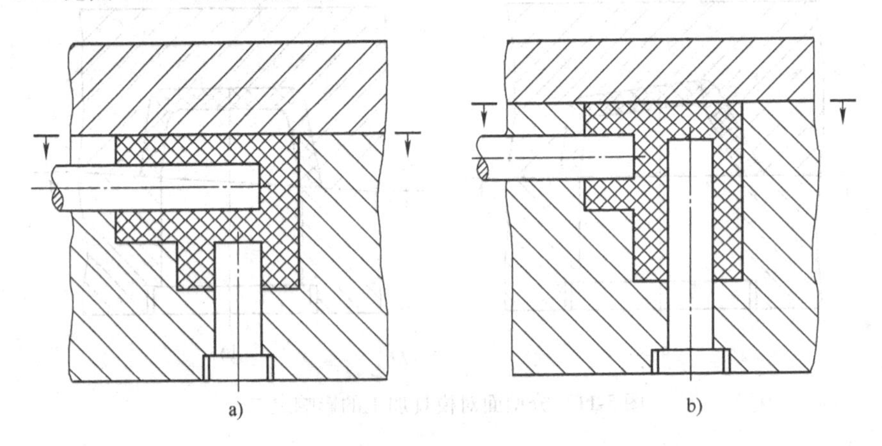

图 5-14　分型面对侧向抽芯的影响

以上阐述了选择分型面的一般原则及部分示例，在实际设计中，不可能全部满足上述原则，一般应抓住主要矛盾，在此前提下确定合理的分型面。

第三节　浇注系统与排溢系统的设计

浇注系统是指塑料熔体从注射机喷嘴射出后到达型腔之前在模具内流经的通道。浇注系统分为普通流道的浇注系统和热流道浇注系统两大类。浇注系统的设计是注射模具设计的一个很重要的环节，它对获得优良性能和理想外观的塑料制件以及最佳的成型效率有直接影响，是模具设计工作者必须十分重视的技术问题。

一、普通流道浇注系统的组成及作用

（一）浇注系统的组成

普通流道浇注系统一般由主流道、分流道、浇口和冷料穴等四部分组成。图5-15所示为安装在立式或卧式注射机上的注射模具所用的浇注系统，主流道垂直于模具分型面。图5-16所示的形式只适用于直角式注射机上的模具，主流道平行于模具分型面，对称开设在分型面的两边。

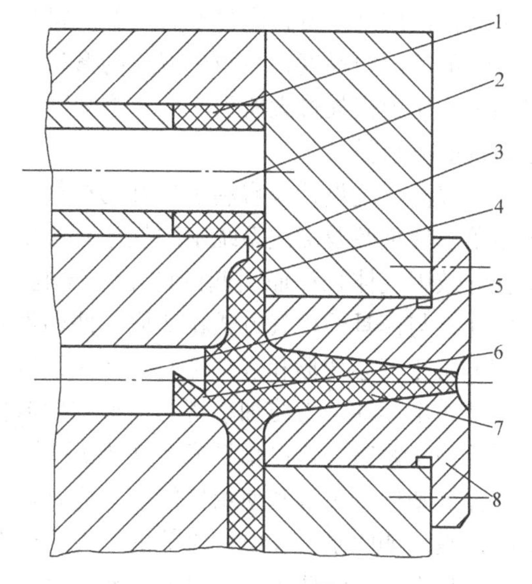

图5-15　普通浇注系统形式之一

1—型腔（塑件）　2—型芯　3—浇口　4—分流道　5—拉料杆　6—冷料穴　7—主流道　8—浇口套

（二）浇注系统的作用

普通流道浇注系统从总体来看，其作用可概述如下：

1）将来自注射机喷嘴的塑料熔体均匀而平稳地输送到型腔，同时使型腔内的气体能及时顺利地排出。

2）在塑料熔体填充及凝固的过程中，将注射压力有效地传递到型腔的各个部位，以获得形状完整、内外在质量优良的塑料制件。

至于普通浇注系统中各组成部分具体的作用将在以下的有关章节阐述。

二、普通流道浇注系统的设计

浇注系统设计是否合理不仅对塑件性能、结构、尺寸、内外在质量等影响很大，而且还与塑件所用塑料的利用率、成型生产效率等有关，因此浇注系统设计是模具设计的重要环节。对浇注系统进行总体设计时，一般应遵循如下基本原则。

（1）了解塑料的成型性能和塑料熔体的流动特性　固体颗粒状或粉状的塑料经过加热，在注射成型时已呈熔融状态（粘流态），因此对塑料熔体的流动特性如温度、粘度、剪切速率及型腔内的压力周期等进行分析，就显得十分重要。因此，设计浇注系统应适应于所用塑料的成型特性要求，以保证塑料制件的质量。

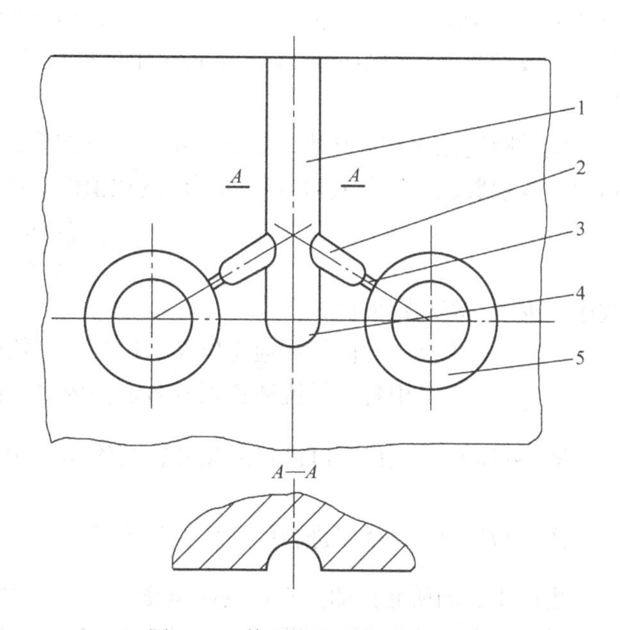

图5-16　普通浇注系统形式之二

1—主流道　2—分流道　3—浇口　4—冷料穴　5—型腔

（2）采用尽量短的流程，以减少热

量与压力损失　浇注系统作为塑料熔体充填型腔的流动通道，要求流经其内的塑料熔体热量损失及压力损失减小到最低限度，以保持较理想的流动状态及有效地传递最终压力。为此，在保证塑件的成型质量，满足型腔良好的排气效果的前提下，应尽量缩短流程，同时还应控制好流道的表面粗糙度，并减少流道的弯折等，这样就能够缩短填充时间，克服塑料熔体因热量损失和压力损失过大所引起的成型缺陷，从而缩短成型周期，提高成型质量，并可减少浇注系统的凝料量。

(3) 浇注系统设计应有利于良好的排气　浇注系统应能顺利地引导塑料熔体充满型腔的各个角落，使型腔及浇注系统中的气体有序地排出，以保证填充过程中不产生紊流或涡流，也不会导致因气体积存而引起的凹陷、气泡、烧焦等塑件成型缺陷。因此，设计浇注系统时，应注意与模具的排气方式相适应，使塑件获得良好的成型质量。

(4) 防止型芯变形和嵌件位移　浇注系统的设计应尽量避免塑料熔体直冲细小型芯和嵌件，以防止熔体冲击力使细小型芯变形或使嵌件位移。

(5) 便于修整浇口以保证塑件外观质量　脱模后，浇注系统凝料要与成型后的塑件分离，为保证塑件的美观和使用性能等，应该使浇注系统凝料与塑件易于分离，且浇口痕迹易于清除修整。如收录机和电视机等的外壳、带花纹的旋钮和包装装饰品塑件，它们的外观具有一定造型设计质量要求，浇口就不允许开设在对外观有严重影响的部位，而应开设在次要隐蔽的地方。

(6) 浇注系统应结合型腔布局同时考虑　浇注系统的分布形式与型腔的排布密切相关，应在设计时尽可能保证在同一时间内塑料熔体充满各型腔，并且使型腔及浇注系统在分型面上的投影面积总重心与注射机锁模机构的锁模力作用中心相重合，这对于锁模的可靠性及锁模机构受力的均匀性都是有利的。

(7) 流动距离比和流动面积比的校核　大型或薄壁塑料制件在注射成型时，塑料熔体有可能因其流动距离过长或流动性较差而无法充满整个模腔，为此，在模具设计过程中，先对其注射成型时的流动距离比或流动面积比进行校核，这样，就可以避免充填不足现象的发生。

流动距离比亦称流动比，它是指塑料熔体在模具中进行最长距离流动时，其各段料流通道及各段模腔的长度与其对应截面厚度之比值的总和，即

$$\Phi = \sum_{i=1}^{n} \frac{L_i}{t_i} \tag{5-1}$$

式中　Φ——流动距离比；

L_i——模具中各段料流通道以及各段模腔的长度；

t_i——模具中各段料流通道以及各段模腔的截面厚度。

图 5-17a 所示直接浇口进料的塑件，其流动比 $\Phi = \frac{L_1}{t_1} + \frac{L_2}{t_2} + \frac{L_3}{t_3}$；

图 5-17b 所示侧浇口进料的塑件，其流动比 $\Phi = \frac{L_1}{t_1} + \frac{L_2}{t_2} + \frac{L_3}{t_3} + \frac{2L_4}{t_4} + \frac{L_5}{t_5}$。

生产中影响所允许的流动比的因素很多，需经大量试验才能确定，表 5-2 所列出的数值可供设计模具时参考。如果设计出的流动比 Φ 大于表内数值，注射成型时有可能发生充填不足的现象。

流动面积比指浇注系统中料流通道截面厚度与塑件表面积的比值，即

$$\Psi = \frac{t}{A} \tag{5-2}$$

式中 Ψ——流动面积比（mm^{-1}）；

t——浇注系统中料流通道截面厚度（mm）；

A——塑件的表面积（mm^2）。

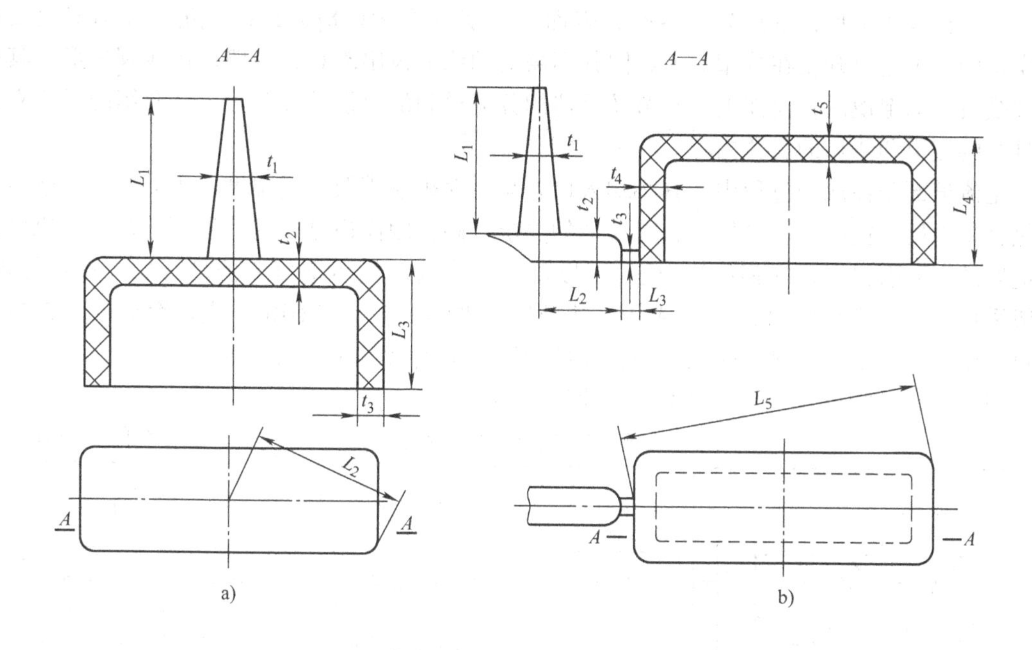

图 5-17 流动比计算图例

表 5-2 部分塑料的注射压力与流动比

塑料品种	注射压力/MPa	流动比	塑料品种	注射压力/MPa	流动比
聚乙烯（PE）	49 68.6 147	140～100 240～200 280～250	聚苯乙烯（PS）	88.2	300～260
			聚甲醛（POM）	98	210～110
聚丙烯（PP）	49 68.6 117.6	140～100 240～200 280～240	尼龙 6	88.2	320～200
			尼龙 66	88.2 127.4	130～90 160～130
聚碳酸酯（PC）	88.2 117.6 127.4	130～90 150～120 160～120	硬聚氯乙烯(HPVC)	68.6 88.2 117.6 127.4	110～70 140～100 160～120 170～130
软聚氯乙烯（SPVC）	88.2 68.6	280～200 240～160			

流动面积比可作为判断表面积较大的塑件能否成型的依据，但实验资料很少。比如聚苯乙烯允许使用的最小流动面积比约为（$1\sim3\times10^{-4}$）～（$1\sim3\times10^{-5}$）mm^{-1}。

（一）主流道设计

主流道是浇注系统中从注射机喷嘴与模具相接触的部位开始，到分流道为止的塑料熔体的流动通道。属于从热的塑料熔体到相对较冷的模具的一段过渡的流动长度，因此，它的形状和尺寸最先影响着塑料熔体的流动速度及填充时间，必须使熔体的温度降和压力降最小，且不损害其把塑料熔体输送到最“远”位置的能力。

在卧式或立式注射机上使用的模具中，主流道垂直于分型面，为使凝料能从其中顺利拔出，需设计成圆锥形，锥角为2°~6°，表面粗糙度值 $R_a<0.8\mu m$；在直角式注射机上使用的模具中，主流道开设在分型面上，因其不需沿轴线上拔出凝料，一般设计成圆柱形，其中心轴线就在动定模的合模面上。本节及后述的分流道和浇口设计部分只重点介绍卧式或立式模具中的流道和浇口的有关内容。

主流道部分在成型过程中，其小端入口处与注射机喷嘴及一定温度、压力的塑料熔体要冷热交替地反复接触，属易损件，对材料的要求较高，因而模具的主流道部分常设计成可拆卸更换的主流道衬套式（俗称浇口套），以便有效地选用优质钢材单独进行加工和热处理。一般采用碳素工具钢如T8A、T10A等，热处理要求淬火53~57HRC。浇口套应设置在模具的对称中心位置上，并尽可能保证与相联接的注射机喷嘴为同一轴心线。

（1）主流道的尺寸　主流道部分尺寸见表5-3。

表5-3　主流道部分尺寸　（单位：mm）

符　号	名　称	尺　寸
d	主流道小端直径	注射机喷嘴直径+（0.5~1）
SR	主流道球面半径	喷嘴球面半径+（1~2）
h	球面配合高度	3~5
α	主流道锥角	2°~6°
L	主流道长度	尽量≤60
D	主流道大端直径	$d+2L\tan\frac{\alpha}{2}$

（2）浇口套的形式　浇口套的形式如图5-18所示，图5-18a为浇口套与定位圈设计成整体式，一般用于小型模具；图5-18b和图5-18c所示为将浇口套和定位圈设计成两个零件，然后配合固定在模板上。

（3）浇口套的固定　浇口套的固定如图5-19所示。

（二）分流道设计

在多型腔或单型腔多浇口（塑件尺寸大）时应设置分流道。分流道是指主流道末端与浇口之间这一段塑料熔体的流动通道。它是浇注系统中熔融状态的塑料由主流道流入型腔前，通过截面积的变化及流向变换以获得平稳流态的过渡段，因此，要求所设计的分流道应能满足良好的压力传递和保持理想的填充状态，使塑料熔体尽快地流经分流道充满型腔，并

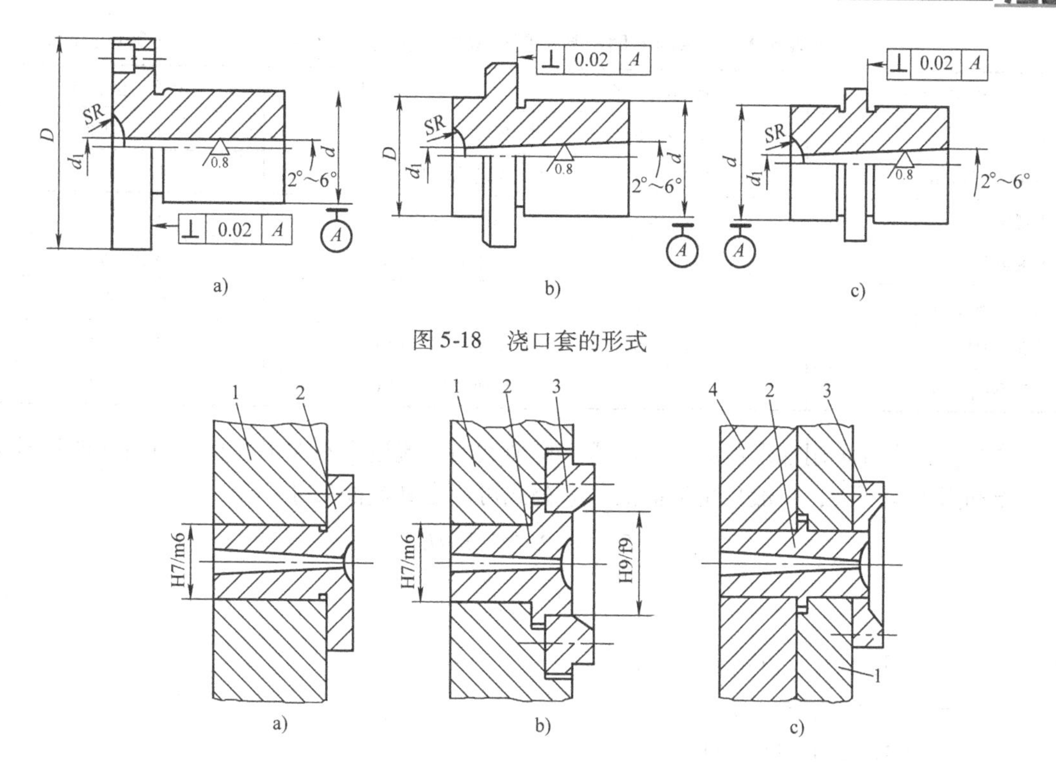

图 5-18　浇口套的形式

图 5-19　浇口套的固定形式

1—定模底板　2—浇口套　3—定位圈　4—定模板

且流动过程中压力损失及热量损失尽可能小，能将塑料熔体均衡地分配到各个型腔。

（1）分流道的形状及尺寸　为便于机械加工及凝料脱模，分流道大多设置在分型面上。常用的分流道截面形状一般可分为圆形、梯形、U 形、半圆形及矩形等，如图 5-20a 所示。

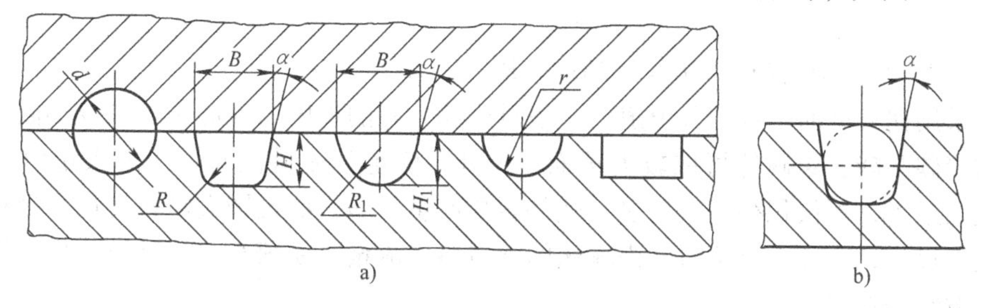

图 5-20　常用的分流道截面形状

分流道截面形状及尺寸应根据塑料制件的结构（大小和壁厚）、所用塑料的工艺特性、成型工艺条件及分流道的长度等因素来确定。由理论分析可知，圆形截面的流道总是比任何其他形状截面的流道更可取，因为在相同截面积的情况下，其比表面积最小（流道表面积与体积之比值称为比表面积），即它在热的塑料熔体和温度相对较低的模具之间提供的接触面积最小，因此从流动性、传热性等方面考虑，圆形截面是分流道比较理想的形状。表 5-4 列出了不同塑料的设计推荐用分流道直径。

圆形截面分流道因其要以分型面为界分成两半进行加工才利于凝料脱出，这种加工的工艺性不佳，且模具闭合后难以精确保证两半圆对准，故生产实际中不常使用。

表 5-4 常用的不同塑料的圆形截面分流道直径推荐值 (单位：mm)

塑料名称	分流道直径	塑料名称	分流道直径
ABS	4.7~9.5	聚酯	4.7~9.5
聚甲醛（POM）	3.1~9.5	聚乙烯（PE）	1.5~9.5
丙烯酸	7.5~9.5	聚丙烯（PP）	4.7~9.5
醋酸纤维素（CA）	4.7~9.5	聚苯醚（PPO）	6.3~9.5
离子交联聚合物	2.3~9.5	聚砜（PSU）	6.3~9.5
尼龙（PA）	1.5~9.5	聚苯乙烯（PS）	3.1~9.5
聚碳酸酯（PC）	4.7~9.5	聚氯乙烯（PVC）	3.1~9.5

许多模具设计采用梯形截面的分流道。梯形截面分流道容易加工，且塑料熔体的热量散失及流动阻力均不大，一般采用下面的经验公式可确定其截面尺寸：

$$B = 0.2654\sqrt{m}\sqrt[4]{L} \tag{5-3}$$

$$H = \frac{2}{3}B \tag{5-4}$$

式中 B——梯形的大底边宽度（mm）；

m——塑件的重量（g）；

L——分流道的长度（mm）；

H——梯形的高度（mm）。

梯形的侧面斜角 α 常取 5°~10°。在应用式（5-3）时应注意它的适用范围，即塑件壁厚在 3.2mm 以下，塑件重量小于 200g，且计算结果 B 应在 3.2~9.5mm 范围内才合理。实践中常这样考虑，如果能加工成的梯形截面恰巧可能容纳一个所需直径的整圆，且其侧边与垂直于分型面的方向成 5°~15°的夹角，如图 5-20b 所示。那么，其效果就与圆形截面流道一样好。

对于 U 形截面的分流道，$H_1 = 1.25R_1$、$R_1 = 0.5B$。

不论采用何种截面形状的分流道，一般对流动性好的聚丙烯、尼龙等取较小截面；对流动性差的聚碳酸酯、聚砜等可取较大截面。另外，确定分流道截面尺寸的大小时也应考虑到，若截面过大，不仅积存空气增多，塑件容易产生气泡，而且增大塑料耗量，延长冷却时间；若截面过小，会降低单位时间内输送的塑料熔体流量，使填充时间延长，导致塑件常出现缺料、波纹等缺陷。

（2）分流道的长度　分流道要尽可能短，且少弯折，便于注射成型过程中最经济地使用原料和注塑机的能耗，减少压力损失和热量损失。

（3）分流道的表面粗糙度　由于分流道中与模具接触的外层塑料迅速冷却，只有中心部位的塑料熔体的流动状态较为理想，因而分流道的内表面粗糙度值 R_a 并不要求很小，一般取 1.6μm 左右即可，这样表面稍不光滑，有助于塑料熔体的外层冷却皮层固定，从而与中心部位的熔体之间产生一定的速度差，以保证熔体流动时具有适宜的剪切速率和剪切热。

（4）分流道在分型面上的布置形式　分流道在分型面上的布置形式与前面所述的型腔排布密切相关，可参见图 5-3 所示实例。虽有多种不同的布置形式，但应遵循两方面总的原则，即一方面排列紧凑，缩小模具板面尺寸；另一方面流程尽量短，锁模力力求平衡。归纳分析实践中常用的分流道布置形式，不外乎平衡式和非平衡式两大类，本节后面部分将加以详述。

（三）浇口的设计

浇口亦称进料口，是连接分流道与型腔的通道。除直接浇口外，它是浇注系统中截面积最小的部分，但却是浇注系统的关键部分。浇口的位置、形状及尺寸对塑件的性能和质量的影响很大。

浇口可分限制性浇口和非限制性浇口两种。浇口的作用可以概述为，非限制性浇口起着引料、进料的作用；限制性浇口一方面通过截面积的突然变化，使分流道输送来的塑料熔体的流速产生加速度，提高剪切速率，使其成为理想的流动状态，迅速而均衡地充满型腔，另一方面改善塑料熔体进入型腔时的流动特性，调节浇口尺寸，可使多型腔同时充满，可控制填充时间、冷却时间及塑件表面质量，同时还起着封闭型腔防止塑料熔体倒流，并便于浇口凝料与塑件分离的作用。

1. 常用的浇口形式

表5-5列出了常用的浇口形式及其尺寸，每一种浇口都有其各自的适用范围和优缺点。

（1）直接浇口　直接浇口又称中心浇口、主流道型浇口或非限制性浇口。塑料熔体直接由主流道进入型腔，因而具有流动阻力小、料流速度快及补缩时间长的特点，但注射压力直接作用在塑件上，容易在进料处产生较大的残余应力而导致塑件翘曲变形，浇口痕迹也较明显。这类浇口大多数用于注射成型大型厚壁长流程深型腔的塑件以及一些高粘度塑料，如聚碳酸酯、聚砜等，对聚乙烯、聚丙烯等纵向与横向收缩率有较大差异塑料的塑件不适宜。多用于单型腔模具。

（2）侧浇口　侧浇口又称边缘浇口，国外称之为标准浇口。侧浇口一般开设在分型面上，塑料熔体于型腔的侧面充模，其截面形状多为矩形狭缝（也有用半圆形的注入口），调整其截面的厚度和宽度可以调节熔体充模时的剪切速率及浇口封闭时间。这类浇口加工容易，修整方便，并且可以根据塑件的形状特征灵活地选择进料位置，因此它是广泛使用的一种浇口形式，普遍使用于中小型塑件的多型腔模具，且对各种塑料的成型适应性均较强；但有浇口痕迹存在，会使塑件形成熔接痕、缩孔、气孔等缺陷，且注射压力损失大，对深型腔塑件排气不便。

表5-5　常用的浇口形式

序号	名　称	图　例	尺寸及说明
1	直接浇口		d = 注射机喷嘴孔径 + (0.5 ~ 1)mm $\alpha = 2° \sim 6°$ D 由锥度 α 和主流道部分模板厚度决定，应尽量地小

（续）

序号	名　称	图　例	尺寸及说明
2	侧浇口(一)	t l b	$l=0.7\sim2.0$mm $b=1.5\sim5.0$mm 或 $b=\frac{(0.6\sim0.9)\sqrt{A}}{30}$mm $t=0.5\sim2.0$mm 浇口在塑件的外侧
	侧浇口(二)	l_1 t l	$l_1=2.0\sim3.0$mm $l=(0.6\sim0.9)+b/2$mm $t=0.5\sim2.0$mm A—塑件外侧表面积(mm^2) 浇口搭接在塑件的端面
3	扇形浇口	b A l B A A—A t_1 L t_2	$L=6.0$mm 左右 $l=1.0\sim1.3$mm $t_1=0.25\sim1.0$mm $t_2=\frac{bt_1}{B}$ $b=\frac{K\sqrt{A}}{30}$ $K=0.6\sim0.9$ A—塑件外侧表面积(mm^2)
4	平缝浇口	l t	$l=0.65$mm 左右 $t=0.25\sim0.65$mm 浇口宽度约为模腔宽度的 25% ~100%

（续）

序号	名　称	图　例	尺寸及说明
5	环形浇口	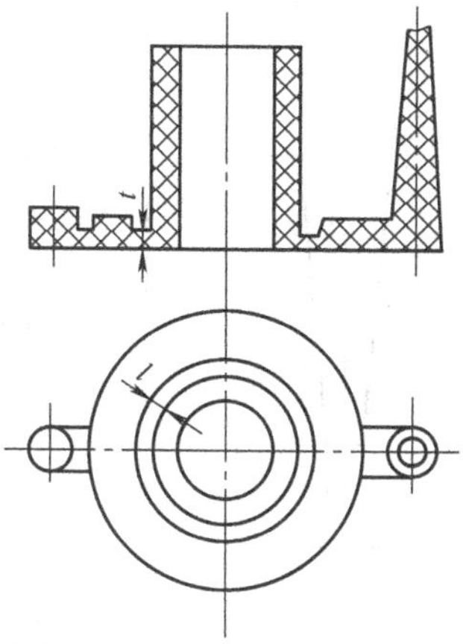	l=0.7～1.2mm t=0.35～1.5mm
6	盘形浇口	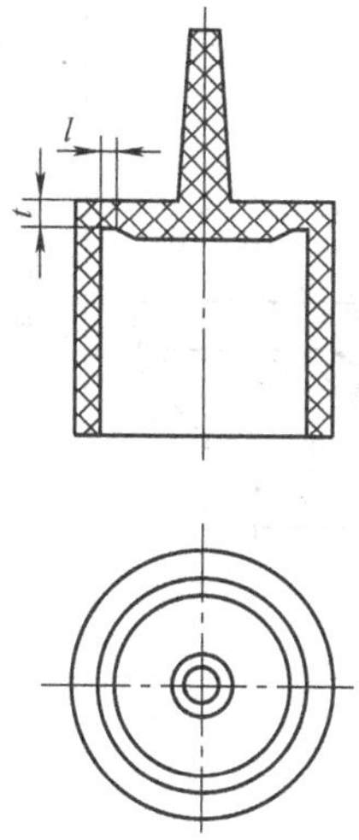	l=0.7～1.2mm t=0.35～1.5mm 盘形浇口也是环形浇口的一种形式
7	轮辐浇口	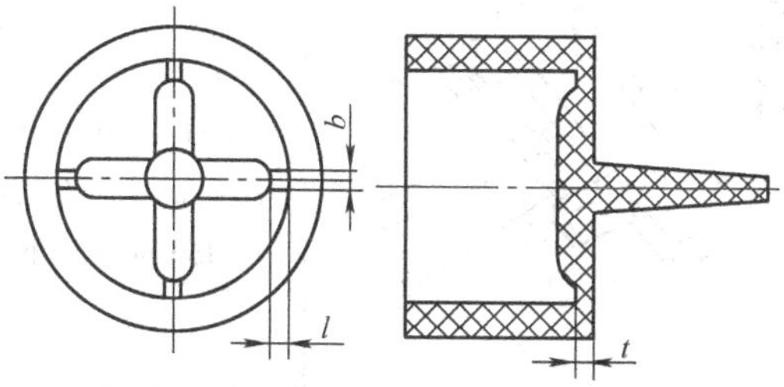	l=0.8～1.8mm b=0.6～6.4mm t=0.5～2.0mm
8	爪形浇口	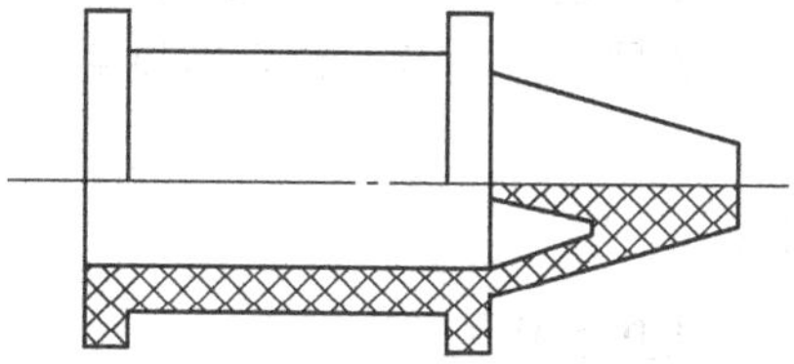	

（续）

序号	名称	图例	尺寸及说明
9	点浇口	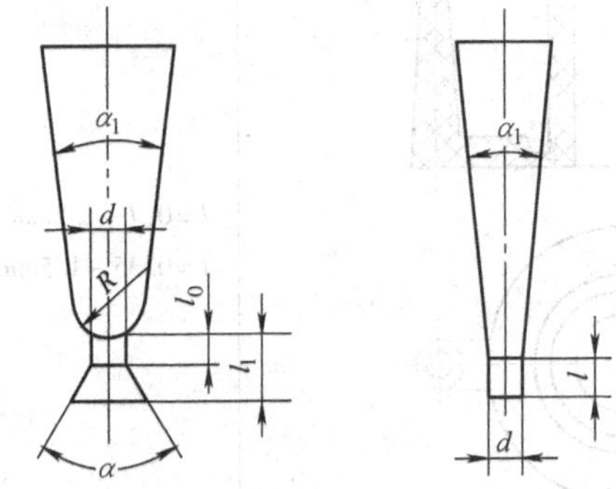	$d=0.8\sim2.0$mm $\alpha=60°\sim90°$ $\alpha_1=12°\sim30°$ $l=0.8\sim1.2$mm $l_0=0.5\sim1.5$mm $l_1=1.0\sim2.5$mm
10	潜伏浇口	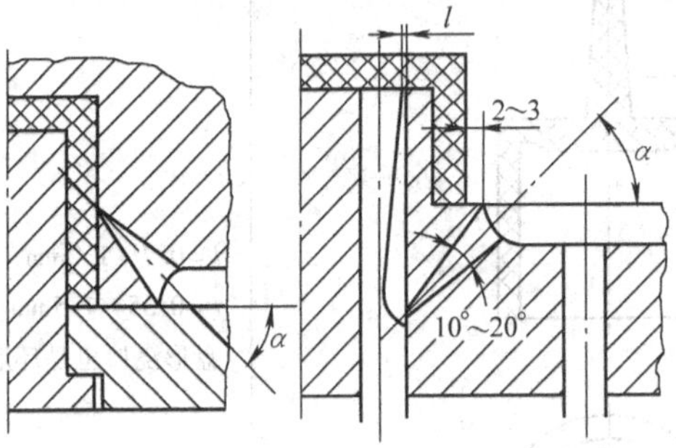	左图浇口在塑件外侧；右图浇口在塑件内底部，有二次辅助浇口（即在推杆上开设过渡浇口） $\alpha=45°\sim60°$ $l=0.8\sim1.5$
11	护耳浇口	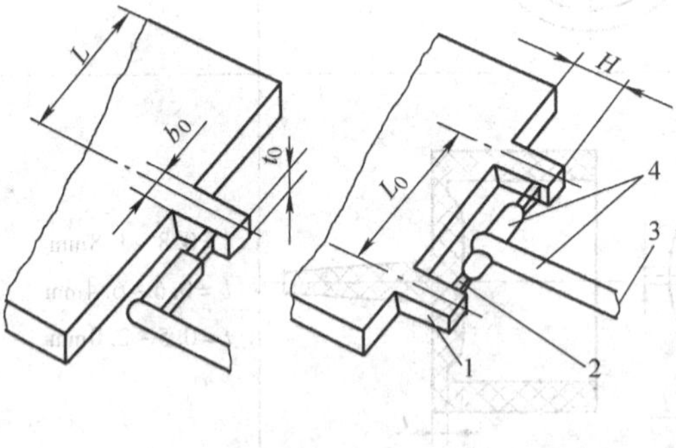	1—耳槽　2—浇口　3—主流道　4—分流道 $H=1.5$ 倍的分流道直径 $b_0=$分流道直径 $t_0=(0.8\sim0.9)$壁厚 $L_0=300$mm（最大值） $L=150$mm（最大值）

确定侧浇口的尺寸，应考虑它们对成型工艺的影响。如浇口上的压力降大致与浇口长度成正比；浇口的厚度影响浇口封闭时间，越厚时间越长；浇口宽度影响流动性能，越宽填充速度越低，流动阻力也下降。

侧浇口的尺寸计算的经验公式如下：

$$b=\frac{(0.6\sim0.9)\sqrt{A}}{30} \tag{5-5}$$

$$t = \frac{1}{3}b \tag{5-6}$$

式中　b——侧浇口的宽度（mm）；

A——塑件的外侧表面积（mm）；

t——侧浇口的厚度（mm）。

侧浇口的另一种形式是搭接式，采用这种形式的浇口主要为了防止在塑件外侧留有浇口的痕迹。浇口与分流道部分开设在型腔对面的模板上。这类浇口不是在塑件边缘部位而是在塑件端部开设，因而比一般的侧浇口更需要注意浇口的处理。

（3）扇形浇口　当按式（5-5）计算出的侧浇口宽度值大于与之相连的分流道直径时，这时宜采用扇形浇口。这类浇口面向型腔沿进料方向截面宽度逐渐变大，截面厚度逐渐变小，通常在与型腔的接合处形成一长约1～1.3mm的台阶，塑料熔体经过台阶进入型腔。采用扇形浇口，使塑料熔体在宽度方向上的流动得到更均匀的分配，塑件的内应力因之较小；还可避免流纹及定向效应所带来的不良影响，并减少了带入空气的可能性。这对最大限度地消除浇口附近的缺陷有较好的效果，因此适用于成型横向尺寸较大的薄片状塑件及平面面积较大的扁平塑件。但浇口痕迹较明显且去除较困难。

设计扇形浇口时，需注意浇口的截面积不能取得比分流道的截面积大，否则熔体的流量对接难以连续。另外，由于浇口的中心部分与浇口边缘部分的通道长度不同，因而熔体在其中的压力降与填充速度也不一致，为此可作一定的结构改进，即可适当加深浇口两边缘部分的深度。如图5-21所示，图5-21a为改进前的截面形状；图5-21b为改进后的浇口截面形状，但加工比较困难。

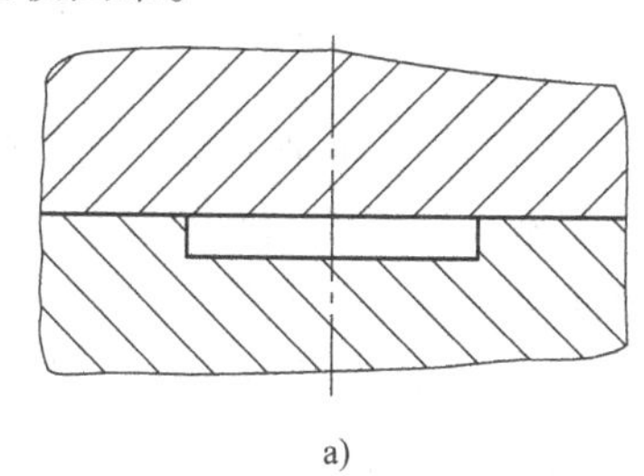
a)

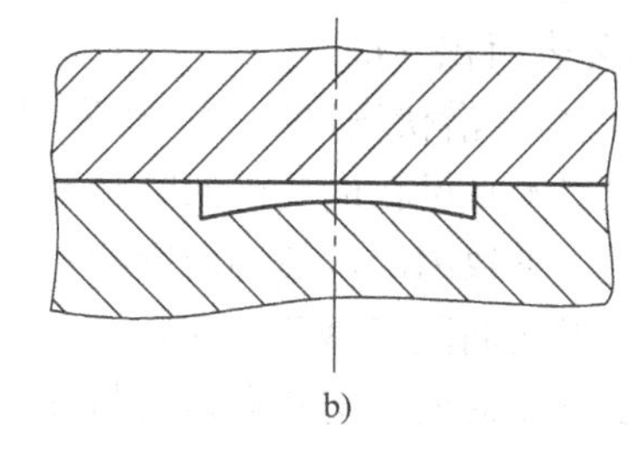
b)

图5-21　扇形浇口的改进

（4）平缝浇口　平缝浇口又称薄片式浇口。和扇形浇口一样，都属于侧浇口的变异形式。这类浇口的截面宽度很大，厚度都很小，几何上成为一个条状狭缝口，与特别开设的平行流道相连。塑料熔体经平行流道扩散而得到均匀分配，从而以较低的线速度经浇口平稳地流入型腔。

采用平缝浇口能降低塑件的内应力，避免或减少塑件内部气泡及因定向而引起的翘曲，对聚乙烯等一类塑件的变形能有效地控制。它主要用来成型大面积的扁平塑件，但成型后的浇口去除加工量较大，提高了产品成本，且浇口痕迹明显。

（5）环形浇口　环形浇口主要用来成型圆筒形塑件，它开设在塑件的外侧，采用这类浇口，塑料熔体在充模时进料均匀，各处料流速度大致相同，模腔内气体易排出，避免了使用侧浇口时容易在塑件上产生的熔接痕，但浇口去除较难，浇口痕迹明显。

（6）盘形浇口　盘形浇口类似于环形浇口，它与环形浇口的区别在于开设在塑件的内侧，其特点与环形浇口基本相同。

(7) 轮辐浇口　轮辐浇口是在内侧开设的环形浇口的基础上加以改进，由圆周进料改为几段小圆弧进料，浇口尺寸与侧浇口类似。这样浇口凝料易于去除且用料也有所减少，这类浇口在生产中比环形浇口应用广泛，但塑件易产生多条熔接痕从而影响了塑件的强度。

(8) 爪形浇口　爪形浇口与轮辐浇口的主要区别在于前者和其所用的分流道方向均与塑件的轴线方向一致。这类浇口尤其适用于成型内孔小且同轴度要求较高的细长管状塑件，因为浇口设在型芯头部，具有自动定心的作用，从而避免了塑件的弯曲或不同轴等成型缺陷。

(9) 点浇口　点浇口又称针点式浇口、橄榄形浇口或菱形浇口，其尺寸很小。这类浇口由于前后两端存在较大的压力差，能有效地增大塑料熔体的剪切速率并产生较大的剪切热，从而导致熔体的表观粘度下降，流动性增加，利于填充，因而对于薄壁塑件以及诸如聚乙烯、聚丙烯、聚苯乙烯等表观粘度随剪切速率变化而敏感改变的塑料成型有利，但不利于成型流动性差及热敏性塑料，也不利于成型平薄易变形及形状复杂的塑件。

采用点浇口成型塑件，去除浇口后残留痕迹小，易取得浇注系统的平衡，也利于自动化操作，但压力损失大，收缩大，塑件易变形，同时在定模部分需另加一个分型面，以便浇口凝料脱模。

点浇口的截面为圆形，直径 d 一般在 0.8 ~ 2.0mm 范围内选取，常用直径是 0.8 ~ 1.5mm。点浇口直径也可用下面经验公式计算：

$$d = (0.14 \sim 0.20)\sqrt[4]{\delta^2 A} \tag{5-7}$$

式中　d——点浇口直径（mm）；

δ——塑件在浇口处的壁厚（mm）；

A——型腔表面积（mm^2）。

(10) 潜伏浇口　潜伏浇口又称剪切浇口，由点浇口演变而来。这类浇口的分流道位于分型面上，而浇口本身设在模具内的隐蔽处，塑料熔体通过型腔侧面斜向注入型腔，因而塑件外表不受损伤，不致因浇口痕迹而影响塑件的表面质量及美观效果。

浇口采用圆形或椭圆形截面，可参考点浇口尺寸设计，锥角取 10° ~ 20°。在推出塑件时，由于浇口及分流道成一定斜向角度与型腔相连，形成了能切断浇口的刃口，这一刃口所形成的剪切力可以将浇口自动切断，且须有较强的冲击力，因此对过于强韧的塑料不宜采用（如聚苯乙烯）。

(11) 护耳浇口　护耳浇口又称分接式浇口。小尺寸浇口虽有一系列优点，但塑料熔体充模时易产生喷射流动而引起塑件缺陷，同时，小浇口附近有较大的内应力而导致塑件强度降低及翘曲变形，采用护耳浇口，可以有效地克服这些成型缺陷。从分流道来的塑料熔体，通过浇口的挤压、摩擦，再次被加热，从而改善了塑料熔体的流动性。离开浇口的高速喷射料流冲击在耳槽内壁，熔体的线速度因耳槽的阻挡而减小，并且流向也改变，有助于其均匀地进入型腔，同时，依靠护耳还弥补了浇口周边收缩所产生的变形。

护耳浇口一般为矩形截面，其尺寸同侧浇口。它主要适用于聚碳酸酯、ABS、聚氯乙烯、有机玻璃等类热稳定性差及熔融粘度高的塑料，注射压力应为其他浇口形式的两倍左右。一般在不影响塑件使用要求时可将护耳保留在塑件上从而减少了去除浇口的工作量，当塑件宽度很大时，可用多个护耳。

2. 浇口形式与塑料品种的相互适应性

由前所述，不同的浇口形式对塑料熔体的充型特性、成型质量及塑件的性能会产生不同的影响。有时在生产实践中，有些与浇口有直接影响关系的缺陷并不是在塑件脱模后立即发生，而是经过一定的时间（时效作用）后出现的，这就需要试模时考虑这方面的因素，尽量减少或消除浇口所引起的时效变形。各种塑料因其性能的差异而对于不同的浇口形式会有不同的适应性，设计模具时可参考表5-6所列部分塑料适应的浇口形式。

表5-6　常用塑料所适应的浇口形式

浇口形式 塑料种类	直接浇口	侧浇口	平缝浇口	点浇口	潜伏浇口	护耳浇口	环形浇口	盘形浇口
硬聚氯乙烯（PVC）	○	○				○		
聚乙烯（PE）	○	○		○				
聚丙烯（PP）	○	○		○				
聚碳酸酯（PC）	○	○		○				
聚苯乙烯（PS）	○	○		○	○			○
橡胶改性苯乙烯					○			
聚酰胺（PA）	○	○		○	○			○
聚甲醛（POM）	○	○	○	○	○	○	○	
丙烯腈-苯乙烯	○	○		○		○		○
ABS	○	○	○	○	○	○	○	○
丙烯酸酯	○	○				○		

注：“○”表示塑料适用的浇口形式。

需要指出的是，表5-6只是生产经验的总结，如果能针对具体生产实际，处理好塑料性能、成型工艺条件及塑件的使用要求，即使采用表中所列的不适应的浇口形式，仍有可能取得注射成型的成功。

3. 浇口位置的选择

模具设计时，浇口的位置及尺寸要求比较严格，初步试模之后有时还需修改浇口尺寸。无论采用什么形式的浇口，其开设的位置对塑件的成型性能及成型质量影响均很大，因此合理选择浇口的开设位置是提高塑件质量的重要环节，同时浇口位置的不同还影响模具结构。总之，如果要使塑件具有良好的性能与外表，要使塑件的成型在技术上可行、经济上合理，一定要认真考虑浇口位置的选择。一般在选择浇口位置时，需要根据塑件的结构工艺及特征、成型质量和技术要求，并综合分析塑料熔体在模内的流动特性、成型条件等因素。通常下述几项原则在设计实践中可供参考。

（1）尽量缩短流动距离　浇口位置的安排应保证塑料熔体迅速和均匀地充填模具型腔，尽量缩短熔体的流动距离，这对大型塑件更为重要。

（2）浇口应开设在塑件壁最厚处　当塑件的壁厚相差较大时，若将浇口开设在塑件的薄壁处，这时塑料熔体进入型腔后，不但流动阻力大，而且还易冷却，以致影响了熔体的流动距离，难以保证其充满整个型腔。另外从补缩的角度考虑，塑件截面最厚的部位经常是塑料熔体最晚固化的地方，若浇口开在薄壁处，则厚壁处极易因液态体积收缩得不到补缩而形成表面凹陷或真空泡。因此为保证塑料熔体的充模流动性，也为了有利于压力有效地传递和较易进行因液态体积收缩时所需的补料，一般浇口的位置应开设在塑件壁最厚处。

(3) 必须尽量减少或避免熔接痕　由于成型零件或浇口位置的原因，有时塑料充填型腔时会造成两股或多股熔体的汇合，汇合之处，在塑件上就形成熔接痕。熔接痕降低塑件的强度，并有损于外观质量，这在成型玻璃纤维增强塑料的制件时尤其严重。一般采用直接浇口、点浇口、环形浇口等可避免熔接痕的产生。有时为了增加熔体汇合处的熔接牢度，可以在熔接处外侧设一冷料穴，使前锋冷料引入其内，以提高熔接强度。在选择浇口位置时，还应考虑熔接痕的方位对塑件质量及强度的不同影响。

(4) 应有利于型腔中气体的排除　要避免从容易造成气体滞留的方向开设浇口。如果这一要求不能充分满足，在塑件上不是出现缺料、气泡就是出现焦斑，同时熔体充填时也不顺畅，虽然有时可用排气系统来解决，但在选择浇口位置时应先行加以考虑。

(5) 考虑分子定向的影响　充填模具型腔期间，热塑性塑料会在熔体流动方向上呈现一定的分子取向，这将影响塑件的性能。对某一塑件而言，垂直流向和平行于流向的强度、应力开裂倾向等都是有差别的，一般在垂直于流向的方位上强度降低，容易产生应力开裂。

(6) 避免产生喷射和蠕动（蛇形流）　塑料熔体的流动主要受塑件的形状和尺寸以及浇口的位置和尺寸的支配，良好的流动将保证模具型腔的均匀充填并防止形成分层。塑料溅射进入型腔可能增加表面缺陷、流线、熔体破裂及夹气，如果通过一个狭窄的浇口充填一个相对较大的型腔，这种流动影响便可能出现，如图 5-22 所示。特别是在使用低粘度塑料熔体时更应注意。通过扩大浇口尺寸或采用冲击型浇口（使料流直接流向型腔壁或粗大型芯），可以防止喷射和蠕动。

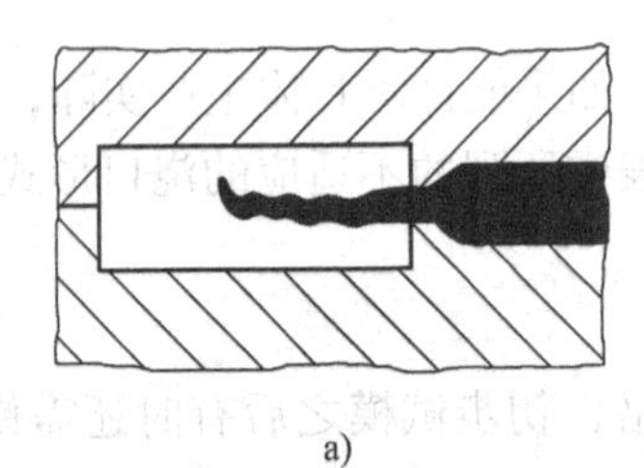
a)

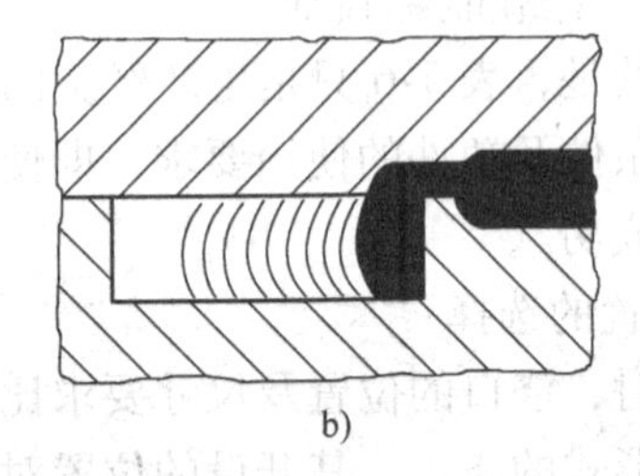
b)

图 5-22　浇口位置与喷射

a) 产生喷射　b) 熔体前端平稳流入

(7) 不在承受弯曲或冲击载荷的部位设置浇口　一般塑件的浇口附近强度最弱。产生残余应力或残余变形的附近只能承受一般的拉伸力，而无法承受弯曲和冲击力。

(8) 浇口位置的选择应注意塑件外观质量　浇口的位置选择除保证成型性能和塑件的使用性能外，还应注意外观质量，即选择在不影响塑件商品价值的部位或容易处理浇口痕迹的部位开设浇口。

上述这些原则在应用时常常会产生某些不同程度的相互矛盾，应分清主次因素，以保证成型性能及成型质量，得到优质产品为主，综合分析权衡，从而根据具体情况确定出比较合理的浇口位置。表 5-7 列出了浇口位置选择的对比示例，供模具设计时借鉴。

表 5-7 浇口位置的对比示例

序号	选择合理	选择不合理	说明
1	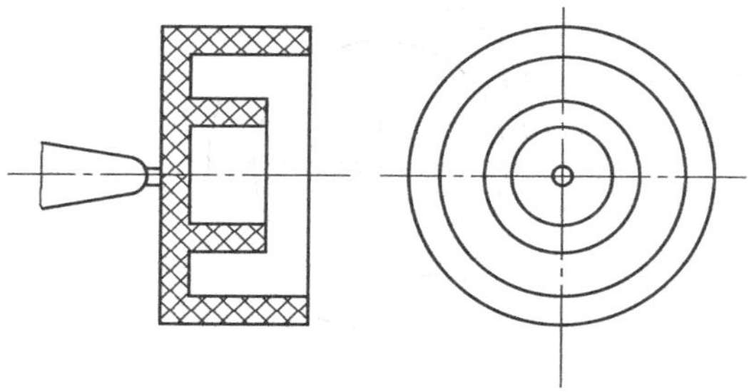	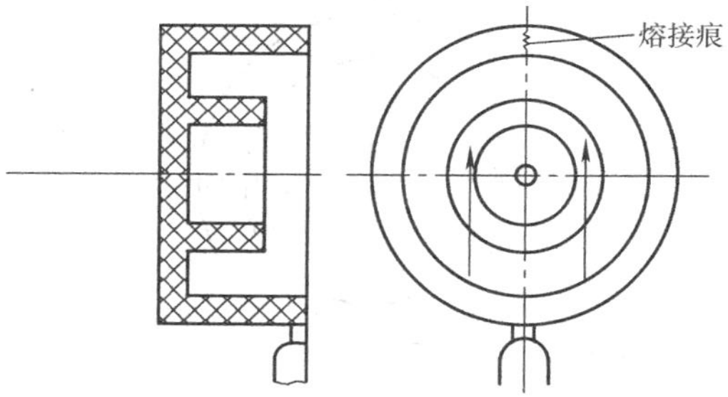 熔接痕	盒罩形塑件顶部壁薄，采用点浇口可减少熔接痕，有利于排气，可避免顶部缺料或塑料碳化
2	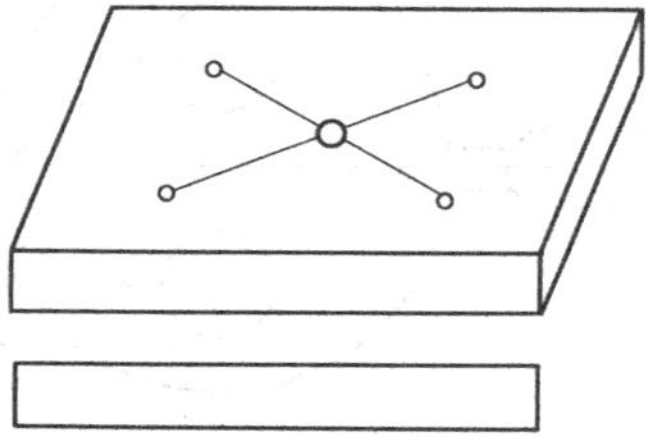	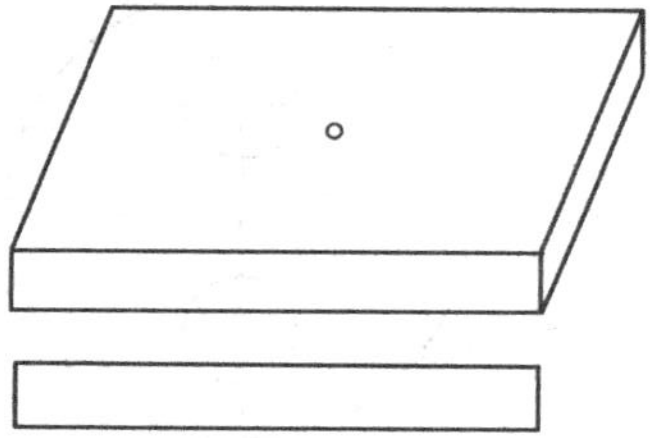	对底面积较大又浅的壳体塑件或平板状大面积塑件应兼顾内应力和翘曲变形问题，采用多点进料较为合理

（续）

序号	选择合理	选择不合理	说明
3	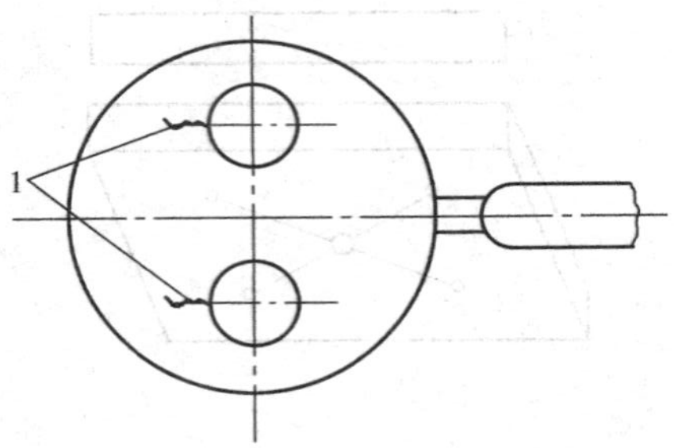 1 1—熔接痕	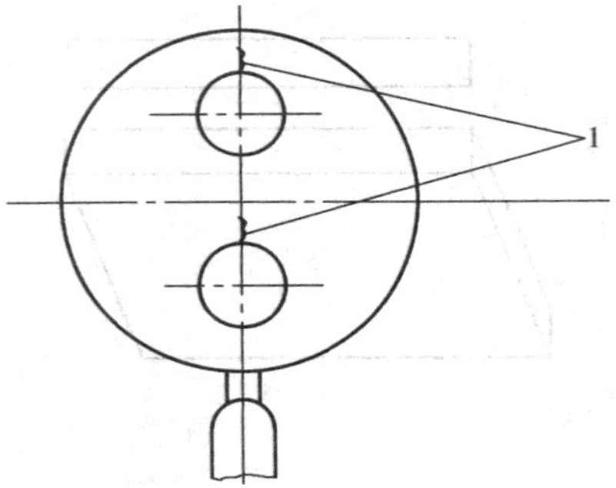 1 1—熔接痕	浇口位置应考虑熔接痕的方位，右图熔接痕与小孔连成一线，使强度大为削弱
4	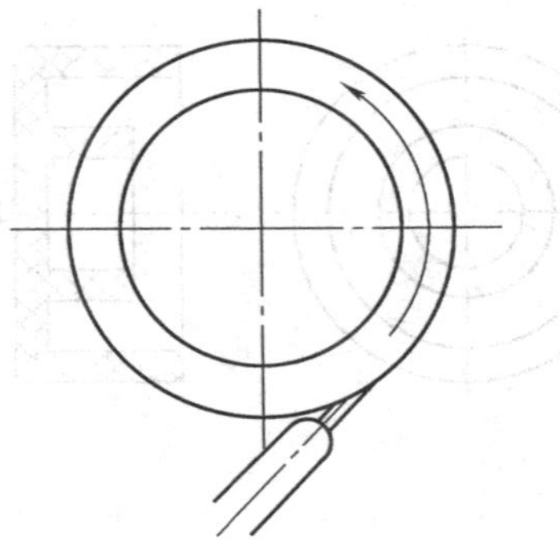	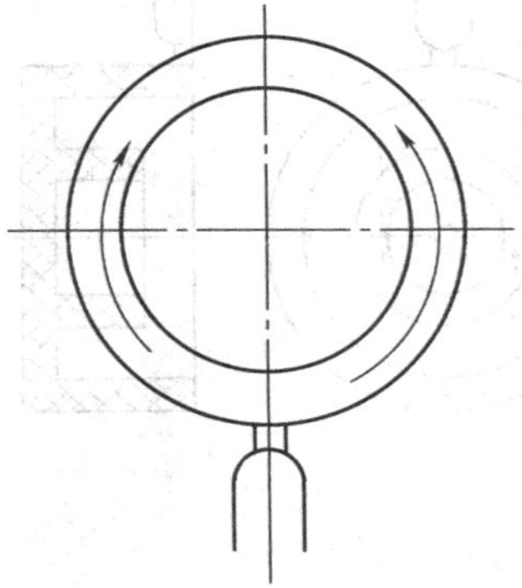	圆环形塑件采用切向进料，可减少熔接痕，提高熔接部位强度，有利于排气

（续）

序号	选择合理	选择不合理	说明
5	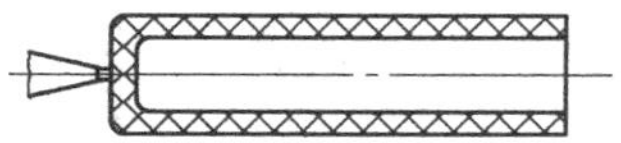	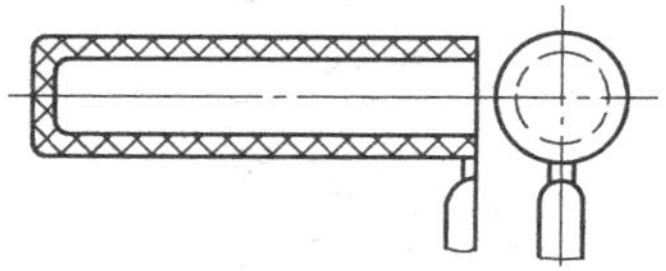	罩形、细长圆筒形、薄壁等塑件设置浇口时，应防止缺料，熔接不良，排气不良，型芯受力不均，流程过长等缺陷
6	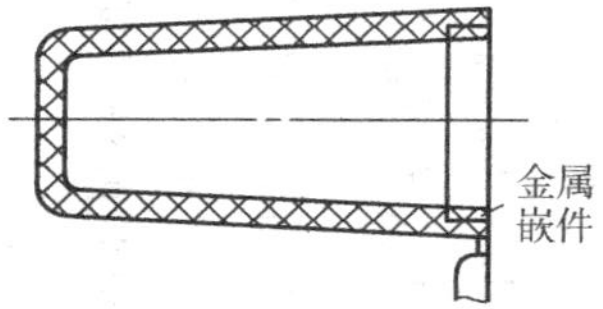 金属嵌件	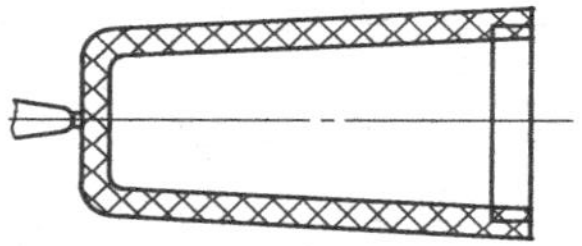	左图的塑件取向方位与收缩产生的残余拉应力方向一致，塑件使用后开裂的可能性大大减小
7	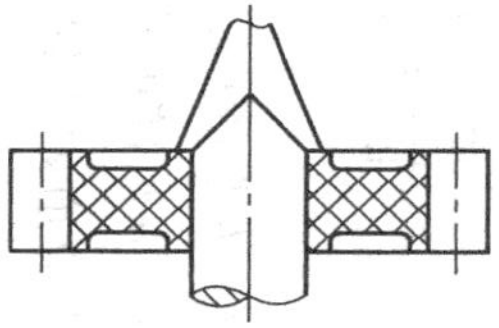	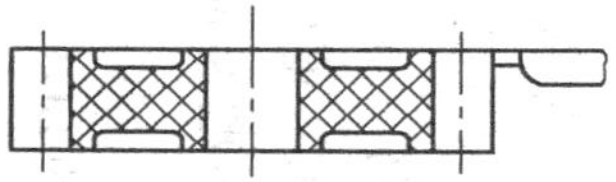	选择浇口位置时，应注意去浇口后的残留痕迹不影响塑件使用要求及外观质量
8	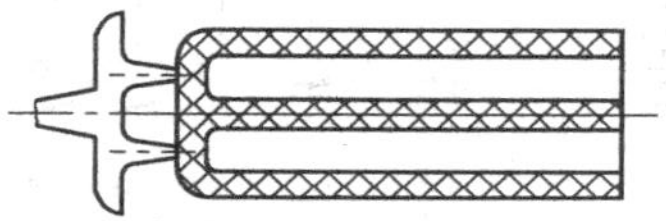	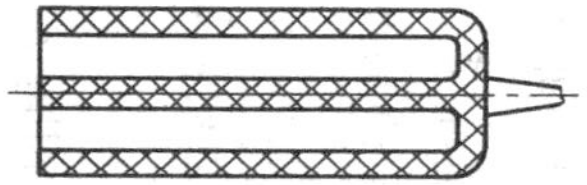	对于有细长型芯的圆筒形塑件，设置浇口时应避免料流挤压型芯引起型芯变形或偏心

（四）浇注系统的平衡

对于中小型塑件的注射模具已广泛使用一模多腔的形式，设计时应尽量保证所有的型腔同时得到均一的充填和成型。一般在塑件形状及模具结构允许的情况下，应将从主流道到各个型腔的分流道设计成长度相等、形状及截面尺寸相同（这时型腔布局为对称平衡式）的形式，否则就需要通过调节浇口尺寸使各浇口的流量及成型工艺条件达到一致，这就是浇注系统的平衡。

1. 型腔布局与分流道的平衡

分流道的布置形式分平衡式和非平衡式两大类。平衡式是指从主流道到各个型腔的分流道，其长度、截面形状和尺寸均对应相等，这种设计可直接达到各个型腔均衡进料的目的，在加工时，应保证各对应部位的尺寸误差控制在1%以内；非平衡式是指由主流道到各个型腔的分流道的长度可能不是全部对应相等，为了达到各个型腔均衡进料同时充满的目的，就需要将浇口开成不同的尺寸，采用这类分流道，在多型腔时可缩短流道的总长度，但对于要求精度和性能较高的塑件不宜采用，因成型工艺不能很恰当很完善地得到控制。

2. 浇口平衡

当采用非平衡式布置的浇注系统或者同模生产不同塑件时，需对浇口的尺寸加以调整，以达到浇注系统的平衡。浇口尺寸的平衡调整可以通过粗略估算和试模来完成。

（1）浇口平衡的计算思路　通过计算各个浇口的 BGV 值（Balanced Gate Value）来判断或设计。浇口平衡时，BGV 值应符合下述要求：相同塑件多型腔时，各浇口计算的 BGV 值必须相等；不同塑件多型腔时，各浇口计算的 BGV 值必须与其塑件的充填量成正比。

1）相同塑件多型腔成型的 BGV 值可用下式表示：

$$\mathrm{BGV} = \frac{A_G}{\sqrt{L_R}L_G} \tag{5-8}$$

式中　A_G——浇口的截面积（mm^2）；

L_R——从主流道中心至浇口的流动通道的长度（mm）；

L_G——浇口的长度（mm）。

2）不同塑件多型腔成型的 BGV 值可用下式表示：

$$\frac{W_a}{W_b} = \frac{\mathrm{BGV}_a}{\mathrm{BGV}_b} = \frac{A_{Ga}\sqrt{L_{Rb}}L_{Gb}}{A_{Gb}\sqrt{L_{Ra}}L_{Ga}} \tag{5-9}$$

式中　W_a、W_b——分别为 a、b 型腔的充填量（熔体质量或体积）；

A_{Ga}、A_{Gb}——分别为 a、b 型腔的浇口截面积（mm^2）；

L_{Ra}、L_{Rb}——分别为主流道中心到达 a、b 型腔的流动通道的长度（mm）；

L_{Ga}、L_{Gb}——分别为 a、b 型腔的浇口长度（mm）。

无论是相同塑件还是不同塑件的多型腔，一般在设计时取矩形浇口或圆形点浇口，浇口截面积 A_G 与分流道的截面积 A_R 的比值应取

$$A_G : A_R = 0.07 \sim 0.09$$

矩形浇口的截面的宽度 b 与厚度 t 的比值常取 $b:t=3:1$。

（2）浇口平衡的计算实例　利用 BGV 值来确定浇口尺寸时，一般设浇口的长度为定值，通过改变调节浇口的宽度和厚度（改变宽度的方法更为适宜）来谋求浇口的平衡。

例　如图 5-23 所示为相同塑件 10 个型腔的模具流道分布图，各浇口均为矩形狭缝，且各段分流道直径相等，分流道直径 $d_R = 5.08\text{mm}$，各浇口长度 $L_G = 1.27\text{mm}$，为保证浇注系统的平衡，应如何确定浇口的尺寸？

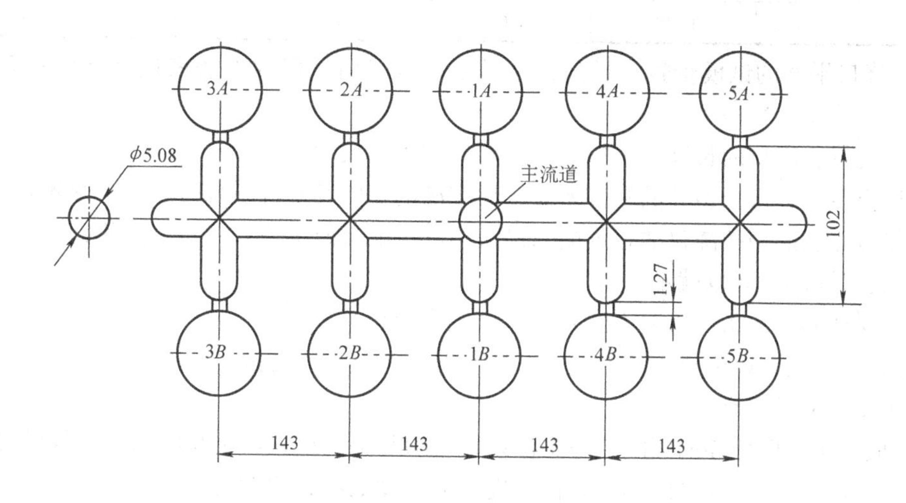

图 5-23　浇口平衡计算示例

解　由图 5-23 分析，从排列位置上看，2A、2B、4A、4B 对称相同，3A、3B、5A、5B 对称相同，1A、1B 对称相同，为避免两端和中间浇口的截面尺寸相差过大，可先求出 2A、2B、4A、4B 这两组浇口的截面尺寸，以此为基准再求另三组浇口的截面尺寸。

1）分流道圆形截面积 A_R

$$A_R = \left(\frac{d_R}{2}\right)^2 \pi = \left(\frac{5.08}{2}\right)^2 \pi\text{mm}^2 = 20.27\text{mm}^2$$

2）基准浇口 2A、2B、4A、4B 这两组浇口的截面尺寸

由 $A_{G2、4} = 0.07A_R = 3t^2 = 1.42\text{mm}^2$

求得　$t_{2、4} = 0.69\text{mm}$，$b_{2、4} = 3t = 2.07\text{mm}$

3）其他三组浇口的截面尺寸。根据 BGV 值相等的原则

$$\text{BGV} = \frac{A_{G1}}{\sqrt{\frac{102}{2}} \times 1.27} = \frac{A_{G3、5}}{\sqrt{2 \times 143 + \frac{102}{2}} \times 1.27} = \frac{1.42}{\sqrt{143 + \frac{102}{2}} \times 1.27} = 0.08$$

$$A_{G1} = 3t_1^2 = 0.73\text{mm}^2 \quad t_1 = 0.49\text{mm} \quad b_1 = 3t_1 = 1.47\text{mm}$$

$$A_{G3、5} = 3t_{3、5}^2 = 1.87\text{mm}^2 \quad t_{3、5} = 0.79\text{mm} \quad b_{3、5} = 3t_{3、5} = 2.37\text{mm}$$

表5-8列出了各浇口的截面尺寸计算结果。

表5-8 达到浇口平衡的各浇口尺寸 （单位：mm）

浇口尺寸 \ 型腔号	1A、1B	2A、2B	3A、3B	4A、4B	5A、5B
长度 L_G	1.27	1.27	1.27	1.27	1.27
宽度 b	1.47	2.07	2.37	2.07	2.37
厚度 t	0.49	0.69	0.79	0.69	0.79

（3）浇口平衡的试模步骤　目前，模具生产常采用试模的方法来达到浇口平衡，其步骤如下：

1）首先将各浇口的长度和厚度加工成对应相等的尺寸。

2）试模后检查每个型腔的塑件质量，后充满的型腔其塑件端部会产生补缩不足的微凹。

3）将后充满的型腔浇口的宽度略为修大，尽可能不改变浇口厚度，因为浇口厚度不一，则浇口冷凝封固的时间也就不一。

4）用同样的工艺条件重复上述步骤直至满意为止。

需要指出的是，试模过程中的压力、温度等工艺条件应与批量生产时一致。

（五）冷料穴的设计

在完成一次注射循环的间隔，考察注射机喷嘴和主流道入口小端间的温度状况时，发现喷嘴端部的温度低于所要求的塑料熔体温度，从喷嘴端部到注射机料筒以内约10～25mm的深度有个温度逐渐升高的区域，这时才达到正常的塑料熔体温度。位于这一区域内的塑料的流动性能及成型性能不佳，如果这里温度相对较低的冷料进入型腔，便会产生次品。为克服这一现象的影响，用一个井穴将主流道延长以接收冷料，防止冷料进入浇注系统的流道和型腔，把这一用来容纳注射间隔所产生的冷料的井穴称为冷料穴。

冷料穴一般开设在主流道对面的动模板上（也即塑料流动的转向处），其标称直径与主流道大端直径相同或略大一些，深度约为直径的1～1.5倍，最终要保证冷料的体积小于冷料穴的体积。图5-24所示为常用冷料穴和拉料杆的形式。图5-24b～c是底部带推杆的冷料穴形式；图5-24a是端部为Z字形拉料杆形式的冷料穴，是最常用的一种形式，开模时主流道凝料被拉料杆拉出，推出后常常需用人工取出而不能自动脱落；图5-24b是靠带倒锥形的冷料穴拉出主流道凝料的形式；图5-24c是环形槽代替了倒锥形用来拉主流道凝料的形式。图5-24b、c适于弹性较好的软质塑料，能实现自动化脱模；图5-24d、e是适于推件板脱模的拉料杆形式冷料穴，拉料杆固定于动模板上；图5-24d是带球形头拉料杆的冷料穴；图5-24e是带菌形头拉料杆的冷料穴，这两种形式适于弹性较好的塑料；图5-24f是使用带有分流锥形式拉料杆的冷料穴，适合各种塑料，适用于中间有孔的塑件而又采用中心浇口（中间有孔的直接浇口）或爪形浇口形式的场合。

有时因分流道较长，塑料熔体充模的温降较大时，也要求在其延伸端开设较小的冷料穴，以防止分流道末端的冷料进入型腔，如图5-25所示。

冷料穴除了具有容纳冷料的作用以外，同时还具有在开模时将主流道和分流道的冷凝料钩住，使其保留在动模一侧，便于脱模的功能。在脱模过程中，固定在推杆固定板上同时也形成冷料穴底部的推杆，随推出动作推出浇注系统凝料（球形头和菌形头拉料杆例外）。并

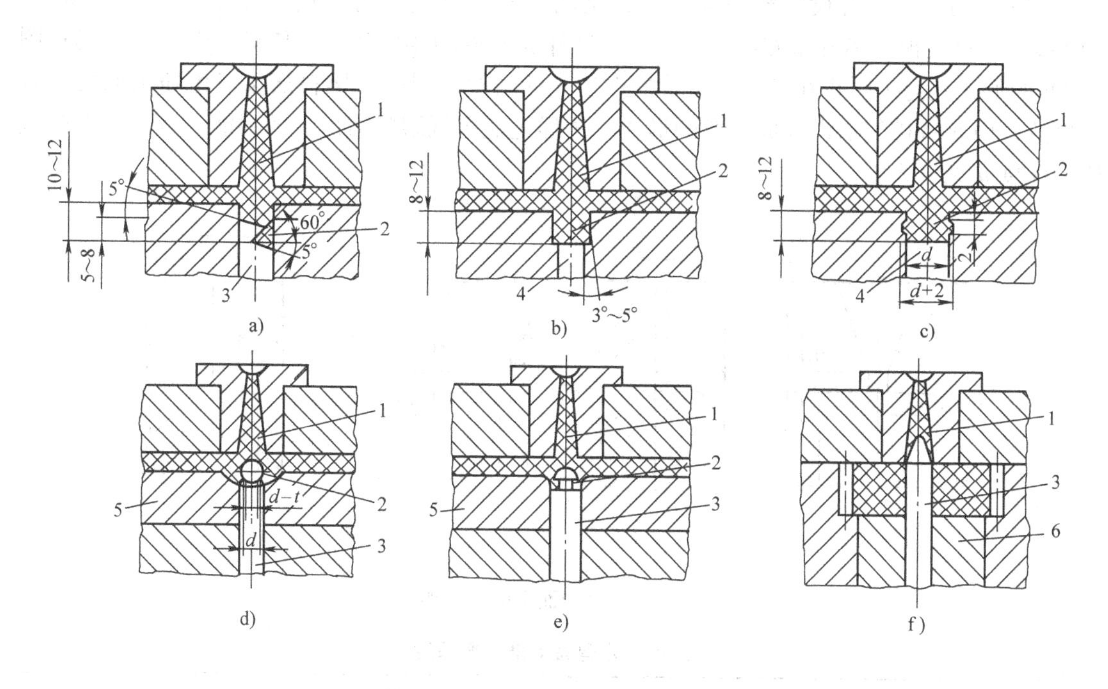

图 5-24　常用冷料穴和拉料杆的形式

1—主流道　2—冷料穴　3—拉料杆　4—推杆　5—脱模板　6—推块

不是所有注射模都需开设冷料穴，有时由于塑料性能或工艺控制较好，很少产生冷料或塑件要求不高时，可不必设置冷料穴。如果初始设计阶段对是否需要开设冷料穴尚无把握，可留适当空间，以便增设。

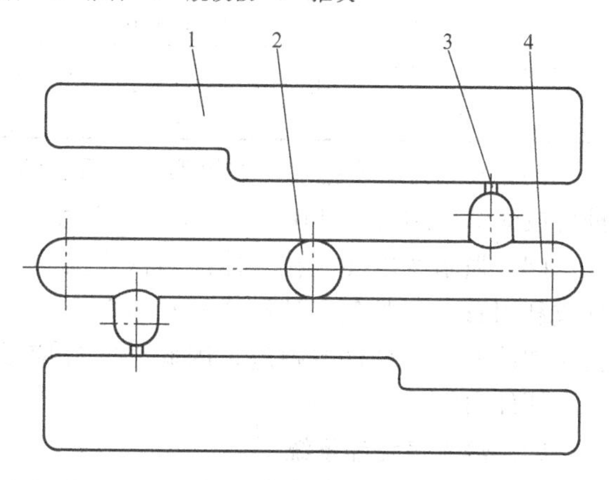

图 5-25　分流道端部的冷料穴

1—塑件　2—主流道　3—浇口　4—冷料穴

三、排溢系统的设计

当塑料熔体填充型腔时，必须顺序排出型腔及浇注系统内的空气及塑料受热或凝固产生的低分子挥发气体。如果型腔内因各种原因而产生的气体不能被排除干净，一方面将会在塑件上形成气泡、接缝、表面轮廓不清及充填缺料等成型缺陷，另一方面气体受压，体积缩小而产生高温会导致塑件局部碳化或烧焦（褐色斑纹），同时积存的气体还会产生反向压力而降低充模速度，因此设计型腔时必须考虑排气问题。有时在注射成型过程中，为保证型腔充填量的均匀合适及增加塑料熔体汇合处的熔接强度，还需在塑料最后充填到的型腔部位开设溢流槽以容纳余料，也可容纳一定量的气体。

注射模成型时的排气通常以如下四种方式进行。

（1）利用配合间隙排气　通常中小型模具的简单型腔，可利用推杆、活动型芯以及双支点的固定型芯端部与模板的配合间隙进行排气，其间隙为 0.03 ~ 0.05mm。

(2) 在分型面上开设排气槽排气　分型面上开设排气槽的形式与尺寸如图 5-26 所示。图 5-26a 是排气槽在离开型腔约 5 ~ 8mm 后设计成开放的燕尾式，以使排气顺利、通畅；图 5-26b 的形式是为了防止在排气槽对着操作工人的情况注射时，熔料从排气槽喷出而发生人身事故，因此将排气槽设计成转弯的形式，这样还能降低熔料溢出时的动能。分型面上排气槽的深度 h 见表 5-9。

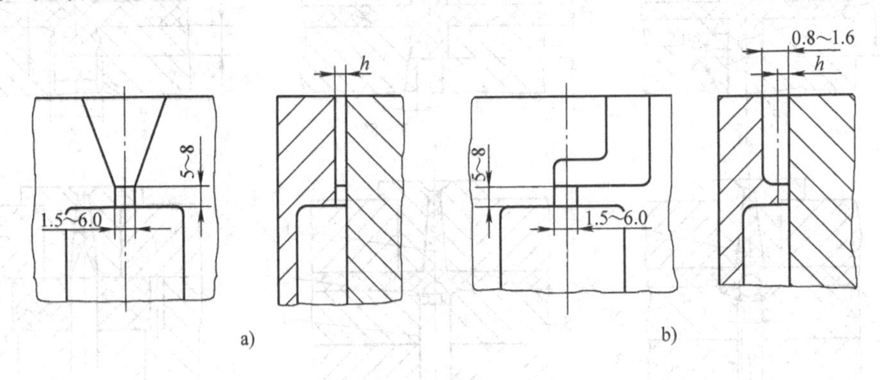

图 5-26　分型面上的排气槽

表 5-9　分型面上排气槽深度 (mm)

塑　料	深度 h	塑　料	深度 h
聚乙烯（PE）	0.02	聚酰胺（PA）	0.01
聚丙烯（PP）	0.01 ~ 0.02	聚碳酸酯（PC）	0.01 ~ 0.03
聚苯乙烯（PS）	0.02	聚甲醛（POM）	0.01 ~ 0.03
ABS	0.03	丙烯酸共聚物	0.03

(3) 利用排气塞排气　如果型腔最后充填的部位不在分型面上，其附近又无可供排气的推杆或活动型芯时，可在型腔深处镶排气塞。排气塞可用烧结金属块制成，如图 5-27 所示。

(4) 强制性排气　在气体滞留区设置排气杆或利用真空泵抽气，这种作法很有效，只是会在塑件上留有杆件等痕迹，因此排气杆应设置在塑件内侧。

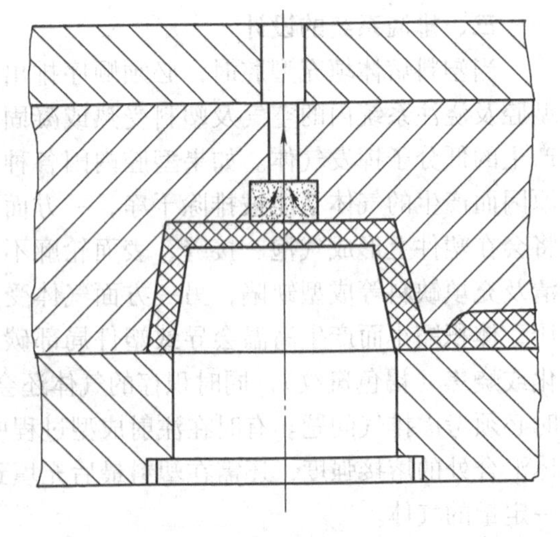

图 5-27　利用烧结金属块排气

四、热流道浇注系统

“热流道”这一术语是指在注射成型的整个过程中，模具浇注系统内的塑料一直保持在熔融状态，即在注射、成型、开模、脱模等各个阶段，浇注系统内的塑料熔体并不冷却和固化。这种形式的模具 1940 年就开始应用，20 世纪 60 年代初得到发展，但由于这类热流道形式的模具存在许多技术上的难题（如滴料、冻结、泄漏、高标准的维护保养及其他），使它的应用范围受到限制。随着现代科学技术的发展，新的设计原理和模具制造方法以及有效的工艺控制已经在一定程度上克服了这些缺陷，现今的热流道模具效率高，故障少，是注射模具的发展方向之一。

（一）塑料品种对热流道浇注系统的适应性

当利用热流道浇注系统成型塑件时，要求塑料的性能具有较强的适应性。

（1）热稳定性好　塑料的熔融温度范围宽，粘度变化小，对温度变化不敏感，在较低的温度下具有良好的流动性，并在高温下也不易受热分解和劣化。

（2）对压力敏感　塑料的粘度或流动性对压力变化敏感，且在低压下也具有良好的流动性。

（3）固化温度和热变形温度高　塑件在温度较高的状态下即可取出，既可缩短成型周期，防止浇口固化，也可减轻塑件因接触模具高温部位而发生的起皱变形现象。

（4）比热容小　既能快速冷凝，又能快速熔融。

从原理上讲，只要设计合理，几乎所有热塑性塑料都可以采用热流道浇注系统成型，但目前应用较多的是聚乙烯、聚丙烯、聚苯乙烯等。

（二）绝热流道

绝热流道形式是利用塑料比金属导热差的特性，将流道的截面尺寸设计得较大，让靠近流道表壁的塑料熔体因温度较低而迅速冷凝成一个固化层，这一固化层对流道中部的熔融塑料产生绝热作用。

（1）井式喷嘴　井式喷嘴又称绝热主流道，是结构最简单的绝热式流道，适用于单型腔注射模。这种形式的绝热流道是在注射机和模具入口之间装设一个主流道杯，杯外侧采用空气隔热，杯内开有一个截面较大的锥形储料井$\left(\text{容积约取塑件体积的}\frac{1}{3}\sim\frac{1}{2}\right)$，与井壁接触的熔体对中心流动的熔体形成一个绝热层，使得中心部位的熔体保持良好的流动状态而进入型腔。主要适用于成型周期较短的塑件（每分钟的注射次数不少于3次）。井式喷嘴的一般形式及推荐使用的尺寸见图5-28及表5-10；改进型井式喷嘴如图5-29所示。图5-29a是一种浮动式井式喷嘴，每次注射完毕喷嘴向后倒退时，主流道杯在弹簧作用下也将随着喷嘴后退，这样可以避免因二者脱离而使储料井内的塑料固化；图5-29b是一种主流道杯上带有空气隙的井式喷嘴结构，空气隙在主流道杯和模具之间起绝热层作用，可以减小储料井内塑料热量向外散发的数量，同时喷嘴伸入主流道杯的长度有所增大，也可增加喷嘴向主流道杯传导的热量；图5-29c是一种增大喷嘴对储料井传热面积的井式喷嘴结构，可以防止储料井内和浇口附近的塑料固化，停车后，可使流道杯内凝料随喷嘴一起拉出，便于清理流道。

表5-10　井式喷嘴的推荐尺寸

塑件质量/g	成型周期/s	d/mm	R/mm	L/mm
3~6	6~7.5	0.8~1.0	3.5	0.5
6~15	9~10	1.0~1.2	4.0	0.6
15~40	12~15	1.2~1.6	4.5	0.7
40~150	20~30	1.5~2.5	5.5	0.8

（2）多型腔绝热流道　多型腔绝热流道又称绝热分流道，有直接浇口式和点浇口式两种类型。如图5-30所示，图5-30a是直接浇口的形式；图5-30b是点浇口的形式。这类流道的周围有一固化绝热层，为使流道能对其内部的塑料熔体确实起到绝热作用，其截面尺寸都取得相当大并多用圆形截面，分流道直径取16~32mm，最大可达75mm。为了加工分流道，

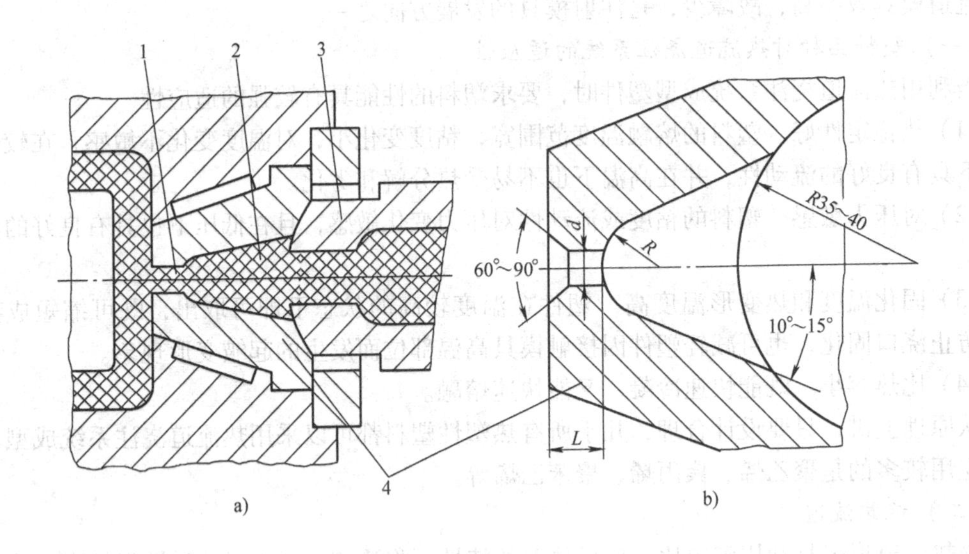

图 5-28 井式喷嘴

1—点浇口 2—储料井 3—井式喷嘴 4—主流道杯

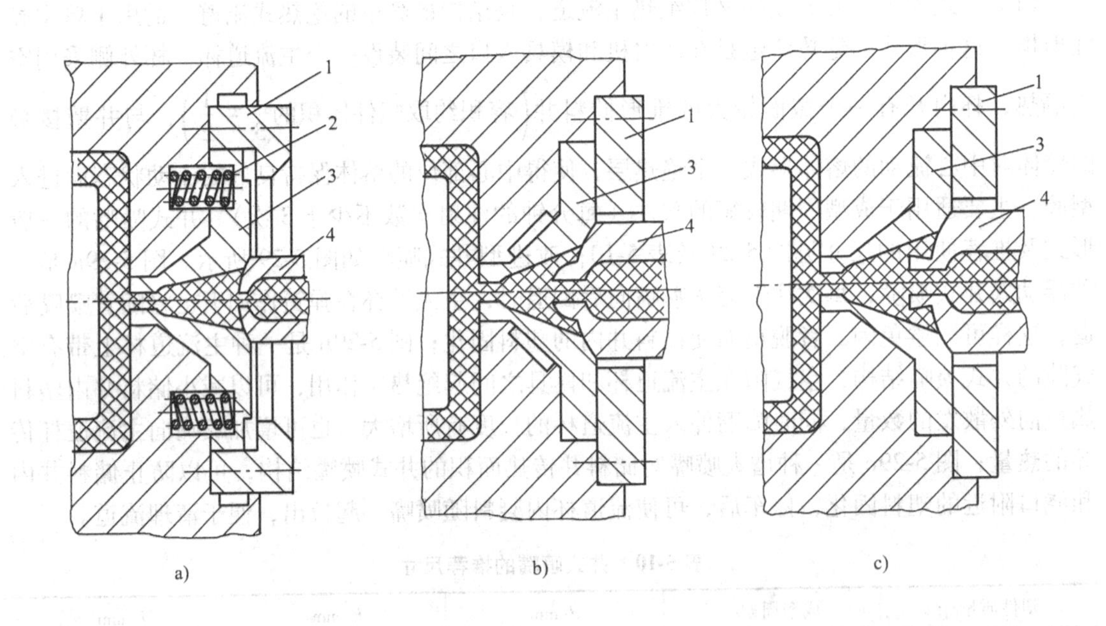

图 5-29 改进型井式喷嘴

1—定位圈 2—弹簧 3—主流道杯 4—井式喷嘴

模具中一般增设一块分流道板（见图 5-30 中的 5），同时在其上面开凹槽以减小分流道对模板的传热。

（三）加热流道

加热流道是指在流道内或流道附近设置加热器，利用加热的方法使注射机喷嘴到浇口之间的浇注系统处于高温状态，从而让浇注系统内的塑料在生产过程中一直保持熔融状态。

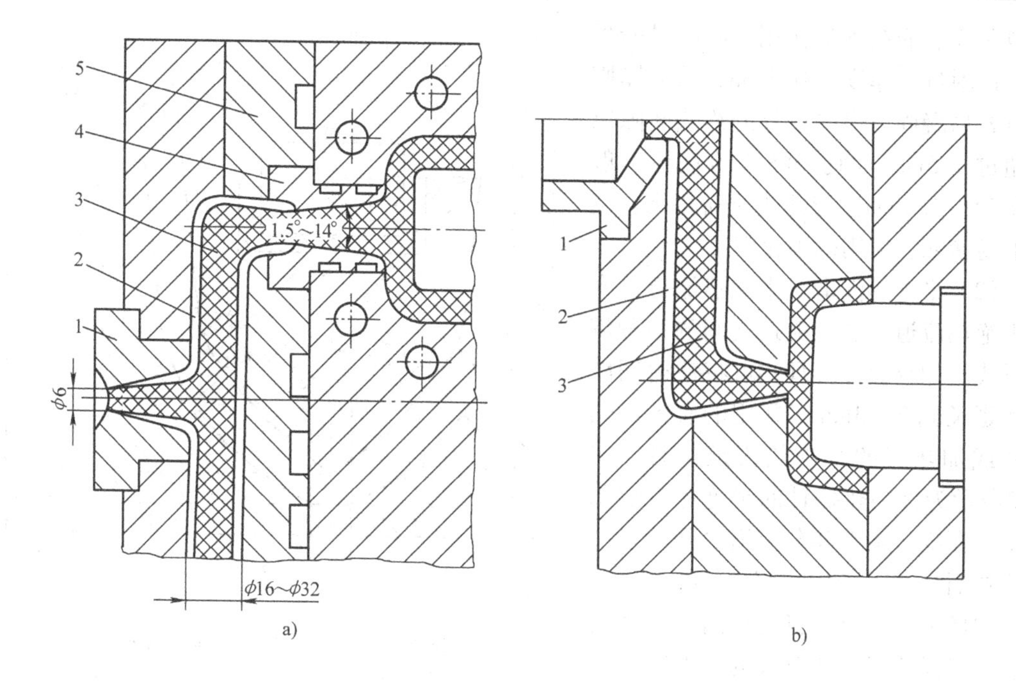

图 5-30　多型腔绝热流道示意图

a）直接浇口式　b）点浇口式

1—主浇口套　2—固化绝热层　3—分流道　4—二级喷嘴　5—分流道板

（1）延伸喷嘴　延伸喷嘴是一种最简单的加热流道，它是将普通喷嘴加长以后能与模具上的浇口部位直接接触的一种特别喷嘴，其自身也可安装加热器，以便补偿喷嘴延长之后的散热量，或在特殊要求下使其温度高于料筒温度。延伸喷嘴只适于单腔模具结构，每次注射完毕后，可使喷嘴稍稍离开模具，以尽量减少喷嘴向模具传导热量。图 5-31 所示为头部是球状的通用式延伸喷嘴。喷嘴的球面与模具留有不大的间隙，在第一次注射时，此间隙即为

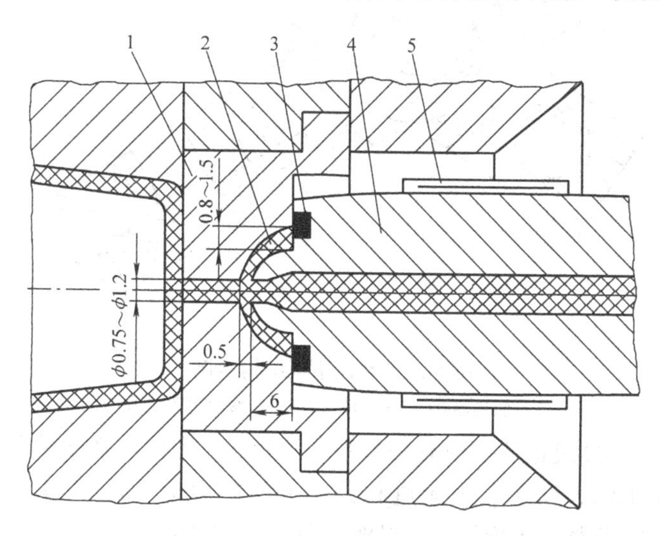

图 5-31　通用式延伸喷嘴

1—浇口套　2—塑料绝热层　3—聚四氟乙烯垫片　4—延伸喷嘴　5—加热圈

塑料所充满而起绝热作用。间隙最薄处在浇口附近，厚度约0.5mm，若太厚则浇口容易凝固。浇口以外的绝热间隙以不超过1.5mm为宜。浇口的直径一般为0.75~1.2mm。与井式喷嘴相比，浇口不易堵塞，应用范围较广。

（2）半绝热流道　半绝热流道是介乎于绝热流道和加热流道之间的一种流道形式。如果设计合理，可将注射间歇时间延长到2~3min。常用的有带加热探针或加热器的半绝热流道两种。图5-32所示为带加热探针的半绝热流道示意图，在浇口始端和分流道之间加设一加热探针，该探针一直延伸到浇口中心，这样可以有效地将浇口附近的塑料加热，以保证浇口在较长的注射间歇时间内不发生冻结固化。加热探针可用导热性良好的铍青铜制造，其内部的加热元件可用变压器控制。

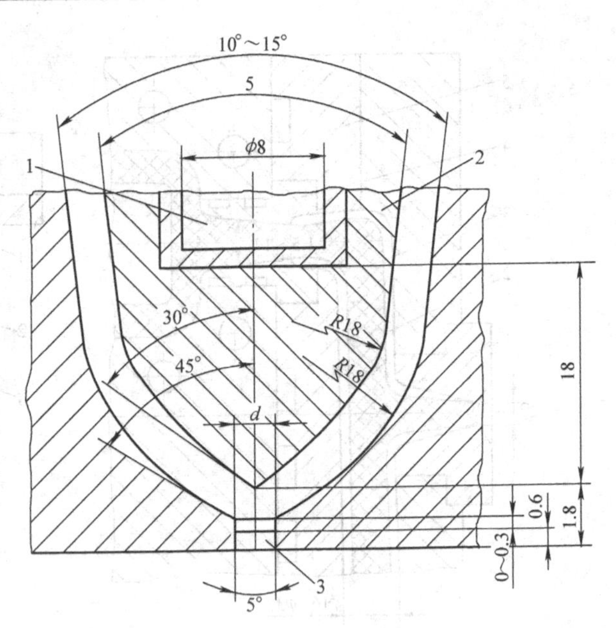

图5-32　半绝热流道（加热探针）

1—加热元件　2—加热探针　3—浇口部分

（3）多型腔热流道　这类模具的结构形式很多，但大概可归纳为两大类，一类为外加热式，一类为内加热式。

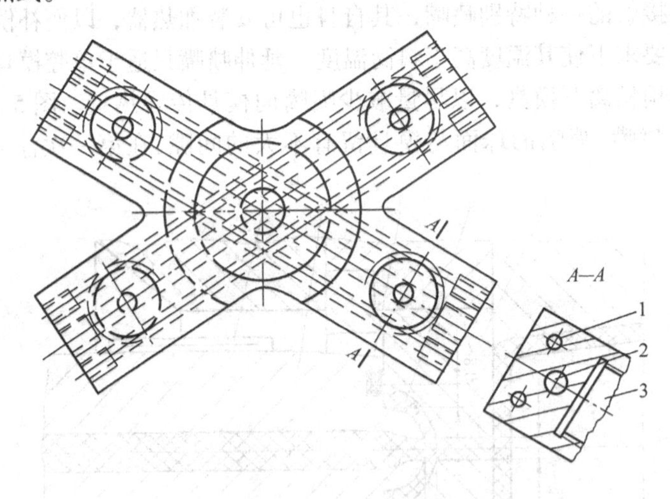

图5-33　热流道板结构示例

1—加热器孔　2—分流道　3—二级喷嘴安装孔

外加热式多型腔热分流道注射模有一个共同的特点，即模内必须设有一块可用加热器加热的热流道板，如图5-33所示。主流道和分流道的截面最好均采用圆形，直径约取5~15mm。分流道内壁应光滑，转折处圆滑过渡。分流道端孔需采用比孔径粗的细牙螺纹管塞和铜制密封垫圈（或聚四氟乙烯密封垫圈）堵住，以免塑料熔体泄漏。热流道板利用绝热材料（石棉水泥板等）或利用空气间隙与模具其余部分隔热，其浇口形式也有主流道型浇口和点浇口两种，最常用的是点浇口，如图 5-34 所示。

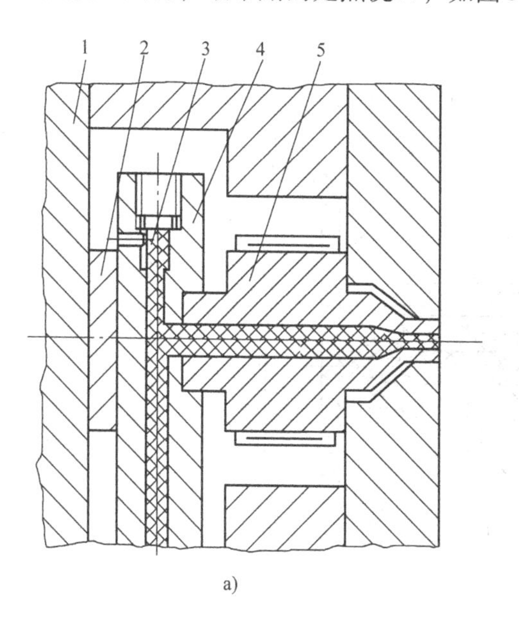

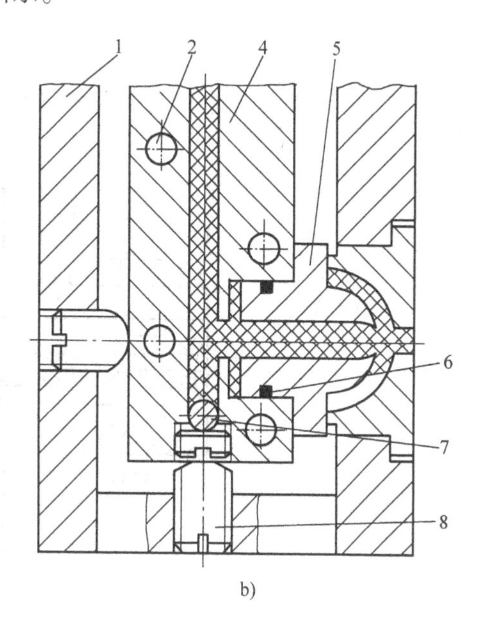

图 5-34　多型腔热流道示例

1—定模座板　2—垫块　3—加热器　4—热流道板　5—二级喷嘴　6—胀圈　7—流道密封钢球　8—定位螺钉

内加热式多型腔热分流道注射模的共同特点是，即除了在热流道喷嘴和浇口部分设置内加热器之外，整个浇注系统虽然也采用分流道板，但所有的流道均采用内加热方式而不采用外加热。由于加热器安装在流道中央部位，流道中的塑料熔体可以阻止加热器直接向分流道板或模具本身散热，所以能大幅度降低加热能量损失并相应提高加热效率。

（4）二级喷嘴　采用导热性优良的铍青铜或具有类似导热性能的其他合金制造二级喷嘴，是为了缩小热流道板与浇口之间的温差，以尽量使整个浇注系统保持温度一致，同时以防浇口在注射间隔冻结固化，如图 5-35 及图 5-36 所示。

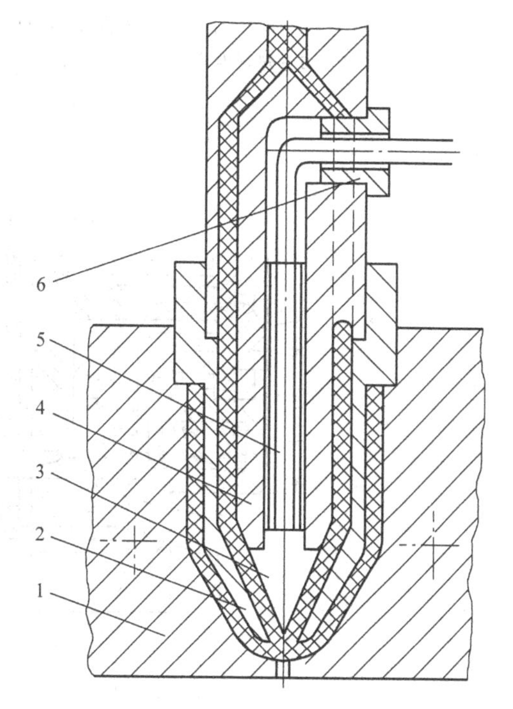

图 5-35　带有加热器的热流道二级喷嘴

1—定模板　2—二级喷嘴　3—锥形头　4—锥形体　5—加热器　6—电源引线接头

（5）阀式浇口热流道　使用热流道注射模成型粘度很低的塑料时，为了避免产生流涎和拉丝现象，可采用阀式浇口，如图 5-37 所示。阀式浇口的工作原理为：在注射和保压阶段，浇口处的针阀 9 开启，塑料熔体通过二级喷嘴和针阀进入模腔，保压结束后，针阀关闭，模腔内的塑料不能倒流，二级喷嘴内的塑料也不能流涎。

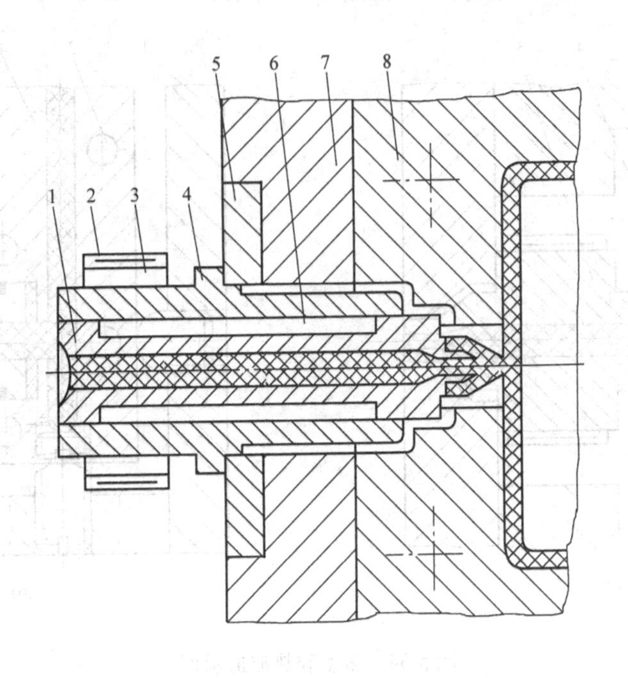

图 5-36 热管加热的热流道喷嘴（主流道衬套）

1—热管内管 2—外加热圈 3—传热铝套 4—热管外壳 5—定位环
6—传热介质 7—定模座板 8—定模板

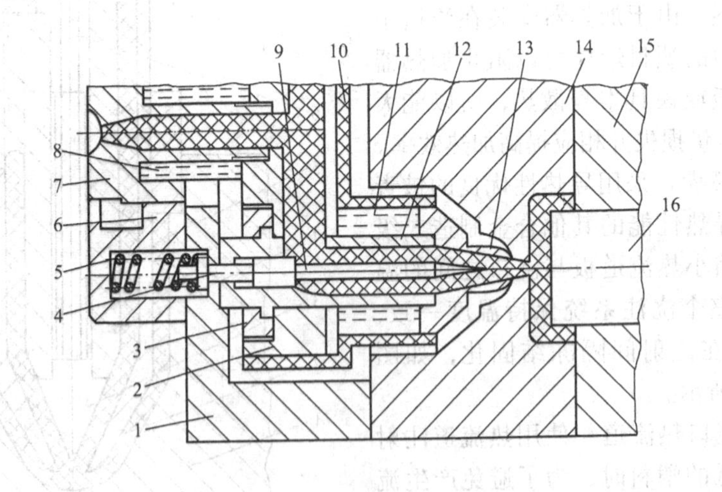

图 5-37 弹簧阀式浇口热流道

1—定模座板 2—分流道板 3—热流道喷嘴压环 4—活塞杆 5—压簧 6—定位圈 7—浇口套
8—加热器 9—针阀 10—隔热层 11—加热器 12—热流道喷嘴体 13—热流道喷嘴头
14—定模板 15—推件板 16—凸模

第四节　成型零件的设计

模具中决定塑件几何形状和尺寸的零件称为成型零件，包括凹模、型芯、镶块、成型杆和成型环等。成型零件工作时，直接与塑料接触，承受塑料熔体的高压、料流的冲刷，脱模时与塑件间还发生摩擦。因此，成型零件要求有正确的几何形状，较高的尺寸精度和较低的表面粗糙度值，此外，成型零件还要求结构合理，有较高的强度、刚度及较好的耐磨性能。

设计成型零件时，应根据塑料的特性和塑件的结构及使用要求，确定型腔的总体结构，选择分型面和浇口位置，确定脱模方式、排气部位等，然后根据成型零件的加工、热处理、装配等要求进行成型零件结构设计，计算成型零件的工作尺寸，对关键的成型零件进行强度和刚度校核。

一、成型零件的结构设计

（一）凹模

凹模是成型塑件外表面的主要零件，按其结构不同，可分为整体式和组合式两类。

1. 整体式凹模

整体式凹模由整块材料加工而成，如图5-38所示。它的特点是牢固，使用中不易发生变形，不会使塑件产生拼接线痕迹。但由于加工困难，热处理不方便，整体式凹模常用在形状简单的中、小型模具上。

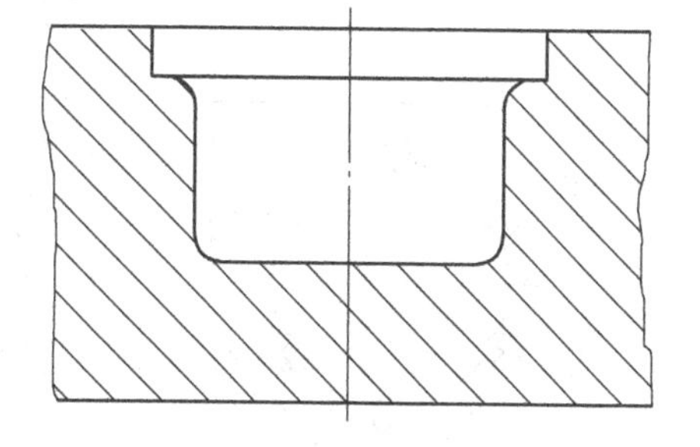

图5-38　整体式凹模

2. 组合式凹模

组合式凹模是指凹模由两个以上零件组合而成。按组合方式的不同，可分为整体嵌入式、局部镶嵌式、底部镶拼式、侧壁镶拼式和四壁拼合式等形式。

（1）整体嵌入式凹模　小型塑件用多型腔模具成型时，各单个凹模采用机械加工、冷挤压、电加工等方法加工制成，然后压入模板中，这种结构加工效率高，装拆方便，可以保证各个型腔形状、尺寸一致。凹模与模板的装配及配合如图5-39所示。其中图5-39a～c称为通孔凸肩式，凹模带有凸肩，从下面嵌入凹模固定板，再用垫板螺钉紧固。如果凹模镶件是回转体，而型腔是非回转体，则需要用销钉或键止转定位。图5-39b是销钉定位，结构简单，装拆方便；图5-39c是键定位，接触面大，止转可靠；图5-39d是通孔无台肩式，凹模嵌入固定板内用螺钉与垫板固定；图5-39e是非通孔的固定形式，凹模嵌入固定板后直接用螺钉固定在固定板上，为了不影响装配精度，使固定板内部的气体充分排除及装拆方便，常常在固定板下部设计有工艺通孔，这种结构可省去垫板。

（2）局部镶嵌式凹模　对于型腔的某些部位，为了加工上的方便，或对特别容易磨损、需要经常更换的，可将该局部作成镶件，再嵌入凹模，如图5-40所示。

（3）底部镶拼式凹模　为了便于机械加工、研磨、抛光和热处理，形状复杂的型腔底部可以设计成镶拼式，如图5-41所示。图5-41a为在垫板上加工出成型部分镶入凹模的结构；图5-41b～d为型腔底部镶入镶块的结构。

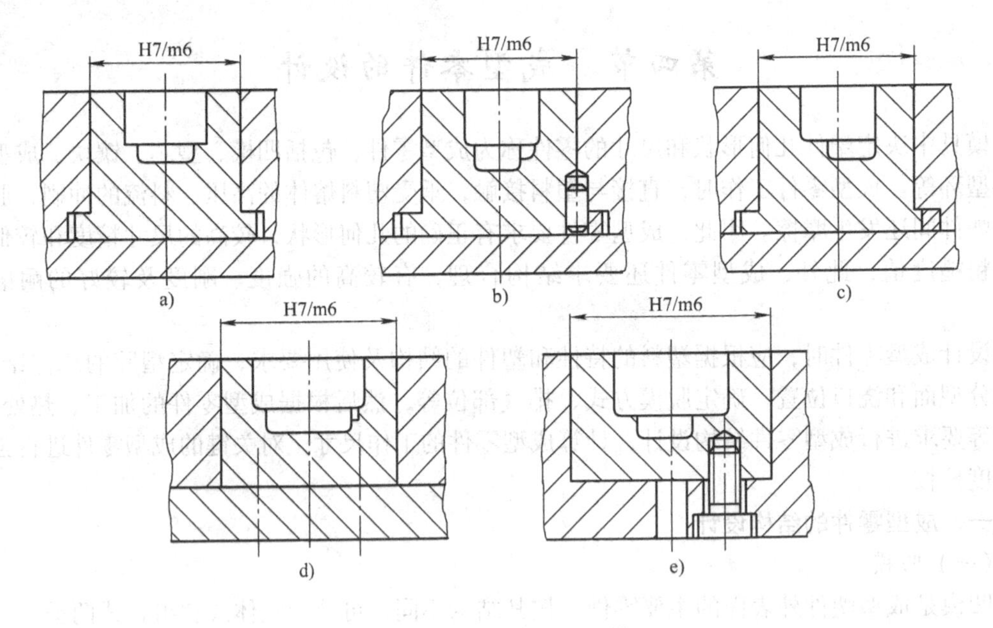

图 5-39　整体嵌入式凹模

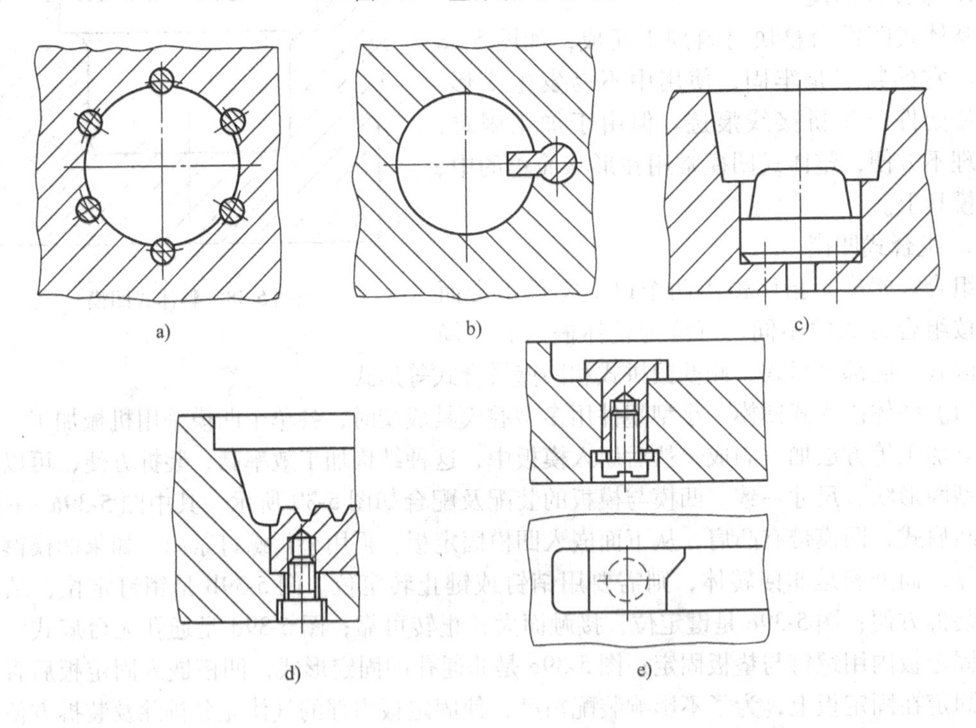

图 5-40　局部镶嵌式凹模

（4）侧壁镶拼式凹模　侧壁镶拼结构如图 5-42 所示。这种结构一般很少采用，这是因为在成型时，熔融塑料的成型压力使螺钉和销钉产生变形，从而达不到产品的要求。图 5-42a 中，螺钉在成型时将受到拉伸；图 5-42b 中，螺钉和销钉在成型时将受到剪切。

（5）多件镶拼式凹模　凹模也可以采用多镶块组合式结构，根据型腔的具体情况，在难以加工的部位分开，这样就把复杂的型腔内表面加工转化为镶拼块的外表面加工，而且容易

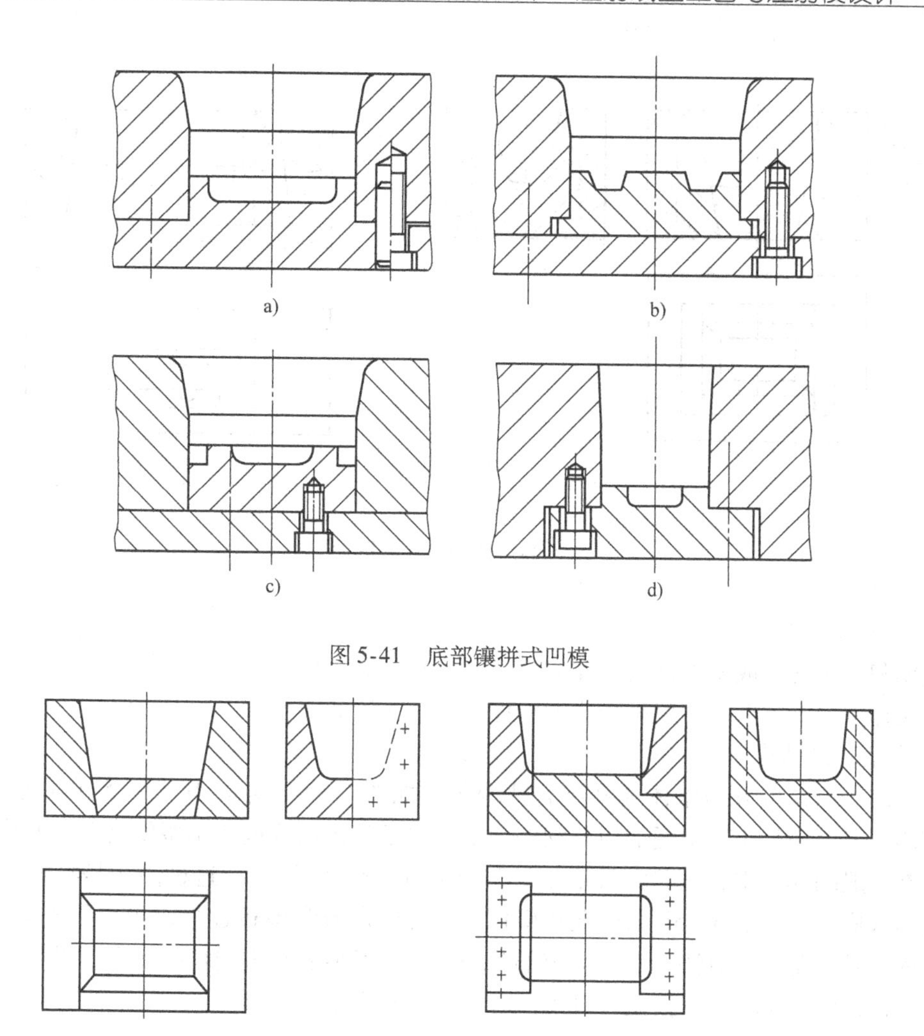

图 5-41　底部镶拼式凹模

图 5-42　侧壁镶拼式凹模

保证精度，如图 5-43 所示。

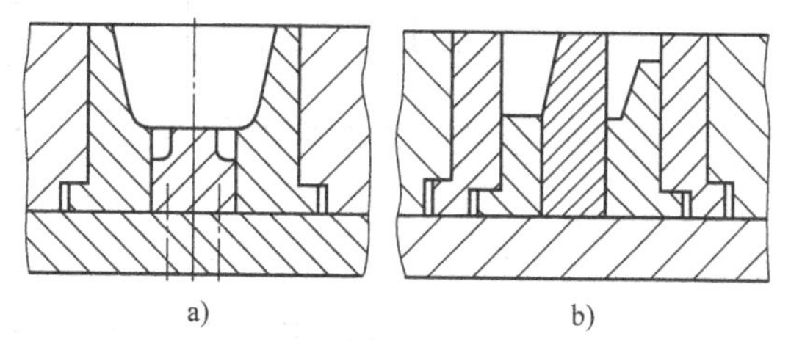

图 5-43　多件镶拼式凹模

（6）四壁拼合式凹模　大型和形状复杂的凹模，把四壁和底板单独加工后镶入模板中，再用垫板螺钉紧固，如图 5-44 所示。在图 5-44b 的结构中，为了保证装配的准确性，侧壁之间采用扣锁连接；连接处外壁应留有 0.3～0.4mm 间隙，以使内侧接缝紧密，减少塑料挤入。

综上所述，采用组合式凹模，简化了复杂凹模的加工工艺，减少了热处理变形，拼合处有间隙利于排气，便于模具维修，节省了贵重的模具钢。为了保证组合式型腔尺寸精度和装配的牢固，减少塑件上的镶拼痕迹，对于镶块的尺寸、形状位置公差要求较高，组合结构必须牢靠，镶块的机械加工工艺性要好。因此，选择合理的组合镶拼结构是非常重要的。

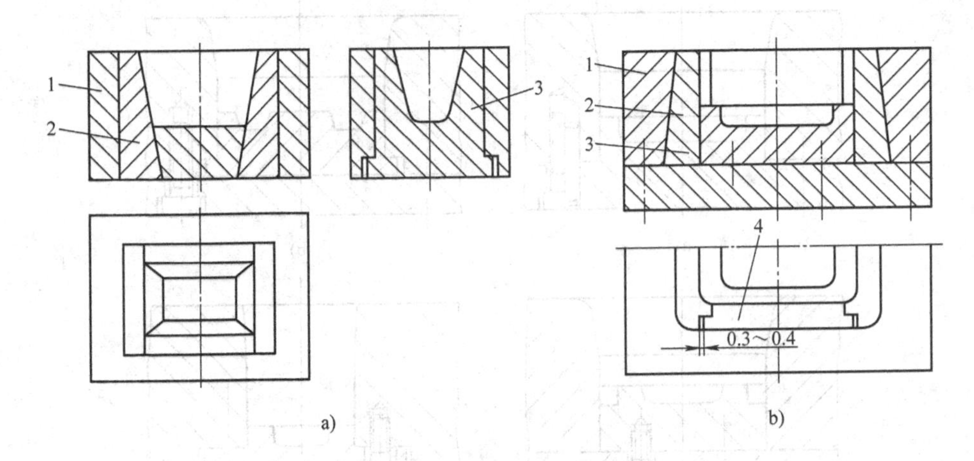

图 5-44 四壁拼合式凹模

1—模套 2、3—侧拼块 4—底拼块

（二）凸模和型芯

凸模和型芯均是成型塑件内表面的零件。凸模一般是指成型塑件中较大的、主要内形的零件，又称主型芯；型芯一般是指成型塑件上较小孔槽的零件。

1. 主型芯的结构

主型芯按结构可分为整体式和组合式两种，如图 5-45 所示。其中图 5-45a 为整体式，结构牢固，但不便加工，消耗的模具钢多，主要用于工艺试验模或小型模具上的形状简单的型芯。在一般的模具中，型芯常采用如图 5-45b ~ d 所示的结构。这种结构是将型芯单独加工，再镶入模板中。图 5-45b 为通孔凸肩式，凸模用台肩和模板连接，再用垫板螺钉紧固，连接牢固，是最常用的方法。对于固定部分是圆柱面而型芯有方向性的场合，可采用销钉或键止转定位；图 5-45c 为通孔无台肩式；图 5-45d 为不通孔的结构。

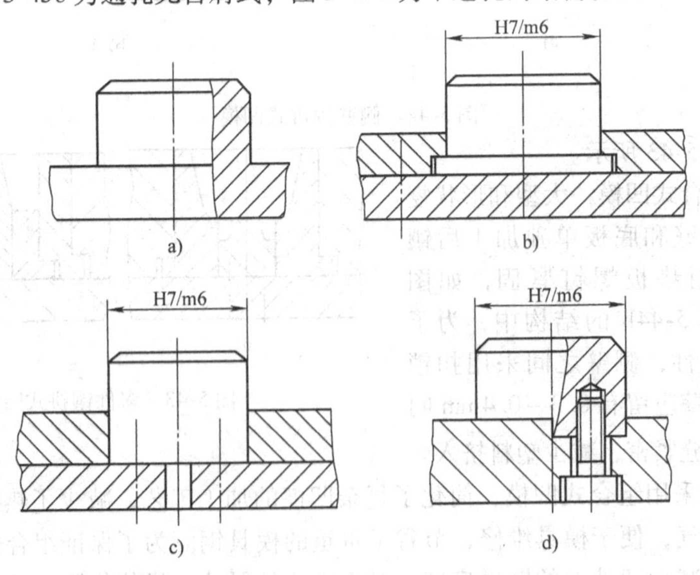

图 5-45 主型芯的结构

为了便于加工，形状复杂的型芯往往采用镶拼组合式结构，如图 5-46 所示。

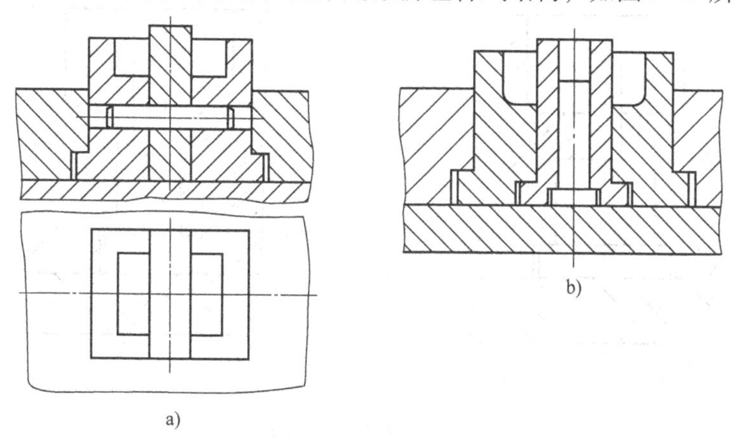

图 5-46　镶拼组合式型芯

组合式型芯的优缺点和组合式凹模的基本相同。设计和制造这类型芯时，必须注意结构合理，应保证型芯和镶块的强度，防止热处理时变形，应避免尖角与薄壁。图 5-47a 中的小型芯靠得太近，热处理时薄壁部位易开裂，应采用图 5-47b 的结构，将大的型芯制成整体式，再镶入小的型芯。

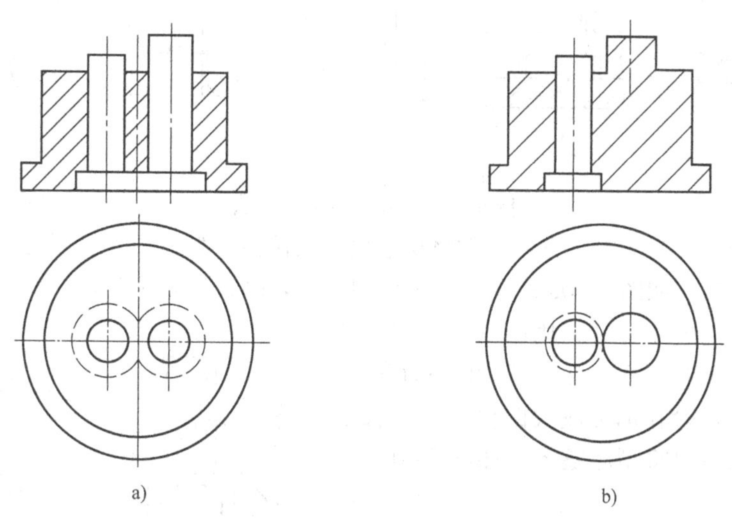

图 5-47　相近型芯的组合结构

在设计型芯结构时，应注意塑料的溢料飞边不应该影响脱模取件。图 5-48 中，图 5-48a 结构的溢料飞边的方向与塑件脱模方向相垂直，影响塑件的取出；而图 5-48b 结构溢料飞边的方向与脱模方向一致，便于脱模。

2. 小型芯的结构

小型芯成型塑件上的小孔或槽。小型芯单独制造，再嵌入模板中。图 5-49 为小型芯常用的几种固定方法，图 5-49a 是用台肩固定的形式，下面用垫板压紧；如固定板太厚，可在固定板上减少配合长度，如图 5-49b 所示；图 5-49c 是型芯细小而固定板太厚的形式，型芯镶入后，在下端用圆柱垫垫平；图 5-49d 是用于固定板厚而无垫板的场合，在型芯的下端用螺塞紧固；图 5-49e 是型芯镶入后在另一端采用铆接固定的形式。

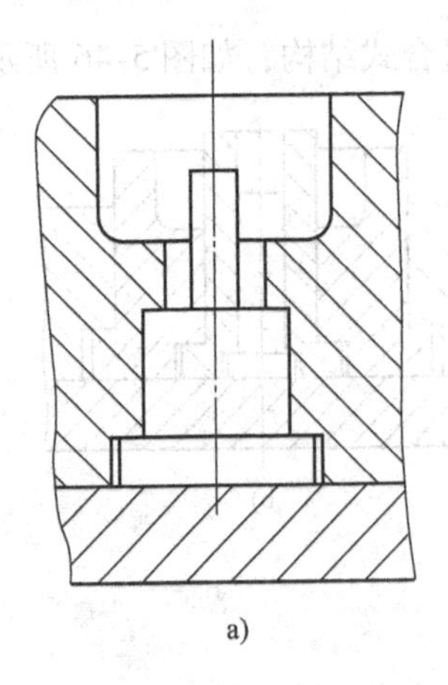

a)

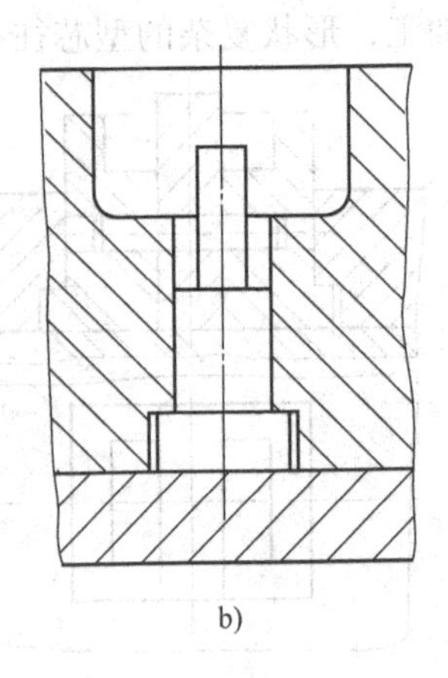

b)

图 5-48　便于脱模的镶拼

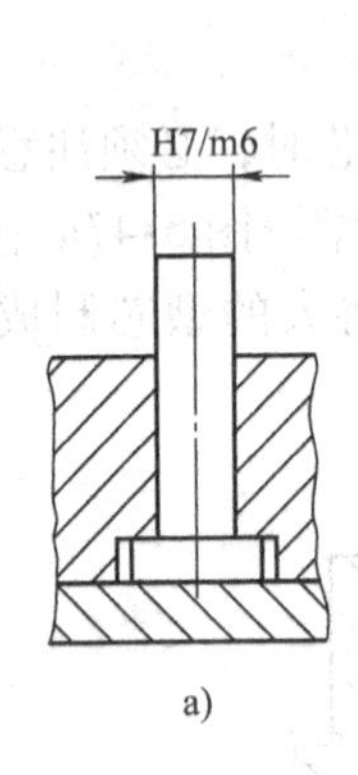

a)

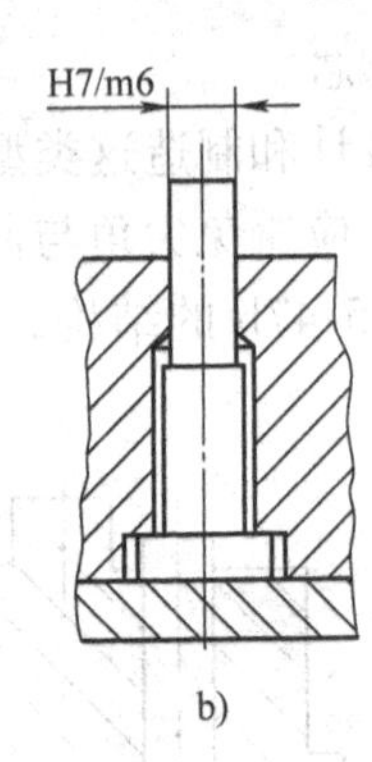

b)

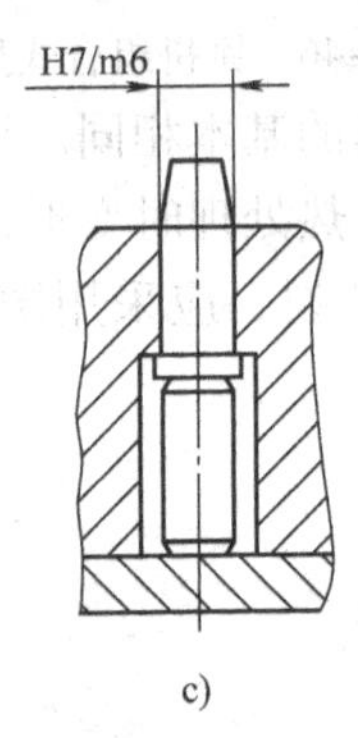

c)

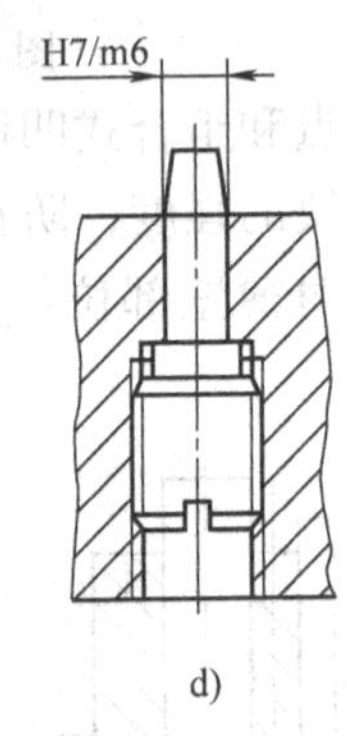

d)

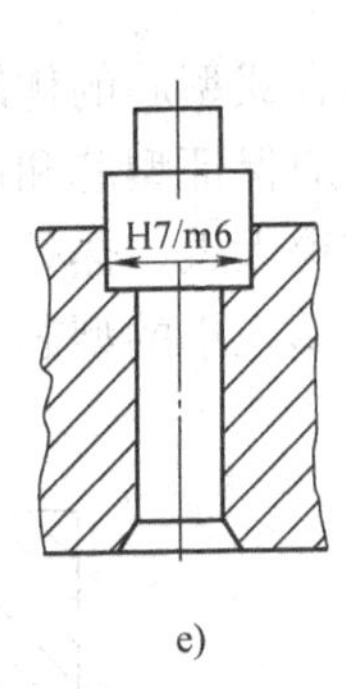

e)

图 5-49　小型芯的固定方法

对于异形型芯，为了制造方便，常将型芯设计成两段，型芯的连接固定段制成圆形，并用凸肩和模板连接，如图 5-50a 所示；也可以用螺钉紧固，如图 5-50b 所示。

多个互相靠近的小型芯，用凸肩固定时，如果凸肩发生重迭干涉，可将凸肩相碰的一面磨去，将型芯固定板的台阶孔加工成大圆台阶孔或长腰圆形台阶孔，然后再将型芯镶入，如图 5-51a、b 所示。

（三）螺纹型芯和螺纹型环的结构设计

螺纹型芯和螺纹型环是分别用来成型塑件上内螺纹和外螺纹的活动镶件。另外，螺纹型芯和螺纹型环还可以用来固定带螺纹孔和螺杆的嵌件。成型后，螺纹型芯和螺纹型环的脱卸方法有两种，一种是模内自动脱卸，另一种是模外手动脱卸。这里仅介绍模外手动脱卸的螺纹型芯和螺纹型环的结构及固定方法。

1. 螺纹型芯的结构

螺纹型芯按用途分为直接成型塑件上螺纹孔

a)　　b)

图 5-50　异形型芯的固定

的和固定螺母嵌件的两种。两种螺纹型芯在结构上没有原则上的区别，用来成型塑件螺孔的螺纹型芯在设计时必须考虑塑料收缩率，表面粗糙度值要小（$R_a < 0.4\mu m$），螺纹始端和末端按塑料螺纹结构要求设计，以防止从塑件上拧下时拉毛塑料螺纹；而固定螺母的螺纹型芯不必放收缩率，按普通螺纹制造即可。

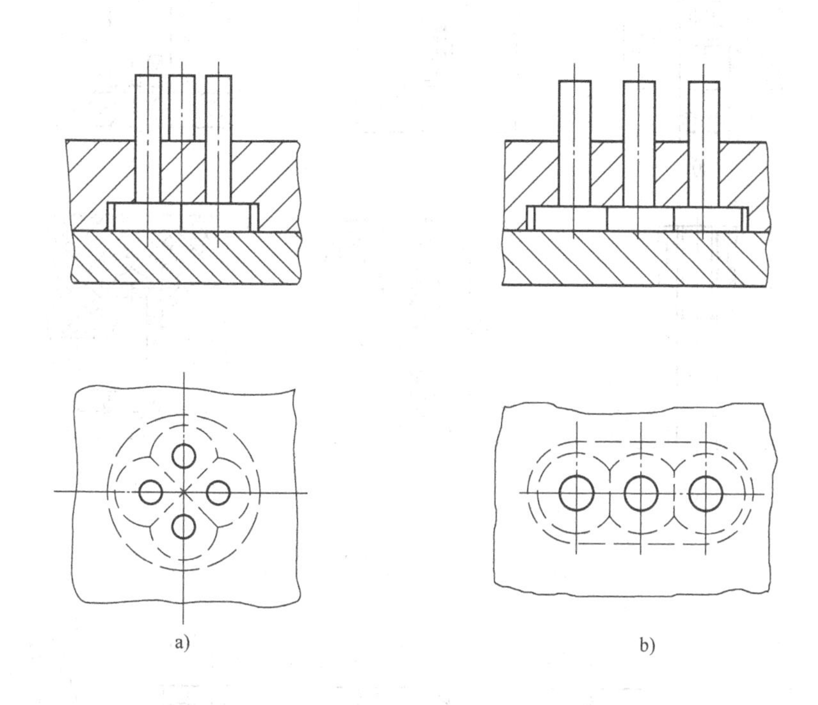

图 5-51　多个互相靠近型芯的固定

螺纹型芯安装在模具上，成型时要可靠定位，不能因合模振动或料流冲击而移动；开模时能与塑件一道取出并便于装卸。螺纹型芯在模具上安装的形式如图 5-52 所示。图 5-52a ~ c 是成型内螺纹的螺纹型芯；图 5-52d ~ f 是安装螺纹嵌件的螺纹型芯。图 5-52a 是利用锥面定位和支承的形式；图 5-52b 是用大圆柱面定位和台阶支承的形式；图 5-52c 是用圆柱面定位和垫板支承的形式；图 5-52d 是利用嵌件与模具的接触面起支承作用，以防止型芯受压下沉；图 5-52e 是将嵌件下端镶入模板中，以增加嵌件的稳定性，并防止塑料挤入嵌件螺孔中；图 5-52f 是将小直径的螺纹嵌件直接插入固定在模具上的光杆型芯上，因螺纹牙沟槽很细小，塑料仅能挤入一小段，并不妨碍使用，这样可省去模外脱卸螺纹的操作。

螺纹型芯的非成型端应制成方形或将相对两边磨成两个平面，以便在模外用工具将其旋下。

图 5-53 是固定在立式注射机上模或卧式注射机动模部分的螺纹型芯结构及固定方法。由于合模时冲击振动较大，螺纹型芯插入时应有弹性联接装置，以免造成型芯脱落或移动，导致塑件报废或模具损伤。图 5-53a 是带豁口柄的结构，豁口柄的弹力将型芯支撑在模具内，适用于直径小于 8mm 的型芯；图 5-53b 是用台阶起定位作用，并能防止成型螺纹时挤入塑料；图 5-53c、d 是用弹簧钢丝定位，常用于直径为 5 ~ 10mm 的型芯上；当螺纹型芯直

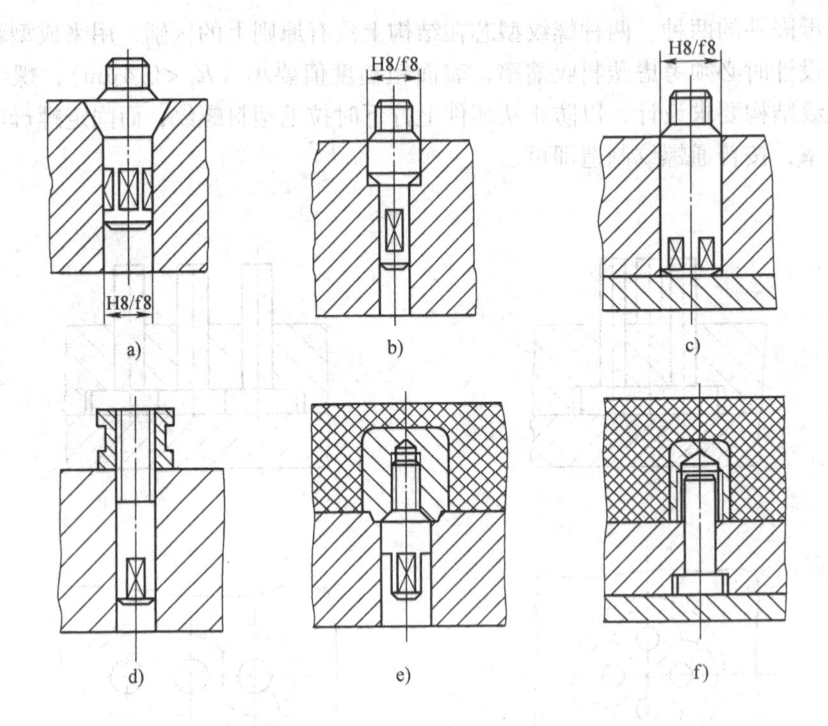

图 5-52　螺纹型芯的安装形式

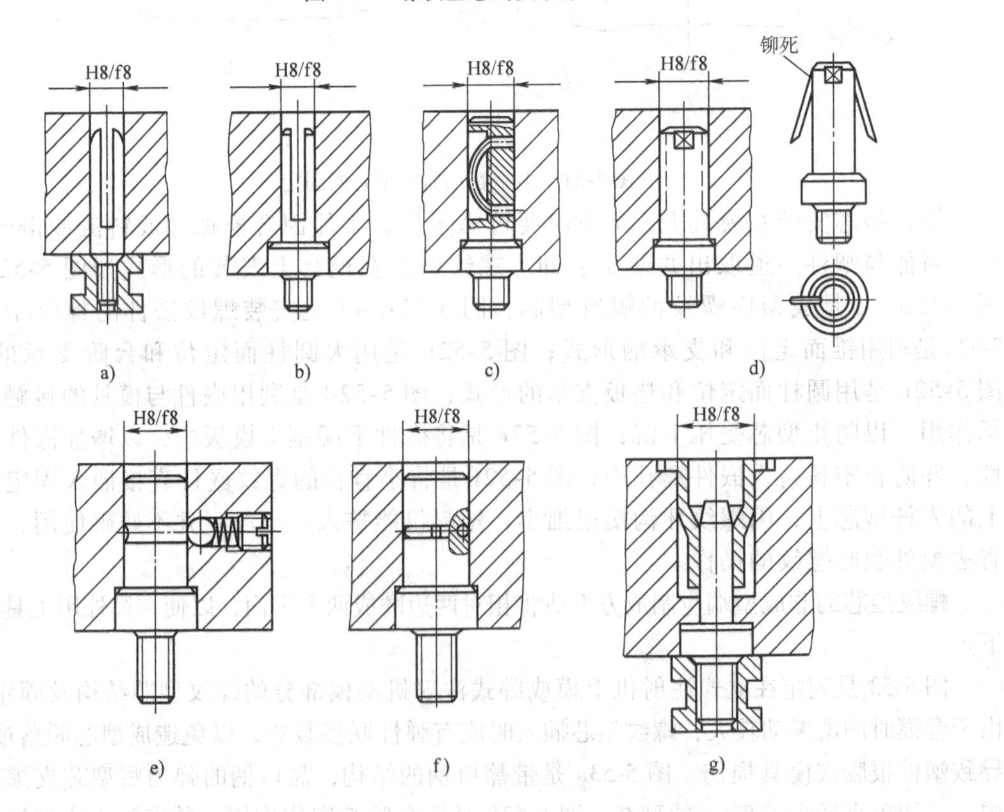

图 5-53　带弹性联接的螺纹型芯安装形式

径大于10mm时，可采用图5-53e的结构，用钢球弹簧固定，当螺纹型芯直径大于15mm时，则可反过来将钢球和弹簧装置在型芯杆内；图5-53f是利用弹簧卡圈固定型芯；图5-53g是用弹簧夹头固定型芯。

螺纹型芯与模板内安装孔的配合用H8/f8。

2. 螺纹型环的结构

螺纹型环常见的结构如图5-54所示。图5-54a是整体式的螺纹型环，型环与模板的配合用H8/f8，配合段长3～5mm，为了安装方便，配合段以外制出3°～5°的斜度，型环下端可铣成方形，以便用扳手从塑件上拧下；图5-54b是组合式型环，型环由两半瓣拼合而成，两半瓣中间用导向销定位。成型后用尖劈状卸模器楔入型环两边的楔形槽内，使螺纹型环分开。组合式型环卸螺纹快而省力。但在成型的塑料外螺纹上留下难以修整的拼合痕迹，因此，这种结构只适用于精度要求不高的粗牙螺纹的成型。

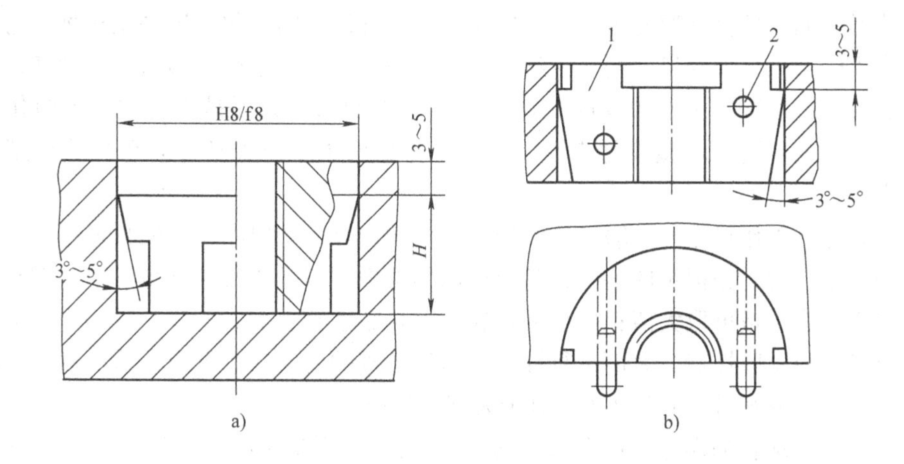

图5-54 螺纹型环的结构

1—螺纹型环 2—定位销钉

二、成型零件工作尺寸的计算

成型零件工作尺寸是指成型零件上直接用来构成塑件的尺寸，主要有型腔和型芯的径向尺寸（包括矩形和异形零件的长和宽），型腔的深度尺寸和型芯的高度尺寸，型芯和型芯之间的位置尺寸等。任何塑料制件都有一定的几何形状和尺寸的要求，如在使用中有配合要求的尺寸，则精度要求较高。在模具设计时，应根据塑件的尺寸及精度等级确定模具成型零件的工作尺寸及精度等级。影响塑件尺寸精度的因素相当复杂，这些影响因素应作为确定成型零件工作尺寸的依据。影响塑件尺寸精度的主要因素如下：

（1）塑件收缩率的影响　塑件成型后的收缩率与塑料的品种，塑件的形状、尺寸、壁厚，模具的结构，成型的工艺条件等因素有关。在模具设计时，确定准确的收缩率是很困难的，因为所选取的计算收缩率和实际收缩率有差异。在生产塑件时由于工艺条件、塑料批号发生变化也会造成塑件收缩率的波动。收缩率的偏差和波动，都会引起塑件尺寸误差，其尺寸变化值为：

$$\delta_s = (s_{max} - s_{min})L_s \tag{5-10}$$

式中 δ_s——塑料收缩率波动所引起的塑件尺寸误差；

s_{max}——塑料的最大收缩率；

s_{min}——塑料的最小收缩率；

L_s——塑件的基本尺寸。

按照一般的要求，塑料收缩率波动所引起的误差应小于塑件公差的1/3。

（2）模具成型零件的制造误差　模具成型零件的制造精度是影响塑件尺寸精度的重要因素之一。成型零件加工精度愈低，成型塑件的尺寸精度也愈低。实践表明，成型零件的制造公差约占塑件总公差的1/3～1/4，因此在确定成型零件工作尺寸公差值时可取塑件公差的1/3～1/4，或取IT7～8级作为模具制造公差。

组合式型腔或型芯的制造公差应根据尺寸链来确定。

（3）模具成型零件的磨损　模具在使用过程中，由于塑料熔体流动的冲刷、脱模时与塑件的摩擦、成型过程中可能产生的腐蚀性气体的锈蚀、以及由于上述原因造成的成型零件表面粗糙度值增大而重新打磨抛光等，均造成了成型零件尺寸的变化。这种变化称为成型零件的磨损，磨损的结果是型腔尺寸变大，型芯尺寸变小。磨损大小还与塑料的品种和模具材料及热处理有关。上述诸因素中脱模时塑件对成型零件的摩擦磨损是主要的，为简化计算起见，凡与脱模方向垂直的成型零件表面，可以不考虑磨损；与脱模方向平行的成型零件表面，应考虑磨损。

计算成型零件工作尺寸时，磨损量应根据塑件的产量、塑料品种、模具材料等因素来确定。对生产批量小的，磨损量取小值，甚至可以不考虑磨损量；玻璃纤维等增强塑料对成型零件磨损严重，磨损量可取大值；摩擦因数较小的热塑性塑料对成型零件磨损小，磨损量可取小值；模具材料耐磨性好，表面进行镀铬、渗氮处理的，磨损量可取小值。对于中小型塑件，最大磨损量可取塑件公差的1/6；对于大型塑件应取1/6以下。

（4）模具安装配合的误差　模具成型零件装配误差以及在成型过程中成型零件配合间隙的变化，都会引起塑件尺寸的变化。例如，由于成型压力使模具分型面有胀开的趋势，同时由于分型面上的残渣或模板加工平面度的影响，动定模分型面上有一定的间隙，它对塑件高度方向尺寸有影响；活动型芯与模板配合间隙过大，将影响塑件上孔的位置精度。

综上所述，塑件在成型过程中产生的最大尺寸误差应该是上述各种误差的总和，即

$$\delta = \delta_z + \delta_c + \delta_s + \delta_j + \delta_a \quad (5\text{-}11)$$

式中 δ——塑件的成型误差；

δ_z——模具成型零件制造公差；

δ_c——模具成型零件在使用中的最大磨损量；

δ_s——塑料收缩率波动所引起的塑件尺寸误差；

δ_j——模具成型零件因配合间隙变化而引起塑件尺寸的误差；

δ_a——因安装固定成型零件而引起的塑件尺寸误差。

由此可见，由于影响因素多，累积误差较大，因此塑件的尺寸精度往往较低。设计塑件时，其尺寸精度的选择不仅要考虑塑件的使用和装配要求，而且要考虑塑件在成型过程中可能产生的误差，使塑件规定的公差值Δ大于或等于以上各项因素所引起的累

积误差，即在设计时，应考虑使以上各项因素所引起的累积误差不超过塑件规定的公差值，即

$$\delta \leqslant \Delta \tag{5-12}$$

在一般情况下，收缩率的波动、模具制造公差和成型零件的磨损是影响塑件尺寸精度的主要原因。而且并不是塑件的任何尺寸都与以上几个因素有关，例如用整体式凹模成型塑件时，其径向（或长与宽）只受 δ_s、δ_z、δ_c 的影响，而高度尺寸则受 δ_s、δ_z 和 δ_j 的影响。另外，所有的误差同时偏向最大值或同时偏向最小值的可能性是非常小的。

从式（5-10）可以看出，收缩率的波动引起的塑件尺寸误差随塑件尺寸的增大而增大。因此，生产大型塑件时，因收缩率波动对塑件尺寸公差影响较大，若单靠提高模具制造精度等级来提高塑件精度是困难和不经济的，应稳定成型工艺条件和选择收缩率波动较小的塑料。生产小型塑件时，模具制造公差和成型零件的磨损，是影响塑件尺寸精度的主要因素，因此，应提高模具精度等级和减少磨损。

计算模具成型零件最基本的公式为

$$a = b + bs \tag{5-13}$$

式中　a——模具成型零件在常温下的实际尺寸；

b——塑件在常温下的实际尺寸；

s——塑料的计算收缩率。

以上是仅考虑塑料收缩率时计算模具成型零件工作尺寸的公式。若考虑其他因素时，则模具成型零件工作尺寸的计算公式就有不同形式。现介绍一种常用的按平均收缩率、平均磨损量和模具平均制造公差为基准的计算方法。从附表 B 中可查到常用塑料的最大收缩率 s_{max} 和最小收缩率 s_{min}，该塑料的平均收缩率 $\bar{s}$ 为

$$\bar{s} = \frac{s_{max} + s_{min}}{2} \times 100\% \tag{5-14}$$

式中　$\bar{s}$——塑料的平均收缩率；

s_{max}——塑料的最大收缩率；

s_{min}——塑料的最小收缩率。

在以下的计算中，塑料的收缩率均为平均收缩率。并规定：塑件外形最大尺寸为基本尺寸，偏差为负值，与之相对应的模具型腔最小尺寸为基本尺寸，偏差为正值；塑件内形最小尺寸为基本尺寸，偏差为正值，与之相对应的模具型芯最大尺寸为基本尺寸，偏差为负值；中心距偏差为双向对称分布。模具成型零件工作尺寸与塑件尺寸的关系如图 5-53 所示。

（一）型腔和型芯工作尺寸的计算

1. 型腔和型芯的径向尺寸

（1）型腔径向尺寸　如前所述，塑件的基本尺寸 l_s 是最大尺寸，其公差 Δ 为负偏差。如果塑件上原有的公差的标注与此不符，应按此规定转换为单向负偏差。因此，塑件的平均径向尺寸为 $l_s - \Delta/2$。模具型腔的基本尺寸 l_M 是最小尺寸，公差值为正偏差，型腔的平均尺寸则为 $l_M + \delta_z/2$。型腔的平均磨损量为 $\delta_c/2$，考虑平均收缩率后，则可列出如下等式：

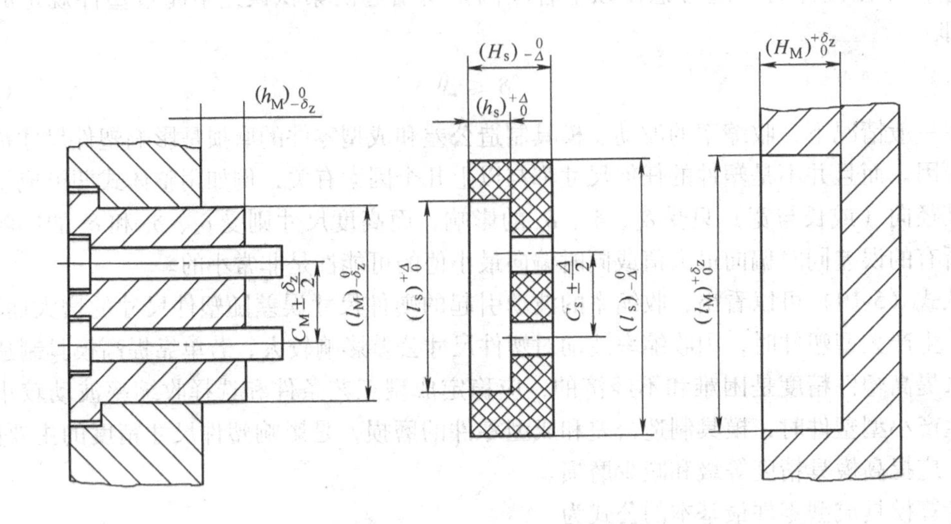

图 5-55　模具成型零件工作尺寸与塑件尺寸的关系

$$l_M + \frac{\delta_z}{2} + \frac{\delta_c}{2} = \left(l_s - \frac{\Delta}{2}\right) + \left(l_s - \frac{\Delta}{2}\right)\bar{s}$$

略去比其他各项小得多的$\frac{\Delta}{2}\bar{s}$，则得型腔径向尺寸为

$$l_M = (1 + \bar{s})l_s - \frac{1}{2}(\Delta + \delta_z + \delta_c)$$

δ_z 和 δ_c 是和 Δ 有关的量，因此，公式后半部分可用 $x\Delta$ 表示，标注上制造公差后，得

$$(l_M)_{0}^{+\delta_z} = [(1 + \bar{s})l_s - x\Delta]_{0}^{+\delta_z} \tag{5-15}$$

由于 δ_z、δ_c 与 Δ 的关系随塑件的精度等级和尺寸大小的不同而变化，因此，式中 Δ 前的系数 x 在塑件尺寸较大、精度级别较低时，δ_z 和 δ_c 可忽略，则 $x = 0.5$；当塑料制件尺寸较小、精度级别较高时，δ_c 可取 $\Delta/6$，δ_z 可取 $\Delta/3$，此时，$x = 0.75$。则式（5-15）为

$$(l_M)_{0}^{+\delta_z} = [(1 + \bar{s})l_s - (0.5 \sim 0.75)\Delta]_{0}^{+\delta_z} \tag{5-16}$$

（2）型芯径向尺寸　塑件孔的径向基本尺寸 l_s 是最小尺寸，其公差 Δ 为正偏差，型芯的基本尺寸 l_M 是最大尺寸，制造公差为负偏差，经过与上面型腔径向尺寸相类似的推导，可得

$$(l_M)_{-\delta_z}^{0} = [(1 + \bar{s})l_s + (0.5 \sim 0.75)\Delta]_{-\delta_z}^{0} \tag{5-17}$$

带有嵌件的塑件，收缩率较实体塑件收缩率小，在计算其收缩值时，应将上式中含有收缩值这一项的塑件尺寸改为塑件外形尺寸减去嵌件部分的尺寸。

为了塑件脱模方便，型腔或型芯的侧壁都应设计有脱模斜度，当脱模斜度值不包括在塑件公差范围内时，塑件外形的尺寸只保证大端，塑件内腔的尺寸只保证小端。这时计算型腔尺寸以大端尺寸为基准，另一端按脱模斜度相应减小；计算型芯尺寸以小端尺寸为基准，另一端按脱模斜度相应增大，这样便于修模时有余量。如果塑件使用要求正好相反，应在图样上注明。

2. 型腔深度尺寸和型芯高度尺寸

在型腔深度和型芯高度尺寸计算中，由于型腔的底面或型芯的端面磨损很小，所以可不考虑磨损量，由此可以推出

$$(H_M)_{0}^{+\delta_z} = [(1+\bar{s})H_s + x\Delta]_{0}^{+\delta_z} \tag{5-18}$$

$$(h_M)_{-\delta_z}^{0} = [(1+\bar{s})h_s + x\Delta]_{-\delta_z}^{0} \tag{5-19}$$

上两式中修正系数 $x=1/2\sim1/3$，当塑件尺寸大、精度要求低时取小值；反之取大值。

3. 中心距尺寸

塑件上凸台之间、凹槽之间或凸台到凹槽的中心线之间的距离称为中心距，该类尺寸属于定位尺寸。由于模具上中心距尺寸和塑件中心距公差都是双向等值公差，同时磨损的结果不会使中心距尺寸发生变化，在计算中心距尺寸时不必考虑磨损量。因此，塑件中心距的基本尺寸 C_s 和模具上成型零件中心距的基本尺寸 C_M 均为平均尺寸，于是

$$C_M = (1+\bar{s})C_s$$

标注上制造公差后得

$$(C_M) \pm \delta_z/2 = (1+\bar{s})C_s \pm \delta_z/2 \tag{5-20}$$

模具中心距是由成型孔或安装型芯的孔的中心距所决定的。用坐标镗床加工孔时，孔轴线位置尺寸偏差取决于机床的精度，一般不会超过 ±0.015 ~ 0.02mm；用普通方法加工孔时，孔间距大，则加工误差也大。如活动型芯与模板孔为间隙配合，配合间隙 δ_j 会使型芯中心距尺寸产生波动而影响塑件中心距尺寸，塑件中心距误差值最大为 δ_j，对于一个型芯，中心距偏差最大为 $0.5\delta_j$。这时，应使 δ_z 和 δ_j 的积累误差小于塑件中心距所要求的公差范围。

按平均收缩率、平均制造公差和平均磨损量计算型腔型芯的尺寸有一定误差，这是因为在上述公式中 δ_z、δ_c 和 Δ 前的系数的取值多凭经验决定。为保证塑件实际尺寸在规定的公差范围内，尤其对于尺寸较大且收缩率波动范围较大的塑件，需要对成型尺寸进行校核，校核合格的条件是，塑件成型公差应小于塑件尺寸公差。

型腔或型芯的径向尺寸

$$(s_{max} - s_{min})L_s(\text{或 } l_s) + \delta_z + \delta_c < \Delta \tag{5-21}$$

型腔深度或型芯高度尺寸

$$(s_{max} - s_{min})H_s(\text{或 } h_s) + \delta_z < \Delta \tag{5-22}$$

塑件的中心距尺寸

$$(s_{max} - s_{min})C_s < \Delta \tag{5-23}$$

式中的符号意义同前。

校核后左边的值与右边的值相比越小，所设计的成型零件尺寸越可靠。否则应提高模具制造精度，降低许用磨损量，特别是选用收缩率波动小的塑料来满足塑件尺寸精度的要求。

（二）螺纹型环和螺纹型芯工作尺寸的计算

螺纹联接的种类很多，配合性质也各不相同，影响塑件螺纹联接的因素比较复杂，目前尚无塑料螺纹的统一标准，也没有成熟的计算方法，因此要满足塑料螺纹配合得准确要求是比较难的。螺纹型环的工作尺寸属于型腔类尺寸，而螺纹型芯的工作尺寸属于型芯类尺寸。

为了提高成型后塑件螺纹的旋入性能，适当缩小了螺纹型环的径向尺寸和增大了螺纹型芯的径向尺寸。由于螺纹中径是决定螺纹配合性质的最重要参数，它决定着螺纹的可旋入性和联接的可靠性，所以计算中的模具螺纹大、中、小径的尺寸，均以塑件螺纹中径公差 $\Delta_{中}$ 为依据。下面介绍普通螺纹型环和型芯工作尺寸的计算公式。

1. 螺纹型环的工作尺寸

(1) 螺纹型环大径

$$(D_{M大})_{0}^{+\delta_z} = [(1+\bar{s})D_{s大} - \Delta_{中}]_{0}^{+\delta_z} \tag{5-24}$$

(2) 螺纹型环中径

$$(D_{M中})_{0}^{+\delta_z} = [(1+\bar{s})D_{s中} - \Delta_{中}]_{0}^{+\delta_z} \tag{5-25}$$

(3) 螺纹型环小径

$$(D_{M小})_{0}^{+\delta_z} = [(1+\bar{s})D_{s小} - \Delta_{中}]_{0}^{+\delta_z} \tag{5-26}$$

上面各式中 $D_{M大}$——螺纹型环大径；

$D_{M中}$——螺纹型环中径；

$D_{M小}$——螺纹型环小径；

$D_{s大}$——塑件外螺纹大径基本尺寸；

$D_{s中}$——塑件外螺纹中径基本尺寸；

$D_{s小}$——塑件外螺纹小径基本尺寸；

$\bar{s}$——塑料平均收缩率；

$\Delta_{中}$——塑件螺纹中径公差，目前我国尚无专门的塑件螺纹公差标准，可参照金属螺纹公差标准中精度最低者选用，其值可查 GB/T 197—2003；

δ_z——螺纹型环中径制造公差，其值可取 $\Delta/5$ 或查表 5-11。

表 5-11　螺纹型环和螺纹型芯的直径制造公差　（单位：mm）

螺纹类型	螺纹直径	制造公差 δ_z			螺纹直径	制造公差 δ_z		
		外径	中径	内径		外径	中径	内径
粗牙	3～12	0.03	0.02	0.03	36～45	0.05	0.04	0.05
	14～33	0.04	0.03	0.03	48～68	0.06	0.05	0.06
细牙	4～22	0.03	0.02	0.03	6～27	0.03	0.02	0.03
	24～52	0.04	0.03	0.04	30～52	0.04	0.03	0.04
	56～68	0.05	0.04	0.05	56～72	0.05	0.04	0.05

2. 螺纹型芯的工作尺寸

(1) 螺纹型芯大径

$$(d_{M大})_{-\delta_z}^{0} = [(1+\bar{s})d_{s大} + \Delta_{中}]_{-\delta_z}^{0} \tag{5-27}$$

(2) 螺纹型芯中径

$$(d_{M中})_{-\delta_z}^{0} = [(1+\bar{s})d_{s中} + \Delta_{中}]_{-\delta_z}^{0} \tag{5-28}$$

(3) 螺纹型芯小径

$$(d_{M小})_{-\delta_z}^{0} = [(1+\bar{s})d_{s小} + \Delta_{中}]_{-\delta_z}^{0} \tag{5-29}$$

上面各式中 $d_{M大}$——螺纹型芯大径；

$d_{M中}$——螺纹型芯中径；

$d_{M小}$——螺纹型芯小径；

$d_{s大}$——塑件内螺纹大径基本尺寸；

$d_{s中}$——塑件内螺纹中径基本尺寸；

$d_{s小}$——塑件内螺纹小径基本尺寸；

$\Delta_{中}$——塑件螺纹中径公差；

δ_z——螺纹型芯的中径制造公差，其值取 $\Delta/5$ 或查表 5-11。

在塑料螺纹成型时，由于收缩的不均匀性和收缩率的波动，使螺纹牙型和尺寸有较大的偏差，从而影响了螺纹的联接。因此，在螺纹型环径向尺寸计算公式中是减去 $\Delta_{中}$，而不是减去 $0.75\Delta_{中}$，即减小了塑件外螺纹的径向尺寸；在螺纹型芯径向尺寸计算公式中是加上 $\Delta_{中}$，而不是加上 $0.75\Delta_{中}$，即增加了塑件内螺纹的径向尺寸，通过增加螺纹径向配合间隙来补偿因收缩而引起的尺寸偏差，提高了塑料螺纹的可旋入性能。在螺纹大径和小径计算公式中，螺纹型环或螺纹型芯都采用了塑件中径的公差 $\Delta_{中}$，制造公差都采用了中径制造公差 δ_z，其目的是提高模具制造精度，因为螺纹中径的公差值总是小于大径和小径的公差值。

3. 螺纹型环或螺纹型芯螺距尺寸

$$(P_M) \pm \delta_z/2 = (P_s + P_s\bar{s}) \pm \delta_z/2 \tag{5-30}$$

式中　P_M——螺纹型环或螺纹型芯螺距；

P_s——塑件外螺纹或内螺纹螺距的基本尺寸；

δ_z——螺纹型环或螺纹型芯螺距制造公差，查表 5-12。

在螺纹型环或螺纹型芯螺距计算中，由于考虑到塑料的收缩率，计算所得到的螺距带有不规则的小数，加工这样特殊螺距很困难，因此用收缩率相同或相近的塑件外螺纹与塑件内螺纹相配合时，计算螺距尺寸可以不考虑收缩率；当塑料螺纹与金属螺纹相配合时，如果螺纹配合长度 $L < \dfrac{0.432\Delta_{中}}{\bar{s}}$（式中的 $\Delta_{中}$ 为塑件螺纹的中径公差，$\bar{s}$ 为塑料的平均收缩率），一般在小于 7～8 牙的情况下，也可以不计算螺距的收缩率，因为在螺纹型环或螺纹型芯中径尺寸中已考虑到了增加中径间隙来补偿塑件螺距的累计误差；当螺纹配合牙数较多，螺纹螺距收缩累计误差很大，必须计算螺距的收缩率时，可以采用在车床上配置特殊齿数的变速挂轮等方法来加工带有不规则小数的特殊螺距的螺纹型环或型芯。

表 5-12　螺纹型环和螺纹型芯螺距的制造公差　（单位：mm）

螺纹直径	配合长度 L	制造公差 δ_z
3～10	～12	0.01～0.03
12～22	>12～20	0.02～0.04
24～68	>20	0.03～0.05

4. 牙型角

如果塑料均匀地收缩，则不会改变牙型角的度数，螺纹型环或型芯的牙型角应尽量制成接近标准值，米制螺纹为 60°，英制螺纹为 55°。

三、模具型腔侧壁和底板厚度的计算

塑料模具型腔在成型过程中受到熔体的高压作用，应具有足够的强度和刚度，如果型腔侧壁和底板厚度过小，可能因强度不够而产生塑性变形甚至破坏；也可能因刚度不足而产生挠曲变形，导致溢料和出现飞边，降低塑件尺寸精度并影响顺利脱模。因此，应通过强度和刚度计算来确定型腔壁厚，尤其对于重要的精度要求高的或大型模具的型腔，更不能单纯凭经验来确定型腔侧壁和底板厚度。

模具型腔壁厚的计算，应以最大压力为准。而最大压力是在注射时，熔体充满型腔的瞬间产生的，随着塑料的冷却和浇口的冻结，型腔内的压力逐渐降低，在开模时接近常压。理论分析和生产实践表明，大尺寸的模具型腔，刚度不足是主要矛盾，型腔壁厚应以满足刚度条件为准；而对于小尺寸的模具型腔，在发生大的弹性变形前，其内应力往往超过了模具材料的许用应力，因此强度不够是主要矛盾，设计型腔壁厚应以强度条件为准。

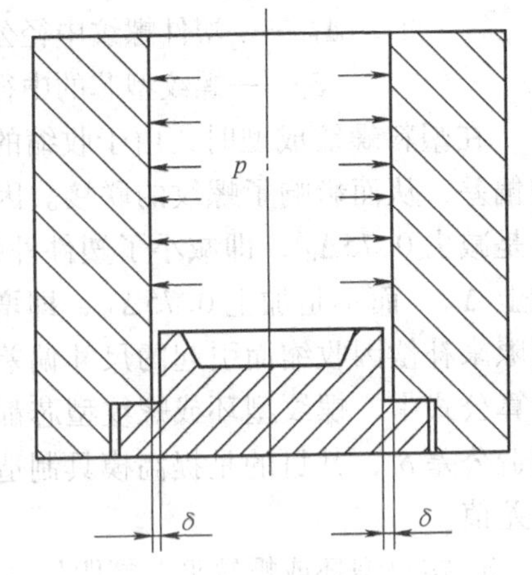

图 5-56　型腔弹性变形与溢料的产生

型腔壁厚的强度计算条件是型腔在各种受力形式下的应力值不得超过模具材料的许用应力；而刚度计算条件由于模具的特殊性，应从以下三个方面来考虑：

（1）模具成型过程中不发生溢料　当高压熔体注入型腔时，模具型腔的某些配合面产生间隙，间隙过大则出现溢料，如图 5-56 所示。这时应根据塑料的粘度特性，在不产生溢料的前提下，将允许的最大间隙值〔δ〕作为型腔的刚度条件。各种塑料的最大不溢料间隙值见表 5-13。

（2）保证塑件尺寸精度　某些塑料制件或塑件的某些部位尺寸常要求较高的精度，这就要求模具型腔应具有很好的刚性，以保证塑料熔体注入型腔时不产生过大的弹性变形。此时，型腔的允许变形量〔δ〕由塑件尺寸和公差值来确定。由塑件尺寸精度确定的刚度条件可用表 5-14 所列的经验公式计算出来。

表 5-13　不发生溢料的间隙值〔δ〕　　（单位：mm）

粘度特性	塑料品种举例	允许变形值〔δ〕
低粘度塑料	尼龙（PA）、聚乙烯（PE）、聚丙烯（PP）、聚甲醛（POM）	≤0.025～0.04
中粘度塑料	聚苯乙烯（PS）、ABS、聚甲基丙烯酸甲酯（PMMA）	≤0.05
高粘度塑料	聚碳酸酯（PC）、聚砜（PSF）、聚苯醚（PPO）	≤0.06～0.08

表 5-14　保证塑件尺寸精度的〔δ〕值　　（单位：mm）

塑件尺寸	经验公式〔δ〕
<10	$\Delta_i/3$
>10～50	$\Delta_i/[3(1+\Delta_i)]$
>50～200	$\Delta_i/[5(1+\Delta_i)]$
>200～500	$\Delta_i/[10(1+\Delta_i)]$
>500～1000	$\Delta_i/[15(1+\Delta_i)]$
>1000～2000	$\Delta_i/[20(1+\Delta_i)]$

注：1. i 为塑件精度等级，由表 3-2 选定。
2. Δ 为塑件尺寸公差值，由表 3-1 选定。

例如，塑件尺寸在 200 ~ 500mm 范围内，其三级和五级精度的公差分别为 0.50 ~ 1.10mm 和 1.00 ~ 2.20mm，因此其刚度条件分别为 $[\delta]_3 = 0.033 \sim 0.052$mm 和 $[\delta]_5 = 0.050 \sim 0.069$mm。

（3）保证塑件顺利脱模　如果型腔刚度不足，在熔体高压作用下会产生过大的弹性变形，当变形量超过塑件收缩值时，塑件周边将被型腔紧紧包住而难以脱模，强制顶出易使塑件划伤或破裂，因此型腔的允许弹性变形量应小于塑件壁厚的收缩值，即

$$[\delta] < \delta s \tag{5-31}$$

式中 $[\delta]$——保证塑件顺利脱模的型腔允许弹性变形量（mm）；

δ——塑件壁厚（mm）；

s——塑料的收缩率。

在一般情况下，因塑料的收缩率较大，型腔的弹性变形量不会超过塑料冷却时的收缩值。因此，型腔的刚度要求主要由不溢料和塑件精度来决定。当塑件某一尺寸同时有几项要求时，应以其中最苛刻的条件作为刚度设计的依据。

型腔尺寸以强度和刚度计算的分界值取决于型腔的形状、结构、模具材料的许用应力、型腔允许的弹性变形量以及型腔内熔体的最大压力。在以上诸因素一定的条件下，以强度计算所需要的壁厚和以刚度计算所需要的壁厚相等时的型腔内尺寸即为强度计算和刚度计算的分界值。在分界值不知道的情况下，应分别按强度条件和刚度条件算出壁厚，取其中较大值作为模具型腔的壁厚。

由于型腔的形状、结构形式是多种多样的，同时在成型过程中模具受力状态也很复杂，一些参数难以确定，因此对型腔壁厚作精确的力学计算几乎是不可能的。只能从实用观点出发，对具体情况作具体分析，建立接近实际的力学模型，确定较为接近实际的计算参数，采用工程上常用的近似计算方法，以满足设计上的需要。

下面介绍几种常见的规则型腔的壁厚和底板厚度的计算方法。对于不规则的型腔，可简化为下面的规则型腔进行近似计算。

（一）矩形型腔结构尺寸计算

矩形型腔是指横截面呈矩形结构的成型型腔。按型腔结构可分为组合式和整体式两类。

1. 组合式矩形型腔

组合式矩形型腔结构有很多种，典型结构如图 5-57 所示。

（1）型腔侧壁厚度计算　图 5-57a 表示组合式矩形型腔工作时变形情况，在熔体压力作用下，侧壁向外膨胀产生弯曲变形，使侧壁与底板间出现间隙，间隙过大将发生溢料或影响塑件尺寸精度。将侧壁每一边都看成是受均匀载荷的端部固定梁，设允许最大变形量为 $[\delta]$，其壁厚按刚度条件的计算式为

$$s = \sqrt[3]{\frac{pH_1 l^4}{32EH[\delta]}} \tag{5-32}$$

式中 s——矩形型腔侧壁厚度（mm）；

p——型腔内熔体的压力（MPa）；

H_1——承受熔体压力的侧壁高度（mm）；

l——型腔侧壁长边长（mm）；

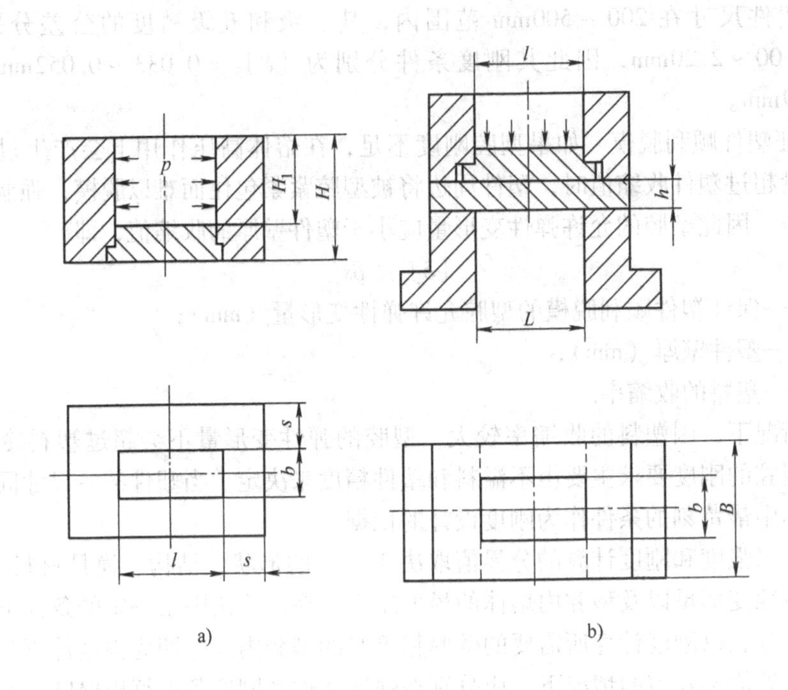

图 5-57　组合式矩形型腔结构及受力状况

E——钢的弹性模量，取 2.06×10^5MPa；

H——型腔侧壁总高度（mm）；

〔δ〕——允许变形量（mm）。

如果先进行强度计算，求出型腔的侧壁厚度，再校验弹性变形量是否在允许的范围内，则式（5-32）可变换为

$$\delta = \frac{pH_1 l^4}{32EHs^3} \leqslant [\delta] \tag{5-33}$$

按强度条件来计算，矩形型腔侧壁每边都受到拉应力和弯曲应力的联合作用。按端部固定梁计算，弯曲应力的最大值在梁的两端。

$$\sigma_w = \frac{pH_1 l^2}{2Hs^2}$$

由相邻侧壁受载所引起的拉应力为

$$\sigma_b = \frac{pH_1 b}{2Hs}$$

式中　b——型腔侧壁的短边长（mm）。

总应力应小于模具材料的许用应力〔σ〕，即

$$\sigma_w + \sigma_b = \frac{pH_1 l^2}{2Hs^2} + \frac{pH_1 b}{2Hs} \leqslant [\sigma] \tag{5-34}$$

为计算简便，略去较小的 σ_b，按强度条件型腔侧壁的计算式为

$$s = \sqrt[2]{\frac{pH_1 l^2}{2H[\sigma]}} \tag{5-35}$$

当 $p=50\text{MPa}$、$H_1/H=4/5$、$[\delta]=0.05\text{mm}$、$[\sigma]=160\text{MPa}$ 时，侧壁长边 l 刚度计算与强度计算的分界尺寸为370mm，即当 $l>370\text{mm}$ 时按刚度条件计算侧壁厚度，反之按强度条件计算侧壁厚度。

（2）底板厚度的计算　组合式型腔底板厚度实际上是支承板的厚度。底板厚度的计算因其支撑形式不同有很大差异，对于最常见的动模边为双支脚的底板（如图5-57b所示），为简化计算，假定型腔长边 l 和支脚间距 L 相等，底板可作为受均匀载荷的简支梁，其最大变形出现在板的中间，按刚度条件计算底板的厚度为

$$h=\sqrt[3]{\frac{5pbl^4}{32EB[\delta]}} \tag{5-36}$$

式中　h——矩形底板（支承板）的厚度（mm）；

B——底板总宽度（mm）。

简支梁的最大弯曲应力也出现在板的中间最大变形处，按强度条件计算底板厚度为

$$h=\sqrt{\frac{3pbL^2}{4B[\sigma]}} \tag{5-37}$$

式中　L——双支脚间距（mm）。

当 $p=50\text{MPa}$、$b/B=1/2$、$[\delta]=0.05\text{mm}$、$[\sigma]=160\text{MPa}$ 时，强度与刚度计算的分界尺寸为 $L=108\text{mm}$，即 $L>108\text{mm}$ 时按刚度条件计算底板厚度，反之按强度条件计算底板厚度。

2. 整体式矩形型腔

整体式矩形型腔如图5-58所示，这种结构与组合式型腔相比刚性较大。由于底板与侧壁为一整体，所以在型腔底面不会出现溢料间隙。因此在计算型腔壁厚时变形量的控制主要是为了保证塑件尺寸精度和顺利脱模。

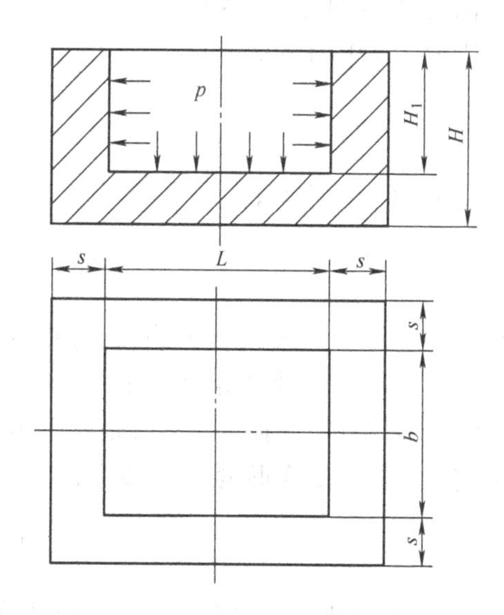

图5-58　整体式矩形型腔受力状况

（1）型腔侧壁厚度的计算　整体式矩形型腔的任一侧壁均可看作是三边固定，一边自由的矩形板，在塑料熔体压力作用下，矩形板的最大变形发生在自由边的中点，变形量为

$$\delta=\frac{cpH_1^4}{Es^3}$$

按刚度条件计算侧壁厚度为

$$s=\sqrt[3]{\frac{cpH_1^4}{E[\delta]}} \tag{5-38}$$

式中　c——由 H_1/l 决定的系数，查表5-15。

整体式矩形型腔侧壁的最大弯曲应力为

表 5-15　系数 c、W 值

H_1/l	0.3	0.4	0.5	0.6	0.7	0.8	0.9	1.0	1.2	1.5	2.0
c	0.930	0.570	0.330	0.188	0.117	0.073	0.045	0.031	0.015	0.006	0.002
W	0.108	0.130	0.148	0.163	0.176	0.187	0.197	0.205	0.219	0.235	0.254

$$\sigma_{max} = \frac{M_{max}}{W}$$

式中　σ_{max}——型腔侧壁的最大弯曲应力；

M_{max}——型腔侧壁的最大弯矩；

W——抗弯截面系数，见表 5-15。

考虑到短边所承受的成型压力的影响，侧壁的最大应力用下式计算：

当 $H_1/l \geqslant 0.41$ 时，$\sigma_{max} = \dfrac{pl^2(1+Wa)}{2s^2}$

当 $H_1/l < 0.41$ 时，$\sigma_{max} = \dfrac{3pH_1^2(1+Wa)}{s^2}$

因此，按强度条件，型腔侧壁的计算式为

当 $H_1/l \geqslant 0.41$ 时，

$$s = \sqrt{\frac{pl^2(1+Wa)}{2[\sigma]}} \tag{5-39}$$

当 $H_1/l < 0.41$ 时，

$$s = \sqrt{\frac{3pH_1^2(1+Wa)}{[\sigma]}} \tag{5-40}$$

式中　a——矩形成型型腔的边长比，$a = b/l$。

（2）底板厚度的计算　整体式矩形型腔的底板，如果后部没有支承板，直接支撑在模脚上，中间是悬空的，底板可以看成是周边固定的受均匀载荷的矩形板。由于熔体的压力，板的中心将产生最大的变形量，按刚度条件，型腔底板厚度为

$$h = \sqrt[3]{\frac{c'pb^4}{E[\delta]}} \tag{5-41}$$

式中　c'——由型腔边长比 l/b 决定的系数，查表 5-16。

表 5-16　系数 c' 的值

l/b	c'	l/b	c'
1	0.0138	1.6	0.0251
1.1	0.0164	1.7	0.0260
1.2	0.0188	1.8	0.0267
1.3	0.0209	1.9	0.0272
1.4	0.0226	2.0	0.0277
1.5	0.0240		

整体式矩形型腔底板的最大应力发生在短边与侧壁交界处。按强度条件，底板厚度的计

算式为

$$h = \sqrt{\frac{a'pb^2}{[\sigma]}} \tag{5-42}$$

式中　a'——由模脚(垫块)之间距离和型腔短边长度 L/b 所决定的系数,查表5-17。

表5-17　系数 α' 的值

L/b	1.0	1.2	1.4	1.6	1.8	2.8	∞
α'	0.3078	0.3834	0.4356	0.4680	0.4872	0.4974	0.5000

由于型腔壁厚计算比较麻烦,表5-18列举了矩形型腔壁厚的经验推荐数据,供设计时参考。

表5-18　矩形型腔壁厚尺寸　　(单位:mm)

矩形型腔内壁短边 b	整体式型腔侧壁厚 s	镶拼式型腔	
		凹模壁厚 s_1	模套壁厚 s_2
40	25	9	22
>40～50	25～30	9～10	22～25
>50～60	30～35	10～11	25～28
>60～70	35～42	11～12	28～35
>70～80	42～48	12～13	35～40
>80～90	48～55	13～14	40～45
>90～100	55～60	14～15	45～50
>100～120	60～72	15～17	50～60
>120～140	72～85	17～19	60～70
>140～160	85～95	19～21	70～80

3. 矩形型腔动模支承板厚度

动模支承板又称为型芯支承板,一般都是两端被模脚或垫块支撑着,如图5-59所示。动模支承板在成型压力作用下发生变形时,导致塑件高度方向尺寸超差,或在分型面发生溢料现象。对于动模板是穿通组合式的情况,组合式矩形型腔底板厚度就是指动模支承板的厚度;对于整体式型腔,动模垫板厚度选择较自由,因为整体式的矩形型腔底板厚度已经符合设计要求。

当已选定的动模支承板厚度通过校验不够时,或者设计时为了有意识地减少动模支承板厚度以节约材料,可在支承板和动模底板之间设置支柱或支块,如图5-60所示。

在两模脚(垫块)之间设置一根支柱时(见图5-60a),动模垫板厚度可按下式计算:

$$h = \sqrt[3]{\frac{5pb(L/2)^4}{32EB[\delta]}} \tag{5-43}$$

在两模脚之间设置两根支柱时(图5-60b),垫板厚度可用下式计算:

$$h = \sqrt[3]{\frac{5pb(L/3)^4}{32EB[\delta]}} \tag{5-44}$$

表5-19列举了动模垫板厚度经验数据,供设计时参考。

表 5-19　动模垫板厚度　　（单位：mm）

塑件在分型面上的投影面积/cm^2	垫板厚度
~5	15
>5~10	15~20
>10~50	20~25
>50~100	25~30
>100~200	30~40
>200	>40

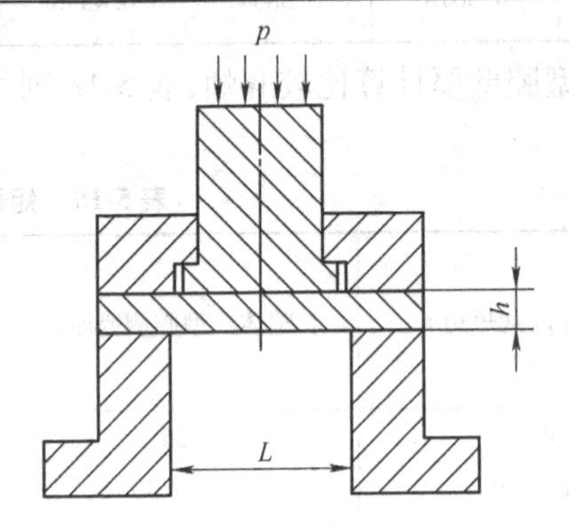

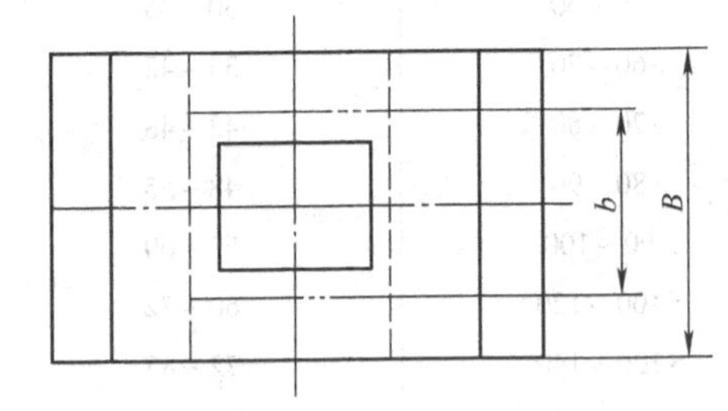

图 5-59　动模支承板受力状况

（二）圆形型腔结构尺寸计算

圆形型腔是指模具型腔横截面呈圆形的结构。按结构可分为组合式和整体式两类。

1. 组合式圆形型腔

组合式圆形型腔结构及受力状况如图 5-61 所示。

（1）型腔侧壁厚度的计算　组合式圆形型腔侧壁可作为两端开口，仅受均匀内压的厚壁圆筒，当型腔受到熔体的高压作用时，其内半径增大，在侧壁与底板之间产生纵向间隙，间隙过大便会导致溢料。

按刚度条件，型腔侧壁厚度计算式为

$$s = R - r = r\left(\sqrt{\frac{1-\mu+\dfrac{E[\delta]}{rp}}{\dfrac{E[\delta]}{rp}-\mu-1}}-1\right) \tag{5-45}$$

式中　s——型腔侧壁厚度（mm）；

R——型腔外半径（mm）；

r——型腔内半径（mm）；

μ——泊松比，碳钢取 0.25；

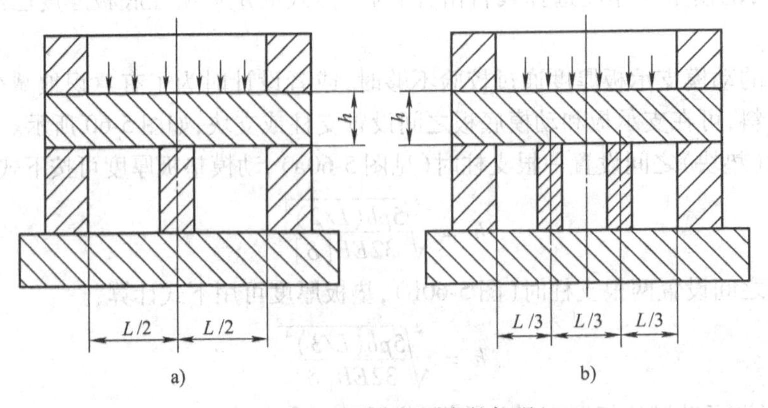

图 5-60　动模垫板刚度的加强

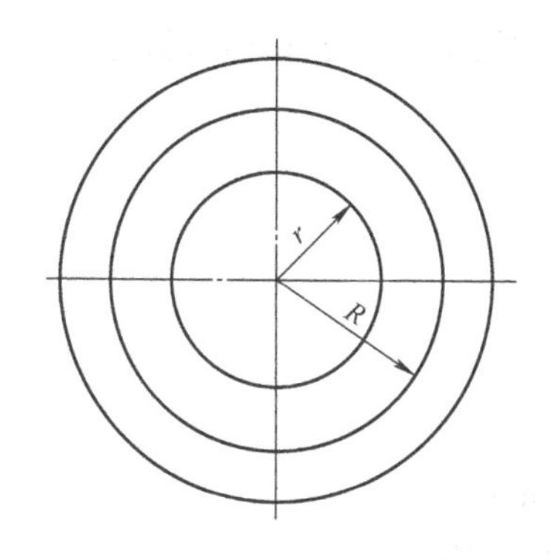

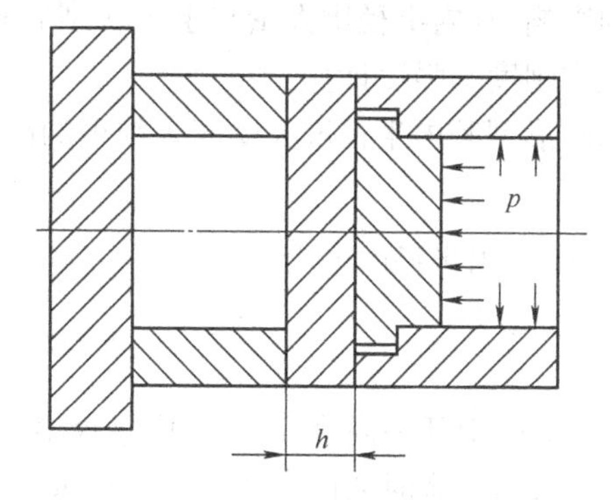

图 5-61　组合式圆形型腔结构及受力状况

E——钢的弹性模量，取 2.06×10^5MPa；

p——型腔内塑料熔体压力(MPa)；

$[\delta]$——型腔允许变形量(mm)。

按强度条件，型腔侧壁厚度计算式为

$$s = R - r = r\left(\sqrt{\frac{[\sigma]}{[\sigma]-2p}}-1\right) \tag{5-46}$$

当 $p=50$MPa、$[\delta]=0.05$mm、$[\sigma]=160$MPa 时，刚度条件和强度条件的分界尺寸是 $r=86$mm，内半径 $r>86$mm 按刚度条件计算型腔壁厚；反之按强度条件计算型腔壁厚。

(2) 底板厚度的计算　组合式圆形型腔底板固定在圆环形的模脚上，并假定模脚的内半径等于型腔内半径。这样底板可作为周边简支的圆板，最大变形发生在板的中心。

按刚度条件，型腔底板厚度为

$$h = \sqrt[3]{0.74\frac{pr^4}{E[\delta]}} \tag{5-47}$$

按强度条件，最大应力也发生在板中心，底板厚度为

$$h = r\sqrt{\frac{1.22p}{[\sigma]}} \tag{5-48}$$

2. 整体式圆形型腔

整体式圆形型腔结构及受力状况、变形情况如图 5-62 所示。

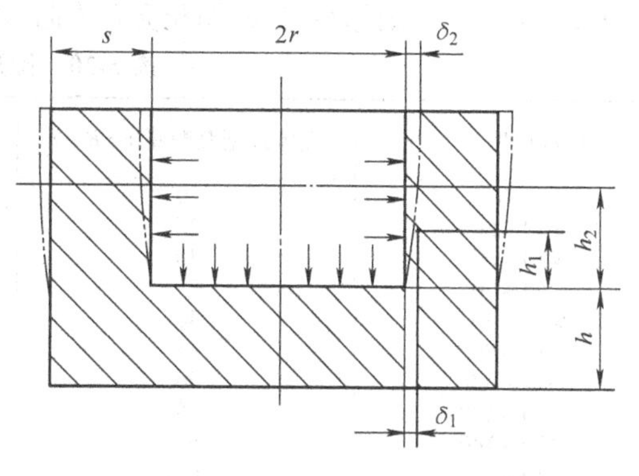

图 5-62　整体式圆形型腔结构及受力状况

(1) 型腔侧壁厚度的计算　整体式圆形型腔的侧壁可以看作是封闭的厚壁圆筒，侧壁在塑料熔体压力作用下变形，由于侧壁变形受到底板的约束，在一定高度 h_2 范围内，其内半径增大量较小，愈靠近底板约束愈大，侧壁增大量愈小，可以近似地认为底板处侧壁内半径增大量为零。当侧壁高到一定界限(h_2)以上时，侧壁就不再受

底板约束的影响，其内半径增大量与组合式型腔相同，故高于 h_2 的整体式圆形型腔可按组合式圆形型腔作刚度和强度计算。

整体式圆形型腔内半径增大受底板约束的高度为

$$h_2 = \sqrt[4]{2r(R-r)^3} \tag{5-49}$$

在约束部分，内半径的增大量为

$$\delta_1 = \delta_2 \frac{h_1^4}{h_2^4} \tag{5-50}$$

式中 δ_1——侧壁上任一高度 h_1 处的内半径增大量(mm)；

δ_2——自由膨胀时的内半径增大量(mm)，可按下式计算：

$$\delta_2 = \frac{rp}{E}\left(\frac{R^2+r^2}{R^2-r^2}+\mu\right) \tag{5-51}$$

当型腔高度低于 h_2 时，按式(5-49)与式(5-50)作刚度校核，用试差法确定外半径 R，侧壁厚 $s=R-r$，然后用下式进行强度校核：

$$\sigma = \frac{3ph_2^2}{s^2}\left(\frac{R^2+r^2}{R^2-r^2}+\mu\right) \leqslant [\sigma] \tag{5-52}$$

整体式圆形型腔的壁厚尺寸也可按组合式圆形型腔的壁厚计算公式进行计算，这样计算的结果更加安全。

(2) 底板厚度的计算　整体式圆形型腔的底板支撑在模脚上，并假设模脚内半径等于型腔内半径，则底板可以作为周边固定的、受均匀载荷的圆板，其最大变形发生在圆板中心，按刚度条件，底板厚度为

$$h = \sqrt[3]{\frac{0.175pr^4}{E[\delta]}} \tag{5-53}$$

最大应力发生在底的周边，因此按强度条件，底板厚度为

$$h = r\sqrt{\frac{0.75p}{[\sigma]}} \tag{5-54}$$

当 $p=50\text{MPa}$、$\delta=0.05\text{mm}$、$[\sigma]=160\text{MPa}$ 时，底板刚度与强度计算的分界尺寸是 $r=136\text{mm}$。

表5-20列举了圆形型腔壁厚的经验数据，供设计时参考。

表5-20　圆形型腔壁厚　(单位：mm)

圆形型腔内壁直径 $2r$	整体式型腔壁厚 $s=R-r$	组合式型腔	
		型腔壁厚 $s_1=R-r$	模套壁厚 s_2
~40	20	8	18
>40~50	25	9	22
>50~60	30	10	25
>60~70	35	11	28
>70~80	40	12	32
>80~90	45	13	35
>90~100	50	14	40
>100~120	55	15	45
>120~140	60	16	48
>140~160	65	17	52
>160~180	70	19	55
>180~200	75	21	58

注：以上型腔壁厚系淬硬钢数据，如用未淬硬钢，应乘以系数1.2~1.5。

第五节 合模导向机构设计

导向机构是保证动定模或上下模合模时，正确定位和导向的零件。合模导向机构主要有导柱导向和锥面定位两种形式。通常采用导柱导向定位，如图 5-63 所示。

一、导向机构的作用

(1) 定位作用 模具闭合后，保证动定模或上下模位置正确，保证型腔的形状和尺寸精确；导向机构在模具装配过程中也起了定位作用，便于装配和调整。

(2) 导向作用 合模时，首先是导向零件接触，引导动定模或上下模准确闭合，避免型芯先进入型腔造成成型零件损坏。

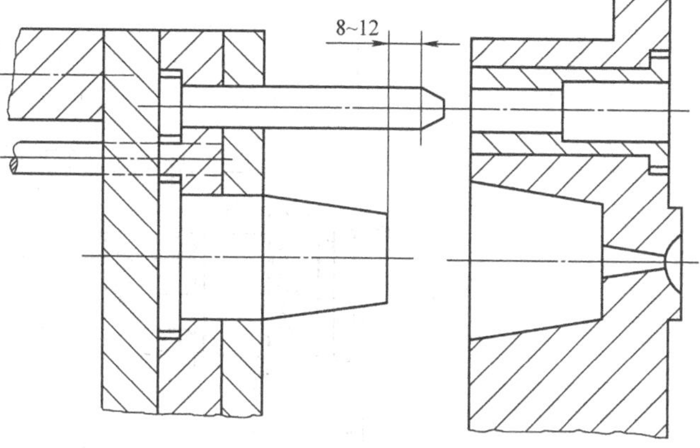

图 5-63 导柱导向机构

(3) 承受一定的侧向压力 塑料熔体在充型过程中可能产生单向侧压力，或者由于成型设备精度低的影响，使导柱承受了一定的侧向压力，以保证模具的正常工作。若侧压力很大时，不能单靠导柱来承担，需增设锥面定位机构。

二、导柱导向机构

导柱导向机构的主要零件是导柱和导套。

(一) 导柱

1. 导柱的结构形式

导柱的典型结构如图 5-64 所示。图 5-64a 为带头导柱，结构简单，加工方便，用于简单模具。小批量生产一般不需要用导套，而是导柱直接与模板中的导向孔配合。生产批量大时，也可在模板中设置导套，导向孔磨损后，只需更换导套即可；图 5-64b、c 是有肩导柱的两种形式，其结构较为复杂，用于精度要求高、生产批量大的模具，导柱与导套相配合，导套固定孔直径与导柱固定孔直径相等，两孔可同时加工，确保同轴度的要求。其中图 5-64c所示导柱用于固定板太薄的场合，在固定板下面再加垫板固定，这种结构不太常用。导柱的导滑部分根据需要可加工出油槽，以便润滑和集尘，提高使用寿命。

2. 导柱结构和技术要求

(1) 长度 导柱导向部分的长度应比凸模端面的高度高出 8 ~ 12mm，以避免出现导柱未导正方向而型芯先进入型腔。

(2) 形状 导柱前端应做成锥台形或半球形，以使导柱顺利地进入导向孔。

(3) 材料 导柱应具有硬而耐磨的表面，坚韧而不易折断的内芯，因此多采用 20 钢经渗碳淬火处理或 T8、T10 钢经淬火处理，硬度为 50 ~ 55HRC。导柱固定部分表面粗糙度值 R_a 为 0.8μm，导向部分表面粗糙度值 R_a 为 0.8 ~ 0.4μm。

(4) 数量及布置 导柱应合理均布在模具分型面的四周，导柱中心至模具边缘应有足够的距离，以保证模具强度（导柱中心到模具边缘距离通常为导柱直径的 1 ~ 1.5 倍）。为确

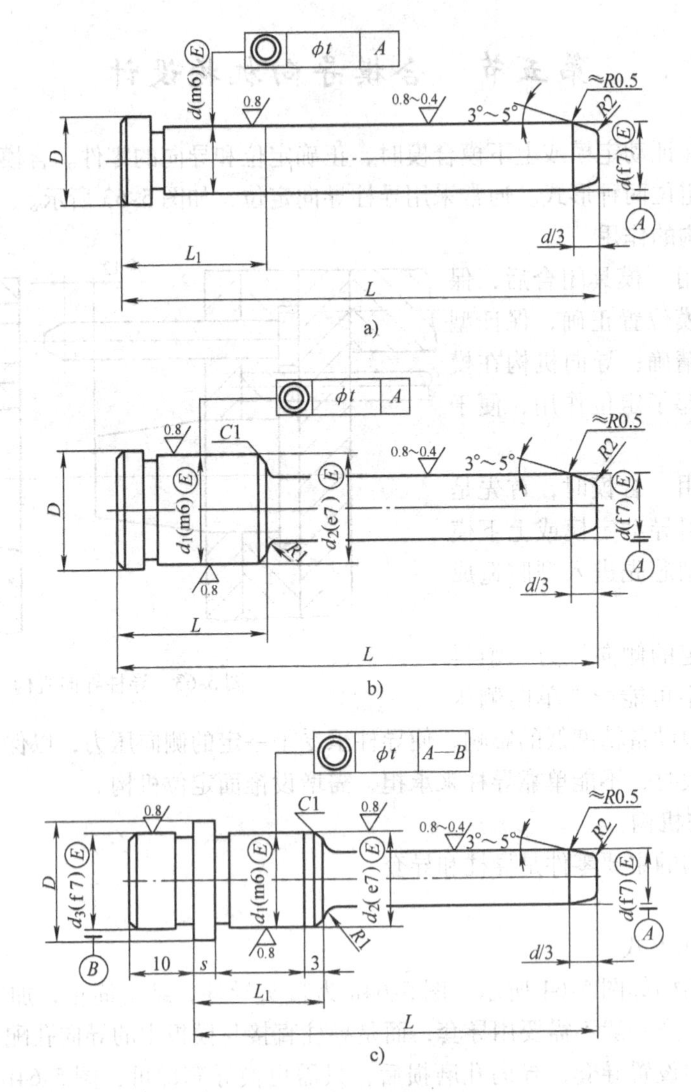

图5-64 导柱的结构形式

保合模时只能按一个方向合模，导柱的布置可采用等直径导柱不对称布置或不等直径导柱对称布置，如图5-65所示。

导柱既可以设置在动模一侧，也可以设置在定模一侧，应根据模具结构来确定。在不妨碍脱模取件的条件下，导柱通常设置在型芯高出分型面较多的一侧。

(5) 配合精度 导柱固定端与模板之间一般采用H7/m6或H7/k6的过渡配合；导柱的导向部分通常采用H7/f7或H8/f7的间隙配合。

(二) 导套

1. 导套的结构形式

导套的典型结构如图5-66所示。图5-66a为直导套（Ⅰ型导套），结构简单，加工方便，用于简单模具或导套后面没有垫板的场合；图5-66b、c为带头导套（Ⅱ型导套），结构较复杂，用于精度较高的场合，导套的固定孔便于与导柱的固定孔同时加工，其中图5-66c用于两块板固定的场合。

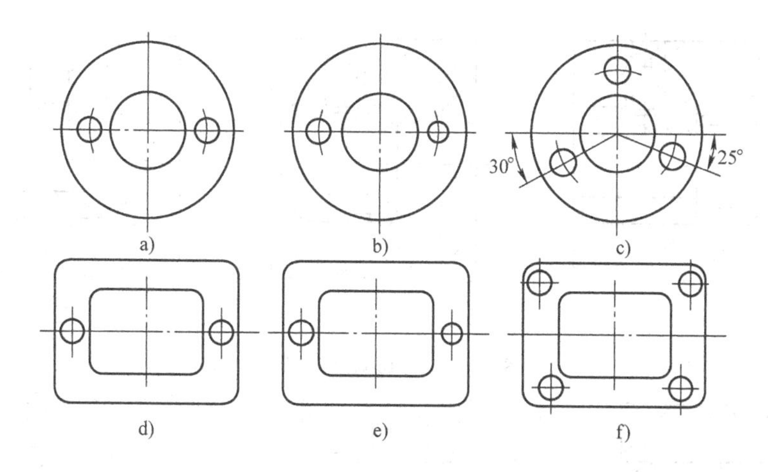

图 5-65 导柱的布置形式

2. 导套结构和技术要求

(1) 形状 为使导柱顺利进入导套，在导套的前端应倒圆角。导柱孔最好作成通孔，以利于排出孔内空气及残渣废料。如模板较厚，导柱孔必须作成不通孔时，可在不通孔的侧面打一小孔排气。

(2) 材料 导套用与导柱相同的材料或铜合金等耐磨材料制造，其硬度一般应低于导柱硬度，以减轻磨损，防止导柱或导套拉毛。导套固定部分和导滑部分的表面粗糙度值一般为 R_a0. 8μm。

(3) 固定形式及配合精度 Ⅰ型导套用 H7/r6 配合镶入模板，为了增加导套镶入的牢固性，防止开模时导套被拉出来，可采用图 5-67 所示的固定方法。图 5-67a 是将导套侧面加工成缺口，从模板的侧面用紧固螺钉固定导套；图 5-67b 是用环形槽代替缺口；图 5-67c 是导套侧面开孔，用螺钉紧固；导套也可以在压入模板后用铆接端部的方法来固定，但这种方法不便装拆更换。Ⅱ型导套用 H7/m6 或 H7/k6 配合镶入模板。

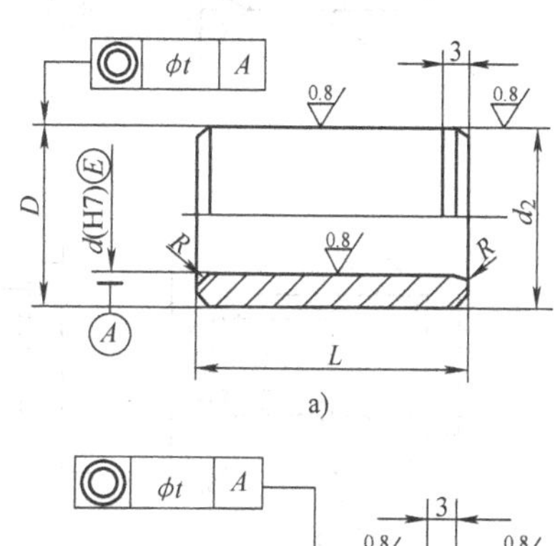

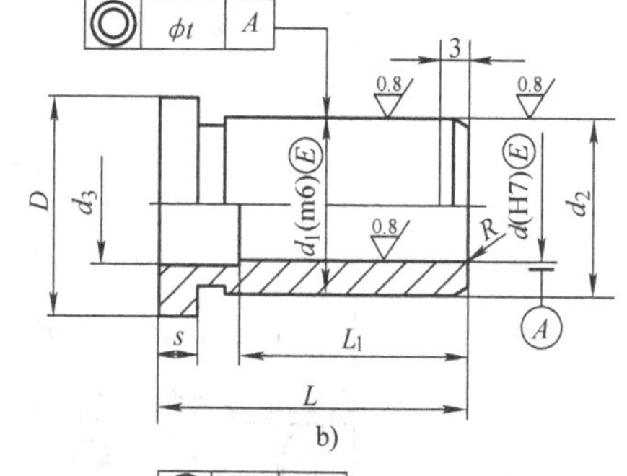

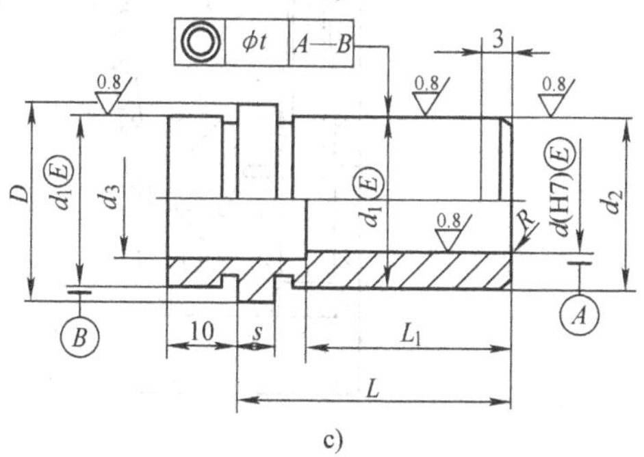

图 5-66 导套的结构形式

(三) 导柱与导套的配用

导柱与导套的配用形式要根据模具的结构及生产要求而定，常见的配用形式如图 5-68 所示。

三、锥面定位机构

在成型精度要求高的大型、深腔、薄壁塑件时，型腔内侧向压力可能引起型腔或型芯的偏移，如果这种侧向压力完全由导柱承担，会造成导柱折断或咬死，这时除了设置导柱导向外，应增设锥面定位机构，如图 5-69 所示。锥面定位有两种形式，一种是两锥面间留有间隙，将淬火镶块（见图中右上图）装在模具上，使它与两锥

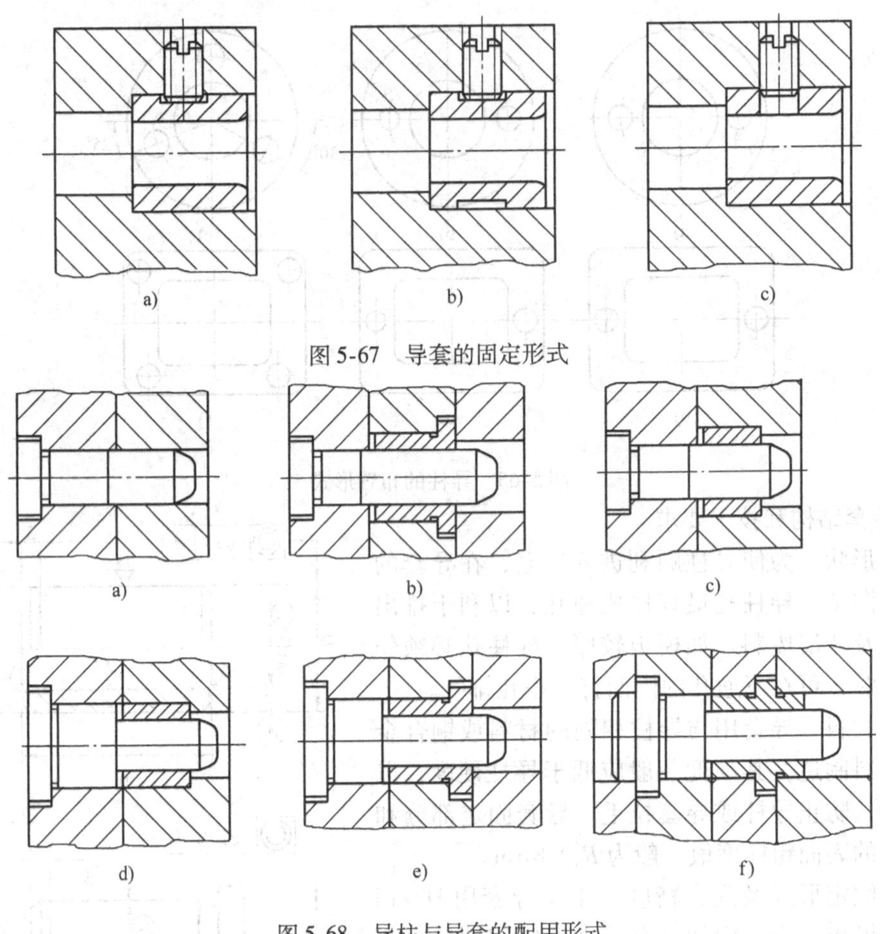

图 5-67　导套的固定形式

图 5-68　导柱与导套的配用形式

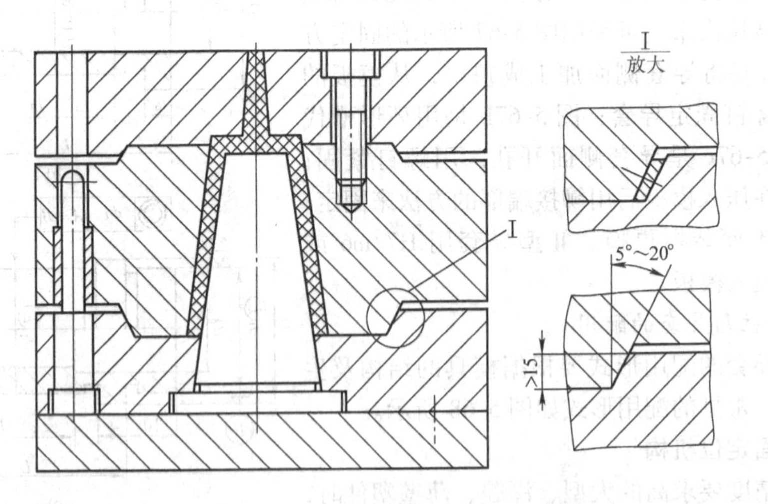

图 5-69　锥面定位机构

面配合，制止型腔或型芯的偏移；另一种是两锥面配合（见图中右下图），锥面角度愈小愈有利于定位，但由于开模力的关系，锥面角也不宜过小，一般取 5°～20°，配合高度在 15mm 以上，两锥面都要淬火处理。在锥面定位机构设计中要注意锥面配合形式，如果是型芯模块环抱型腔模块，型腔模块无法向外涨开，在分型面上不会形成间隙，这是合理的结构。

第六节　推出机构设计

塑件在从模具上取下以前，还有一个从模具的成型零件上脱出的过程，使塑件从成型零件上脱出的机构称为推出机构。推出机构的动作是通过装在注射机合模机构上的顶杆或液压缸来完成的。

一、推出机构的结构组成

（一）推出机构的组成

推出机构主要由推出零件、推出零件固定板和推板、推出机构的导向与复位部件等组成。如图5-70所示的模具中，推出机构由推杆1、拉料杆6、推杆固定板2、推板5、推板导柱4、推板导套3及复位杆7等组成。开模时，动模部分向左移动，开模一段距离后，当注射机的顶杆（非液压式）接触模具推板5后，推杆1、拉料杆6与推杆固定板2及推板5一起静止不动，当动模部分继续向左移动，塑件就由推杆从凸模上推出。

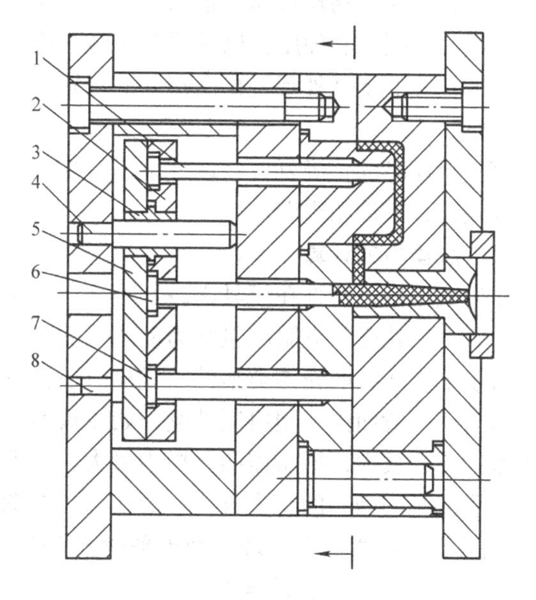

图5-70　推出机构

1—推杆　2—推杆固定板　3—推板导套　4—推板导柱　5—推板　6—拉料杆　7—复位杆　8—支承钉

推出机构中，凡直接与塑件相接触、并将塑件推出型腔或型芯的零件称为推出零件。常用的推出零件有推杆、推管、推件板、成型推杆等，图5-70中为推杆1。推杆固定板2和推板5由螺钉联接，用来固定推出零件。为了保证推出零件合模后能回到原来的位置，需设置复位机构，图5-70中为复位杆7。推出机构中，从保证推出平稳、灵活的角度考虑，通常还设有导向装置，图5-70中为推板导柱4和推板导套3。除此之外还有拉料杆6，以保证浇注系统的主流道凝料从定模的浇口套中拉出，留在动模一侧。有的模具还设有支承钉，使推板与底板间形成间隙，易保证平面度要求，并且有利于废料、杂物的去除，另外还可以通过支承钉厚度的调节来控制推出距离。

（二）推出机构的分类

推出机构可按其推出动作的动力来源分为手动推出机构、机动推出机构、液压和气动推出机构。手动推出机构是模具开模后，由人工操纵的推出机构推出塑件，一般多用于塑件滞留在定模一侧的情况；机动推出机构利用注射机的开模动作驱动模具上的推出机构，实现塑件的自动脱模；液压和气动推出机构是依靠设置在注射机上的专用液压和气动装置，将塑件推出或从模具中吹出。推出机构还可以根据推出零件的类别分类，可分为推杆推出机构、推管推出机构、推件板推出机构、凹模或成型推杆（块）推出机构、多元综合推出机构等。

另外还可根据模具的结构特征来分类，如：简单推出机构、动定模双向推出机构、顺序推出机构、二级推出机构、浇注系统凝料的脱模机构；带螺纹塑件的脱模机构等等。下面将根据不同的推出零件及不同的模具结构特征来介绍推出机构的设计。

（三）推出机构的设计原则

（1）推出机构应尽量设置在动模一侧　由于推出机构的动作是通过装在注射机合模机构上的顶杆来驱动的，所以一般情况下，推出机构设在动模一侧。正因如此，在分型面设计时应尽量注意，开模后使塑件能留在动模一侧。

（2）保证塑件不因推出而变形损坏　为了保证塑件在推出过程中不变形、不损坏，设计时应仔细分析塑件对模具的包紧力和粘附力的大小，合理的选择推出方式及推出位置，从而使塑件受力均匀、不变形、不损坏。

（3）机构简单动作可靠　推出机构应使推出动作可靠、灵活，制造方便，机构本身要有足够的强度、刚度和硬度，以承受推出过程中的各种力的作用，确保塑件顺利地脱模。

（4）良好的塑件外观　推出塑件的位置应尽量设在塑件内部，以免推出痕迹影响塑件的外观质量。

（5）合模时的正确复位　设计推出机构时，还必须考虑合模时机构的正确复位，并保证不与其他模具零件相干涉。

二、脱模力的计算

注射成型后，塑件在模具内冷却定型，由于体积的收缩，对型芯产生包紧力，塑件要从模腔中脱出，就必须克服因包紧力而产生的摩擦阻力。对于不带通孔的壳体类塑件，脱模时还要克服大气压力。一般而论，塑料制件刚开始脱模时，所需克服的阻力最大，即所需的脱模力最大，图5-71为塑件脱模时的型芯的受力分析。脱模力可按图5-71来估算。根据力平衡原理，列出平衡方程式：

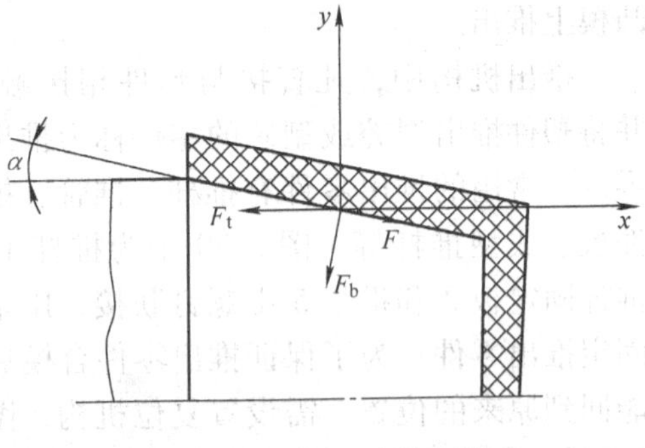

图5-71　型芯受力分析

$$\sum F_x = 0$$

则
$$F_t + F_b \sin\alpha = F\cos\alpha \tag{5-55}$$

式中　F_b——塑件对型芯的包紧力；

F——脱模时型芯所受的摩擦阻力；

F_t——脱模力；

α——型芯的脱模斜度。

又
$$F = F_b\mu$$

于是
$$F_t = F_b(\mu\cos\alpha - \sin\alpha)$$

而包紧力为包容型芯的面积与单位面积上包紧力之积，即：$F_b = Ap$

由此可得
$$F_t = Ap(\mu\cos\alpha - \sin\alpha) \tag{5-56}$$

式中　μ——塑料对钢的摩擦因数，约为0.1～0.3；

A——塑件包容型芯的面积；

p——塑件对型芯的单位面积上的包紧力，一般情况下，模外冷却的塑件 p 约取 $2.4 \sim 3.9 \times 10^7$Pa；模内冷却的塑件 p 约取 $0.8 \sim 1.2 \times 10^7$Pa。

由式（5-56）可以看出：脱模力的大小随塑件包容型芯的面积增加而增大，随脱模斜度的增加而减小。由于影响脱模力大小的因素很多，如推出机构本身运动时的摩擦阻力、塑料与钢材间的粘附力、大气压力及成型工艺条件的波动等，因此要考虑到所有因素的影响较困难，而且也只能是个近似值，所以式（5-56）只能做粗略的分析和估算。

三、简单推出机构

简单推出机构包括推杆推出机构、推管推出机构、推件板推出机构、活动镶块及凹模推出机构、多元综合推出机构等等，这类推出机构最常见，而且应用也最广泛。

（一）推杆推出机构

由于设置推杆位置的自由度较大，因而推杆推出机构是最常用的推出机构，常被用来推出各种塑件。推杆的截面形状根据塑件的推出情况而定，可设计成圆形、矩形等等。其中以圆形最为常用，因为使用圆形推杆的地方，较容易达到推杆和模板或型芯上推杆孔的配合精度，另外圆形推杆还具有减少运动阻力、防止卡死现象等优点，损坏后还便于更换。图 5-70 即为塑件由推杆推出的例子。

1. 推杆位置的设置

合理地布置推杆的位置是推出机构设计中的重要工作之一，推杆的位置分布得合理，塑件就不致于产生变形或被顶坏。

（1）推杆应设在脱模阻力大的地方　如图 5-72a 所示，型芯周围塑件对型芯包紧力很大，所以可在型芯外侧塑件的端面上设推杆，也可在型芯内靠近侧壁处设推杆。如果只在中心部分推出，塑件容易出现被顶坏的现象，如图 5-72b 所示。

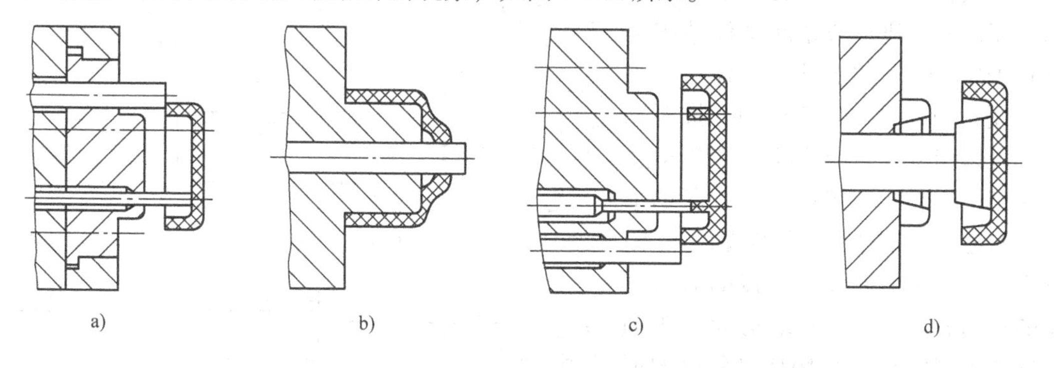

图 5-72　推杆的设置

（2）推杆应均匀布置　当塑件各处脱模阻力相同时，应均匀布置推杆，保证塑件被推出时受力均匀，推出平稳、不变形。

（3）推杆应设在塑件强度刚度较大处　推杆不宜设在塑件薄壁处，尽可能设在塑件壁厚、凸缘、加强肋等处，如图 5-72c 所示，以免塑件变形损坏，如果结构需要，必须设在薄壁处时，可通过增大推杆截面积，以降低单位面积的推出力，从而改善塑件的受力状况，如图 5-72d 所示，采用盘形推杆推出薄壁圆盖形塑件，使塑件不变形。

2. 推杆的直径

推杆在推塑件时，应具有足够的刚性，以承受推出力，为此只要条件允许，应尽可能使用大直径推杆，当结构限制，推杆直径较小时，推杆易发生弯曲、变形如图 5-73 所示。在这种情况下，应适当增大推杆直径。如图 5-72a、c 所示，使其工作端一部分顶在塑件上，同时，在复位时，端面与分型面齐平。

3. 推杆的形状及固定形式

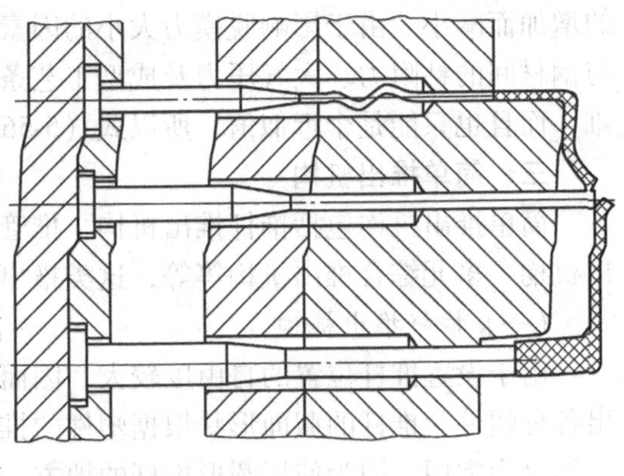

图5-73 细长推杆易发生弯曲变形

图5-74所示是各种形状的推杆。A型、B型为圆形截面的推杆，C型、D型为非圆形截面推杆。A型最常用，结构简单，尾部采用台肩的形式，台肩的直径 D 与推杆的直径约差4～6mm；B型为阶梯形推杆，由于推杆工作部分比较细小，故在其后部加粗以提高刚性；C型为整体式非圆形截面的推杆，它是在圆形截面基础上，在工作部分铣削成型；D型为插入式非圆形截面的推杆，其工作部分与固定部分用两销钉联结，这种形式并不常用。

推杆直径 d 与模板上的推杆孔采用H8/f7～H8/f8的间隙配合。

由于推杆的工作端面在合模注射时是模腔底面的一部分，如果推杆的端面低于型腔底面，则在塑件上就会留下一个凸台，这样将影响塑件的使用。因此，通常推杆装入模具后，其端面应与型腔底面平齐，或高出型腔底面0.05～0.1mm。

图5-75所示为推杆的固定形式。图5-75a为带台肩的推杆与固定板联接的形式，这种形式是最常用的形式；图5-75b采用垫块或垫圈来代替图5-75a中固定板上的沉孔，这样可使加工简便；图5-75c的结构中，推杆的高度可以调节，两个螺母起锁紧作用；图5-75d是推杆底部用螺塞拧紧的形式，它适用于推杆固定板较厚的场合；图5-75e是细小推杆用铆接的方法固定的形式；图5-75f的结构为较粗的推杆镶入固定板后采用螺钉紧固的形式。

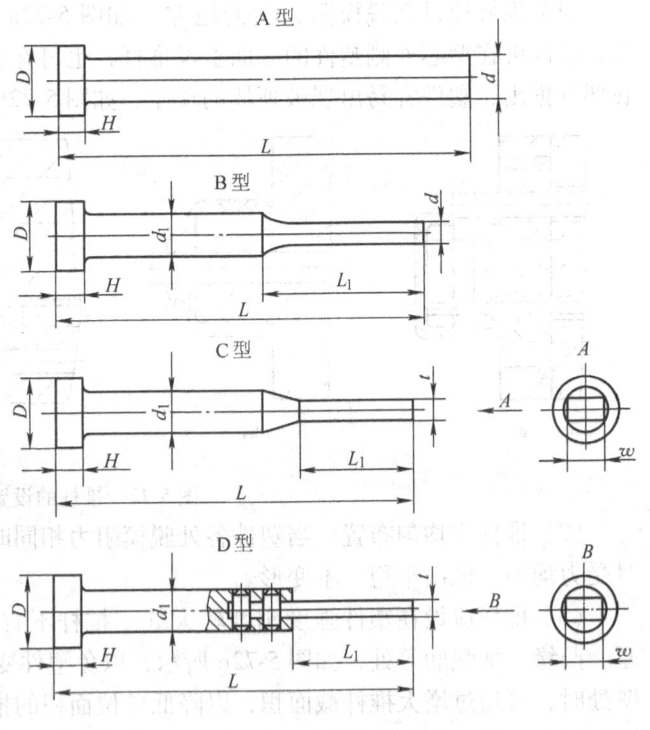

图5-74 推杆的形状

推杆固定端与推杆固定板通常采用单边0.5mm的间隙，这样既可降低加工要求，又能在多推杆的情况下，不因由于各板上的推杆孔加工误差引起的轴线不一致而发生卡死现象。

推杆的材料常用T8、T10碳素工具钢，热处理要求硬度HRC≥50，工作端配合部分的表面粗糙度值 $R_a \leq 0.8\mu m$。

（二）推管推出机构

对于中心有孔的圆形套类塑件，通常使用推管推出机构。图5-76所示为推管推出机构的结构，图5-76a是型芯固定在模具底板上的形式，这种结构型芯较长，常用在推出距离不大的场合，当推出距离较大时可采用图5-76中的其他形式；图5-76b用方销将型芯固定在动

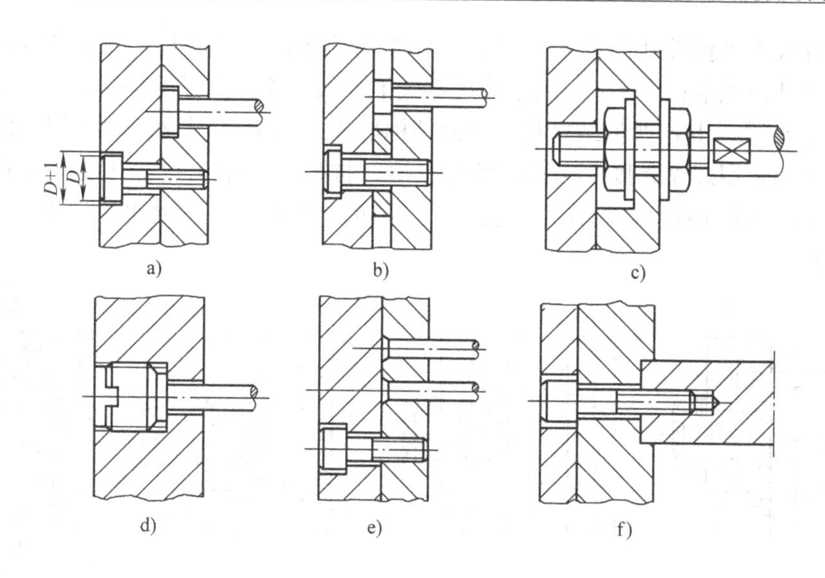

图 5-75　推杆的固定形式

模板上，推管在方销的位置处开槽，推出时让开方销，推管与方销的配合采用 H8/f7 ~ H8/f8；图 5-76c 为推管在模板内滑动的形式，这种结构的型芯和推管都较短，但模板厚度较大，当推出距离较大时，采用这种结构不太经济。

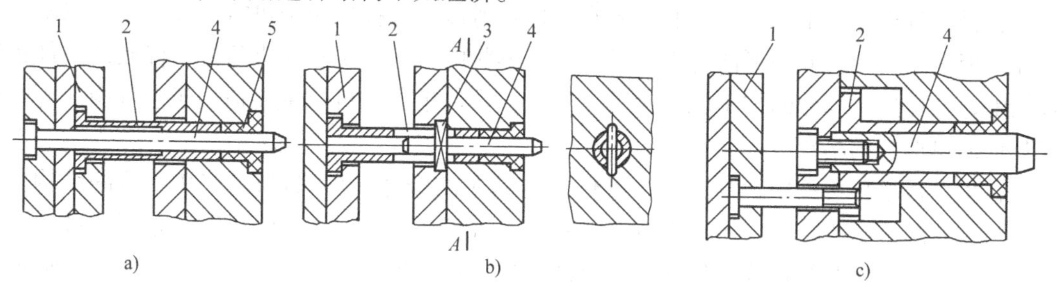

图 5-76　推管推出机构

1—推管固定板　2—推管　3—方销　4—型芯　5—塑件

推管的配合如图 5-77 所示。推管的内径与型芯相配合，当直径较小时选用 H8/f7 的配合，当直径较大时选用 H7/f7 的配合；推管外径与模板孔相配合，当直径较小时选用 H8/f8 的配合，当直径较大时选用 H8/f7 的配合。推管与型芯的配合长度一般比推出行程大 3 ~ 5mm；推管与模板的配合长度一般取推管外径的 1.5 ~ 2 倍。推管的材料、热处理要求及配合部分的表面粗糙度要求与推杆相同。

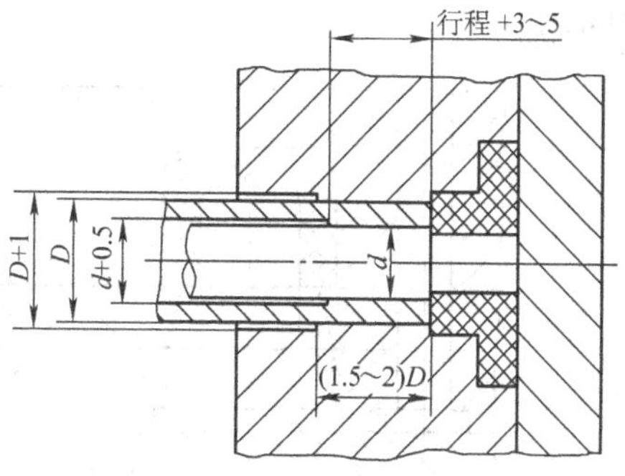

图 5-77　推管的配合

（三）推件板推出机构

推件板推出机构是由一块与凸模按一定配合精度相配合的模板，在塑件的整个周边端面上进行推出，因此，作用面积大，推出力大而均匀，运动平稳，并且塑件上无推出痕迹。但如果型芯和推件板的配合不好，则在塑件上会出现毛刺，而且塑件有可能会滞留在推件板上。图 5-78 所示是推件板推出机构的示例。图 5-78a 由推杆推着推件板4将塑件从凸模上推出，这种结构的导柱应足够长，并且要控制好推出行程，以防止推件板脱落；图5-78b的结构可避免推件板脱落，推杆的头部加工出螺纹，拧入推件板内，图5-78a、b这两种结构是常用的结构形式；图5-78c是推件板镶入动模板内，推件板和推杆之间采用螺纹联接，这样的结构紧凑，推件板在推出过程中也不会脱落；图5-78d是注射机上的顶杆直接作用在推件板上，这种形式的模具结构简单，适用于有两侧顶出机构的注射机。

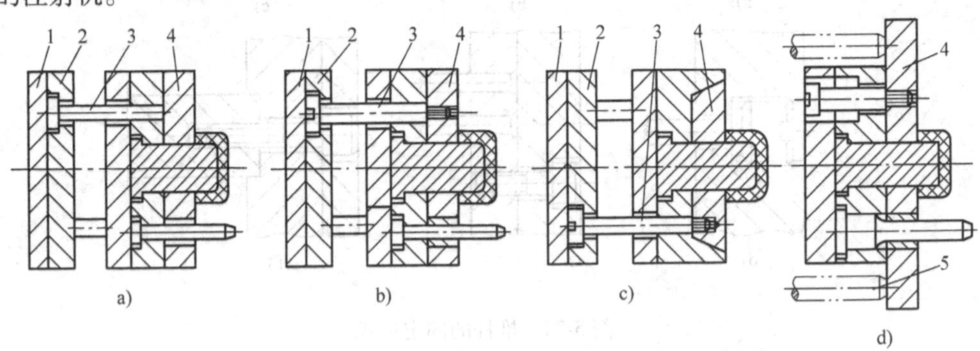

图5-78 推件板推出机构

1—推板 2—推杆固定板 3—推杆 4—推件板 5—注射机顶杆

在推出过程中，由于推件板和型芯有摩擦，所以推件板也必须进行淬火处理，以提高耐磨性，但对于外形为非圆形的塑件来说，复杂形状的型芯又要求淬火后能与淬硬的推件板很好相配，这样配合部分的加工就较困难。因此，推件板推出机构主要适用于塑件内孔为圆形或其他简单形状的场合。

在推件板推出机构中，为了减小推件板与型芯的摩擦，可采用图5-79所示的结构，推件板与型芯间留0.20～0.25mm的间隙，并用锥面配合，以防止推件板因偏心而溢料。

对于大型的深腔塑件或用软塑料成型的塑件，推件板推出时，塑件与型芯间容易形成真空，造成脱模困难，为此应考虑增设进气装置。图5-80所示结构是靠大气压力，使中间进气阀进气，塑件便能顺利地从凸模上脱出。另外也可采用中间直接设置推盘的形式，使推出时很快进气。

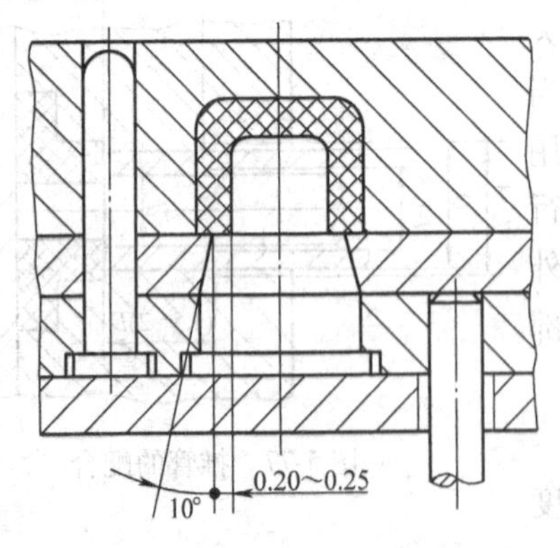

图5-79 推件板与凸模锥面的配合形式

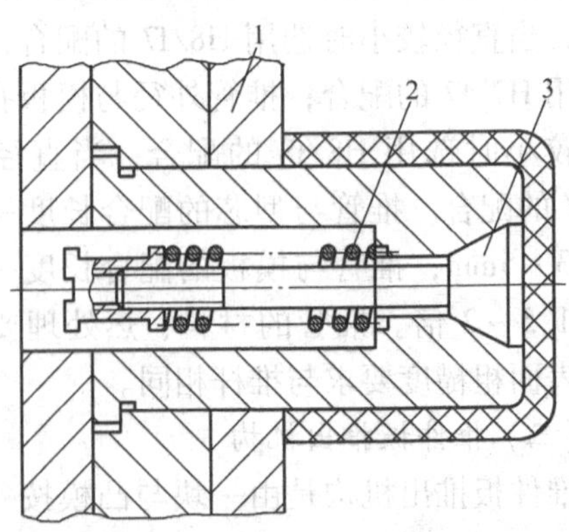

图5-80 推件板推出机构的进气装置

1—推件板 2—弹簧 3—阀杆

（四）活动镶件及凹模推出机构

当有些塑件不宜采用上述推出机构时，可利用活动镶件或凹模将塑件推出。图 5-81 是利用活动镶件或凹模推出塑件的结构。图 5-81a 是螺纹型环作推出零件，推出后用手工或其他辅助工具将塑件取下，为了便于螺纹型环的安放，采用弹簧先复位；图 5-81b 是利用活动镶件来推塑件，镶块与推杆联接在一起，塑件脱模后仍于镶块在一起，故还需要用手将塑件从活动镶块上取下；图 5-81c 是凹模型腔将塑件从型芯中脱出，然后用手或其他专用工具将塑件从凹模型腔中取出，这种形式的推出机构，实质上是推件板上有型腔的推出机构，设计时应注意推件板上的型腔不能太深，否则手工无法从其上取下塑件。另外，推杆一定要与凹模板螺纹联接，否则取塑件时，凹模板会从导柱上掉下来。

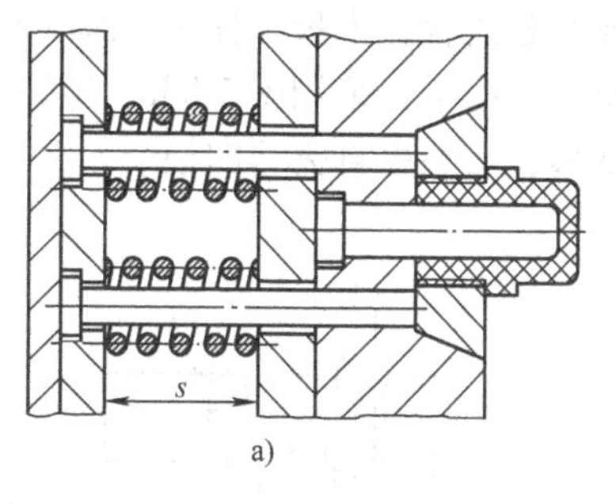

a)

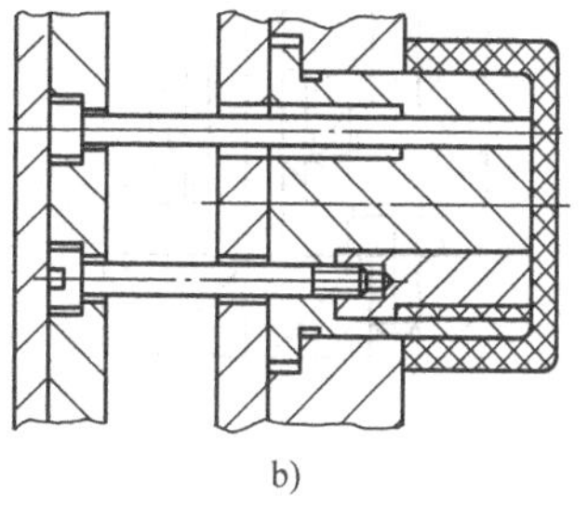
b)

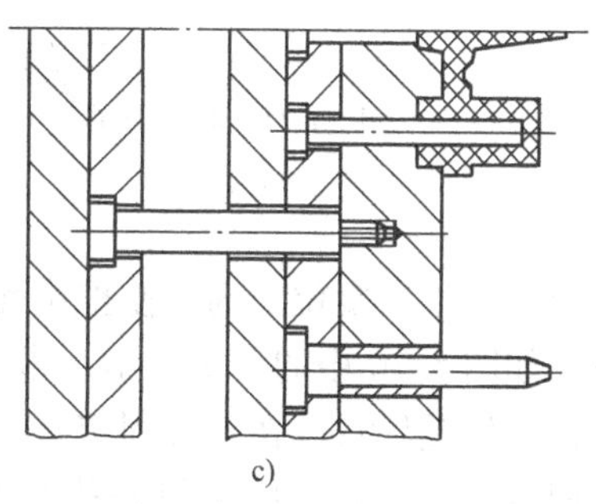
c)

图 5-81　活动镶件及凹模推出机构

（五）综合推出机构

在实际生产中往往还存在着这样一些塑件，如果采用上述单一的推出机构，不一定能保证塑件会顺利脱模，甚至会造成塑件变形、损坏等不良后果。因此，就要采用两种或两种以上的推出形式，这种推出机构即称为综合推出机构。综合推出机构有推杆、推件板综合推出机构，也有推杆、推管综合推出机构等等。图 5-82 所示为推杆、推管、推件板三元综合推出机构。

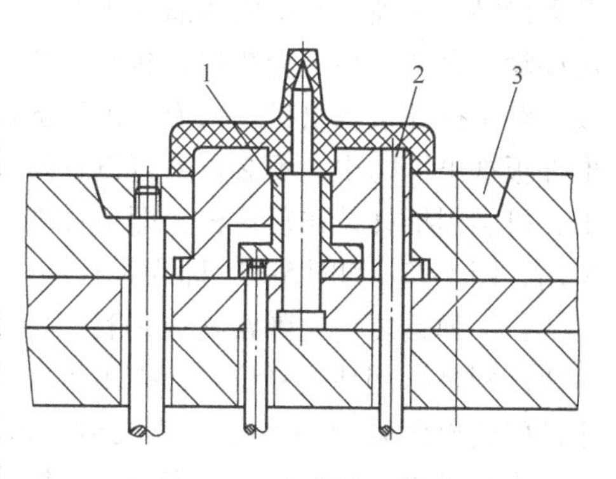

图 5-82　综合推出机构

1—推管　2—推杆　3—推件板

四、推出机构的导向与复位

为了保证推出机构在工作过程中灵活、平稳，每次合模后，推出元件能回到原来的位置，通常还需要设计推出机构的导向与复位装置。

（一）导向零件

推出机构的导向零件，通常由推板导柱与推板导套所组成，简单的小模具也可由推板导柱直接与推板上的导向孔组成。导向零件使各推出元件得以保持一定的配合间隙，从而保证推出和复位动作顺利进行。有的导向零件在导向的同时还起支承作用。常用的导向形式如图 5-83 所示。图 5-83a 中推板导柱 3 固定在支承板 2 上，推板导柱也可以固定在动模座板上，如图 5-70 所示；图 5-83b 为推板导柱两端固定的形式，图 5-83a、b 均为推板导柱与推板导套相配合的形式，而且推板导柱除了起导向作用外，还支承着动模支承板，从而改善了支承板的受力状况，大大提高了支承板的刚性，图 5-83c 为推板导柱固定在支承板上的结构，且推板导柱直接与模板上的导向孔相配合，推板导柱也不起支承作用，这种形式用于生产较小批量塑件的小型模具。当模具较大时最好采用图 5-83a、b 的结构。推板导柱的数量根据模具的大小而定，至少要设置两根，大型模具需装四根。

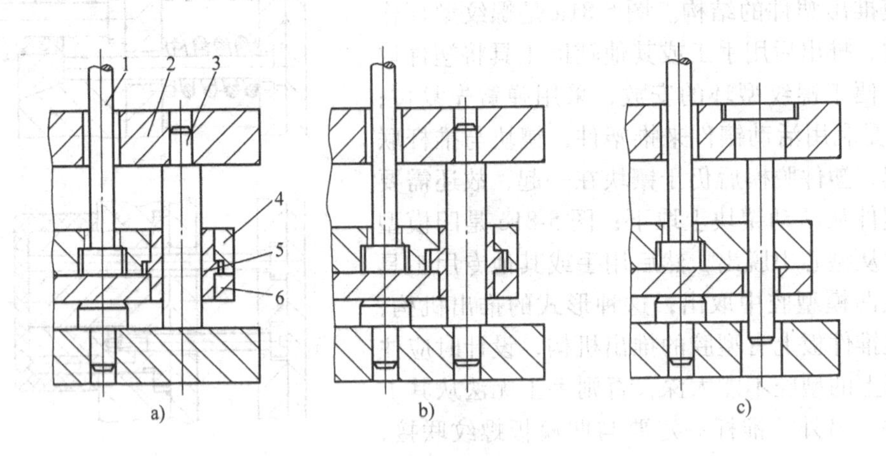

图 5-83　推出机构的导向装置

1—推杆　2—支承板　3—推板导柱　4—推杆固定板　5—推板导套　6—推板

（二）复位零件

（1）复位杆复位　为了使推出元件合模后能回到原来的位置，推杆固定板上同时装有复位杆，如图 5-70 中的件 7 所示。常用的复位杆均采用圆形截面，一般每副模具设置四根复位杆，其位置尽量设在推杆固定板的四周，以便推出机构合模时复位平稳，复位杆端面与所在动模分型面平齐。推出机构推出后，复位杆便高出分型面（其高度即为推出距离的大小）。复位杆复位作用是利用合模动作来完成的，合模时，复位杆先于动模分型面与定模分型面接触，在动模向定模逐渐合拢的过程中，推出机构便被复位杆顶住，从而与动模产生相对移动，直至分型面合拢时，推出机构便回复到原来的位置，这种结构合模和复位同时完成。对于推件板推出机构来说，由于推杆端面与推件板接触，可以起到复位杆的作用，故在推件板推出机构中，不必再另行设置复位杆。另外，在塑件几何形状和模具结构允许的条件下，可利用推杆兼作复位杆，即推杆端面的一部分与塑件相接触，作推杆用，另一部分作复位用，图 5-72a 和图 5-72c 即为推杆兼作复位杆的例子。

（2）弹簧复位　弹簧复位是利用弹簧的弹力使推出机构复位。弹簧复位与复位杆复位的主要区别是：用弹簧复位时，推出机构的复位先于合模动作完成。所以，通常为了便于活动镶件的安放而采用弹簧先复位机构，如图 5-81a 所示。合模一定距离后，在弹簧力的作用下，推出机构先复位，然后安放活动螺纹型环，最后动定模再合拢。为了避免工作时弹簧扭斜，可将弹簧装在推杆或推板导柱上。设计这类机构时要注意：图 5-81a 中所标尺寸 s 不等于推出距离，而图中 s 的确定，需根据弹簧的选用及推出距离来定。

五、动定模双向推出机构

在实际生产中往往会遇到一些形状特殊的塑件，开模后，这类塑件既可能留在动模一侧，也可能留在定模一侧。如图 5-84 所示的齿轮塑件，为了其能顺利地脱模，需考虑动、定模两侧都设置推出机构。开模后，在弹簧 2 作用下 A 分型面分型，塑件从型芯 3 上脱下，保证其滞留在动模中，当限位螺钉 1 与定模板 4 相接触后，*B* 分型面分型，然后动模部分的推出机构动作，推杆 5 将塑件从动模型腔中推出。这类机构统称为动、定模双向推出机构。图 5-85 为摆钩式动定模双向推出机构。开模后，由于摆钩 8 的作用使 *A* 分型面分型，从而使塑件从定模型芯 4 上脱出，然后由于压板 6 的作用，使摆钩 8 脱钩，于是动定模在 *B* 分型面处分型，最后动模部分的推出机构动作，推管 1 将塑件从动模型芯 2 上推出。

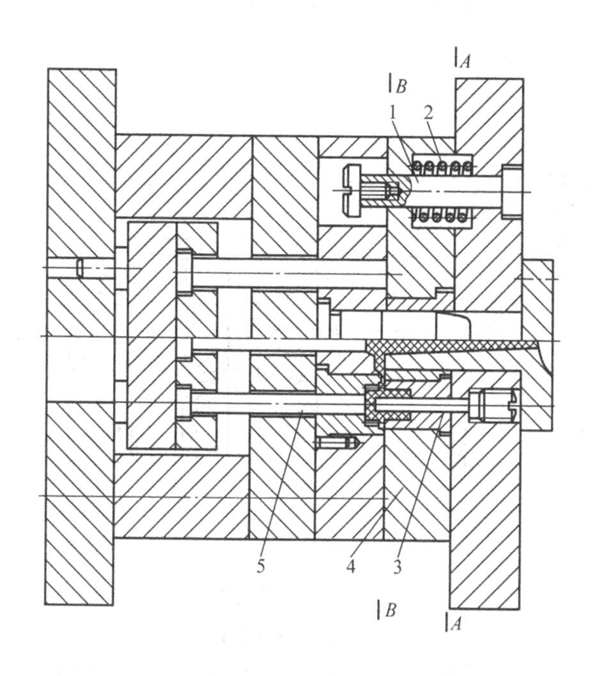

图 5-84　双向推出机构

1—限位螺钉　2—弹簧　3—定模型芯

4—定模板　5—推杆

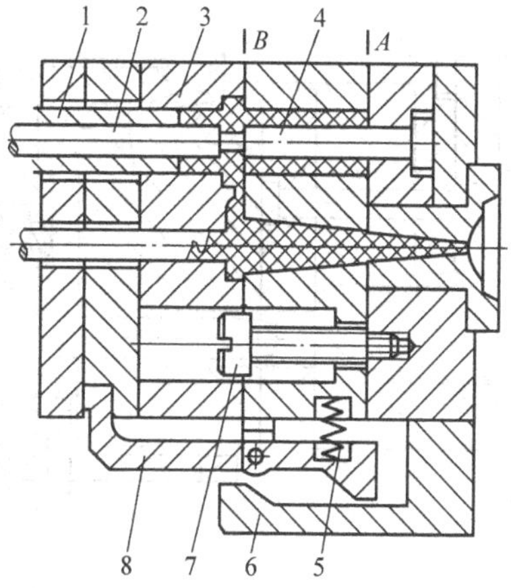

图 5-85　摆钩式双向推出机构

1—推管　2—动模型芯　3—动模板

4—定模型芯　5—弹簧　6—压板

7—定距螺钉　8—摆钩

六、顺序推出机构

在双分型面或多分型面模具中，根据塑件的要求，模具各分型面的打开必须按一定的顺序进行，满足这种分型要求的机构称为顺序推出机构。这类机构设计时，首先要有一个保证先分型的机构；其次要考虑分型后分型距离的控制及采用的形式；最后还必须保证合模后各部分复位的正确性。另外，这类推出机构设计时，通常将导柱设在定模一侧，以保证第一次分型时，定模板运动的导向及开模后的支承。

（一）弹簧分型顺序推出机构

图 4-2 所示是典型的弹簧分型拉板定距的顺序推出机构。图 5-86 所示是弹簧分型拉板定距的顺序推出机构，它是利用弹簧力的作用使 *A* 分型面先分型，分型后由定距拉板 8 来控制第一次分型距离的结构。开模后，在压缩弹簧 6 的恢复力作用下，使推件板 5 随动模一起运动，即在 *A* 分型面先分型，分型一段距离后，拉板 8 拉住固定在推件板 5 上的圆柱销 7，使推件板不再随动模运动，继续开模，*B* 分型面分型。这种推出机构的特点是模具结构简单紧凑，适用于塑件在定模一侧粘附力较小的场合，同时，弹簧的弹力要足够大。

（二）摆钩分型螺钉定距顺序推出机构

图5-87是利用拉钩迫使A分型面先分型，然后由定距螺钉9来控制第一次分型距离的结构。这类推出机构的特点是模具动作可靠。合模时，摆钩4勾住固定在动模垫板上的挡块3。开模后，动模板10随动模运动，A分型面处首先分型，塑件从定模型芯12上脱出，分型一段距离后在定距螺钉9的作用下，动模板不再随动模运动，与此同时，滚轮7压住摆钩4，使其转动而脱开挡块3，这样，模具在B分型面分型，最后推杆1推动推件板11将塑件从动模型芯2上脱下。

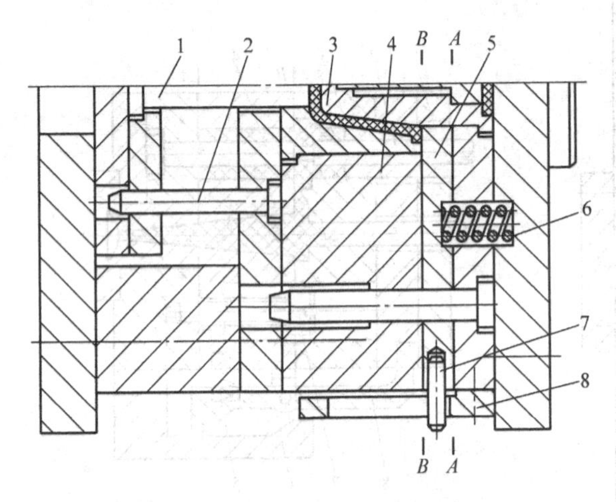

图5-86 弹簧分型拉板定距顺序推出机构

1—推杆 2—推板导柱 3—定模型芯 4—动模板 5—推件板 6—弹簧 7—圆柱销 8—定距拉板

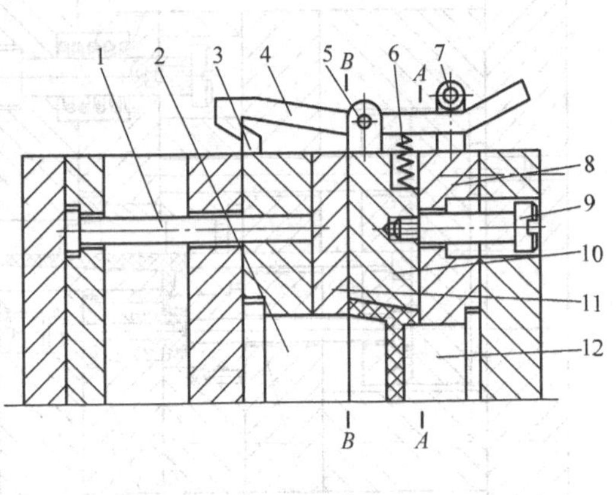

图5-87 摆钩分型螺钉定距顺序推出机构

1—推杆 2—动模型芯 3—挡块 4—摆钩 5—转轴 6—弹簧 7—滚轮 8—定模板 9—定距螺钉 10—动模板 11—推件板 12—定模型芯

（三）滑块分型导柱定距顺序推出机构

图5-88所示的机构是利用开模初拉钩4拉住滑块5，迫使动模板2和中间板3不分开而A分型面首先分型，分型后由定距导柱10和定距销钉11来控制第一次分型距离的机构。这种机构的特点是定距导柱10拉紧定距销钉11的拉紧力比较小，适用于塑件粘附力较小的场合。合模时，拉钩4紧紧勾住滑块5。开模时，动模通过拉钩4带动中间板3及与定模相连的垫板1，使A分型面先分型，分型一段距离后，滑块5受到压块8斜面的作用向模内移动，使滑块与拉钩相脱离，由于定距导柱10与定距销钉11的作用，在动模继续运动时，B分型面分型。合模时，滑块5在拉钩4斜面的作用下向模内移动，当模具合拢后，滑块在弹簧9的作用下，向模外移动，使拉钩勾住滑块5，处于拉紧位置。

七、二级推出机构

前面所介绍的各类推出机构中，无论采用哪一类推出机构，其塑件的推出动作都是一次完成的。但有些塑件采用一次推出时，往往容易产生变形，甚至破坏，因此，对这类塑件必须采取二次推出，以分散脱模力，使塑件能顺利脱模。这种由两个推出动作来完成一个塑件脱模的机构，称为二级推出机构。

（一）单推板二级推出机构

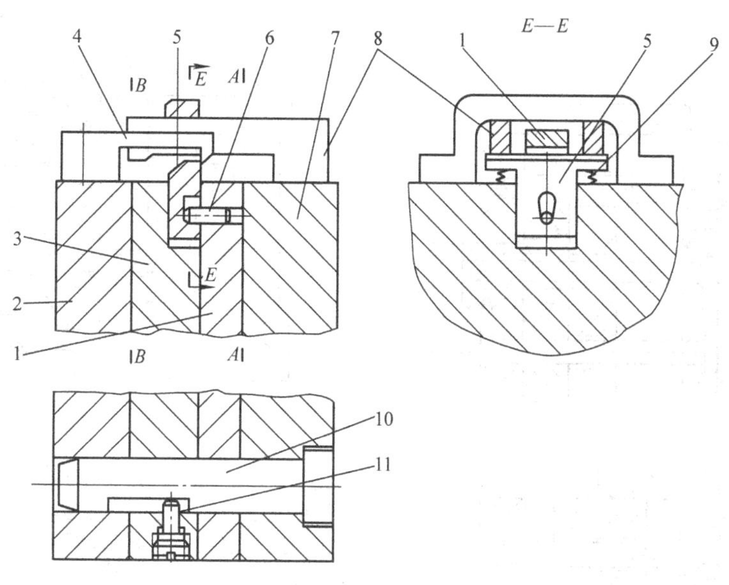

图 5-88 滑块分型导柱定距顺序推出机构

1—垫板 2—动模板 3—中间板 4—拉钩 5—滑块
6—销钉 7—定模板 8—压块 9—弹簧 10—定距导柱 11—定距销钉

单推板二级推出机构是指该推出机构中只设置了一组推板和推杆固定板，而另一次推出则是靠一些特殊零件的运动来实现的。

(1) 斜楔滑块式二级推出机构 图 5-89 是斜楔滑块式二级推出机构，利用滑块来完成二级推出，滑块的运动是由斜楔 6 来驱动的。图 5-89a 是开模后推出机构还未工作的状态；动模部分继续移动，注射机的顶杆 12 接触推板 2，从而推杆 8 推动凹模型腔将塑件推出型芯 9，与此同时，斜楔碰着滑块，在斜楔的作用下滑块 4 向模具中心移动，直至图 5-89b 所示状态，第一次推出结束；滑块继续移动，推杆 8 落入滑块 4 的孔内，使推杆不再推动凹模型腔 7，而中心推杆 10 仍推着塑件，从而使塑件从凹模型腔中脱出，完成第二次推出，如图 5-89c 所示。

(2) 摆块拉杆式二级推出机构 图 5-90 所示是一个由摆块和拉杆组合来实现的二级推出机构。图 5-90a 为合模状态；开模后，固定在定模侧的拉杆 10 拉住摆块 7，使摆块 7 推起动模型腔 9，从而使塑件脱出型芯 3，完成第一次推出，如图 5-90b 所示，其推出距离由定距螺钉 2 来控制；图 5-90c 是第二次推出的情形，一次推出后，动模继续运动，最后推出机构动作，推杆 11 将塑件从动模型腔 9 中推出，完成第二次推出。图中推出机构的复位由复位杆 6 来完成，弹簧 8 是用来保证摆块与动模型腔始终相接触，以免影响拉杆的正确复位。

(3) U 形限制架式二级推出机构 图 5-91 是一个通过 U 形限制架 8 和摆杆 4 来实现的二级推出机构。图 5-91a 为推出前的状态，摆杆 4 通过销轴 9 与推板 1 相联接，并被限制在 U 形架 8 内；开模一段距离后，注射机顶杆接触推板，受限制的摆杆 4 推动固定在凹模型腔上的圆销 6，使凹模型腔和推杆 3 一起将塑件从型芯 5 上脱下，完成第一次推出，第一次推出的距离是由限位销 11 限定，如图 5-91b 所示；一次推出结束后，摆杆 4 从限制架 8 中脱出，推出机构继续工作，摆杆 4 绕销轴 9 转动，不再推动凹模型腔，而推杆 3 仍然继续推出

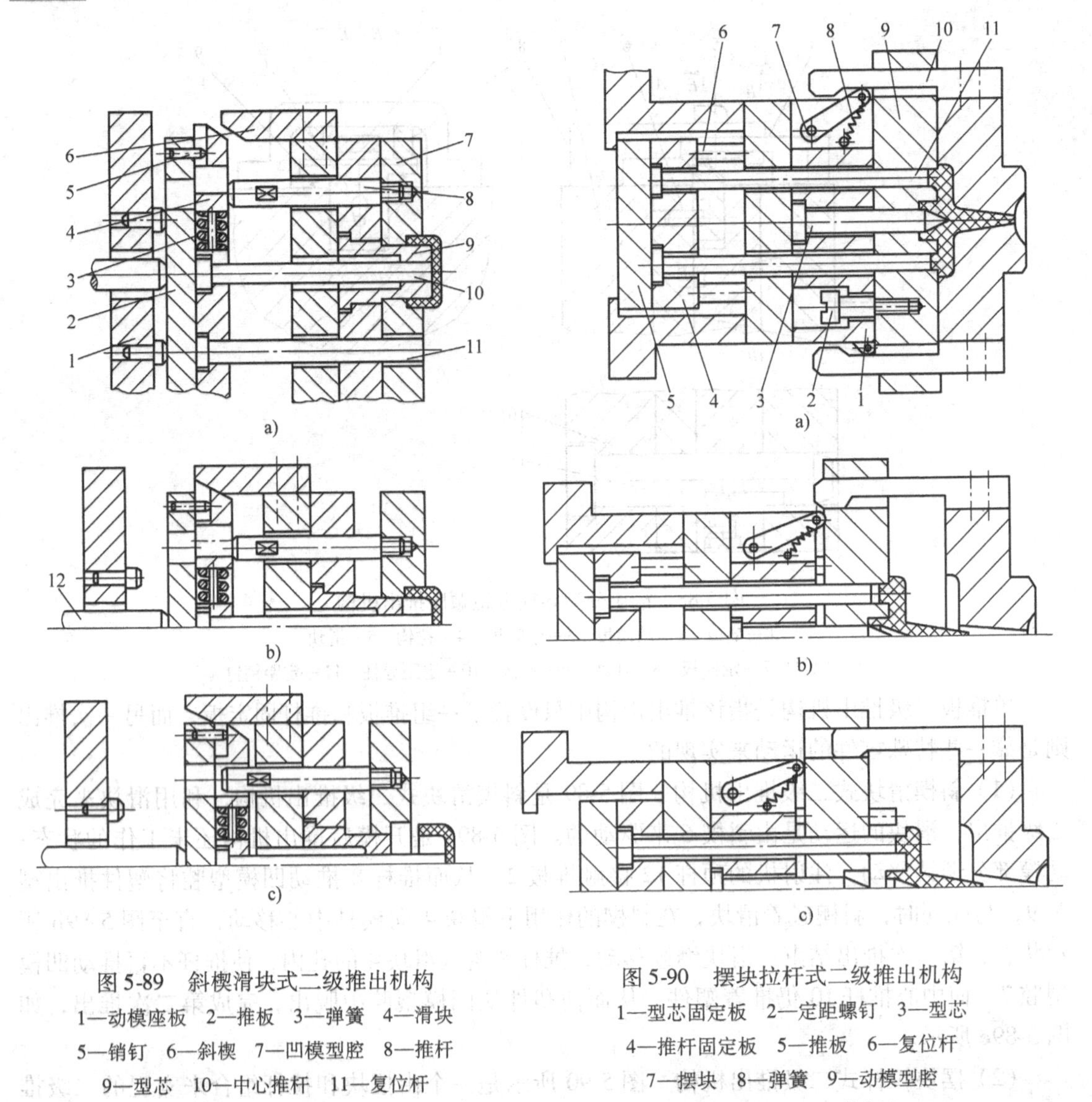

图 5-89　斜楔滑块式二级推出机构

1—动模座板　2—推板　3—弹簧　4—滑块　5—销钉　6—斜楔　7—凹模型腔　8—推杆　9—型芯　10—中心推杆　11—复位杆　12—注射机顶杆

图 5-90　摆块拉杆式二级推出机构

1—型芯固定板　2—定距螺钉　3—型芯　4—推杆固定板　5—推板　6—复位杆　7—摆块　8—弹簧　9—动模型腔　10—拉杆　11—推杆

塑件，直到推出型腔，完成第二次推出，如图 5-91c 所示。图中的弹簧 7 是用于两根对称摆杆合模时复位的。

（二）双推板二级推出机构

双推板二级推出机构是利用两块推板，分别带动一组推出零件实现二级推出的机构，下面介绍两种双推板二级推出机构。

（1）八字摆杆式二级推出机构　图 5-92 所示是八字摆杆式双推板二级推出机构，二次推出分别由一次推板 1 和二次推板 4 来完成，而二次推板 4 的运动是由八字摆杆来带动的。图 5-92a 为推出前的状态；开模一段距离后，注射机上的顶杆接触一次推板 1，由于定距块 3 的作用，使推杆 5 和推杆 2 一起动作将塑件从型芯 10 上推出，直到八字摆杆 6 与一次推板 1 相碰为止，一次推出便结束，如图 5-92b 所示；动模继续后退，推杆 2 继续推动凹模型腔 9，而八字摆杆 6 在一次推板 1 的作用下绕支点转动，使二次推板运动的距离大于一次推板

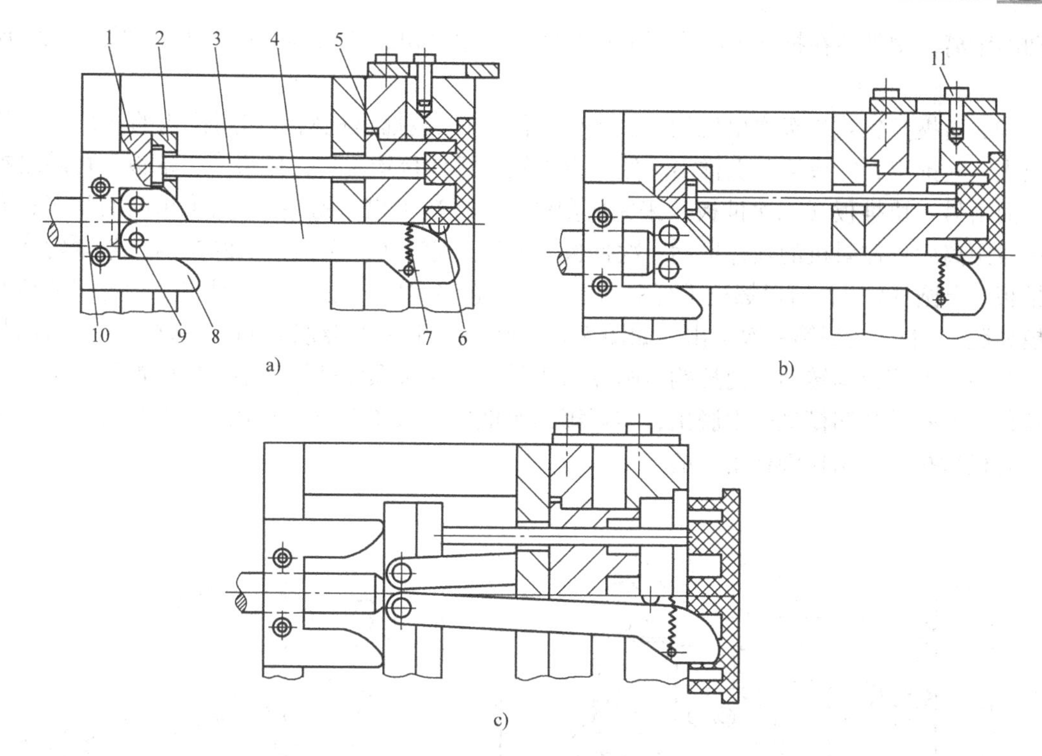

图 5-91　U 形限制架式二级推出机构

1—推板　2—推杆固定板　3—推杆　4—摆杆　5—型芯

6—圆销　7—弹簧　8—U 形限制架　9—销轴　10—注射机顶杆　11—限位销

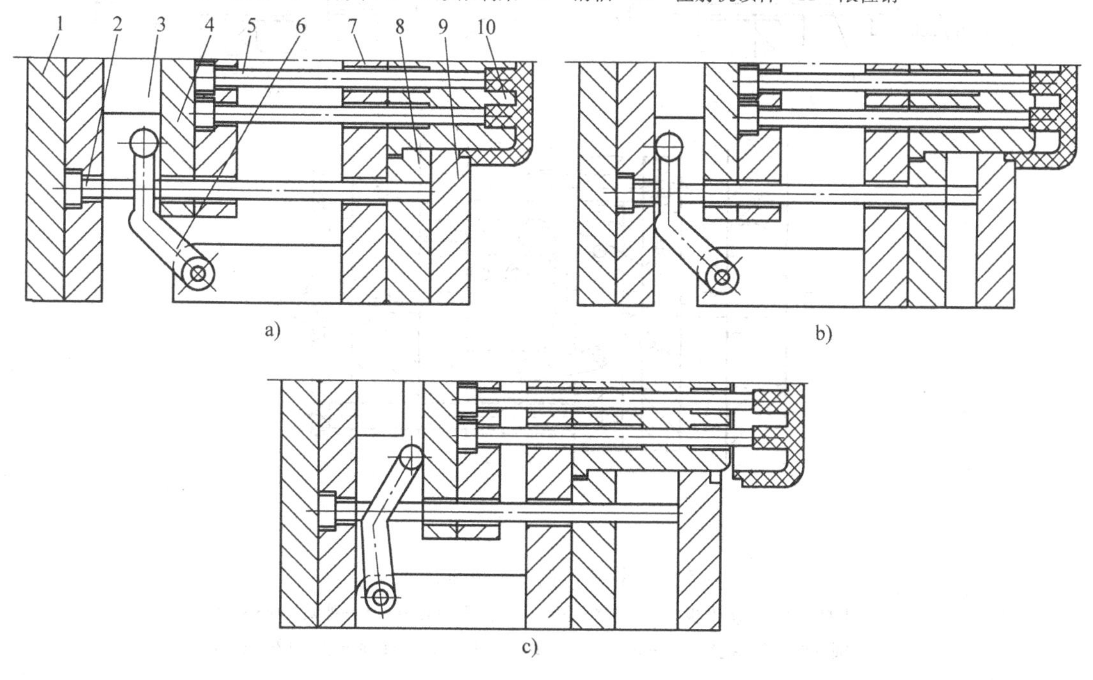

图 5-92　八字摆杆式二级推出机构

1—一次推板　2、5—推杆　3—定距块　4—二次推板　6—八字摆杆

7—支承板　8—型芯固定板　9—凹模型腔　10—型芯

运动的距离，塑件便在推杆 5 的作用下从凹模型腔中脱出，完成第二次推出，如图 5-92c 所示。

（2）斜楔拉钩式二级推出机构　图 5-93 所示的二级推出机构是利用拉钩的作用使二块推板先一起推出，完成第一次推出。然后由斜楔作用使拉钩脱钩，使得一次推板不再随之推出，而由另一块推板（二次推板）来完成塑件的第二次推出。图 5-93a 为推出前的状态；开模一段距离后，注射机的顶杆推动一次推板 2，由于固定在一次推板上的拉钩 6 紧紧勾住二次推板 3 上圆柱销 7，所以螺栓推杆 9 和推杆 1 一起将塑件从型芯 12 上推出，塑件仍滞留在凹模型腔 11 上，实现第一次推出，如图 5-93b 所示；当动模继续运动时，斜楔 10 楔入两拉钩 6 之间，迫使拉钩转动，使拉钩与圆柱销 7 脱开，这时螺栓推杆 9 不工作而推杆 1 继续推动塑件，使塑件从凹模型腔中脱出，实现第二次推出，如图 5-93c 所示。图中弹簧 5 是用来保证合模后拉钩能钩住圆柱销 7 的。

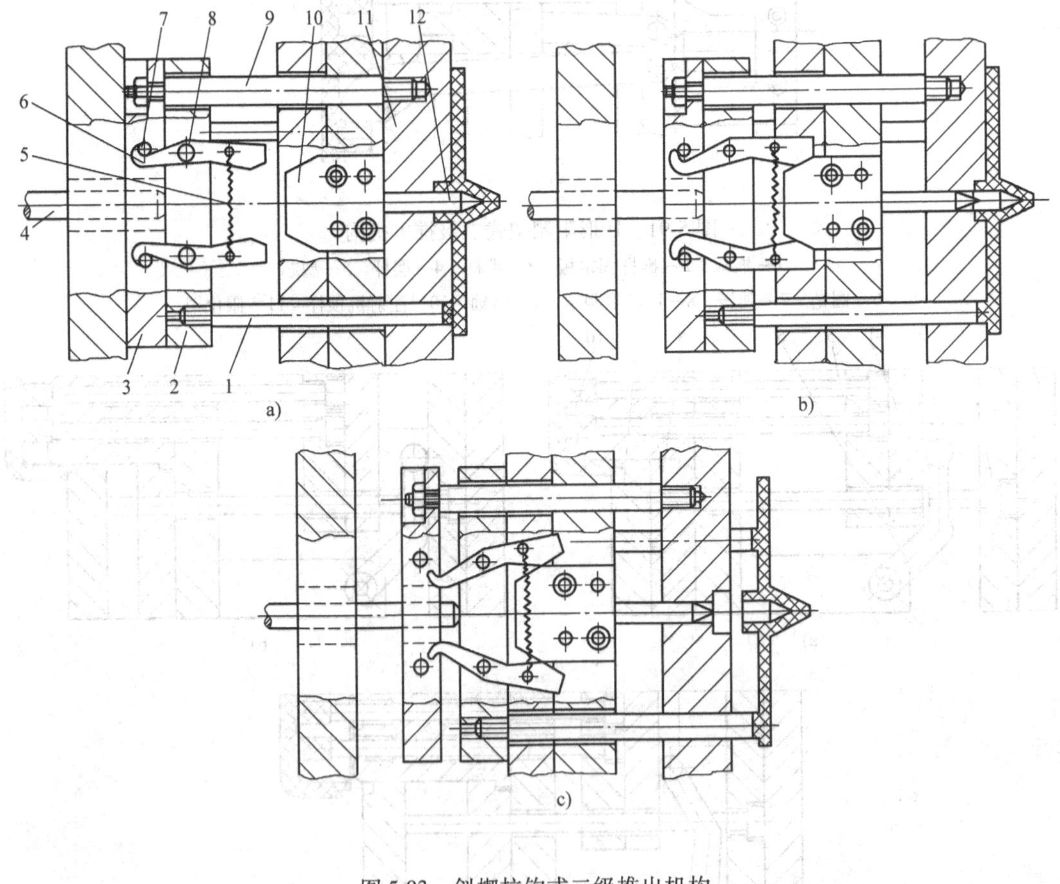

图 5-93　斜楔拉钩式二级推出机构

1—推杆　2—一次推板　3—二次推板　4—注射机顶杆　5—弹簧　6—拉钩　7—圆柱销　8—销轴　9—螺栓推杆　10—斜楔　11—凹模型腔　12—型芯

八、浇注系统凝料的脱模机构

除了采用点浇口和潜伏浇口外，其他形式的浇口与塑件的连接面积较大，不容易利用开模动作将塑件和浇注系统切断，因此，往往浇注系统和塑件是连成一体一起脱膜的，脱模后，还需通过后加工把它们分离，所以生产效率低，不易实现自动化。而点浇口和潜伏浇口，其浇口与塑件的连接面积较小，故较容易在开模的同时将它们分离，并分别从模具上脱出，这种模具结构有利于提高生产率，实现自动化生产。下面介绍几个点浇口和潜伏浇口浇注系统脱膜的机构。

（一）点浇口浇注系统凝料的脱模

1. 单型腔点浇口浇注系统凝料的自动脱模

在图5-94所示的单型腔点浇口浇注系统凝料的自动推出机构中，浇口套7以H8/f8的间隙配合安装在定模座板5中，外侧有压缩弹簧6，如图5-94a所示；当注射机喷嘴注射完毕离开浇口套7退后，压缩弹簧6的作用使浇口套与主流道凝料分离（松动）紧靠在定位圈上。开模后，挡板3先与定模座板5分型，主流道凝料从浇口套中脱出，当限位螺钉4起限位作用时，此过程分型结束，而挡板3与定模板1开始分型，直至限位螺钉2限位，如图5-94b所示。接着动定模的主分型面分型，这时，挡板3将浇口凝料从定模板1中拉出并在自重作用下自动脱落。

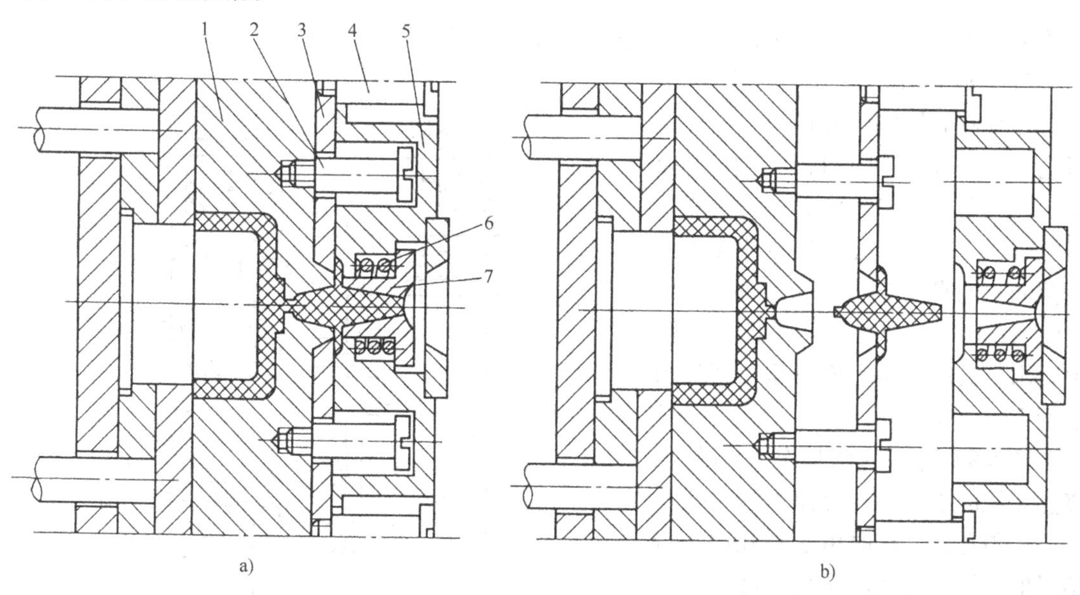

图5-94　单型腔点浇口凝料自动推出之一

1—定模板　2、4—限位螺钉　3—挡板　5—定模座板　6—弹簧　7—浇口套

在图5-95所示的点浇口凝料自动推出机构中，带有凹槽的浇口套7以H7/m6的过渡配合固定于定模板2上，浇口套7与挡板4以锥面定位，如图5-95a所示；开模时，在弹簧3的作用下，定模板2与定模座板5首先分型，在此过程中，由于浇口套开有凹槽，将主流道凝料先从定模座板中带出来，当限位螺钉6起作用时，挡板4与定模板2及浇口套7脱离，同时浇口从浇口套中拉出并靠自重自动落下，如图5-95b所示。定距拉杆1用来控制定模板与定模座板的分模距离。

2. 多型腔点浇口浇注系统凝料的自动脱模

一模多腔点浇口进料注射模，其点浇口并不在主流道的对面，而是在各自的型腔端部，

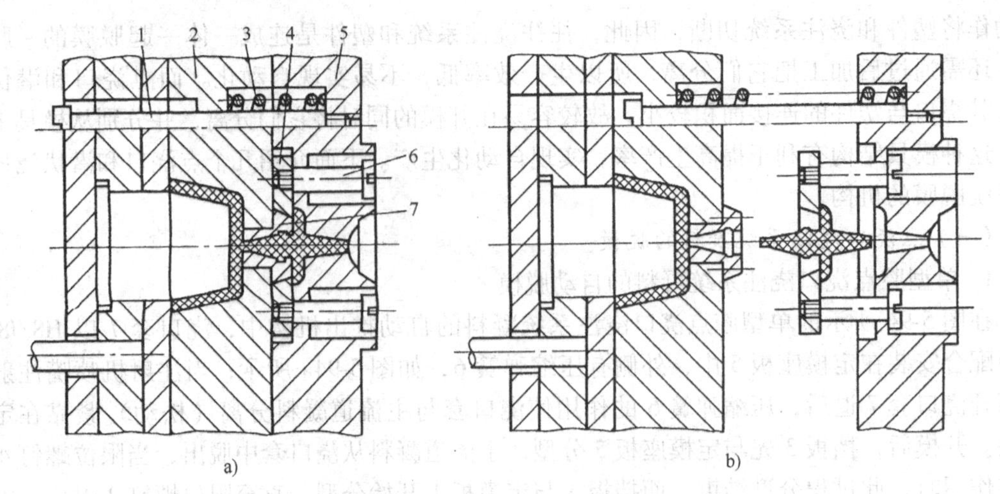

图 5-95　单型腔点浇口凝料自动推出之二

1—定距拉杆　2—定模板　3—弹簧　4—挡板　5—定模座板　6—限位螺钉　7—浇口套

这种多点浇口形式的浇注系统凝料自动推出与单型腔点浇口有些不同。

图 5-96 所示是一个多点浇口浇注系统脱模的结构，开模时，A 分型面先分型，主流道凝料从定模中拉出，当限位螺钉 10 与定模推件板 7 接触时，浇注系统凝料与塑件在浇口处拉断，与此同时，B 分型面分型，浇注系统由定模推件板 7 从凹模型腔中脱出，最后 C 分型面分型，塑件由推管 2 推出脱模。

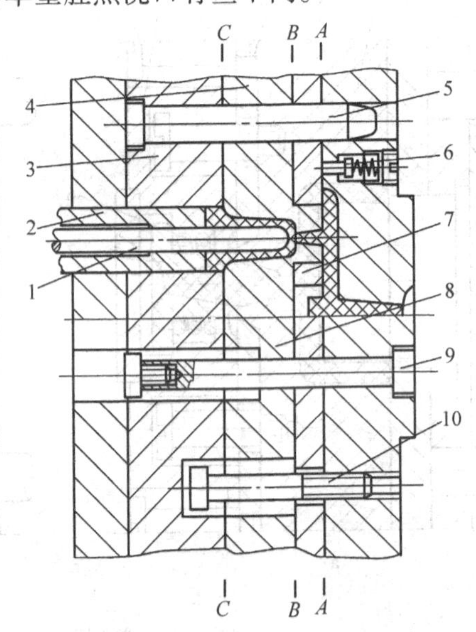

图 5-96　定模一侧设推件板脱卸浇注系统

1—型芯　2—推管　3—动模板　4—定模板　5—导柱　6—弹簧顶销　7—定模推件板　8—凹模型腔　9—限位拉杆　10—限位螺钉

图 5-97 所示为利用分流道拉断浇注系统的结构。在分流道的尽头加工一个斜孔，开模时由于斜孔内冷凝塑料的作用，使浇注系统在浇口处与塑件断开，同时在动模板上设置了反锥度拉料杆 2，使主流道凝料脱出定模板 5，并使分流道凝料拉出斜孔，当第一次分型结束后，拉料杆 2 从浇注系统的主流道凝料末端退出，从而达到浇注系统凝料的自动坠落。分流道末端的斜孔尺寸为直径 3 ~ 5mm，孔深 2 ~ 4mm，斜孔的倾斜角为 15° ~ 30°。

图 5-98 所示是在定模一侧增设一块分流道推板，利用分流道推板将浇注系统从模具中脱卸的结构。开模时，由于浇道拉料杆 6 的作用，模具首先从中间板 1 和分流道推板 5 之间分型，此时，点浇口被拉断，浇注系统凝料留于定模一侧。动模移动一定距离后，在拉板 7 的作用下，分流道推板 5 与中间板 1 分型，继续开模，中间板 1 与拉杆 2 左端接触，从而使分流道推板 5 与定模板 3 分型，即由分流道推板将浇注系统凝料从定模板中脱出，并且同时

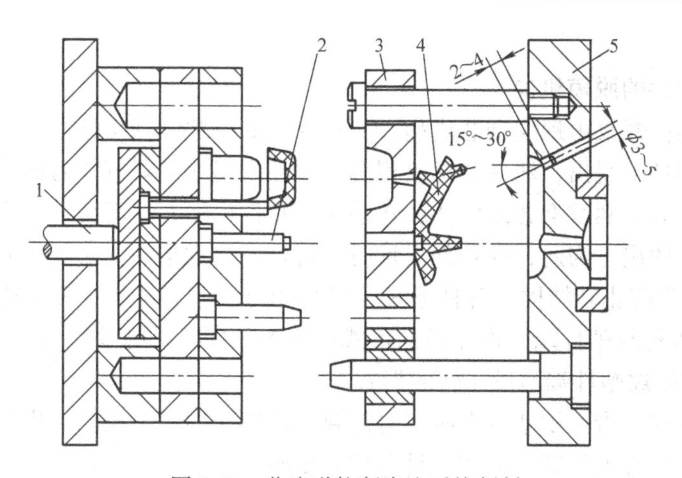

图 5-97　分流道拉断浇注系统凝料

1—注射机顶杆　2—拉料杆　3—中间板　4—浇注系统凝料　5—定模板

脱离分流道拉杆。

（二）潜伏浇口浇注系统的脱模

图 5-99 是潜伏浇口设计在动模部分的结构形式。开模时，塑件包在动模型芯 3 上随动模一起移动，分流道和浇口及主流道凝料由于倒锥的作用留在动模一侧。推出机构工作时，推杆 2 将塑件从凸模 3 上推出，同时潜伏浇口被切断，浇注系统凝料在推杆 1 的作用下推出动模板 4 而自动掉落。

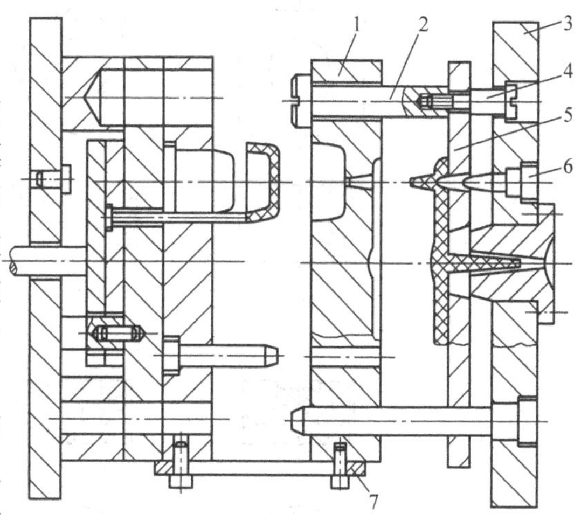

图 5-98　分流道推板脱卸浇注系统凝料

1—中间板（型腔板）　2—拉杆　3—定模板　4—限位螺钉　5—分流道推板　6—浇道拉料杆　7—拉板

图 5-100 是潜伏浇口设计在定模部分的结构形式，开模时，塑件包在动模型芯 4 上，从定模板 6 中脱出，同时潜伏浇口被切断，而分流道、浇口和主流道凝料在冷料井倒锥穴的作用下，拉出定模板而随动模移动，推出机构工作时，推杆 2 将塑件从动模型芯 4 上脱下，而浇道推杆 1 将浇注系统凝料推出动模板 5，最

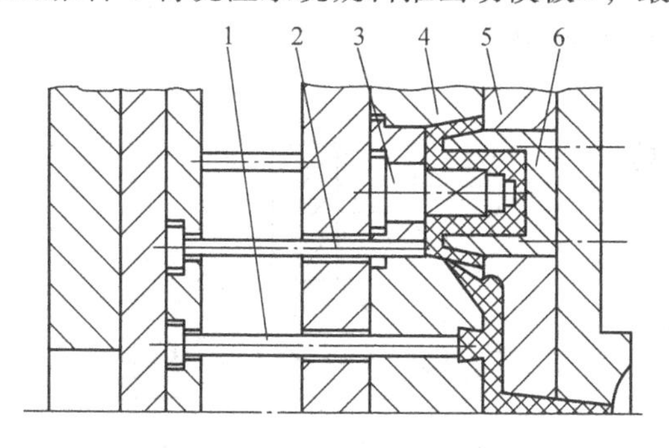

图 5-99　潜伏浇口在动模的结构

1—浇道推杆　2—推杆　3—凸模　4—动模板　5—定模板　6—定模型芯

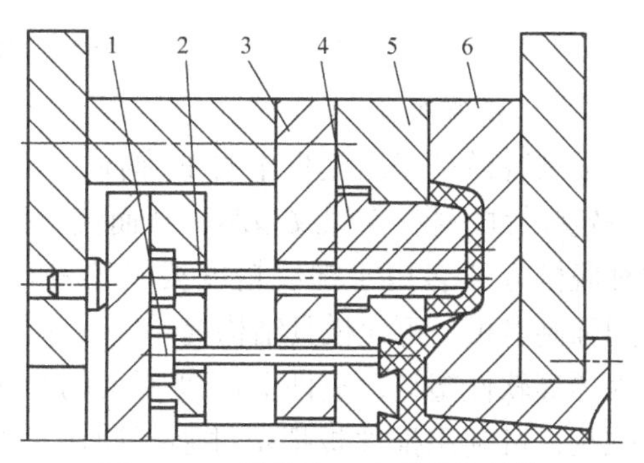

图 5-100　潜伏浇口在定模的结构

1—浇道推杆　2—推杆　3—动模垫板　4—动模型芯　5—动模板　6—定模板

后由自重掉落。

九、带螺纹塑件的脱模机构

通常塑件上的内螺纹由螺纹型芯成型，而塑件上的外螺纹则由螺纹型环成型。为了使塑件从螺纹型芯或型环上脱出，塑件和螺纹型芯或型环之间除了要有相对转动以外，还必须有轴向的相对移动，如果螺纹型芯或型环在转动时，塑件也随着一起转动，否则塑件就无法从螺纹型芯或型环上脱出。为此，在塑件设计时，特别应注意塑件上必须带有止转结构。图5-101所示是塑件上带有止转结构的各种形式。图5-101a～d为内螺纹塑件外形上设止转的形式；图5-101e为外螺纹塑件端面设止转的形式；图5-101f为外螺纹塑件内形设止转的形式；图5-101g、h为内螺纹塑件端面设止转的形式。

由于螺纹的存在，带螺纹塑件在脱模时需要一些特殊的脱模机构。根据塑件上螺纹精度要求和生产批量，塑件上的螺纹常用三种方法来脱模。

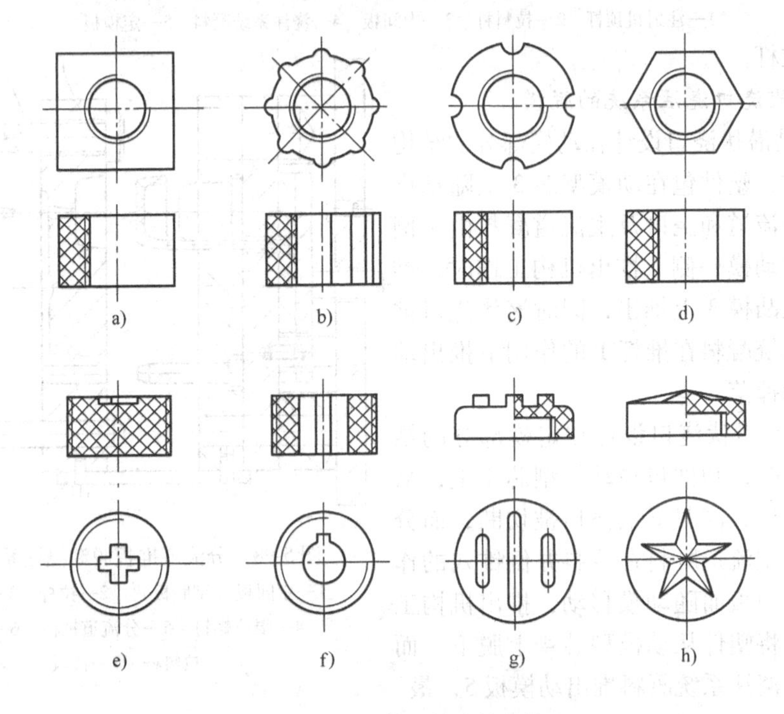

图5-101　塑件上的止转结构

（一）强制脱模

强制脱模是利用塑件本身的弹性，或利用具有一定弹性的材料作螺纹型芯，从而使塑件脱模。这种脱模方式多用于螺纹精度要求不高的场合，采用强制脱模，可使模具结构简单，对于聚乙烯、聚丙烯等软性塑料，塑件上深度不大的半圆形粗牙螺纹，可利用推件板把塑件强行脱出模腔，如图5-102所示。

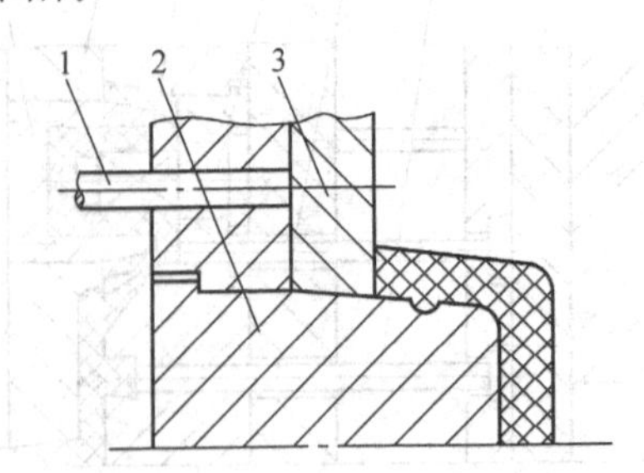

图5-102　利用塑件弹性强制脱模

1—推杆　2—螺纹型芯　3—推件板

（二）手动脱模

手动脱螺纹塑件分为模内和模外手动脱模两类，后者为活动螺纹型芯和型环，开模后随塑件一起脱出模具，然后在模具外用专用工具由人工将塑件从螺纹型芯或型环上拧下，这类脱卸方式所需的模具结构，在前面螺纹型芯和型环的设计中已有介绍，这里不再重复。

图 5-103 是模内手动脱螺纹的例子，塑件成型后，需用带方孔的专用工具先将螺纹型芯脱出，然后再由推出机构将塑件从模腔中脱出。

图 5-104 所示是另一种手动脱螺纹的机构，塑件成型后，通过人工摇动与齿轮 6 相连的手柄，然后由齿轮 6 带动齿轮 5 旋转，使螺纹型芯从塑件上卸下来，然后再开模取出塑件。

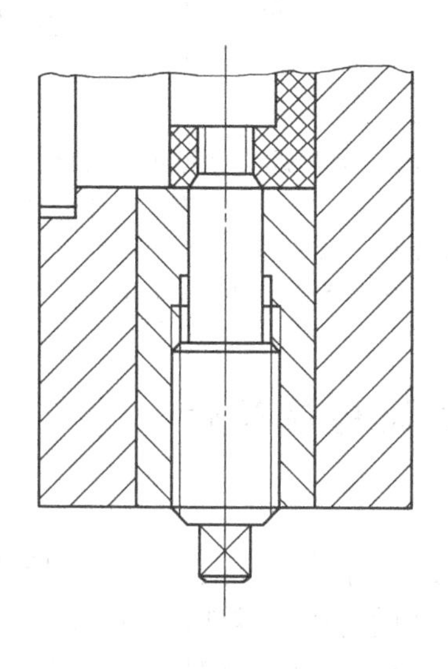

图 5-103　带螺纹塑件的模内手动脱卸

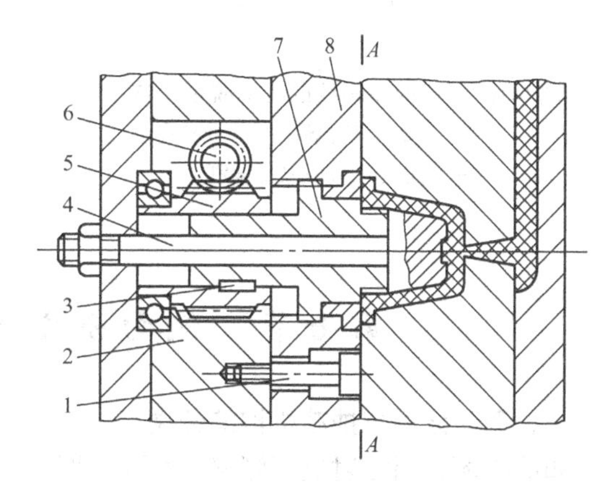

图 5-104　模内手动脱螺纹机构

1—定距螺钉　2—支承板　3—键　4—型芯
5、6—齿轮　7—螺纹型芯　8—动模板

（三）机动脱模

机动脱螺纹的机构是利用开合模动作使螺纹型芯脱模与复位，该机动脱模机构通常是将开合模的往复运动转变成旋转运动，从而使塑件上的螺纹脱出，或是在注射机上设置专用的开合模丝杠，这类带有机动脱螺纹的模具，生产率高，但一般结构较复杂，模具制造成本较高。

图 5-105 所示为横向脱螺纹的结构，它是利用固定在定模上的导柱齿条完成抽螺纹型芯的动作。开模后，导柱齿条 3 带动螺纹型芯 2 旋转，而使其成型部分退出塑件，非成型部分旋入套筒螺母 4 内。该机构中，螺纹型芯 2 两端螺纹的螺距应一致，否则脱螺纹无法进行。另外，齿轮的宽度要保证螺纹型芯在脱模和复位过程中，能移动到左右两端极限位置时仍和齿条保持接触。

图 5-106 所示是轴向脱螺纹的结构，它适用于侧浇口多型腔模具。开模时，齿条导柱 9 带动齿轮机构和一对锥齿轮 1、2，锥齿轮又带动圆柱齿轮 3 和 4，使螺纹型芯 5 和螺纹拉料杆 8 旋转，在旋转过程中，塑件一边脱开螺纹型芯，一边向上运动，直到脱出动模板 7 为止。图中螺纹拉料杆 8 的作用是为了把主流道凝料从定模中拉出，使其与塑件一起滞留在动模一侧。但要注意由于齿轮 3 和齿轮 4 旋向相反，所以拉料杆 8 上的螺纹旋向也应和螺纹型芯 5 的旋向相反。

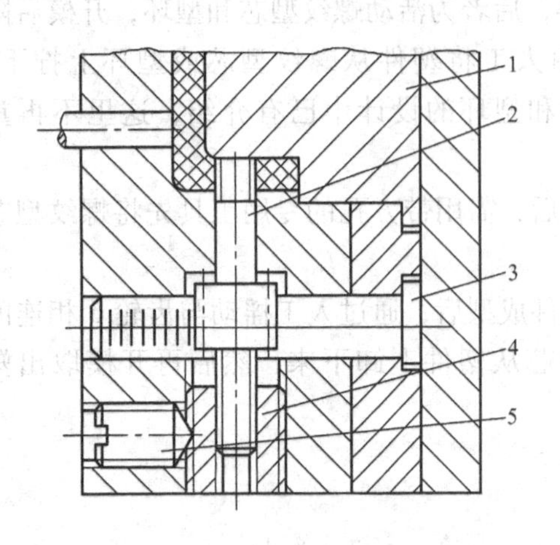

图 5-105　横向脱螺纹的机动脱模机构
1—定模型芯　2—螺纹型芯　3—导柱齿条
4—套筒螺母　5—紧定螺钉

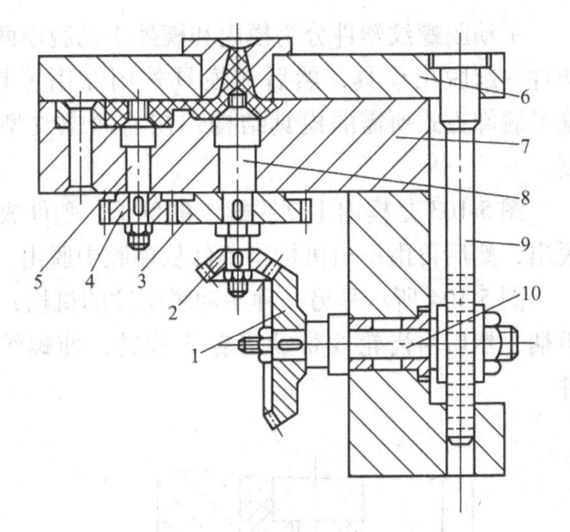

图 5-106　轴向螺纹的机动脱模机构
1、2—锥齿轮　3、4—圆柱齿轮　5—螺纹型芯
6—定模底板　7—动模板　8—螺纹拉料杆
9—齿条导柱　10—齿轮轴

第七节　侧向分型与抽芯机构的设计

一、侧向分型与抽芯机构的分类

如前所述，当注射成型侧壁带有孔、凹穴、凸台等的塑料制件时，模具上成型该处的零件就必须制成可侧向移动的零件，以便在脱模之前先抽掉侧向成型零件，否则就无法脱模。带动侧向成型零件作侧向移动（抽拔与复位）的整个机构称为侧向分型与抽芯机构。对于成型侧向凸台的情况（包括垂直分型的瓣合模），常常称为侧向分型；对于成型侧孔或侧凹的情况，往往称为侧向抽芯。但是，在一般的设计中，侧向分型与侧向抽芯常常混为一谈，不加分辨，统称为侧向分型抽芯，甚至只称侧向抽芯。

（一）侧向分型与抽芯机构的分类

根据动力来源的不同，侧向分型与抽芯机构一般可分为机动、液压（液动）或气动以及手动等三大类型。

（1）机动侧向分型与抽芯机构　机动侧向分型与抽芯机构是利用注射机开模力作为动力，通过有关传动零件（如斜导柱）使力作用于侧向成型零件而将模具侧向分型或把侧向型芯从塑料制件中抽出，合模时又靠它使侧向成型零件复位。这类机构虽然结构比较复杂，但分型与抽芯无需手工操作，生产率高，在生产中应用最为广泛。根据传动零件的不同，这类机构可分为斜导柱、弯销、斜导槽、斜滑块和齿轮齿条等许多不同类型的侧向分型与抽芯机构，其中斜导柱侧向分型与抽芯机构最为常用，下面将分别介绍。

（2）液压或气动侧向分型与抽芯机构　液压或气动侧向分型与抽芯机构是以液压力或压缩空气作为动力进行侧向分型与抽芯，同样亦靠液压力或压缩空气使侧向成型零件复位。

液压或气动侧向分型与抽芯机构多用于抽拔力大、抽芯距比较长的场合，例如大型管子塑件的抽芯等。这类分型与抽芯机构是靠液压缸或气缸的活塞来回运动进行的，抽芯的动作比较平稳，特别是有些注射机本身就带有抽芯液压缸，所以采用液压侧向分型与抽芯更为方便，但缺点是液压或气动装置成本较高。

（3）手动侧向分型与抽芯机构　手动侧向分型与抽芯机构是利用人力将模具侧向分型或把侧向型芯从成型塑件中抽出。这一类机构操作不方便，工人劳动强度大，生产率低，但模具的结构简单，加工制造成本低，因此常用于产品的试制、小批量生产或无法采用其他侧向分型与抽芯机构的场合。

手动侧向分型与抽芯机构的形式很多，可根据不同塑料制件设计不同形式的手动侧向分型与抽芯机构。手动侧向分型与抽芯可分为两类，一类是模内手动分型抽芯，另一类是模外手动分型抽芯，而模外手动分型抽芯机构实质上是带有活动镶件的模具结构。

（二）抽芯距确定与抽芯力计算

侧向型芯或侧向成型模腔从成型位置到不妨碍塑件的脱模推出位置所移动的距离称为抽芯距，用 s 表示。为了安全起见，侧向抽芯距离通常比塑件上的侧孔、侧凹的深度或侧向凸台的高度大 2～3mm，但在某些特殊的情况下，当侧型芯或侧型腔从塑件中虽已脱出，但仍阻碍塑件脱模时，就不能简单地使用这种方法确定抽芯距离。图 5-107 所示是一个绕线轮的侧向分型注射模，抽芯距 $s \neq s_2 + 2 \sim 3\text{mm}$，应是 $s = s_1 + 2 \sim 3\text{mm}$，而 $s_1 = \sqrt{R^2 - r^2}$，式中 R 是绕线轮台肩半径，r 是绕线轮的半径。

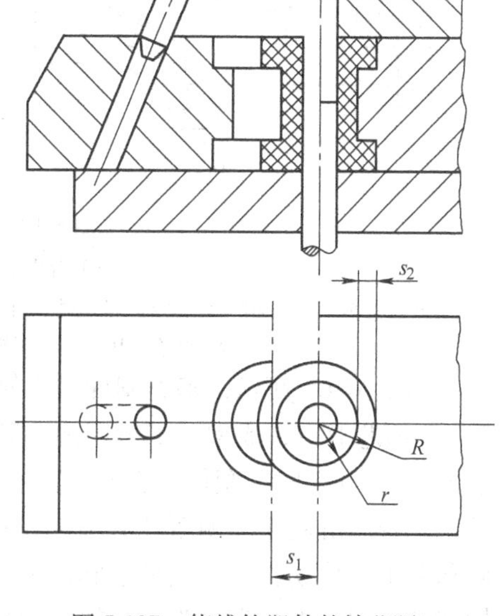

图 5-107　绕线轮塑件的抽芯距

抽芯力的计算同脱模力计算相同。对于侧向凸起较少的塑件的抽芯力往往是比较小的，仅仅是克服塑件与侧型腔的粘附力和侧型腔滑块移动时的摩擦阻力。对于侧型芯的抽芯力，往往采用如下的公式进行估算：

$$F_c = chp(\mu\cos\alpha - \sin\alpha) \tag{5-57}$$

式中　F_c——抽芯力（N）；

c——侧型芯成型部分的截面平均周长（m）；

h——侧型芯成型部分的高度（m）；

p——塑件对侧型芯的收缩应力（包紧力），其值与塑件的几何形状及塑料的品种、成型工艺有关，一般情况下模内冷却的塑件，$p = (0.8 \sim 1.2) \times 10^7\text{Pa}$，模外冷却的塑件，$p = (2.4 \sim 3.9) \times 10^7\text{Pa}$；

μ——塑料在热状态时对钢的摩擦因数，一般 $\mu = 0.15 \sim 0.20$；

α——侧型芯的脱模斜度或倾斜角（°）。

二、斜导柱侧向分型与抽芯机构

（一）斜导柱侧向分型与抽芯机构设计

斜导柱侧向分型与抽芯机构是利用斜导柱等零件把开模力传递给侧型芯或侧向成型块，使之产生侧向运动完成抽芯与分型动作。这类侧向分型抽芯机构的特点是结构紧凑，动作安全可靠，加工制造方便，是设计和制造注射模抽芯时最常用的机构，但它的抽芯力和抽芯距受到模具结构的限制，一般使用于抽芯力不大及抽芯距小于 60 ~ 80mm 的场合。

斜导柱侧向分型与抽芯机构主要由与开模方向成一定角度的斜导柱、侧型腔或型芯滑块、导滑槽、楔紧块和侧型腔或型芯滑块定距限位装置等组成，其工作原理在第四章中已有叙述，这里仅举一个典型的例子加以说明。

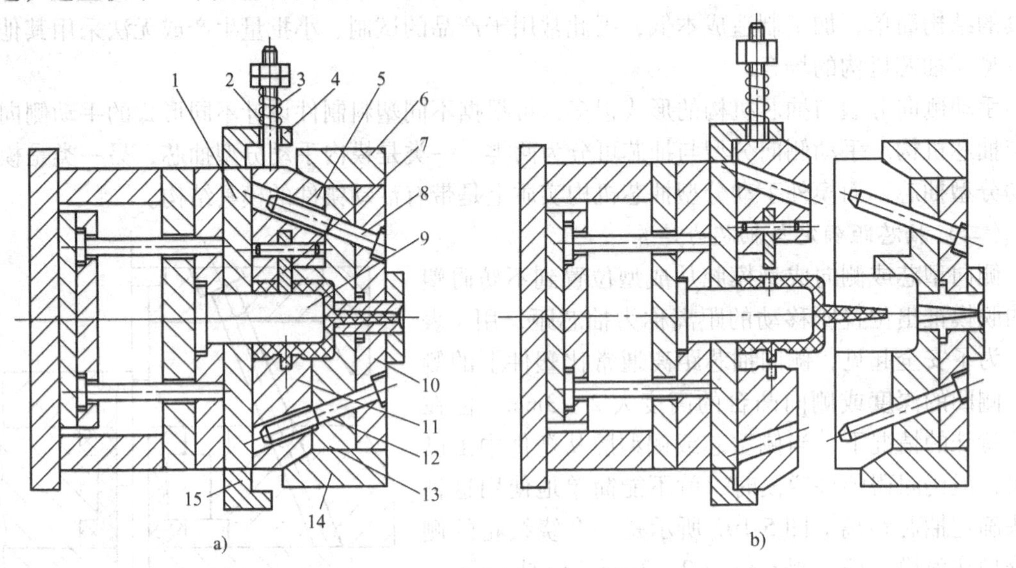

图 5-108　斜导柱侧向分型抽芯机构

a）合模状态　b）侧向分型抽芯结束状态

1—推件板　2—弹簧　3—螺杆　4、15—挡块　5—侧型芯滑块　6、14—楔紧块　7—侧型芯　8、12—斜导柱　9—凸模　10—定模座板　11—侧型腔滑块　13—定模板（型腔板）

如图 5-108 所示，塑料制件的上侧有通孔，下侧有凹凸，这样，上侧就需用带有侧型芯 7 的侧型芯滑块 5 成型，下侧用侧型腔滑块 11 成型。斜导柱 8 通过定模板 13 固定于定模座板 10 上。开模时，塑件包在凸模 9 上随动模部分一起向左移动，在斜导柱 8 和 12 的作用下，侧型芯滑块 5 和侧型腔滑块 11 随推件板 1 后退的同时，在推件板的导滑槽内分别向上侧和向下侧移动，于是侧型芯和侧型腔逐渐脱离塑件，直至斜导柱分别与两滑块脱离，侧向抽芯和分型才告结束。为了合模时斜导柱能准确地插入滑块上的斜导孔中，在滑块脱离斜导柱时要设置滑块的定距限位装置。在压缩弹簧 2 的作用下，侧型芯滑块 5 在抽芯结束的同时紧靠挡块 4 而定位，侧型腔滑块 11 在侧向分型结束时由于自身的重力定位于挡块 15 上。动模部分继续向左移动，直至推出机构动作，推杆推动推件板 1 把塑件从凸模 9 上脱下来。合模时，滑块靠斜导柱复位，在注射时，滑块 5 和 11 分别由楔紧块 6 和 14 锁紧，以使其处于正确的成型位置而不因受塑料熔体压力的作用向两侧松动。

1. 斜导柱的设计

（1）斜导柱的结构设计　斜导柱的形状如图 5-109 所示，其工作端的端部可以设计成锥台形或半球形。但半球形车制时较困难，所以绝大部分均设计成锥台形。设计成锥台形时必须注意斜角 θ 应大于斜导柱倾斜角 α，一般 $\theta = \alpha + 2° \sim 3°$，以免端部锥台也参与侧抽芯，导致滑块停留位置不符合原设计计算的要求。为了减少斜导柱与滑块上斜导孔之间的摩擦，可在斜导柱工作长度部分的外圆轮廓铣出两个对称平面（见图 5-109b）。

斜导柱的材料多为 T8、T10 等碳素工具钢，也可以用 20 钢渗碳处理。由于斜导柱经常与滑块摩擦，热处理要求硬度≥55HRC，表面粗糙度值 $R_a \leqslant 0.8\mu m$。

斜导柱与其固定的模板之间采用过渡配合 H7/m6。由于斜导柱在工作过程中主要用来驱动侧滑块作往复运动，侧滑块运动的平稳性由导滑槽与滑块之间的配合精度保证，而合模时滑块的最终准确位置由楔紧块决定。因此，为了运动的灵活，滑块上斜导孔与斜导柱之间可以采用较松的间隙配合 H11/b11，或在两者之间保留 0.5～1mm的间隙。在特殊情况下（例如斜导柱固定在动模、滑块固定在定模的结构），为了使滑块的运动滞后于开模动作，以便分型面先打开一定的缝隙，让塑件与凸模之间先松动之后再驱动滑块作侧抽芯，这时的间隙可放大至 2～3mm。

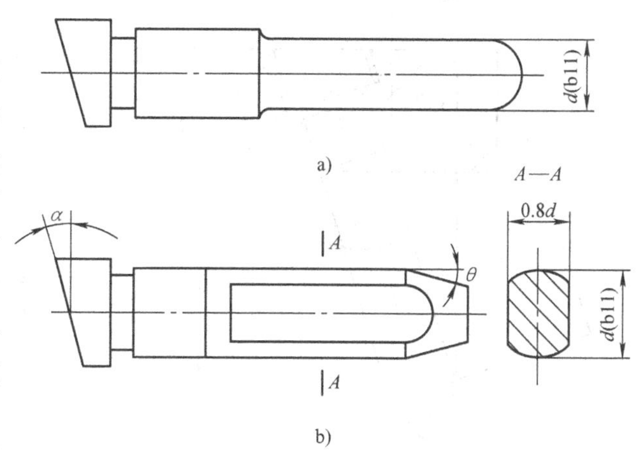

图 5-109　斜导柱的形状

（2）斜导柱倾斜角确定　斜导柱轴向与开模方向的夹角称为斜导柱的倾斜角 α，如图 5-110 所示。它是决定斜导柱抽芯机构工作效果的重要参数。α 的大小对斜导柱的有效工作长度、抽芯距和受力状况等起着决定性的影响。

由图 5-110 可知：

$$L = s/\sin\alpha \tag{5-58}$$

$$H = s/\tan\alpha \tag{5-59}$$

式中　L——斜导柱的工作长度；

s——抽芯距；

α——斜导柱的倾斜角；

H——与抽芯距 s 对应的开模距。

图 5-111 是斜导柱抽芯时的受力图，从图中可知：

$$F_w = \frac{F_t}{\cos\alpha} \tag{5-60}$$

$$F_k = F_t\tan\alpha \tag{5-61}$$

式中　F_w——侧抽芯时斜导柱所受的弯曲力；

F_t——侧抽芯时的脱模力，其大小等于抽芯力 F_c；

F_k——侧抽芯时所需的开模力。

由式（5-58）～（5-61）可知，α 增大，L 和 H 减小，有利于减小模具尺寸，但 F_w 和 F_k 增大，影响斜导柱和模具的强度和刚度；反之，α 减小，斜导柱和模具受力减小，但要在获得相同抽芯距的情况下，斜导柱的长度就要增长，开模距就要变大，因此模具尺寸会增大。综合两方面考虑，经过实际的计算推导，α 取 22°33′比较理想，一般在设计时 $\alpha < 25°$，最常用为 $12° \leqslant \alpha \leqslant 22°$。

当抽芯方向与模具开模方向不垂直而成一定交角 β 时，也可采用斜导柱抽芯机构。图 5-112a 所示为滑块外侧向动模一侧倾斜 β 角度的情况，影响抽芯效果的斜导柱有效倾斜角为

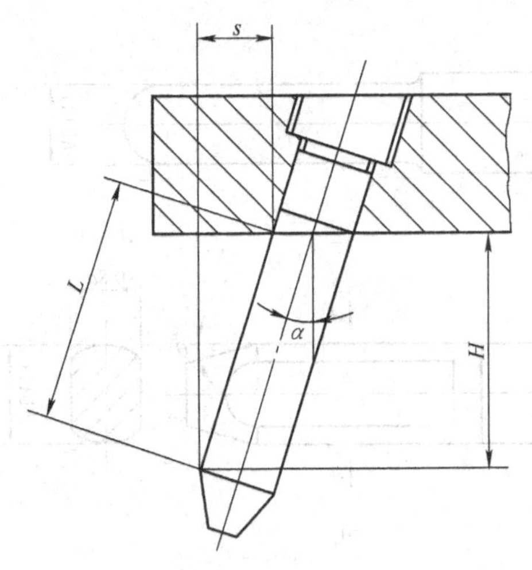

图 5-110　斜导柱工作长度与抽芯距关系

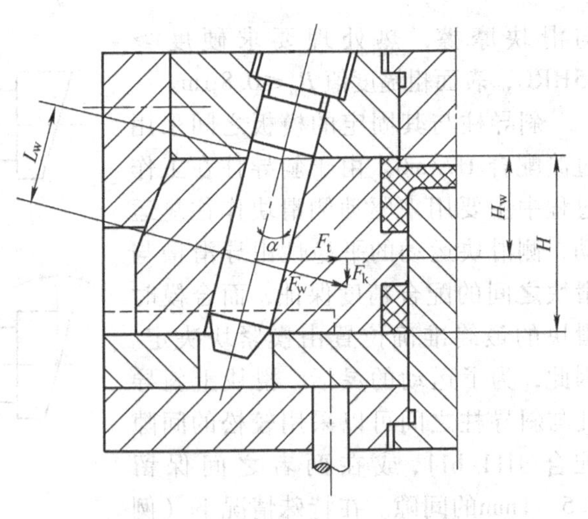

图 5-111　斜导柱抽芯时的受力图

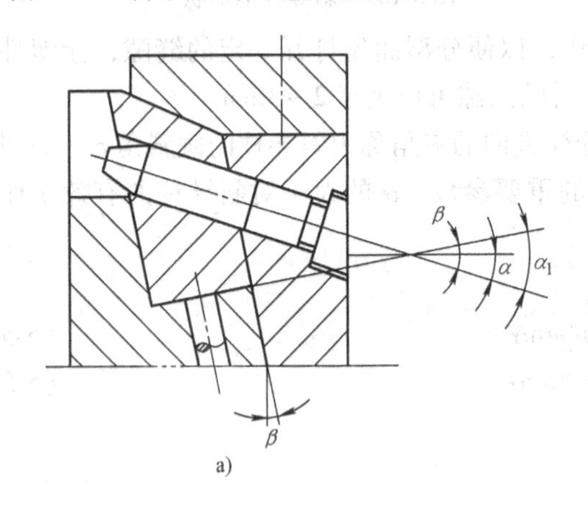

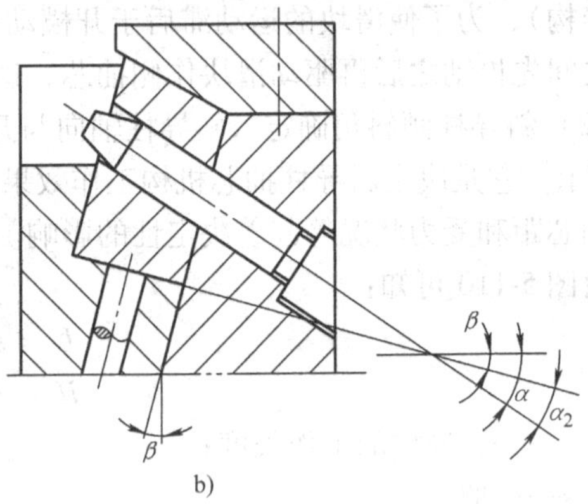

图 5-112　抽芯方向与开模方向不垂直的情况

a）滑块向动模一侧倾斜　b）滑块向定模一侧倾斜

$\alpha_1=\alpha+\beta$，斜导柱的倾斜角 α 值应在 $12°\leqslant\alpha+\beta\leqslant22°$ 内选取，比不倾斜时要取得小些。图 5-112b 所示为滑块外侧向定模一侧倾斜 β 角度的情况，影响抽芯效果的斜导柱的有效倾斜角为 $\alpha_2=\alpha-\beta$，斜导柱的倾斜角 α 值应在 $12°\leqslant\alpha-\beta\leqslant22°$ 内选取，比不倾斜时可取得大些。

在确定斜导柱倾斜角 α 时，通常抽芯距短时 α（或 α_1、α_2）可适当取小些，抽芯距长时取大些；抽芯力大时 α 可取小些，抽芯力小时可取大些。另外，还应注意，斜导柱在对称布置时，抽芯力可相互抵消，α 可取大些，而斜导柱非对称布置时，抽芯力无法抵消，α 要取小些。

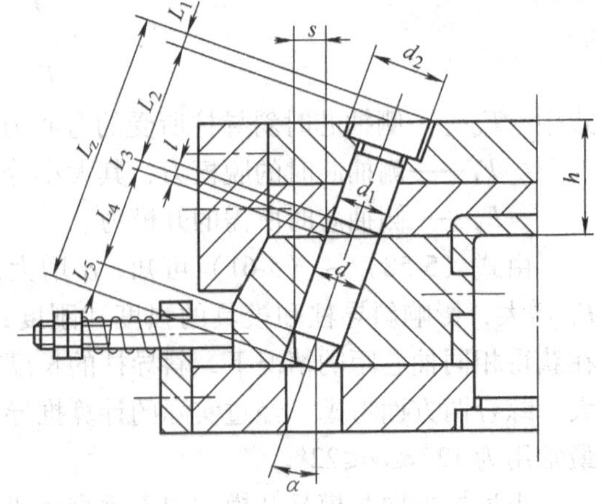

图 5-113　斜导柱的长度

（3）斜导柱的长度计算　斜导柱的长度见图 5-113，其工作长度与抽芯距有关［见式（5-58）］。当滑块向动模一侧或向定模一侧倾斜 β

角度后，斜导柱的工作长度 L（或称有效长度）为

$$L = s\frac{\cos\beta}{\sin\alpha} \tag{5-62}$$

斜导柱的总长度与抽芯距、斜导柱的直径和倾斜角以及斜导柱固定板厚度等有关。斜导柱的总长为

$$\begin{aligned} L_z &= L_1 + L_2 + L_3 + L_4 + L_5 \\ &= \frac{d_2}{2}\tan\alpha + \frac{h}{\cos\alpha} + \frac{d_1}{2}\tan\alpha + \frac{s}{\sin\alpha} + 5 \sim 10\text{mm} \end{aligned} \tag{5-63}$$

式中　L_z——斜导柱总长度；

d_2——斜导柱固定部分大端直径；

h——斜导柱固定板厚度；

d_1——斜导柱工作部分直径；

s——抽芯距。

斜导柱安装固定部分的长度为

$$\begin{aligned} L_a &= L_2 - l \\ &= \frac{h}{\cos\alpha} - \frac{d_1}{2}\tan\alpha \end{aligned} \tag{5-64}$$

式中　L_a——斜导柱安装固定部分的长度；

d_1——斜导柱固定部分的直径。

（4）斜导柱的受力分析与强度计算

1）斜导柱的受力分析：斜导柱在抽芯过程中受到弯曲力 F_w 的作用，如图 5-114a 所示。为了便于分析，先分析滑块的受力情况。在图 5-114b 中，F_t 是抽芯力 F_c 的反作用力，其大小与 F_c 相等，方向相反；F_k 是开模力，它通过导滑槽施加于滑动；F 是斜导柱通过斜导孔施加于滑块的正压力，其大小与斜导柱所受的弯曲力 F_w 相等；F_1 是斜导柱与滑块间的摩擦力；F_2 是滑块与导滑槽间的摩擦力。另外，假定斜导柱与滑块、滑块与导滑槽之间的摩擦系数均为 μ。

$$\sum F_x = 0 \quad 则\ F_t + F_1\sin\alpha + F_2 - F\cos\alpha = 0 \tag{5-65}$$

$$\sum F_y = 0 \quad 则\ F\sin\alpha + F_1\cos\alpha - F_k = 0 \tag{5-66}$$

式中

$$F_1 = \mu F \qquad F_2 = \mu F_k$$

由式（5-65）、式（5-66）解得

$$F = \frac{F_t}{\sin\alpha + \mu\cos\alpha} \times \frac{\tan\alpha + \mu}{1 - 2\mu\tan\alpha - \mu^2} \tag{5-67}$$

由于摩擦力和其他力相比较一般很小，常常可略去不计（即 $\mu=0$），这样上式为

$$F = \frac{F_t}{\cos\alpha}$$

即

$$F_w = \frac{F_c}{\cos\alpha} \tag{5-68}$$

上述推导的结果与前面介绍的式（5-60）是一致的。

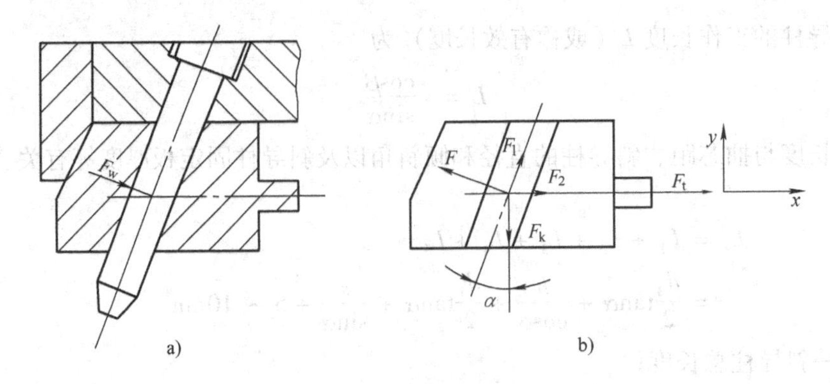

图 5-114　斜导柱的受力分析

a）斜导柱的受力情况　b）滑块受力图

2）斜导柱的直径计算：斜导柱的直径主要受弯曲力的影响，根据图 5-111，斜导柱所受的弯矩为

$$M_w = F_w L_w \tag{5-69}$$

式中　M_w——斜导柱所受弯矩；

L_w——斜导柱弯曲力臂。

由材料力学可知

$$M_w = [\sigma_w] W \tag{5-70}$$

式中　$[\sigma_w]$——斜导柱所用材料的许用弯曲应力；

W——抗弯截面系数。

斜导柱的截面一般为圆形，其抗弯截面系数为

$$W = \frac{\pi}{32}d^3 \approx 0.1d^3 \tag{5-71}$$

所以斜导柱的直径为

$$d = \sqrt[3]{\frac{F_w L_w}{0.1[\sigma_w]}} = \sqrt[3]{\frac{10F_t L_w}{[\sigma_w]\cos\alpha}} = \sqrt[3]{\frac{10F_c H_w}{[\sigma_w]\cos^2\alpha}} \tag{5-72}$$

式中　H_w——侧型芯滑块受的脱模力作用线与斜导柱中心线的交点到斜导柱固定板的距离，它并不等于滑块高的一半。

由于计算比较复杂，有时为了方便，也可以用查表方法确定斜导柱的直径。先按抽芯力 F_c 和斜导柱倾斜角 α 在表 5-21 中查出最大弯曲力 F_w，然后根据 F_w 和 H_w 以及 α 在表 5-22 中查出斜导柱的直径 d。

表 5-21　最大弯曲力与抽拔力和斜导柱倾斜角的关系

最大弯曲力 F_w/kN	斜导柱倾角 α/(°)					
	8	10	12	15	18	20
	脱模力(抽芯力)F_t/kN					
1.00	0.99	0.98	0.97	0.96	0.95	0.94
2.00	1.98	1.97	1.95	1.93	1.90	1.88
3.00	2.97	2.95	2.93	2.89	2.85	2.82
4.00	3.96	3.94	3.91	3.86	3.80	3.76

（续）

最大弯曲力 F_w/kN	斜导柱倾角 α/(°)					
	8	10	12	15	18	20
	脱模力(抽芯力)F_t/kN					
5.00	4.95	4.92	4.89	4.82	4.75	4.70
6.00	5.94	5.91	5.86	5.79	5.70	5.64
7.00	6.93	6.89	6.84	6.75	6.65	6.58
8.00	7.92	7.88	7.82	7.72	7.60	7.52
9.0	8.91	8.86	8.80	8.68	8.55	8.46
10.00	9.90	9.85	9.78	9.65	9.50	9.40
11.00	10.89	10.83	10.75	10.61	10.45	10.34
12.00	11.88	11.82	11.73	11.58	11.40	11.28
13.00	12.87	12.80	12.71	12.54	12.35	12.22
14.00	13.86	13.79	13.69	13.51	13.30	13.16
15.00	14.85	14.77	14.67	14.47	14.25	14.10
16.00	15.84	15.76	15.64	15.44	15.20	15.04
17.00	16.83	16.74	16.62	16.40	16.15	15.93
18.00	17.82	17.73	17.60	17.37	17.10	17.80
19.00	18.81	18.71	18.58	18.33	18.05	
20.00	19.80	19.70	19.56	19.30	19.00	18.80
21.00	20.79	20.68	20.53	20.26	19.95	19.74
22.00	21.78	21.67	21.51	21.23	20.90	20.68
23.00	22.77	22.65	22.49	22.19	21.85	21.62
24.00	23.76	23.64	23.47	23.16	22.80	22.56
25.00	24.75	24.62	24.45	24.12	23.75	23.50
26.00	25.74	25.61	25.42	25.09	24.70	24.44
27.00	26.73	26.59	26.40	26.05	25.65	25.38
28.00	27.72	27.58	27.38	27.02	26.60	26.32
29.00	28.71	28.56	28.36	27.98	27.55	27.26
30.00	29.70	29.65	29.34	28.95	28.50	28.20
31.00	30.69	30.53	30.31	29.91	29.45	29.14
32.00	31.68	31.52	31.29	30.88	30.40	30.08
33.00	32.67	32.50	32.27	31.84	31.35	31.02
34.00	33.66	33.49	33.25	32.81	32.30	31.96
35.00	34.65	34.47	34.23	33.77	33.25	32.00
36.00	35.64	35.46	35.20	34.74	34.20	33.81
37.00	36.63	36.44	36.18	35.70	35.15	34.78
38.00	37.62	37.43	37.16	36.67	36.10	35.72
39.00	38.61	38.41	38.14	37.63	37.05	36.66
40.00	39.60	39.40	39.12	38.60	38.00	37.60

表 5-22　斜导柱倾角、高度 H_w、最大弯曲力、斜导柱直径之间的关系

斜导柱倾角 α/(°)	H_w /mm	最大弯曲力/kN														
		1	2	3	4	5	6	7	8	9	10	11	12	13	14	15
		斜导柱直径/mm														
8	10	8	10	10	12	12	14	14	14	15	15	16	16	18	18	18
	15	8	10	12	14	14	15	16	16	18	18	18	20	20	20	20
	20	10	12	14	14	15	16	18	18	20	20	20	20	22	22	22
	25	10	12	14	15	18	18	18	20	20	22	22	22	24	24	24
	30	10	14	15	16	18	18	20	20	22	22	24	24	24	24	25
	35	12	14	16	18	18	20	20	20	22	24	24	25	25	26	26
	40	12	14	16	18	20	20	22	22	24	24	25	26	26	28	28
10	10	8	10	12	12	12	14	14	14	15	15	16	18	18	18	18
	15	8	12	12	14	14	15	16	16	18	18	18	20	20	20	20
	20	10	12	14	14	15	16	18	18	20	20	20	22	22	22	22
	25	10	12	14	15	18	18	18	20	20	22	22	22	24	24	24
	30	12	14	15	16	18	20	20	22	22	22	24	24	24	25	25
	35	12	14	16	18	20	20	20	22	22	24	24	25	25	26	26
	40	12	14	18	18	20	22	22	24	24	24	25	26	26	28	28
12	10	8	10	12	12	12	14	14	14	15	16	16	16	18	18	18
	15	8	12	12	14	14	15	16	16	18	18	18	20	20	20	20
	20	10	12	14	14	16	16	18	18	20	20	20	22	22	22	22
	25	10	12	15	16	18	18	20	20	20	22	22	22	24	24	24
	30	12	14	15	16	18	20	20	22	22	22	24	24	24	25	25
	35	12	14	16	18	20	20	22	22	24	24	24	25	25	25	28
	40	12	14	16	18	20	22	22	24	24	24	25	26	26	28	28
15	10	8	10	12	12	12	14	14	14	15	16	16	16	18	18	18
	15	10	12	12	14	14	15	16	16	18	18	20	20	20	20	20
	20	10	12	14	14	16	16	18	18	20	20	20	22	22	22	22
	25	10	12	14	16	18	18	20	20	20	22	22	22	24	24	24
	30	12	14	15	16	18	20	20	22	22	22	24	24	24	25	25
	35	12	14	16	18	20	20	22	22	24	24	24	24	25	26	28
	40	12	15	16	18	20	22	22	24	24	24	25	26	28	28	28
18	10	8	10	12	12	14	14	14	16	15	16	16	18	18	18	18
	15	10	12	12	14	14	14	16	18	18	18	18	20	20	20	20
	20	10	12	14	15	16	18	18	20	20	20	20	22	22	22	22
	25	10	14	14	16	18	18	20	20	20	22	22	22	24	24	24
	30	12	14	15	18	18	20	20	22	24	22	24	24	24	25	25
	35	12	14	16	18	20	20	22	24	24	24	24	24	26	26	28
	40	12	15	18	18	20	22	22	24	24	25	25	26	28	28	28
20	10	8	10	12	12	14	14	14	14	15	16	16	18	18	18	18
	15	10	12	12	14	14	15	16	18	18	18	18	20	20	20	20
	20	10	12	14	14	16	18	18	18	20	20	20	22	22	22	22
	25	10	14	14	16	18	18	20	20	20	22	22	22	24	24	24
	30	12	14	15	18	18	20	20	22	22	22	24	24	24	25	25
	35	12	14	16	18	20	20	22	22	24	24	24	24	26	26	28
	40	12	14	18	18	20	22	22	24	24	25	25	26	28	28	28

（续）

斜导柱倾角 α/(°)	H_w /mm	最大弯曲力/kN														
		16	17	18	19	20	21	22	23	24	25	26	27	28	29	30
		斜导柱直径/mm														
8	10	18	18	20	20	20	20	20	20	20	22	22	22	22	22	22
	15	20	22	22	22	22	24	24	24	24	24	24	24	25	25	25
	20	24	24	24	24	24	25	25	25	26	26	26	28	28	28	28
	25	24	25	25	26	26	26	28	28	28	28	28	30	30	30	30
	30	26	26	28	28	28	28	28	30	30	30	30	32	32	32	32
	35	28	28	28	30	30	30	30	30	32	32	32	34	34	34	34
	40	28	30	30	30	30	32	32	32	32	34	34	34	34	34	35
10	10	18	18	20	20	20	20	20	20	22	22	22	22	22	22	22
	15	22	22	22	22	22	22	24	24	24	24	24	24	25	25	25
	20	24	24	24	24	24	25	25	25	26	26	28	28	28	28	28
	25	24	25	25	26	26	28	28	28	28	28	30	20	30	30	30
	30	26	26	28	28	28	28	30	30	30	30	30	32	32	32	32
	35	28	28	28	30	30	30	30	32	32	32	32	32	34	34	34
	40	28	30	30	32	30	32	32	32	32	34	34	34	34	34	36
12	10	18	18	20	20	20	20	20	20	22	22	22	22	22	22	22
	15	22	22	22	22	22	22	24	24	24	24	24	24	24	25	25
	20	24	24	24	24	26	26	26	25	26	26	26	28	28	28	28
	25	24	25	25	26	26	26	28	28	28	28	30	30	30	30	30
	30	25	26	28	28	28	28	30	30	30	30	30	32	32	32	32
	35	28	28	28	30	30	30	30	32	32	32	32	32	34	34	34
	40	28	30	30	30	32	32	32	32	32	34	34	34	34	34	35
15	10	18	18	20	20	20	20	20	20	22	22	22	22	22	22	22
	15	22	22	22	22	22	24	24	24	24	24	24	25	25	25	25
	20	22	22	24	24	24	25	25	26	26	26	28	28	28	28	28
	25	24	25	25	26	26	28	28	28	28	28	30	30	30	30	80
	30	26	26	28	28	28	28	30	30	30	30	30	32	32	32	32
	35	28	28	28	28	30	30	30	32	32	32	32	32	34	34	34
	40	30	30	30	30	32	32	32	32	34	34	34	34	34	35	36
18	10	18	20	20	20	20	20	20	22	22	22	22	22	22	22	22
	15	22	22	22	22	22	24	24	24	24	24	24	25	25	25	25
	20	24	24	24	24	25	25	25	26	26	26	28	28	28	28	28
	25	25	25	26	26	26	28	28	28	28	28	30	30	30	30	30
	30	26	26	28	28	28	30	30	30	30	30	32	32	32	32	32
	35	28	28	30	30	30	30	30	32	32	32	32	34	34	34	34
	40	30	30	30	30	32	32	32	32	34	34	34	34	34	34	35
20	10	18	20	20	20	20	20	20	22	22	22	22	22	22	22	22
	15	22	22	22	22	22	24	24	24	24	24	25	25	25	25	25
	20	24	24	24	24	25	25	25	26	26	28	28	28	28	28	28
	25	25	25	26	26	26	28	28	28	28	30	30	30	30	30	30
	30	26	28	28	28	28	30	30	30	30	30	32	32	32	32	32
	35	28	28	28	30	30	30	32	32	32	32	32	34	34	34	34
	40	30	30	30	30	32	32	32	32	34	34	34	34	34	35	35

2. 侧滑块设计

侧滑块（简称滑块）是斜导柱侧向分型抽芯机构中的一个重要零部件，它上面安装有侧向型芯或侧向成型块，注射成型时塑件尺寸的准确性和移动的可靠性都需要靠它的运动精度保证。滑块的结构形状可以根据具体塑件和模具结构灵活设计，它可分为整体式和组合式两种。在滑块上直接制出侧向型芯或侧向型腔的结构称为整体式，这种结构仅适于形状十分简单的侧向移动零件，尤其是适于对开式瓣合模侧向分型，如绕线轮塑件的侧型腔滑块。在一般的设计中，把侧向型芯或侧向成型块和滑块分开加工，然后再装配在一起，这就是所谓组合式结构。采用组合式结构可以节省优质钢材，且加工容易，因此应用广泛。

图 5-115 是几种常见的滑块与侧型芯联接的方式。图 5-115a 是小型芯在非成型端尺寸放大后用 H7/m6 的配合镶入滑块，然后用一个圆柱销定位，如侧型芯足够大，尺寸亦可不再放大；图 5-115b 是为了提高型芯的强度，适当增加型芯镶入部分的尺寸，并用两个骑缝销钉固定；图 5-115c 是采用燕尾形式联接，一般也应该用圆柱销定位；图 5-115d 适于细小型芯的联接，在细小型芯后部制出台肩，从滑动的后部以过渡配合镶入后用螺塞固定；图 5-115e 适用于薄片型芯，采用通槽嵌装和销钉定位；图 5-115f 适用于多个型芯的场合，把各型芯镶入一固定板后用螺钉和销钉从正面与滑块联接和定位，如正面影响塑件成型，螺钉和销钉可从滑块的背面伸入侧型芯固定板。

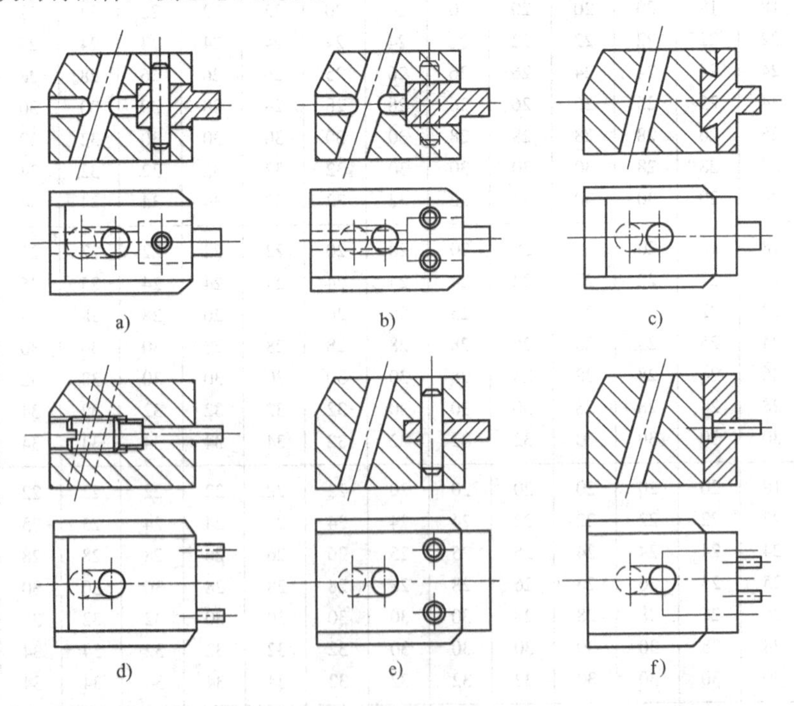

图 5-115 侧型芯与滑块的联接

侧向型芯或侧向成型块是模具的成型零件，常用 T8、T10、45 钢或 CrWMn 钢等，热处理要求硬度≥50HRC。滑块用 45 钢或 T8、T10 等制造，要求硬度≥40HRC。

3. 导滑槽设计

成型滑块在侧向分型抽芯和复位过程中，要求其必须沿一定的方向平稳地往复移动，这一过程是在导滑槽内完成的。根据模具上侧型芯大小、形状和要求不同，以及各工厂的具体使用情况，滑块与导滑槽的配合形式也不同，一般采用T形槽或燕尾槽导滑，常用的配合形式如图5-116所示。图5-116a是T形槽导滑的整体式，结构紧凑，多用于小型模具的抽芯机构，但加工困难，精度不易保证；图5-116b、c是整体盖板式，图5-116b是在盖板上制出T形台肩的导滑部分，而图5-116c的T形台肩的导滑部分是在另一块模板上加工出的，它们克服了整体式要用T形铣刀加工出精度较高的T形槽的困难；图5-116b、c也可以设计成局部盖板式，这就是图5-116d、e的两种结构形式，导滑部分淬硬后便于磨削加工，精度也容易保证，而且装配方便，因此，它们是最常用的两种形式；图5-116f虽然也是采用T形槽的形式，但移动方向的导滑部分设在中间的镶块上，而高度方向的导滑部分还是靠T形槽；图5-116g是整体燕尾槽导滑的形式，导滑的精度较高，但加工更加困难。

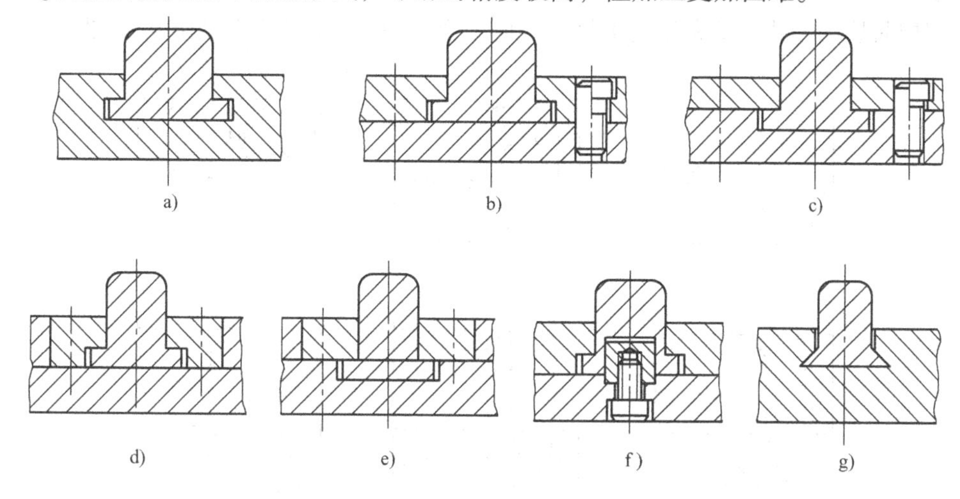

图5-116　导滑槽的结构

组成导滑槽的零件对硬度和耐磨性都有一定的要求，一般情况下，整体式导滑槽通常在动模板或定模板上直接加工出，常用材料为45钢。为了便于加工和防止热处理变形，常常调质至28～32HRC后铣削成形。盖板的材料用T8、T10或45钢，要求硬度≥50HRC。

在设计滑块与导滑槽时，要注意选用正确的配合精度。导滑槽与滑块导滑部分采用间隙配合，一般采用H8/f8，如果在配合面上成型时与熔融塑料接触，为了防止配合部分漏料，应适当提高精度，可采用H8/f7或H8/g7，其他各处均留有0.5mm左右的间隙。配合部分的表面要求较高，表面粗糙度值均应$R_a \leq 0.8\mu m$。

导滑槽与滑块还要保持一定的配合长度。滑块完成抽拔动作后，其滑动部分仍应全部或有部分的长度留在导滑槽内，滑块的滑动配合长度通常要大于滑块宽度的1.5倍，而保留在导滑槽内的长度不应小于导滑配合长度的2/3，否则，滑块开始复位时容易偏斜，甚至损坏模具。如果模具的尺寸较小，为了保证具有一定的导滑长度，可以把导滑槽局部加长，使其伸出模外，如图5-117所示。

4. 楔紧块设计

(1) 楔紧块的形式　在注射成型过程中，侧向成型零件受到熔融塑料很大的推力作用，这个力通过滑块传给斜导柱，而一般的斜导柱为一细长杆件，受力后容易变形，导致滑块后移，因此必须设置楔紧块，以便在合模后锁住滑块，承受熔融塑料给予侧向成型零件的推力。楔紧块与模具的联接方式如图5-118所示，其中图5-118a是与模板制成一体的整体式结构，牢固可靠，但消耗的金属材料较多，加工精度要求较高，适合于侧向力较大的场合；图 5-118b 是采用销钉定位、螺钉（三个以上）紧固的形式，结构简单，加工方便，应用较普遍，但承受的侧向力较小；图 5-118c 采用 T 形槽固定并用销钉定位，能承受较大的侧向力，但加工不方便，尤其是装拆困难，所以不常应用；图 5-118d 把楔紧块用 H7/m6 配合整体镶入模板中，承受的侧向力要比图 5-118b 的形式大；图 5-118e 在楔紧块的背面又设置了一个后挡块，对楔紧块起加强作用，图 5-118f 采用了双楔紧块的形式，这种结构适用于侧向力很大的场合，但安装调试较困难。

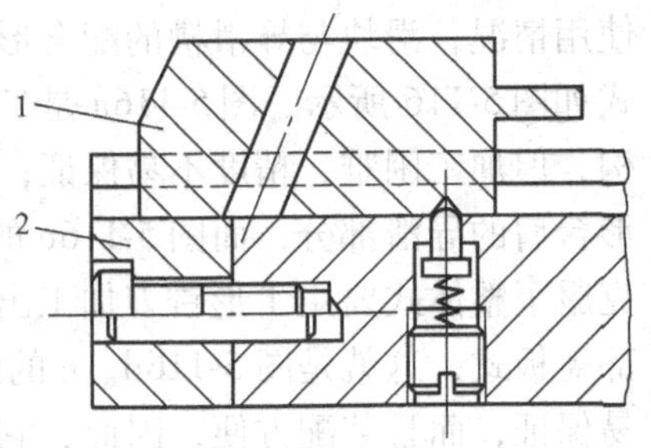

图 5-117 导滑槽的局部加长

1—侧型芯滑块 2—导滑槽加长块

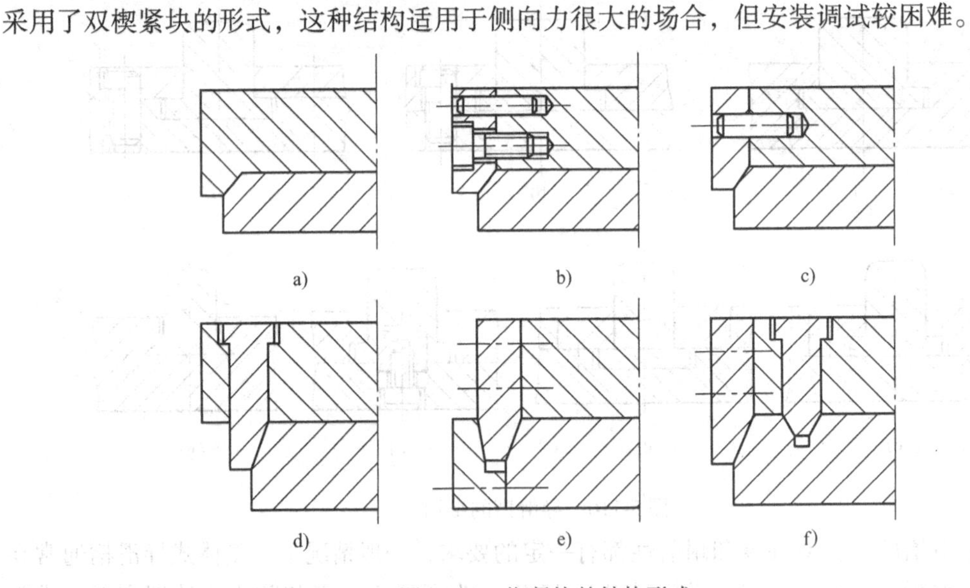

图 5-118 楔紧块的结构形式

（2）锁紧角的选择 楔紧块的工作部分是斜面，其锁紧角 α' 如图 5-119 所示。为了保证斜面能在合模时压紧滑块，而在开模时又能迅速脱离滑块，以避免楔紧块影响斜导柱对滑块的驱动，锁紧角 α' 一般都应比斜导柱倾斜角 α 大一些。在图 5-119a 中，滑块移动方向垂直于合模方向，$\alpha' = \alpha + 2° \sim 3°$；当滑块向动模一侧倾斜 β 角度时，如图 5-119b 所示，$\alpha' = \alpha + 2° \sim 3° = \alpha_1 - \beta + 2° \sim 3°$；当滑块向定模一侧倾斜 β 角度时，如图 5-119c 所示，$\alpha' = \alpha + 2° \sim 3° = \alpha_2 + \beta + 2° \sim 3°$。

5. 滑块定位装置设计

滑块定位装置在开模过程中用来保证滑块停留在刚刚脱离斜导柱的位置，不再发生任何移动，以避免合模时斜导柱不能准确地插进滑块的斜导孔内，造成模具损坏。在设计滑块的定位装置时，应根据模具的结构和滑块所在的不同位置选用不同的形式。图 5-120 是常见的几种定位装置形式。图 5-120a 依靠压缩弹簧的弹力使滑块停留在限位挡块处，俗称弹簧拉杆挡块式，它适用于任何方向的抽芯动作，尤其用于向上方的抽芯。在设计弹簧时，为了使滑块 2 可靠地在限位挡块 3 上定位，压缩弹簧 4 的弹力是滑块重量的 2 倍左右，其压缩长度须大于抽芯距 s，一般取 $1.3s$ 较合适。拉杆 5 是支持弹簧的，当抽芯距、弹簧的直径和长度已确定，则拉杆的直径和长度也就能确定。

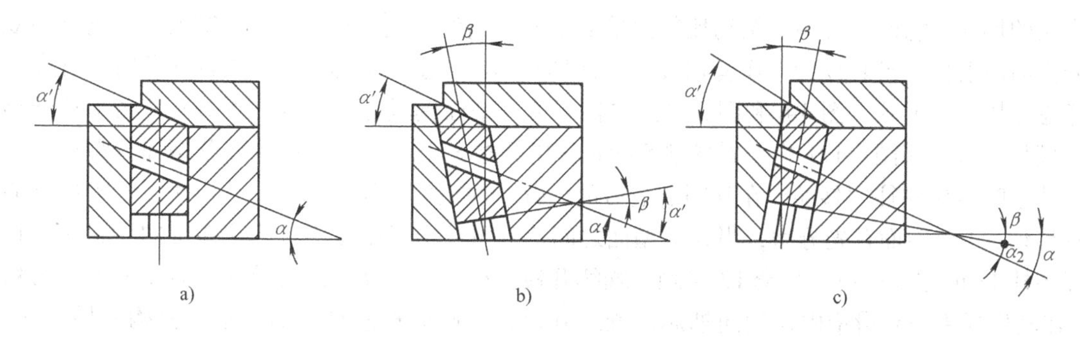

图 5-119 楔紧块的锁紧角

a）滑块移动方向与合模方向垂直 b）滑块向动模一侧倾斜 c）滑块向定模一侧倾斜

拉杆端部的垫片和螺母也可制成可调的，以便调整弹簧的弹力，使这种定位机构工作切实可靠。这种定位装置的缺点是增大了模具的外形尺寸，有时甚至给模具安装带来困难；图 5-120b 适于向下抽芯的模具，其利用滑块的自重停靠在限位挡块上，结构简单；图 5-120c、d 是弹簧顶销式定位装置，适用于侧面方向的抽芯动作，弹簧的直径可选 1～1.5mm，顶销的头部制成半球状，滑块上的定位穴设计成球冠状或成 90°的锥穴；图 5-120e 的结构和使用场合与图 5-120c、d 相似，只是钢球代替了顶销，称为弹簧钢球式，钢球的直径可取 5～10mm。

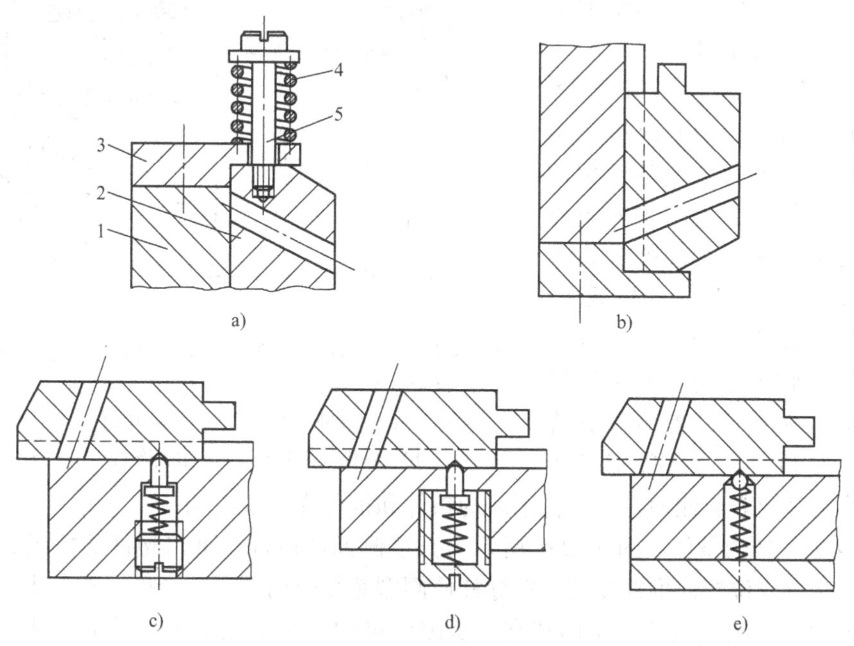

图 5-120 定位装置形式

1—导滑槽板 2—滑块 3—限位挡块 4—弹簧 5—拉杆

（二）斜导柱侧向分型抽芯的应用形式

斜导柱和滑块在模具上不同的安装位置，组成了侧向分型与抽芯机构的不同应用形式，各种不同的应用形式具有不同的特点，在设计时应根据塑料制件的具体情况合理选用。

1. 斜导柱安装在定模、滑块安装在动模的结构

斜导柱安装在定模、滑块安装在动模的结构是斜导柱侧向分型抽芯机构的模具中应用最

广泛的形式，它既可使用于结构比较简单的单分型面注射模，也可使用于结构比较复杂的双分型面注射模。模具设计工作者在接到设计具有侧向分型与抽芯塑件的模具任务时，首先应考虑使用这种形式。图4-6和图5-108均属于单分型面模具形式，而图5-121是属于双分型面模具形式。在图5-121中，斜导柱5固定于中间板8上，为了防止在A分型面分型后，侧向抽芯时斜导柱往后移动，在其固定端后部设置一块垫板9加以固定。开模时，动模部分向左移动，A分型面首先分型，当A分型面之间达到可从中取出点浇口浇注系统的凝料时，拉杆导柱11的左端螺钉与导套12接触，继续开模，B分型面分型，斜导柱5驱动侧型芯滑块6在动模板4的导滑槽内作侧向抽芯，继续开模，在侧向抽芯结束后，推出机构开始工作，推管2将塑件从型芯1和动模镶件3中推出。

这种形式在设计时必须注意，滑块与推杆在合模复位过程中不能发生“干涉”现象。所谓干涉现象是指滑块的复位先于推杆的复位致使活动侧型芯与推杆相碰撞，造成活动侧型芯或推杆损坏的事故。侧向型芯与推杆发生干涉的可能性出现在两者在垂直于开模方向平面上的投影发生重合的条件下，如图5-122所示。在模具结构允许的情况下，应尽量避免在侧型芯投影范围内设置推杆。如果受到模具结构的限制而侧型芯的投影下一定要设置推杆，首先应考虑能否使推杆推出一定距离后仍低于侧型芯的最低面。当这一条件不能满足时，就必须分析产生干涉的临界条件，并采取措施使推出机构先复位，然后才允许侧型芯滑块复位，这样才能避免干涉。下面分别介绍避免侧型芯与推杆干涉的条件和推杆先复位机构。

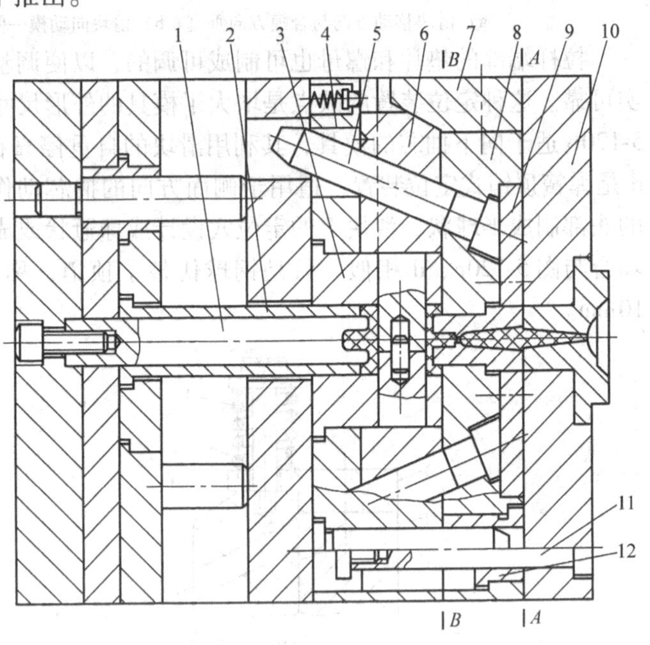

图5-121　斜导柱在定模、滑块在动模的双分型面注射模
1—型芯　2—推管　3—动模镶件　4—动模板　5—斜导柱
6—侧型芯滑块　7—楔紧块　8—中间板　9—垫板
10—定模（座）板　11—拉杆导柱　12—导套

（1）避免干涉的条件　图5-123a所示为开模侧抽芯后推杆推出塑件的情况；图5-123b是合模复位时，复位杆使推杆复位、斜导柱使侧型芯复位而侧型芯与推杆不发生干涉的临界状态；图5-123c是合模复位完毕的状态。从图中可知，在不发生干涉的临界状态下，侧型芯已复位s'，还需复位的长度为$s-s'=s_c$，而推杆需复位的长度为h_c。如果完全复位，应该为

$$h_c\tan\alpha = s_c \tag{5-73}$$

在完全不发生干涉的情况下，需要在临界状态时侧型芯与推杆还有一段微小的距离Δ，因此不发生干涉的条件为

$$h_c\tan\alpha = s_c + \Delta$$

或者

$$h_c\tan\alpha > s_c \tag{5-74}$$

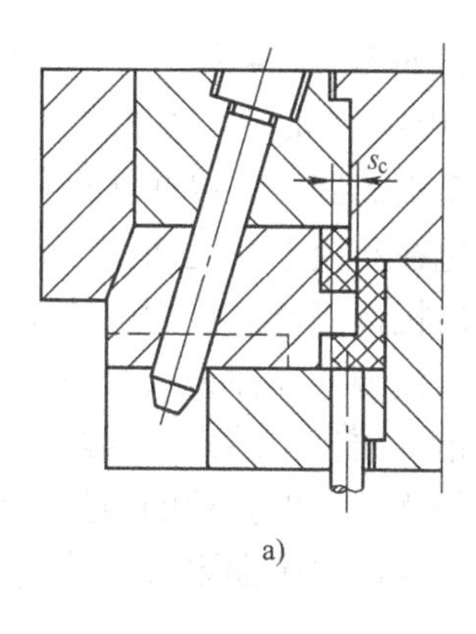

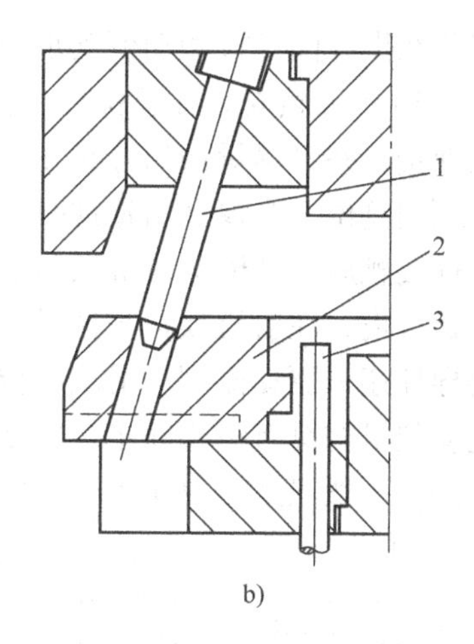

图 5-122　干涉现象

a）在侧型芯投影面下设有推杆　b）即将发生干涉现象

1—斜导柱　2—侧型芯　3—推杆

式中　h_c——在完全合模状态下推杆端面到侧型芯的最近距离；

s_c——在垂直于开模方向的平面上，侧型芯与推杆投影重合的长度；

Δ——在完全不干涉的情况下，推杆复位到 h_c 位置时，侧型芯沿复位方向距离推杆侧面的最小距离，一般取 $\Delta=0.5\text{mm}$。

在一般情况下，只要使 $h_c\tan\alpha - s_c > 0.5\text{mm}$ 即可避免干涉。如果实际的情况无法满足这个条件，则必须设计推杆先复位机构。

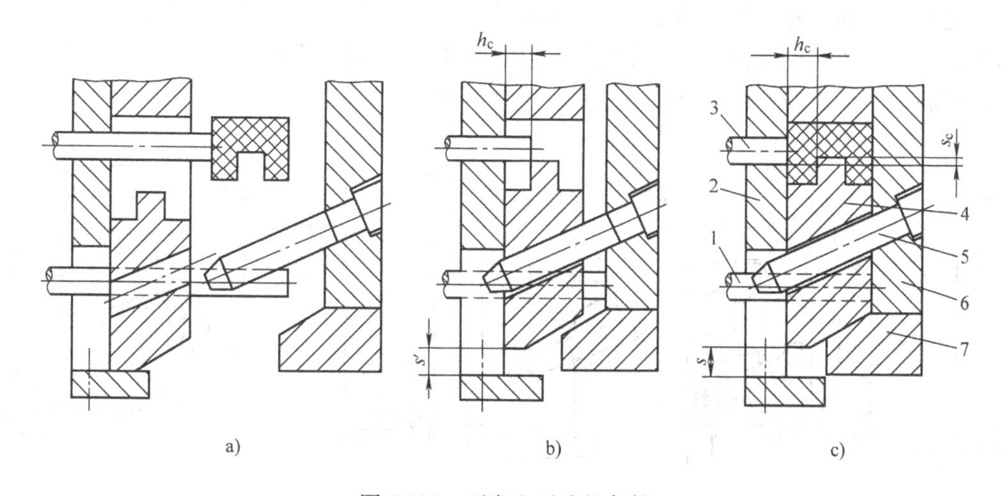

图 5-123　不发生干涉的条件

a）开模推出状态　b）合模过程中不发生干涉的临界状态　c）合模复位完毕状态

1—复位杆　2—动模板　3—推杆　4—侧型芯滑块　5—斜导柱　6—定模板　7—楔紧块

（2）推杆先复位机构　推杆先复位的方法很多，应根据塑件和模具的具体情况进行设计，下面介绍几种典型的推杆先复位机构，但应注意，先复位机构一般都不容易保证推杆、推管等推出零件的精确复位，故在设计先复位机构的同时，通常还需要设置能保证复位精度的复位杆。

1）弹簧式先复位机构：弹簧式先复位机构是利用弹簧的弹力使推出机构在合模之前进

行复位，弹簧安装在推杆固定板和动模支承板之间，如图5-124所示。图5-124a中弹簧安装在推杆上；图5-124b中弹簧安装在复位杆上；图5-124c弹簧安装在另外设置的簧柱上。一般情况设置4根弹簧，并且尽量均匀分布在推杆固定板的四周，以便让推杆固定板受到均匀的弹力而使推杆顺利复位。开模推出塑件时，塑件包在凸模上一起随动模部分后退，当推板与注射机上的顶杆接触后，动模部分继续后退，推出机构相对静止而开始脱模，弹簧被进一步压缩。一旦开始合模，注射机顶杆与模具推板脱离接触，在弹簧回复力的作用下推杆迅速复位，因此在斜导柱还未驱动侧型芯滑块复位时，推杆便复位结束，因此避免了与侧型芯的干涉。弹簧式先复位机构具有结构简单、安装方便等优点，但弹簧的力量较小，而且容易疲劳失效，可靠性差，一般只适于复位力不大的场合，并需要定期更换弹簧。

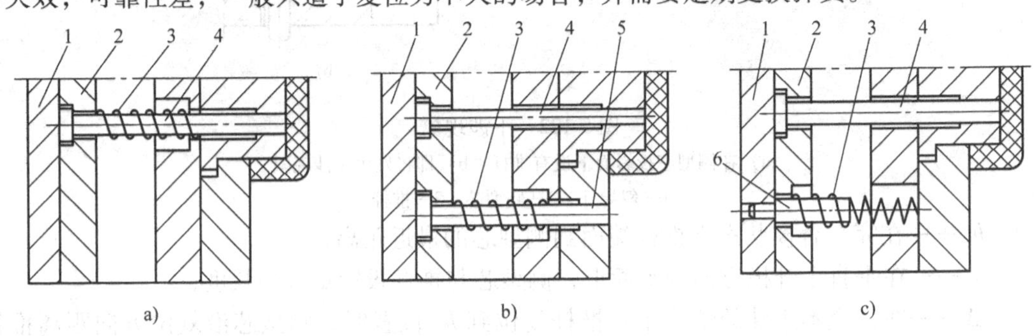

图5-124　弹簧式先复位机构

1—推板　2—推杆固定板　3—弹簧　4—推杆　5—复位杆　6—簧柱

2）楔杆三角滑块式先复位机构：楔杆三角滑块式先复位机构如图5-125所示。合模时，固定在定模板上的楔杆1与三角滑块4的接触先于斜导柱2与侧型芯滑块3的接触，在楔杆作用下，三角滑块在推管固定板6的导滑槽内向下移动的同时迫使推管固定板向左移动，使推管先于侧型芯滑块的复位，从而避免两者发生干涉。

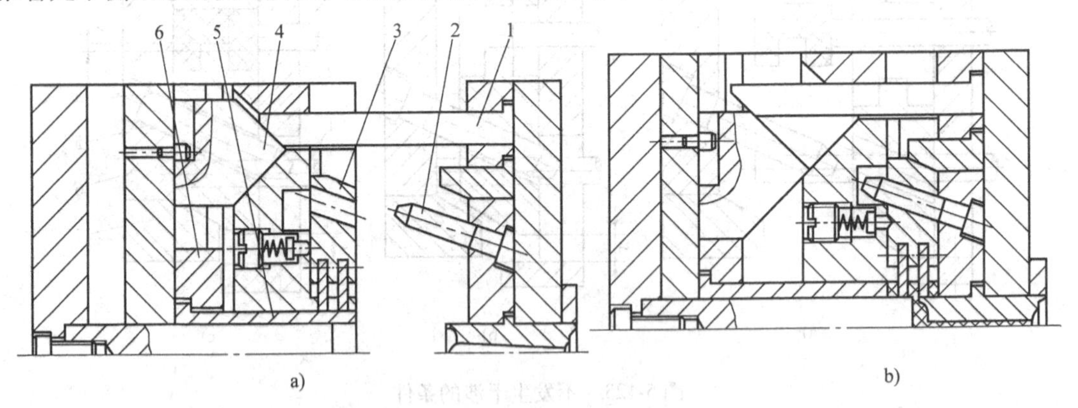

图5-125　楔杆三角滑块式先复位机构

a）楔杆接触三角滑块初始状态　b）合模状态

1—楔杆　2—斜导柱　3—侧型芯滑块　4—三角滑块　5—推管　6—推管固定板

3）楔杆摆杆式先复位机构：楔杆摆杆式先复位机构如图5-126所示，它与楔杆三角滑块式复位机构相似，所不同的是摆杆代替了三角滑块。合模时，固定在定模板上的楔杆1推动摆杆3上的滚轮，迫使摆杆绕着固定于动模垫板上的转轴作逆时针方向旋转，同时它又推动推杆固定板4向左移动，使推杆2的复位先于侧型芯滑块的复位，避免侧型芯与推杆发生干涉。为了防止滚轮与推板 5 的磨损，在推板 5 上常常镶有淬过火的垫板。

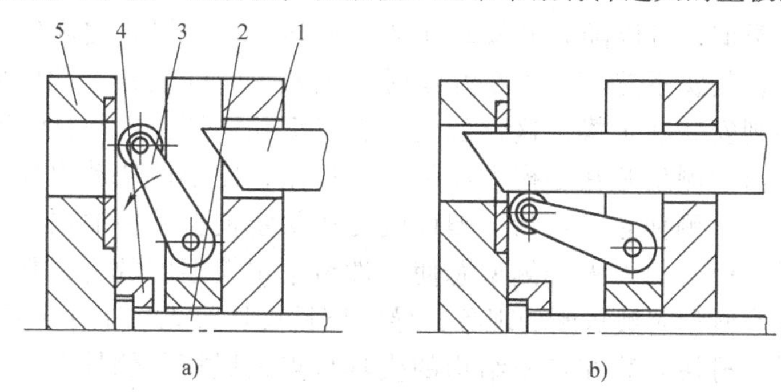

图 5-126　楔杆摆杆式先复位机构

a）开模状态　b）合模状态

1—楔杆　2—推杆　3—摆杆　4—推杆固定板　5—推板

图 5-127 所示为楔杆双摆杆式先复位机构，其工作原理与楔杆摆杆式先复位机构相似，读者可自行分析。

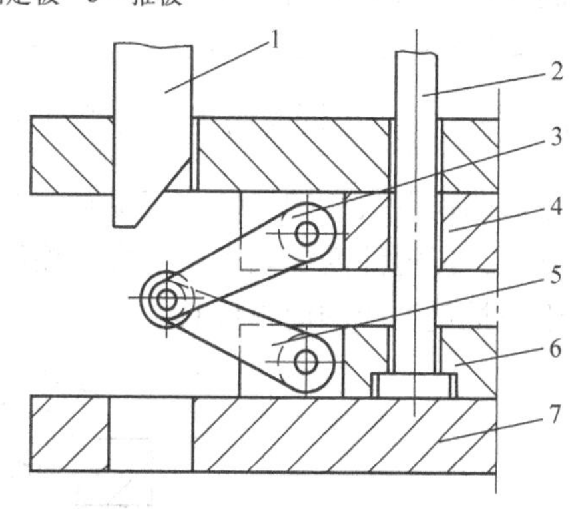

图 5-127　楔杆双摆杆式先复位机构

1—楔杆　2—推杆　3、5—摆杆　4—支承板　6—推杆固定板　7—推板

4）楔杆滑块摆杆式先复位机构：楔杆滑块摆杆式先复位机构如图 5-128 所示。合模时，固定在定模板上的楔杆 4 的斜面推动安装在支承板 3 内的滑块 5 向下滑动，滑块的下移使滑销 6 左移，推动摆杆 2 绕其固定于支承板上的转轴作顺时针方向旋转，从而带动推杆固定板 1 左移，完成推杆 7 的先复位动作。开模时，楔杆脱离滑块，滑块在弹簧 8 的作用下上升，同时，摆杆在本身的重力作用下回摆，推动滑销右移，从而挡住滑块继续上升。

2. 斜导柱安装在动模、滑块安装在定模的结构

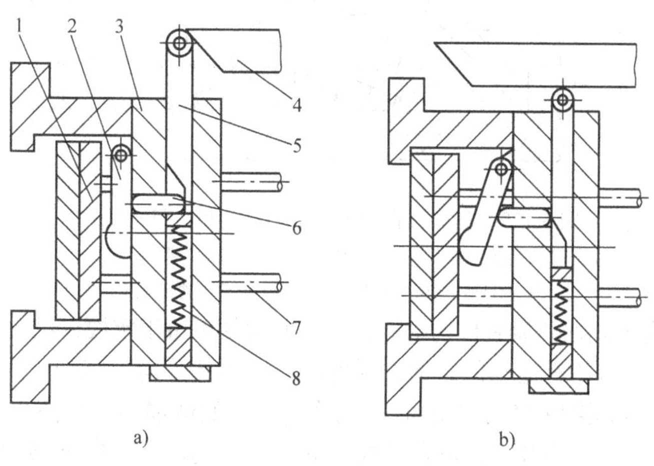

图 5-128　楔杆滑块摆杆式先复位机构

a）楔杆接触滑块初始状态　b）合模状态

1—推杆固定板　2—摆杆　3—支承板　4—楔杆　5—滑块　6—滑销　7—推杆　8—弹簧

斜导柱安装在动模、滑块安装在定模的结构表面上看似乎与斜导柱安装在定模、滑块安装在动模的结构相类似，可以随着开模动作的进行斜导柱与滑块之间发生相对运动而实现侧向分型与抽芯，其实不然，由于在开模时一般要求塑件包紧于动模部分的型芯上留于动模，而侧型芯则安装在定模，这样就会产生以下几种情况：一种情况是侧抽芯与脱模同时进行的话，由于侧型芯在合模方向的阻碍作用，使塑件从动模部分的凸模上强制脱下而留于定模型腔，侧抽芯结束后，塑件就无法从定模型腔中取出；另一种情况是由于塑件包紧于动模凸模上的力大于侧型芯使塑件留于定模型腔的力，则可能会出现塑件被侧型芯撕破或细小侧型芯被折断的现象，导致模具损坏或无法工作。从以上分析可知，斜导柱安装在动模、滑块安装在定模结构的模具特点是脱模与侧抽芯不能同时进行，两者之间要有一个滞后的过程。

图5-129所示为先脱模后侧向分型与抽芯的结构，该模具的特点是不设推出机构，凹模制成可侧向滑动的瓣合式模块，斜导柱5与凹模滑块3上的斜导孔之间存在着较大的间隙 c（$c=1.6\sim3.6$mm），开模时，在凹模滑块侧向移动之前，动、定模将先分开一段距离 $h\left(h=\dfrac{c}{\sin\alpha}\right)$，同时由于凹模滑块的约束，塑件与凸模4也将脱开一段距离 h，然后斜导柱才与凹模滑块上的斜导孔壁接触，侧向分型抽芯动作开始。这种形式的模具结构简单，加工方便，但塑件需要人工从瓣合凹模滑块之间取出，操作不方便，生产率也较低，因此仅适合于小批量生产的简单模具。

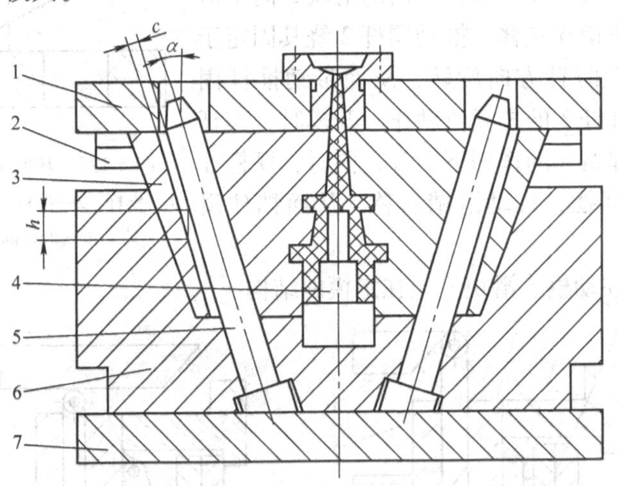

图5-129　斜导柱在动模、滑块在定模的结构之一

1—定模座板　2—导滑槽　3—凹模滑块　4—凸模

5—斜导柱　6—动模板（模套）　7—动模座板

图5-130所示为先侧抽芯后脱模的结构，为了使塑件不留于定模，设计的特点是凸模13与动模板10之间有一段可相对运动的距离，开模时，动模部分向下移动，而被塑件紧包住的凸模13不动，这时侧型芯滑块14在斜导柱12的作用下开始侧抽芯，侧抽芯结束后，凸模13的台肩与动模板10接触。继续开模，包在凸模上的塑件随动模一起向下移动从型腔镶件2中脱出，最后在推杆9的作用下，推件板4将塑件从凸模上脱下。在这种结构中，弹簧6和顶销5的作用是在刚开始分型时把推件板4压靠在型腔镶件2的端面，防止塑件从型腔中脱出。

这种形式的斜导柱侧抽芯结构的模具，在设计时一定要考虑合模时凸模13的复位问题。

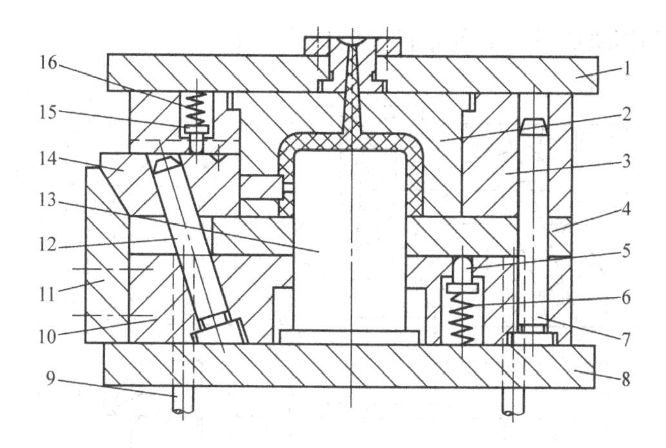

图 5-130　斜导柱在动模、滑块在定模的结构之二
1—定模座板　2—型腔镶件　3—定模板　4—推件板　5—顶销　6—弹簧
7—导柱　8—支承板　9—推杆　10—动模板　11—楔紧块　12—斜导柱
13—凸模　14—侧型芯滑块　15—定位顶销　16—弹簧

3. 斜导柱与滑块同时安装在定模的结构

斜导柱与滑块同时安装在定模的结构要造成两者之间的相对运动，否则就无法实现侧向分型与抽芯动作。要实现两者之间的相对运动，就必须在定模部分增加一个分型面，因此就需要用顺序分型机构。

图 5-131 所示为采用弹簧式顺序分型机构的形式，开模时，动模部分向下移动，在弹簧 8 的作用下，*A* 分型面首先分型，主流道凝料从主流道衬套中脱出，分型的同时，在斜导柱 2 的作用下侧型芯滑块 1 开始侧向抽芯，侧向抽芯动作完成后，定距螺钉 7 的端部与定模板 6 接触，*A* 分型结束。动模部分继续向下移动，*B* 分型面开始分型，塑件包在凸模 3 上脱离定模板 6，最后在推杆 4 的作用下，推件板 5 将塑件从凸模上脱下。在采用这种结构形式时，必须注意弹簧 8 应该有足够的弹力，以满足 *A* 分型侧向抽芯时开模力的需要。

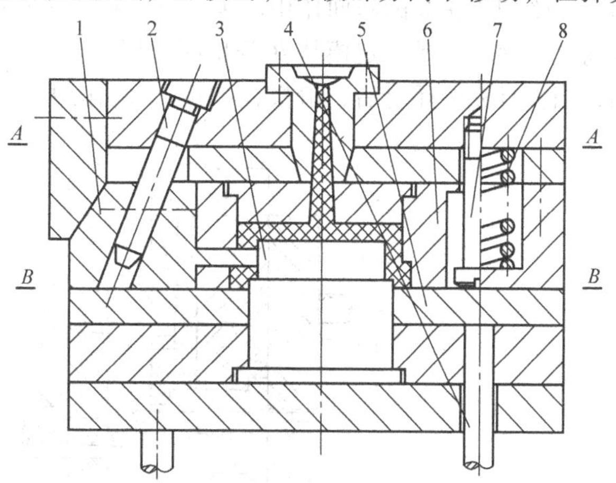

图 5-131　斜导柱与滑块同在定模的结构之一
1—侧型芯滑块　2—斜导柱　3—凸模　4—推杆
5—推件板　6—定模板　7—定距螺钉　8—弹簧

图 5-132 所示为采用摆钩式顺序分型机构的形式，合模时，在弹簧 7 的作用下，用转轴 6 固定于定模板 10 上的摆钩 8 钩住固定在动模板 11 上的挡块 12。开模时，由于摆钩 8 钩住挡块，模具首先从 *A* 分型面分型，同时在斜导柱 2 的作用下，侧型芯滑块 1 开始侧向抽芯，侧向抽芯结束后，固定在定模座板上的压块 9 的斜面压迫摆钩 8 作逆时针方向摆动而脱离挡块 12，定模板 10 在定距螺钉 5 的限制下停止运动。动模部分继续向下移动，*B* 分型面分型，塑件随凸模 3 保持在动模一侧，然后推件板 4 在推杆 13 作用下使塑件脱模。

设计上述结构时必须注意，挡块 12 与摆钩 8 钩接处应有 1°～3°的斜度，在设计该机构时，一般应将摆钩和挡块成对并对称布置于模具的两侧。

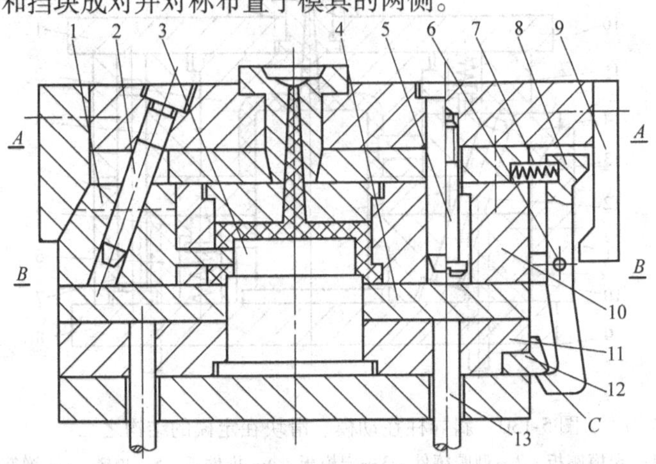

图 5-132　斜导柱与滑块同在定模的结构之二

1—侧型芯滑块　2—斜导柱　3—凸模　4—推件板　5—定距螺钉
6—转轴　7—弹簧　8—摆钩　9—压块　10—定模板
11—动模板　12—挡块　13—推杆

图 5-133 所示是滑板式顺序脱模机构，合模状态下，固定于动模板 3 上的拉钩 7 钩住安装在定模板 10 内的滑板 6。开模时，动模部分向左移动，由于拉钩的作用，使模具从 *A* 分型面首先分型，同时斜导柱 12 驱动侧型芯滑块 13 开始侧抽芯，当抽芯动作完成后，滑板 6 的斜面受到压块 8 的斜面作用向模内移动而脱离拉钩 7，由于定距螺钉 4 的作用，在动模继续向左移动时，动、定模从 *B* 分型面分型。合模时，滑板 6 在拉钩 7 的斜面作用下向模内移动，当模具完全闭合后，滑板在弹簧 15 的作用下复位，使拉钩钩住滑板。

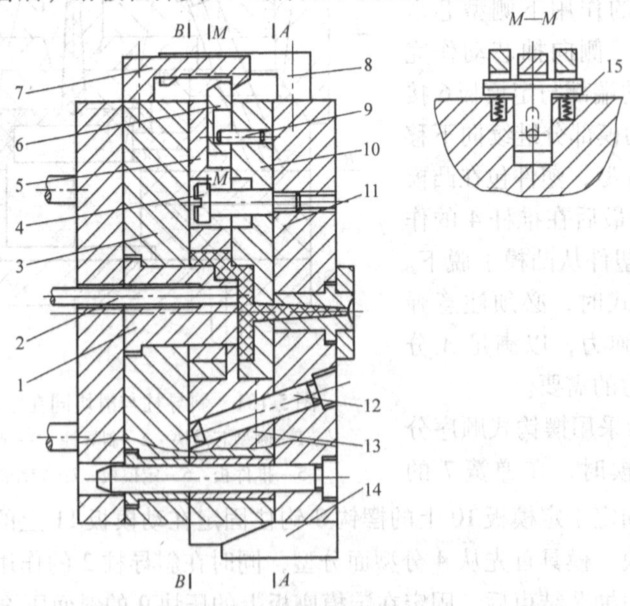

图 5-133　斜导柱与滑块同在定模的结构之四

1—凸模　2—推杆　3—动模板　4—定距螺钉　5—定模镶块　6—滑板
7—拉钩　8—压块　9—定距销　10—定模板　11—定模座板
12—斜导柱　13—侧型芯滑块　14—楔紧块　15—弹簧

斜导柱与滑块同时安装在定模的结构中，斜导柱的长度可适当加长，而让定模部分分型后斜导柱工作端仍留在侧型芯滑块的斜导孔内，因此不需设置滑块的定位装置。以上介绍的3种顺序分型机构，除了应用于斜导柱与滑块同时安装在定模形式的模具外，只要*A*分型距离足以满足点浇口浇注系统凝料的取出，就可用于点浇口浇注系统的三板式模具。

4. 斜导柱与滑块同时安装在动模

斜导柱与滑块同时安装在动模时，一般可以通过推出机构来实现斜导柱与侧型芯滑块的相对运动。如图5-134所示，侧型芯滑块2安装在推件板4的导滑槽内，合模时靠设置在定模板上的楔紧块锁紧。开模时，侧型芯滑块2和斜导柱3一起随动模部分下移和定模分开，当推出机构开始工作时，推杆6推动推件板4使塑件脱模的同时，侧型芯滑块2在斜导柱3的作用下在推件板4的导滑槽内向两侧滑动而侧向分型抽芯。这种结构的模具，由于侧型芯滑块始终不脱离斜导柱，所以不需设置滑块定位装置。造成斜导柱与滑块相对运动的推出机构一般只是推件板推出机构，因此，这种结构形式主要适合于抽芯力和抽芯距均不太大的场合。

5. 斜导柱的内侧抽芯形式

斜导柱侧向分型与抽芯机构除了对塑件进行外侧分型与抽芯外，还可以对塑件进行内侧抽芯，图5-135就是其中一例。斜导柱2固定于定模板1上，侧型芯滑块3安装在动模板4上，开模时，塑件包紧在动模部分的型芯5上随动模向左移动，在开模过程中，斜导柱2同时驱动侧型芯滑块3在动模板4的导滑槽内滑动而进行内侧抽芯，最后推杆6将塑件从型芯5上推出。这类模具设计时，由于缺少斜导柱从滑块中抽出时的滑块定位装置，因此要求将滑块设置在模具的上方，利用滑块的重力定位。

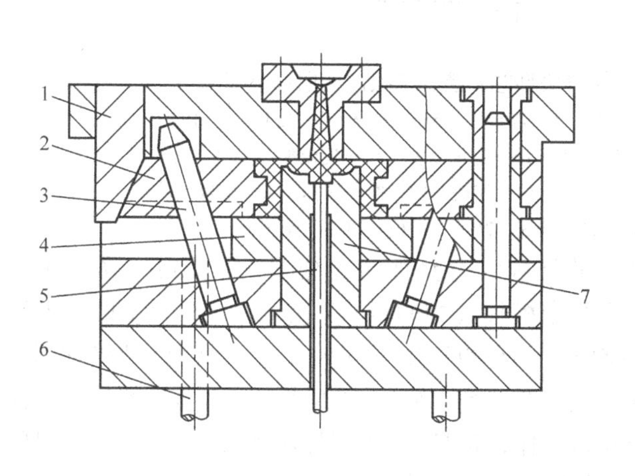

图5-134　斜导柱与滑块同在动模的结构

1—楔紧块　2—侧型芯滑块　3—斜导柱　4—推件板
5—推杆　6—推杆　7—凸模

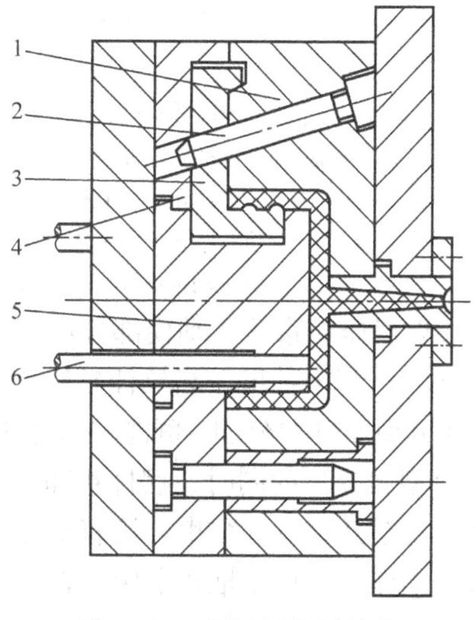

图5-135　斜导柱内侧抽芯

1—定模板　2—斜导柱　3—侧型芯滑块
4—动模板　5—型芯　6—推杆

（三）斜导柱侧向分型与抽芯机构结构的应用实例

为了加深对斜导柱侧向分型与抽芯机构的理解和熟练应用，在这类侧向抽芯机构的结构设计介绍后，对于每一种类型再分别举一个实际例子。

1. 斜导柱固定在定模、侧滑块型芯安装在动模的侧向抽芯实例

图 5-136 所示是斜导柱固定在定模、侧滑块型芯安装在动模的侧向抽芯实例，其成型的塑件尤如一个绕线轮。该模具是点浇口双分型面模具，定模镶块 12 和斜导柱 14 固定在固定板 7 内，后面用盖板 10 与其固定。由于侧滑块型芯在分型面的投影下设有推杆 23，这样模具在复位时就会产生“干涉”现象，因此该模具采用了摆杆楔杆滚轮式先复位机构。

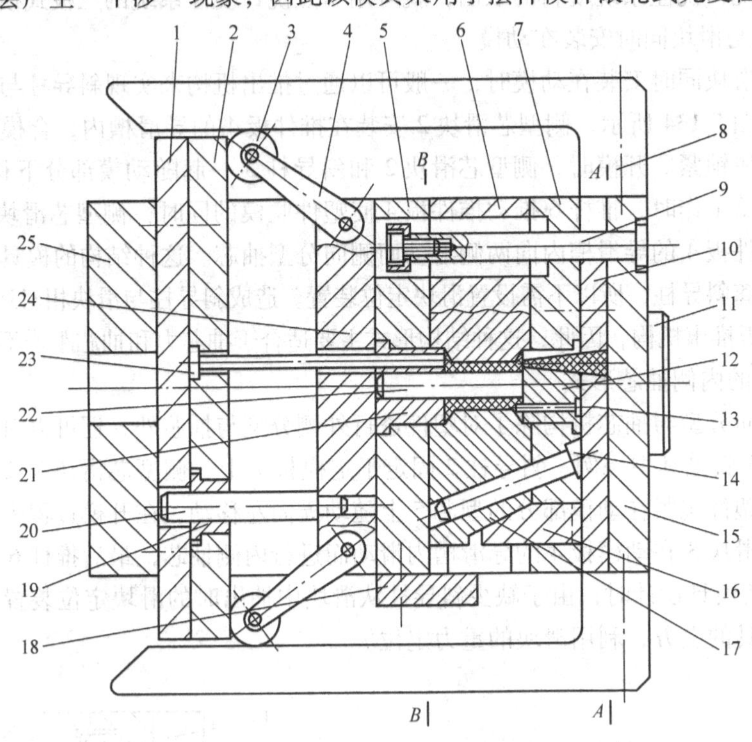

图 5-136　斜导柱固定在定模、侧滑块型芯安装在动模的侧向抽芯实例

1—推板　2—推杆固定板　3—滑轮　4—摆杆　5—固定板　6—动模板　7—定模板（中间板）　8—楔杆　9—拉杆导柱　10—盖板　11—定位圈　12—定模镶块　13—定模型芯　14—斜导柱　15—定模座板　16—楔紧块　17—侧滑块型芯　18—挡块　19—推板导套　20—推板导柱　21—动模镶块　22—动模型芯　23—推杆　24—支承板　25—动模座板

注射保压结束后，动模部分向后移动，模具从 A 分型面首先分型，主流道（图中未画出）从浇口套中抽出。当拉杆导柱 9 的左端与定模板（中间板）7 接触时，A 分型面分型结束，B 分型面开始分型，侧滑块型芯 17 在斜导柱 14 的作用下开始作上下侧向分型与抽芯。在 B 分型面分型的同时，摆杆 4 和滑轮 3 与楔杆 8 脱离。侧向抽芯结束后，动模部分继续向后移动直至开模行程结束。接着推出机构开始工作，推杆 23 将塑件从动模型芯 22 上推出的同时，推杆固定板 2 推动滑轮 3 在其上面向外滚动的同时使摆杆 4 向外张开。

合模时，动模部分向前移动，滑轮 3 在楔杆 8 斜面的作用下向内滚动的同时使摆杆 4 向内转动，逼使推杆固定板后退而带动推杆预先复位，最后复位杆（图中未画出）使推杆精确复位。侧滑块型芯由斜导柱复位并且由楔紧块 16 锁紧，接着就可以开始下一次的注射成型。

2. 斜导柱固定在动模、侧滑块型芯安装在定模的侧向抽芯实例

图 5-137 所示是斜导柱固定在动模侧滑块型芯安装在定模侧向抽芯的实例，其成型的塑件上一侧有一个通孔。模具采用了一模两件、推件板脱模及楔杆摆杆顺序定距两次分型机构的设计。摆杆 7 用转轴 8 固定在定模座板 13 外侧的模块上，左端用弹簧 5 与固定板 22 拉紧。楔杆

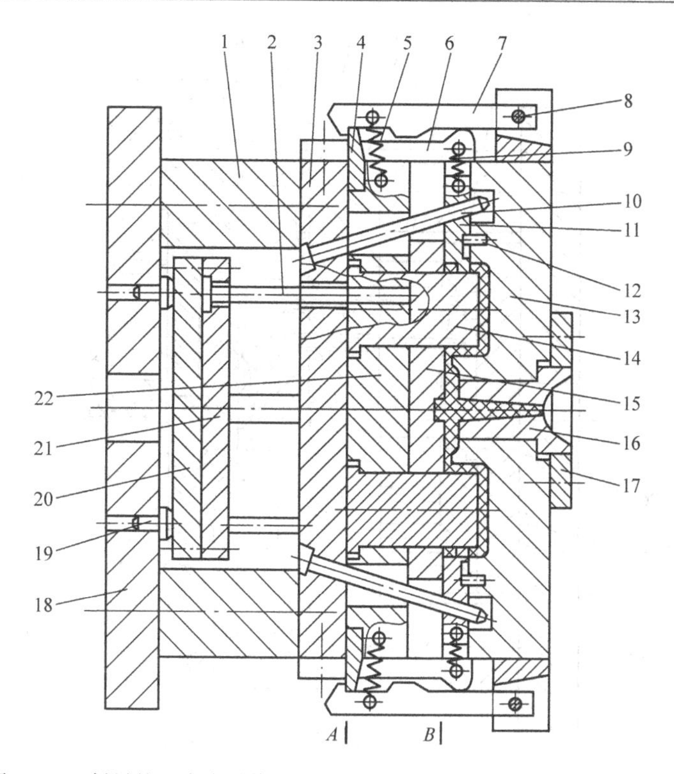

图 5-137　斜导柱固定在动模、侧滑块型芯安装在定模的侧向抽芯实例

1—垫块　2—推杆（复位杆）　3—支承板　4—挡块　5、9—弹簧　6—楔杆　7—摆杆　8—转轴　10—斜导柱　11—侧滑块型芯　12—挡销　13—定模座板　14—凸模　15—推件板　16—浇口套　17—定位圈　18—动模座板　19—支承钉　20—推板　21—推杆固定板　22—固定板

6 左端用螺钉固定在支承板 3 上，右端紧靠在模具侧面。挡块 4 固定在固定板 22 内。

注射成型后，动模部分向后移动，由于摆杆 7 钩住挡块 4，使模具从 A 分型面首先分型，斜导柱 10 带动侧滑块型芯 11 作侧向抽芯，在侧抽芯结束后摆杆 7 在楔杆 6 右端斜面的作用下向外转动而脱钩，A 分型面分型结束（由限位螺钉限位，图中未画出）。动模继续后移，B 分型面分型，塑件包在凸模 14 上跟随动模一起向后移动，主流道凝料从浇口套 16 中抽出。分型结束，推出机构工作，推杆（复位杆）2 推动推件板 15 把塑件从凸模上推出。

合模时，动模部分向前移动，斜导柱带动侧滑块型芯复位，推出机构由推杆（复位杆）2 复位，摆杆 7 的左端斜面滑过挡块 4 且在弹簧 5 的作用下而将其钩住，模具进入下一个注射循环。

3. 斜导柱和侧滑块型芯同时安装在定模一侧的侧向抽芯实例

图 5-138 所示是斜导柱和侧滑块型芯同时安装在定模一侧的侧向抽芯实例，该模具成型的塑件上一侧有一个带有半圆弧形状的尖孔。模具采用了一模两件，模具的下面剖在有侧孔的地方，模具的上面剖在无侧孔的地方。模具采用了摆杆压板顺序定距两次分型机构的设计，摆杆压板顺序定距两次分型机构应在模具两侧对称设置，由于剖面的位置不同，图中仅画出了上面的部分。摆杆 7 用转轴 6 固定在定模板 15 上的固定块上，右端安装有压缩弹簧，压板 8 固定在定模座板 12 上。

注射成型后，动模部分向后移动，由于摆杆 7 钩住动模板 21，使模具从 A 分型面首先

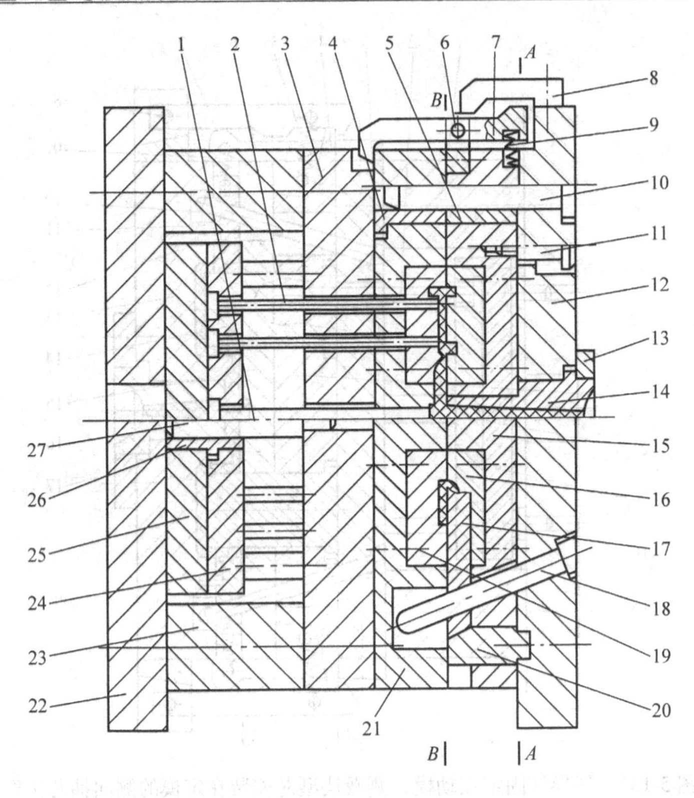

图 5-138 斜导柱和侧滑块型芯同时安装在定模一侧的侧向抽芯实例

1—拉料杆 2—推杆 3—支承板 4、5—导套 6—转轴 7—摆杆 8—压板 9—弹簧 10—导柱 11—限位螺钉 12—定模座板 13—定位圈 14—浇口套 15—定模板 16—定模镶块 17—侧滑块型芯 18—斜导柱 19—动模镶块 20—楔紧块 21—动模板 22—动模座板 23—垫块 24—推杆固定板 25—推板 26—推板导套 27—推板导柱

分型，此时，斜导柱 18 带动侧滑块型芯 17 作侧向抽芯，在侧抽芯结束后摆杆 7 在压板 8 的斜面的作用下作顺时针方向转动而脱钩，其后由限位螺钉 11 限位，A 分型面分型结束。动模继续后移，B 分型面分型，塑件留在动模镶块 19 上随动模一起向后移，主流道凝料在动模板上反锥度孔的作用下从浇口套 14 中拉出。分型结束后推出机构开始工作，推杆 2 将塑件从动模镶块上推出。

合模时，动模部分向前移动，斜导柱带动侧滑块型芯复位并由楔紧块锁紧，推出机构由复位杆复位（图中未剖出），摆杆 7 脱离压板 8 在弹簧 9 的作用下钩住动模板 21，此时便可开始进行下一次的注射成型。

4. 斜导柱和侧滑块型芯同时安装在动模一侧的侧向抽芯实例

图 5-139 是斜导柱和侧滑块型芯同时安装在动模一侧的侧向抽芯实例，该模具成型的塑件下侧有一个通孔，采用斜导柱侧向抽芯。斜导柱 14 固定在固定板 2 上，带有侧型芯 10 的侧滑块 11 用销钉及螺钉与侧滑块镶块 12 连接固定并且安装在推件板 3 的导滑槽中。

注射成型后，动模部分向后移动，主流道凝料从浇口套 8 中抽出并与包在凸模 9 上的塑件一起随动模部分向后移动，同时，在推件板导滑槽的作用下，侧滑块与侧滑块镶块带着侧型芯和定模板 4 脱离也随动模部分向后移动。分型结束后，推出机构开始工作，推杆（复位杆）16 推动推件板 3，一方面使侧滑块和侧滑块镶块与斜导柱产生位移，并且在推件板的导

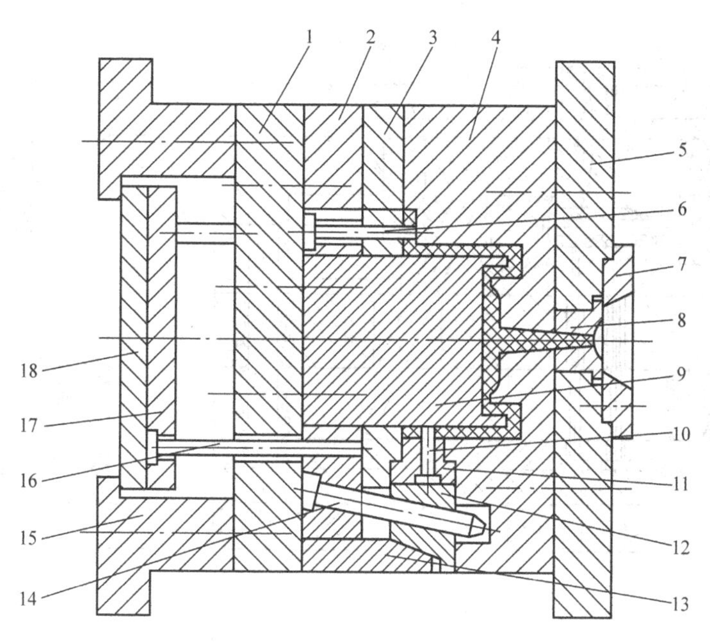

图 5-139　斜导柱和侧滑块型芯同时安装在动模的侧向抽芯机构

1—支承板　2—固定板　3—推件板　4—定模板　5—定模座板　6—动模小型芯　7—定位圈
8—浇口套　9—凸模　10—侧型芯　11—侧滑块　12—侧滑块镶块　13—楔紧块
14—斜导柱　15—支架　16—推杆（复位杆）　17—推杆固定板　18—推板

滑槽中向外滑动进行侧向抽芯；另一方面推件板将塑件从凸模 9 上脱出。该结构的特点是侧向抽芯与塑件脱模同时进行。

合模时，动模部分向前移动，侧滑块 11 和侧滑块镶块 12 带动侧型芯 10 在定模板 4 及斜导柱 14 的作用下沿着推件板 3 的导滑槽向内复位并由楔紧块 13 锁紧，推出机构由推杆（复位杆）16 复位。

5. 斜导柱圆弧方向侧向抽芯的应用实例

利用斜导柱驱动的滑块上的传动销带动固定有圆弧侧型芯的圆弧形滑块可以进行圆弧侧向抽芯。在图 5-140 所示的模具结构中，侧滑块 11 和圆弧形侧滑块 15 安装在动模板 6 上，侧型芯 12 和圆弧侧型芯 13 分别由圆柱销 28 和 14 固定在相应的滑块内，侧滑块 19 安装在动模板 6 上加工成的整体式导滑槽内。带动圆弧形滑块进行圆弧侧抽芯的传动销 17 一端插入圆弧形侧滑块 15 的孔中，另一端加粗并铣出上下两个平面，在平面上制出的孔套入固定在侧滑块 19 的固定轴 16 上。斜导柱和楔紧块固定在定模板 7 上，并且上端面用盖板固定。由于推杆设置在圆弧形侧型芯的下面，为了防止产生“干涉”现象，在复位杆 21 处设置了 4 个预复位弹簧。注射成型后开模，动模向后移动，*A* 分型面首先分型，浇注系统凝料从浇口套中脱出，*A* 分型面分型结束（图中定距分型机构未画出来），*B* 分型面开始分型，浇注系统凝料从点浇口处拉断。斜导柱 10 驱动侧滑块 11 带动侧型芯 12 作侧向直线抽芯，同时，斜导柱 18 驱动侧滑块 19 向外作直线移动，侧滑块 19 上的固定轴 16 带动传动销 17 使圆弧形侧滑块 15 在圆弧形导滑槽内作圆弧形轨迹的移动，从而使固定在圆弧形侧滑块 15 上的圆弧侧型芯 13 进行圆弧侧向抽芯。

6. 斜导柱圆周方向侧向抽芯的应用实例

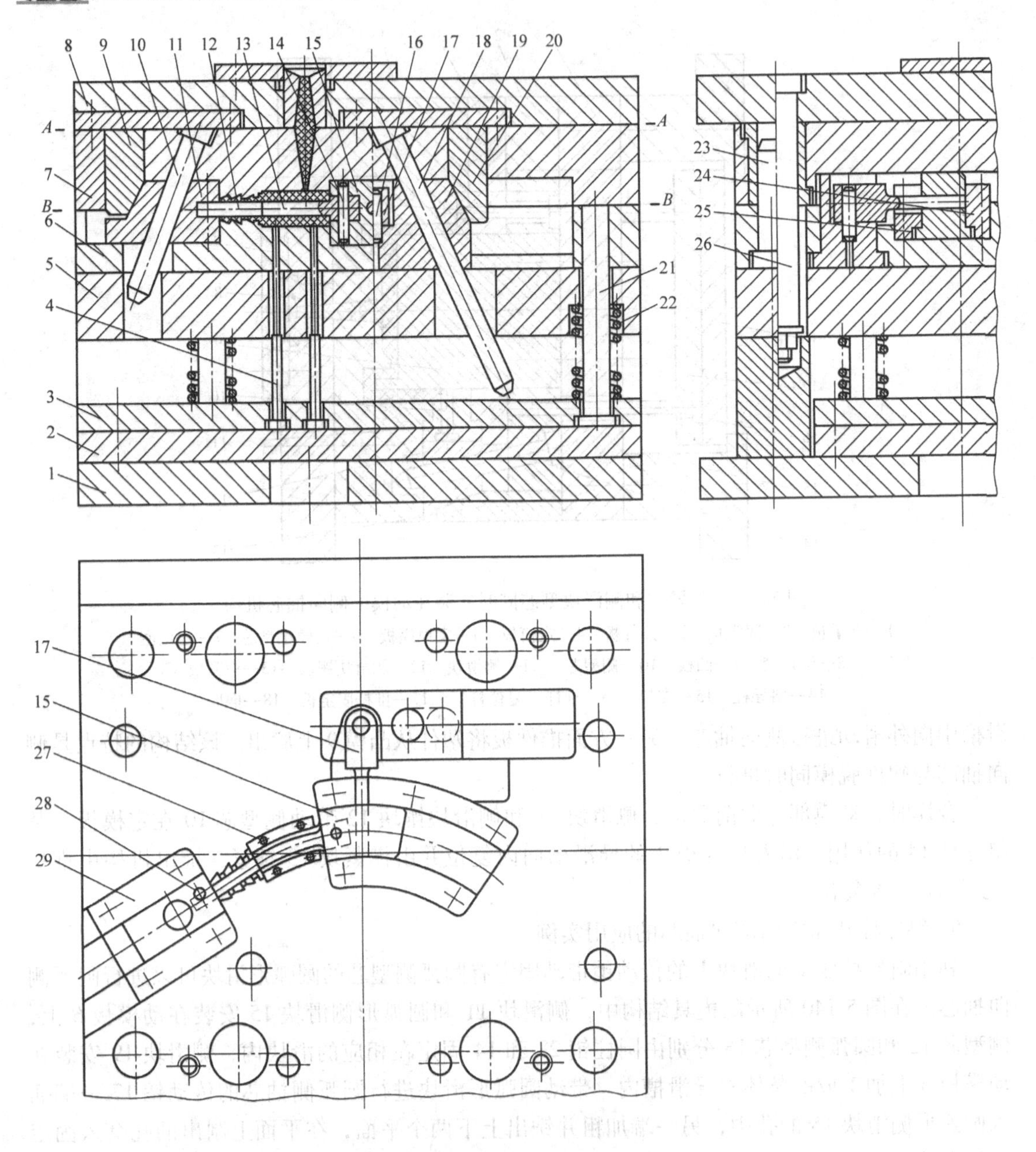

图 5-140 斜导柱圆弧方向侧向抽芯

1—动模座板 2—推板 3—推杆固定板 4—推杆 5—支承板 6—动模板 7—定模板 8—定模座板 9、20—楔紧块 10、18—斜导柱 11、19—侧滑块 12—侧型芯 13—圆弧侧型芯 14、28—圆柱销 15—圆弧形侧滑块 16—固定轴 17—传动销 21—复位杆 22—弹簧 23—动模导柱 24、25、29—导滑槽压块 26—定模导柱 27—小型芯

利用在斜导柱驱动的齿条滑块带动与其相啮合的安装有圆周方向侧型芯的转盘可以进行圆周方向侧向抽芯。在图 5-141 所示的模具结构中，因塑料制件外侧圆周方向有 16 个具有内部通孔的外向凸台，所以采用了圆周方向侧向抽芯机构。固定在定模板 2 上的斜导柱 4 驱动安装在型芯固定板 10 上的齿条滑块 3，再由齿条滑块带动与其相啮合的转盘 9 绕固定在动模板 13 上轴套 12 旋转一定角度，转盘 9 上与导滑槽轴线成 45°的腰圆形斜槽带动固定在

16 个侧滑块 5 上的圆柱销 8 带动侧滑块进行圆周方向侧向抽芯。侧滑块在动模板（圆形）13 的导滑槽内滑动，滑动时的侧滑块高度方向由固定在动模板上的限位螺钉 7 限位。注射结束开模时，塑件包在型芯 16 上随着动模部分向后移动，主流道凝料同时从浇口套中脱出。在斜导柱 4 的作用下，齿条滑块 3 带动转盘 9 绕轴套 12 沿顺时针方向旋转一定角度，固定在侧滑块 5 上的圆柱销 8 在转盘 9 的斜槽作用下，使 16 个侧滑块同时作圆周方向侧向抽芯。

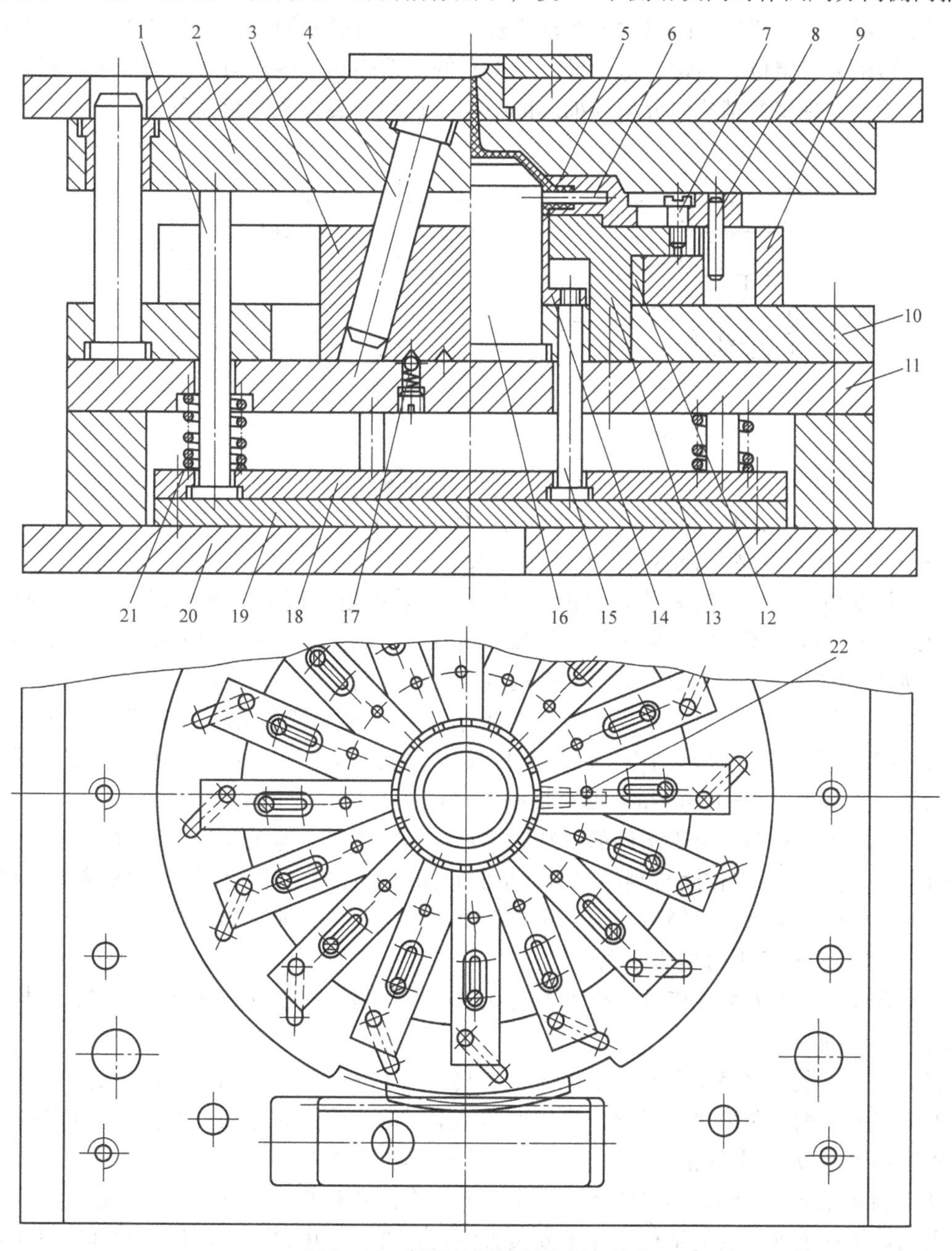

图 5-141　斜导柱圆周方向侧向抽芯

1—复位杆　2—定模板　3—齿条滑块　4—斜导柱　5—侧滑块　6—侧型芯　7—限位螺钉　8—圆柱销　9—转盘　10—型芯固定板　11—支承板　12—轴套　13—动模板　14—推管　15—推杆　16—型芯　17—钢珠弹簧定位机构　18—推杆固定板　19—推板　20—动模座板　21—弹簧　22—固定销

三、弯销侧向分型与抽芯机构

弯销侧向分型与抽芯机构的工作原理和斜导柱侧向分型与抽芯机构相似，所不同的是在结构上以矩形截面的弯销代替了斜导柱，因此，弯销侧向分型与抽芯机构仍然离不开滑块的导滑、注射时侧型芯的锁紧和侧抽芯结束时滑块的定位这三大要素。图5-142所示是弯销侧抽芯的典型结构，合模时，由楔紧块2或支承块6将侧型芯滑块4通过弯销3锁紧。侧抽芯时，侧型芯滑块4在弯销3的驱动下在动模板1的导滑槽侧向抽芯，抽芯结束，侧型芯滑块由弹簧、顶销装置定位。通常，弯销及其导滑孔的制造困难一些，但弯销侧抽芯也有斜导柱所不及的优点，现将弯销侧向分型与抽芯的结构特点和安装方式介绍如下。

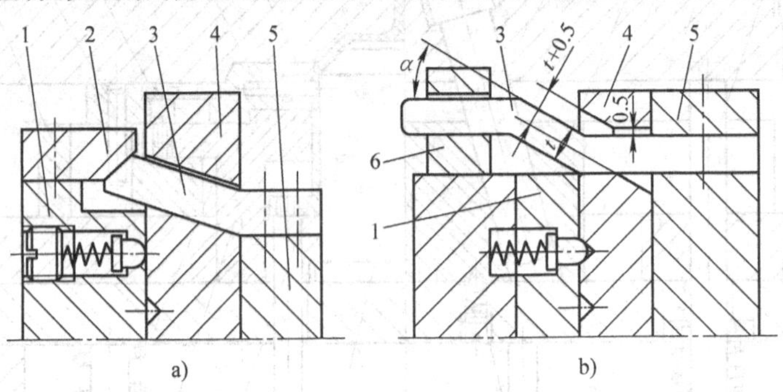

图5-142　弯销侧抽芯机构

1—动模板　2—楔紧块　3—弯销　4—侧型芯滑块　5—定模板　6—支承块

(一) 弯销侧向分型与抽芯机构的结构特点

(1) 强度高，可采用较大的倾斜角　弯销一般采用矩形截面，抗弯截面系数比斜导柱大，因此抗弯强度较高，可以采用较大的倾斜角 α，所以在开模距相同的条件下，使用弯销可比斜导柱获得较大的抽芯距。由于弯销的抗弯强度较高，所以，在注射熔料对侧型芯总压力不大时，可在其前端设置一个支承块，弯销本身即可对侧型芯滑块起锁紧作用（见图5-142b)，这样有利于简化模具结构，但在熔料对侧型芯总压力比较大时，仍应考虑设置楔紧块，用来锁紧弯销（见图5-142a）或直接锁紧滑块。

(2) 可以延时抽芯　由于塑件的特殊或模具结构的需要，弯销还可以延时侧抽芯。如图5-143所示，弯销7的工作面与侧型芯滑块9的斜面可设计成离开一段较长的距离 l，这样根据需要，在开模分型时，弯销可暂不工作，直至接触滑块，侧抽芯才开始。

(二) 弯销在模具上的安装方式

弯销在模具上可安装在模外，也可安装在模内，但是一般以安装在模外为多，这样安装配制时方便可见。

(1) 模外安装　图5-142和图5-143所示均为弯销安装在模外的结构。在图5-143中，塑件的下半侧由侧型芯滑块9成型，滑块抽芯结束时的定位由固定在动模板5上的挡块6完成，固定在定模板10上的止动销8在合模时对侧型芯滑块9起锁紧作用。开模时，当分型至止动销端部完全脱出侧型芯滑块后，弯销7的工作面才开始驱动侧型芯滑块抽芯。

采用弯销在模外安装的结构，除了安装方便可见外，还可以减小模板尺寸和模具重量。

(2) 模内安装　弯销安装在模内的结构如图5-144所示，弯销4和楔紧块7用过渡配合固定于定模板8上，并用螺钉与定模座板9联接。开模时，由于弯销4尚未与侧型芯滑块5上的斜方孔侧面接触，因而滑块保持静止，与此同时，型芯1与塑件分离，开模至一定距离后，弯销与滑块接触，驱动滑块在动模板6的导滑槽内作侧向分型与抽芯，由于此时型芯的延伸部分尚未从塑件中抽出，因而塑件不会随滑块产生侧向移动。当弯销脱离滑块完成侧向抽芯动作时，滑块被定位（图中定位装置未画出），此时，型芯1与塑件完全脱离，塑件就自由落下，模具不需设置推出机构。合模时，型芯1插入动模镶件2中，弯销带动滑块复位，楔紧块7将滑块锁紧。

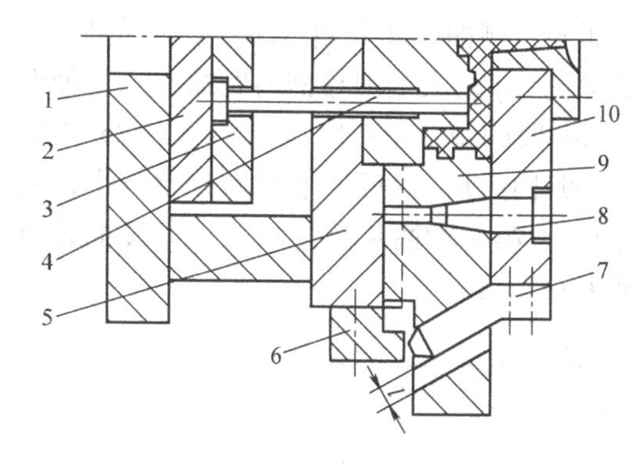

图5-143　弯销在模外的结构

1—动模座板　2—推板　3—推杆固定板　4—推杆　5—动模板　6—挡块　7—弯销　8—止动销　9—侧型芯滑块　10—定模座板

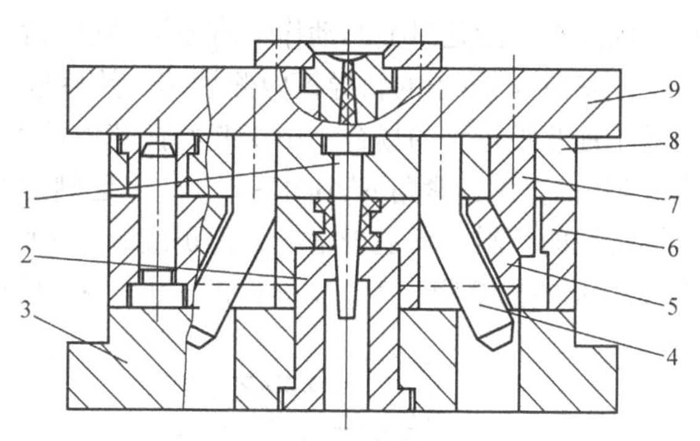

图5-144　弯销在模内的结构

1—型芯　2—动模镶件　3—动模座板　4—弯销　5—侧型芯滑块　6—动模板　7—楔紧块　8—定模板　9—定模座板

弯销安装在模内时，还可以进行内侧抽芯，如图5-145所示。在该图中，塑件内壁有侧凹，模具采用摆钩式顺序分型机构。组合凸模1、弯销3、导柱6均用螺钉固定于动模垫板。开模时，由于摆钩11钩住定模板13上的挡块12，使*A*分型面首先分型，接着弯销3的右侧斜面驱动侧型芯滑块2向右移动进行内侧抽芯，内侧抽芯结束后，摆钩11在滚轮7的作用下脱钩，*B*分型面分型，最后推出机构开始工作，推件板10在推杆5的推动下将塑件脱出组合凸模1。合模时，弯销3的左侧驱动侧型芯滑块复位，摆钩11的头部斜面越过挡块12，在弹簧8的作用下将其钩住。这种形式的内侧抽芯，由于抽芯结束时，弯销的端部仍留在滑块中，所以设计时不需用滑块定位装置。另外，由于不便于设置锁紧装置，而是依靠弯销本身弯曲强度来克服注射时熔料对侧型芯的侧向压力，所以只适于侧型芯截面积比较小的场合，同时，还应适当增大弯销的截面积。

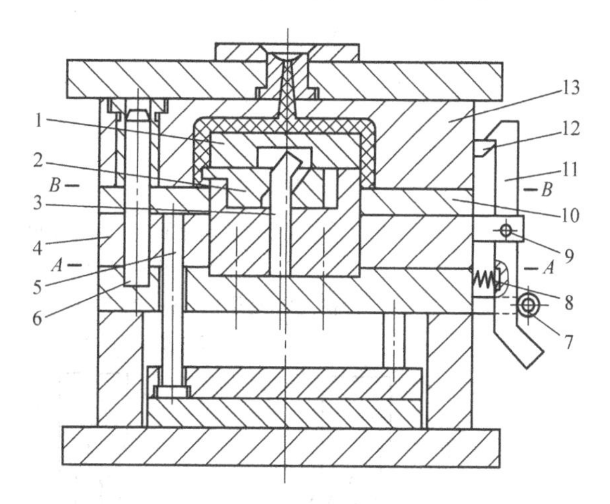

图5-145　弯销的内侧抽芯

1—组合凸模　2—侧型芯滑块　3—弯销　4—动模板　5—推杆　6—导柱　7—滚轮　8—弹簧　9—转轴　10—推件板　11—摆钩　12—挡块　13—定模板

四、斜导槽侧向分型与抽芯机构

斜导槽侧向分型与抽芯机构是由固定于模外的斜导槽板与固定于侧型芯滑块上的圆柱销联接所形成的，如图5-146所示。斜导槽板用四个螺钉和两个销钉安装在定模外侧，开模时，侧型芯滑块的侧向移动是受固定在它上面的圆柱销在斜导槽内的运动轨迹所限制的。当槽与开模方向没有斜度时，滑块无侧抽芯动作；当槽与开模方向成一角度时，滑块可以侧抽芯；当槽与开模方向角度越大，侧抽芯的速度越大，槽愈长，侧抽芯的抽芯距也就愈大。由此可以看出，斜导槽侧向抽芯机构设计时比较灵活。图 5-147a 的形式，开模一开始便开始侧抽芯，但这时斜导槽倾斜角 α 应小于 25°；图 5-147b 的形式，开模后，滑销先在直槽内运动，因此有一段延时抽芯动作，直至滑销进入斜槽部分，侧抽芯才开始；图 5-147c 的形式，先在倾斜角 α_1 较小的斜导槽内侧抽芯，然后进入倾斜角 α_2 较大的斜导槽内侧抽芯，这种形式适于抽芯距较大的场合。由于起始抽芯力较大，第一段的倾斜角一般在 $12° < \alpha_1 < 25°$ 内选取（但 α_1 应比锁紧角 α' 小 2°~3°），一旦侧型芯与塑件松动，以后的抽芯力就比较小，因此第二段的倾斜角可适当增大，但仍应 $\alpha_2 < 40°$。图中，第一段抽芯距为 E_1，第二段抽芯距为 E_2，总的抽芯距为 E，斜导槽的宽度一般比滑销大 0. 2mm。

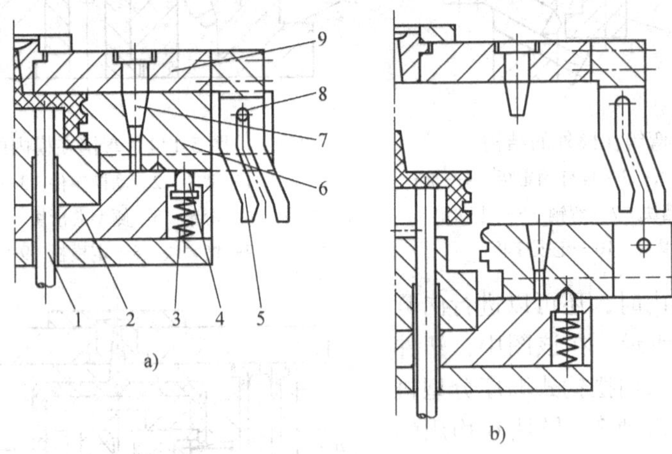

图 5-146　斜导槽侧抽芯机构

a）合模注射状态　b）抽芯推出状态

1—推杆　2—动模板　3—弹簧　4—顶销　5—斜导槽板　6—侧型芯滑块

7—止动销　8—滑销　9—定模板

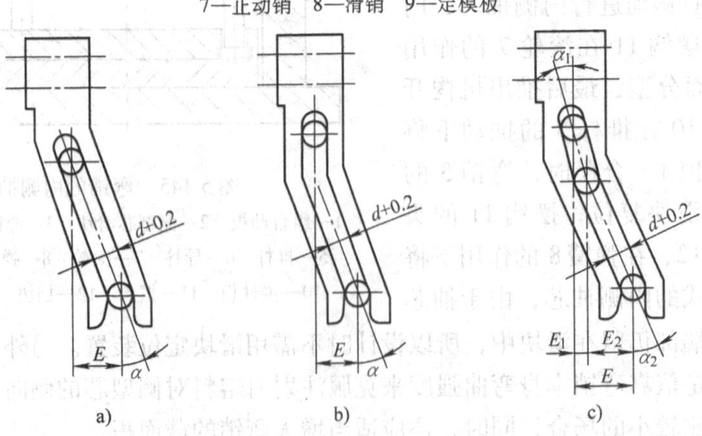

图 5-147　斜导槽的形状

斜导槽侧向分型与抽芯机构同样具有滑块驱动时的导槽、注射时的锁紧和侧抽芯结束时的定位等三大要素，在设计时应充分注意。

斜导槽板与滑销通常用 T8、T10 等材料制造，热处理要求与斜导柱相同，一般 > 55HRC，表面粗糙度值 $R_a \leqslant 0.8\mu m$。

五、斜滑块以及斜导杆导滑的侧向分型与抽芯机构

（一）斜滑块侧向分型与抽芯机构的工作原理及其设计要求

当塑件的侧凹较浅，所需的抽芯距不大，但侧凹的成型面积较大，因而需较大的抽芯力时，可采用斜滑块机构进行侧向分型与抽芯。斜滑块侧向分型与抽芯的特点是利用推出机构的推力驱动斜滑块斜向运动，在塑件被推出脱模的同时由斜滑块完成侧向分型与抽芯动作。通常，斜滑块侧向分型与抽芯机构要比斜导柱侧向分型与抽芯机构简单得多，一般可分为外侧分型、抽芯和内侧抽芯两种。

（1）斜滑块外侧分型与抽芯机构　图 5-148 为斜滑块外侧分型的示例，该塑件为绕线轮，外侧常有深度浅但面积大的侧凹，斜滑块设计成对开式（瓣合式）凹模镶块，即型腔有两个斜滑块组成。开模后，塑件包在动模型芯 5 上和斜滑块一起随动模部分一起向左移动，在推杆 3 的作用下，斜滑块 2 相对向右运动的同时向两侧分型，分型的动作靠斜滑块在模套 1 的导滑槽内进行斜向运动来实现，导滑槽的方向与斜滑块的斜面平行。斜滑块侧向分型的同时，塑件从动模型芯 5 上脱出。限位螺销 6 是防止斜滑块从模套中脱出而设置的。

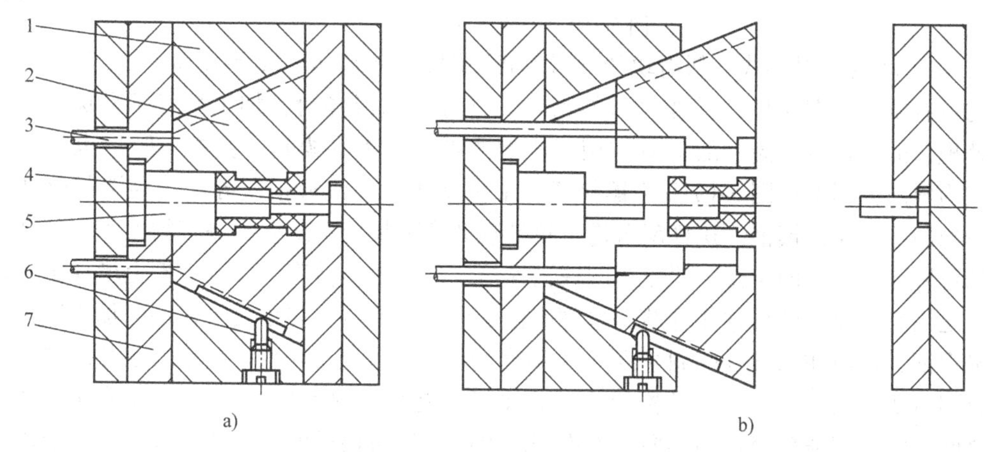

图 5-148　斜滑块外侧分型机构

a）合模注射状态　b）分型推出状态

1—模套　2—斜滑块（对开式凹模镶块）　3—推杆　4—定模型芯

5—动模型芯　6—限位螺销　7—动模型芯固定板

（2）斜滑块内侧抽芯机构　图 5-149 为斜滑块内侧抽芯的又一形式，其特点是推出机构工作时，斜滑块 2 在推杆 4 的作用下推出塑件的同时又在动模板 3 的导滑槽里向内收缩而完成内侧抽芯动作。

（3）斜滑块侧向分型与抽芯机构的设计要点

1）斜滑块的组合形式。根据塑件的具体情况，斜滑块通常由 2 ~ 6 块组成瓣合凹模，在某些特殊情况下，斜滑块还可以分得更多。设计斜滑块的组合形式时应考虑分型与抽芯的方向要求，并尽量保证塑件具有较好的外观质量，不要使塑件表面留有明显的镶拼痕迹，另外，还应使滑块的组合部分具有足够的强度。常用的组合形式如图 5-150 所示，如果塑件外形有转折，斜滑块的镶拼线应与塑件上的转折线重合，如图 5-150e 所示。

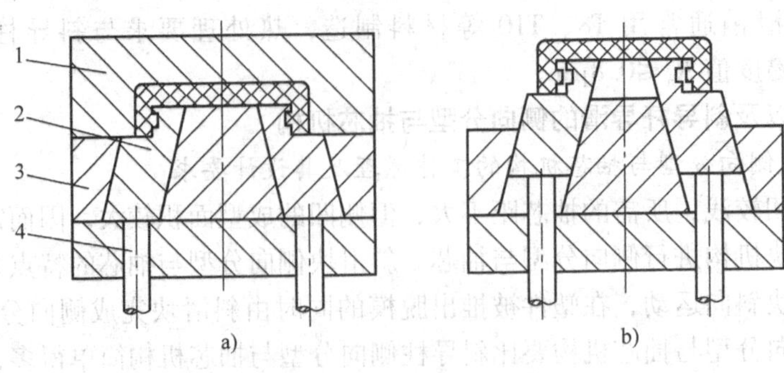

图 5-149　斜滑块的内侧抽芯结构之二

a）合模注射状态　b）抽芯推出状态

1—定模板　2—斜滑块　3—动模板　4—推杆

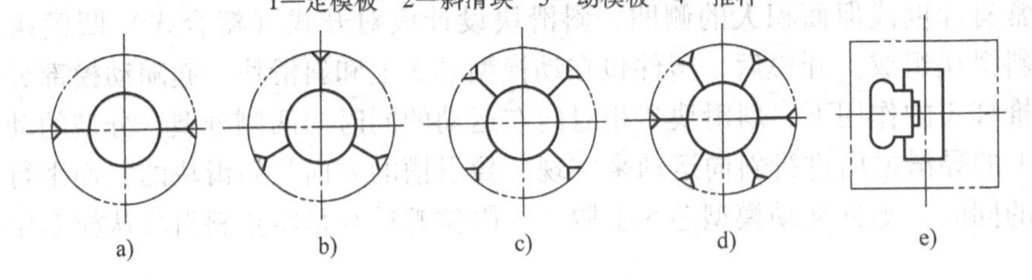

图 5-150　斜滑块的组合形式

2）斜滑块的导滑形式。斜滑块的导滑形式如图 5-151 所示，图 5-151a ~ d 四种形式中斜滑块均没有镶入。图 5-151a 为整体式导滑槽，常称半圆形导滑，加工精度不易保证，又不能热处理，但结构较紧凑，故适宜应用于小型或批量不大的模具，其中半圆形也可制成方形，成为斜的梯形槽；图 5-151b 为镶拼式，常称镶块导滑或分模楔导滑，导滑部分和分模楔都单独制造后镶入模框，这样就可进行热处理和磨削加工，从而提高了精度和耐磨性，分模楔的位置要有良好的定位，所以用圆柱销连接，为了提高精度，在分模楔上增加销套；图 5-151c 是用斜向镶入的导柱作导轨，也称圆柱销导滑，因滑块与模套可以同时加工所示平行度容易保证，但应注意导柱的斜角要小于模套的斜角；图 5-151d 是燕尾式导滑，主要用于小模具多滑块的情况，使模具结构紧凑，但加工较复杂；图 5-151e 是利用斜推杆与动模支承板之间的斜向间隙配合作为导向，斜推杆的上端与斜滑块过渡配合成一体，推板推动斜推杆，斜推杆在斜向驱动斜滑块的同时，下端在推板上滑动，所以斜推杆和推板的硬度要求 > 55HRC，同时其下端最好制成半球形，或者干脆镶上淬硬的滚轮；图 5-151f 是用型芯的拼块作斜滑块的导向，在内侧抽芯时常常采用。

3）正确选择主型芯位置。主型芯位置选择恰当与否，直接关系到塑件能否顺利脱模。例如，图 5-152 中将主型芯（图中未画出）设置在定模一侧，开模后，主型芯立即从塑件中抽出，然后斜滑块才能分型，所以塑件很容易在斜滑块上粘附于某处收缩值较大的部位，因此不能顺利从斜滑块中脱出，如图 5-152a 所示。如果将主型芯位置设于动模，则在脱模过程中，塑件虽与主型芯松动，但侧向分型时对塑件仍有限制侧向移动的作用，所以塑件不会粘附在斜滑块上，因此脱模比较顺利，如图 5-152b 所示。

4）开模时斜滑块的止动。斜滑块通常设置在动模部分，并要求塑件对动模部分的包紧力大于对定模部分的包紧力。但有时因为塑件的特殊结构，定模部分的包紧力大于动模部分或者不相上下，此时，如果没有止动装置，则斜滑块在开模动作刚刚开始之时便有可能与动

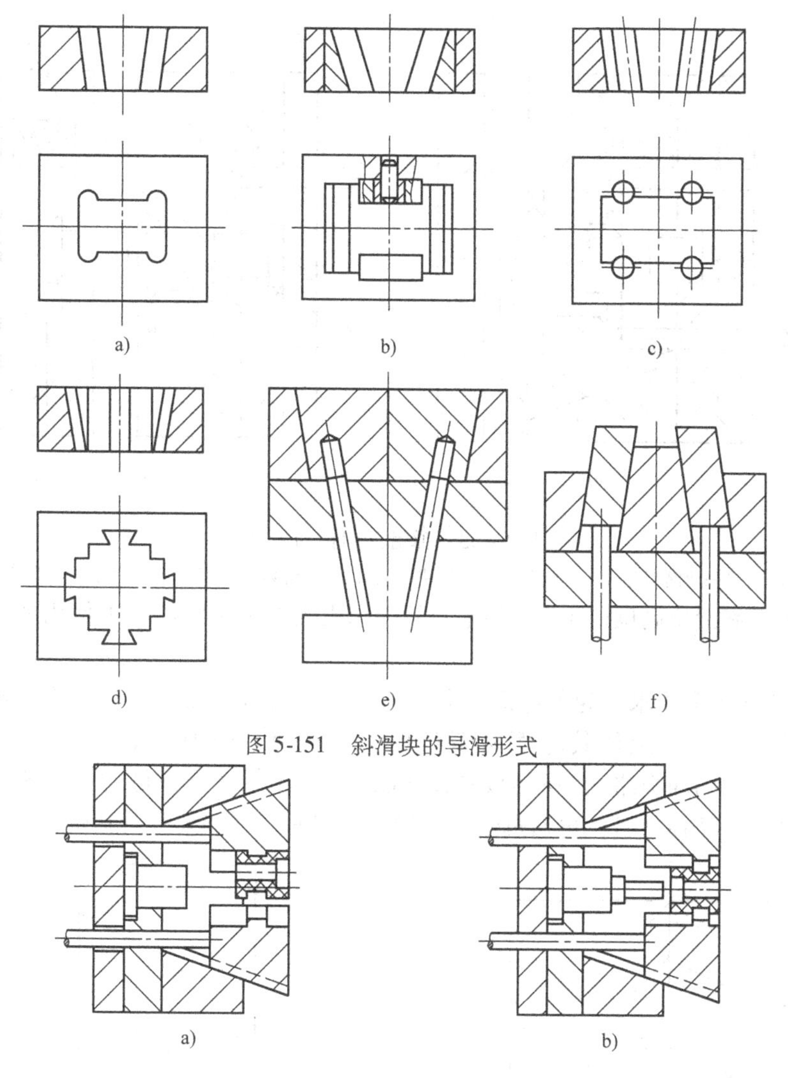

图 5-151 斜滑块的导滑形式

图 5-152 主型芯位置的选择

模产生相对运动，导致塑件损坏或滞留在定模而无法取出，如图 5-153a 所示。为了避免这种现象发生，可设置弹簧顶销止动装置，如图 5-153b 所示。开模后，弹簧顶销 6 紧压斜滑块 4 防止其与动模分离，使定模型芯 5 先从塑件中抽出，继续开模时，塑件留在动模上，然后由推杆 1 推动斜滑块侧向分型并推出塑件。

斜滑块止动还可采用如图 5-154 所示的导销机构，即固定于定模板 4 上的导销 3 与斜滑块 2 在开模方向有一段配合（H8/f8），开模后，在导销的约束下，斜滑块不能进行侧向运动，所以开模动作也就无法使斜滑块与动模之间产生相对运动，继续开模时，导销与斜滑块脱离接触，最后，动模的推出机构推动斜滑块侧向分型并推出塑件。

5）斜滑块的倾斜角和推出行程。由于斜滑块的强度较高，斜滑块的倾斜角可比斜导柱的倾斜角大一些，一般在≤30°内选取。在同一副模具中，如果塑件各处的侧凹深浅不同，所需的斜滑块推出行程也不相同，为了解决这一问题，使斜滑块运动保持一致，可将各处的斜滑块设计成不同的倾斜角。斜滑块推出模套的行程，立式模具不大于斜滑块高度的 1/2，

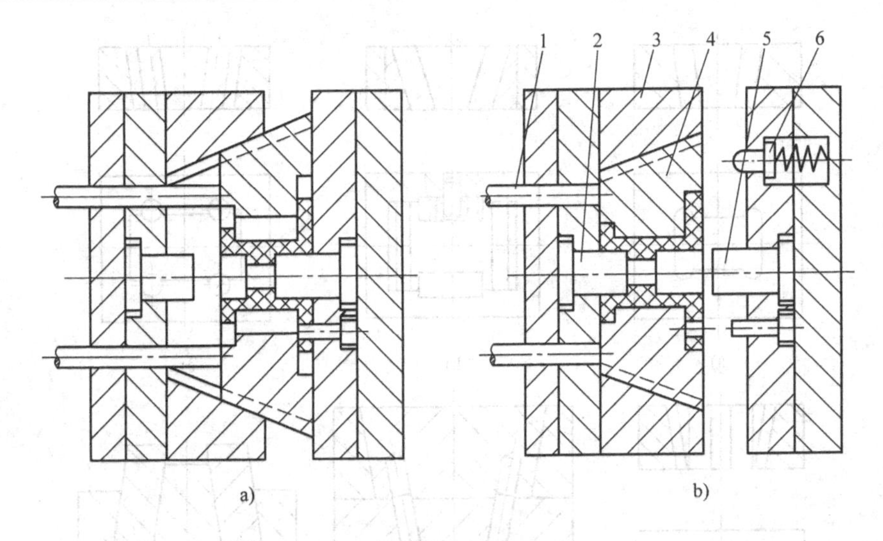

图 5-153　弹簧顶销止动装置

1—推杆　2—动模型芯　3—模套　4—斜滑块（对开式凹模镶块）　5—定模型芯　6—弹簧顶销

卧式模具不大于斜滑块高度的1/3，如果必须使用更大的推出距离，可使用加长斜滑块导向的方法。

6）斜滑块的装配要求。为了保证斜滑块在合模时其拼合面密合，避免注射成型时产生飞边，斜滑块装配后必须使其底面离模套有 0.2～0.5mm 的间隙，上面高出模套 0.4～0.6mm（应比底面的间隙略大一些为好），如图 5-155 所示。这样做的好处还在于，当斜滑块与导滑槽之间有磨损之后，再通过修磨斜滑块下端面，可继续保持其密合性。

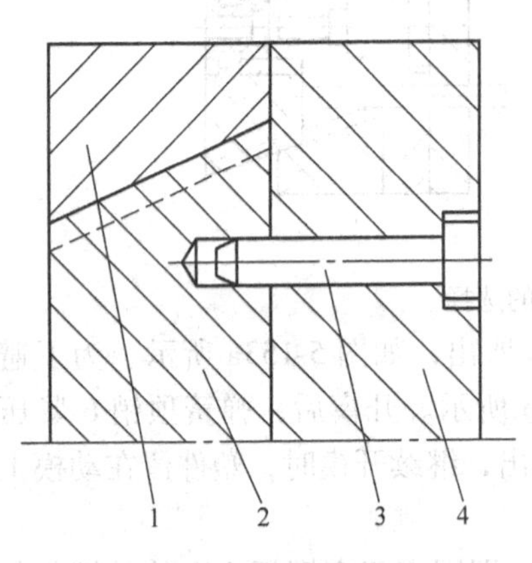

图 5-154　导销止动装置

1—模套　2—斜滑块　3—导销　4—定模板

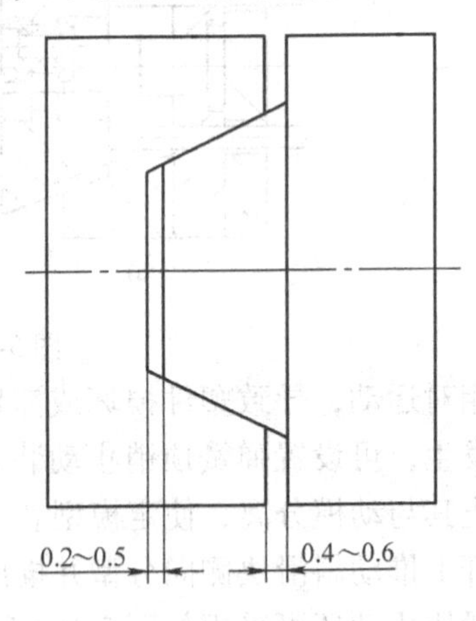

图 5-155　斜滑块的装配要求

7）推杆位置选择。抽芯距较大的斜滑块应注意防止在侧抽芯过程中斜滑块移出推杆顶端的位置，造成斜滑块无法完成预期侧向成型或抽芯的工作，所以在设计时，选择推杆的位置应予于重视。

8）斜滑块推出时的限位。斜滑块机构使用于卧式注射机时，为了防止斜滑块在工作时滑出模套，可在斜滑块上开一长槽，模套上加一限位螺销定位，如图 5-148 所示。

（二）斜导杆导滑的侧向分型与抽芯机构

斜导杆导滑的侧向分型与抽芯机构也称为斜推杆式侧抽芯机构，它是由斜导杆与侧型芯制成整体式或组合式后与动模板上的斜导向孔（常常是矩形截面）进行导滑推出的一种特殊的斜滑块抽芯机构。同样，斜导杆与动模板上的斜导向孔应制成 H8/f8 的配合。斜导杆侧向抽芯机构亦可分成外侧抽芯与内侧抽芯两大类。

1. 斜导杆导滑的外侧抽芯

图 5-156 所示为斜导杆外侧抽芯的结构形式，斜导杆的成型端由侧型芯 6 与之组合而成，在推出端装有滚轮 2，以滚动摩擦代替滑动摩擦，用来减少推出过程中的摩擦力，推出过程中的侧抽芯靠斜导杆 3 与动模板 5 之间的斜孔导向。合模时，定模板压斜导杆成型端使其复位。

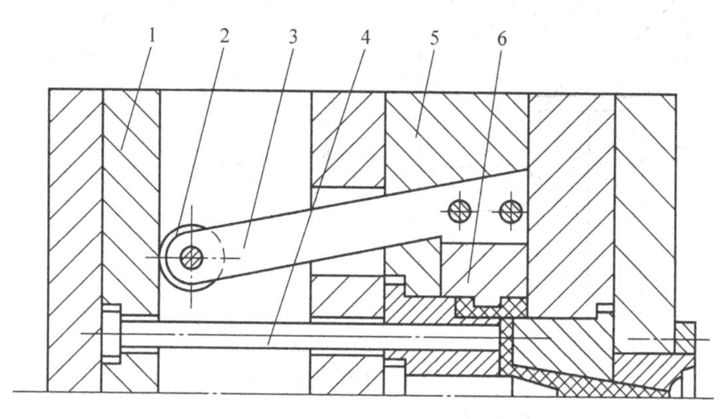

图 5-156　斜导杆的外侧抽芯

1—推杆固定板　2—滚轮　3—斜导杆　4—推杆　5—动模板　6—侧型芯

2. 斜导杆导滑的外内侧抽芯

图 5-157 所示为斜导杆内侧抽芯的一种结构形式，侧型芯镶在斜导杆内，后端用转轴与滚轮相连，然后安装在由压板 2 和推杆固定板 3 所形成的配合间隙中。合模时，在复位杆 4 的作用下，压板迫使滚轮使斜导杆复位。

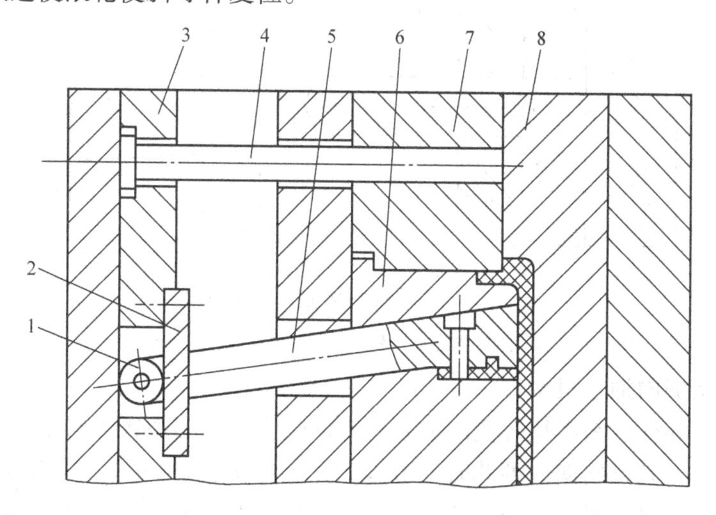

图 5-157　斜导杆内侧抽芯结构之一

1—滚轮　2—压板　3—推杆固定板　4—复位杆　5—斜导杆

6—凸模　7—动模板　8—定模板

斜导杆内侧抽芯的结构设计中，关键的问题是斜导杆的复位措施。

为了使斜导杆的固定端结构简单，复位可靠，有时将侧型芯在分型面上向塑件的外侧延伸，如图5-158*A*处所示。合模时，定模板压着侧型芯4的*A*处使其复位。斜导杆用螺纹与侧型芯连接。该结构中，工作时斜导杆3的末端在推杆固定板上滑动，磨损较大，为了减少磨损，可以在其末端安装淬过火的滚轮。也有采用连杆等形式使斜导杆复位的，如图5-159所示。

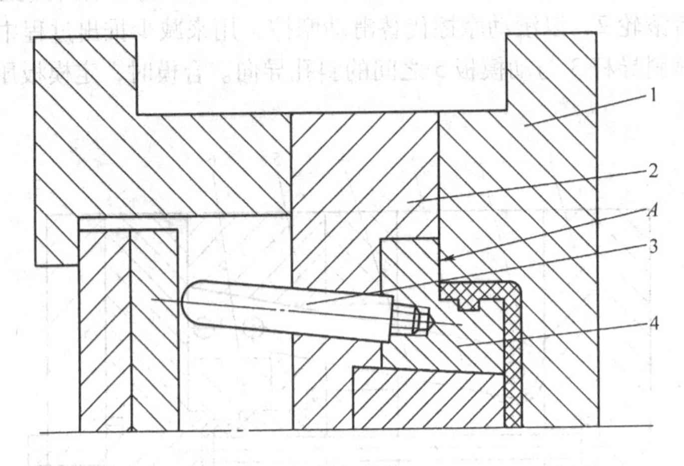

图5-158　斜导杆内侧抽芯结构之二

1—定模板　2—动模板　3—斜导杆　4—侧型芯

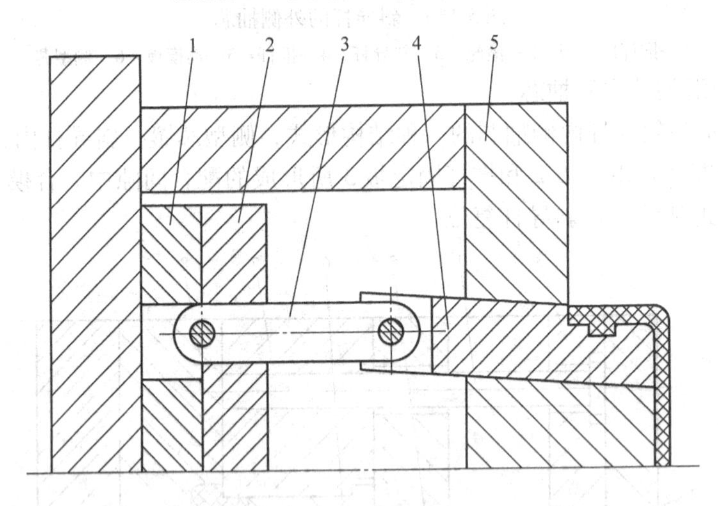

图5-159　斜导杆内侧抽芯结构之三

1—推板　2—推杆固定板　3—连杆　4—斜导杆　5—动模板

六、齿轮齿条侧向抽芯机构

如前所述，斜导柱、斜滑块等侧向抽芯机构仅能适于抽芯距较短的塑件，当塑件上的侧向抽芯距较长时，尤其是斜向侧抽芯时，可采用其他的侧抽芯方法，例如齿轮齿条侧抽芯，这种机构的侧抽芯可以获得较长的抽芯距和较大的抽芯力。齿轮齿条侧抽芯根据传动齿条固定位置的不同，抽芯的结构也不同。传动齿条有的固定于定模一侧，也有固定于动模一侧；抽芯的方向有正侧方向和斜侧方向，也有圆弧方向；塑件上的成型孔可以是光孔，也可以是螺纹孔。下面对传动齿条的不同固定方式作专门介绍。

（一）传动齿条固定在定模一侧

传动齿条固定在定模一侧的结构如图 5-160 所示。它的特点是传动齿条 5 固定在定模板 3 上，齿轮 4 和齿条型芯 2 固定在动模板 7 内。开模时，动模部分向下移动，齿轮 4 在传动齿条 5 的作用下作逆时针方向转动，从而使与之啮合的齿条型芯 2 向右下方向运动而抽出塑件。当齿条型芯全部从塑件中抽出后，传动齿条与齿轮脱离，此时，齿轮的定位装置发生作用而使其停止在与传动齿条刚脱离的位置上，最后，推出机构开始工作，推杆 9 将塑件从凸模 1 上脱下。合模时，传动齿条插入动模板对应孔内与齿轮啮合，顺时针转动的齿轮带动齿条型芯复位，然后锁紧装置将齿轮或齿条型芯锁紧。

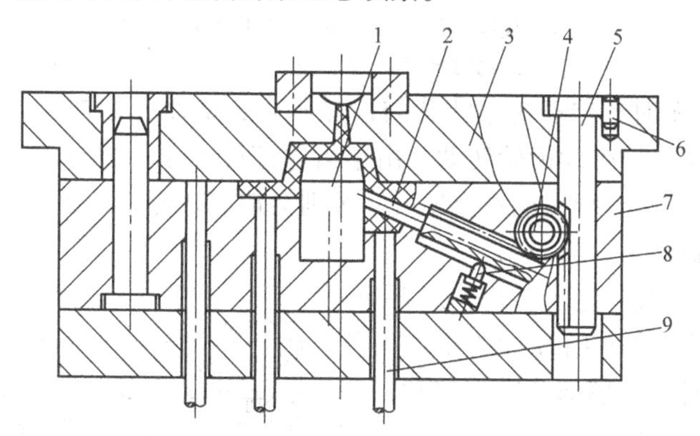

图 5-160　传动齿条固定在定模一侧的结构

1—凸模　2—齿条型芯　3—定模板　4—齿轮　5—传动齿条

6—止转销　7—动模板　8—导向销　9—推杆

这种形式的结构在某些方面类似于斜导柱安装在定模、侧型芯滑块安装在动模的结构，它的设计包含有齿条型芯在动模板内的导滑、齿轮与传动齿条脱离时的定位及注射时齿条型芯的锁紧等三大要素。若齿条型芯后端加粗部分截面为圆形，可直接与动模上的圆形孔呈间隙配合导滑（见图 5-160）；如齿条型芯后端是非圆形的，可用 T 形槽等形式导滑，导滑配合精度可取 H8/f8。为使齿轮与传动齿条在合模时于规定位置上啮合，必须设计齿轮脱离传动齿条时的定位装置，定位装置可设置在齿条型芯上（可用前面介绍过的弹簧顶销式或弹簧钢珠式），也可设置在齿轮的轴上，如图 5-161 所示。当侧抽芯结束传动齿条脱离齿轮时，在弹簧 4 的作用下，顶销 3 进入齿轮轴 2 上的凹穴内，但采用后者的较多。齿条型芯的锁紧装置既可以楔紧块的形式直接压紧在齿条型芯上，如图 5-162a 所示。也可设置在齿轮轴上，如图 5-162b 所示。但由于模具结构的限制，常常采用后者。

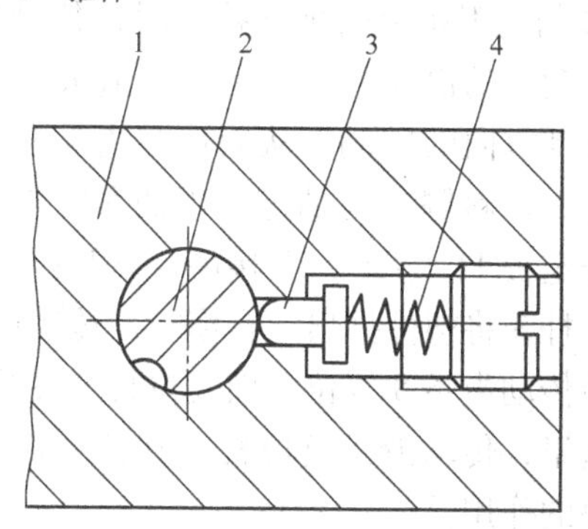

图 5-161　齿轮定位机构

1—动模板　2—齿轮轴　3—顶销　4—弹簧

设计这类模具的另一个值得注意的问题是，在传动齿条上应设置一段延时抽芯行程。这种延时抽芯行程是指从开模开始到楔紧块的斜面完全脱离齿轮轴的斜面或齿条型芯的斜面之前的一段开模行程，在这段行程中，传动齿条与齿轮不啮合，不起抽芯作用，如图 5-162 所

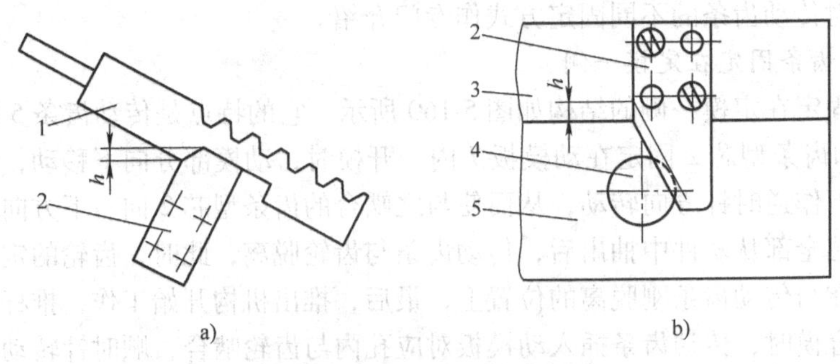

图 5-162 齿条型芯的锁紧形式

a）楔紧块压紧齿条型芯 b）楔紧块压紧齿轮轴

1—齿条型芯 2—楔紧块 3—定模板 4—齿轮轴 5—动模板

示。当开模行程大于 h 时，传动齿条才能与齿轮啮合，从而开始抽芯。如果没有延时行程 h，开模时，传动齿条立即带动齿轮转动，由于齿轮速度大于开模分型速度，所以齿轮与楔紧块有撞击的可能。但延时行程也不能过大，否则会造成合模时无法使齿条型芯复位。

（二）传动齿条固定在动模一侧

传动齿条固定在动模一侧的结构如图 5-163 所示。传动齿条 8 固定在专门设计的传动齿条固定板 11 上，开模时，动模部分向下移动，塑件包在齿条型芯 2 上从型腔中脱出后随动模部分一起向下移动，主流道凝料在拉料杆 1 作用下与塑件连在一起向下移动。当传动齿条推板 12 与注射机上的顶杆接触时，传动齿条 8 静止不动，动模部分继续后退，造成了齿轮 4 作逆时针方向的转动，从而使与齿轮啮合的齿条型芯 2 作斜侧方向抽芯。当抽芯完毕，传动齿条固定板 11 与推板 10 接触，并且推动推板 10 使推杆 3 将塑件推出。合模时，传动齿条复位杆 5 使传动齿条 8 复位，而复位杆 9 使推杆 3 复位。这里，传动齿条复位杆 5 在注射时还起到楔紧块的作用。

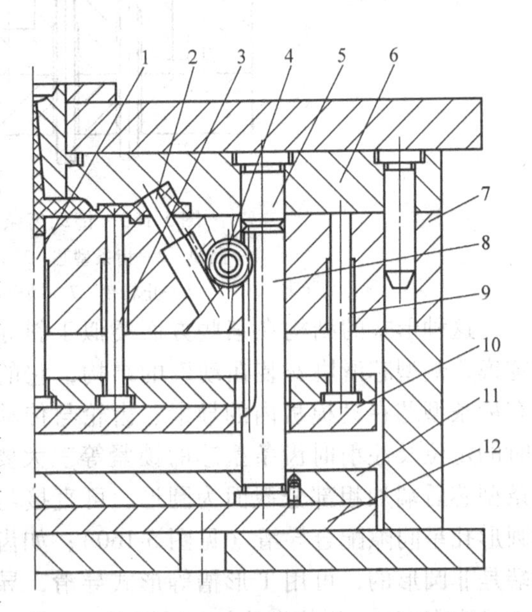

图 5-163 传动齿条固定在动模一侧的结构

1—拉料杆 2—齿条型芯 3—推杆 4—齿轮 5—传动齿条复位杆 6—定模板 7—动模板 8—传动齿条 9—复位杆 10—推板 11—传动齿条固定板 12—传动齿条推板

这类结构形式的模具特点是在工作过程中，传动齿条与齿轮始终保持着啮合关系，这样就不需要设置齿轮或齿条型芯的定位机构。

七、其他侧向分型与抽芯机构

（一）弹性元件侧抽芯机构

当塑件上的侧凹很浅或者侧壁处有个别小的凸起时，侧向成型零件所需的抽芯力和抽芯距都不大时，可以采用弹性元件侧向抽芯机构。

图 5-164 所示为硬橡皮侧抽芯机构，合模时，楔紧块 1 使侧型芯 2 至成型位置。开模后，楔紧块脱离侧型芯，侧型芯在被压缩了的硬橡皮 3 的作用下抽出塑件。侧型芯 2 的抽出

与复位在一定的配合间隙（H8/f8）内进行。

图 5-165 所示为弹簧侧抽芯机构。塑件的外侧有一处微小的半圆凸起，由于它对侧型芯滑块 5 没有包紧力，只有较小的粘附力，所以采用弹簧侧抽芯机构很合适，这样就省去了斜导柱，使模具结构简化。合模时，靠楔紧块 4 将侧型芯滑块 5 锁紧。开模后，楔紧块与侧型芯滑块脱离，在压缩弹簧 2 的回复力作用下滑块作侧向短距离抽芯，抽芯结束，成型滑块由于弹簧作用紧靠在挡块 3 上而定位。

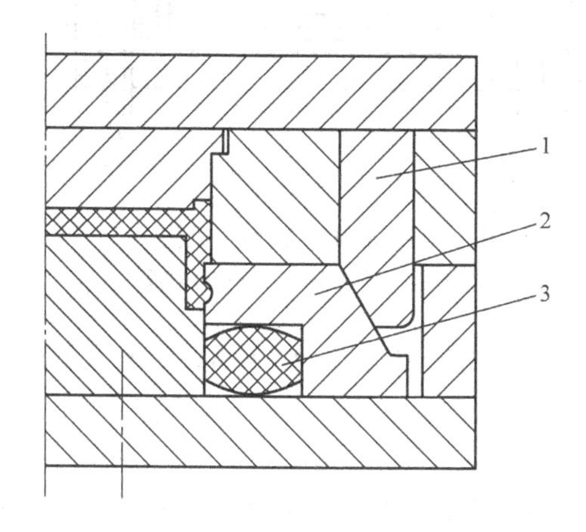

图 5-164 硬橡皮侧抽芯机构
1—楔紧块 2—侧型芯
3—硬橡皮

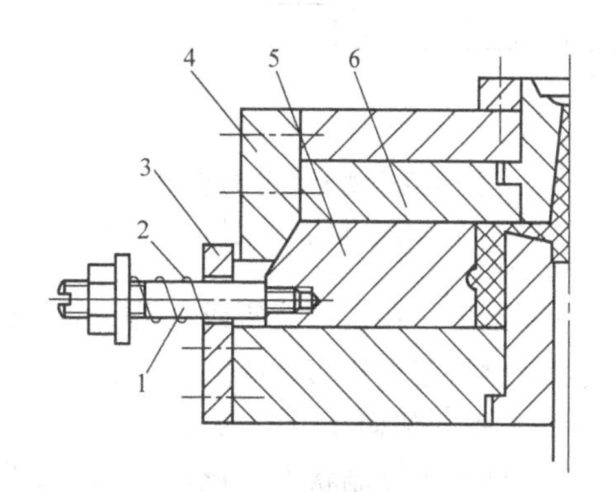

图 5-165 弹簧侧抽芯机构
1—螺杆 2—弹簧 3—挡块 4—楔紧块 5—侧型芯滑块 6—定模板

（二）液压或气动侧抽芯机构

液压或气动侧抽芯是通过液压缸或气缸活塞及控制系统来实现的，当塑件侧向有很深的孔，例如三通管子塑件，侧向抽芯力和抽芯距很大，用斜导柱、斜滑块等侧抽芯机构无法解决时，往往优先考虑采用液压或气动侧向抽芯（在有液压或气动源时）。

图 5-166 所示为液压缸（或气缸）固定于定模省去楔紧块的侧抽芯机构，它能完成定模部分的侧抽芯工作。液压缸（或气缸）在控制系统控制下在开模前必须将侧向型芯抽出，然后再开模，而合模结束后，液压缸（或气缸）才能驱使侧型芯复位。

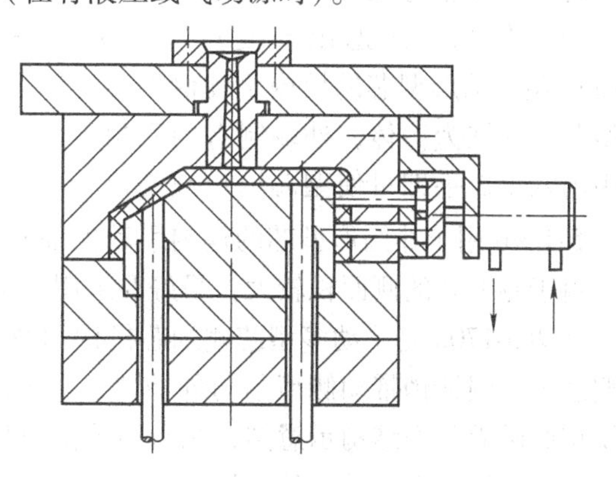

图 5-166 定模部分的液压（气动）侧抽芯机构

图 5-167 所示为液压缸（或气缸）固定于动模、具有楔紧块的侧抽芯机构，它能完成动模部分的侧抽芯工作。开模后，当楔紧块脱离侧型芯后首先由液压缸（或气缸）抽出侧向型芯，然后推出机构才能使塑件脱模。合模时，侧型芯由液压缸（或气缸）先复位，然后推出机构复位，最后楔紧块锁紧，即侧型芯的复位必须在推出机构复位、楔紧块锁紧之前进行。

图 5-168 所示为液压抽长型芯的机构示意图，这种机构可以抽很长的型芯而使模具简

化，它的特点是液压缸设置在动模板内。

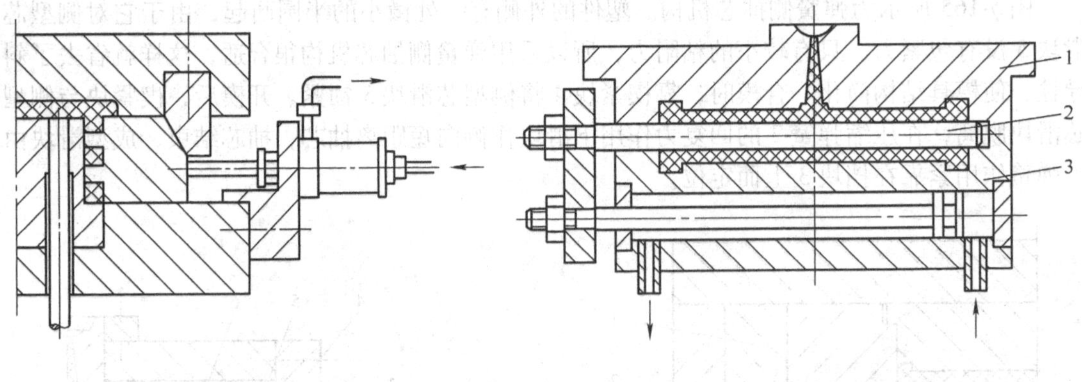

图 5-167　动模部分的液压（气动）侧抽芯机构

图 5-168　液压抽长型芯机构
1—动模板　2—长型芯　3—动模板

顺便指出，在设计液压或气动侧抽芯机构时，要考虑液压缸或气缸在模具上的安装固定方式以及侧型芯滑块与液压缸或气缸活塞联接的形式。

（三）手动侧向分型与抽芯机构

在塑件处于试制状态或批量很小的情况下，或者在采用机动抽芯十分复杂或根本无法实现的情况下，塑件上某些部位的侧向分型与抽芯常常采用手动形式进行。手动侧向分型与抽芯机构分为两大类，一类是模内手动抽芯，一类是模外手动抽芯。

（1）模内手动分型与抽芯机构　模内手动侧向分型抽芯机构是指在开模前用手工完成模具上的分型抽芯动作，然后再开模推出塑件。大多数的模内手动侧抽芯是利用丝杠和内螺纹的旋合使侧型芯退出与复位。图 5-169a 用于圆形型芯的模内手动侧抽芯，型芯与丝杠为一体，外端制有内六角，用内六角扳手即可使型芯退出或复位。图 5-169b 用于非圆形型芯的模内手动侧抽芯，用套筒扳手即可使侧型芯退出或复位。该形式由于侧型芯的侧面积较大，最好要采用楔紧块装置（图中未画出）锁紧侧型芯。

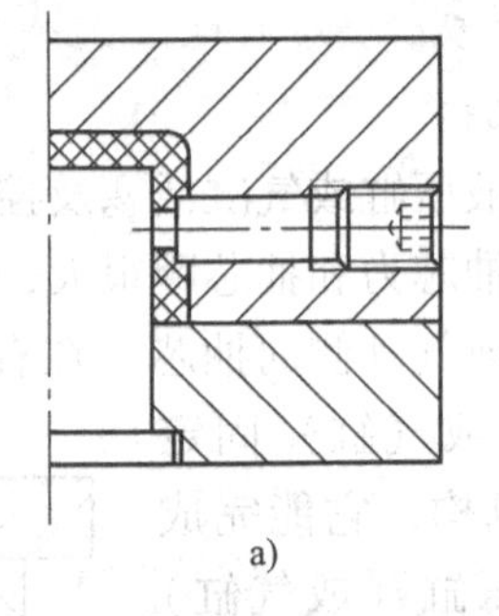
a)

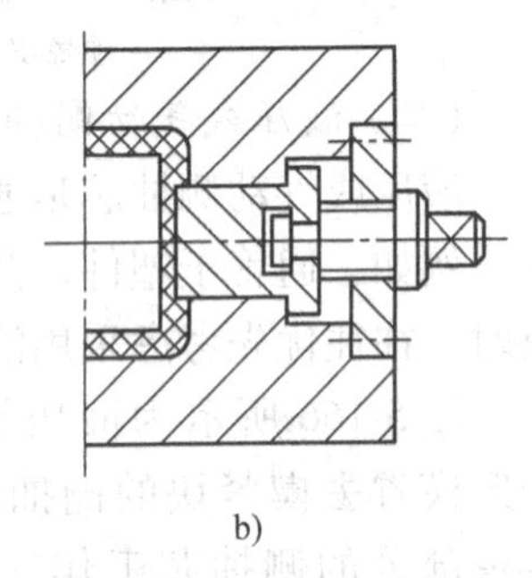
b)

图 5-169　丝杠手动侧抽芯机构

图 5-170a 是手动多型芯侧抽芯机构示意图，滑板向上推动，其上的偏心槽使固定于侧型芯上的圆柱销带动侧型芯向外抽芯，滑板向下推动，侧型芯复位；图 5-170b 是手动多滑块型腔圆周分型结构示意图，圆盘用手柄顺时针转动，其上的斜槽带动圆柱销使滑块周向分型，逆时针方向转动，使滑块复位。

（2）模外手动分型与抽芯机构　模外手动分型与抽芯机构实质上是第四章所介绍过的带有活动镶件的注射模结构。注射前，先将活动镶件以一定的配合在模内安放定位，注射后分型脱模，活动镶件随塑件一起推出模外，然后用手工的方法将活动镶件从塑件的侧向取下，准备下次注射时使用。图 5-171 所示就是模外手动分型抽芯的结构示例。图 5-171a 中活动镶件的非成型端在一定的长度上制出 3°～5°的斜面，以便于安装时的导向，而有 3～5mm 的长

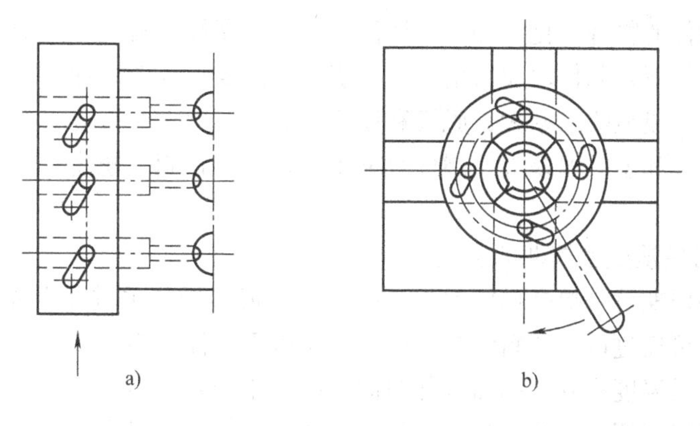

图 5-170　手动多型芯抽拔结构示意图

a）多型芯侧向抽芯　b）多型腔滑块圆周分型

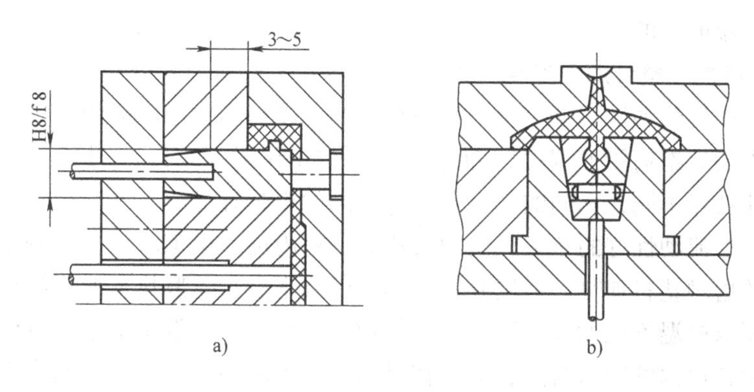

图 5-171　模外手动分型抽芯机构

度与动模上的安装孔进行配合，配合精度一般用 H8/f8，合模时，靠定模板上的小型芯与活动镶件的接触而精确定位；图 5-171b 是塑件内侧有球状的结构，很难用其他抽芯机构，因而采用活动镶件的形式。合模前，左右活动镶件用圆柱销定位后镶入凸模，开模后推杆推动镶件将塑件从凸模上推出，最后手工将活动镶件侧向分开取出塑件。

第八节　温度调节系统

注射模具的温度对塑料熔体的充模流动、固化定型、生产效率、塑件的形状和尺寸精度都有重要的影响。注射模具中设置温度调节系统的目的，就是要通过控制模具温度，使注射成型具有良好的产品质量和较高的生产率。

一、模具温度与塑料成型温度的关系

（一）模具温度及其调节的重要性

模具温度（模温）是指模具型腔和型芯的表面温度。不论是热塑性塑料还是热固性塑料的模塑成型，模具温度对塑料制件的质量和生产率都有很大的影响。

1. 模具温度对塑料制件质量的影响

模具温度及其波动对塑料制件的收缩率、尺寸稳定性、力学性能、变形、应力开裂和表面质量等均有影响。模具温度过低，熔体流动性差，制件轮廓不清晰，甚至充不满型腔或形成熔接痕，制件表面不光泽，缺陷多，力学性能低。对于热固性塑料，模温过低会造成固化

程度不足，降低塑件的物理、化学和力学性能；对于热塑性塑料注射成型时，模温过低且充模速度又不高的情况下，制件内应力增大，易引起翘曲变形或应力开裂，尤其是粘度大的工程塑料。模温过高，成型收缩率大，脱模和脱模后制件变形大，易造成溢料和粘模。模具温度波动较大时，型芯和型腔温差大，制件收缩不均匀，导致制件翘曲变形，影响制件的形状及尺寸精度。

2. 模具温度对模塑成型周期的影响

缩短模塑成型周期就是提高模塑效率。缩短模塑成型周期关键在于缩短冷却硬化时间，而缩短冷却时间，可通过调节塑料和模具的温差，因而在保证制件质量和成型工艺顺利进行的前提下，降低模具温度有利于缩短冷却时间，提高生产效率。

在模具中设置温度调节系统的目的，就是要通过控制模具温度，使模塑成型具有良好的产品质量和较高的生产率。模具温度的调节是指对模具进行冷却或加热，必要时两者兼有，从而达到控制模温的目的。

（二）模具温度与塑料成型温度的关系

注射入模具中的热塑性熔融树脂，必须在模具内冷却固化才能成为塑件，所以模具温度必须低于模具内的熔融树脂的温度，即达到 θ_g（玻璃化温度）以下的某一温度范围，由于树脂本身的性能特点不同，不同的塑料要求有不同的模具温度。

对于粘度低、流动性好的塑料，例如聚乙烯、聚丙烯、聚苯乙烯、聚酰胺等，因为模具不断地被注入的熔融塑料加热，模温升高，单靠模具本身自然散热不能使模具保持较低的温度，这些塑料要求模温不能太高，因此，必须加设冷却装置，常用常温水对模具冷却。有时为了进一步缩短在模内的冷却时间，或者在夏天，亦可使用冷凝处理后的冷水进行冷却。对于粘度高、流动性差的塑料，例如聚碳酸酯、聚砜、聚甲醛、聚苯醚和氟塑料等，为了提高充型性能，考虑到成型工艺要求要较高的模具温度，因此，必须设置加热装置，对模具进行加热。对于粘流温度 θ_f 或熔点 θ_m 较低的塑料，一般需要用常温水或冷水对模具冷却，而对于高粘流温度和高熔点的塑料，可用温水进行模温控制。对于模温要求在90℃以上时，必须对模具加热。对于流程长、壁厚较小的塑件，或者粘流温度或熔点虽不高但成型面积很大的塑件，为了保证塑料熔体在充模过程中不至温降太大而影响充型，可设置加热装置对模具进行预热。对于小型薄膜塑件，且成型工艺要求模温不太高时，可以不设置冷却装置而靠自然冷却。

部分塑料树脂与之相对应的模具温度，参见表5-23和表5-24。

表5-23　部分热塑性树脂的成型温度与模具温度　（单位：℃）

树脂名称	成型温度	模具温度	树脂名称	成型温度	模具温度
LDPE	190～240	20～60	PS	170～280	20～70
HDPE	210～270	20～60	AS	220～280	40～80
PP	200～270	20～60	ABS	200～270	40～80
PA6	230～290	40～60	PMMA	170～270	20～90
PA66	280～300	40～80	硬 PVC	190～215	20～60
PA610	230～290	36～60	软 PVC	170～190	20～40
POM	180～220	90～120	PC	250～290	90～110

表 5-24　部分热固性树脂的模具温度　（单位：℃）

树脂名称	模具温度	树脂名称	模具温度
酚醛塑料	150～190	环氧塑料	177～188
脲醛塑料	150～155	有机硅塑料	165～175
三聚氰胺甲醛塑料	155～175	硅酮塑料	160～190
聚邻（对）苯二甲酸二丙烯酯	166～177		

总之，要得到优质产品，必须对模具进行温度控制，在设计模具时根据塑料加工工艺的需要，设置冷却装置或加热装置。但有时会给注射生产带来一些问题，例如，采用冷水调节模温时，大气中水分易凝结在模具型腔的表壁，影响塑件表面质量，而采用加热措施，模内一些间隙配合的零件可能由于膨胀而使间隙减少或消失，从而造成卡死或无法工作，这些问题在设计时应注意。

二、冷却回路的尺寸确定

模具冷却装置的设计与使用的冷却介质、冷却方法有关。模具可以用水、压缩空气和冷凝水冷却，但用水冷却最为普遍，因为水的热容量大，传热系数大，成本低廉。所谓水冷，即在模具型腔周围和型芯内开设冷却水回路，使水或者冷凝水在其中循环，带走热量，维持所需的温度。冷却回路的设计应做到回路系统内流动的介质能充分吸收成型塑件所传导的热量，使模具成型表面的温度稳定地保持在所需的温度范围内，而且要做到使冷却介质在回路系统内流动畅通，无滞留部位。但在冷却水回路开设时，受到模具上各种孔（顶杆孔、型芯孔、镶件接缝等）的限制，所以要按理想情况设计较困难，必须根据模具的具体结构灵活地设置冷却回路。

（1）冷却回路所需的总表面积　冷却回路所需总表面积可按下式计算：

$$A=\frac{mQ}{3600K(\theta_m-\theta_w)} \tag{5-75}$$

式中　A——冷却回路总表面积（m^2）；

m——单位时间内注入模具中树脂的质量（kg/h）；

Q——单位质量树脂在模具内释放的热量（J/kg），可查表 5-25；

K——冷却水的表面传热系数［$W/(m^2\cdot K)$］；

θ_m——模具成型表面的温度（℃）；

θ_w——冷却水的平均温度（℃）。

表 5-25　单位质量树脂成型时放出的热量　（单位：10^5J/kg）

树脂名称	Q 值	树脂名称	Q 值	树脂名称	Q 值
ABS	3～4	CA	2.9	PP	5.9
AS	3.35	CAB	2.7	PA6	56
POM	4.2	PA66	6.5～7.5	PS	2.7
PAVC	2.9	LDPE	5.9～6.9	PTFE	5.0
丙烯酸类	2.9	HDPE	6.9～8.2	PVC	1.7～3.6
PMMA	2.1	PC	2.9	SAN	2.7～3.6

冷却水的表面传热系数 K 可用如下公式计算：

$$K = \Phi \frac{(\rho v)^{0.8}}{d^{0.2}} \tag{5-76}$$

式中 ρ——冷却水在该温度下的密度，kg/m^3；

v——冷却水的流速，m/s；

d——冷却水孔直径，m；

Φ——与冷却水温度有关的物理系数，Φ 的值可从表 5-26 查得。

表 5-26 水的 Φ 值与其温度的关系

平均水温/℃	5	10	15	20	25	30	35	40	45	56
Φ 值	6.16	6.60	7.06	7.50	7.95	8.40	8.84	9.28	9.66	10.05

（2）冷却回路的总长度 冷却回路总长度可用下式计算：

$$L = A/\pi d \tag{5-77}$$

式中 L——冷却回路总长（m）；

A——冷却回路总表面积（m^2）；

d——冷却水孔直径（m）。

确定冷却水孔的直径时应注意，无论多大的模具，水孔的直径不能大于 14mm，否则冷却水难以成为湍流状态，以至降低热交换效率。一般水孔的直径可根据塑件的平均壁厚来确定。平均壁厚为 2mm 时，水孔直径可取 8 ~ 10mm；平均壁厚为 2 ~ 4mm 时，水孔直径可取 10 ~ 12mm；平均壁厚为 4 ~ 6mm 时，水孔直径可取 10 ~ 14mm。

（3）冷却水体积流量的计算 塑料树脂传给模具的热量与自然对流散发到空气中的模具热量、辐射散发到空气中的模具热量及模具传给注射机热量的差值，即为用冷却水扩散的模具热量。假如塑料树脂在模内释放的热量全部由冷却水传导的话，即忽略其他传热因素，那么模具所需的冷却水体积流量则可用下式计算：

$$q_v = \frac{mQ}{60c\rho\ (\theta_1 - \theta_2)} \tag{5-78}$$

式中 q_v——冷却水体积流量（m^3/min）；

m——单位时间注射入模具内的树脂质量（kg/h）；

Q——单位时间内树脂在模具内释放的热量（J/kg），可查表 5-25；

c——冷却水的比热容 [J/（kg·K）]；

ρ——冷却水的密度（kg/m^3）；

θ_1——冷却水出口处温度（℃）；

θ_2——冷却水入口处温度（℃）。

三、冷却系统的设计原则与常见冷却系统的结构

（一）冷却系统的设计原则

（1）冷却水道应尽量多、截面尺寸应尽量大 型腔表面的温度与冷却水道的数量、截面尺寸及冷却水的温度有关。图 5-172 所示是在冷却水道数量和尺寸不同的条件下通入不同温度（45℃和 59.83℃）的冷却水后，模具内的温度分布情况。由图可知，采用 5 个较大的水道孔时，型腔表面温度比较均匀，出现 60 ~ 60.05℃的变化，如图 5-172a 所示。而同一型腔采用 2 个较小的水道孔时，型腔表面温度出现 53.33 ~ 58.38℃的变化，如图 5-172b 所示。

由此可以看出，为了使型腔表面温度分布趋于均匀，防止塑件不均匀收缩和产生残余应力，在模具结构允许的情况下，应尽量多设冷却水道，并使用较大的截面尺寸。

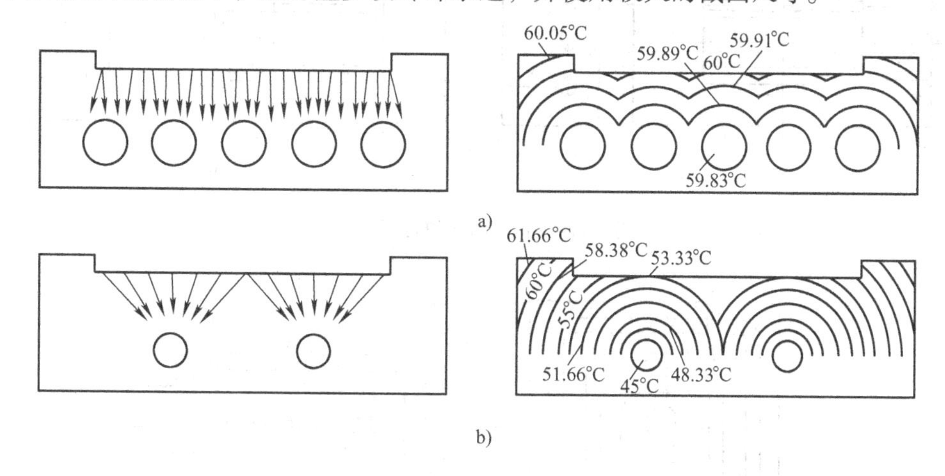

图 5-172　模具内的温度分布

（2）冷却水道至型腔表面距离应尽量相等　当塑件壁厚均匀时，冷却水道到型腔表面最好距离相等，但是当塑件不均匀时，厚的地方冷却水道到型腔表面的距离应近一些，间距也可适当小一些。一般水道孔边至型腔表面的距离应大于 10mm，常用 12 ~ 15mm。

（3）浇口处加强冷却　塑料熔体充填型腔时，浇口附近温度最高，距浇口越远温度就越低，因此浇口附近应加强冷却，通常将冷却水道的入口处设置在浇口附近，使浇口附近的模具在较低温度下冷却，而远离浇口部分的模具在经过一定程度热交换后的温水作用下冷却。图 5-173 所示分别为侧浇口、多点浇口、直接浇口的冷却水道的排布形式示意图。

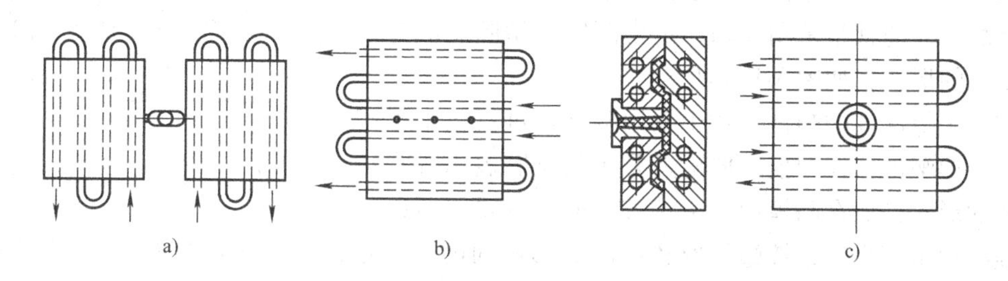

图 5-173　冷却水道的出、入口排布

a）侧浇口的冷却水道　b）多点浇口冷却水道　c）直接浇口冷却水道

（4）冷却水道出、入口温差应尽量小　如果冷却水道较长，则冷却水出、入口的温差就比较大，易使模温不均匀，所以在设计时应引起注意。图 5-174b 的形式比图 5-174a 的形式好，降低了出、入口冷却水的温差，提高了冷却效果。

（5）冷却水道应沿着塑料收缩的方向设置　对收缩率较大的塑料，例如聚乙烯，冷却水道应尽量沿着塑料收缩的方向设置。图 5-175 所示是方形塑件采用中心浇口（直接浇口）的冷却水道，冷却水道从浇口处开始，以方环状向外扩展。

此外，冷却水道的设计还必须尽量避免接近塑件的熔接部位，以免产生熔接痕，降低塑件强度；冷却水道要易于加工清理，一般水道孔径为 10mm 左右（不小于 8mm），冷却水道的设计要防止冷却水的泄漏，凡是易漏的部位要加密封圈等等。

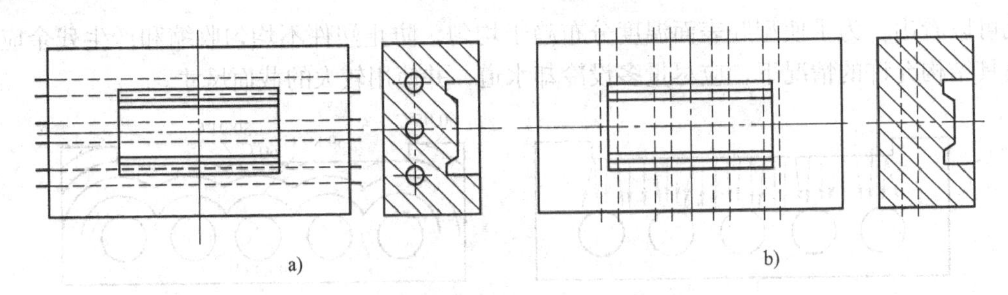

图 5-174　冷却水道的排列形式

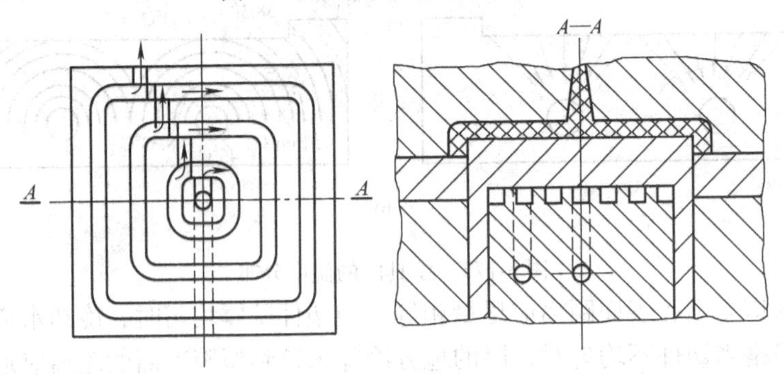

图 5-175　方形塑件采用中心浇口时的冷却水道

（二）常见冷却系统的结构

塑料制件的形状是多种多样的，对于不同形状的塑件，冷却水道的位置与形状也不一样。

（1）浅型腔扁平塑件　浅型腔扁平塑件在使用侧浇口的情况下，通常是采用在动、定模两侧与型腔表面等距离钻孔的形式，如图 5-176 所示。

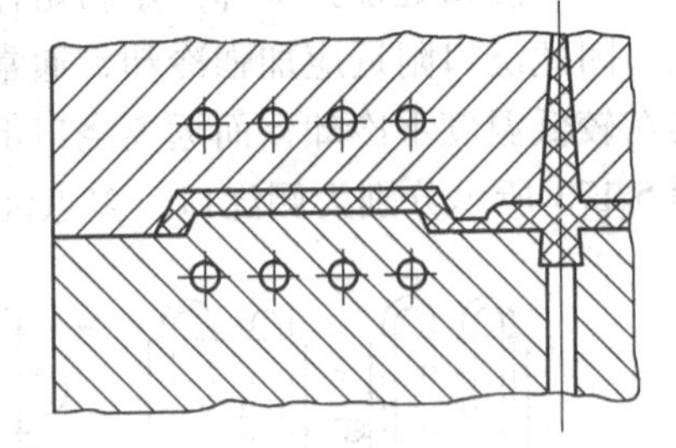

图 5-176　浅型腔塑件的冷却水道

（2）中等深度的塑件　对于采用侧浇口进料的中等深度的壳形塑件，在凹模底部附近采用与型腔表面等距离钻孔的形式，而在凸模中，由于容易储存热量，所以从加强冷却角度出发，按塑件形状铣出矩形截面的冷却槽，如图 5-177a 所示。如凹模也需加强冷却，则可采用如图 5-177b 所示的形式。

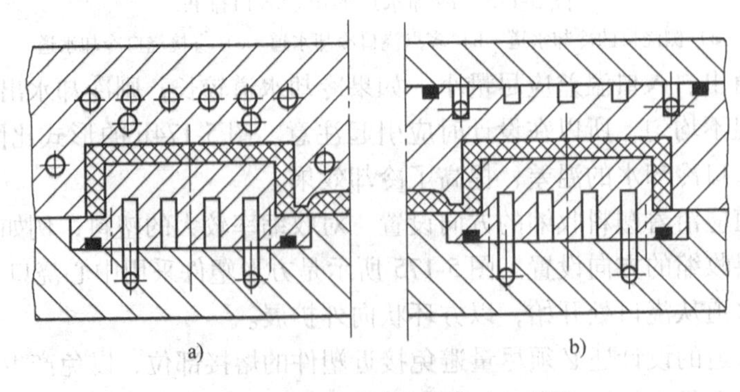

图 5-177　中等深度塑件的冷却水道

（3）深型腔塑件　深型腔塑件最困难的是凸模的冷却。如图 5-178 所示的大型深型腔塑件，在凹模一侧从浇口附近进水，水流沿矩形截面水槽（底部）和圆形截面水道（侧部）围绕模腔一周之后，从分型面附近的出口排出。凸模上采取加工出螺旋槽和一定数量的不通孔，每个不通孔用隔板分成底部连通的两个部分（如图 5-178 中 *A-A* 所示），从而形成凸模的冷却回路。这种隔板形式的冷却水道加工麻烦，隔板与孔的配合要求紧，否则隔板容易转动而达不到设计目的，所以大型深型腔塑件常常采用如图 5-179 所示的冷却水道。凸模及凹模均设置螺旋式冷却水道，入水口在浇口附近，水流分别流经凸模与凹模的螺旋槽后在分型面附近流出，这种形式的冷却水道冷却效果特别好。

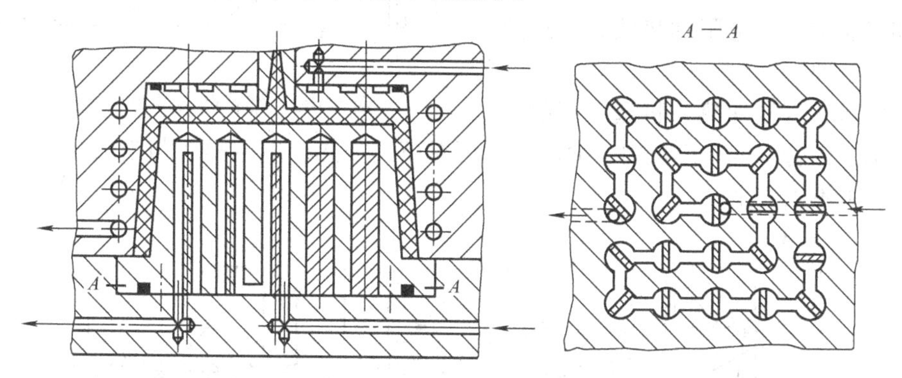

图 5-178　大型深型腔塑件的冷却水道

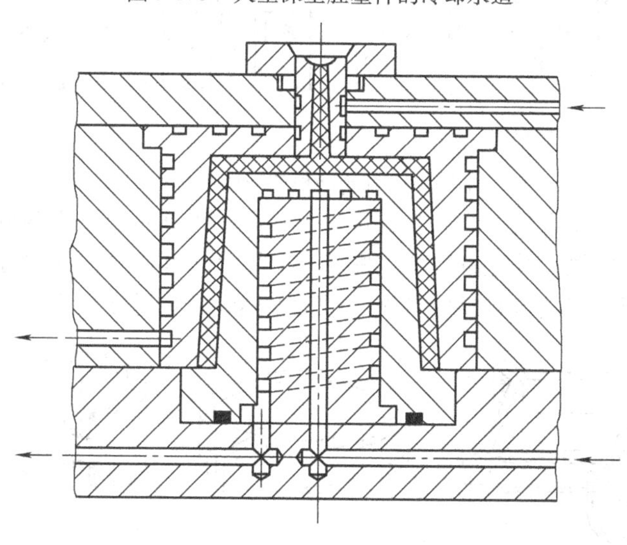

图 5-179　特深型腔塑件的冷却水道

（4）细长塑件　细长塑件（空心）的冷却水道在细长的凸模上开设比较困难，常常采用喷射式水道或间接冷却法。图 5-180 所示为喷射式冷却水道，在凸模中部开一个不通孔，不通孔中插入一管子，冷却水流经管子喷射到浇口附近的不通孔底部，然后经过管子与凸模的间隙从出口处流出，使水流对凸模发挥冷却作用。图 5-181 所示为间接冷却法的两个例子。图 5-181a 中凸模用导热性良好的铍青铜制造，然后用喷射式将水喷至凸模尾端进行冷却；图 5-181b 是将铍青铜的一端加工出翅片，把另一端插入凸模中，用来扩大散热面积，提高水流的冷却效果。

四、模具加热系统

当注射成型工艺要求模具温度在80℃以上时，模具中必须设置加热装置。模具加热的方法很多，可用热水、热油、蒸汽和电加热等。如果介质采用各种流体，其设计方法类似于冷却水道。目前，普遍应用的是电加热温度调节系统。

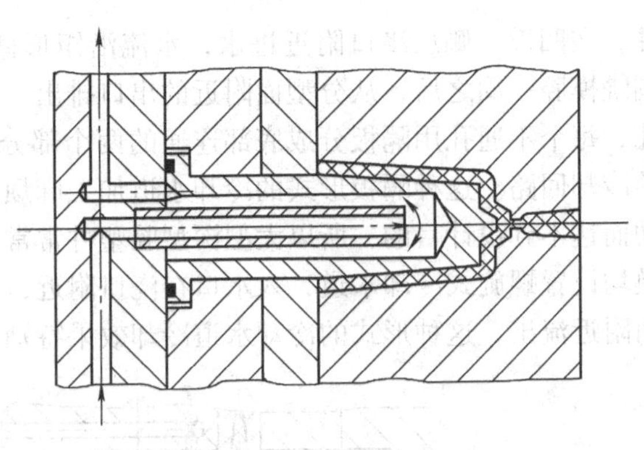

图5-180　细长凸模的喷射式冷却

（一）电加热的方式

电加热通常采用电阻加热法，其加热方式有以下三种：

（1）电阻丝直接加热　将选择好的电阻丝放入绝缘瓷管中装入模板内，通电后就可对模具加热。但电阻丝与空气接触后易氧化，寿命不长，也不太安全。

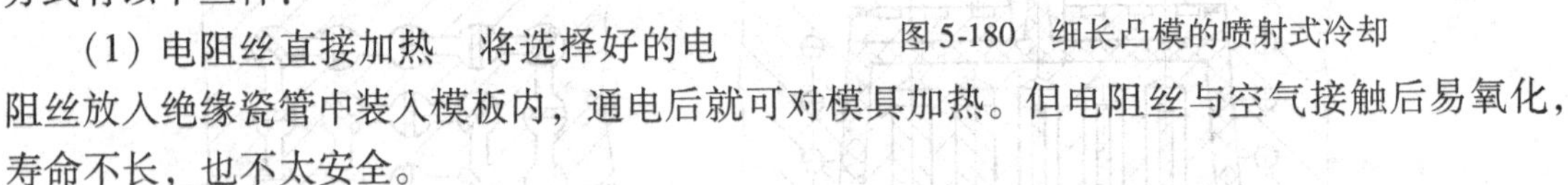

a)　b)

图5-181　细长凸模的间接法冷却

（2）电热圈加热　将电阻丝绕制在云母片上，再装夹在特制的金属外壳中，电阻丝与金属外壳之间用云母片绝缘，其三种形状如图5-182所示，模具放在其中进行加热。其特点是结构简单，更换方便，但缺点是耗电量大。这种加热装置更适于压缩模、压注模的加热。

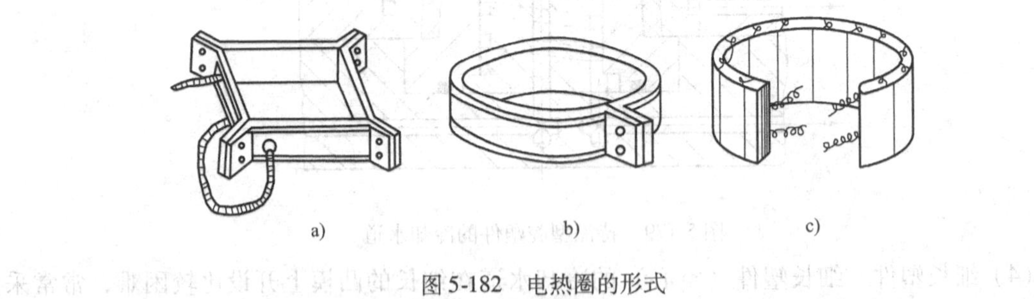

a)　b)　c)

图5-182　电热圈的形式

（3）电热棒加热　电热棒是一种标准的加热元件，它是由具有一定功率的电阻丝和带有耐热绝缘材料的金属密封管构成，使用时只要将其插入模板上的加热孔内通电即可，如图5-183所示。电热棒加热的特点是使用和安装均很方便。

（二）电加热装置功率的计算

（1）计算法　电加热装置加热模具的总功率可用下式计算：

$$P = \frac{mC_p(\theta_2 - \theta_1)}{3600\eta t} \tag{5-79}$$

式中　P——加热模具所需的总功率（kW）；

m——模具的质量（kg）；

C_p——模具材料的比热容（kJ/(kg·K)）；

θ_1——模具初始温度（℃）；

θ_2——模具要求加热后的温度（℃）；

η——加热元件的效率，约0.3～0.5；

t——加热时间（h）。

（2）经验法　计算模具的电加热装置所需的总功率是一项很复杂的工作，生产中为了方便，常采用单位质量模具所需电加热功率的经验数据和模具重量来计算模具所需的电加热总功率。

$$P = mq \tag{5-80}$$

式中　q——单位质量模具加热至成型温度时所需的电功率（W/kg）。

对于电热圈加热，小型模具：$q=40$W/kg；大型模具：$q=60$W/kg。对于电热棒加热，小型模具（40kg以下）：$q=35$W/kg；中型模具（40～100kg）：$q=30$W/kg；大型模具（100kg以上）：$q=20～25$W/kg。

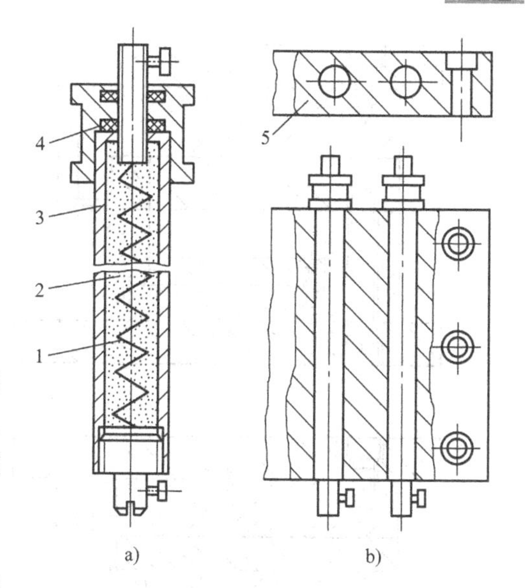

图5-183　电热棒及其安装

a）电热棒　b）电热棒的安装

1—电阻丝　2—耐热填料（硅砂或氧化镁）　3—金属密封管　4—耐热绝缘垫片（云母或石棉）　5—加热板

第九节　注射模的标准模架

模架是注射模的骨架和基体，通过它将模具的各个部分有机地联系成为一个整体，如图5-184所示。标准模架一般由定模座板、定模板、动模板、动模支承板、垫块、动模座板、推杆固定板、推板、导柱、导套及复位杆等组成。另外还有特殊结构的模架，如点浇口模架、带推件板推出的模架等。模架中其他部分可根据需要进行补充，如精确定位装置、支承柱等。

我国塑料注射模架的国家标准有两个，即《塑料注射模中小型模架及技术条件》（GB/T 12556—1990）和《塑料注射模大型模架》（GB/T 12555—1990）。前者按结构特征分为基本型（4种）和派生型（9种），适用的模板尺寸为B（宽）×L（长）≤560mm×900mm；后者也分为基本型（2种）和派生型（4种），适用的模板尺寸为B（宽）×L（长）为（630 mm×630 mm）～（1250 mm×2000 mm）。现以中小型模架为例说明其组成。

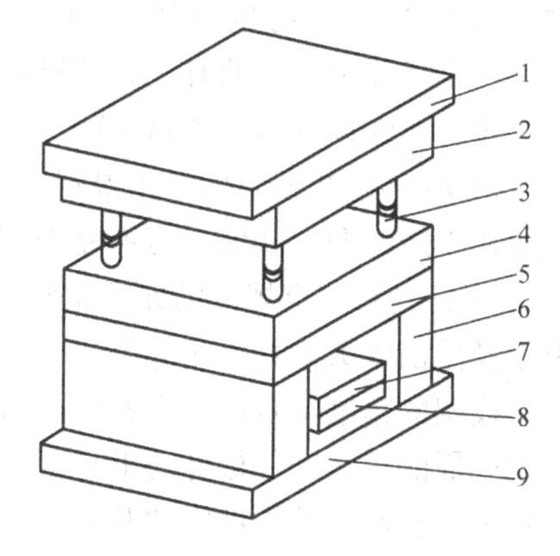

图5-184　最常见的注射模架

1—定模座板　2—定模板　3—导柱及导套　4—动模板　5—动模支承板　6—垫块　7—推杆固定板　8—推板　9—动模座板

（1）基本型组合　它是以直接浇口（包括潜伏式浇口）为主，其代号分别为A1、A2、A3、A4型4种，如图5-185所示。

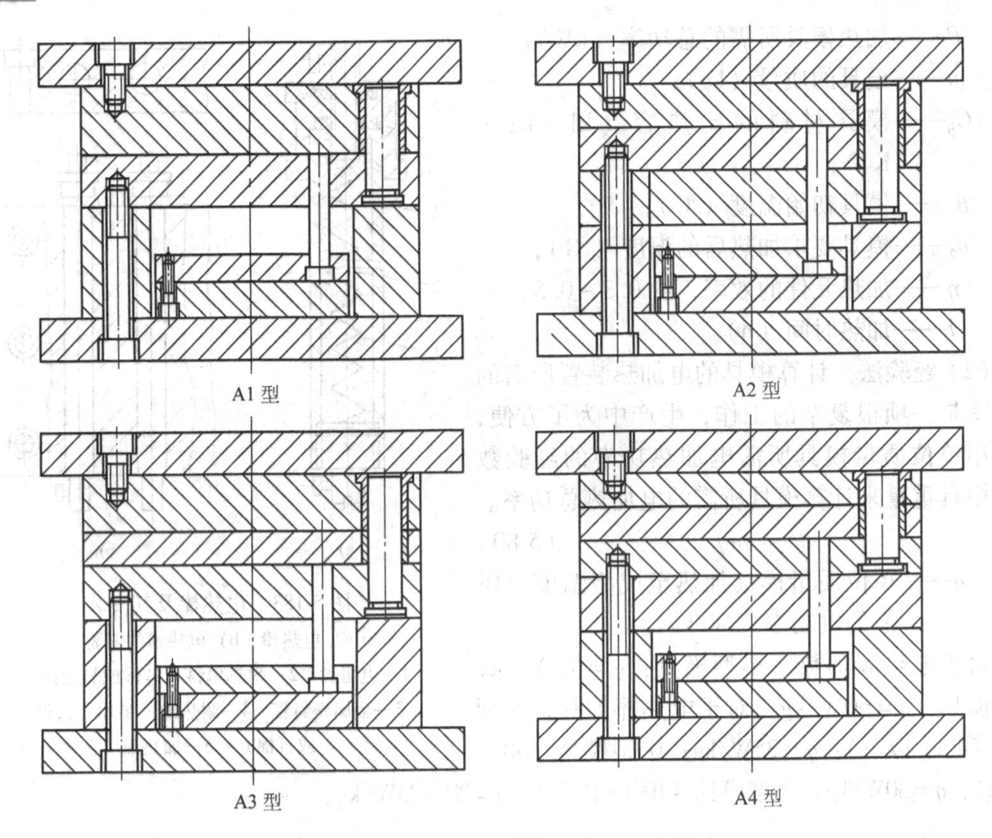

图 5-185　中小型注射模架基本型组合形式

基本型组合
- 推杆推出机构
  - 定模两板，动模一板式（A1 型）
  - 定、动模均为两板式（A2 型）
- 推件板推出机构
  - 定模两板，动模一板式（A3 型）
  - 定、动模均为两板式（A4 型）

（2）派生型组合　它是在基本型的基础上派生而来，以点浇口和多分型面为主的结构形式，其代号为 P，分别为 P1 型到 P9 型。这里不再详述，请参考上述相关标准。

在全球较为出名的有三大模架标准，英制以美国的“DME”为代表，欧洲以“HASCO”为代表，亚洲以日本的“FUTABA”为代表。而国内的塑料模架起步较晚，到了 20 世纪 80 年代末 90 年代初模架生产才得到了高速发展，也形成了以珠三角和长三角地区为主的模架产业化生产的两大基地。据不完全统计，国内（包括外资企业）注塑模架的生产厂家约有 40 余家，具有一定规模的如龙记集团、东莞明利、德胜公司、深圳南方模具厂、苏州中村重工及昆山中大模具公司等等。

模架的精度将直接决定着模具的精度和质量，一般对于模架生产要保证的工艺条件有：模架四周的垂直度、板件的平行度、板件平面度与侧面的垂直度、导柱导套与模板配合的松紧程度、相对运动板件间的开合自如程度，另外，还有整套模架的外观，如表面粗糙度、倒角等。

标准模架的实施和采用，是实现模具 CAD/CAM 的基础，从而可大大缩短生产周期，降低模具制造成本，提高模具性能和质量。为了适应模具工业的迅速发展，模架的标准化程度和要求也必将不断深入和提高。

思考题

5-1　阐述螺杆式注射机注射成型的原理。

5-2　说明注射成型的工艺过程。

5-3　注射成型过程中温度包括哪几部分？如何控制？

5-4　注射成型过程中压力包括哪几部分？如何控制？

5-5　分型面有哪些基本形式？选择分型面的基本原则是什么？

5-6　多型腔模具的型腔在分型面上的排布形式有哪两种？每种形式的特点是什么？

5-7　在设计主流道的浇口套时，应注意哪些尺寸的选用？浇口套与定模座板、定模板、定位圈的配合精度分别如何选取？

5-8　普通浇注系统是如何分类的？浇口各部分尺寸如何确定？

5-9　潜伏式浇口有哪两种基本形式？设计潜伏式浇口时应注意哪些问题？

5-10　热流道浇注系统可分为哪两大类？这两大类又如何进行分类的？

5-11　三种改进型井式喷嘴与传统井式喷嘴比较，其优点分别在什么地方？

5-12　注射模为什么需要设计排气系统？排气有哪几种方式？排气槽或者排气间隙的尺寸一般是多少？

5-13　绘出整体组合式凹模或凸模的三种基本结构、并标上配合精度。

5-14　常用小型芯的固定方法有哪几种形式？分别使用在什么不同场合？

5-15　在设计组合式螺纹型环时应注意哪些问题？

5-16　根据图 5-186 所示的塑件形状与尺寸，分别计算出凹模和凸模的有关尺寸（塑料平均收缩率取 0.005，制造公差 δ_z 取 $\Delta/3$）。

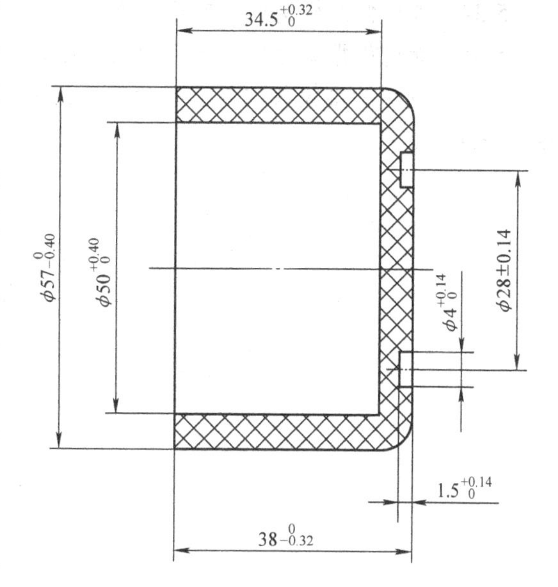

图 5-186　第 16 题图

5-17　动模支承板（组合式）是如何进行校核的？如果已选定的支承板厚度通过校验不能满足时，应采用什么措施？

5-18　分别说明导柱、导套的分类，指出它们固定部分和导向部分的配合精度，并说明材料的选用和热处理的要求。

5-19　熟练应用脱模力计算公式计算脱模力。

5-20　分别指出推杆固定部分及工作部分的配合精度、推管与型芯及推管与动模板的配合精度、推件板与型芯的配合精度。

5-21　凹模脱模机构与推件板脱模机构在结构上有何不同？在设计凹模脱模机构时应注意哪些问题？

5-22　熟练阐述各类二次推出机构的工作原理。

5-23　分别阐述单型腔和多型腔点浇口凝料自动推出的工作原理。

5-24 当侧向抽芯与模具开合模的垂直方向成β角度时，其斜导柱倾斜角一般如何选取？楔紧块的楔紧角如何选取？

5-25 斜导柱侧向分型与抽芯机构由哪些零部件组成？各部分作用是什么？

5-26 计算图5-187所示侧向抽芯机构的斜导柱工作部分直径。塑料对侧型芯单位面积上的包紧力，模外冷却塑件时取4×10^7Pa，模内冷却塑件时取1×10^7Pa，碳钢［σ_ω］取3×10^8Pa，塑钢之间的摩擦因数μ取0.3，侧型芯脱模斜度为0.5°。（答案：F_c＝87.84N，d＝11.26mm，可圆整至d＝12mm）

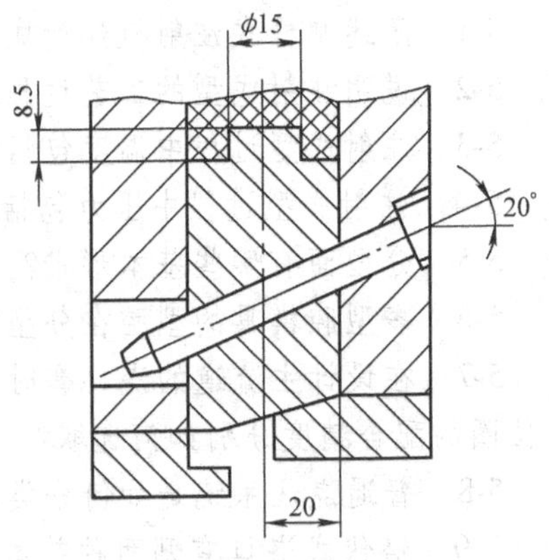

图5-187 第29题图

5-27 侧型芯滑块在长度和宽度方面设计时有什么要求？

5-28 侧型芯滑块脱离斜导柱时的定位装置的结构有哪几种形式？并说明各自的使用场合。

5-29 斜导柱侧抽芯时的“干涉现象”在什么情况下发生？如何避免侧抽芯时发生干涉现象？

5-30 讲述清楚各类先复位机构的工作原理。

5-31 弯销侧向抽芯机构的特点是什么？

5-32 指出斜导槽侧抽芯机构的特点，画出斜导槽的三种形式，并分别指出其侧抽芯特点。

5-33 斜滑块侧抽芯可分为哪两种形式？指出斜滑块侧抽芯时的设计注意事项。

5-34 液压侧芯机构设计时应注意哪些问题？

5-35 如何根据塑件的具体形状确定冷却系统的设计？

5-36 选用标准模架的要点是什么？指出4种中小型标准模架（A1、A2、A3、A4）的各自特点和区别。

第六章 注射成型新技术的应用

随着塑料产品应用的日益广泛和塑料成型工艺的飞速发展，人们对塑料制品的要求也越来越高。近几年来，塑料成型战线上的科技工作者，对如何扩大注射成型的应用范围、缩短成型周期、减少成型缺陷、提高塑件成型质量、降低生产成本等方面进行了深入的探讨、研究与实践，取得了可喜的成绩，模具的新技术和注射成型的新工艺层出不穷。在这里，仅介绍目前应用越来越广泛的热固性塑料注射成型、气体辅助注射成型、精密注射成型、低发泡注射成型、共注射成型、排气注射成型和反应注射成型等。

第一节　热固性塑料注射成型

热固性塑料注射成型始于20世纪60年代，在此之前，这类塑料制件主要依靠压缩或压注方法成型。这两种方法的工艺操作复杂，劳动强度大，成型周期长，生产效率低，模具易损坏，成型产品质量不稳定。用注射方法成型热固性塑料制件可以说是对热固性塑料成型技术的一次重大改革，它具有简化操作工艺、缩短成型周期、提高生产效率（5～20倍）、降低劳动强度、提高产品质量、模具寿命较长（每副模具工作10～30万次）等优点。但是，这种成型方法对物料要求较高，目前，最常用的是木粉或纤维素为填料的酚醛塑料，除此以外，还有氨基塑料、不饱和聚酯、环氧树脂等。

一、热固性塑料注射成型工艺概述

热固性与热塑性两种塑料的注射成型原理及其过程虽然有不少相仿之处，但由于二者的化学性质不同（见第二章内容），它们之间也有很大的差异。热固性塑料注射原理是将成型物料从注射机的料斗送入料筒内加热并在螺杆的旋转作用下熔融塑化，使之成为均匀的粘流态熔体，通过螺杆的高压推动，使这些熔体以很大的流速经过料筒前端的喷嘴注射进入高温模腔，经过一段时间的保压补缩和交联反应之后，固化成型为塑件形状，然后开模取出塑件。很明显，单从原理上讲，热固性和热塑性两种塑料的注射成型的主要差异表现在熔体注入模具后的固化成型阶段。热塑性注射塑件的固化基本上是一个从高温液相到低温固相转变的物理过程，而热固性注射塑件的固化却必须依赖于高温高压下的交联化学反应。正是由于这一差异，导致两者的工艺条件不同。

（一）温度

（1）料温　与热塑性注射成型工艺一样，料温包括塑化温度和注射温度，它们分别取决于料筒和喷嘴两部分的温度。但由于热固性和热塑性注射成型过程的性质不同，两者对料筒和喷嘴的温度要求有差异。对于热固性塑料，为了防止熔体在料筒内发生早期硬化，并兼顾料筒温度对塑化的影响不及物料内的剪切摩擦之影响，所以倾向于料筒温度取小值。然而，料筒温度过分低时，物料熔融较慢，螺杆与生料（固体物料）之间会产生很大的摩擦热，这些热量反而会比料筒处于较高温度时更容易使熔体发生早期硬化。因此，生产中应对料筒温度进行严格控制。通常，料筒的温度分两段或三段设定。分两段设定时，对于不同的物料，后段（加料侧）温度可在20~70℃内选取，而前段（喷嘴侧）则在70~95℃内选取。对于喷嘴的温度，选取时应考虑熔体与喷孔之间的摩擦热，这部分热量一般也较大，能使熔体经过喷嘴后出现很高的温升。原则上讲，通常都要求熔体经过喷嘴后，其温度一方面要能使自身具有良好的流动性，另一方面又能接近于硬化温度的临界值，这样既可保证注射充型，同时也有利于硬化定型。为此，一般都将喷嘴温度的取值高于料筒温度。对于不同的物料，喷嘴温度大约可在75~100℃内选择和控制，在此温度下，熔体通过喷嘴后，温度可达100~130℃，这样便有可能满足上述两方面要求。

（2）模具温度　模具温度是影响热固性塑件硬化定型的关键因素，直接关系到成型质量的好坏和生产效率的高低。模温过低，硬化时间长，而模温太高时，又会因硬化速度过快难于排出低分子挥发气体，导致塑件出现组织疏松、起泡和颜色发暗等缺陷。通常，对于不同的物料，模具温度的选择和控制范围约为150~220℃。另外，动模温度有时还需要比定模高出10~15℃，这样更有利于塑件硬化定型。

（二）压力

（1）注射压力与注射速度　与热塑性注射成型工艺相似，热固性注射成型工艺的注射压力与注射速度也密切相关。由于熔料中填料较多，粘度大，且在注射过程中对熔体有温升要求，所以注射压力一般要选择得大一些。根据不同物料，注射压力常用范围为100~170MPa，少数物料也可取比此值范围较低或较高的数值。原则上讲，与注射压力相关的注射速度也应选大一些，这样有利于缩短流动充型和硬化定型时间，同时还能避免熔体在流道中出现早期硬化，减少塑件表面出现熔接痕和流动纹。但如果注射速度过大，又容易将空气卷入模腔和熔体，从而导致塑件表面出现气泡等缺陷。根据目前的生产经验，热固性塑料的注射速度可取3~4.5m/min。

（2）保压压力和保压时间　保压压力和保压时间直接影响模腔压力以及塑件的收缩和密度的大小。目前，由于热固性注射熔料的硬化速度比以前有很大提高，且模具大多采用点浇口，浇口冻结比较迅速，所以常用的保压压力可比注射压力稍低一些。保压时间比注射热塑性塑料略微减少些，但应根据不同的物料以及塑件的厚度和浇口冻结速度而定，通常取5~20s。热固性塑料注射成型的型腔压力在30~70MPa。

（3）背压和螺杆转速　注射热固性塑料时，螺杆的背压力不能太大，否则，物料在螺杆中会受到长距离压缩作用，从而使注射困难或导致熔体过早硬化，因此注射热固性塑料时的背压力一般都比注射热塑性塑料时取得小，为3.4~5.2MPa，并且在螺杆启动时可以接近于零。在某些情况下，甚至还可放松背压阀，仅用注射螺杆后退时的摩擦阻力作为背压。但也应注意，背压力过小时，物料易充入空气，计量不稳定，塑化不均匀。注射热固性塑料时，与背压相关的螺杆转速也不宜取得过大，否则物料容易在料筒内受热不均匀，从而产生塑化不良的结果。一般螺杆的转速在30~70r/min范围内选取。

（三）成型周期

热固性塑料注射成型周期包括的时间内容基本上与热塑性塑料注射时相同，但热固性塑件的冷却定型时间相应于热塑性塑件来讲，应当改为硬化定型时间。热固性塑料成型周期中最重要的是注射时间和硬化定型时间，而保压时间既可属于注射时间，亦可属于硬化时间，但也经常单独考虑。一般情况下，国产的热固性注射物料的注射时间需 2～10s，保压时间需 5～20s，硬化定型时间在 15～100s 内选择，成型周期总共需 45～120s。但需要指出的是，确定热固性塑件的硬化定型时间时，不仅要考虑塑件的结构形状、复杂程度和壁厚大小，而且还要注意注射物料质量的好坏，特别是根据塑件最大壁厚确定硬化时间时，更应注意这个问题，一般的国产注射物料充型后的硬化时间可根据塑件的最大壁厚，按 8～12s/mm 硬化速度进行计算。但随着塑料生产技术的不断发展，有些热固性注射物料的硬化速度已基本上达到国外快速注射物料的硬化速度，即 5～7s/mm。

（四）其他工艺条件

（1）物料在机筒中的存留时间及其注射量　注射机每完成一次注射动作，螺杆的槽中总会留有一部分已被塑化好的熔体未能注射出去，这些熔体虽然在以后的注射过程中被逐渐推出料筒，但它们很容易在机筒中因存留时间过长而发生交联硬化，从而轻则影响塑件的成型质量，重则会导致注射机无法继续工作。为此，必须控制热固性塑料在料筒内的存留时间，其长短可按下式计算：

$$t_s = \frac{m_z}{m_i}t \tag{6-1}$$

式中　t_s——物料在料筒内的停留时间；

m_z——料筒中容纳的物料总量（包括螺旋槽内的物料）；

m_i——注射机每次的注射量；

t——成型周期。

从上式可知，物料在料筒内的停留时间与 m_z/m_i 和成型周期 t 有关，但 t_s 绝不能超过物料所允许的最长塑化时间，否则，物料将会在料筒中发生硬化。根据经验，m_i = （0.7～0.8）m_z 比较合适。如果 m_i 取得过小，生产时就经常需要空注射才能防止物料在料筒内过早发生硬化。很明显，这会造成很大的原材料浪费。

（2）排气　由于热固性注射塑件在硬化定型过程中会有大量反应气体挥发，因此排气问题对热固性物料注射就显得非常重要。除了在模具中必须设计应有的排气系统外，还必须考虑注射成型操作时是否需要采取卸压开模放气措施。通常，这一措施对于厚壁塑件都是必需的。卸压开模时间可控制在 0.2s。

（3）热固性注射物料的典型工艺条件　前面一般性地阐述了热固性注射成型的工艺条件，表 6-1 列出了九种热固性塑料的典型注射成型工艺条件，可供生产中参考使用。但应当注意，热固性注射成型工艺仍处在发展阶段，注射成型工艺还将不断改进。另外，相同塑料的注射成型工艺也会因品级不同、塑件不同或生产厂家不同而有差异。

表 6-1　热固性注射物料的典型工艺条件

项目 \ 塑料		酚醛	脲甲醛	三聚氰胺	不饱和聚酯	环氧树脂	PDAP	有机硅	聚酰亚胺	聚丁二烯
螺杆转速/$r \cdot min^{-1}$		40～80	40～50	40～50	30～80	30～60	30～80		30～80	
喷嘴温度/℃		90～100	75～95	85～95		80～90			120	120
机筒温度/℃	前段	75～100	70～95	80～105	70～80	80～90	80～90	88～108	100～130	100
	后段	40～50	40～50	45～55	30～40	30～40	30～40	65～80	30～50	90
模具温度/℃		160～169	140～160	150～190	170～190	150～170	160～175	170～216	170～200	230

（续）

项目 \ 塑料	酚醛	脲甲醛	三聚氰胺	不饱和聚酯	环氧树脂	PDAP	有机硅	聚酰亚胺	聚丁二烯
注射压力/MPa	98～147	60～78	59～78	49～147	49～118	49～147		49～147	2.7
背压/MPa	0～0.49	0～0.29	0.196～0.49		<7.8				
注射时间/s	2～10	3～8	3～12					20	20
保压时间/s	3～15	5～10	5～10						
硬化时间/s	15～50	15～40	20～70	15～30	60～80	30～60	30～60	60～80	

注：1. 注射有机硅塑料时，机筒分三段控温，前段88～108℃，中段80～93℃，后段65～80℃。

2. 聚丁二烯为英国BIP化工公司生产的INS/PBD注射物料。

二、热固性塑料注射模设计简介

热固性塑料注射模的典型结构如图6-1所示。它的结构与热塑性注射模结构类似，即包括成型零部件、浇注系统、导向机构、推出机构、侧向分型抽芯机构、温度调节系统、排气槽等。在注射机上也是采用相同的方法安装，用定位圈定位。下面就与热塑性注射模设计某些要求不同的地方作简单的介绍。

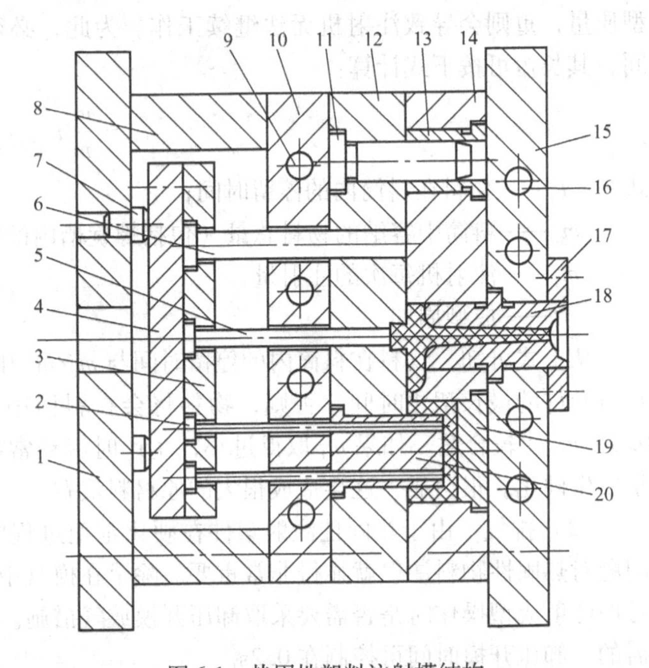

图6-1 热固性塑料注射模结构

1—动模座板 2—推杆 3—推杆固定板 4—推板 5—主流道推杆 6—复位杆（兼推板导柱） 7—支承钉 8—垫块 9—加热器安装孔 10—支承板 11—导柱 12—动模板 13—导套 14—定模板 15—定模座板 16—加热器安装孔 17—定位圈 18—浇口套 19—定模镶块 20—凸模

（一）普通热固性塑料注射模

1. 浇注系统

热固性塑料注射模浇注系统（普通浇注系统）的结构组成、类型和形状等与热塑性注射模相同，但由于热固性塑料熔体的流动行为与热塑性塑料熔体有较大的区别，而且在成型过程中具有一定的化学性质，所以，热塑性塑料注射模浇注系统要求熔体在流动过程中流动阻力小，温度变化少，而热固性塑料注射除要求熔体阻力小以外，还希望在流动过程中适当地升温，以加速物料在型腔的固化速度，缩短成型周期，因而两者的设计要求也有差异。

（1）主流道　由于摩擦热能使经过主流道的熔体升温，粘度下降，因此，一般主张将主流道设计得比较细小，以增加单位体积的传热比表面积，有利于加热装置向熔体传热，同时也增加了摩擦热，而且也减少了不能回收的浇注系统凝料。与热塑性塑料注射模相同，卧式注射模主流道采用圆锥形，角式注射模主流道采用圆柱形。卧式注射模主流道小端直径应比喷嘴出料直径大0.5～1mm，主流道的锥角略小于热塑性注射模主流道锥角，一般为2°～

4°。主流道衬套上的凹球面半径比喷嘴头部的球面半径大0.5mm左右。与分流道过渡处的圆角半径较大，可在3～8mm内选用。

（2）拉料腔 在主流道端部热塑性塑料注射模称为冷料穴的地方，在热固性塑料注射模中称为拉料腔，它收集料流前端因局部过热而提前硬化的熔体，其设计类似于冷料穴，只是因热固性塑料较脆，用Z字形拉料杆很容易把塑料拉断，所以在热固性塑料注射模中多采用倒锥形拉料腔。但设计时反锥度不宜过大，否则硬料很难推出。另外还应注意，在用推杆强行推出时拉料腔附近的塑件容易产生变形。

（3）分流道 与热塑性塑料注射模相同，热固性塑料注射模的分流道截面也有圆形、T形、U形、半圆形和矩形等，但两者的选用原则有差别，它要求分流道的比表面积适当地取较大值，以促使模具内的热量比较容易地向分流道内的熔体传递。分流道的截面形状应结合其长度综合考虑，分流道较长时，为了减少流动阻力，宜选用圆形、梯形或U形截面，而分流道较短时，传热面积成为主要矛盾，宜采用比表面积较大的半圆形或矩形截面以利于传热。为了满足上述要求并兼顾到加工方便，目前，大多数工厂采用梯形和半圆形截面。梯形截面的底边宽度取4～6mm，侧边斜度为15°左右，高度可取宽度的2/3。对于其他截面，分流道截面积可用下面的经验公式估算：

$$A = 0.26m + 20 \tag{6-2}$$

式中 A——分流道截面积（mm^2）；

m——流经分流道的塑料量（包括分流道内的塑料量）（g）。

截面的高度根据经验，中小型塑件分流道截面高度取2～4mm，较大的塑件取4～8mm。

分流道的排布方式与热塑性塑料注射模相同，也有平衡式与非平衡式两类，一般希望采用平衡式排布，并要求分流道尽可能短。但两者会经常发生矛盾，需要根据具体情况综合考虑。

（4）浇口 热塑性塑料的浇口类型、形状以及浇口位置的选择原则对大多数热固性塑料基本上都适用，由于热固性塑料较脆，容易去除浇口凝料，所以浇口的长度可适当取大一些。对于点浇口（包括潜伏浇口）的截面积和侧浇口（包括扇形浇口、平缝浇口）的深度尺寸，过分小是不恰当的，这是因为熔体温度会升高过大，加速化学反应进行而生成大量体型结构，使粘度上升，导致充型困难，所以点浇口的截面积和侧浇口的深度尺寸也宜适当大一些。一般点浇口的直径不宜小于1.2mm，通常在1.2～2.5mm内选取，而侧浇口的深度在0.8～3mm内选取。

另外，由于热固性塑料对浇口的磨损比较大，故浇口宜用耐热耐磨的特种钢材制造。国外采用钨、铬、铝硬质合金，并采用局部可更换的结构形式。

2. 型腔位置和对成型零件的要求

（1）型腔的位置 由于热固性塑料注射成型时压力比热塑性塑料大，模具受力不平衡会产生较大溢料和飞边，因此，型腔在分型面上的布置应使其

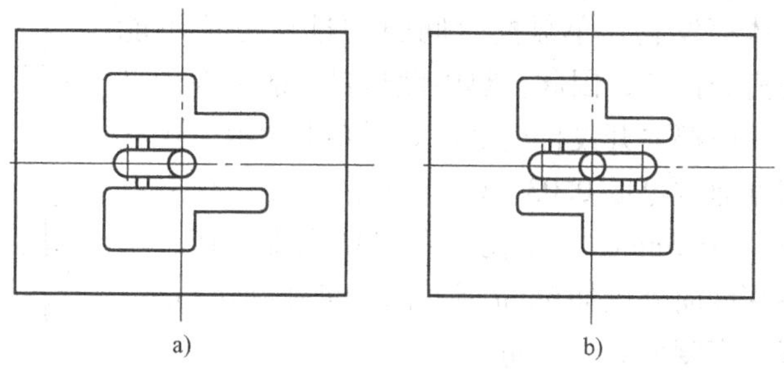

图6-2 型腔布置与合模力中心的关系

a）不合理 b）合理

投影面积的中心与注射机的合模力中心相重合。如不能重合，则力求两者的偏心尽可能小。如图 6-2 所示的型腔布置中，图 6-2b 所示的布置虽然分流道较长，但两个型腔以及分流道投影面积的中心与注射机的合模力中心相重合，所以比图 6-2a 所示的布置情况合理。

热固性注射模型腔上下位置（安装方向）对各个型腔或同一型腔的不同部位温度分布影响很大，这是由于自然对流时，热空气由下向上，导致模具上部受热多而下部受热少。实测表明上面部分受热量与下面部分可相差两倍，因此如对模具上下对称进行加热，则上下型腔或同一型腔的上下不同部位必然出现很大温差，上下距离愈大，温差也愈大。为了改善这种情况，除对加热元件进行不对称布置外，对型腔的布置也应加以注意。如图 6-3 所示的型腔布置中，图 6-3b 的布置缩短了上下型腔的距离，设计比图 6-3a 所示合理。

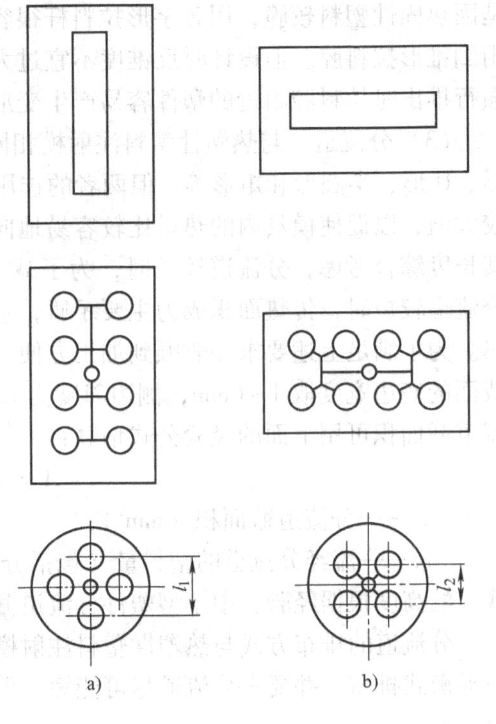

图 6-3　型腔布置对模具温度分布的影响

a）不合理　b）合理

（2）对成型零件的要求　在成型零件的结构设计中，为了避免热固性塑料在较大的注射压力下向成型零部件的配合间隙或镶块的拼缝中溢料，所以与塑料熔体接触的零部件应尽量采用整体式结构，不要或少采用镶拼组合式结构。

在设计计算成型零件的尺寸时，要注意到热固性塑件的收缩率与成型方法有关。同一种热固性塑料在注射、压缩和压注三种成型方法中，前者成型收缩率最大、后者成型收缩率最小，在设计时应予以注意。

由于模具的成型零部件是在高温和腐蚀条件下工作，同时又因为热固性塑料注射成型容易产生溢料飞边，对模具成型零件的磨损较大，所以，除了采用较好的模具材料外，成型零件与塑料接触的表面要抛光和镀硬铬，镀层约 0.01～0.015mm。对于主要的成型零件，应具有 53～75HRC 以上的硬度，表面粗糙度值 R_a 应在 0.2μm 以下。

3. 排气槽

由于热固性塑料在交联硬化时要放出大量的气体挥发物，单靠配合间隙的排气方法不能保证充分排气，因此，热固性塑料注射模在分型面上一般都要开设排气槽，如图 6-4 所示。排气槽深度通常可取 0.03～0.05mm，必要时深度可达 0.1～0.3mm。为了防止塑料堵塞排气槽，当上述深度向外延伸 6mm 后，深度可加到 0.8mm。排气槽宽度取 5～10mm。

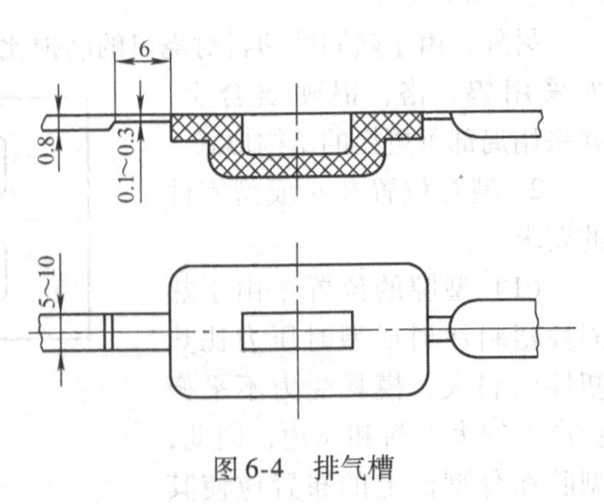

图 6-4　排气槽

4. 加热系统

热固性塑料注射成型时，模具的温度要求高

于注射机喷嘴的温度，所以模具中必须配有加热装置。通常加热装置安装在定模板和动模板上，并且对加热温度严格控制，保证模腔表面的温差在5℃以内。加热元件一般用电热棒和加热套，所用电功率的大小可按本章第1节有关内容和下面的经验公式计算：

$$P = 0.2V \tag{6-3}$$

式中　P——加热元件总功率（W）；

　　　V——模具的体积（cm^3）。

（二）热固性塑料冷流道注射模简介

热固性塑料的冷流道注射模亦称温流道注射模，这类模具与热塑性塑料的热流道注射模一样，都是为了生产中减少流道赘物而设计的，它们通称无流道注射模。冷流道注射模可分为完全无流道注射模和无主流道注射模。

图6-5所示为完全无流道注射模，其特点是采用了一个冷流道板来设置模具的浇注系统，通过流经该板的冷却介质（冷水或冷油等）对浇注系统进行冷却温控，而对模具的成型部分则采取相反措施，即利用加热装置使其保证高温。为了减少冷流道板与模具成型部分之间的热交换，两者之间采用绝热层进行隔离。同时，动、定模与注射机的接触部分也采用绝热层隔离，以免模具中的热量过多地传给注射机。设计完全无流道注射模的关键在于将浇注系统的温度控制在保证熔体既有良好的流动性，又不使它进行交联硬化反应的一个合理的温度范围，以便于顺利充模；对于成型部分，则必须利用加热装置使其处于合理的高温状态，以保证熔体充满型腔后能迅速硬化定型。

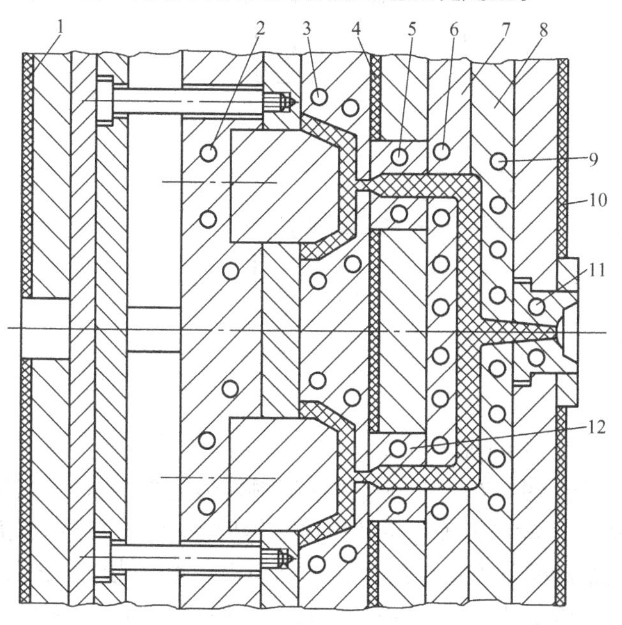

图6-5　热固性塑料完全无流道注射模

1—动模绝热板　2、3—加热器安装孔　4—冷、热模绝热层　5、6、9—分流道冷却孔　7、8—冷流道板　10—定模绝热板　11—主流道冷却孔　12—分流道镶套

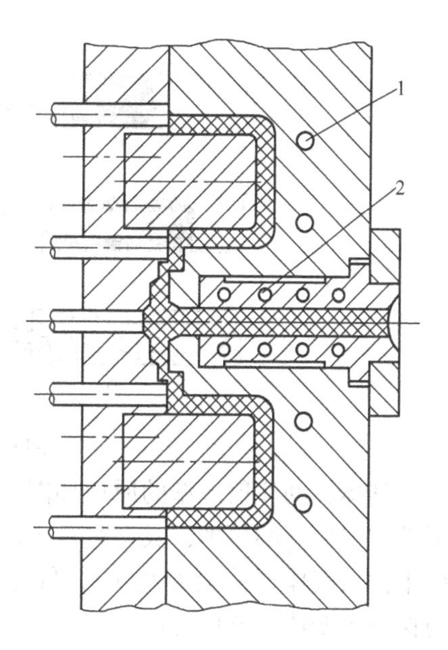

图6-6　热固性塑料无主流道注射模

1—加热器安装孔　2—主流道冷却孔

图6-6所示为无主流道注射模，它是采用主流道的温控式结构，冷却回路既可设在定模板上，也可设在主流道衬套上。主流道衬套上设置冷却回路时，浇口套与定模板之间用空气

间隙进行绝热。主流道衬套可从定模板中卸下，以便生产间歇中再次生产之前清理主流道中的硬化凝料。

最后需要指出的是，由于可靠性和经济性等方面的原因，热固性塑料冷流道注射目前仍处于实验阶段，未能广泛推广应用，所以一些设计问题和设计参数尚待进一步研究解决。

第二节　气体辅助注射成型

一般的注射成型方法要求塑件的壁厚尽量均匀，否则在壁厚处容易产生缩孔和凹陷等缺陷。对于厚壁塑件，为了防止凹陷产生，需要加强保压补料时间，但是若厚壁的部位离浇口较远，即使过量保压，常常也难以奏效。同时，浇口附近由于保压压力过大，残余应力增高，容易造成塑件翘曲变形或开裂。国外采用了气体辅助注射成型的新工艺，较好地解决了壁厚不均匀的塑件以及中空壳体的注射成型问题。此外，气体辅助注射还有其他的一些特点，所以目前，气体辅助注射成型的新工艺在国内也逐步得到推广和应用。

一、气体辅助注射成型的原理

气体辅助注射成型的原理较简单，在注射充模过程中，向熔体内注入相比注射压力较低压力的气体，通常为几个到几十个兆帕，利用气体的压力实现保压补缩。

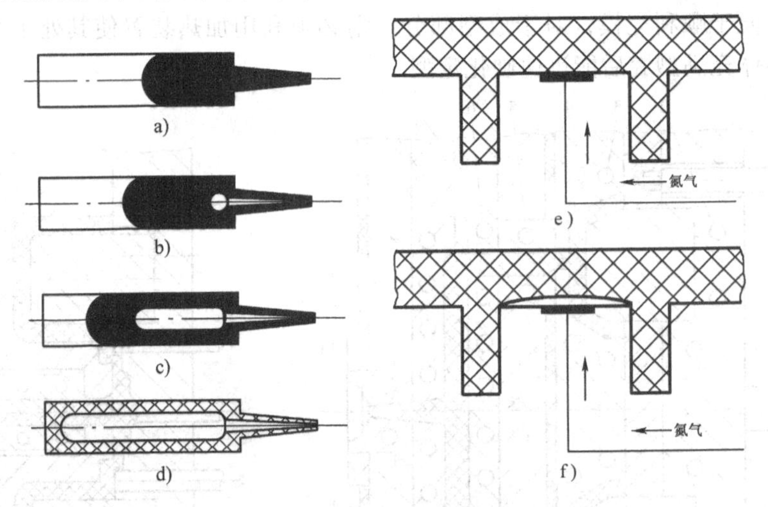

图 6-7　气体辅助注射成型原理

气体辅助注射成型的原理如图 6-7 所示。图 6-7a ~ d 为气体从塑料熔体内部进入的气体辅助注射成型的原理，成型时首先向型腔内注射经准确计量的熔体，然后经特殊的喷嘴在熔体中注入气体（一般为氮气），气体扩散推动熔体充满型腔。充模结束后，熔体内气体的压力保持不变或者有所升高进行保压补料，冷却后排除塑件内的气体便可脱模。图 6-7e ~ f 为气体在塑料熔体表面加压成型方法，也称为表面气体成型法。该法是在模具内塑料产品底面的特别封闭处注入高压气体，使产品表面没有缩痕的一种方法。这种特别封闭处也可称为加压区，而每一个加压区是由连接成品的密封件所包围，以防气体泄漏。密封件的截面可以是矩形也可以是三角形，这样可使得成品的刚性被加强。当然，采用表面气体成型方法会在加压区留下明显的痕迹，但是它绝不会影响产品的表面。

表面气体成型方法特别适合以下几种情况：塑料的收缩率十分高的时候；成品内柱状物

体背面容易出现凹痕时；熔体充填模具型腔流程十分长时；当成品是薄壁不规则而又不能加气槽及厚壁时。

在气体辅助注射成型中，熔体的精确定量十分重要，若注入熔体过多，则会造成壁厚不均匀；反之，若注入熔体过少，气体会冲破熔体使成型无法进行。

二、气体辅助注射成型的分类及工艺过程

气体辅助注射成型只要在现有的注射机上增加一套供气装置即可实现。根据国外使用的情况，气体辅助注射成型（这里仅介绍气体从塑料熔体内部进入的气体辅助注射成型）可分为标准成型法、熔体回流法和活动型芯法几种。

（一）标准成型法

（1）气体从注射机喷嘴注入的标准成型法　气体从注射机喷嘴注入的标准成型法如图6-8所示。图6-8a为一部分熔体由注射机料筒注入到模具型腔中；图6-8b为从注射机喷嘴通入气体推动塑料熔体充满型腔；图6-8c为升高气体压力，实现保压补料；图6-8d为保压后排去气体，塑件脱模。

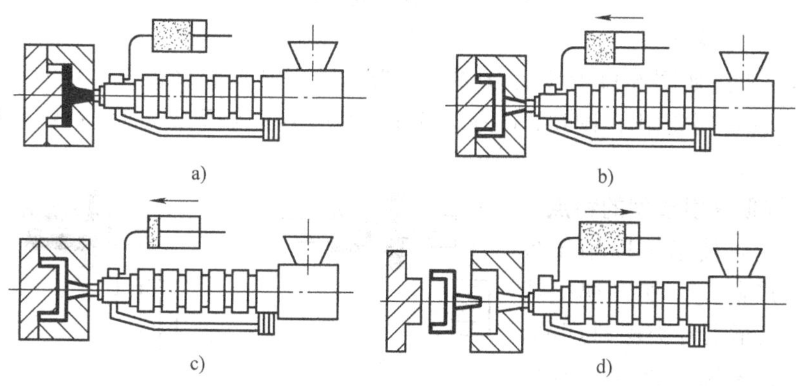

图6-8　气体从注射机喷嘴注入的标准成型法

（2）气体从模具型腔内注入的标准成型法　气体从模具型腔内注入的标准成型法如图6-9所示。其工艺过程与上面介绍的气体从注射机喷嘴注入法完全类似，只是气体的引入点不同。

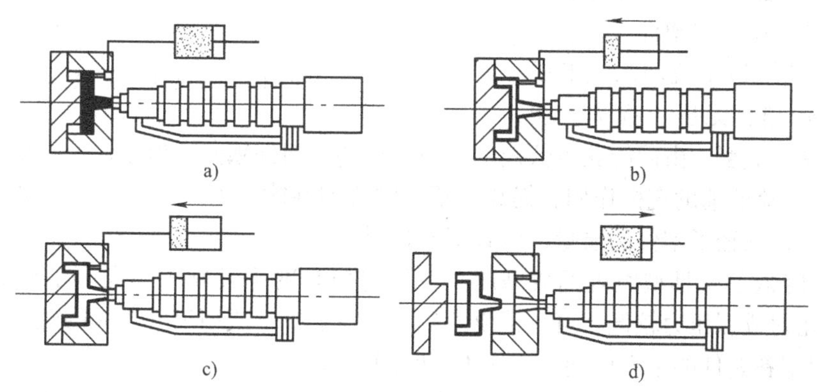

图6-9　气体从模具型腔注入的标准成型法

标准成型法的特点是以定量塑料熔体充填入模腔内，而并不是充满模腔，所需塑料熔体的量要通过实验确定。

（二）熔体回流成型法

熔体回流成型法如图6-10所示。该方法气体辅助注射成型的特点是首先塑料熔体充满模腔，与标准成型法所不同是气体注入时，多余的熔体流回注射机的料筒。

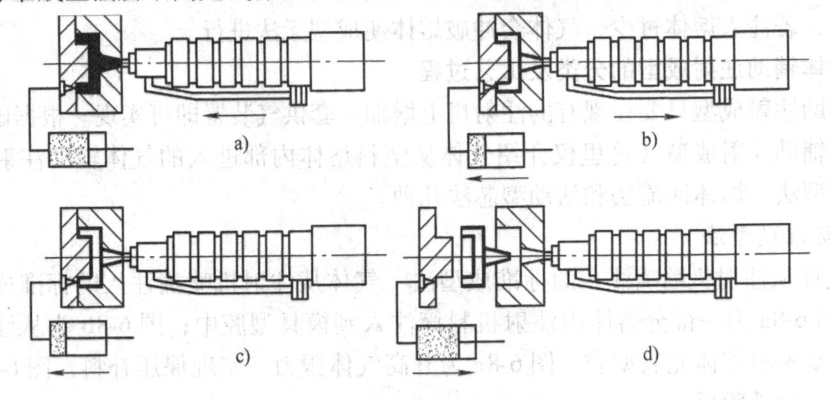

图6-10　熔体回流成型法

（三）活动型芯退出法

活动型芯退出法如图6-11所示。图6-11a为熔体充满型腔并保压；图6-11b为注入气体，活动型芯从型腔中退出；图6-11c为升高气体的压力，实现保压补缩；图6-11d为排气，使塑件脱模。

三、气体辅助注射成型的特点

气体辅助注射技术可以用于各种热塑性塑料产品上，如电视机或者音响外壳、汽车上各类塑料产品、淋浴室、厨具、家用电器和日常用品及玩具等的塑料注射成型。与传统的注射成型的方法相比较，气体辅助注射成型有如下特点：

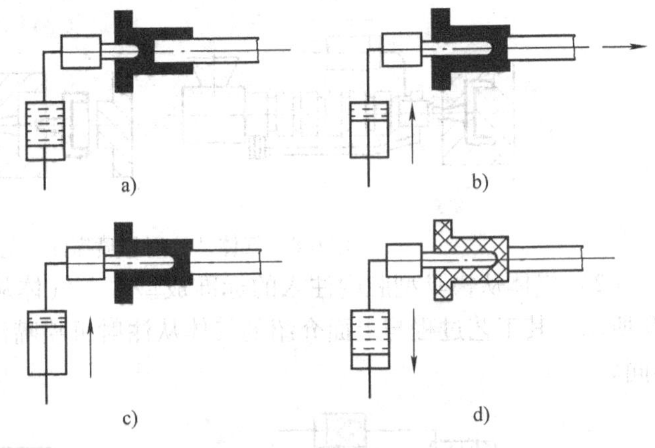

图6-11　活动型芯退出法

1）能够成型壁厚不均匀的塑料制件及复杂的三维中空塑件。

2）气体从浇口至流动末端形成连续的气流通道，无压力损失，能够实现低压注射成型。由此能获得低残余应力的塑件，塑件翘曲变形小，尺寸稳定。

3）由于气流的辅助充模作用，提高了塑件的成型性能，因此采用气体辅助注射有利于成型薄壁塑件，减轻了塑件的质量，节省了原材料。

4）由于降低了模具型腔内的成型压力，使得模具的损耗减少，提高了模具的工作寿命。也由于注射成型压力较低，可在锁模力较小的注射机上成型尺寸较大的塑件。

5）缩短塑料制件的生产周期，节约生产时间。

气体辅助注射成型存在如下缺点：

1）需要增设供气装置和充气喷嘴，提高了设备的成本。

2）采用气体辅助注射成型技术时，对注射机的精度和控制系统有一定的要求。

3）塑件注入气体与未注入气体的表面会产生不同的光泽。

四、气体辅助注射成型的周期

气体辅助注射的周期可以分为塑料注射期、充气期、气体保压期和脱模期等四个阶段。

1）塑料注射期 注射机以一定量塑化好的塑料熔体注射入模具的型腔。所需的塑料量要通过试验确定，以保证在充气期间气体不会把成品表面冲破以及能够有一个理想的充气体积。

2）充气期 可以在注射中期或者后期的不同时间注入气体，气体注射的压力必须大于注射压力，以达到产品成中空状态。

3）气体保压期 当成品内部被气体充填后，气体作用于成品中空部分的压力就是保压压力，这保压压力可以大大减小成品的收缩率和变形率。

4）脱模期 随着冷却周期的完成，模具内气体的压力降低至大气压力，塑料成品就可以从模具型腔内推出。

五、气体辅助注射系统

气体辅助注射系统可以采用32位微处理器，配合RISC-BASED输入和输出界面，并且以闭环方式来控制气体的分段压力，使气体在注射期间的压力提升速度更快和更精确。这系统是符合欧洲CE、ULC和美国UL国际标准。气体辅助注射系统主要由氮气生产机和氮气回收系统组成。

气体辅助注射系统的工作原理如图6-12所示。连接压缩空气到氮气生产机后，所生产出来的氮气纯度为98%以上。从氮气生产机1出来的氮气便进入低压储存器2，其储存量有220L至490L不等，压力最高为1MPa。低压氮气经过电控阀门和过滤器进入E. D. C增压机4，低压氮气被E. D. C增压机增压至35MPa。高压氮气经过过滤器5进入高压储存器6和9

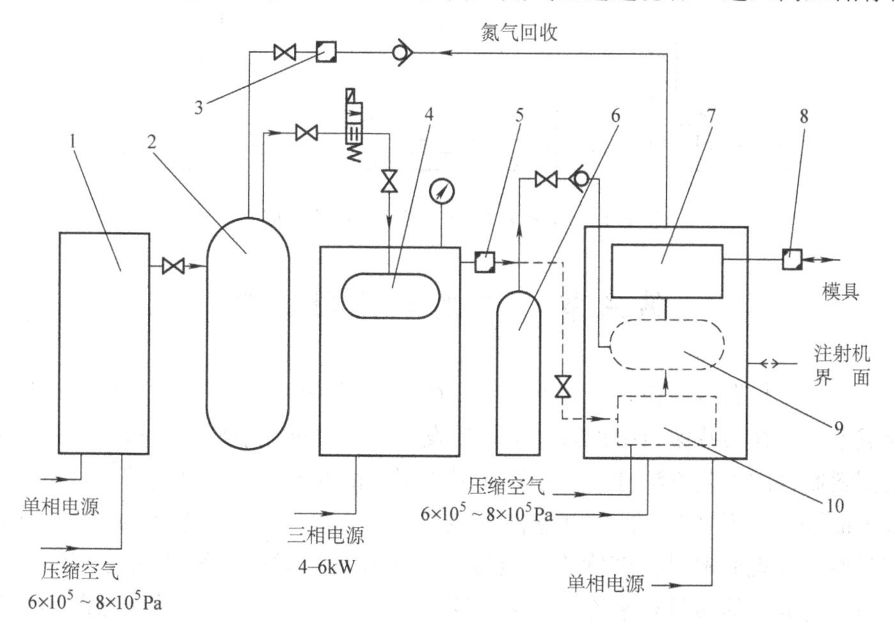

图6-12 气体辅助注射系统的工作原理

1—氮气生产机 2—低压储存器 3、5、8—过滤器 4—E. D. C增压机
6、9—高压储存器 7—气辅主系统 10—A. D. I系统

内，其储存量由10L至37L不等。然后高压氮气直接进入气辅主系统7内，由气辅主系统控制注入模具内的氮气压力和时间。模具内的氮气经由回收管道和过滤器3进入低压储存器2内，回收的氮气经过过滤再被使用。

气体辅助注射成型的注射机必须配有弹弓射嘴和螺杆行程配备电子尺。前者的作用是防止高压气体进入注射机的螺杆内，而后者的作用是以触发信号传递给气体辅助主系统，从而把高压气体注射进模具型腔内。

六、气体辅助注射成型应用实例

图6-13所示是为电视机外壳气体辅助注射成型实际应用的例子。它同时采用了气体从塑料熔池体内部注入和表面气体成型两种方法。在*A*处采用了气体从塑料熔体内部注入，用于成型*A—A*剖面与*B—B*剖面所示的塑料件两壁交界处内部孔穴；在*B*处采用了表面气体成型的方法，气体从模具上密封件的加压区进入，用于成型*C—C*剖面所示的塑料件外面的凹槽。

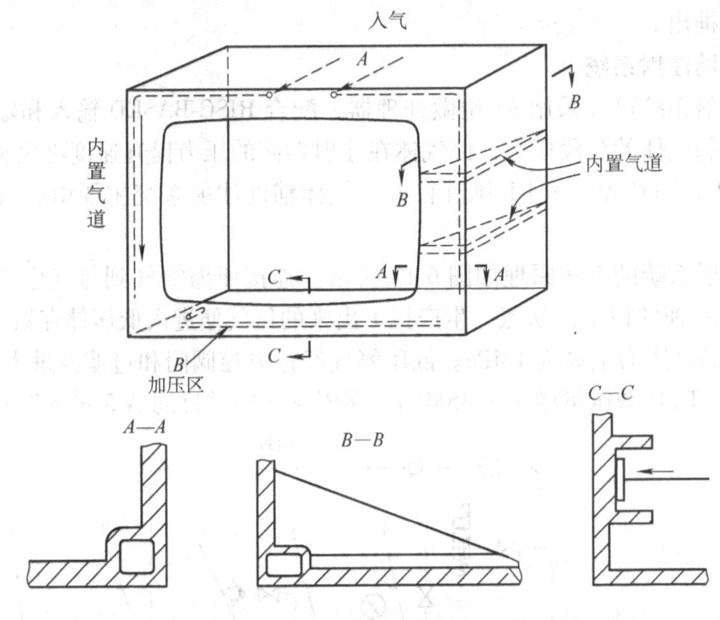

图6-13　电视机外壳的气体辅助注射成型

第三节　低发泡注射成型

低发泡塑料是指发泡率在5倍以下、密度在0.2～1.0g/cm³的塑料，成型的塑料制件有时也称合成木材。在某些塑料中加入一定量的发泡剂，通过注射成型获得内部低发泡、表面不发泡的塑料制件的工艺方法称为低发泡注射成型。低发泡注射成型塑件的特点是内部无应力、外部表面平整、不易发生凹陷和翘曲；表皮较硬，具有一定刚度和强度；而内部柔韧，具有一定弹性；外观似木材；密度小，质量轻，比普通注射成型塑件减轻15%～50%。适合于低发泡注射成型的塑料有聚乙烯、聚丙烯、聚苯乙烯、聚酰胺、聚碳酸酯和ABS等。

一、低发泡注射成型的方法

低发泡注射成型的方法主要有低压法和高压法两种。

（1）低压法　低压法又称不完全注入法，模具型腔压力很低，通常为2～7MPa。低压法的特点是将体积小于模腔容积的塑料熔体（模腔容积的75% ~85%）注射入模腔后，在发泡剂的作用下使熔体膨胀后充满型腔成型为塑件。在普通注射机上安装一个阀式自锁喷嘴或液控自锁喷嘴，便能进行低压成型注射。也有专门生产的大型低压发泡注射机。图 6-14 所示为低压法低发泡注射法示意图。注射机将混有发泡剂的熔体注入分型面密合的模腔中（约占模腔容积的 75% ~85%），如图 6-14a 所示；稍停一段时间，在发泡剂作用下，熔料体积膨胀，使之达到塑件所要求的形状和尺寸，如图 6-14b 所示；固化后开模取件，如图 6-14c所示。

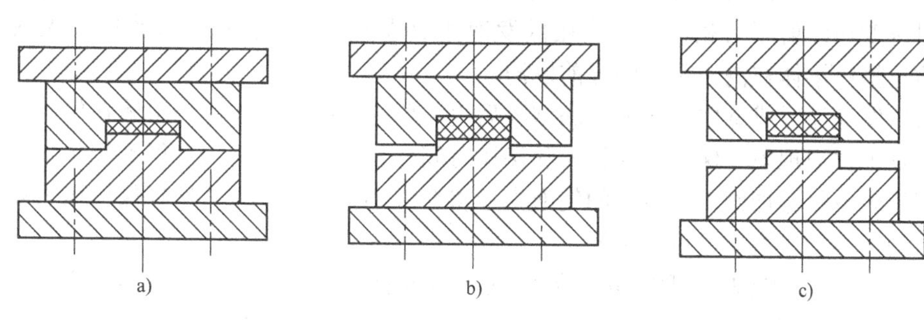

图 6-14　低压法低发泡注射成型原理

（2）高压法　高压法又称完全注入法，其模具压力比低压法要高，为 7 ~15 MPa。高压法的特点是用较高的注射压力将含有发泡剂的熔料注满容积小于塑件体积的闭合模腔，通过辅助开模动作，使模腔容积扩大到塑件所要求的形状和尺寸。图 6-15 所示为高压法低发泡注射法示意图。注射机将混有发泡剂的熔体注满分型面密合好的模腔，如图 6-15a 所示；稍停一刻，注射机喷嘴后退一定距离，在弹簧作用下，实现模腔扩大到塑件所要求的形状与尺寸，如图 6-15b 所示；固化后开模取件，如图 6-15c 所示。

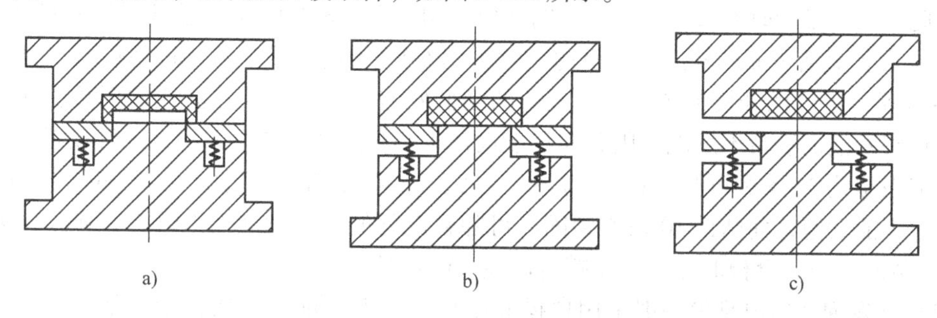

图 6-15　高压法低发泡注射成型原理

二、低发泡注射成型的工艺参数

（1）温度　温度包括料温和模具温度。注射的料温对型腔内气泡的形成和扩散具有重要的影响，提高温度可以增大发泡成型时的气体扩散系数，有利于在塑件内部形成较多和较均匀的气泡。但是，温度过高，充模过程中又会产生喷射现象，影响塑件的发泡成型质量。因此，在生产中要严格控制注射时料筒的温度。模具的温度对塑件内气泡的分布及其大小有影响，对塑件的表面质量也有影响。熔体等温充填型腔时，塑件内的气泡数量较多，分布较均匀；非等温条件下充填型腔时，低温下产生的气泡数量要比高温时产生的气泡少得多。因此，在低发泡注射成型时，除需选择合适的模具温度外，尽量采用等温充模。不同的低发泡塑料对模具温度有不同要求，聚烯烃低发泡注射的塑件表面质量与模温关系不大，而聚苯乙烯和 ABS 等低发泡注射成型的塑件表面质量受模温影响较大。一般情况下，聚烯烃低发泡注射成型模温可在 30～40℃内选择，聚苯乙烯和 ABS 低发泡注射成型模温可在 30～65℃内选择。

（2）压力　注射压力对气泡的形成、大小、分布等均有影响。注射压力不大时，塑料熔体在浇注系统中流动时就有可能发泡，充模后成型塑件内气泡直径大且不均匀；较大的注射压力作用下，熔体在浇注系统内不大可能发泡，所以充模后成型的塑件内气泡直径较小而分布也较均匀；如果注射压力过大，有可能大幅度影响发泡气体的扩散，并最终影响发泡率。注射速度与注射压力相辅相成，在低发泡注射成型中，一般都要求使用较大的注射速度，以防止塑料熔体在浇注系统中提前发泡。

在低压发泡注射成型中，熔体充满型腔后也需要一定的保压作用，熔体在保压作用下将会不断地发生瘪泡现象。保压压力较大和保压时间较长时，模具型腔会得到较多的补料，熔体内的瘪泡现象就会加剧，瘪裂后的气泡直径将会减小。因此，恰当选择保压压力和保压时间对于控制塑件的发泡质量也很重要。

（3）注射时间和冷却定型时间　低发泡注射成型中的注射时间概念与普通注射相同，一般为 10～20s，小的塑件最短甚至可取 3s 以下。低发泡注射成型的冷却定型时间较长，这是因为塑件外层组织结构紧密，内部为疏松泡孔，热传导性很差，如果冷却定型时间不足而过早脱模，虽然表面已固化，但发泡剂仍有可能继续在内部发生作用，这将会导致塑料制件变形，尺寸超差。因此，正确地选择和控制冷却定型的时间，是保证低发泡注射成型塑件质量的重要因素之一。

三、低发泡注射成型模具设计简介

低发泡注射成型模结构与普通注射模相同，由于在高压低发泡注射成型时要进行辅助开模，因此在结构设计时要采用可靠的辅助开模机构。设计模具时应注意以下几个方面：

（1）设置灵活可靠的辅助开模机构　除了图 6-15 所示采用弹簧辅助机构外，还可设置如图 6-16 所示的辅助开模机构。模具成型的是低发泡塑料凉鞋，在立式注射机上生产。凉鞋要求鞋底发泡而鞋帮不发泡，因此模具上设计了一套实现局部发泡的辅助开模机构。该机构由发泡限位钩 3、5 和可开铰页 15 等零件组成，塑料充满型腔后凹模 22 和鞋楦 11 不动，因此鞋帮不能发泡，而凸模 10 没有紧固，可随鞋底处的塑料发泡而上升，直到发泡限位钩 3 和 5 接触时停止，合模时注射机喷嘴将凸模 10 压回原位。

（2）低发泡注射成型模一般采用单模腔结构　在低发泡注射成型中，如果采用多模腔结构，流道较长，影响各个模腔之间的发泡率不均，因此，低发泡注射成型一般采用单模腔结构。

（3）浇注系统与排气槽设计　发泡塑料的冷却速度较慢，当主流道较长，熔体热量容易在主流道的浇口套中积累时，在浇口套外壁可开设冷却水道。分流道的尺寸要比普通塑料注射成型时大一些和短一些，以尽量避免塑料熔体在充模前产生气泡。低发泡注射模的浇口设计对塑料质量影响很大，特别是要求仿木纹的塑件。浇口的位置、数量以及着色剂等的配合与木纹的形成密切相关。图 6-17a 所示采用中心直接浇口时，塑件纹理呈辐射状；图 6-17b所示采用单一侧浇口时，纹理呈单侧辐射状；图 6-17c 所示采用多点侧浇口时，则可得平行纹理。浇口的大小与普通注射模类似。低发泡注射成型时因发泡剂分解会产生大量气体，所以必须开设排气槽，使型腔中气体能顺利排出。分型面上料流末端及料流汇合之处的

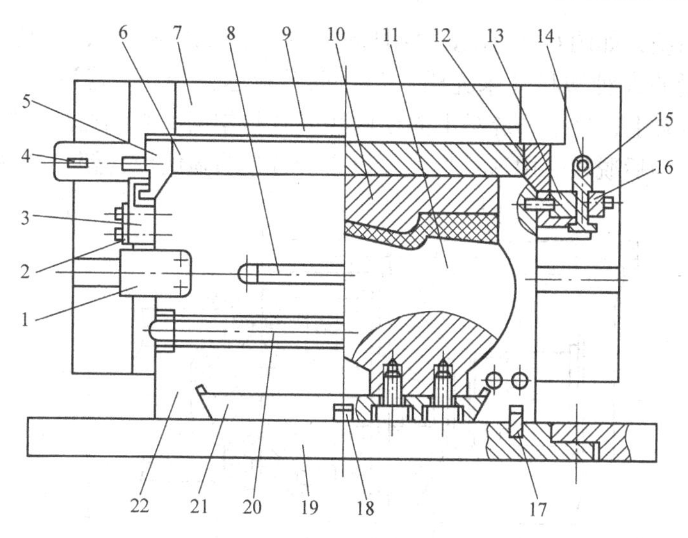

图 6-16 高压法成型塑料凉鞋的模具结构

1—锁楔钩 2—垫圈 3、5—发泡限位钩 4—手把 6—凸模固定板 7—定模座板 8—长链 9—上楔块 10—凸模 11—鞋楦 12—后部限位楔块 13—铰页固定块 14—销轴 15—可开铰页 16—盖板 17、18—键 19—动模座板 20—拉钩 21—导滑板 22—凹模

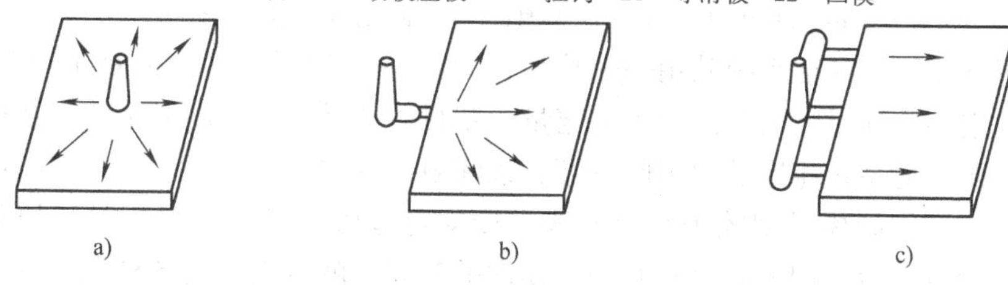

图 6-17 浇口位置与塑件表面纹理的关系

排气槽深度取 0.1 ~0.2mm，在型腔深处排气塞上的排气槽深度可取 0.15 ~0.25mm。

（4）推出机构设计 由于低发泡注射成型塑件表面虽坚韧，但内部则是泡孔状的弹性体，所以推杆的推出面积过小容易把塑件损坏，因此，推杆推出时，其直径应比普通注射成型的推杆大 20% ~30%。对于大型塑件，也可采用压缩空气推出。

（5）模具材料 低发泡注射成型是在注射压力不大的情况下进行的，因此模具不需要很高的力学强度，其成型零部件可以用铝合金、锌合金等材料制造。

第四节 共注射成型

使用两个或两个以上注射系统的注射机，将不同品种或者不同色泽的塑料同时或先后注射入模具型腔内的成型方法，称为共注射成型。该成型方法可以生产多种色彩或多种塑料的复合塑件。共注射成型用的注射机称多色注射机。目前，国外已有八色注射机在生产中应用，国内使用的多为双色注射机。使用两个品种的塑料或者一个品种两种颜色的塑料进行共注射成型时，有两种典型的工艺方法：一种是双色注射成型；另一种是双层注射成型。

一、双色注射成型

双色注射成型的设备有两种形式，一种是两个注射系统（料筒、螺杆）和两副相同模具共用一个合模系统，如图 6-18 所示。模具固定在一个回转板 7 上，当其中一个注射系统 5 向模内注入一定量的 A 种塑料（未充满）后，回转板迅速转动，将该模具送到另外一个注射系统 2 的工作位置上，这个系统马上向模内注入 B 种塑料，直到充满型腔为止，然后塑料经过保压和冷却定型后脱模。用这种形式可以生产分色明显的混合塑料制件。

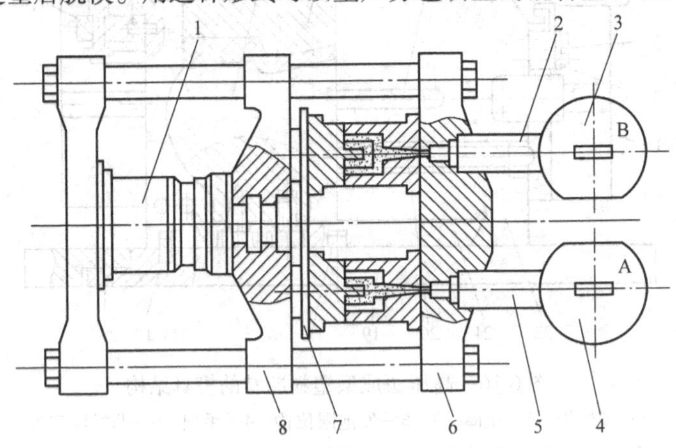

图 6-18　双色注射成型示意图之一

1—合模液压缸　2—注射系统 B　3、4—料斗　5—注射系统 A
6—注射机固定模板　7—模具回转板　8—注射机移动模板

另一种形式是两个注射系统共用一个喷嘴，如图 6-19 所示。喷嘴通路中装有启闭阀 2，当其中一个注射系统通过喷嘴 1 注射入一定量的塑料熔体后，与该注射系统相连通的启闭阀关闭，与另一个注射系统相连的启闭阀打开，该注射系统中的另一种颜色的塑料熔体通过同一个喷嘴注射入同一副模具型腔中直至充满、冷却定型后就得到了双色混合的塑件。实际上，注射工艺制定好后，调整启闭阀开合及换向的时间，就可生产出各种混合花纹的塑料制件。

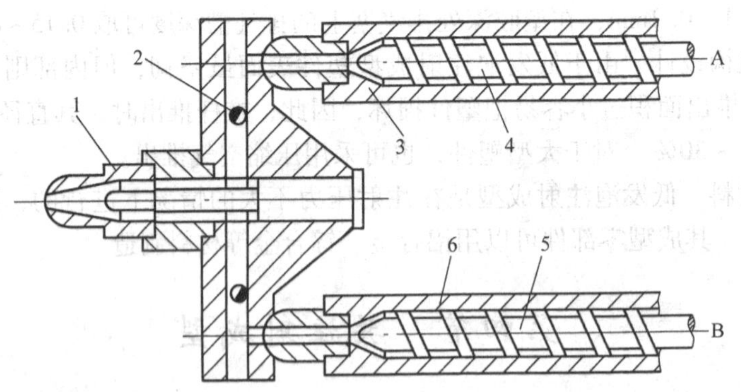

图 6-19　双色注射成型示意图之二

1—喷嘴　2—启闭阀　3—注射系统 A　4—螺杆 A　5—螺杆 B　6—注射系统 B

二、双层注射成型

双层注射成型的原理如图 6-20 所示。注射系统是由两个互相垂直安装的螺杆 A 和螺杆 B 组成，两螺杆的端部是一个交叉分配的喷嘴 1。注射时，先一个螺杆将第一种塑料注射入模具型腔，当注入模具型腔的塑料与模腔表壁接触的部分开始固化，而内部仍处于熔融状态时，另一个螺杆将第二种塑料注入模腔，后注入的塑料不断地把前一种塑料朝着模具成型表壁推压，而其本身占据模具型腔的中间部分，冷却定型后，就可以得到先注入的塑料形成外层、晚注入的塑料形成内层的包覆塑料制件。双层注射成型可使用新旧不同的同一种塑料成型具有新塑料性能的塑件。通常塑件内部为旧料，外表为新料，且保证有一定的厚度，这样，塑件的冲击强度和弯曲强度几乎与全部用新料成型的塑件相同。此外，也可采用不同颜色或不同性能品种的塑料相组合，而获得具有某些优点的塑料制件。

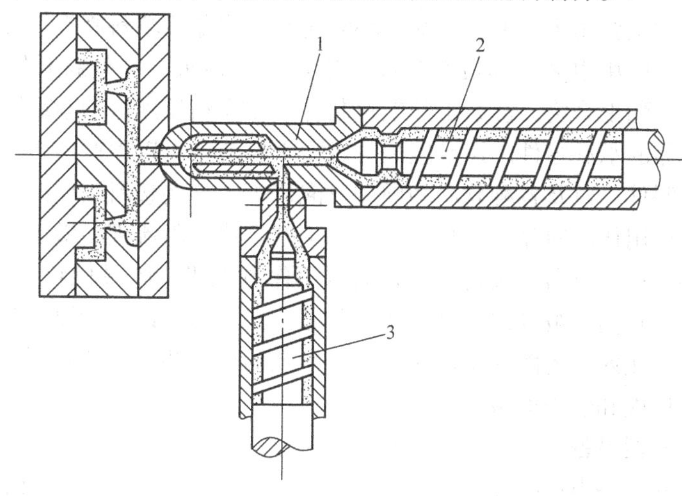

图 6-20　双层注射成型示意图

1—交叉喷嘴　2—螺杆 B　3—螺杆 A

双层注射方法最初是为了能够封闭电磁波的导电塑料制件而开发的，这种塑料制件外层采用普通塑料，起封闭电磁波作用；内层采用导电塑料，起导电作用。但是，双层注射成型方法问世后，马上受到汽车工业重视，这是因为它可以被用来成型汽车中各种带有软面的装饰品以及缓冲器等外部零件。近年来，在对双层和双色注射成型塑件的品种和数量需求不断增加的基础上，又出现了三色甚至多色花纹等新的共注射成型工艺。

采用共注射成型方法生产塑料制件时，关键是注射量、注射速度和模具温度。改变注射量和模具温度可使塑件各种原料的混合程度和各层的厚度发生变化，而注射速度合适与否，会直接影响到熔体在流动过程中是否会发生紊流或引起塑件外层破裂等问题，具体的工艺参数应在实践的过程中在进行反复调试基础上建立起来。另外，共注射成型的塑化和喷嘴系统结构都比较复杂，设备及模具费用也比较昂贵。

第五节　反应注射成型

一、反应注射成型原理及其应用

反应注射成型是一种利用化学反应来成型塑料制件的新型工艺方法，它的原理是将两种能够发生化学反应的液态塑料组分进行混合以后注入模具，然后两种组分在模腔内通过化学反应固化成型为具体有一定形状和尺寸的塑料制件。例如，使用反应注射方法成型聚氨酯弹性塑料制件时，首先利用注射设备中的泵将液状多元醇和二异氰酸酯两种组分从储存容器中送到混合器，在一定的温度和压力下使二者相互混合，然后在它们尚未发生反应之前用一定的压力把它们注射进模具型腔，接着混合后的组分在封闭的模腔内进行连续化学反应并生成一定数量的气体，在气体扩散作用下逐渐固化为表皮致密内部疏松的弹性塑料制件。

由此可知，反应注射成型与普通注射成型具有本质差异。前者使用液态塑料组分并以很小的注射压力将它们向模内注射，因此流动性较好，并能成型壁厚极薄的塑料制件；而后者却要在高温高压条件下把具有一定粘度的塑料熔体注入模腔，故其成型难度要比前者大得多，成型性能和制件的复杂程度也将受到多方面限制。

目前，反应注射主要用于成型聚氨酯、环氧树脂和聚酯等塑料制件，尤其是在生产聚氨酯泡沫塑料制件方面应用很多，其最大制件已达85kg。最近，国外新开发了一些可以用于反应注射的丙烯酰胺酯聚合物，注射出的塑料制件可用作汽车内部的承载零件，或用作家用电器及其他工业产品的承载零件。用反应注射成型聚氨酯，可以生产出各种低密度硬塑料制件、高密度硬塑料制件，以及各种软质和硬质发泡体等。这些塑料制件的应用范围很广，如在汽车行业，它们可用作转向盘、座垫、头部和手部靠垫、阻流板、缓震垫、遮光板、卡车身、冷藏车的夹心板；在电器仪表行业，它们可用作电视机、收录机和各种控制台的外壳；在民用和建筑方面，它们可被制成家具、仿木制品、保温箱，以及管道、锅炉和冷藏器的隔热材料等。利用反应注射，还能成型用玻璃纤维增强的聚氨酯发泡塑料制件，它们可以用作汽车的内装饰板、地板和仪表面板等。

二、反应注射成型设备

反应注射成型的设备类型很多，图6-21是这类设备的大致示意图。根据反应注射的工作原理，其设备需要有下面几部分组成。

（1）储存容器　储存容器（见图6-21中2）为压力容器，除用来储存注射所用的液态组分之外，还能承受一定的压力。这种压力是向液态组分施加的，其目的是为了保证液压泵能够对其抽吸的组分进行稳定计量。储存容器上一般都要配备粘度和温度控制器，此外，内部还装有混合装置。这样做除了能够满足温度要求外，也是为了保证液态组分在注射成型过程中具有良好的流动性和均匀性。

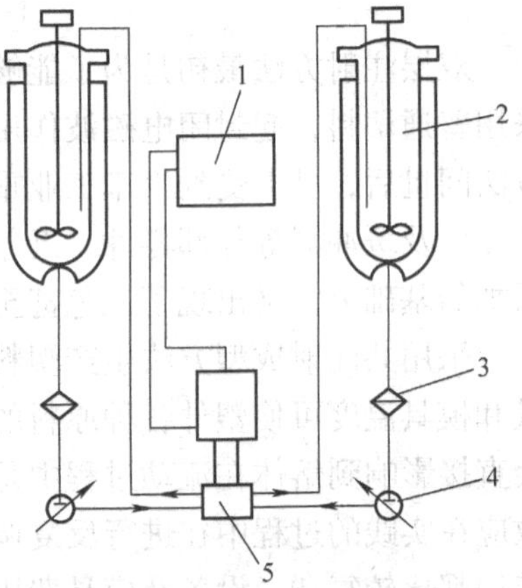

（2）计量泵　计量泵（见图6-21中4）用来抽吸液态组分并负责把它们送往混合器。为了保证计量的准确性，经过它的液态组分的粘度、温度和密度均要稳定在一定范围内。

图6-21　反应注射设备的组成示意图

1—混合器液压系统　2—储存容器

3—过滤器　4—计量泵　5—混合器

（3）混合器液压系统　混合器液压系统（见图6-21中1）用来控制混合器内混合阀芯和活塞的运动，其目的是为了能使混合器按比例将两种不同液态组分注入模具。

（4）混合器　混合器（见图6-21中5）与模具相连，在注射时将两种流经混合器内部的液态组分按比例进行混合后注入模具。在向模具注射液态组分之前，通过混合阀芯锁闭混合器与喷嘴之间的通道，使两种组分各自沿着通往储存容器的管路进行循环流动，以便在注射时能对组分的温度进行精确控制。

三、反应注射成型模具

仅从原理上看，反应注射工艺似乎不太复杂，然而，实际工艺操作却需要有许多电子和

液压控制信号及控制动作，只有这样，设备才能精确地将一定温度和一定数量的液态组分注入模具，同时也就要求模具必须具有良好的结构来保证液态组分顺利充模。良好的模具结构应能满足下列要求。

1）反应注射使用的注射速度很快，即使对于汽车保险杠一类的大型塑件，注射时间也只不过一秒钟左右，所以，模具结构必须满足注射速度要求。

2）模具内的浇注系统应能保证液态组分处于层流状态。

3）模具应当具有良好的排气结构。

4）设置分型面时，应注意利用其间隙排气，如果不能利用分型面间隙排气，则熔体很容易出现夹气现象，并有可能导致塑件报废。

5）温度控制系统应能保证模温满足工艺要求，即在组分的反应过程中应能对模具加热，而在反应之后又能对模具冷却。

6）模具型腔的表面粗糙度要合理，既要满足塑件表面质量要求，又要保证塑件容易脱模。

思　考　题

6-1　热固性塑料注射模与热塑性塑料注射模在模具的结构和在注射成型的工艺方面各有什么区别？

6-2　阐述气体辅助注射成型的原理。气体辅助注射成型的特点是什么？

6-3　分别说明低压法低发泡注射成型和高压法低发泡注射成型的原理。

6-4　解释双色注射成型和双层注射成型的工作原理。

6-5　阐述反应注射成型的工作原理，并分别指出这两种成型工艺对塑件的适应性。

第七章 压缩成型工艺与压缩模设计

压缩模又称压塑模，是塑料成型模具中一种比较简单的模具，它主要用来成型热固性塑料。某些热塑性塑料也可用压缩模来成型，其工艺过程如下：将热塑性塑料加入模具加料室内，然后逐渐加热加压，使塑料软化成为粘流状态并充满整个型腔，然后冷却模具，塑件凝固后将其取出。例如，光学性能要求高的有机玻璃镜片，不宜高温注射成型的硝酸纤维汽车驾驶盘等，都可以采用压缩成型。由于模具需要交替地加热和冷却，所以生产周期长，效率低，这样就限制了热塑性塑料在这方面的进一步应用。本章将着重讨论热固性塑料压缩模的设计。

第一节　压缩成型原理及其工艺特性

一、压缩成型原理及其特点

压缩成型原理如图 7-1 所示。将粉状（或粒状、碎屑状及纤维状）的热固性塑料放入敞开的模具加料室中（底部为型腔，如图 7-1a 所示）然后合模加热使其熔化，并在压力作用下使物料充满模腔（见图 7-1b），这时塑料中的高分子产生化学交联反应，逐步转变为不熔的硬化定型塑件，最后脱模将其取出（见图 7-1c）。

压缩成型主要用于热固性塑料制件的生产。对于热塑性塑料，由于压缩成型的生产周期长，生产效率低，同时易损坏模具，故生产中很少采用，仅在塑料制件较大时或做试验研究时才采用。由于热固性塑料的注射成型及其他成型方法的相继出现，目前压缩成型的应用受到一定的限制，但是生产某些大型的特殊产品时还常采用这种成型方法。用于压缩成型的塑料主要有酚醛塑料、氨基塑料、环氧树脂、不饱和聚酯塑料、聚酰亚氨等。

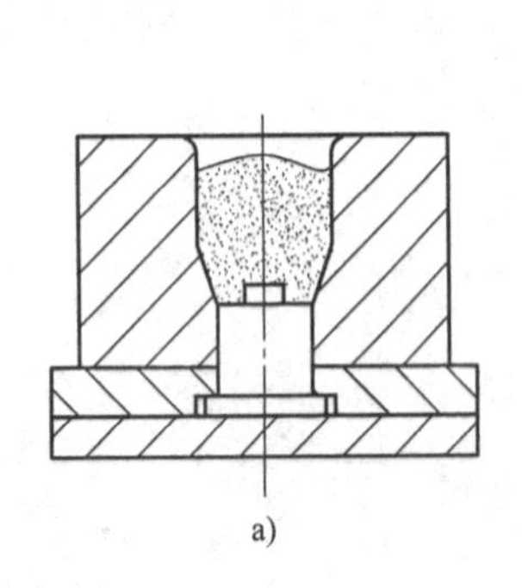
a)

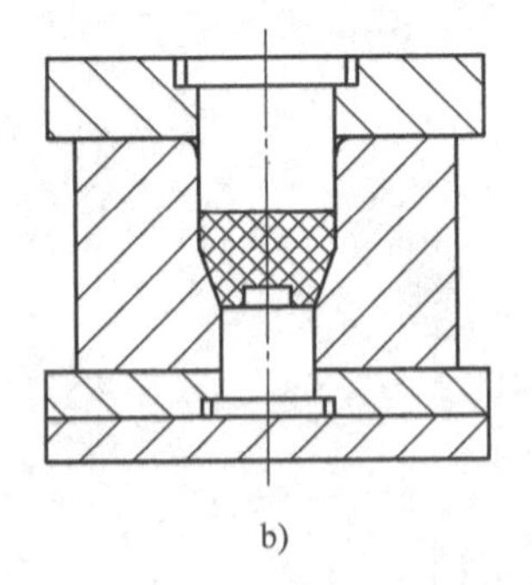
b)

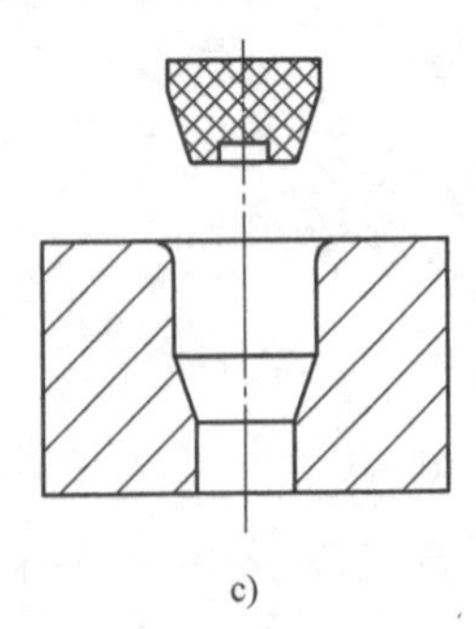
c)

图 7-1　压缩成型原理

压缩成型与注射成型相比，其生产过程的控制、使用的设备及模具较简单，易成型大型塑件。热固性塑料压缩成型的塑件具有耐热性好、使用温度范围宽、变形小等特点；其缺点是生产周期长，效率低，较难实现自动化，因而工人劳动强度大，不易成型复杂形状的塑件。典型的压缩制件有仪表壳、电闸板、电器开关、插座等。

二、压缩成型工艺过程

1. 压缩成型前的准备

热固性树脂比较容易吸湿，储存时易受潮，加之比容较大，为了使成型过程顺利进行，并保证塑件的质量和产量，应预先对塑料进行预热处理，在有些情况下还要对塑件进行预压处理。

（1）预压 在室温下将松散的热固性塑料用预压模在压机上压成重量一定、形状一致的型坯，型坯的形状以能十分紧凑地放入模具中预热为宜，多为圆片状，也有用长条状等。

（2）预热 在成型前，应对热固性塑料加热，除去其中的水分和其他挥发物，同时提高料温，便于缩短压缩成型周期，生产中常用电热烘箱进行预热。

2. 压缩成型过程

模具装上压机后要进行预热。一般热固性塑料压缩过程可以分为加料、合模、排气、固化和脱模等几个阶段，在成型带有嵌件的塑料制件时，加料前应预热嵌件并将其安放定位于模内。

（1）嵌件的安放 在有嵌件的模具中通常用手（模具温度高时应戴上手套）将嵌件安放在固定位置，特殊情况要用专门工具安放。安放的嵌件要求位置正确和平稳，以免造成废品或损伤模具。压缩成型时为防止嵌件周围的塑料出现裂纹，常采用浸胶布做成垫圈进行增强。

（2）加料 在模具加料室内加入已经预热和定量的物料，如型腔数低于 6 个，且加入的又是预压物，则一般用手加料；如所用的塑料为粉料或粒料，则可用勺加料。型腔数多于 6 个时应采用专用加料工具。加料定量的方法有重量法、容积法和计数法三种。重量法准确，但操作麻烦；容积法虽然不及重量法准确，但操作方便；计数法只用于加预压物。

（3）合模 加料完成后便合模。在凸模尚未接触物料之前，要快速合模，借以缩短模塑周期和避免塑料过早固化和过多降解。当凸模触及塑料后改为慢速，避免模具中的嵌件、成型杆或型腔遭到破坏。此外，放慢速度还可以使模具内的气体得到充分的排除。待模具闭合即可增大压力（通常达 15 ~ 35MPa）对原料进行加热加压。合模所需的时间由几秒至数十秒不等。

（4）排气 压缩热固性塑料时，在模具闭合后，有时还需卸压将凸模松动少许时间，以便排出其中的气体，这道工序称为排气。排气不但可以缩短固化时间，而且还有利于塑件性能和表面质量的提高。排气的次数和时间要按需要而定，通常排气的次数为一至二次，每次时间由几秒至几十秒。

（5）固化 热固性塑料的固化是在压缩成型温度下保持一段时间，以待其性能达到最佳状态。固化速率不高的塑料，有时也不必将整个固化过程放在塑模内完成，而只要塑件能够完整地脱模即可结束固化，因为拖长固化时间会降低生产率。提前结束固化时间的塑件需用后烘的方法来完成它的固化。通常酚醛压缩塑件的后烘温度范围为 90 ~ 150℃，时间由几小时至几十小时不等，视塑件的厚薄而定。模内固化时间决定于塑料的种类、塑件的厚度、物料的形状以及预热和成型的温度等。一般由三十秒至数分钟不等，需由实验方法确定，过长或过短对塑件的性能都不利。

（6）脱模 固化完毕后使塑件与模具分开，通常用推出机构将塑件推出模外，带有侧型芯或嵌件时应先用专门工具将它们拧脱，然后再进行脱模。

3. 压后处理

塑件脱模后，对模具应进行清洗，有时对塑件要进行后处理。

(1) 模具的清理　脱模后，要用铜签（或铜刷）刮出留在模内的碎屑、飞边等，然后再用压缩空气将其吹净，如果这些杂物压入再次成型的塑料件中，会严重影响塑料件质量甚至造成报废。

(2) 后处理　为了进一步提高塑件的质量，热固性塑料制件脱模后常在较高的温度下保温一段时间。后处理能使塑料固化更趋完全，同时减少或消除塑件的内应力，减少水分及挥发物等，有利于提高塑件的电性能及强度。后处理方法和注射成型塑件的后处理方法一样，在一定的环境或条件下进行，所不同的只是处理温度不同而已。一般处理温度约比成型温度提高 10 ~ 50℃。

三、压缩成型工艺参数

压缩成型的工艺参数主要是指压缩成型压力、压缩成型温度和压缩时间。

1. 压缩成型压力

压缩成型压力是指压缩时压机通过凸模对塑料熔体充满型腔和固化时在分型面单位投影面积上施加的压力，简称成型压力，可采用以下公式进行计算：

$$p = \frac{p_b \pi D^2}{4A} \tag{7-1}$$

式中　p——成型压力（MPa），一般为 15 ~ 30MPa；

p_b——压力机工作液压缸表压力（MPa）；

D——压力机主缸活塞直径（m）；

A——塑件与凸模接触部分在分型面上的投影面积（m^2）。

施加成型压力的目的是促使物料流动充模，增大塑件密度，提高塑件的内在质量，克服塑料树脂在成型过程中因化学变化释放的低分子物质及塑料中的水分等产生的涨模力，使模具闭合，保证塑件具有稳定的尺寸、形状，减少飞边，防止变形。但过大的成型压力会降低模具寿命。

压缩成型压力的大小与塑料种类、塑件结构以及模具温度等因素有关，一般情况下，塑料的流动性愈小，塑件愈厚以及形状愈复杂，塑料固化速度和压缩比愈大，所需的成型压力亦愈大。常用塑料成型压力见表 7-1。

表 7-1　热固性塑料的压缩成型温度和成型压力

塑料种类	压缩成型温度 /℃	压缩成型压力 /MPa	塑料种类	压缩成型温度 /℃	压缩成型压力 /MPa
酚醛塑料（PF）	146 ~ 180	7 ~ 42	邻苯二甲酸二丙烯脂塑料（PDPO）	120 ~ 160	3.5 ~ 14
三聚氰胺甲醛塑料（MF）	140 ~ 180	14 ~ 56	环氧树脂塑料（EP）	145 ~ 200	0.7 ~ 14
脲甲醛塑料（UF）	135 ~ 155	14 ~ 56	有机硅塑料（DSMC）	150 ~ 190	7 ~ 56
聚酯塑料（UP）	85 ~ 150	0.35 ~ 3.5			

2. 压缩成型温度

压缩成型温度是指压缩成型时所需的模具温度。它是使热固性塑料流动、充模、并最后固化成型的主要影响因素，决定了成型过程中聚合物交联反应的速度，从而影响塑料制件的最终性能。

热固性塑料受到温度作用时，其粘度或流动性会发生很大变化，这种变化是温度作用下的聚合物松弛（使粘度降低，流动性增加）和交联反应（引起粘度增大、流动性降低）这两类物理变化和化学变化的总结果。温度上升的过程，就是塑料从固体粉末逐渐熔化，粘度由大到小，然后交联反应开始，随着温度的升高，交联反应速度增大，聚合物熔体粘度则经历由减小到增大（流动性由增大到减小）的过程，因而其流动性随温度变化具有峰值。因此，在闭模后，迅速增大成型压力，使塑料在温度还不很高而流动性又较大时，充满型腔各部分是非常重要的。温度升高能使热固性塑料在模腔中的固化速度加快，固化时间缩短，因此高温有利于缩短模压周期，但过高的温度会因固化速度太快而使塑料流动性迅速下降，并引起充模不满，特别是模压形状复杂、壁薄、深度大的塑件，这种弊病最为明显；温度过高还可能引起物料变色，树脂和有机填料等的分解，使塑件表面颜色暗淡。同时高温下外层固化要比内层快得多，从而使内层挥发物难以排除，这不仅会降低塑件的力学性能，而且会使塑件发生肿胀、开裂、变形和翘曲等。因此，在压缩成型厚度较大的塑件时，往往不是提高温度，而是在降低温度的前提下延长压缩时间。但温度过低时不仅固化慢，而且效果差，也会造成塑件暗淡无光，这是由于固化不完全的外层受不住内层挥发物压力作用的缘故。常见热固性塑料的压缩成型温度见表 7-1。

3. 压缩时间

热固性塑料压缩成型时，在一定压力和一定温度下保持一定的时间，才能使其充分固化，成为性能优越的塑件，这一时间称为压缩时间。压缩时间与塑料的种类（树脂种类、挥发物含量等）、塑件形状、压缩成型的工艺条件（温度、压力）以及操作步骤（是否排气、预压、预热）等有关。压缩成型温度升高，塑料固化速度加快，所需压缩时间减少，因而压缩周期随模温提高而减少；压缩成型压力对模压时间的影响虽不及模压温度那么明显，但随压力增大，压缩时间也略有减少；由于预热减少了塑料充模和开模时间，所以压缩时间比不预热时要短。通常压缩时间还随塑件厚度而增加。

压缩时间的长短对塑件的性能影响很大，压缩时间太短，树脂固化不完全（欠熟），塑件物理和力学性能差，外观无光泽，脱模后易出现翘曲、变形等现象。但过分延长压缩时间会使塑料“过熟”，不仅延长成型时间，降低生产率，多消耗热能，而且树脂交联过度会使塑件收缩率增加，引起树脂和填料之间产生内应力，从而使塑件力学性能下降，严重时会使塑件破裂。一般的酚醛塑件，压缩时间为 1～2min，有机硅塑料达 2～7min。表 7-2 列出了酚醛塑料和氨基塑料的压缩成型工艺参数。

表 7-2　热固性塑料压缩成型的工艺参数

工艺参数	酚醛塑料			氨基塑料
	一般工业用①	高电绝缘用②	耐高频电绝缘用③	
压缩成型温度/℃	150～165	160±10	185±5	140～155
压缩成型压力/MPa	30±5	30±5	>30	30±5
压缩时间/min · mm^{-1}	1±0.2	1.5～2.5	2.5	0.7～1.0

① 系以苯酚-甲醛线型树脂和粉末为基础的压缩粉。

② 系以甲酚-甲醛可溶性树脂的粉末为基础的压缩粉。

③ 系以苯酚-苯胺-甲醛树脂和无机矿物为基础的压缩粉。

第二节　压缩模结构组成与分类

一、压缩模结构组成

典型的压缩模具结构如图7-2所示，它可分为固定于压机上工作台的上模和下工作台的下模两大部分，两大部分靠导柱导向开合。开模时，上工作台上移，上凸模3脱离下模一段距离，侧型芯18用手工将其抽出，辅助液压缸（下液压缸）工作，推板15推动推杆11将塑件1推出模外。加料前，先将侧型芯复位，加料合模后，热固性塑料在加料室和型腔中受热受压，成为熔融状态而充满型腔，固化成型后开模，接着又开始下一个压缩成型循环。

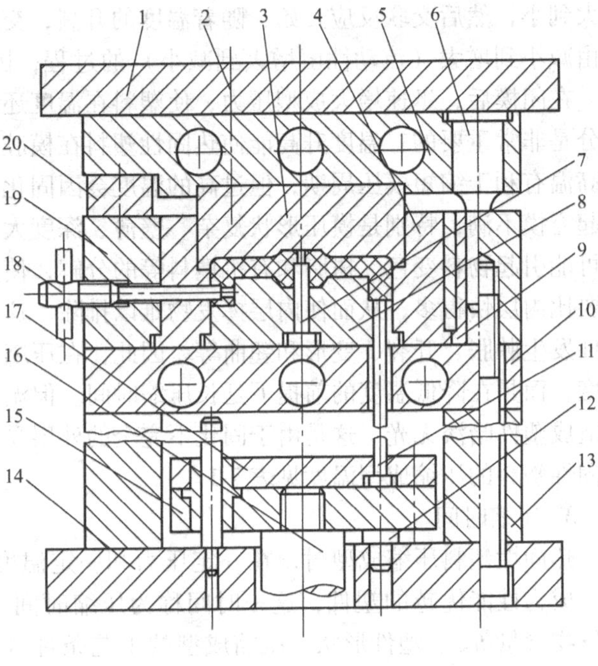

图7-2　压缩模结构

1—上模座板　2—螺钉　3—上凸模　4—加料室（凹模）　5、10—加热板　6—导柱　7—型芯　8—下凸模　9—导套　11—推杆　12—支承钉　13—垫块　14—下模座板　15—推板　16—拉杆　17—推杆固定板　18—侧型芯　19—型腔固定板　20—承压块

压缩模与注射模一样，也有几大部分组成：

（一）型腔

型腔是直接成型塑件的部位，加料时与加料室一道起装料的作用。图7-2中的模具型腔由上凸模3、下凸模8、型芯7和凹模4等构成。

（二）加料室

图7-2中指凹模4的上半部，图中为凹模断面尺寸扩大的部分，由于塑料与塑件相比具有较大的比容，塑件成型前单靠型腔往往无法容纳全部原料，因此在型腔之上设有一段加料室。

（三）导向机构

图7-2中由布置在模具上周边的四根导柱6和导套9组成。导向机构用来保证上下模合模的对中性。为了保证推出机构上下运动平稳，该模具在下模座板14上设有二根推板导柱，在推板上还设有推板导套。

（四）侧向分型抽芯机构

在成型带有侧向凹凸或侧孔的塑件时，模具必须设有各种侧向分型抽芯机构，塑件方能脱出，图7-2中的塑件有一侧孔，在推出之前用手动丝杠（侧型芯18）抽出侧型芯。

（五）脱模机构

固定式压缩模在模具上必须有脱模机构（推出机构），图7-2中的脱模机构由推板15、推杆固定板17、推杆11等零件组成。

（六）加热系统

热固性塑料压缩成型需在较高的温度下进行，因此模具必须加热，常见的加热方式有：电加热、蒸汽加热、煤气或天然气加热等，但以电加热为普遍。图 7-2 中加热板 5、10 分别对上凸模、下凹模和凹模进行加热，加热板圆孔中插入电加热棒。在压缩热塑性塑料时，在型腔周围开设温度控制通道，在塑化和定型阶段，分别通入蒸汽进行加热或通入冷水进行冷却。

二、压缩模分类

压缩模分类方法很多，可按模具在压机上的固定方式分类，也可按模具加料室的形式进行分类。还可按分型面特征分类，下面就其中的几种形式进行介绍。

（一）按模具在压机上的固定形式分类

（1）移动式压缩模　移动式压缩模如图 7-3 所示。模具不固定在压机上，成型后将模具移出压机，用卸模专用工具（如卸模架）开模，先抽出侧型芯，再取出塑件。在清理加料室后，将模具重新组合好，然后放入压机内再进行下一个循环的压缩成型。其结构简单，制造周期短。但因加料、开模、取件等工序均手工操作，模具易磨损，劳动强度大，模具重量一般不宜超过 20kg。它适合于压缩成型批量不大的中小型塑件，以及形状较复杂、嵌件较多、加料困难及带有螺纹的塑件。

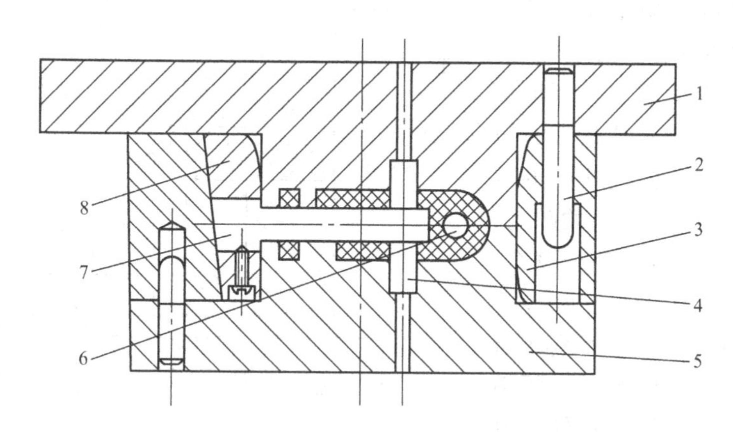

图 7-3　移动式压缩模

1—凸模（上模）　2—导柱　3—凹模（加料室）
4—型芯　5—下凸模　6、7—侧型芯　8—凹模拼块

（2）半固定式压缩模　半固定式压缩模如图 7-4 所示。开合模在机内进行，一般将上模固定在压机上，下模可沿导轨移动，用定位块定位，合模时靠导向机构定位。也可按需要采用下模固定的形式，工作时则移出上模，用手工取件或卸模架取件。该结构便于放嵌件和加料，减小劳动强度，当移动式模具过重或嵌件较多时，为了便于操作，可采用此类模具。

（3）固定式压缩模　固定式压缩模如图 7-2 所示。上下模都固定在压机上，开模、合模、脱模等工序均在机内进行，生产效率较高，操作简单，劳动强度小，开模振动小，模具寿命长，但结构复杂，成本高，且安放嵌件不方便。适用于成型批量较大或形状较大的塑件。

（二）根据模具加料室的形式分类

（1）溢式压缩模　溢式压缩模如图 7-5 所示，这种模具无加料室，模腔总高度 h 基本上

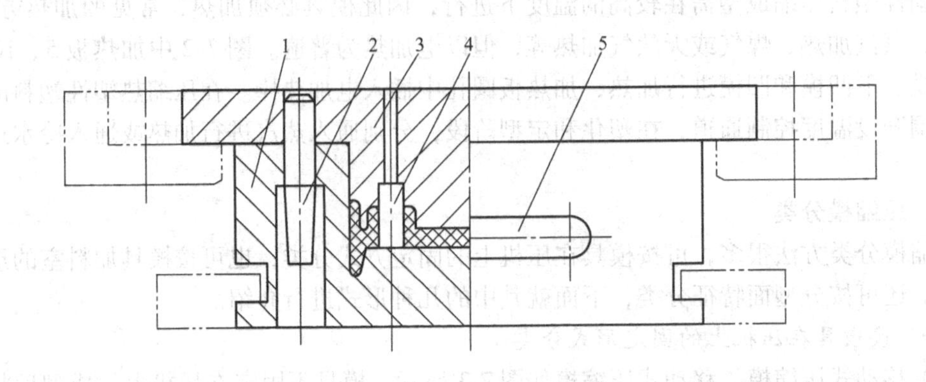

图 7-4　半固定式压缩模

1—凹模（加料室）　2—导柱　3—凸模（上模）　4—型芯　5—手柄

就是塑件高度，由于凸模与凹模无配合部分，完全靠导柱定位，故压缩成型时，塑件的径向壁厚尺寸精度不高，而高度尺寸尚可，过剩的物料极易从分型面处溢出。环形面积是挤压面，其宽度 B 比较窄，以减薄塑件的飞边。合模刚开始的压缩阶段，挤压面仅产生有限的阻力，合模到终点时，挤压面才完全密合。因此，塑件密度往往较低，强度等力学性能也不高，特别是模具闭合太快，会造成溢料量的增加，既造成原料的浪费，又降低了塑件的密度。溢式模具结构简单，造价低廉，耐用（凸凹模间无摩擦），塑件易取出，通常可用压缩空气吹出塑件。对加料量的精度要求不高，加料量一般稍大于塑件重量的5%～9%，常用预压型坯进行压缩成型，适用于压缩成型厚度不大、尺寸小和形状简单的塑件。

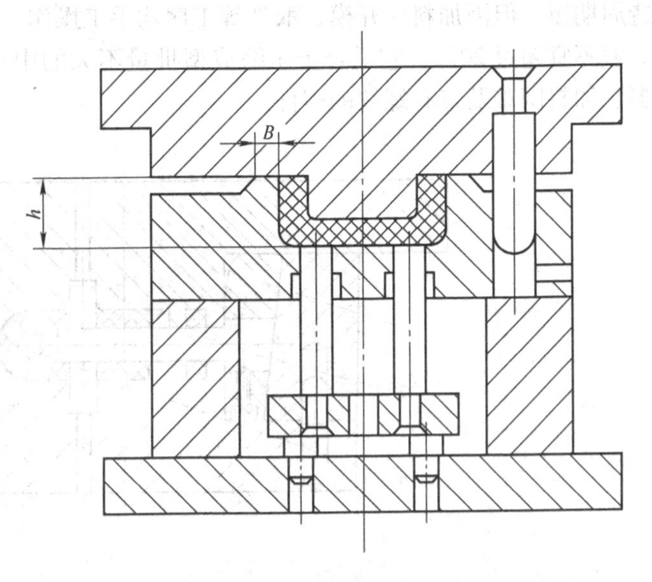

图 7-5　溢式压缩模

（2）不溢式压缩模　不溢式压缩模如图 7-6 所示。这种模具的加料室为型腔上部截面的延续，凸模与加料室有较高精度的间隙配合，故塑件径向壁厚尺寸精度较高。理论上压机所施的压力将全部作用在塑件上，塑料的溢出量很少，使塑件在垂直方向上形成很薄的飞边。配合高度不宜过大，不配合部分可以像图 7-6 所示的那样将凸模上部截面减小，也可将凹模对应部分尺寸逐渐增大而形成15′～20′的锥面。

不溢式压缩模最大的特点是塑件承受压力大，故密实性好，强度高，因此适用于成型形状复杂、壁薄和深形塑件，也适于成型流动性特别小、单位比压高、比容大的塑料，例如用它成型棉布、玻璃布或长纤维填充的塑料制件特别可取，这不单因为这些塑料流动性差，要

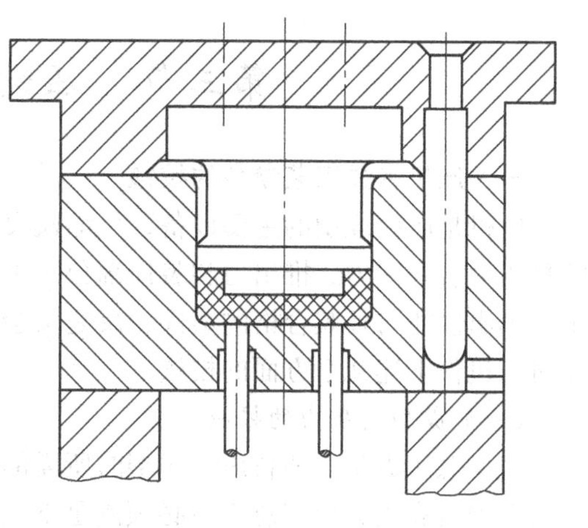
图 7-6　不溢式压缩模

求单位压力高，而且若采用溢式压缩模成型，当布片或纤维填料进入挤压面时，不易被模具夹断而妨碍模具闭合，造成飞边增厚和塑件尺寸不准，后加工时，这种夹有纤维或布片的毛边是很难去除的。不溢式模具没有挤压面，用不溢式压缩模所得的塑件飞边不但极薄，而且飞边在塑件上呈垂直分布，去除比较容易，可以用平磨等方法除去。

不溢式压缩模由于塑料的溢出量极少，因此加料量的多少直接影响着塑件的高度尺寸，每模加料都必须准确称量，所以塑件高度尺寸精度不易保证，因此流动性好、容易按体积计量的塑料一般不采用不溢式压缩模。另外，凸模与加料室侧壁摩擦，不可避免地会擦伤加料室侧壁，同时，加料室的截面尺寸与型腔截面相同，在顶出时带有伤痕的加料室会损伤塑件外表面。不溢式压缩模必须设置推出装置，否则塑件很难取出。不溢式模具一般不应设计成多型腔模，因为加料不均衡就会造成各型腔压力不等，而引起一些制件欠压。

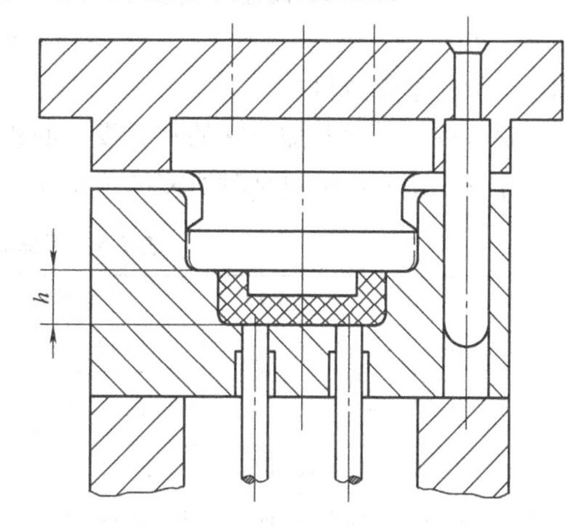

图 7-7　半溢式压缩模

（3）半溢式压缩模　半溢式压缩模如图 7-7 所示，其特点是在型腔上方设一截面尺寸大于塑件尺寸的加料室，凸模与加料室呈间隙配合，加料室与型腔分界处有一环形挤压面，其宽度约 4 ~5mm，挤压面限制了凸模的下压行程，凸模下压到挤压面接触时为止，在每一循环中使加料量稍有过量，过剩的原料通过配合间隙或在凸模上开设专门的溢料槽排出。溢料速度可通过间隙大小和溢料槽数目进行调节，其塑件的紧密程度比溢式模好。半溢式压缩模操作方便，加料时只需简单地按体积计量，而塑件的高度尺寸是由型腔高度 h 决定的，可达到每模基本一致，它主要用于粉状塑料的压缩成型。此外，由于加料室尺寸较塑件截面大，凸模不沿着模具型腔侧壁摩擦，不划伤型腔壁表面，因此推出时也不再损伤塑件外表面，用它成型带有小嵌件的塑件比用溢式模具好。因为后者常需用预压物压缩成型，这容易引起嵌件破碎。当塑件外缘形状复杂时，若采用不溢式压缩模则会造成凸模与加料室的制造困难。采用半溢式压缩模可将凸模与加料室周边配合面形状简化。半溢式模具由于有挤压边缘，不适于压制以布片或长纤维作填料的塑料，在操作时要随时注意清除落在挤压边缘上的废料，以免此处过早地损坏和破裂。半溢式压缩模兼有溢式和不溢式压缩模的优点，所以塑件的径向壁厚尺寸和高度尺寸的精度均较好，密度较高，模具寿命较长，因此得了广泛应用。

第三节　压缩模与压机的关系

一、压机有关工艺参数的校核

压机是压缩成型的主要设备，压缩模设计者必须熟悉压机的主要技术规范，特别是压机的总压力、开模力、推出力和装模部分有关尺寸等。例如，压机的成型总压力如果不足，则生产不出性能与外观合格的塑件，反之又会造成设备生产能力的浪费。在设计压缩模时应首先对压机作下述几个方面的校核。

(一) 成型总压力的校核

成型总压力是指塑料压缩成型时所需的压力。它与塑件几何形状、水平投影面积、成型工艺等因素有关，成型总压力必须满足下式：

$$F_M \leqslant KF_P \tag{7-2}$$

式中　F_M——用模具成型塑件所需的成型总压力（N）；

F_P——压机的公称压力（N）；

K——修正系数，一般取0.75～0.90，视压机新旧程度而定。

模具成型塑件时所需总压力如下：

$$F_M = 10^6 nAp \tag{7-3}$$

式中　n——型腔数目；

A——每一型腔加料室的水平投影面积（m^2）；

p——塑料压缩成型时所需的单位压力（MPa），见表7-3，还可参考表7-2。

表7-3　压缩成型时的单位压力　（单位：MPa）

塑件特征 \ 塑料品种	酚醛塑料粉		布层塑料	氨基塑料	酚醛石棉塑料
	不预热	预　热			
扁平厚壁塑件	12.25～17.15	9.80～14.70	29.40～39.20	12.25～17.15	44.10
高20～40mm　壁厚4～6mm	12.25～17.15	9.80～14.70	34.30～44.10	12.25～17.15	44.10
高20～40mm　壁厚2～4mm	12.25～17.15	9.80～14.70	39.20～49.00	12.25～17.15	44.10
高40～60mm　壁厚4～6mm	17.15～22.05	12.25～15.39	49.00～68.60	17.15～22.05	53.90
高40～60mm　壁厚2～4mm	24.50～29.40	14.70～19.60	58.80～78.40	24.50～29.40	53.90
高60～100mm　壁厚4～6mm	24.50～29.40	14.70～19.60	—	24.50～29.40	53.90
高60～100mm　壁厚2～4mm	26.95～34.30	17.15～22.05	—	26.95～34.90	53.90

当选定压机即确定压机的压缩成型能力后，可确定型腔的数目，从式（7-2）和式（7-3）中可得

$$n \leqslant \frac{KF_P}{10^6 Ap} \tag{7-4}$$

(二) 开模力和脱模力的校核

(1) 开模力的计算　开模力可按下式计算：

$$F_k = K_1 F_M \tag{7-5}$$

式中　F_k——开模力（N）；

K_1——系数。塑件形状简单、配合环（凸模与凹模相配合部分）不高时取0.1；配合环较高时取0.15；形状复杂、配合环较高时取0.2。

用机器力开模，因 $F_P > F_M$，F_k 是足够的，不需要校核。

（2）脱模力计算　脱模力是将塑件从模具中顶出的力，必须满足

$$F_d > F_t \tag{7-6}$$

式中　F_d——压机的顶出力（N）；

F_t——塑件从模具内脱出所需的力（N）。

脱模力计算公式如下

$$F_t = 10^6 A_c p_j \tag{7-7}$$

式中　A_c——塑件侧面积之和（m^2）；

p_j——塑件与金属的结合力（MPa），见表7-4。

表7-4　塑件与金属的结合力　（单位：MPa）

塑料性质	p_j
含木纤维和矿物填料的塑料	0.49
玻璃纤维塑料	1.47

（三）压缩模合模高度和开模行程的校核

为使模具正常工作，就必须使模具的闭合高度和开模行程与液压机上下工作台面之间的最大和最小开距以及活动压板的工作行程相适应，即

$$h_{min} \leqslant h < h_{max} \tag{7-8}$$

$$h = h_1 + h_2 \tag{7-9}$$

式中　h_{min}——压机上下模板之间的最小距离；

h_{max}——压机上下模板之间最大距离；

h——合模高度；

h_1——凹模的高度（见图7-8）；

h_2——凸模台肩高度（见图7-8）。

如果 $h < h_{min}$，上下模不能闭合，压机无法工作，这时在上下压板间必须加垫板，以保证 $h_{min} \leqslant h +$ 垫板厚度。

除满足 $h_{max} > h$ 外，还要求大于模具的闭合高度加开模行程之和，如图7-8所示，以保证顺利脱模。即

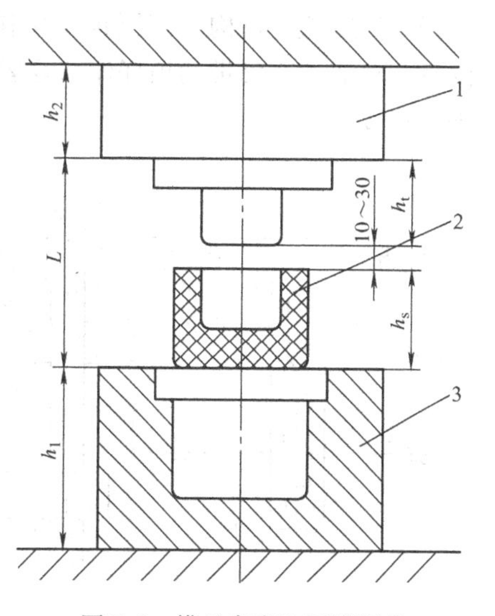

图7-8　模具高度和开模行程

1—凸模　2—塑件　3—凹模

$$h_{max} \geqslant h + L$$

$$L = h_s + h_t + 10 \sim 30\text{mm}$$

故

$$h_{max} \geqslant h + h_s + h_t + 10 \sim 30\text{mm} \tag{7-10}$$

式中　h_s——塑件高度（mm）；

h_t——凸模高度（mm）；

L——模具最小开模距（mm）。

（四）压机工作台面有关尺寸的校核

模具设计时应根据压机工作台面规格及结构来确定模具相应的尺寸。模具宽度应小于压机立柱或框架之间的距离，使模具能顺利地通过其间在工作台上安装。压缩模具的最大外形尺寸不应超过压机工作台面尺寸，以便于模具的安装固定。

压机的上下工作台都设有T形槽，有的T形槽沿对角线交叉开设，有的则平行开设。模具可直接用螺钉分别固定在上下工作台上，但模具上的固定螺钉孔（或长槽、缺口）应与工作台的上下T形槽位置相符合，模具也可用压板螺钉压紧固定，这时上模底板与下模底板上的尺寸就比较自由，只需设有宽度15～30mm的突缘台阶即可。

（五）模具推出机构与压机的关系

除小型简易压机不设任何顶出机构外，上压式压机的顶出机构常见的有手动顶出机构、顶出托架和液压顶出机构三种，现分述如下：

（1）手动顶出机构　手动顶出机构如图7-9a所示，通过手轮或手柄带动齿轮旋转，齿轮与下模板正中的顶出杆齿条相互啮合而得到顶出与回程运动。

（2）顶出托架　顶出托架如图7-9b所示，在上下工作台两边有对称的两根拉杆，当上工作台升到一定高度时，与拉杆调节螺母相接触，通过两侧的拉杆拖动位于下工作台下方的托架（横梁），托架托起中心顶杆顶出塑料制件。

（3）液压顶出机构　液压顶出机构如图7-9c所示，在下工作台正中设有顶出液压缸，缸内有差动活塞，可带动顶杆作往复运动，顶杆的正中可通过螺纹孔或T形槽与顶出机构的尾轴相连接。

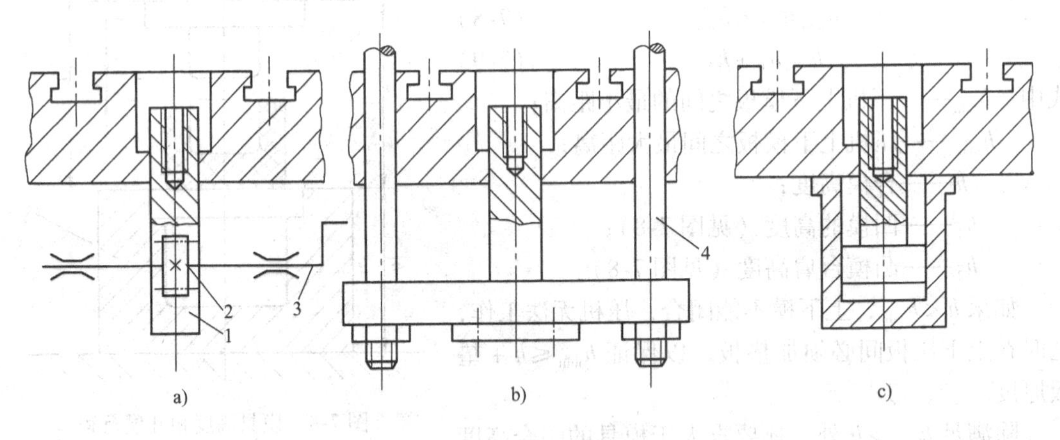

图7-9　压机顶出机构

1—齿条　2—齿轮　3—手柄　4—拉杆

压缩模具的推出机构应与压机顶出机构相适应，模具所需的推出行程应小于压机最大顶出行程。此外模具的推出机构与压机顶出机构是通过尾杆来连接的，所以尾轴的结构必须与压机和模具的推出机构相适应。

二、国产压机的主要技术规范

压机按其传动方式分为机械式压机和液压机，前者常见的有螺旋式压机，它通过一根垂直安装的可升降的旋转丝杠来推动上压板作往复运动，为了增大压机的压力，丝杠头上带有

一转盘（惯性轮），而转盘的旋转运动系通过带轮、摩擦轮或人力来拖动的。此外，还有双曲柄杠杆式压机等，机械式压机的压力不准确，运动噪声大，容易磨损，特别是用人力驱动的手板压机，劳动强度很大，工厂已极少采用。

液压机按其结构可分为上压式液压机和下压式液压机。用于生产塑料制件的多为下工作台固定不动的上压式液压机，因为它使用起来比下压式方便。图 7-10 ~ 图 7-11 所示为部分国产上压式液压机。图中仅标出了一些与安装模具有关的参数，各种压机的技术参数详见有关手册。

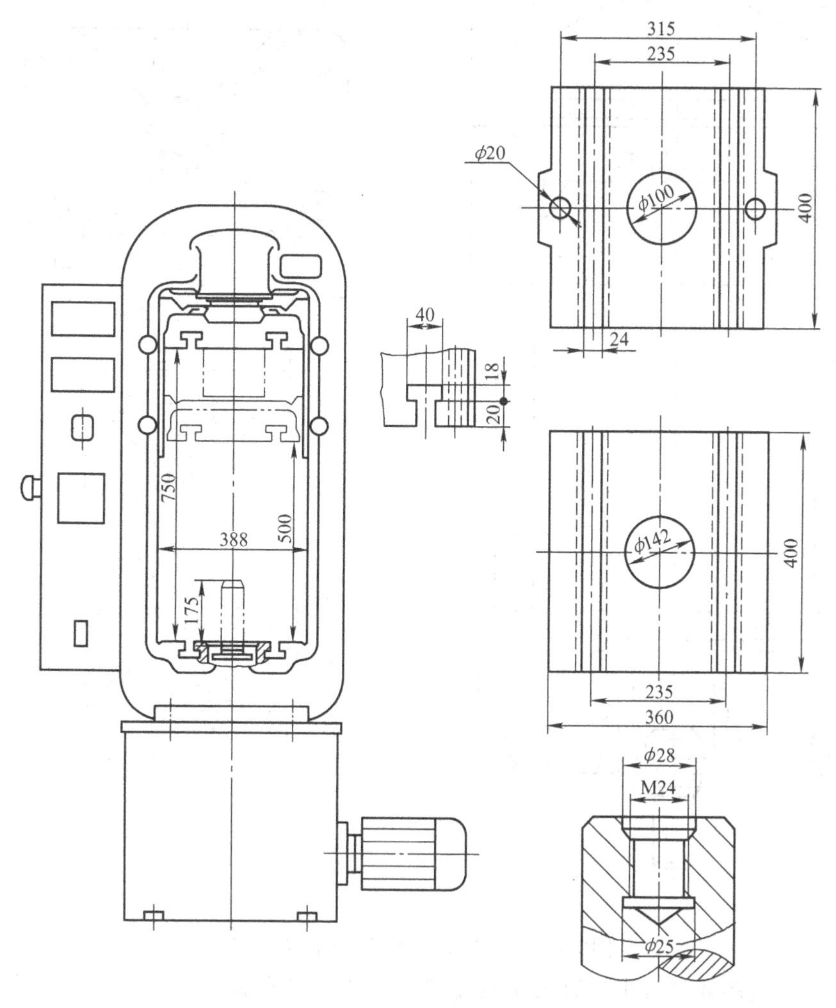

图 7-10　SY71-45 型塑料制品液压机

液压机按动力来源可分为由中央蓄力站供给压力液的液压机，由于其工作液多为油水混合的乳化油或水，因此又称为水压机，水压机本身不带动力系统，因此结构简单，价格便宜，但它必须配备中央蓄力系统，该系统供应压机两种压力水，高压水（20MPa）用于压制、分模和顶出，低压水（0.8 ~ 5MPa）用于快速合模，国内除一些老厂继续使用着各种型号的水压机外，新建厂或新购置的设备已很少采用这种水压机。目前，大量使用的是带有单独液压泵的液压机，其工作液多为油，故称油压机。此种压机的油压可以进行调节，其最高工作油压多采用 30MPa，此外还有 16MPa、32MPa、50MPa 数种，本书所举各型压机皆为国

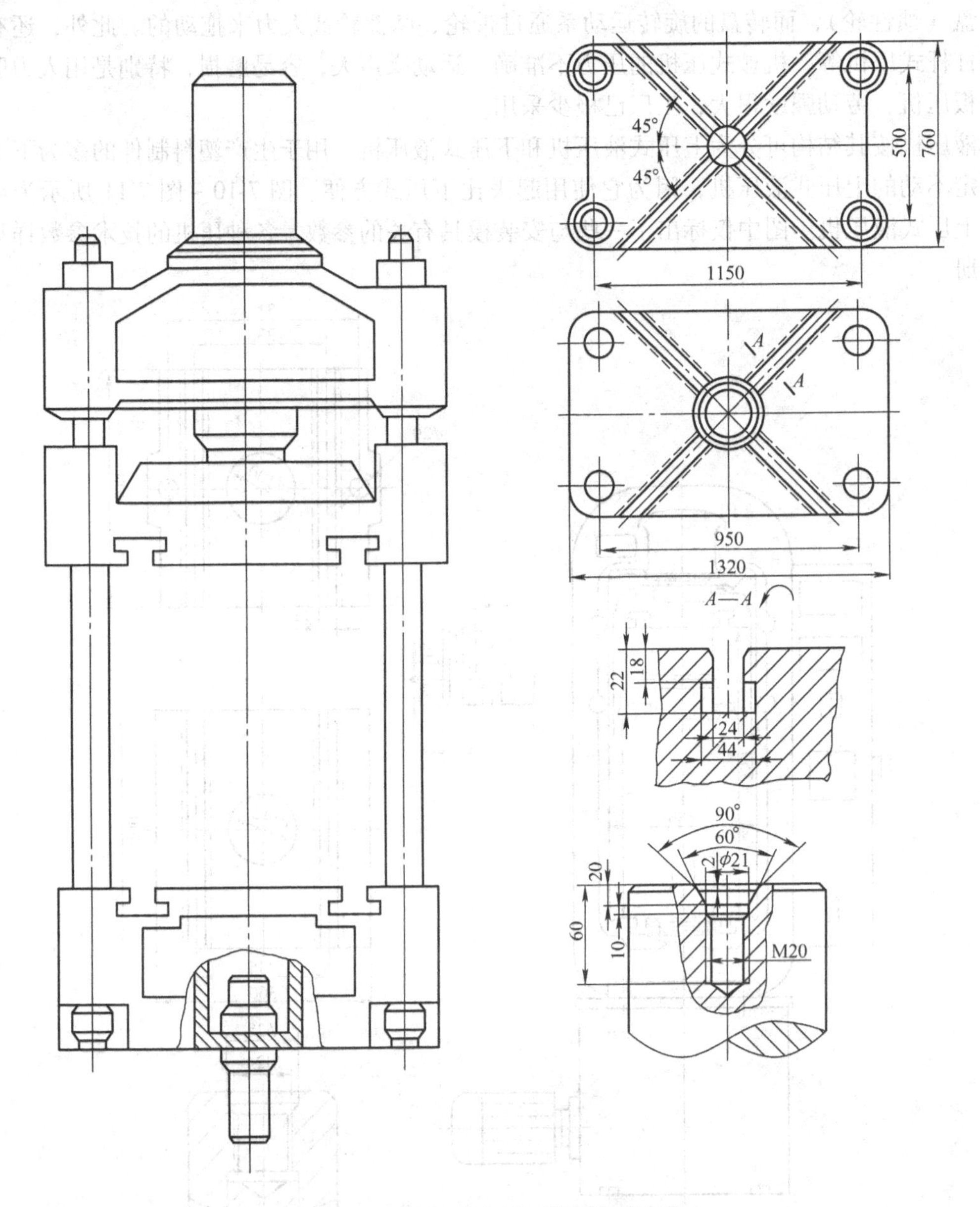

图 7-11　YB32-200 型四柱万能液压机

产油压机。油压机多数具有半自动或全自动操作系统，对压缩成型时间等可进行自动控制。

第四节　压缩模成型零部件设计

与塑料直接接触用以成型塑件的零件叫成型零件。成型零件组成压缩模的型腔，由于压缩模加料室与型腔凹模连成一体，因此，加料室结构和尺寸计算也将在本节讨论。在设计压缩模时，首先应确定型腔的总体结构、凹模和凸模之间的配合形式以及成型零件的结构。在型腔结构确定后还应根据塑件尺寸确定型腔成型尺寸。根据塑件重量和塑料品种确定加料室尺寸。根据型腔结构和尺寸、压缩成型压力大小确定型腔壁厚等。有些内容如型腔的成型尺寸计算、型腔底板及壁厚的校核计算、凸模的结构等在第五章已有介绍，在此不再重复。

一、塑件在模具内加压方向选择

所谓加压方向即凸模作用方向。加压方向对塑件的质量、模具的结构和脱模的难易都有重要的影响，在决定施压方向时要考虑下述因素：

（1）便于加料　图 7-12 所示为同一塑件的两种加压方法。图 7-12a 的加料室较窄，不利于加料；图 7-12b 的加料室大而浅，便于加料。

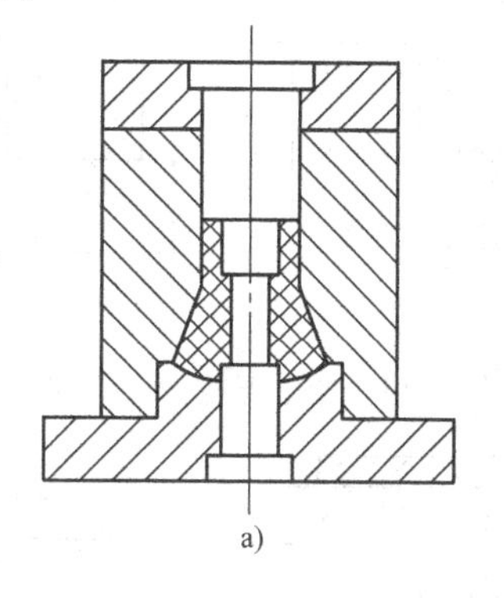

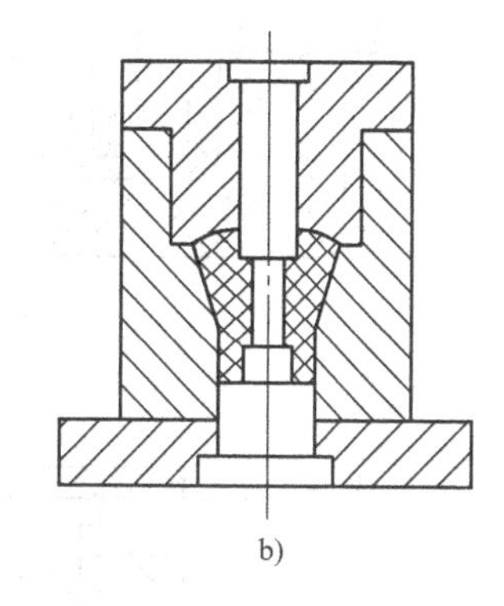

图 7-12　便于加料的加压方向

（2）有利于压力传递　如在加压过程中压力传递距离太长，则会导致压力损失太大，造成塑件组织疏松，密度上下不均匀。对于细长杆、管类塑件，应改垂直方向加压为水平方向加压。如图 7-13a 所示的圆筒形塑件，沿着轴线加压，则成型压力不易均匀地作用在全长范围内，若从上端加压，则塑件底部压力小，使底部质地疏松密度小；若采用上下凸模同时加压则塑件中部出现疏松现象。为此可将塑件横放，采用图 7-13b 的横向加压形式即可克服上述缺陷，但在塑件外圆上将会产生两条飞边，影响塑件外观。

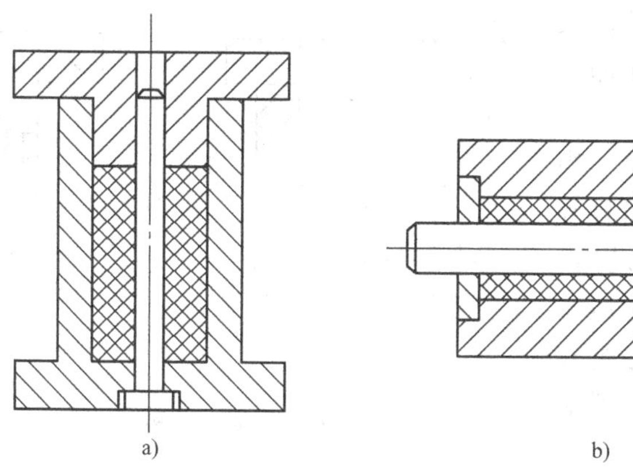

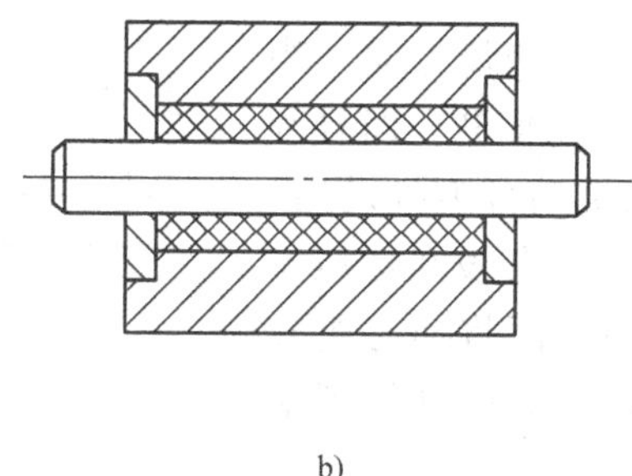

图 7-13　有利于压力传递的加压方向

（3）便于安放和固定嵌件　当塑料制件上有嵌件时，应优先考虑将嵌件安放在下模上。如将嵌件安放在上模（见图 7-14a）则既费事，又有嵌件不慎落下压坏模具之虑。图 7-14b 所示将嵌件改装在下模，成为所谓的倒装式压缩模，不但操作方便，而且可利用嵌件顶出塑件。

（4）便于塑料流动　要使塑料便于流动，加压时应使料流方向与压力方向一致。如图 7-15a 所示，型腔设在上模，凸模位于下模，加压时，塑料逆着加压方向流动，同时由于在分型面上需要切断产生的飞边，故需要增大压力。而图 7-15b 中，型腔设在下模，凸模位于上模，加压方向与料流方向一致，能有效地利用压力。

（5）保证凸模的强度　无论从正面或从反面加压都可以成型，但加压时上凸模受力较大，故上凸模形状越简单越好。如图 7-16b 所示的结构要比图 7-16a 所示的结构更为合理。

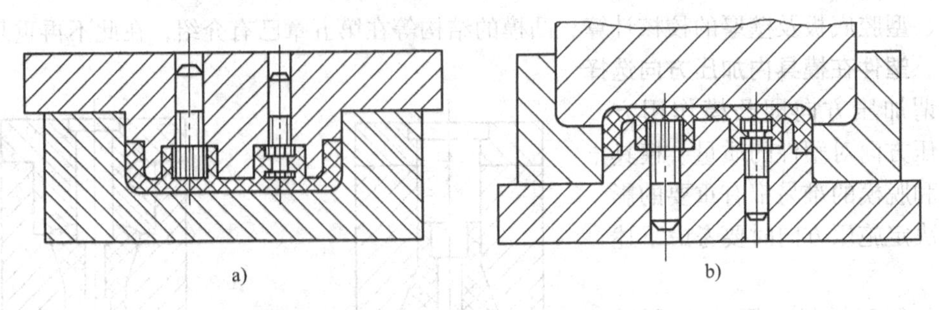

图 7-14　便于安放嵌件的加压方向

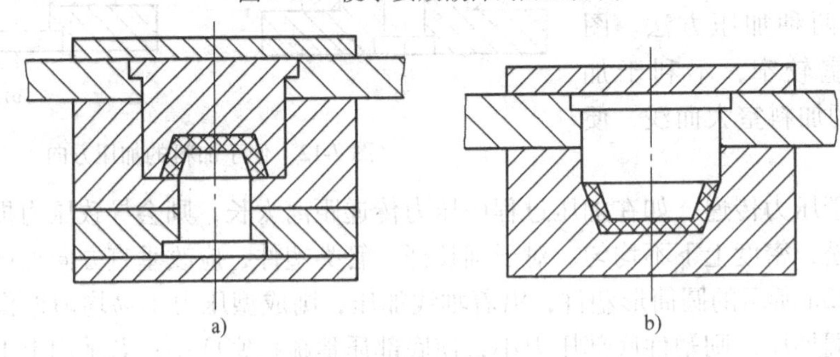

图 7-15　便于塑料流动的加压方向

（6）保证重要尺寸的精度　沿加压方向的塑件高度尺寸因溢边厚度不同和加料量不同而变化（尤其是不溢式压缩模），故精度要求较高的尺寸不宜设在加压方向上。

（7）长型芯位于施压方向　当塑件多个方向需侧向抽芯，而且利用开模力作侧向机动分型抽芯时，宜将抽芯距离长的型芯设在加压方向（即开模方向），而将抽芯距较短的型芯设在侧面作侧向分型抽芯。

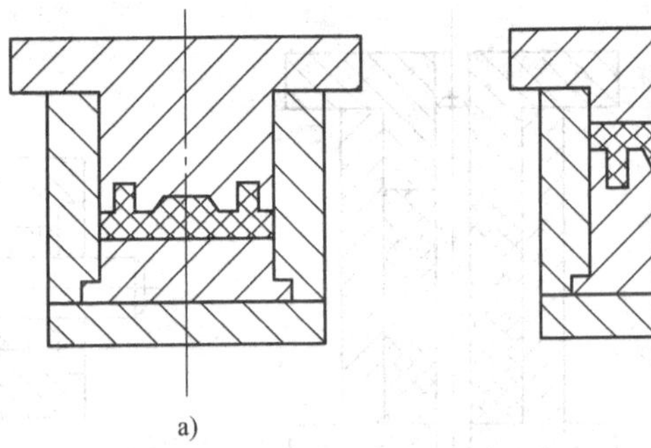

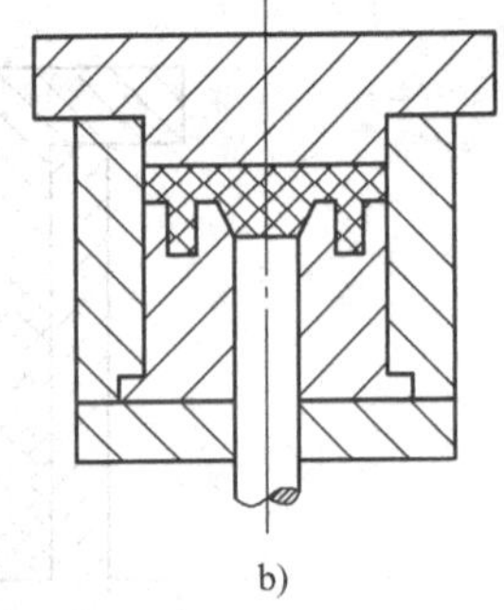

图 7-16　有利于凸模强度的加压方向

二、凸模与加料室的配合形式

各类压缩模具的凸模和加料室（凹模）的配合结构各不相同，因此应从塑料特点、塑件形状、塑件密度、脱模难易、模具结构等方面加以合理选择。

（一）凸凹模各组成部分及其作用

以半溢式压缩模为例，凸凹模一般有引导环、配合环、挤压环、储料槽、排气溢料槽、承压面、加料室等部分组成，如图 7-17 所示。它们的作用如下：

（1）引导环（L_1）　引导环为导正凸模进入凹模的部分，除加料室极浅（高度在 10mm 以内）的凹模外，一般在加料室上部设有一段长为 L_1 的引导环，引导环有一 α 角的斜度。移动式压缩模 α 取 $20' \sim 1°30'$；固定式压缩模 α 取 $20' \sim 1°$；有上下凸模时，为加工方便，α 取 $4° \sim 5°$。在凹模口处设有圆角 R，一般 R 取 $1 \sim 2$mm。引导环长度 L_1 取 10mm 左右。引导环的作用是减少凸凹模之间的摩擦，避免塑件顶出时擦伤表面，并可延长模具寿命，减少开模阻力；对凸模进入凹模导向，尤其是不溢式的结构，因为凸模端面是尖角，对凹模侧壁有剪切作用，很容易损坏模具；便于排气。

（2）配合环（L_2）　配合环是凸模与凹模加料室的配合部分，它的作用是保证凸模与凹模定位准确，阻止塑料溢出，通畅地排出气体。凸凹模配合间隙应按照塑料的流动性及塑件尺寸大小而定。对于移动式模具，凸凹模经热处理的可采用 H8/f7 的配合，形状复杂的可采用 H8/f8 的配合，更正确的办法是用热固性塑料的溢料值作为决定间隙的标准，一般取其单边间隙 $t=0.025\sim0.075$mm。配合环的长度 L_2 应按凸凹模的配合间隙而定。移动式模具取 $L_2=4\sim6$mm；固定式模具，若加料室高度 $H\geqslant30$mm 时，取 $L_2=8\sim10$mm。

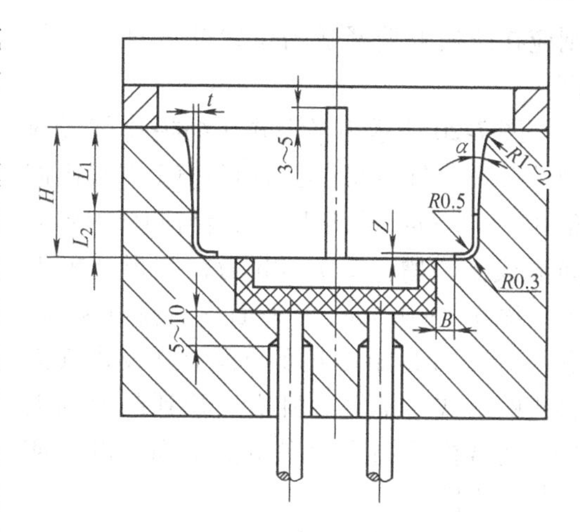

图 7-17　压缩模的凸凹模各组成部分

型腔下面的推杆或活动下凸模与对应孔之间的配合也可以取与上述性质类似的配合，配合长度不宜太长，否则活动不灵或卡死，一般取配合长度为 5～10mm 左右。孔下段不配合的部分可以加大孔径，或将该段作成 4°～5°的斜孔。

（3）挤压环（B）　挤压环的作用是限制凸模下行位置，并保证最薄的水平飞边。挤压环主要用于半溢式和溢式压缩模，不溢式压缩模没有挤压环。挤压环的形式如图 7-18 所示，挤压环的宽度 B 值按塑件大小及模具用钢而定。一般中小型模具，钢材较好时取 $B=2\sim4$mm，大型模具取 $B=3\sim5$mm。

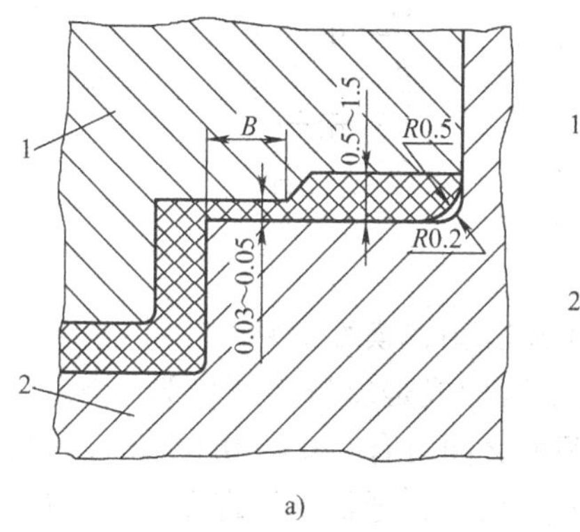

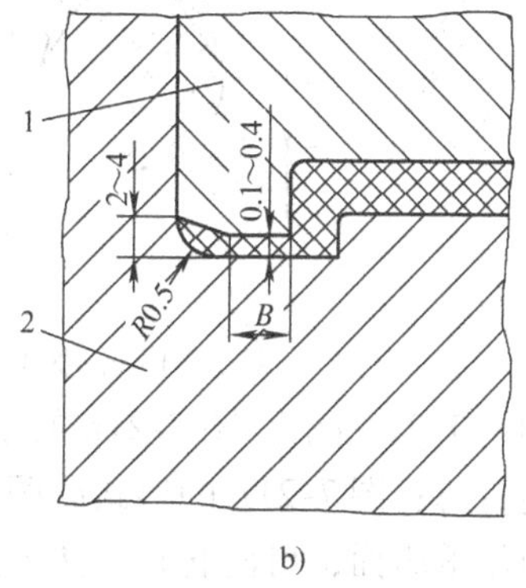

图 7-18　挤压环的形式

1—凸模　2—凹模

（4）储料槽　储料槽的作用是供排出余料用，因此凸凹模配合后应留有小空间 Z 作储料槽。半溢式压缩模的储料槽形式如图 7-17 所示；不溢式压缩模的储料槽设计在凸模上，如图 7-19 所示，这种储料槽不能设计成连续的环形槽，否则余料会牢固地包在凸模上难以清理。

（5）排气溢料槽　为了减少飞边，保证塑件精度及质量，成型时必须将产生的气体及余料排出模外。一般可通过压缩过程中的“放气”操作或利用凸凹模配合间隙来实现排气。但当成型形状复杂的塑件及流动性较差的纤维填料的塑料时，或在压缩时不能排出气体时，则应在凸模上选择适当位置开设排气溢料槽。

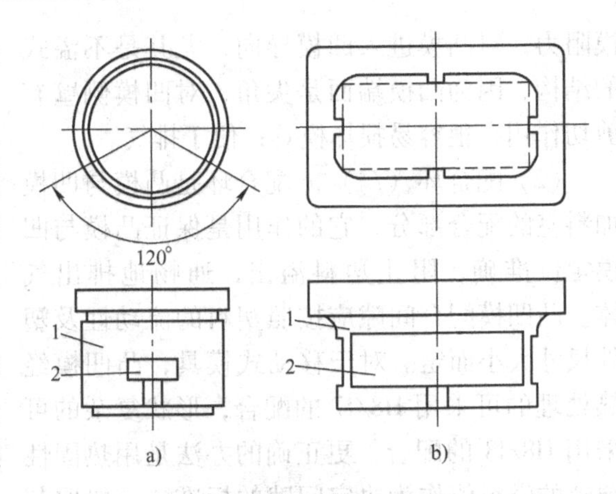

图7-19　不溢式压缩模储料槽

1—凸模　2—储料槽

图7-20所示为半溢式压缩模排气溢料槽的形式。图7-20a为圆形凸模上开设出四条0.2～0.3mm的凹槽，凹槽与凹模内圆面间形成溢料槽；图7-20b为在圆形凸模上磨出深0.2～0.3mm的平面进行排气溢料；图7-20c、d是矩形截面凸模上开设排气溢料槽的形式。排气溢料槽应开到凸模的上端，使合模后高出加料室上平面，以便使余料排出模外。

（6）承压面　承压面的作用是减轻挤压环的载荷，延长模具的使用寿命。承压

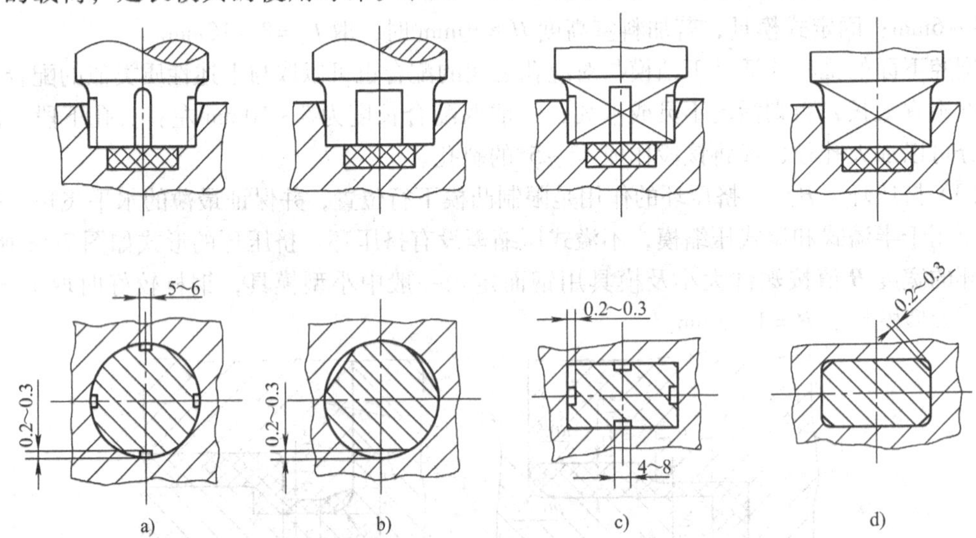

图7-20　半溢式固定式压缩模的溢料槽

面的结构形式如图7-21所示。图7-21a的结构形式是以挤压环作为承压面，模具容易变形或压坏，但飞边较薄；图7-21b的形式凸凹模之间留有0.03～0.05mm的间隙，由凸模固定板与凹模上端面作承压面，可防止挤压边变形损坏，延长模具寿命，但飞边较厚，主要用于移动式压缩模。对于固定式压缩模，最好采用如图7-21c所示承压块的形式，通过调节承压块的厚度来控制凸模进入凹模的深度或与挤压边缘之间的间隙，减少飞边厚度，承受压机余压，有时还可调节塑件高度。

承压块的形式如图7-22所示，矩形模具用长条形的，如图7-22a所示；圆形模具用弯月形的，如图7-22b所示；小型模具可用圆形的（见图7-22c）或圆柱形的（见图7-22d）。它们的厚度一般为8～10mm。安装形式有单面安装和双面安装，如图7-23所示。承压块材料可用T7、T8或45钢，硬度为35～40HRC。

（7）加料室　加料室是供容纳塑料粉用的空间，其结构形式及有关计算将在后面讨论。

（二）凸凹模配合的结构形式

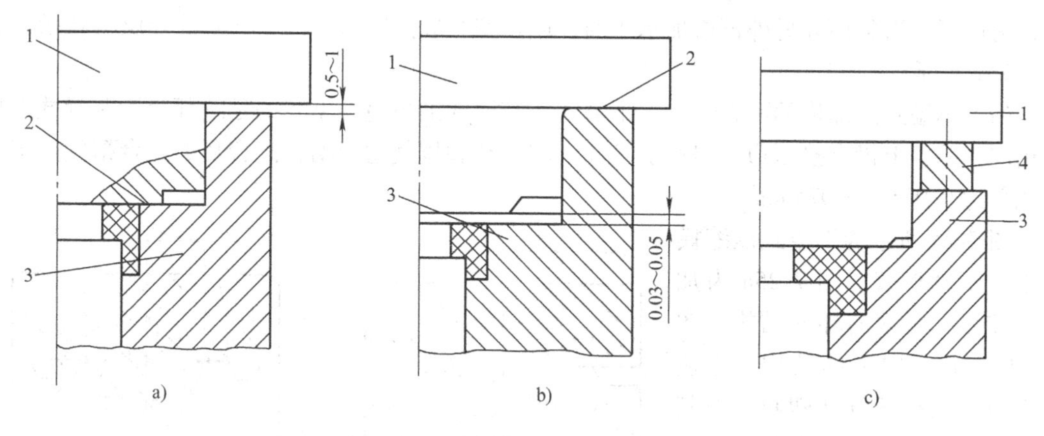

图 7-21　压缩模承压面的结构形式
1—凸模　2—承压面　3—凹模　4—承压块

压缩模凸模与凹模配合的结构形式及该处的尺寸是模具设计的关键所在，结构形式如设计恰当，就能使压缩工作顺利进行，生产的塑件精度高，质量好。其形式和尺寸依压缩模类型的不同而不同，现分述如下：

（1）溢式压缩模的配合形式　溢式压缩模没有加料室，仅利用凹模型腔装料，凸模与凹模没有引导环和配合环，只是在分型面水平接触。为了减少溢料量，接触面要光滑平整，为了使毛边变薄，接触面积不宜太大，一般设计成宽度为 3～5mm 的环形面，因此该接触面称溢料面或挤压面，如图 7-24a 所示。由于溢料面积小，为防止此面受压机余压作用而导致压塌、变形载或磨损，使取件困

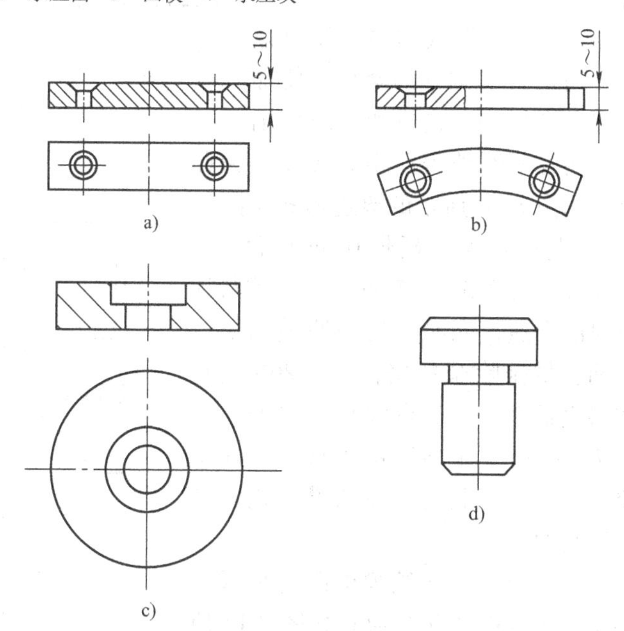

图 7-22　承压块的形式

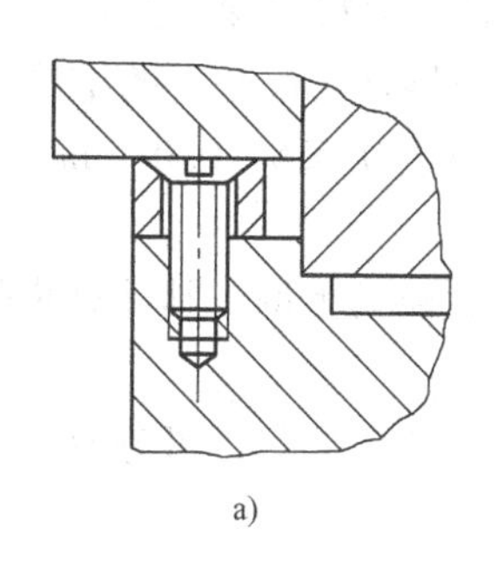

a)

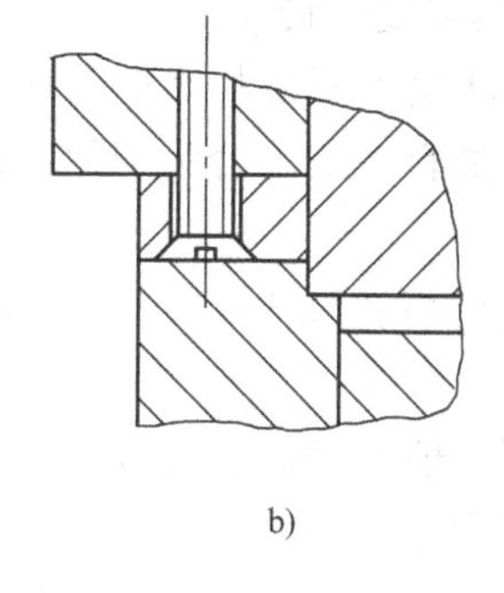

b)

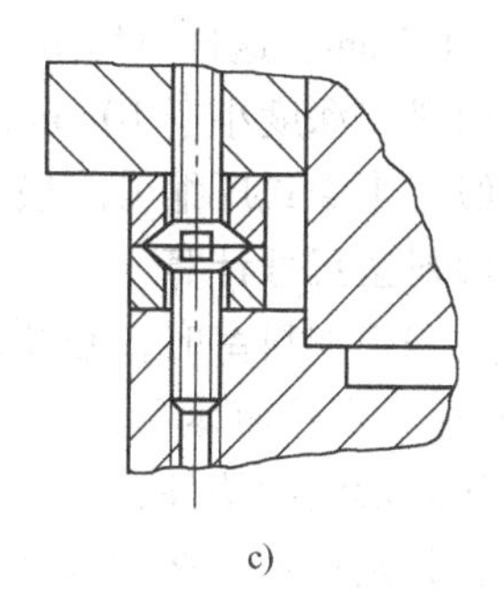

c)

图 7-23　承压块的安装

难，为此可在溢料面处另外再增加承压面，或在型腔周围距边缘3～5mm处开设溢料槽，如图7-24b所示。

（2）不溢式压缩模的配合形式　不溢式压缩模的加料室是型腔的延续部分，两者截面形状相同，基本上没有挤压边，但有引导环、配合环和排气溢料槽，配合环的配合精度为H8/f7或单边0.025～0.075mm。

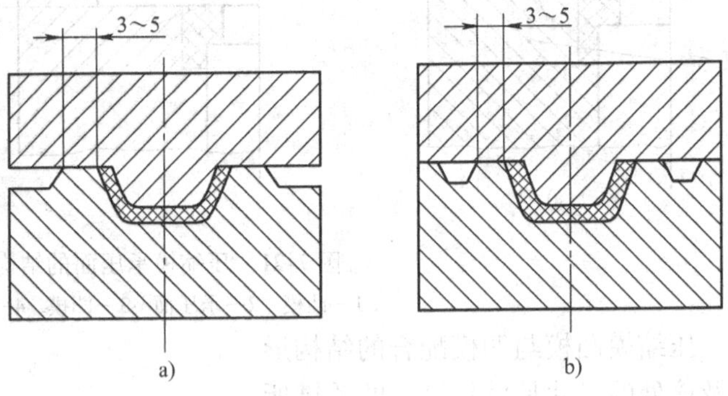

图7-24　溢式压缩模配合形式

图7-25所示为不溢式压缩模常用的配合形式。图7-25a为加料室较浅、无导向环的结构；图7-25b为有导向环的结构。它适于成型粉状和纤维状塑料。因其流动性较差，应在凸模表面开设排气槽。

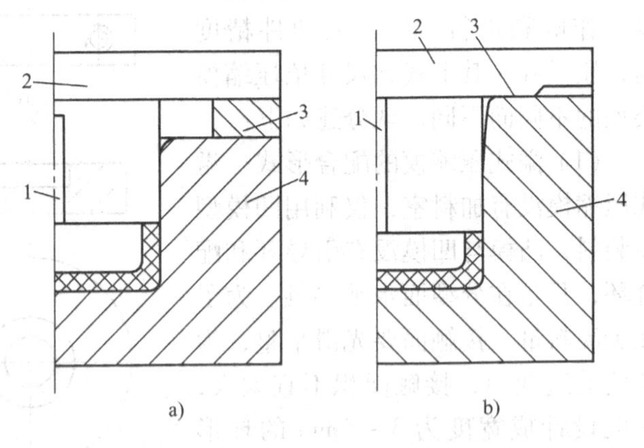

图7-25　不溢式压缩模的配合形式

1—排气溢料槽　2—凸模　3—承压面　4—凹模

上述配合形式的最大缺点是凸模与加料室侧壁的摩擦，使加料室逐渐损伤，造成塑件脱模困难，而且塑件外表面很易擦伤，为此可采用图7-26所示的改进形式。图7-26a是将凹模型腔延长0.8mm后，每边向外扩大0.3～0.5mm，减少塑料顶出时的摩擦，同时凸模与凹模间形成空间，供排除余料用；图7-26b是将加料室扩大，然后再倾斜45°的形式；图7-26c适于带斜边的塑件，当成型流动性差的塑料时，在凸模上仍需开设溢料槽。

（3）半溢式压缩模的配合形式　半溢式压缩模的配合形式如图7-17所示。这种形式的最大特点是带有水平的挤压环，同时凸模与加料室间的配合间隙或溢料槽可以排气溢料。凸模的前端制成半径为0.5～0.8mm的圆角或45°的倒角。加料室的圆角半径则取0.3～0.5mm，这样可增加模具强度，便于清理废料。对于加料室深的凹模，也需设置引导环，加料室深度小于10mm的凹模可直接制出配合环，引导环与配合环的结构与不溢式压缩模类似。半溢式压缩模凸模与加料室的配合为H8/f7或单边0.025～0.075mm。

三、加料室尺寸计算

设计压缩模加料室时，必须进行高度尺寸计算，以单型腔模具为例，其计算步骤如下：

（一）计算塑件的体积

简单几何形状的塑件，可以用一般几何算法计算；复杂的几何形状，可分成若干个规则的几何形状分别计算，然后求其总和。

（二）计算塑件所需原料的体积

$$V_{sl} = (1 + K)kV_s \tag{7-11}$$

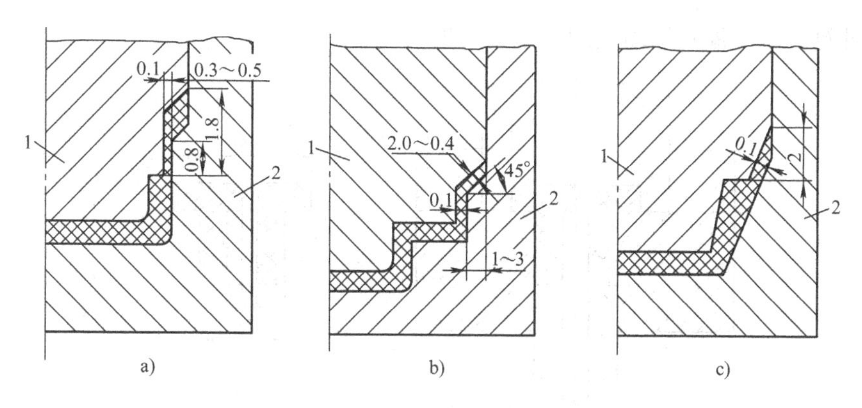

图 7-26　不溢式压缩模的改进形式

1—凸模　2—凹模

式中　V_{sl}——塑件所需原料的体积；

K——飞边溢料的重量系数，根据塑件分型面大小选取，通常取塑件净重的 5% ~ 10%。

k——塑料的压缩比（见表 7-5）；

V_s——塑件的体积。

表 7-5　常用热固性塑料的比容、压缩比

塑料名称	比容 $v/\mathrm{cm^3 \cdot g^{-1}}$	压缩比 k
酚醛塑料（粉状）	1.8 ~ 2.8	1.5 ~ 2.7
氨基塑料（粉状）	2.5 ~ 3.0	2.2 ~ 3.0
碎布塑料（片状）	3.0 ~ 6.0	5.0 ~ 10.0

还可以根据塑件的重量求得其塑料原料的体积（塑件的重量可直接用天平称量出）。

$$V_{sl} = (1 + K)mv \tag{7-12}$$

式中　m——塑件的重量；

v——塑料的比容（见表 7-5）。

（三）计算加料室的高度

加料室断面尺寸可根据模具类型确定，不溢式压缩模的加料室截面尺寸与型腔截面尺寸相等；半溢式压缩模的加料室由于有挤压面，所以加料室截面尺寸应等于型腔截面尺寸加上挤压面的尺寸，挤压面单边的宽度为 3 ~ 5mm；溢式压缩模凹模型腔即为加料室，故无需计算。

当算出加料室截面面积后，就可以根据不同的情况对加料室高度进行计算，其高度为

$$H = \frac{V_{sl} - V_j + V_d}{A} + 5 \sim 10\mathrm{mm} \tag{7-13}$$

式中　H——加料室高度（mm）；

V_j——加料室底部以下型腔体积（$\mathrm{mm^3}$）；

V_d——下凸模（下型芯）占有加料室的体积（$\mathrm{mm^3}$）；

A——加料室截面积（$\mathrm{mm^3}$）。

例　有一塑件如图 7-27 所示，物料密度为 1.4g/cm³，压缩比为 3，飞边重量按塑件净

重的10%计算，求半溢式压缩模加料室的高度。

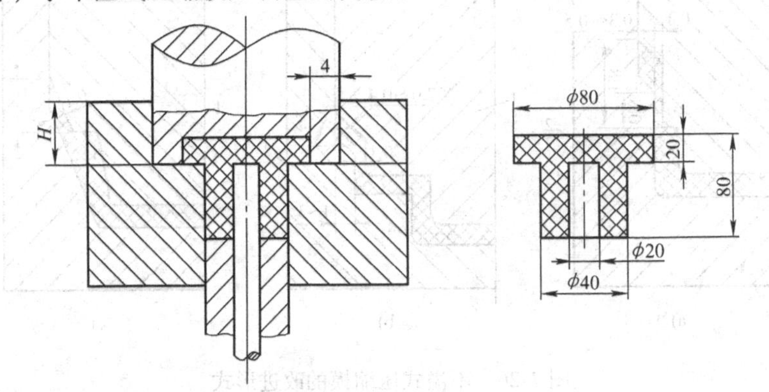

图7-27　加料室高度计算

解（1）计算塑件的体积 V_s

$$V_s = \frac{\pi D_1^2}{4}h_1 + \frac{\pi(D_2^2 - D_3^2)}{4}(h_2 - h_1)$$

$$= \left[\frac{\pi \times 80^2}{4} \times 20 + \frac{\pi(40^2 - 20^2)}{4} \times (80 - 20)\right]\text{mm}^3$$

$$= 157 \times 10^3\text{mm}^3$$

（2）塑件所需原料的体积 V_{sl}

$$V_{sl} = (1 + K)kV_s$$

$$= (1 + 10\%) \times 3 \times 157 \times 10^3\text{mm}^3$$

$$= 518.3 \times 10^3\text{mm}^3$$

（3）加料室截面积 A

$$A = \frac{\pi(D_1 + 4 \times 2)^2}{4}$$

$$= \frac{\pi \times (80 + 8)^2}{4}\text{mm}^2$$

$$= 60.8 \times 10^2\text{mm}^2$$

（4）加料室底部以下的型腔体积 V_j

$$V_j = \frac{\pi D_2^2}{4}(h_2 - h_1)$$

$$= \frac{\pi \times 40^2}{4} \times (80 - 20)\text{mm}^3 = 75.4 \times 10^3\text{mm}^3$$

（5）凸模及型芯占有加料室的体积 V_d

$$V_d = \frac{\pi(D_2^2 - D_3^2)}{4}(h_2 - h_1) = \frac{\pi(40^2 - 20^2)}{4}(80 - 20)\text{mm}^3$$

$$= 56.5 \times 10^3\text{mm}^3$$

此外 V_d 在加料室下方应取负值。

（6）加料室高度 H

$$H = \frac{V_{sl} - V_j - V_d}{A} + 5 \sim 10\text{mm}$$

$$= \left[\frac{518.3 \times 10^3 - 75.4 \times 10^2 + 18.8 \times 10^3}{60.8 \times 10^2} + (5 \sim 10)\right]\text{mm}$$

$$= [75.9 + (5 \sim 10)]\text{mm}$$

加料室高度取 $H = 80\text{mm}$。

四、压缩模脱模机构

压缩模的脱模机构与注射模具的脱模机构相似，常见的有推杆脱模机构，推管脱模机构、推件板脱模机构等，此外还有二级脱模机构和上下模均带有脱模装置的双脱模机构。

（一）脱模机构与压机的连接方式

为了设计固定式压缩模的脱模机构，必须先了解压机顶出系统与压缩模脱模机构（推出机构）的连接方式。不带任何脱模装置的压机适用于移动式压缩模，当必须采用固定式压缩模和机械顶出时，可利用开模动作在模具上另加推出机构（卸模装置）。

多数压机都带有顶出装置，压机的最大顶出行程都是有限的，当压机带有液压顶出装置时，液压缸的活塞杆即是压机的顶出杆，顶杆上升的极限位置是其头部与工作台表面相平齐。压缩模的脱模机构和压机的顶杆（活塞杆）有下述两种连接方式：

（1）压机顶杆与压缩模脱模机构不直接连接　如果压机顶杆能伸出工作台面且有足够的高度时，将模具装好后直接调节顶杆顶出距离就可以进行操作。当压机顶杆端部上升的极限位置与工作台面相平齐时（一般压机均如此），必须在顶杆端部旋入一适当长度的尾轴。如图 7-28a 所示，尾轴的长度等于塑件推出高度加下模底板厚度和挡销高度。尾轴也可反过来利用螺纹直接与压缩模推板相连，如图 7-28b 所示。以上两种结构复位都需要用复位杆。

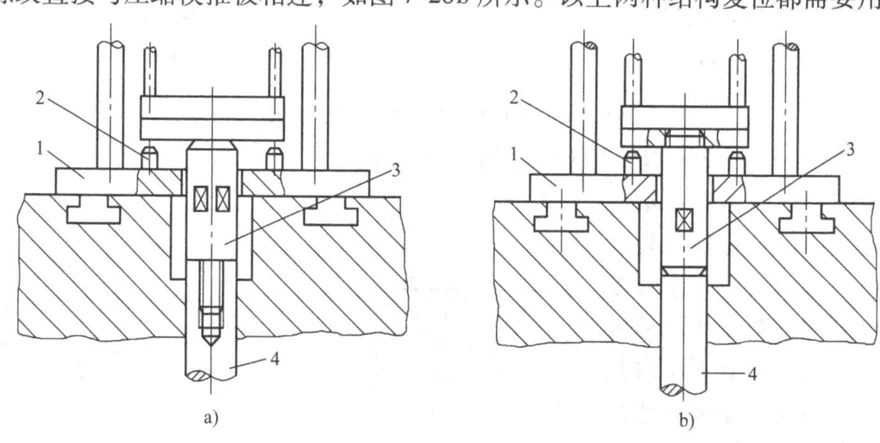

图 7-28　与压机顶杆不相连的推出机构

1—下模底板　2—挡销　3—尾轴　4—压机顶杆

（2）压机顶杆与压缩模脱模机构直接连接　这种结构如图 7-29 所示。压机的顶杆不仅能顶出塑件，而且能使模具推出机构复位。这种压机具有差动活塞的液压顶出缸。

（二）固定式压缩模脱模机构

固定式压缩模的脱模可分为气吹脱模和机动脱模，而通常采用的是机动脱模。当采用溢式压缩模或少数半溢式压缩模时，如对型腔的粘附力不大，可采用气吹脱模，如图 7-30 所示。气吹脱模适用于薄壁壳形塑件，当它对凸模包紧力很小或凸模脱模斜度较大时，开模后塑件留在凹模中，这时压缩空气由喷嘴吹入塑件与模壁之间因收缩而产生的间隙里，使塑件升起，如图 7-30a 所示。图 7-30b 为一矩形塑件，其中心有一孔，成型后用压缩空气吹破孔

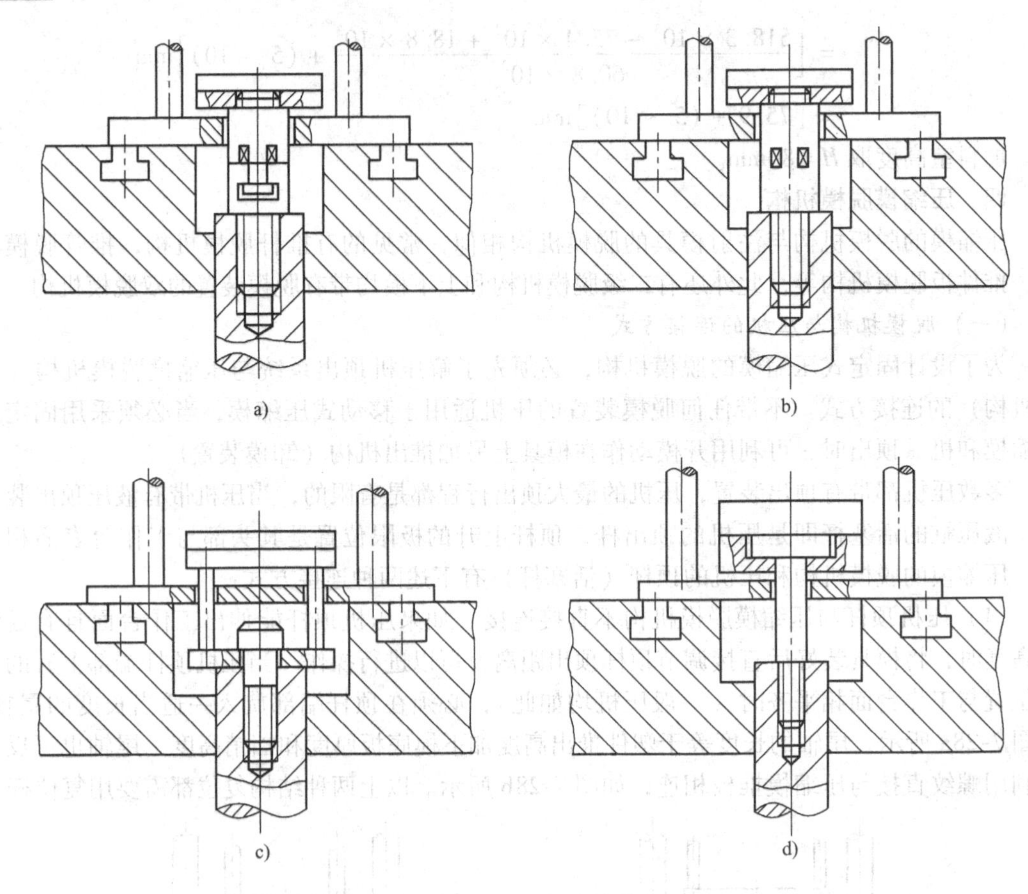

图 7-29 与压机顶杆相连的推出机构

内的溢边，使压缩空气钻入塑件与模壁之间，将塑件脱出。

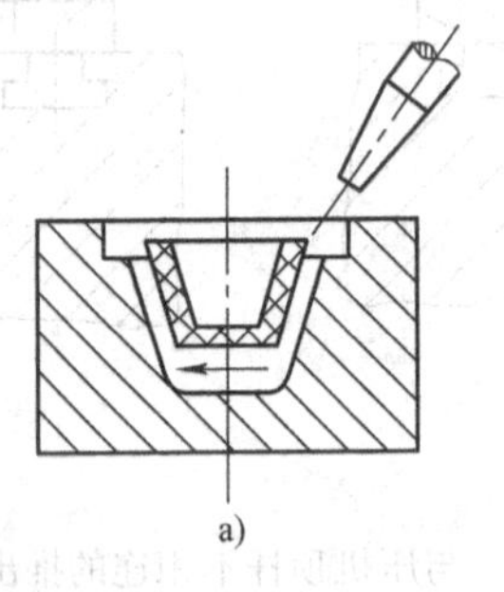

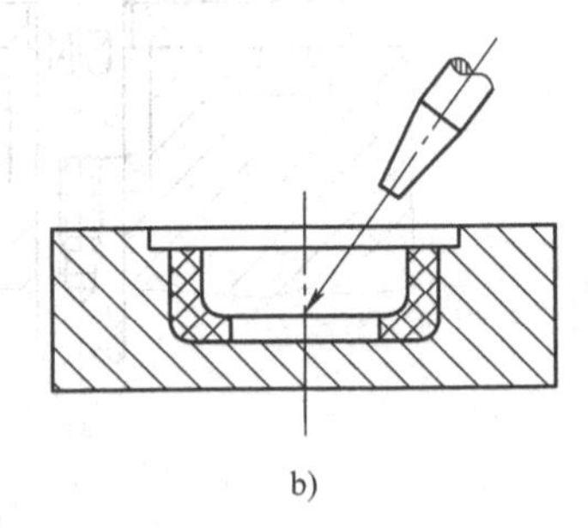

图 7-30 气吹脱模

机动脱模一般应尽量让塑件在分型后留在压机上有顶出装置的模具一边，然后采用与注射模相似的推出机构将塑件从模具内推出。有时当塑件在上下模内脱模阻力相差不多且不能准确地判断塑件是否会留在压机带有顶出装置一边的模具内时，可采用双脱模机构，但双脱模机构增加了模具结构的复杂性，因此，让塑件准确地留在下模或上模上（凹模内或凸模上）是比较合理的，这时只需在模具的某一边设计脱模机构，这就简化了模具的结构。为此，在满足使用要求的前提下可适当地改变塑件的结构特征。例如，为使塑件留在凹模内，如图 7-31a 所示的薄壁压缩件可增加凸模的脱模斜度，减少凹模的脱模斜度，有时甚至将凹模制成轻微的反斜度（3′~5′），如图 7-31b 所示；或在凹模型腔内开设 0.1~0.2mm 的侧凹模，使塑件留于凹模，开模后塑件由凹模内被强制推出，如图 7-31c 所示；为了使塑件留在凸模上，可以采取与上面类似作法的相反措施，例如在凸模上开环形浅凹槽，如图 7-31d 所示，开模后用上

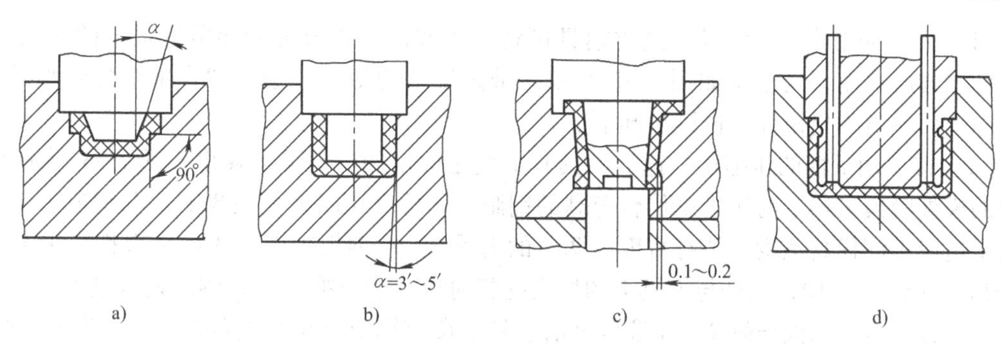

图 7-31　使塑件留模的方法

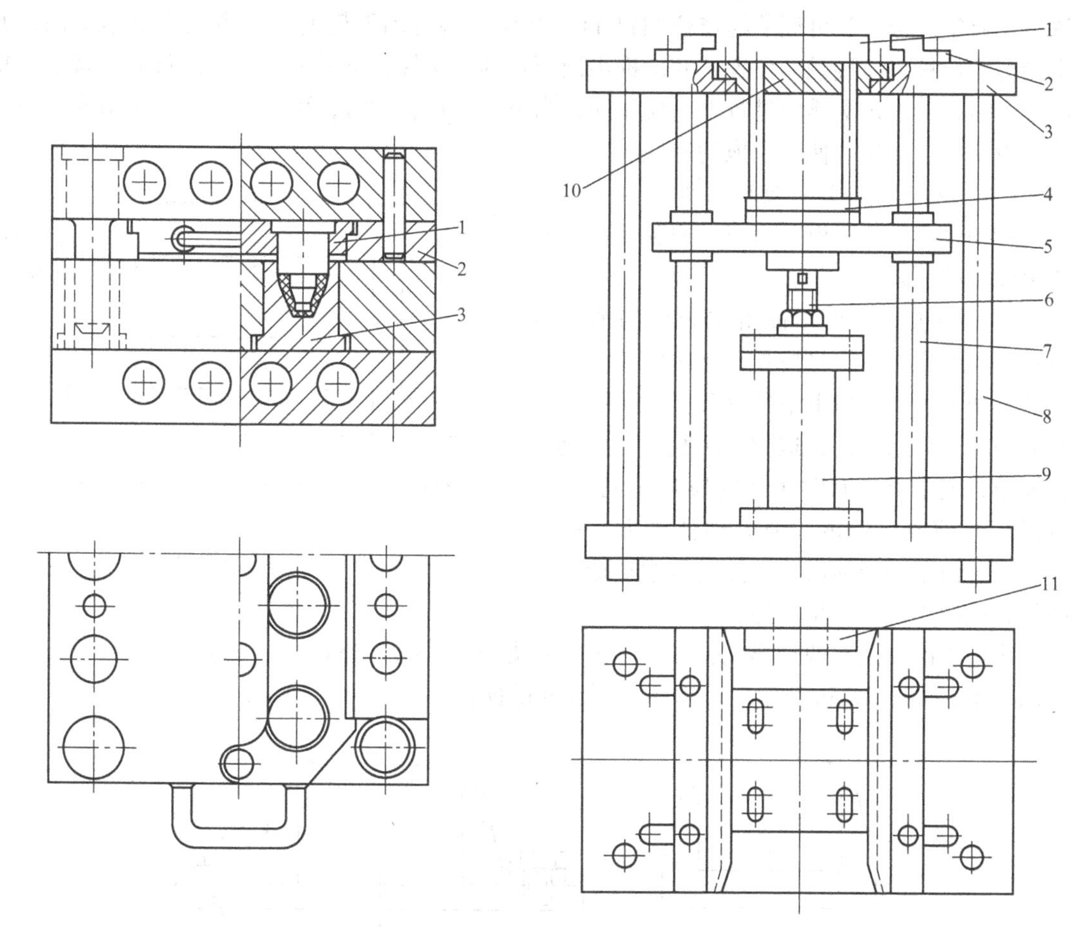

图 7-32　抽屉式压缩模
1—活动上模　2—导轨　3—凹模

图 7-33　模外脱模机构
1—定位板　2—滑槽　3—工作台　4—推出板
5—滑动板　6—丝杠　7—导柱　8—立柱
9—液压缸　10—推杆导向板　11—定位螺钉

顶杆强制将塑件顶落。

（三）半固定式压缩模脱模机构

半固定式压缩模分型后，塑件随可动部分（上模或下模）移出模外，然后用手工或简单工具脱模。

（1）带活动上模的压缩模　这类模具可将凸模或模板作成可沿导滑槽抽出的形式，故又名抽屉式压缩模，其结构如图7-32所示，带内螺纹的塑件分型后留在上模螺纹型芯上，然后随上模一道抽出模外，再设法卸下。

（2）带活动下模的压缩模　这类模具其上模是固定的，下模可移出。图7-33所示为一典型的模外脱模机构，与压机工作台等高的钢制工作台支在四根立柱8上，在钢板工作台3上为了适应不同模具宽度，装有宽度可调节的滑槽2，在钢板工作台正中装有推出板4，推出杆和推杆导向板10，推杆与模具上的推出孔相对应，当更换模具时则应调换这几个零件。工作台下方设有推出液压缸9，在液压缸活塞杆上段有调节推出高度的丝杠6，为了使脱模机构上下运动平稳而设有滑动板5，该板的导套在导柱7上滑动，为了将模具固定在正确位置上，有定位板1和可调节的定位螺钉11。开模后将可动下模的凸肩滑入导滑槽2内，并推到与定位螺钉相接触的位置，开动推出液压缸推出塑件，待清理和安放嵌件后，将下模重新推入压机的固定滑槽中进行下一模压缩，当下模重量较大时，可以在工作台上沿模具拖动路径设滚柱或滚珠，使下模拖动轻便。

（四）移动式压缩模脱模机构

移动式压缩模脱模分为撞击架脱模和卸模架脱模两种形式。

（1）撞击架脱模　撞击架脱模如图7-34所示。压缩成型后，将模具移至压机外，在特别的支架上撞击，使上下模分开，然后用手工或简易工具取出塑件，这种方法脱模，模具结构简单，成本低，有时用几副模具轮流操作，可提高压缩成型速度。但劳动强度大，振动大，而且由于不断撞击，易使模具过早地变形磨损，适用于成型小型塑件。

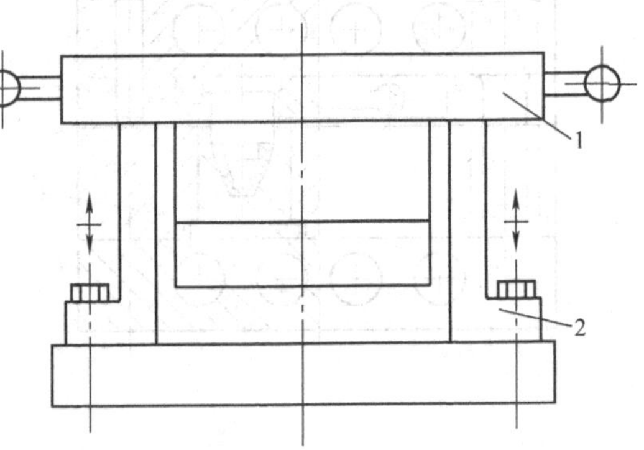

图7-34　撞击架脱模
1—模具　2—支架

供撞击的支架有两种形式：一种是固定式支架，如图7-35a所示；另一种是尺寸可以调节的支架，如图7-35b所示，以适应不同尺寸的模具。

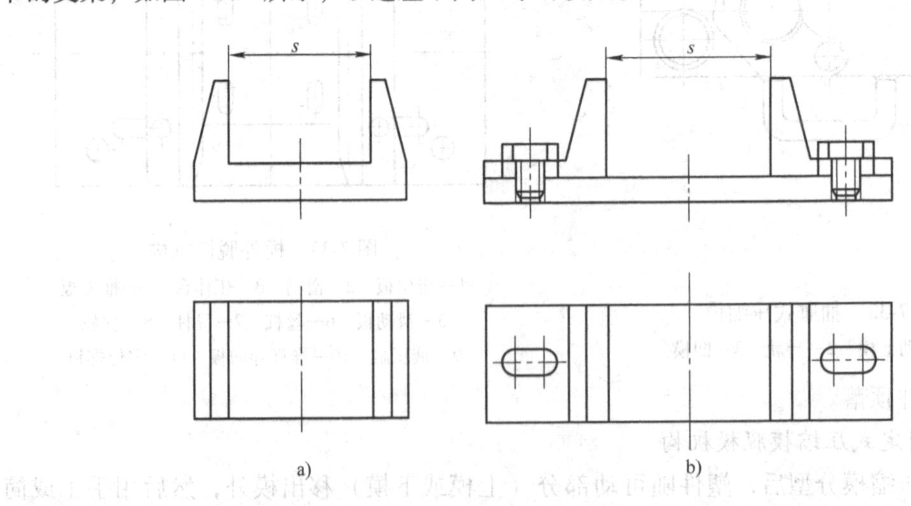

图7-35　支架形式

（2）卸模架卸模　移动式压缩模可在特制的卸模架上，利用压机压力进行开模，因此，减轻了劳动强度，提高了模具的使用寿命。对开模力不大的模具，可采用单向卸模架卸模；对开模力大的模具，要采用上下卸模架卸模。

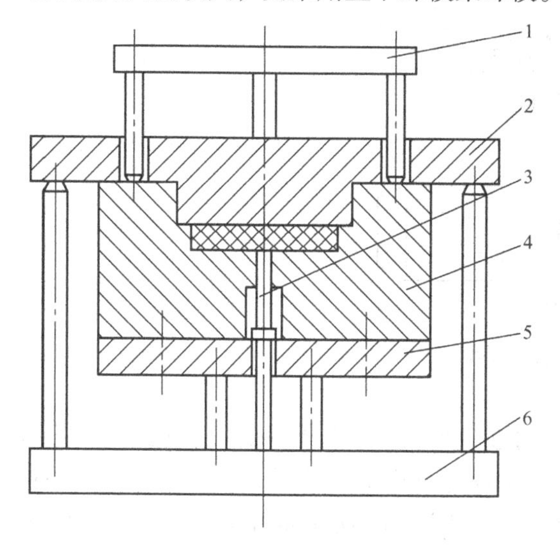

图 7-36　单分型面卸模架卸模
1—上卸模架　2—凸模　3—推杆　4—凹模
5—下模座板　6—下卸模架

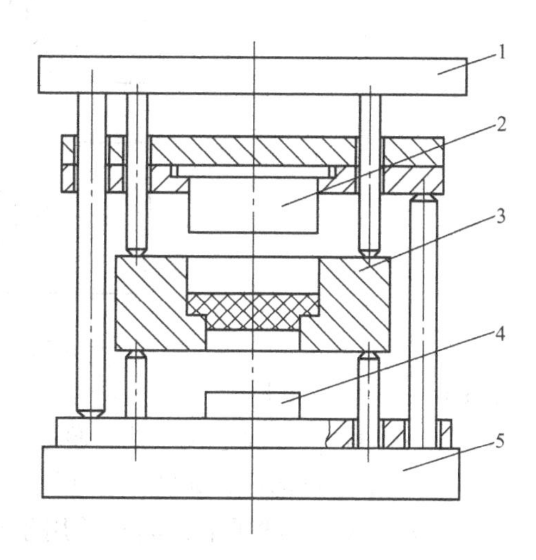

图 7-37　双分型面卸模架卸模
1—上卸模架　2—凸模　3—凹模
4—下凸模　5—下卸模架

1）单分型面卸模架卸模。单分型面卸模架卸模如图 7-36 所示。卸模时，先将上卸模架 1、下卸模架 6 插入模具相应孔内。在压机内，当压机的活动横梁压到上卸模架或下卸模架时，压机的压力通过上、下卸模架传递给模具，使凸模 2，凹模 4 分开，同时，下卸模架推动推杆 3，由推杆推出塑件。

2）双分型面卸模架卸模。双分型面卸模架卸模如图 7-37 所示。卸模时，先将上卸模架 1、下卸模架 5 的推杆插入模具的相应孔内，压机的活动横梁压到上卸模架或下卸模架上，上下卸模架上的长推杆使上凸模 2、下凸模 4、凹模 3 三者分开。分模后凹模留在上下卸模架的短推杆之间，最后从凹模中取出塑件。

3）垂直分型卸模架卸模。垂直分型卸模架卸模如图 7-38 所示。卸模时，先将上卸模架 1、下卸模架 6 的推杆插入模具的相应孔内，压机的活动横梁压到上卸模架或下卸模架上，上下卸模架的长推杆首先使下凸模 5 和其他部分分开，当达到一定距离后，再使上凸模 2、模套 4 和瓣合凹模 3 分开，塑件留在瓣合凹模内，最后打开瓣合凹模取出塑件。

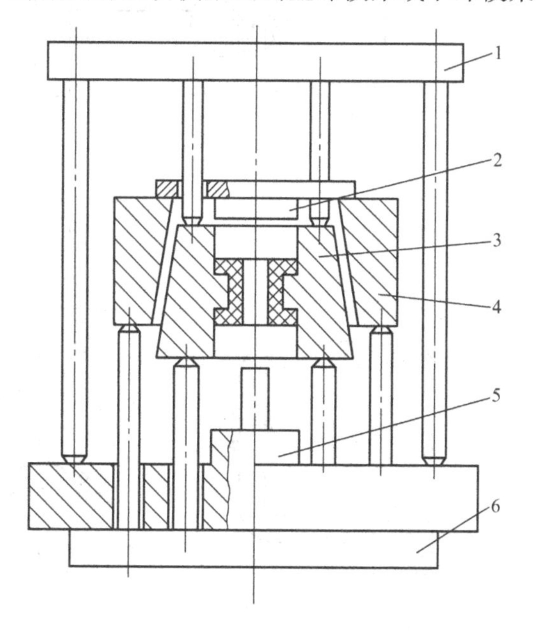

图 7-38　垂直分型卸模架卸模
1—上卸模架　2—凸模　3—瓣合凹模　4—模套
5—下凸模　6—下卸模架

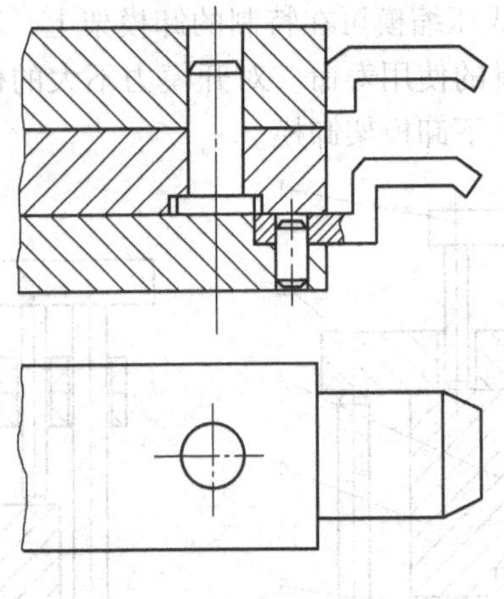

图 7-39　平板式手柄

（五）压缩模的手柄

为了使移动式或半固定式压缩模搬运方便，可在模具的两侧装上手柄。手柄的形式可根据压缩模的重量进行选择，如图 7-39 所示是用薄钢板弯制而成的平板式手柄，用于小型模具。图 7-40 所示是棒状手柄，同样适用于小型模具。图 7-41 所示是环形手柄，其中图 7-41a 和 7-41b 适用于较重的大中型矩形模具；图 7-41c 适用于较重的大中型圆形模具。如果手柄在下模，高度较低，可将手柄上翘 20°左右。

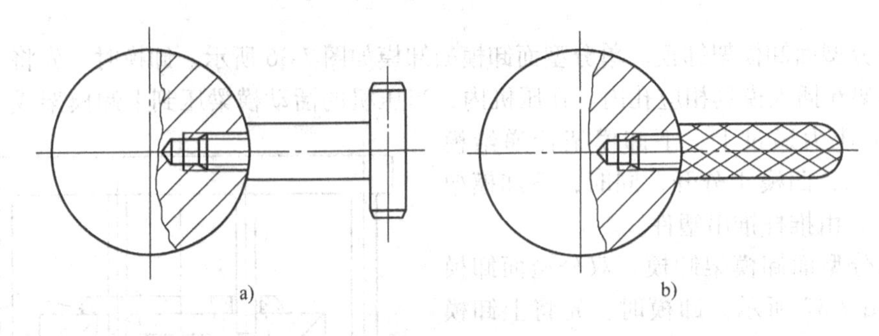

图 7-40　棒状手柄

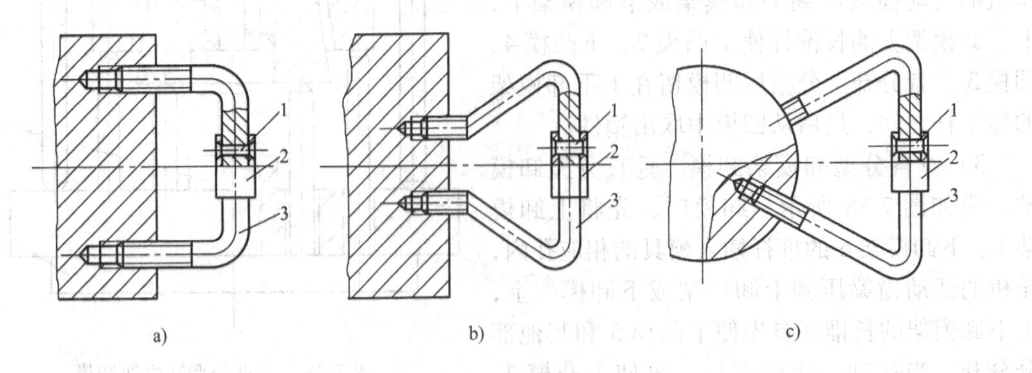

图 7-41　环形手柄
1—铆钉　2—联接套　3—手柄

思　考　题

7-1　阐述压缩成型的工艺过程。

7-2　溢式、不溢式、半溢式压缩模在模具的结构上、压缩产品的性能上及塑料原材料的适应性方面各有什么特点与要求?

7-3　压缩成型塑件在模内施压方向的选择要注意哪几点（用简图说明)?

7-4　固定式压缩模的脱模机构与压机辅助液压缸活塞杆的连接方式有哪几种?请用简图表示出来。

7-5　熟练计算压缩模（不溢式、半溢式）加料室的高度尺寸。

第八章 压注成型工艺与压注模设计

压注成型又称传递成型，它是在压缩成型基础上发展起来的一种塑料成型方法。

压注成型和压缩成型都是热固性塑料常用的成型方法。压注模与压缩模的最大区别在于前者设有单独的加料室。压注成型一般过程是，先闭合模具，然后将塑料加入模具加料室内，使其受热成熔融状态，在与加料室配合的压料柱塞的作用下，使熔料通过设在加料室底部的浇注系统高速挤入型腔。塑料在型腔内继续受热受压而发生交联反应并固化成型。然后打开模具取出塑件，清理加料室和浇注系统后进行下一次成型。

压注成型与压缩成型比较有如下特点：

（1）效率高　压注成型时，塑料以高速通过浇注系统挤入型腔，因此塑件内外层塑料都有机会与高温的流道壁相接触，使塑料升温快而均匀。又由于料流在通过浇口等窄小部位时产生的摩擦热，使塑料温度进一步提高，所以塑料制件在型腔内硬化很快。其硬化时间相当于压缩成型的1/3～1/5。

（2）质量好　由于塑料受热均匀，交联硬化充分，使得塑件的强度高，力学性能、电性能得以提高。

（3）适于成型带有细小嵌件、较深的孔及较复杂的塑件　由于压注成型时塑料是以熔融状态挤入型腔，因此对型芯、嵌件等产生的挤压力小。压注成型可成型出孔深不大于直径10倍的通孔、不大于直径3倍的不通孔，而压缩成型在垂直方向上成型的孔深不大于3倍直径，侧向孔深不大于1.5倍直径。

（4）尺寸精度较高　压注成型时，塑料是注入闭合的型腔，因此在分型面处塑件的飞边很薄，在合模方向上也能保持其较准确的尺寸，而压缩成型则不能。

但是，与压缩成型相比，压注成型也有其缺点。由于浇注系统的存在而浪费了原料；压注成型收缩率比压缩成型稍大，且收缩率具有方向性。这是由于填料在压力状态定向流动所引起的，因此会影响塑件的精度，而对于用粉状填料填充的塑件则影响不大；压注模比压缩模复杂，成型所需的压力较高，制造成本也大。

第一节　压注成型原理及其工艺特性

一、压注成型原理及其特点

压注成型原理如图8-1所示，模具闭合后，将热固性塑料（预压锭或预热的原料）加入到加料室中（见图8-1a），使其受热熔融，接着在压力作用下，塑料熔体通过模具浇注系统，以高速挤入型腔（见图8-1b），塑料在型腔内继续受热受压而固化成型为不熔的定型塑料制件，最后打开模具将其取出（见图8-1c）。

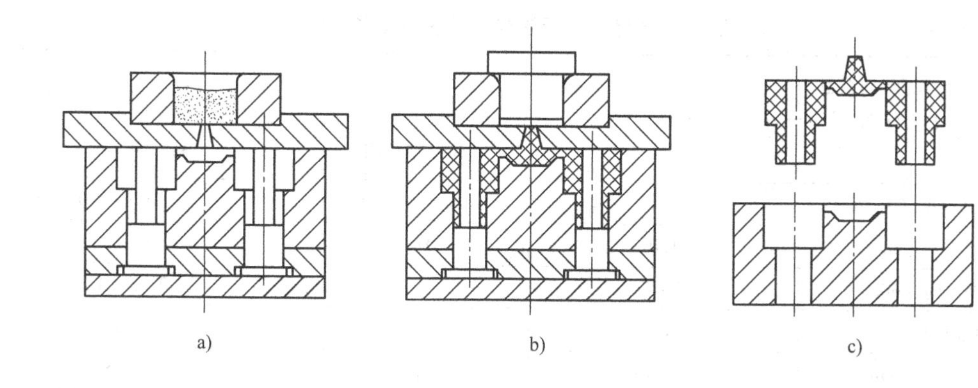

图 8-1　压注成型原理

与压缩成型相比较，压注成型的塑料在进入型腔前已经塑化，因此能生产外形复杂、薄壁或壁厚变化很大，带有精细嵌件的塑件；塑料在模具内的保压硬化时间较短，缩短了成型周期，提高了生产效率；塑件的密度和强度也得到提高；由于塑料成型前模具完全闭合，分型面的飞边很薄，因而塑件精度容易保证，表面粗糙度值也较小。但压注所用模具的结构要复杂些；压注成型塑料浪费较大，塑件因有浇口痕迹，使修整工作量增大；工艺条件较压缩成型要求更严格，操作难度大。

二、压注成型工艺过程

压注成型的工艺过程和压缩成型基本相似，故不再赘述。它们的主要区别在于，压缩成型过程是先加料后闭模，而压注成型则一般要求先闭模后加料。

三、压注成型工艺参数

压注成型工艺参数同压缩成型相比较，有一定区别。

（1）压注成型压力　由于经过浇注系统的消耗，压注成型的压力一般为压缩成型的 2～3 倍。压力随塑料种类、模具结构及塑件的形状不同而不同。酚醛塑料粉为 50～80MPa；纤维填料的塑料为 80～160MPa；环氧树脂、硅酮等低压封装塑料为 2～10MPa。

（2）模具温度　压注成型的模具温度通常要比压缩成型的温度低 15～30℃，一般为 130～190℃，这是因为塑料通过浇注系统时能从中获取一部分摩擦热。加料室和下模的温度要低一些，而中框的温度要高一些，这样可以保证塑料进入型腔畅通而又不会出现溢料现象，同时也可避免塑件出现缺料、起泡、接缝等缺陷。

（3）压注时间及保压时间　在一般情况下压注时间控制在加压后在 10～30s 内将塑料充满型腔。保压时间与压缩成型比较，可以短一些，因为塑料在热和压力作用下，通过浇口的料量少，加热迅速而均匀，塑料化学反应也较均匀，所以当塑料进入型腔时已临近树脂固化的最后温度。

压注成型对塑料有一定要求：即在未达到硬化温度以前塑料应具有较大的流动性，而达到硬化温度后，又须具有较快的硬化速度，能符合这种要求的塑料有：酚醛、三聚氰胺甲醛和环氧树脂等塑料。而不饱和聚酯和脲醛塑料，则应在低温下具有较大的硬化速度，所以不能成型较大的塑料制件。

表 8-1 是酚醛塑料压注成型的主要工艺参数。其他部分热固性塑料压注成型的工艺参数见表 8-2。

表 8-1　酚醛塑料压注成型的主要工艺参数

工艺参数 \ 物料状态 \ 模具类型	罐式		柱塞式
	未预热	高频预热	高频预热
预热温度（℃）	—	100 ~ 110	100 ~ 110
成型压力（MPa）	160	80 ~ 100	80 ~ 100
充模时间（min）	4 ~ 5	1 ~ 1.5	0.25 ~ 0.33
固化时间（min）	8	3	3
成型周期（min）	12 ~ 13	4 ~ 4.5	3.5

表 8-2　部分塑料压注成型的主要工艺参数

塑料	填料	成型温度（℃）	成型压力（MPa）	压缩率	成型收缩率（%）
环氧双酚 A 模塑料	玻璃纤维	138 ~ 193	7 ~ 34	3.0 ~ 7.0	0.001 ~ 0.008
	矿物填料	121 ~ 193	0.7 ~ 21	2.0 ~ 3.0	0.002 ~ 0.001
环氧酚醛模塑料	矿物和玻纤	121 ~ 193	1.7 ~ 21		0.004 ~ 0.008
	矿物和玻纤	190 ~ 196	2 ~ 17.2	1.5 ~ 2.5	0.003 ~ 0.006
	玻璃纤维	143 ~ 165	17 ~ 34	6 ~ 7	0.0002
三聚氰胺	纤维素	149	55 ~ 138	2.1 ~ 3.1	0.005 ~ 0.15
酚醛	织物和回收料	149 ~ 182	13.8 ~ 138	1.0 ~ 1.5	0.003 ~ 0.009
聚酯（BMC、TMC①）	玻璃纤维	138 ~ 160			0.004 ~ 0.005
聚酯（SMC、TMC）	导电护套料②	138 ~ 160	3.4 ~ 1.4	1.0	0.0002 ~ 0.001
聚酯（BMC）	导电护套料	138 ~ 160		—	0.0005 ~ 0.004
醇酸树脂	矿物质	160 ~ 182	13.8 ~ 138	1.8 ~ 2.5	0.003 ~ 0.010
聚酰亚胺	50% 玻纤	199	20.7 ~ 69	—	0.002
脲醛塑料	α-纤维素	132 ~ 182	13.8 ~ 138	2.2 ~ 3.0	0.006 ~ 0.014

① TMC 指粘稠状模塑料。

② 在聚酯中添加导电性填料和增强材料的电子材料工业用护套料。

第二节　压注模的分类与结构组成

一、压注模的分类

压注模按其与压机是否固定，可分为固定式压注模和移动式压注模。由于移动式模具结构简单，使用灵活方便，故在小型塑件生产上有着广泛的应用；压注模按其加料室的特征又可分为罐式压注模和柱塞式压注模。罐式压注模用普通压机即可成型，柱塞式压注模通常需用专用压机成型。

（一）罐式压注模

（1）移动式　图 8-2 所示为一典型移动式罐式压注模。模具上面设有可与模具分离的加料室。模具闭合后放上加料室 4，将定量的塑料加入加料室内，利用压机的压力，通过压料压柱5将塑化的物料高速挤入型腔，待硬化定型后，用手工或专用工具将塑件取出。这种模具所用压机、加热方法及脱模方式与移动式压缩模相同。

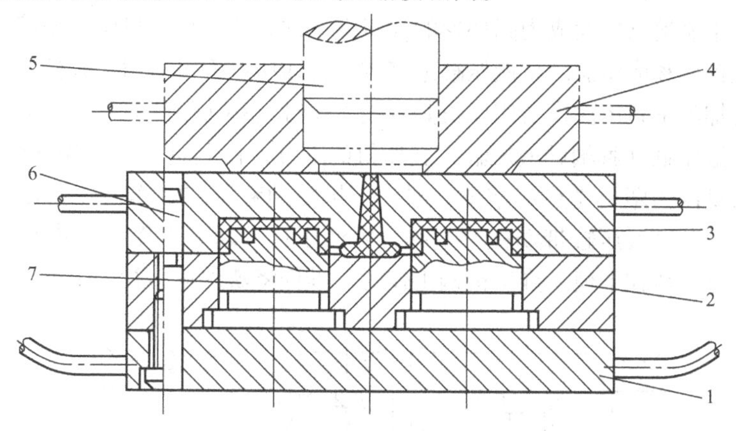

图8-2　移动式罐式压注模

1—下模板　2—固定板　3—凹模　4—加料室　5—压柱　6—导柱　7—型芯

（2）固定式　图8-3所示为一典型固定式罐式压注模。模具上设有加热装置。压柱2随上模板1固定于压机的上工作台，下模固定于压机的下工作台。开模时，压机上工作台带动上模座板上升，压柱2离开加料室3，*A*分型面分型，以便在该处取出主流道凝料。当上模上升到一定高度时，拉杆12上的螺母迫使拉钩14转动使之与下模部分脱开，接着定距杆17起作用，使*B*分型面分型，以便脱模机构将塑件从该分型面处脱出。合模时，复位杆使脱模机构复位，拉钩14靠自重将下模部分锁住。

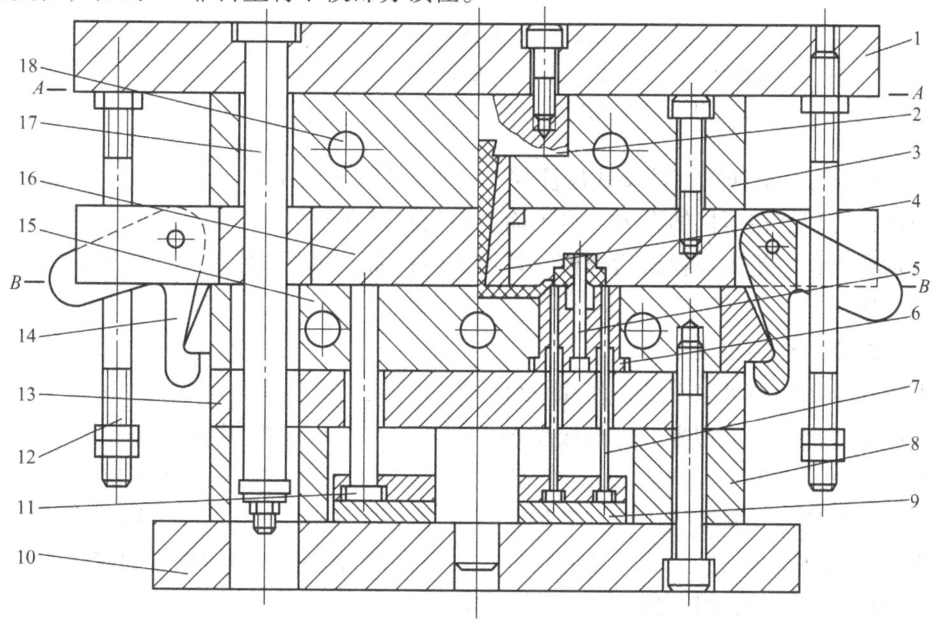

图8-3　固定式罐式压注模

1—上模座板　2—压柱　3—加料室　4—浇口套　5—型芯　6—型腔　7—推杆　8—垫块
9—推板　10—下模座板　11—复位杆　12—拉杆　13—垫板　14—拉钩
15—型腔固定板　16—上凹模板　17—定距杆　18—加热器安装孔

（二）柱塞式压注模

图 8-4 所示是上加料室柱塞式压注模。柱塞式压注模与罐式压注模的最大区别在于它没有主流道，实际上主流道已扩大成为圆柱形的加料室，这时柱塞将物料压入型腔的力已起不到锁模的作用，因此锁模和成型需两个液压缸来完成，普通压机不再适用，故柱塞式压注模需用专用压机成型。上加料室式压注模所用压机其合模液压缸（称主液压缸）在压机的下方，自下而上合模；成型用液压缸（称辅助液压缸）在压机的上方，自上而下将物料挤入模腔。合模加料后，当加入加料室内的塑料受热成熔融状时，压机辅助液压缸工作，柱塞将熔融物料挤入型腔，固化成型后，辅助液压缸带动柱塞上移，主液压缸带动下工作台将模具下模部分下移开模，塑件与浇注系统留在下模。推出机构工作时，推杆将塑件从型腔 4 中推出。

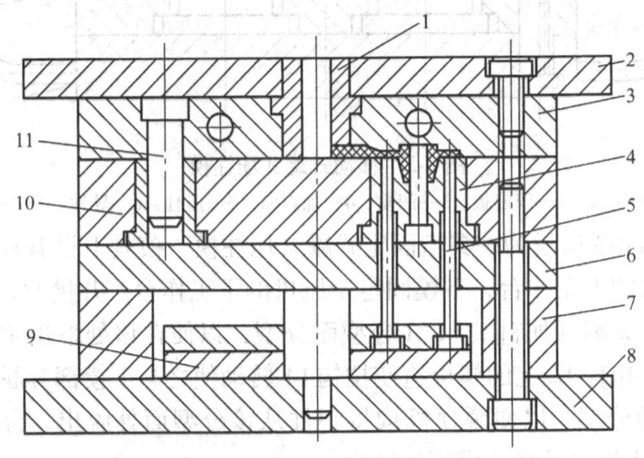

图 8-4　上加料室柱塞式压注模

1—加料室　2—上模座板　3—上凹模板　4—型腔　5—推杆　6—支承板
7—垫块　8—下模座板　9—推板　10—型腔固定板　11—导柱

图 8-5 所示为一下加料室柱塞式压注模。这种模具所用压机的合模缸在压机的上方，自上而下合模；成型缸在压机的下方，自下而上将物料挤入型腔。它与上加料室柱塞式压注模的主要区别在于，它是先加料，后合模，最后压注；而上加料室柱塞式压注模是先合模，后加料，最后压注。

二、压注模的结构组成

从上述几个图例中可以看到，压注模可分为以下几个组成部分。

（1）成型零部件　成型零部件是成型塑件的部分，与压缩模相仿，同样由型芯、凸模、凹模等组成（如图 8-3 中 5、6、16），分型面的形式及选择与注射模、压缩模类似。

（2）加料装置　加料装置由压柱和加料室组成（如图 8-3 中 2、3）。移动式压注模的加料室和模具本体是可分离的，开模前先取下加料室，然后开模取出塑件。固定式压注模的加料室是在上模部分，加料时可以与压柱部分定距分型。

（3）浇注系统　压注模的浇注系统与注射模相似，有主流道、分流道和浇口。单型腔模与注射模的点浇口或直接浇口相似，并可以在加料室底部开设几个流道进入型腔。

（4）加热系统　由于固定式压注模由压柱、上模、下模三部分组成，应分别对这三部分加热。移动式压注模是利用压机上的上、下加热板加热。加热方式与压缩模相同。

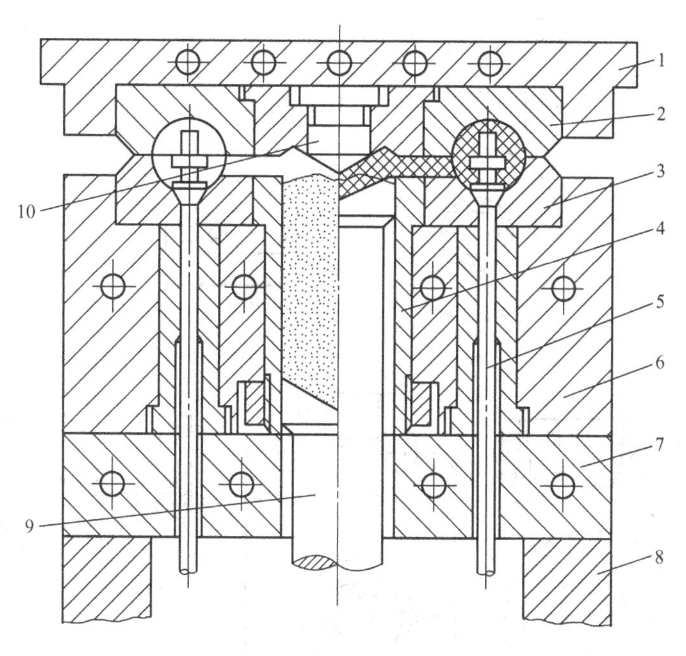

图 8-5　下加料室柱塞式压注模

1—上模底板　2—上凹模　3—下凹模　4—加料室　5—推杆
6—下模板　7—加热板　8—垫块　9—柱塞　10—分流锥

除上述几部分外，压注模也有与注射模、压缩模相类似的导向机构、侧向分型抽芯机构、脱模机构等。

第三节　压注模成型零部件设计

压注模的设计在很多方面是与注射模、压缩模相同的，例如型腔的总体设计、分型面位置及形状的确定、合模导向机构、推出机构、侧向分型及抽芯机构、加热系统等。在此不再赘述。下面就压注模的特有结构加以讨论。

一、加料室结构

移动式罐式模的加料室可单独取下，并且有一定的通用性，其结构如图 8-6 所示。加料室底部为一带有 40°～45°角的台阶，其作用在于当压柱向加料室内的塑料加压时，压力也作用在台阶上，从而将加料室紧紧地压在模具的模板上，以免塑料从加料室底部溢出。加料室在模具上的定位方式如图 8-7 所示。图 8-7a 和图 8-7b 为无定位的加料室，这种结构的上模上表面和加料室下表面均为平面，制造简单，清理方便，使用时目测加料室基本在模具中心即可；图 8-7b 中加料室下部直接开设浇注系统；图 8-7c 为

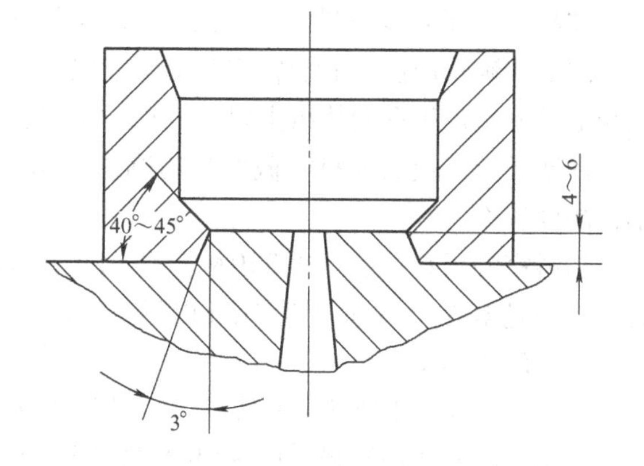

图 8-6　移动式压注模加料室结构

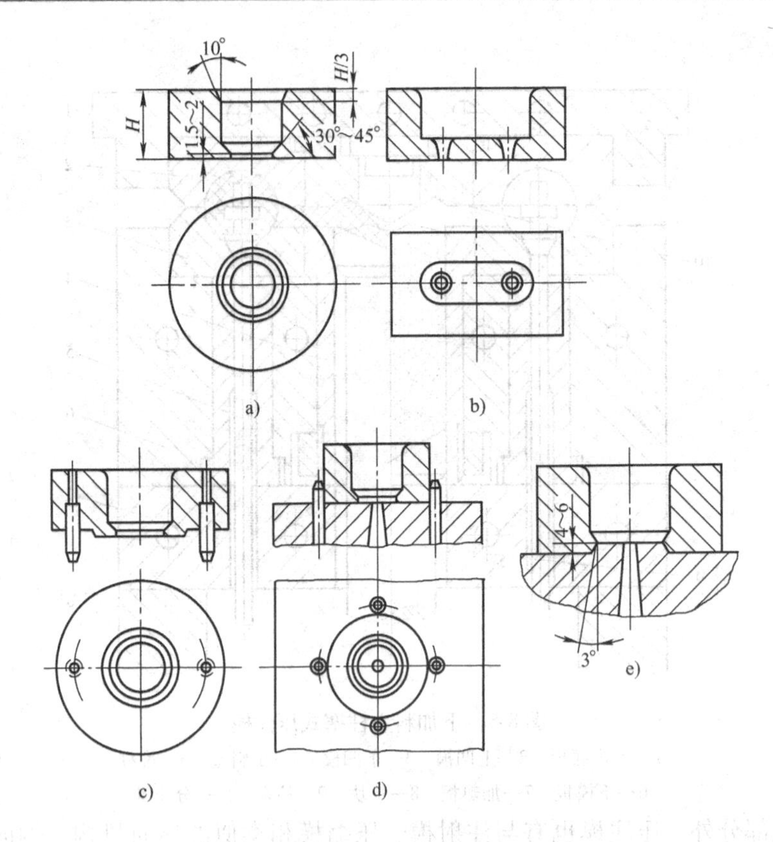

图 8-7 移动式压注模加料室的定位

导柱定位加料室，这种结构中，导柱既可固定在上模也可固定在下模（图中是固定在上模），其呈间隙配合一端应采用较大间隙。这种结构拆卸和清理不太方便；图 8-7d 采用外形销定位，这种结构加工及使用都较方便；图 8-7e 采用加料室内部凸台定位，这种结构可以减少溢料的可能性，因此得到广泛的应用。

加料室截面大多为圆形，但也有矩形及腰圆形结构，主要取决于模腔结构及数量。

固定式罐式压注模的加料室与上模连成一体，在加料室底部开设流道通向型腔。当加料室和上模分别加工在两块板上时，应加设浇口套，如图 8-3 所示。

柱塞式压注模的加料室截面均为圆形。由于加料室截面尺寸与锁模无关，故其直径较小，高度较大。

加料室的材料一般选用 T10A，CrWMn、Cr12 等，硬度为 52～56HRC，加料室内腔最好镀铬且抛光至 R_a0.4μm 或 0.4μm 以下。

二、压柱结构

图 8-8 所示为几种常见的罐式压注模的压柱结构。图 8-8a 为简单的圆柱形，加工简便省料，常用于移动式压注模；图 8-8b 为带凸缘的结构，承压面积大，压注平稳，移动式和固定式罐式压注模都能用；图 8-8c 为组合式结构，用于固定式模具，以便固定在压机上；图 8-8d 在压柱上开环型槽，在压注时环型槽被溢出的塑料充满并固化在其中，继续使用时起到了活塞环的作用，可以阻止塑料从间隙中溢出。

图 8-9 所示为柱塞式压注模的压柱结构。其一端带有螺纹，直接拧在液压缸的活塞杆

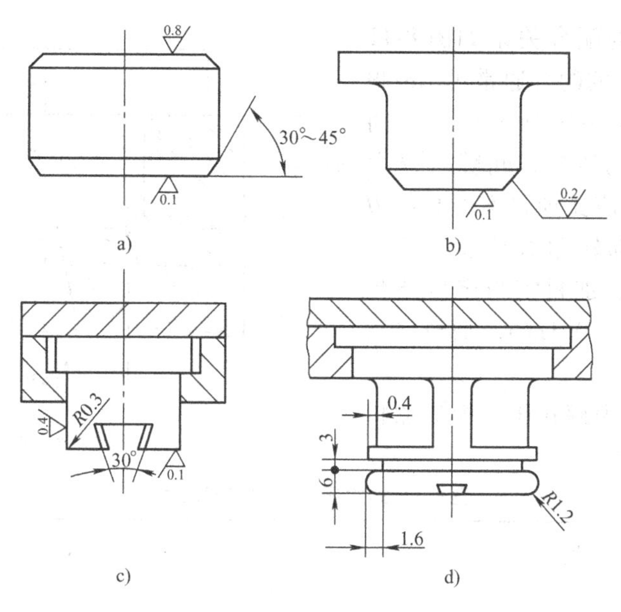

图 8-8　罐式压注模压柱结构

上，如图 8-9a 所示。也可在柱塞上加工出环形槽以使溢出的料固化其中起活塞环的作用，如图 8-9b 所示。图中头部的球形凹面有使料流集中、减少向侧面溢料的作用。

图 8-10 为压柱头部开有楔形沟槽的结构，其作用是为了拉出主流道凝料。图 8-10a 用于直径较小的压柱；图 8-10b 用于直径大于 75mm 的压柱，图 8-10c 用于拉出几个主流道凝料的场合。

压柱或柱塞选用的材料和热处理要求与加料室相同。

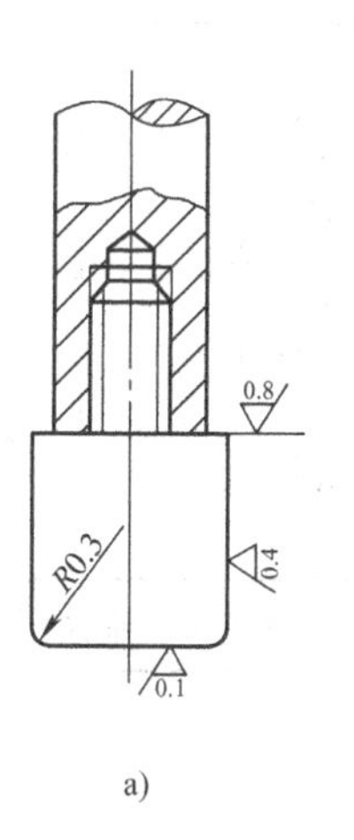

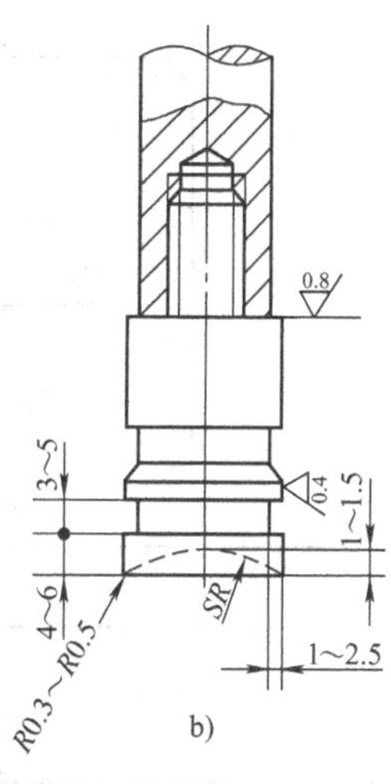

图 8-9　柱塞式压注模的压柱结构

三、加料室与压柱的配合

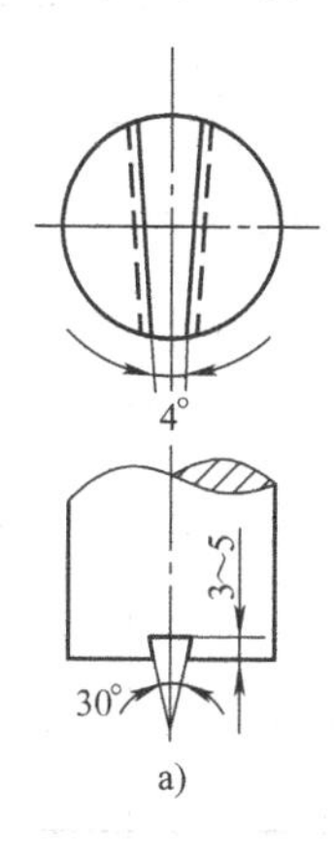

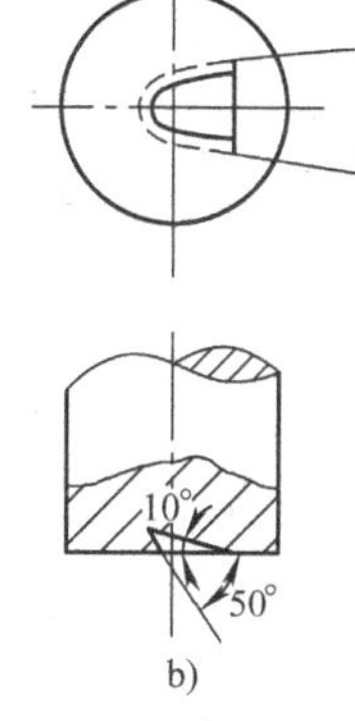

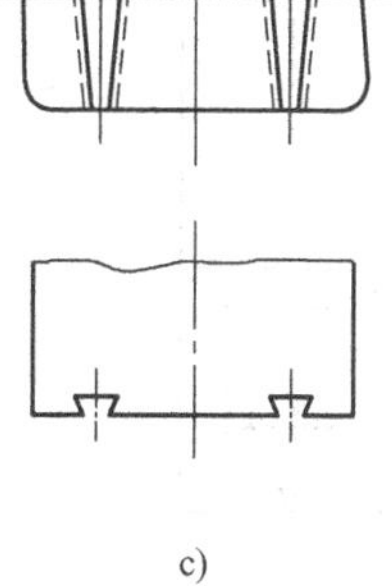

图 8-10　压柱的拉料结构

加料室与压柱的配合关系如图 8-11 所示。加料室与压柱的配合通常为 H8/f9 ~ H9/f9 或采用 0.05 ~ 0.1mm 的单边间隙。若为带有环槽的压柱，间隙可更大些。压柱的高度 H_1 应比加料室的高度 H 小 0.5 ~ 1mm，底部转角处应留 0.3 ~ 0.5mm 的储料间隙，加料室与定位凸台的配合高度之差为 0 ~ 0.1mm，加料室底部倾角 $\alpha = 40° \sim 45°$。

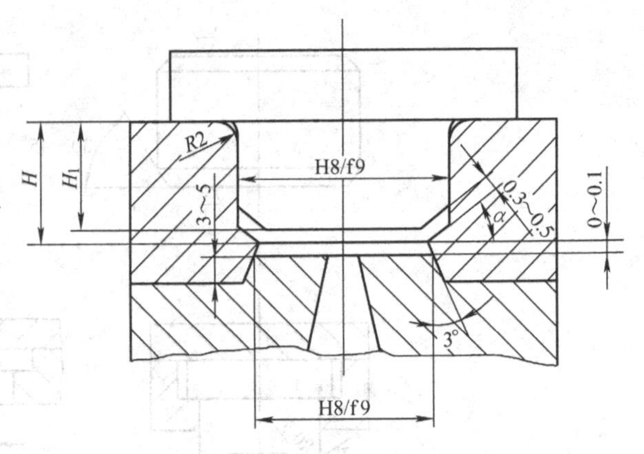

图 8-11　加料室与压柱的配合

表 8-3 和表 8-4 为罐式压注模的加料室和压柱的推荐尺寸。

表 8-3　罐式压注模加料室尺寸　（单位：mm）

简　图	D	d	d_1	h	H
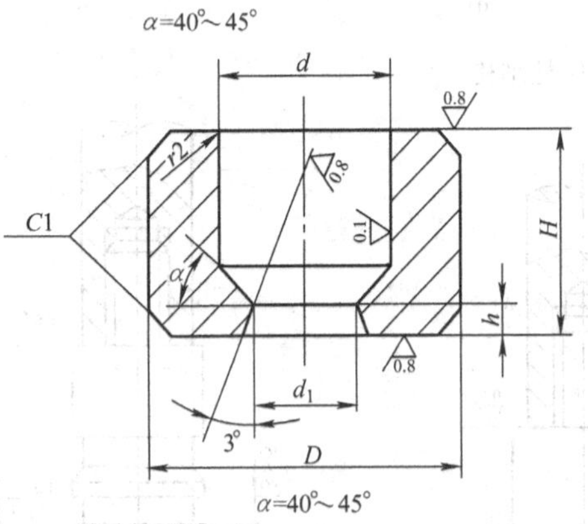	100	$30^{+0.033}_{0}$	$24^{+0.033}_{0}$	$3^{+0.05}_{0}$	30 ±0.2
		$35^{+0.039}_{0}$	$28^{+0.033}_{0}$		35 ±0.2
		$40^{+0.039}_{0}$	$32^{+0.039}_{0}$		40 ±0.2
	120	$50^{+0.039}_{0}$	$42^{+0.039}_{0}$	$4^{+0.05}_{0}$	40 ±0.2
		$60^{+0.046}_{0}$	$50^{+0.039}_{0}$		40 ±0.2

表 8-4　罐式压注模压柱尺寸　（单位：mm）

简　图	D	d	d_1	H	h
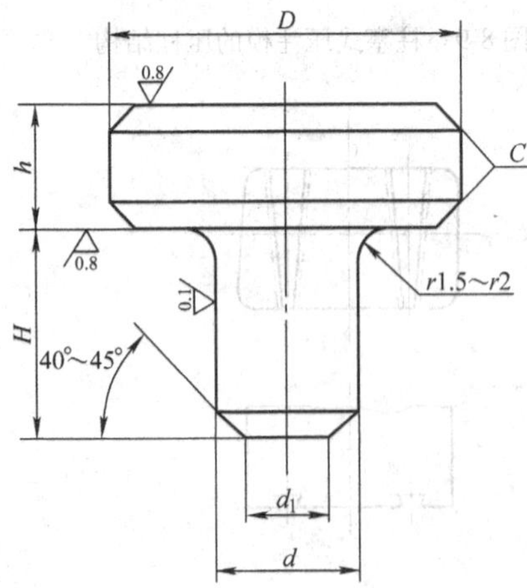	100	$30^{-0.020}_{-0.072}$	$23^{0}_{-0.1}$	26.5 ±0.1	20
		$35^{-0.025}_{-0.087}$	$27^{0}_{-0.1}$	31.5 ±0.1	
		$40^{-0.025}_{-0.087}$	$31^{0}_{-0.1}$	36.5 ±0.1	
	120	$50^{-0.025}_{-0.087}$	$41^{0}_{-0.1}$	35.5 ±0.1	25
		$60^{-0.030}_{-0.104}$	$19^{0}_{-0.1}$	35.5 ±0.1	

四、加料室的尺寸计算

（1）确定加料室的截面积　罐式压注模加料室截面积可从传热和锁模两个方面考虑。

从传热方面考虑，加料室的加热面积取决于加料量，根据经验，未经预热的热固性塑料每克约需 1.4cm^2 的加热面积，加料室总表面积为加料室内腔投影面积的两倍与加料室装料部分侧壁面积之和。为了简便起见，可将侧壁面积略去不计，这样比较安全，因为加料室截面积为所需加热面积的一半，即

$$2A = 1.4m$$

$$A = 0.7m \tag{8-1}$$

式中　A——加料室截面积（cm^2）；

m——每一次压注的加料量（g）。

从锁模的方面考虑，加料室截面积应大于型腔和浇注系统在合模方向投影面积之和，否则型腔内塑料熔体的压力将顶开分型面而溢料。根据经验，加料室截面积必须比塑件型腔与浇注系统投影面积之和大 10% ~25%，即

$$A = (1.1 \sim 1.25)A_1 \tag{8-2}$$

式中　A_1——塑件型腔和浇注系统在合模方向上的投影面积之和（cm^2）。

当压机已确定时，应根据所选用的塑料品种和加料室截面积对加料室内的单位挤压力进行校核：

$$10^{-2}\frac{F_p}{A} = p' \geqslant p \tag{8-3}$$

式中　F_p——压机额定压力（N）；

p'——实际单位压力（MPa）；

p——不同塑料所需单位挤压力（MPa），其值可按表 8-3 选用。

柱塞式压注模加料室截面积根据所用压机辅助缸的能力，按下式进行计算：

$$A \leqslant 10^{-2}\frac{F_p'}{p} \tag{8-4}$$

式中　F_p'——压机辅助缸的额定压力（N）；

p——不同塑料所需单位挤压力（MPa），按表 8-5 选用。

表 8-5　热固性塑料压注成型所需单位挤压力　（单位：MPa）

塑料名称	填　料	所需单位挤压力
酚醛塑料	木　粉	60 ~ 70
	玻璃纤维	80 ~ 100
	布　屑	70 ~ 80
三聚氰胺	矿　物	70 ~ 80
	石棉纤维	80 ~ 100
环氧树脂		4 ~ 100
硅酮树脂		4 ~ 100
氨基塑料		≈70

（2）确定加料室中塑料所占有的容积　加料室截面积确定后，其余尺寸的计算方法与压缩模相似。加料室内塑料所占有的容积由下式计算：

$$V_{sl} = kV_s \tag{8-5}$$

式中　V_{sl}——粉状塑料的体积（cm^3）；

　　　k——压缩比（参考表7-5）；

　　　V_s——塑件的体积（cm^3）。

（3）确定加料室高度　加料室高度可按下式确定：

$$h = \frac{V_{sl}}{A} + 0.8 \sim 1.5 \tag{8-6}$$

式中　h——加料室的高度（cm）。

第四节　浇注系统与排气槽设计

压注模浇注系统的组成与注射模相仿，各组成部分的作用也与注射模类似。图8-12为一压注模的典型浇注系统。

对于浇注系统的要求，压注模与注射模有相同处也有不同处。压注模与注射模都希望熔料在流动中压力损失小，这是相同之处；注射模希望熔料通过浇注系统时与流道壁尽量减少热交换，以使料温变化小。但压注模却需要在流动中进一步提高料温，使其塑化更好，这是二者不同之处。

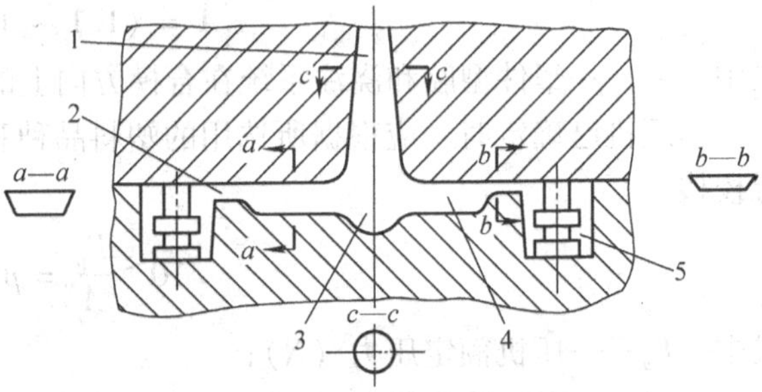

图8-12　压注模浇注系统

1—主流道　2—浇口　3—冷料井　4—分流道　5—型腔

一、主流道

在压注模中，有正圆锥形主流道、倒圆锥形主流道等形式，如图8-13所示。

图8-13a所示为正圆锥主流道，其大端与分流道相连，常用于多型腔模具，有时也设计成直接浇口的形式，用于流动性较差的塑料的单型腔模具。主流道有6°～10°的锥度，与分流道的连接处应有半径为3mm以上的圆弧过渡。

图8-13b所示为倒锥形主流道。这种主流道大多用于固定式罐式压注模，与端面带楔形槽的压柱配合使用。开模时，主流道连同加料室中的残余废料由压柱带出再予清理。这种流道既可用于多型腔模具，又可使其直接与塑件相连用于单型腔模具或同一塑件有几个浇口的模具。这种主流道尤其适用于以碎布、长纤维等为填充物时塑件的成型。

当主流道同时穿过两块以上模板时，最好设主流道衬套，如图8-3中的4所示，以避免塑料溢入模板之间。

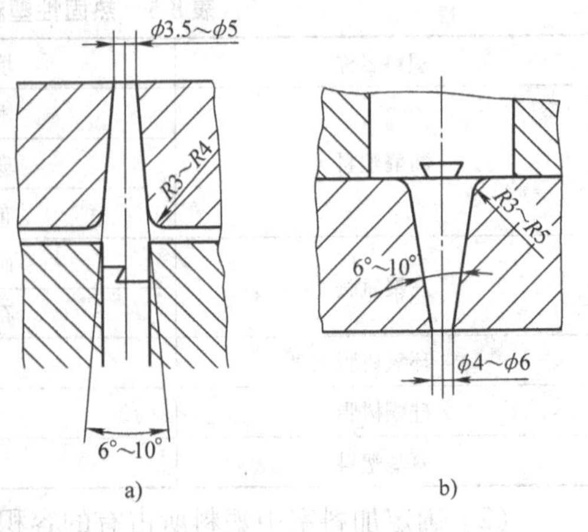

图8-13　压注模主流道

二、分流道

压注模的分流道为了达到较好的传热效果，一般都比注射模的分流道浅而宽，但过浅会使塑料过度受热而早期硬化，降低了流动性，增加了流动阻力。常用的分流道截面为梯形，其截面积约为浇口截面积的 5 ~ 10 倍，尺寸如图 8-14 所示。分流道长度应尽可能短，并尽可能减少弯折以减小压力损失。

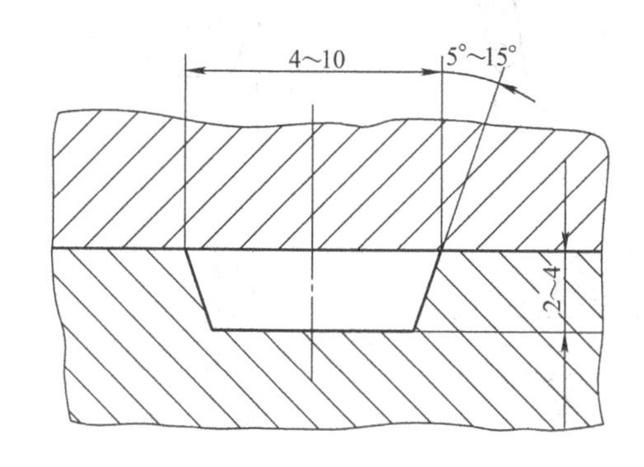

图 8-14 压注模梯形截面分流道

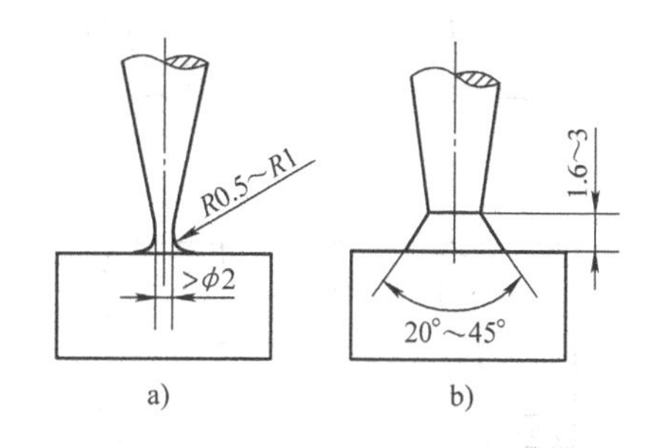

图 8-15 倒锥主流道形浇口与塑件的连接

三、浇口

与塑件直接连接的倒锥形主流道为圆形浇口，其最小尺寸为 $\phi2$ ~ $\phi4$mm，浇口长为 1.6 ~ 3mm。为避免去除流道废料时损伤塑件表面，对一般以木粉为填料的塑件应将浇口与塑件连接处作成圆弧过渡，流道废料将在细颈处折断，如图 8-15a 所示；对于以碎布或长纤维为填料的塑件，由于流动阻力大，应放大浇口尺寸。同时由于填料的连接，在浇口折断处不但会出现毛糙的断面，而且容易拉伤塑件表面。为克服此缺点，可以在浇口处的塑件上设一凸台，成型后再去除，如图 8-15b 所示。

一模多件时，大多数压注模采用侧浇口，用普通热固性塑料成型中、小型塑件时，最小浇口尺寸为深 0.4 ~ 1.6mm、宽 1.6 ~ 3.2mm。纤维填充的抗冲击性材料采用较大的浇口面积，深 1.6 ~ 6.4mm，宽 3.2 ~ 12.7mm。大型塑件浇口尺寸可以超过以上范围。

图 8-16 为常用浇口的几种形式。图 8-16a ~ d 为侧浇口。图 8-16a 为侧浇口中最常用的形式；图 8-16b 为塑件外表面不允许有浇口痕迹时采用的端面进料形式；图 8-16c 浇口折断后，断痕不会伸出表面，不影响装配，降低了修浇口的费用；对于用碎布或长纤维填充的塑件，应将侧浇口设在附加于侧壁的凸台上，以免去除浇口时损坏塑件表面，如图 8-16d 所示。对于宽度大的塑件可以采用扇形浇口，如图 8-16e 所示。当成型带孔的塑件或环状、管状塑件时可用环形浇口，如图 8-16f、g 所示。这些都与注射模相仿，这里不赘述。

四、浇口位置的选择

压注模浇口位置和数量的选择应遵循以下原则：浇口位置由塑件形状决定。由于热固性塑料流动性较差，故浇口开设位置应有利于流动。一般浇口开设在塑件壁厚最大处，以减小流动阻力，并有助于补缩。同时应使塑料在型腔内顺序填充，否则会卷入空气形成塑件缺陷；热固性塑料在型腔内的最大流动距离应尽可能限制在 100mm 内，对大型塑件应多开设几个浇口以减小流动距离。这时浇口间距应不大于 120 ~ 140mm，否则在两股料流汇合处，由于物料硬化而不能牢固地熔合；热固性塑料在流动中会产生填料定向作用，造成塑件变形、翘曲甚至开裂。特别是长纤维填充的塑件，其定向更为严重，故应注意浇口位置。例如，对于长条形塑件，当浇口开设在长条中点时会引起长条弯曲，而改在端部进料较好。圆

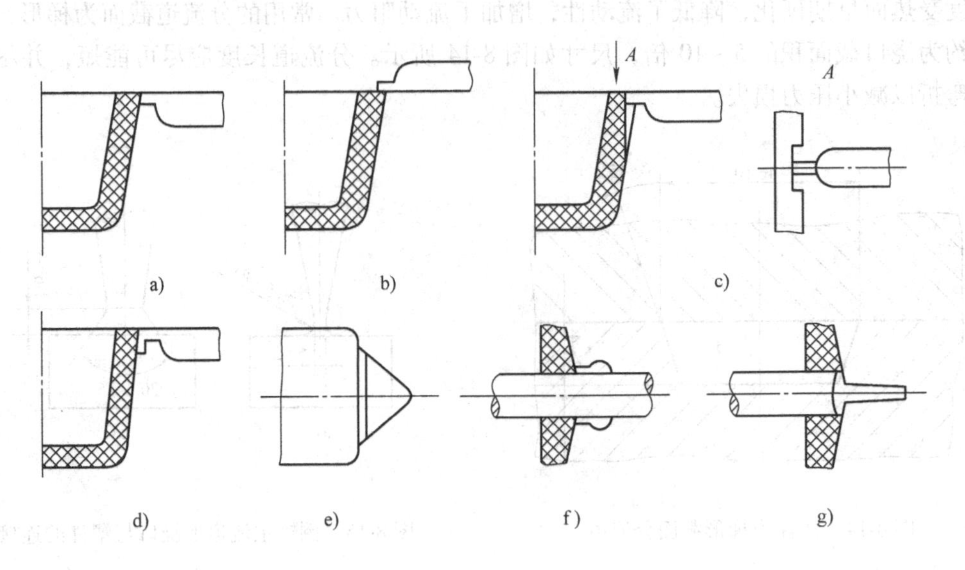

图 8-16　压注模常用浇口形式

筒形塑件单边进料易引起塑件变形，改为环状浇口较好。

此外浇口开设位置应避开塑件的重要表面，以不影响塑件的使用、外观及后加工工作量。

五、排气槽

压注成型时，塑料进入型腔不但需要排除型腔内原有的空气，而且需要排除由于聚合作用而产生的气体，因此压注模设计时应开设排气槽。从排气槽溢出少量的冷料有助于提高塑件的熔接强度。

对中小型塑件，分型面上排气槽尺寸为深 0. 04 ~ 0. 13mm，宽 3. 2 ~ 6. 4mm，其截面积按下式计算：

$$A = \frac{0.05V_s}{n} \tag{8-7}$$

式中　A——排气槽截面积（mm^2），其推荐尺寸见表 8-6；

V_s——塑件体积（cm^3）；

n——排气槽数量。

排气槽的位置一般需开设在型腔最后填充处；靠近嵌件或壁厚最薄处，易形成熔接缝，应开设排气槽；排气槽最好开在分型面上，以便于加工和清理；也可以利用活动型芯或推杆间隙排气，但每次成型后须清除溢入的塑料，以保持排气通畅。

表 8-6　排气槽截面积推荐尺寸

截面积 A/mm^2	宽 × 深/mm × mm	截面积 A/mm^2	宽 × 深/mm × mm
≈0. 2	5 × 0. 04	>0. 8 ~ 1. 0	10 × 0. 10
>0. 2 ~ 0. 4	5 × 0. 08	>1. 0 ~ 1. 5	10 × 0. 15
>0. 4 ~ 0. 6	6 × 0. 10	>1. 5 ~ 2. 0	10 × 0. 20
>0. 6 ~ 0. 8	8 × 0. 10		

思　考　题

8-1　阐述压注成型的工艺过程。

8-2　压注成型与压缩成型在工艺参数的选取上有何区别?

8-3　压注模加料室与压柱的配合精度如何选取? 罐式压注模的加料室截面积是如何选择的?

8-4　压注模按加料室的结构可分成哪几类?

8-5　上加料室和下加料室柱塞式压注模对压机有何要求? 分别述它们的工作过程。

第九章 挤出成型工艺与挤出模设计

挤出成型即是固态塑料在一定温度和一定压力条件下熔融、塑化，利用挤出机的螺杆旋转（或柱塞）加压，使其通过特定形状的口模而成为截面与口模形状相仿的连续型材。挤出成型方法几乎适用于所有的热塑性塑料及部分热固性塑料，但应注意的是，无论其用来成型何种塑料，挤出型材的截面形状都将取决于挤出模具。模具设计合理与否，不仅影响产品的经济性，而且在技术上也是保证良好的成型工艺条件和稳定的成型质量的决定性因素。

第一节　挤出成型原理及其工艺特性

一、挤出成型原理及其特点

热塑性塑料的挤出成型原理如图9-1所示（以管材的挤出为例）。首先将粒状或粉状塑料加入料斗中（图中未画出），在旋转的挤出机螺杆的作用下，塑料沿螺杆的螺旋槽向前方输送，在此过程中，不断地接受外加热和螺杆与物料之间、物料与物料之间及物料与料筒之间的剪切摩擦热，逐渐熔融呈粘流态，然后在挤压系统的作用下，塑料熔体通过具有一定形状的挤出模具（机头）口模以及一系列辅助装置（定型、冷却、牵引、切割等装置），从而获得截面形状一定的塑料型材。

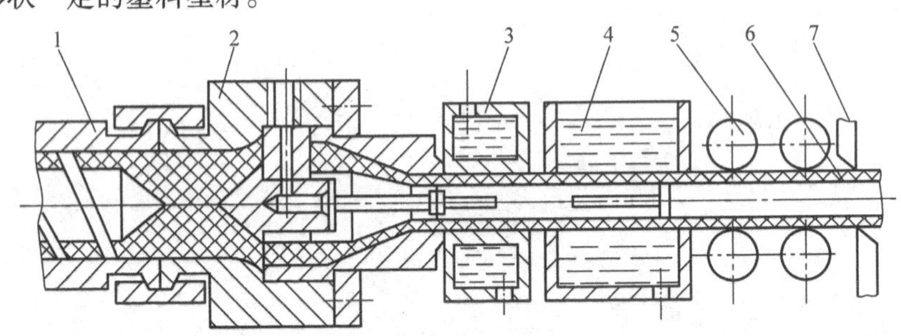

图9-1　挤出成型原理

1—挤出机料筒　2—机头　3—定径装置　4—冷却装置

5—牵引装置　6—塑料管　7—切割装置

挤出成型所用的设备为挤出机，其所成型的塑件均为具有恒定截面形状的连续型材。挤出成型工艺还可以用于塑料的着色、造粒和共混等。

挤出成型能连续成型，生产量大，生产率高，成本低；塑件的几何形状简单，截面形状不变，所以模具结构也较简单，制造维修方便，塑件的内部组织均衡紧密、尺寸比较稳定；适应性强，除氟塑料外，几乎所有的热塑性塑料都可采用挤出成型，部分热固性塑料也可采用挤出成型；挤出成型所用设备结构简单、操作方便、应用广泛。

二、挤出成型工艺过程

热塑性塑料的挤出成型工艺过程可分为三个阶段：

第一阶段塑化　塑料原料在挤出机内的机筒温度和螺杆的旋转压实及混合作用下由粒状或粒状转变成粘流态物质（常称干法塑化），或固体塑料在机外溶解于有机溶剂中而成为粘流态物质（常称湿法塑化），然后加入到挤出机的料筒中。通常采用干法塑化方式。

第二阶段成型　粘流态塑料熔体在挤出机螺杆螺旋力的推挤作用下，通过具有一定形状的口模而得到截面与口模形状一致的连续型材。

第三阶段定型　通过适当的处理方法，如定径处理、冷却处理等，使已挤出的塑料连续型材固化为塑料制件。

现较详细地介绍热塑性塑料的干法塑化挤出成型工艺过程。

（1）原料的准备　挤出成型用的大部分是粒状塑料，粉状用得很少，因为粉状塑料含有较多的水分，将会影响挤出成型的顺利进行，同时影响塑件的质量。例如，出现气泡、表面灰暗无光、皱纹、流痕等，物理性能和力学性能也随之下降，而且粉状物料的压缩比大，不利于输送。当然，不论是粉状物料还是粒状物料，都会吸收一定的水分，所以在成型之前应进行干燥处理，将原料的水分控制在0.5%以下。原料的干燥一般是在烘箱或烘房中进行的。此外，在准备阶段还要尽可能除去塑料中存在的杂质。

（2）挤出成型　将挤出机预热到规定温度后，起动电动机带动螺杆旋转输送物料，同时向料筒中加入塑料。料筒中的塑料在外加热和剪切摩擦热作用下熔融塑化，由于螺杆旋转时对塑料不断推挤，迫使塑料经过滤板上的过滤网，由机头成型为一定口模形状的连续型材。

初期的挤出质量较差，外观也欠佳，要调整工艺条件及设备装置直到正常状态后才能投入正式生产。在挤出成型过程中，要特别注意温度和剪切摩擦热两个因素对塑件质量的影响。

（3）塑件的定型与冷却　热塑性塑料制件在离开机头口模以后，应该立即进行定型和冷却，否则，塑件在自重力作用下就会变形，出现凹陷或扭曲现象。大多数情况下，定型和冷却是同时进行的，只有在挤出各种棒料和管材时，才有一个独立的定径过程，而挤出薄膜，单丝等无需定型，仅通过冷却便可。挤出板材与片材，有时还通过一对压辊压平，也有定型与冷却作用。管材的定型方法可用定径套、定径环和定径板等，也有采用能通水冷却的特殊口模来定径的，但不管哪种方法，都是使管坯内外形成压力差，使其紧贴在定径套上而冷却定型。

冷却一般采用空气冷却或水冷却，冷却速度对塑件性能有很大影响。硬质塑件（如聚苯乙烯、低密度聚乙烯和硬聚氯乙烯等）不能冷却得过快，否则容易造成残余内应力，并影响塑件的外观质量，软质或结晶型塑料件则要求及时冷却，以免塑件变形。

（4）塑件的牵引、卷取和切割　塑料制件自口模挤出后，一般都会因压力突然解除而发生离模膨胀现象，而冷却后又会发生收缩现象，从而使塑件的尺寸和形状发生改变。此外，由于塑件被连续不断地挤出，自重量越来越大，如果不加以引导，会造成塑件停滞，使塑件不能顺利地挤出。因此，在冷却的同时，要连续均匀地将塑件引出，这就是牵引。

牵引过程由挤出机的辅机之一——牵引装置来完成。牵引速度要与挤出速度相适应，一般是牵引速度略大于挤出速度，以便消除塑件尺寸的变化值，同时对塑件进行适当的拉伸可提高质量。不同的塑件牵引速度不同，通常薄膜和单丝可以快些，牵引速度大，塑件的厚度和直径减小，纵向抗断裂强度增高，扯断伸长率降低。对于挤出硬质塑件的牵引速度则不能大，通常需将牵引速度定在一定范围内，并且要十分均匀，不然就会影响其尺寸均匀性和力学性能。

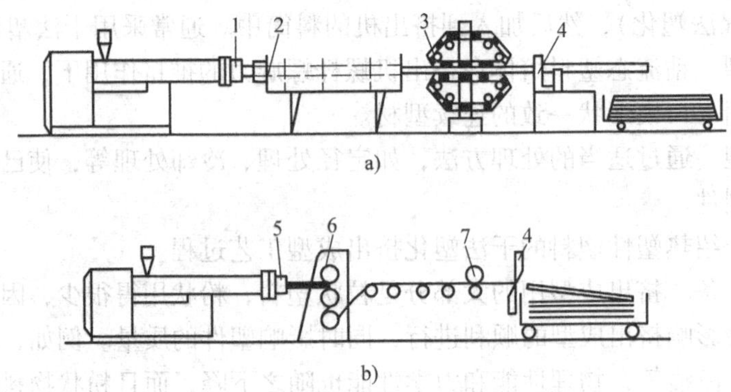

图 9-2　常见挤出工艺过程示意图

a）管材挤出　b）片（板）材挤出

1—挤管机头　2—定型与冷却装置　3—牵引装置　4—切断装置　5—片（板）坯挤出机头　6—辗平与冷却装置　7—切边与牵引装置

通过牵引的塑件可根据使用要求在切割装置上裁剪（如棒、管、板、片等），或在卷取装置上绕制成卷（如薄膜、单丝、电线电缆等）。此外，某些塑件，如薄膜等有时还需进行后处理，以提高尺寸稳定性。

图 9-2 所示为常见的挤出工艺过程示意图。

三、挤出成型工艺参数

挤出成型工艺参数包括温度、压力、挤出速度、牵引速度等。下面分别加以讨论。

（1）温度　温度是挤出过程得以顺利进行的重要条件之一。塑料从加入料斗到最后成为塑料制件经历了一个极为复杂的温度变化过程。严格讲，挤出成型温度应指塑料熔体的温度，但该温度却在很大程度上取决于料筒和螺杆的温度。这是因为塑料熔体的热量除一部分来源于料筒中混合时产生的摩擦热以外，大部分是料筒外部的加热器所提供的，因此，在实际生产中为了检测方便起见，经常用料筒温度近似表示成型温度。

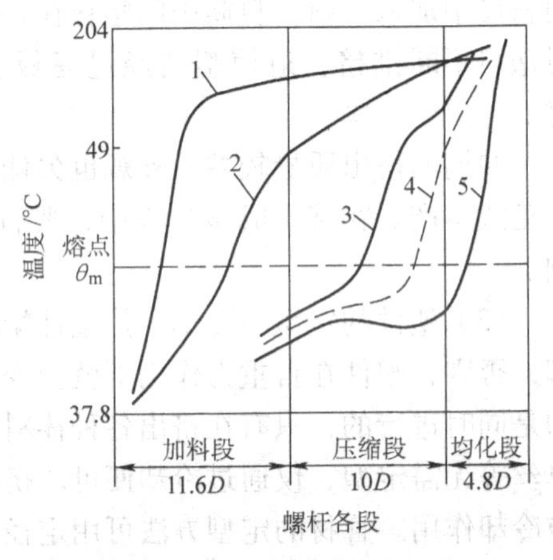

图 9-3　挤出成型温度曲线

1—料筒温度曲线　2—螺杆温度曲线　3—物料（PE）的最高温度　4—物料（PE）的平均温度　5—物料（PE）的最低温度　D—料筒直径

图 9-3 所示为聚乙烯的温度曲线，它是沿料筒轴线方向测得的。由图可知，料筒和塑料温度在螺杆各段是有差异的，要满足这种要求，料筒就必须具有加热、冷却和温度调节等一系列装置。一般来说，对挤出成型温度进行控制时，加段料的温度不宜过高，而压缩段和均化段的温度则可取高一些，具体的数值应根据塑料种类和塑件情况而定。机头和口模温度相当于注射成型时的模温，通常，机头温度必须控制在塑料热分解温度以下，而口模处的温度

可比机头温度稍低一些，但应保证塑料熔体具有良好的流动性。

图9-3所示的温度曲线只是稳定挤出过程中温度的宏观表示。实际上，在挤出过程中，即使是稳定挤出，每个测试点的温度随时间变化还是有变化的，温度随时间的不同而产生波动，并且这种波动往往具有一定的周期性。习惯上，把沿着塑料流动方向上的温度波动称为轴向温度波动，另外，在沿着与塑料流动方向上垂直的截面上，各点的温度值也是不同的，即有径向温差。

上述温度波动和温差，都会给塑件质量带来十分不良的后果，使塑件产生残余应力，各点强度不均匀，表面灰暗无光。产生这种波动和温差的因素很多，如加热冷却系统不稳定，螺杆转速变化等，但以螺杆设计和选用的好坏影响最大。表9-1是几种塑料挤出成型管材、片材和板材及薄膜等的温度参数。

表9-1　热塑性塑料挤出成型时的温度参数

塑料名称	挤出温度/℃				原料中水份控制（%）
	加料段	压缩段	均化段	机头及口模段	
丙烯酸类聚合物	室温	100～170	～200	175～210	≤0.025
醋酸纤维素	室温	110～130	～150	175～190	<0.5
聚酰胺（PA）	室温～90	140～180	～270	180～270	<0.3
聚乙烯（PE）	室温	90～140	～180	160～200	<0.3
硬聚氯乙烯（HPVC）	室温～60	120～170	～180	170～190	<0.2
软聚氯乙烯及氯乙烯共聚物	室温	80～120	～140	140～190	<0.2
聚苯乙烯（PS）	室温～100	130～170	～220	180～245	<0.1

（2）压力　在挤出过程中，由于料流的阻力，螺杆槽深度的变化，且过滤板、过滤网和口模等产生阻碍，因而沿料筒轴线方向，塑料内部建立起一定的压力。这种压力的建立是塑料得以经历物理状态的变化，得以均匀密实并得到成型塑件的重要条件之一。和温度一样，压力随时间的变化也会产生周期性波动，这种波动对塑料件质量同样有不利影响，如局部疏松、表面不平、弯曲等。螺杆、料筒的设计，螺杆转速的变化，加热冷却系统的不稳定都是产生压力波动的原因。为了减小压力波动，应合理控制螺杆转速，保证加热和冷却装置的温控精度。

（3）挤出速度　挤出速度是指单位时间内由挤出机头和口模中挤出的塑化好的物料量或塑件长度，它表征着挤出生产能力的高低。影响挤出速度的因素很多，如机头、螺杆和料筒的结构、螺杆转速、加热冷却系统结构和塑料的性能等。在挤出机的结构和塑料品种及塑件类型已确定的情况下，挤出速度仅与螺杆转速有关，因此，调整螺杆转速是控制挤出速度的主要措施。挤出速度在生产过程中也存在波动现象，对产品的形状和尺寸精度有显著不良影响。为了保证挤出速度均匀，应设计与生产的塑件相适应的螺杆结构和尺寸；严格控制螺杆转速；严格控制挤出温度，防止因温度改变而引起挤出压力和熔体粘度变化，从而导致挤出速度的波动。

（4）牵引速度　挤出成型主要生产长度连续的塑料制件，因此必须设置牵引装置。从机头和口模中挤出的塑件，在牵引力作用下将会发生拉伸取向。拉伸取向程度越高，塑件沿取向方位的拉伸强度也越大，但冷却后长度收缩也大。通常，牵引速度可与挤出速度相当。牵引速度与挤出速度的比值称牵引比，其值必须等于或大于1。

表9-2是几种塑料管材的挤出成型工艺参数。

表9-2 几种塑料管材的挤出成型工艺参数

工艺参数＼塑料管材		硬聚氯乙烯（HPVC）	软聚氯乙烯（LPVC）	低密度聚乙烯（LDPE）	ABS	聚酰胺-1010（PA-1010）	聚碳酸酯（PC）
管材外径/mm		95	31	24	32.5	31.3	32.8
管材内径/mm		85	25	19	25.5	25	25.5
管材壁厚/mm		5±1	3	2±1	3±1	—	—
机筒温度/℃	后段	80~100	90~100	90~100	160~165	250~200	200~240
	中段	140~150	120~130	110~120	170~175	260~270	240~250
	前段	160~170	130~140	120~130	175~180	260~280	230~255
机头温度/℃		160~170	150~160	130~135	175~180	220~240	200~220
口模温度/℃		160~180	170~180	130~140	190~195	200~210	200~210
螺杆转速/r·min^{-1}		12	20	16	10.5	15	10.5
口模内径/mm		90.7	32	24.5	33	44.8	33
芯模外径/mm		79.7	25	19.1	26	38.5	26
稳流定型段长度/mm		120	60	60	50	45	87
拉伸比		1.04	1.2	1.1	1.02	1.5	0.97
真空定径套内径/mm		96.5	—	25	33	31.7	33
定径套长度/mm		300	—	160	250	—	250
定径套与口模间距/mm		—	—	—	25	20	20

注：稳流定型段由口模和芯模的平直部分构成。

第二节 挤出模的分类、结构组成及与挤出机的关系

一、挤出模分类及作用

一般塑料型材挤出成型模具应包括两部分：机头（口模）和定型模（套）。

（一）机头的作用

机头是挤出塑料制件成型的主要部件，它使来自挤出机的熔融塑料由螺旋运动变为直线运动，并进一步塑化，产生必要的成型压力，保证塑件密实，从而获得截面形状相似的连续型材。

（二）定型模的作用

通常采用冷却、加压或抽真空的方法，将从口模中挤出的塑料的既定形状稳定下来，并对其进行精整，从而得到截面尺寸更为精确、表面更为光亮的塑料制件。

（三）机头的分类

由于能够挤出成型的塑料制件截面形状的规格多种多样，因此根据不同的塑件要求，生产中需要设计不同的机头，一般有下述几种分类方法。

（1）按挤出成型的塑料制件分类　这是最常见的分类方法。通常的挤出成型塑件有管材、棒材、板材、片材、网材、单丝、粒料、各种异型材、吹塑薄膜、带有塑料包覆层的电线电缆等，它们所用的机头分别称为管机头、棒机头等。对于相同塑件所用的机头，还可以根据其某些特点进一步细分，如管机头可细分为直机头、弯机头和旁侧式机头等；吹塑薄膜机头又可细分为芯棒式机头、中心进料式机头、螺旋式机头和多层复合薄膜吹塑机头等。

(2) 按挤出塑件的出口方向分类 按照塑件从机头中的挤出方向不同，可分为直通机头（或称直向机头）和角式机头（或称横向机头）。直通机头的特点是：熔体在机头内的挤出流向与挤出机螺杆的轴线平行；角式机头的特点是：熔体在机头内的挤出流向与挤出机螺杆的轴线呈一定角度。当熔体挤出流向与螺杆轴线垂直时，又可称为直角机头。直通机头和角式机头的选用与塑件结构类型有关，如可以采用直通机头挤出成型聚氯乙烯硬管，而挤出成型带有塑料包覆层的电线电缆时，则需要采用直角机头。

(3) 按塑料熔体在机头内所受压力分类 挤出成型不同品种的塑料或不同的塑料制件时，熔体在机头内所受压力的大小不同，对于塑料熔体受压小于4MPa的机头，称为低压机头；而当熔体受压大于10MPa时，称为高压机头。

二、挤出模的结构组成

以典型的管材挤出成型机头为例（见图9-4），挤出成型模具的结构可分为以下几个主要部分：

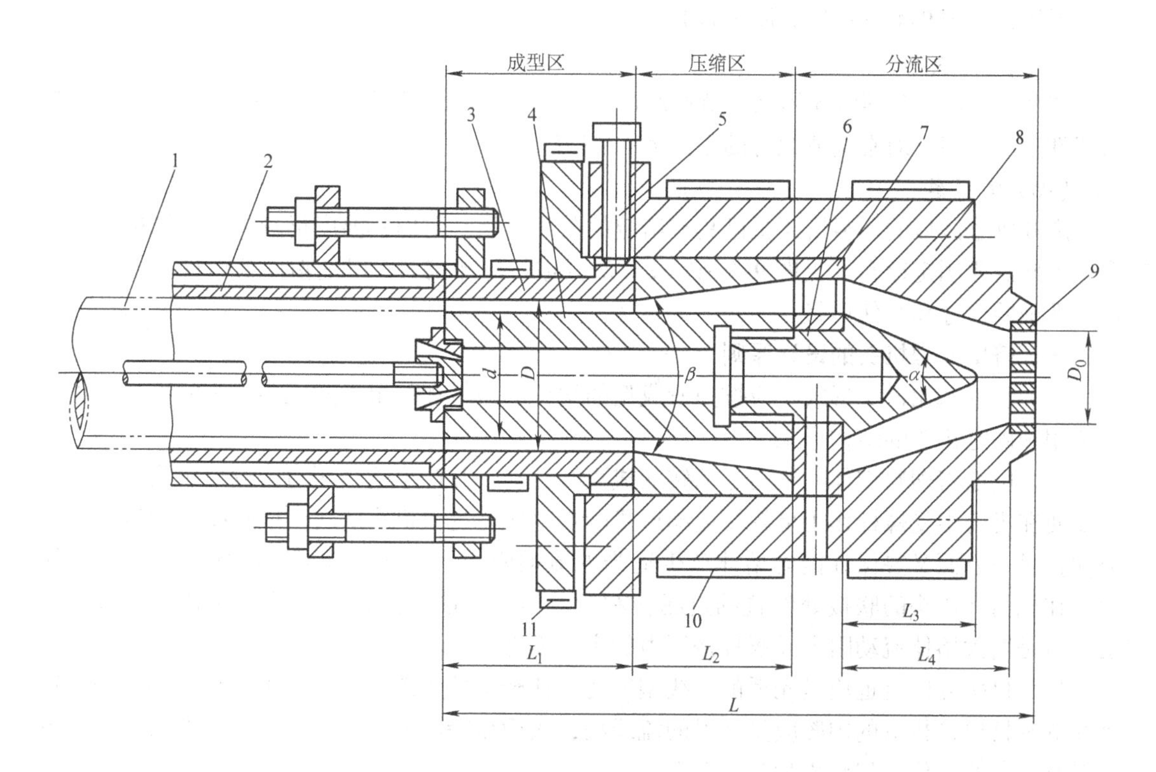

图9-4 管材挤出成型机头

1—管材 2—定径套 3—口模 4—芯棒 5—调节螺钉 6—分流器 7—分流器支架 8—机头体 9—过滤板（多孔板） 10、11—电加热圈（加热器）

（一）口模和芯棒

口模用来成型塑件的外表面，芯棒用来成型塑件的内表面，由此可见，口模和芯棒决定了塑件的截面形状。

（二）过滤网和过滤板

过滤网的作用是将塑料熔体由螺旋运动转变为直线运动，过滤杂质，并形成一定的压力；过滤板又称多孔板，同时还起支承过滤网的作用。

（三）分流器和分流器支架

分流器（俗称鱼雷头）使通过它的塑料熔体分流变成薄环状以平稳地进入成型区，同时进一步加热和塑化；分流器支架主要用来支承分流器及芯棒，同时也能对分流后的塑料熔体加强剪切混合作用（有时会产生熔接痕而影响塑件强度）。小型机头的分流器与其支架可设计成一个整体。

（四）机头体

机头体相当于模架，用来组装并支承机头的各零部件。机头体需与挤出机筒连接，连接处应密封以防塑料熔体泄漏。

（五）温度调节系统

为了保证塑料熔体在机头中正常流动及挤出成型质量，机头上一般设有可以加热的温度调节系统，如图9-4所示的电加热圈10、11。

（六）调节螺钉

图9-4所示调节螺钉5用来调节控制成型区内口模与芯棒间的环隙及同轴度，以保证挤出塑件壁厚均匀。通常调节螺钉的数量为4~8个。

（七）定径套

离开成型区后的塑料熔体虽已具有给定的截面形状，但因其温度仍较高不能抵抗自重变形，为此需要用定径套（见图9-4所示2）对其进行冷却定型，以使塑件获得良好的表面质量、准确的尺寸和几何形状。

三、挤出成型机头的设计原则

（1）正确选用机头形式　应按照所成型的塑件的原料和要求以及成型工艺的特点，正确地选用和确定机头的结构形式。

（2）应能将塑料熔体的旋转运动转变成直线运动，并产生适当压力　设计机头时，一方面要使在机筒中受螺杆作用呈旋转运动形式的塑料熔体进入机头后转变成直线运动进行成型流动；另一方面又要保证能对熔体产生适当的流动阻力，以便螺杆能对熔体施加适当的压力。在机筒和机头的联接处设置的过滤板和过滤网，既能将熔体的旋转运动转换成直线运动，也是增大熔体流动阻力或螺杆挤压力的主要零件。

（3）机头内的流道应呈光滑的流线型　为了让塑料熔体能沿着机头中的流道均匀平稳流动而顺利挤出，机头的内腔应呈光滑的流线型，表面粗糙度值 R_a 应小于1.6~3.2μm；流道不能有阻滞的部位（以免发生过热分解）。

（4）机头内应有分流装置和适当的压缩区　挤出成型环形截面塑件（如管材）时，塑料熔体在进入口模之前必须在机头中经过分流，因此，机头内应设置分流器和分流器支架等一类分流装置，如图9-4所示。挤出成型管材时，塑料熔体经分流器和分流器支架后再行汇合，一般会产生熔接痕，使得定型前的型坯和离开口模后的塑件强度降低或发生开裂，为此，需在机头中设计一段压缩区域，以增大熔体的流动阻力，消除熔接痕。对于板材和片材等塑件，当塑料熔体通过机头中间流道以后，其宽度必须予以扩展，也即需要一个扩展阶段，为使熔体或塑件密度不因扩展而降低，机头中也需设置适当的压缩区域，以借助于流动阻力保证熔体或塑件组织密实。

（5）机头成型区应有正确的截面形状　设计机头成型区时，应尽量减小离模膨胀效应和收缩效应的影响，保证塑件正确的截面形状。由于塑料的物理性能和压力、温度等因素引起的离模膨胀效应（挤出胀大效应）将导致塑件长度收缩和截面形状尺寸发生变化，使得机头的成型区截面形状和尺寸并非塑件所要求的截面形状和尺寸，两者有一定的差异。因此设计机头时，一方面要对口模进行适当的形状和尺寸补偿，另一方面要合理确定流道尺寸，控制口模成型长度（塑件截面形状的变化与成型时间有关），从而保证塑件正确的截面形状和尺寸。

（6）机头内最好设有适当的调节装置　挤出成型尤其是挤出成型异型材时，常要求对挤出压力、挤出速度、挤出成型温度等工艺参数以及挤出型坯的尺寸进行调节和控制，从而有效地保证塑件的形状、尺寸、性能和质量。为此，机头中最好设置一些能够控制熔体流量、口模和芯棒的侧隙以及挤出成型温度的调节装置。

（7）应有足够的压缩比　压缩比是指流道型腔内最大料流截面积（即通常为机头与过滤板相接处的流道截面积）与口模和芯棒在成型区的环隙截面积之比，它反映了塑料熔体在挤出成型过程中的压实程度，为了使塑件密实，根据塑料和塑件的种类不同，应设计足够的压缩比，一般管机头的压缩比在2.5～10的范围内选取。

（8）机头结构紧凑、利于操作　设计机头时，应在满足强度和刚度的条件下，使其结构尽可能紧凑，并且装卸方便，易加工，易操作，同时，最好设计成规则的对称形状，便于均匀加热。

（9）合理选择材料　与流动的塑料熔体相接触的机头体、口模和芯棒，会产生一定程度的摩擦磨损；有的塑料在高温挤出成型过程中还会挥发有害气体，对机头体、口模和芯棒等零部件产生较强的腐蚀作用，并因此更加剧它们的摩擦和磨损。为提高机头的使用寿命，机头材料应选取耐热、耐磨、耐腐蚀、韧性高、硬度高、热处理变形小及加工性能（包括抛光性能）好的钢材和合金钢。口模等主要成型零件硬度不得低于40HRC。

四、挤出模与挤出机

（一）机头与挤出机的关系

挤出成型的主要设备是挤出机，每副挤出成型模具都只能安装在与其相适应的挤出机上进行生产。从机头的设计角度来看，机头除按给定塑件形状尺寸、精度、材料性能等要求设计外，还应首先了解挤出机的技术规范，诸如螺杆结构参数、挤出机生产率及端部结构尺寸等，考虑所使用的挤出机工艺参数是否符合机头设计要求。机头设计在满足塑件的外观质量要求及保证塑件强度指标的同时，应能够安装在相应的挤出机上，并达到在给定转数下工作，也即要求挤出机的参数适应机头的物料特性，否则挤出就难以顺利进行。由此可见，机头设计与挤出机有着较为密切又复杂的关系。

（二）国产挤出机的主要参数

塑料的挤出按其工艺方法可分为三类，即湿法挤出、抽丝或喷丝法挤出和干法挤出，这也就导致挤出机的规格和种类很多。如就干法连续挤出而言，主要使用螺杆式挤出机，按其安装方式分立式和卧式挤出机；按其螺杆数量分为单螺杆、双螺杆和多螺杆挤出机；按可否排气分排气式和非排气式挤出机。目前应用最广泛的是卧式单螺杆非排气式挤出机。表9-3列出了我国生产的适用于加工管、板、膜、型材及型坯等多种塑料制件以及塑料包覆电线电缆的单螺杆挤出机的主要参数。

表 9-3　部分国产挤出机主要参数

螺杆直径 /mm	螺杆转数 r·min⁻¹	长径比	电动机功率 /kW	中心高 /mm	产量/kg·h	
					硬聚氯乙烯	软聚氯乙烯
30	20~120	15、20、25	3/1	1000	2~6	2~6
45	17~102	15、20、25	5/1.67	1000	7~18	7~18
65	15~90	15、20、25	15/5	1000	15~33	16~50
90	12~72	15、20、25	22/7.3	1000	35~70	40~100
120	8~48	15、20、25	55/18.3	1100	56~112	70~160
150	7~42	15、20、25	75/25	1100	95~190	120~280
200	7~30	15、20、25	100/333	1100	160~320	200~480

（三）机头与挤出机的联接

各种型号的挤出机安装机头部位的结构尺寸是各不相同的。机头设计应加以较核的主要联接项目包括挤出机法兰盘、结构形式、过滤板和过滤网配合尺寸、铰链螺栓长度、联接螺钉（栓）直径及分布数量等。

第三节　管材挤出成型机头

管材是挤出成型生产的主要产品之一。管材挤出成型机头主要用来成型软质和硬质圆形塑料管状塑件。管机头适用的挤出机螺杆长径比（螺杆长度与其直径之比）$i=15\sim25$，螺杆转速 $n=10\sim35\text{r/min}$；通常要求在挤出机和机头之间安装过滤网，对于聚乙烯管材，用 4×80 目过滤网，对于软质塑料管可取 40 目左右的过滤网。

一、常用结构

挤出成型管材塑件时，常用的机头结构有挤出薄壁管材的直通式、直角式和旁侧式，除此以外，还有一种微孔流道管机头。

直通式挤管机头如图 9-4 和图 9-5 所示，其结构简单，容易制造，但熔体经过分流器及分流器支架时形成的分流痕迹（熔接痕）不易消除，另外还有长度较大、整体结构笨重的特点。直通式挤管机头适用于挤出成型软硬聚氯乙烯、聚乙烯、尼龙、聚碳酸酯等塑料管材。

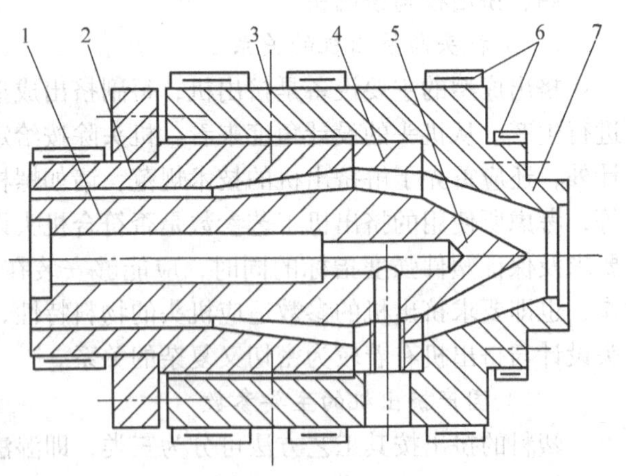

图 9-5　直通式挤管机头
1—芯棒　2—口模　3—调节螺钉　4—分流器支架
5—分流器　6—加热器　7—机头体

直角式挤管机头如图 9-6 所示，塑料熔体包围芯棒流动成型时只会产生一条分流痕迹，适用于挤出成型聚乙烯、聚丙烯等塑料管材，以及对管材尺寸要求较高的场合。直角式挤管机头的优点在于与其配用的冷却装置可以同时对管材的内外径进行冷却定型，因此定径精度高；同时，熔体的流动阻力较小，料流稳定均匀，生产率高，成型质量也较高；但机头的结构较复杂，制造相对较困难。

旁侧式挤管机头与直角式相似，其结构更为复杂，熔体流动阻力也较大，占地相对较少，如图 9-7 所示。

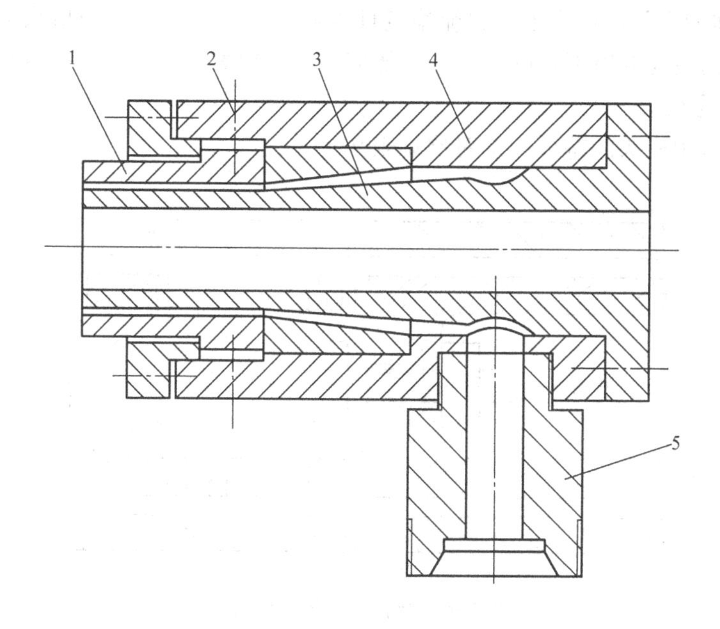

图 9-6　直角式挤管机头

1—口模　2—调节螺钉　3—芯棒　4—机头体　5—连接管

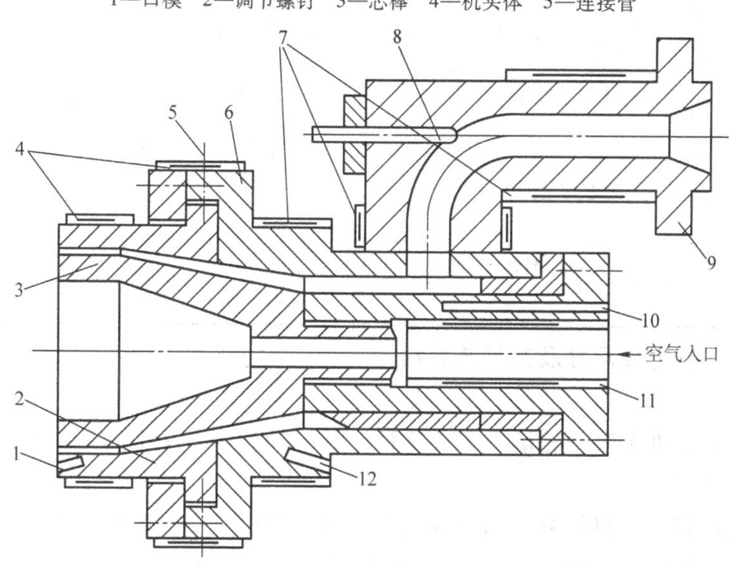

图 9-7　旁侧式挤管机头

1—温度计插孔　2—口模　3—芯棒　4、7—电热器　5—调节螺钉
6—机头体　8、10—熔料测温孔　9—机头
11—芯棒加热器　12—温度计插孔

微孔流道挤管机头如图9-8所示。其出管方向与螺杆轴线一致，但它既不用分流器支架，也不用芯棒，塑料熔体通过微孔管上的众多微孔口进入口模的定型段，因此挤出的管材没有分流痕迹，强度较高，尤其适用于生产口径较大的聚烯烃类塑料管材（如聚乙烯、聚丙烯等）。机头体积小、结构紧凑、料流稳定且流速可控制。设计这类机头应多考虑大管材因厚壁自重作用而引起壁厚不均的影响，一般应调整口模偏心，口模与芯棒的间隙下面比上面小10%～18%为宜。

根据前三种常用机头的特征归纳对比见表9-4。

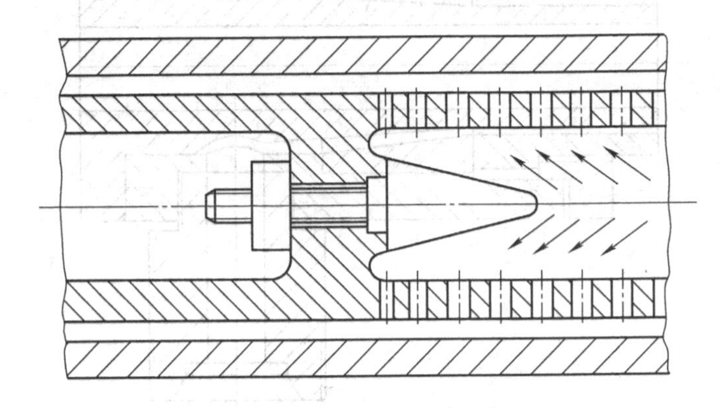

图9-8　微孔流道挤管机头

表9-4　机头特征比较

特征项目 \ 机头类型	直通式	直角式	旁侧式
挤出口径	适用于小口径管材	大小均可	大小均可
机头机构	简单	复杂	更复杂
挤管方向	与螺杆轴线一致	与螺杆轴线垂直	与螺杆轴线一致
分流器支架	有	无	无
芯棒加热	较困难	容易	容易
定型长度	应该长	不宜太长	不宜太长

二、机头内主要零件尺寸及其工艺参数

（一）口模

口模是成型管材外部表面轮廓的机头零件，其结构如图9-4中的3所示，主要尺寸为口模内径和定型段长度。

（1）口模的内径　管材的外径由口模内径决定，但由于受离模膨胀效应及冷却收缩的影响，口模的内径只能根据经验而定，并通过调节螺钉（见图9-4中5）调节口模与芯棒间的环隙使其达到合理值。

$$D = kd_s \tag{9-1}$$

式中　D——口模的内径（mm）；

d_s——管材塑件的外径（mm）；

k——系数，可以参考表9-5选取。

表 9-5　系数 k 值选取表

塑料种类	定径套定管材内径	定径套定管材外径
聚氯乙烯（PVC）		0.95～1.05
聚酰胺（PA）	1.05～1.10	
聚烯烃	1.20～1.30	0.90～1.05

（2）定型段长度　口模的平直部分与芯棒的平直部分组成管材的成型部分，称定型段，如图 9-4 中 L_1 所示。口模定型段的长度对于管材挤出成型质量相当重要，塑料熔体从机头的压缩区进入成型区后，料流阻力增加，熔体密度提高，同时消除分流痕迹及残余的螺旋运动，其长度 L_1 过长则会使阻力增加太大，过程又起不了定型作用，因此 L_1 的取值应适当。可以用熔体流动理论近似推导出 L_1 的计算公式，但设计实践中一般凭经验而定。

经验公式：

$$L_1 = (0.5 \sim 3.0)\ d_s \tag{9-2}$$

或

$$L_1 = ct \tag{9-3}$$

式中　L_1——口模定型段长度；

d_s——管材的外径；

t——管材的壁厚；

c——系数，与塑料品种有关，具体数值见表 9-6。

表 9-6　定型段长度 L_1 的计算系数 c

塑料品种	硬聚氯乙烯（HPVC）	软聚氯乙烯（SPVC）	聚酰胺（PA）	聚乙烯（PE）	聚丙烯（PP）
系数 c	18～33	15～25	13～23	14～22	14～22

在式（9-2）中，系数（0.5～3.0）的选取，一般对于 d_s 较大的管材取小值；反之则取大值。

（二）芯棒

芯棒是成型管材内部表面形状的机头零件，其结构如图 9-4 中的 4 所示，通过螺纹与分流器联接，其中心孔用来通入压缩空气，以便对管材产生内压，实现外径定径，其主要尺寸为芯棒外径、压缩段长度和压缩角。

（1）芯棒的外径　芯棒外径指定型段的直径，由它决定管材的内径，但由于与口模结构设计同样的原因，即离模膨胀和冷却收缩效应，根据生产经验，可按下式确定。

$$d = D - 2\delta \tag{9-4}$$

式中　d——芯棒的外径（mm）；

D——口模的内径（mm）；

δ——口模与芯棒的单边间隙，通常取（0.83～0.94）×管材壁厚（mm）。

（2）定型段、压缩段和压缩角　芯棒的长度由定型段和压缩段 L_2 两部分组成，定型段与口模中的相应定型段 L_1 共同构成管材的定型区，通常芯棒的定型段的长度可与 L_1 相等或稍长一些。压缩段（也称锥面段）L_2 与口模中相应的锥面部分构成塑料熔体的压缩区，其主要作用是使进入定型区之前的塑料熔体的分流痕迹被熔合消除。L_2 值可按下面经验公式确定：

$$L_2 = (1.5 \sim 2.5)D_0 \tag{9-5}$$

式中　L_2——芯棒的压缩段长度；

D_0——塑料熔体在过滤板出口处的流道直径。

压缩区的锥角β称为压缩角，一般在30°~60°范围内选取，β过大时表面会较粗糙，对于低粘度塑料可取较大值，反之取较小值。

（三）拉伸比和压缩比

两者均是与口模和芯棒尺寸相关的挤出成型工艺参数。

（1）拉伸比　拉伸比是指口模和芯棒在定型区的环隙截面积与挤出管材截面积之比值，它反映了在牵引力或牵引速度作用下，管材从高温型坯到冷却定型后的截面变形状况，以及纵向取向程度和拉伸强度，它的影响因素很多，一般通过实验确定。其值见表9-7。

表9-7　常用塑料挤出所允许的拉伸比

塑料	硬聚氯乙烯（HPVC）	软聚氯乙烯（SPVC）	ABS	高压聚乙烯 PE	低压聚乙烯 PE	聚酰胺 PA	聚碳酸酯 PC
拉伸比	1.00~1.08	1.10~1.35	1.00~1.10	1.20~1.50	1.10~1.20	1.40~3.00	0.90~1.05

拉伸比的计算公式如下：

$$I = \frac{D^2 - d^2}{d_s^2 - D_s^2} \tag{9-6}$$

式中　I——拉伸比；

D_s、d_s——塑料管材的内、外径；

D、d——分别为口模内径、芯棒外径。

由上式可知，在D确定以后，利用允许的拉伸比I及D_s、d_s尺寸，也可以确定d。

（2）压缩比　压缩比是指机头和多孔板相接处最大料流截面积（通常为机头和多孔板相接处的流道截面积）与口模和芯模在成型区的环形间隙面积之比，它可反映挤出成型过程中塑料熔体的压实程度。对于低粘度塑料，压缩比$\varepsilon=4\sim10$；对于高粘度塑料，$\varepsilon=2.5\sim6.0$。

（四）分流器和分流器支架

图9-9所示为分流器和分流器支架的整体式结构。

在图9-9中，扩张角α的大小选取与塑料粘度有关，通常取30°~90°，α过大时料流的流动阻力大，熔体易过热分解；α过小时不利于机头对其内的塑料熔体均匀加热，机头体积也会增大。分流器的扩张角α应大于芯棒压缩段的压缩角β。

分流器上的分流锥面长度L_3一般按下式确定，即

$$L_3 = (0.6 \sim 1.5)D_0 \tag{9-7}$$

式中　D_0——机头与过滤板相联处的流道直径mm。

分流器头部圆角$R=0.5\sim2.0$mm，R也不宜过大，否则熔体容易在此处发生滞留。分流器表面粗糙度R_a应小于0.4~0.2μm。安装分流器时，应保证它与机头体的同轴度在0.02mm之内，并且与过滤板之间应有一定长度的空腔（如图9-10所示L_5），L_5通常取10~20mm或稍小于$0.1D_1$（D_1为螺杆直径），过小料流不匀，过大则停料时间长。

分流器支架主要用于支承分流器及芯棒，并起着搅拌物料的作用，一般三者分开加工再

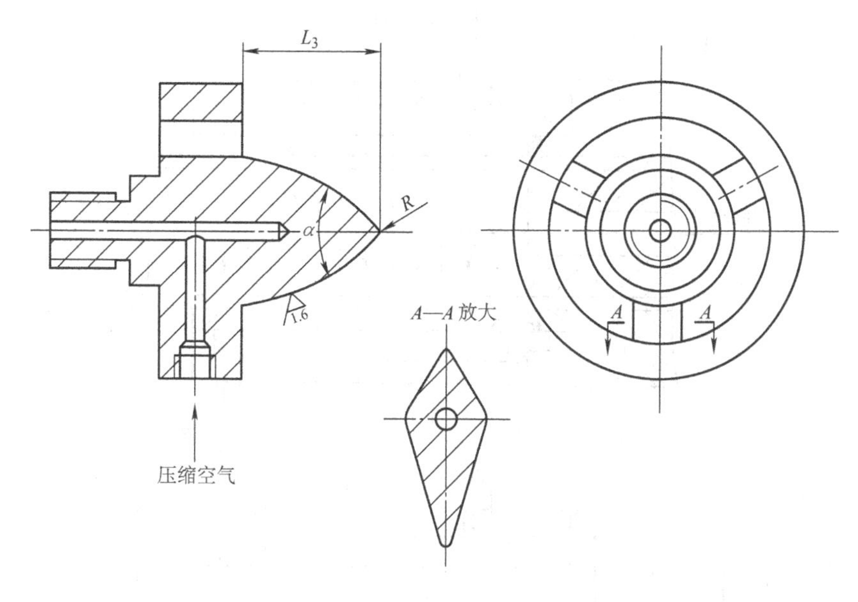

图 9-9 分流器和分流器支架整体结构示例

组合而成，对于中小型机头可把分流器与支架作成一整体。支架上的分流肋应做成流线型，在满足强度要求的前提下，其宽度和长度尽可能小些，出料端角度应小于进料端角度，分流肋尽可能少些，以免产生过多的分流痕迹，一般小型机头 3 根，中型的 4 根，大型的 6 ~ 8 根。

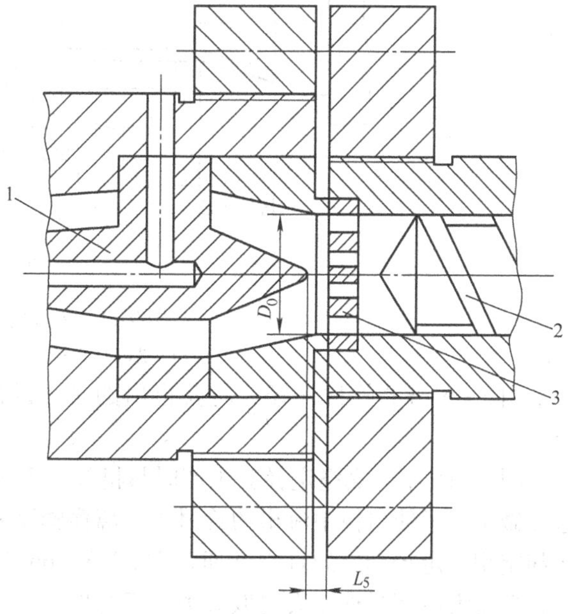

三、定径套的设计

流出口模的管材型坯温度仍较高，没有足够的强度和刚度来承受自重变形，同时受离模膨胀和长度收缩效应的影响，因此应采取一定的冷却定型措施，保证挤出管材准确的形状及尺寸和良好的表面质量，一般用内径定型和外径定型的两种方法。由于我国塑料管材标准大多规定外径为基本尺寸，故国内较常用外径定型法。

图 9-10 分流器与过滤板的相对位置
1—分流器 2—螺杆 3—过滤板

（一）外径定型

外径定型有两种定径方法，如图 9-11 所示，图 9-11a 为内压法定径，图 9-11b 为真空吸附法定径。

图 9-11a 中，在管子内部通入压缩空气（最好经过预热，表压 0. 02 ~ 0. 28MPa），为保持压力，可用堵塞防止漏气。定径套内径和长度目前一般根据经验和管材壁厚来确定，见表 9-8。当管材直径大于 40mm 时，定径套的长度应小于 10 倍的管材外径，定径套内径应比管材外径放大 0. 8% ~1. 2%；如果管材直径大于 100mm 时，定径套的长度还应再短些，通常

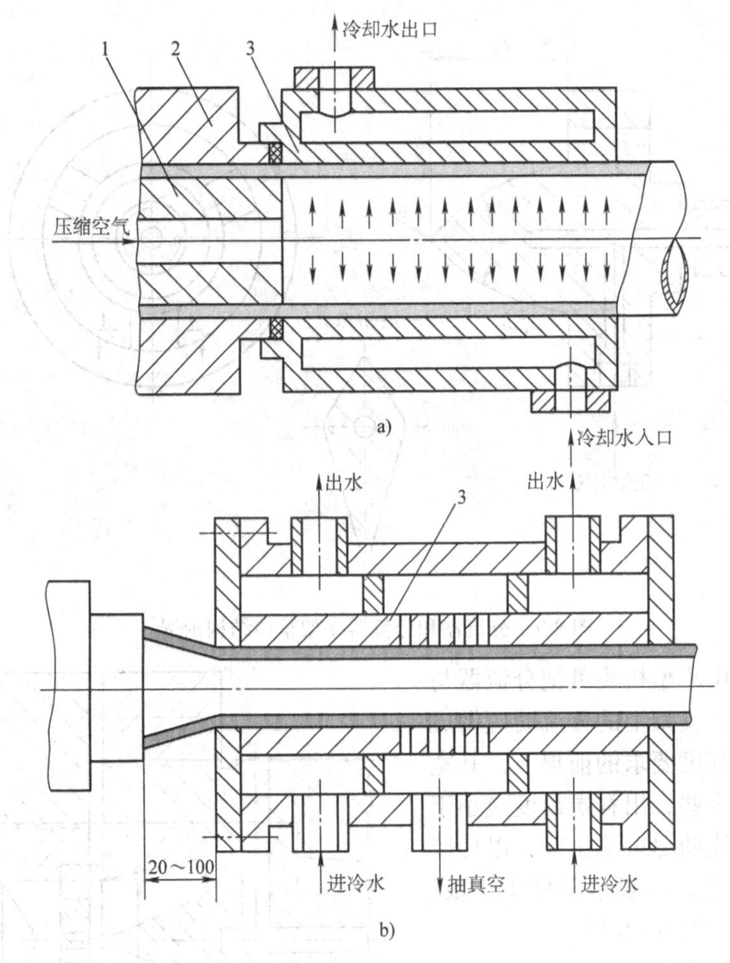

图 9-11 外径定型原理图

1—芯棒 2—口模 3—定径套

可采用 3 ~5 倍的管材外径。需要指出的是，设计定径套内径时，其尺寸不得小于口模内径。

图 9-11b 中，真空定径套生产时与机头口模不能连接在一起，应有 20 ~100mm 的距离，这样做是为了使口模中流出的管材先行离模膨胀和一定程度的空冷收缩后，再进入定径套中冷却定型。定径套内的真空度通常取 53.3 ~66.7kPa，抽真空孔径可取 0.6 ~1.2mm（对于塑料粘度大或管材壁厚大时取大值，反之取小值）。

表 9-8 内压定径套尺寸 （单位：mm）

塑 料	定径套内径	定径套长度
聚烯烃	$(1.02 \sim 1.04)\ d_s$	$\approx 10d_s$
聚氯乙烯（PVC）	$(1.00 \sim 1.02)\ d_s$	$\approx 10d_s$

注：d_s 为管材外径（mm），应用此表时 d_s 应小于 35mm。

当挤出管材外径不大时，定径套内径可按下面经验公式确定：

$$d_0 = (1 + C_z)d_s \tag{9-8}$$

式中 d_0——真空定径套内径；

C_z——计算系数，参考表9-9选取；

d_s——管材外径。

表9-9 计算系数 C_z

塑　　料	硬聚氯乙烯（HPVC）	聚乙烯（PE）	聚丙烯（PP）
系数 C_z	0.007～0.01	0.02～0.04	0.02～0.05

真空定径套的长度一般应大于其他类型定径套的长度，例如，对于直径大于100mm的管材，真空定径套的长度可取4～6倍的管材外径。这样有助于更好地改善或控制离模膨胀和长度收缩效应对管材尺寸的影响。

（二）内径定型

管材的内径定型如图9-12所示，通过定径套内的循环水冷却定型挤出管材，其主要优点在于能保证管材内孔的圆度且操作方便。但只适用于结构比较复杂的直角式机头，同时不适于挤出成型聚氯乙烯、聚甲醛等热敏性塑料管材，目前多用于挤出成型聚乙烯、聚丙烯和聚酰胺等塑料管材，尤其适用于内径公差要求比较严格的聚乙烯和聚丙烯管材。

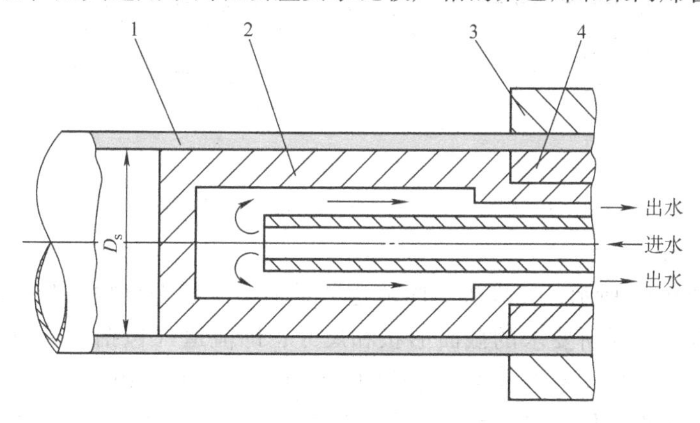

图9-12 内径定型原理图

1—管材 2—定径套 3—机头 4—芯棒

定径套应沿其长度方向带有一定锥度，可在0.6∶100～1.0∶100范围内选取，基本原则为不得因锥度而影响管材内孔尺寸精度。定径套外径一般取（1+2%～4%）D_s（D_s为管材内径），既利于通过修磨来保证管材内径D_s的尺寸公差，又可以使管材内壁紧贴在定径套上，使管壁获得较低的表面粗糙度。定径套的长度与管材壁厚及牵引速度有关，一般取80～300mm，牵引速度较大或管材壁厚较大时取大值，反之则取较小值。

第四节 异型材挤出成型机头

除了前述管、棒、板（片）、薄膜等塑件外，凡具有其他截面形状的塑料挤出制件统称为异型材。目前，异型材的挤出成型效率较低，原因在于异型材的截面形状不规则，其几何形状、尺寸精度、外观及强度难以可靠地保证，挤出成型工艺以及机头的设计均比较复杂，难以达到理想的效果。限于篇幅，本节仅简单地介绍两类常用的板式异型材挤出机头和流线型异型材挤出机头。

一、板式机头

这种机头如图9-13所示，机头结构简单，易制造，安装调整也方便，但机头内流道截面会在口模模腔入口处出现急剧变化，形成若干平面死点，因而塑料熔体在机头内的流动条件较差，生产时间过长会过热分解。这种机头只适用于形状较简单及生产批量少的情况，对热敏性很强的硬聚氯乙烯则不适宜使用，一般多用于粘度不高、热稳定性较好的聚烯烃类塑料，有时也可用于软聚氯乙烯。

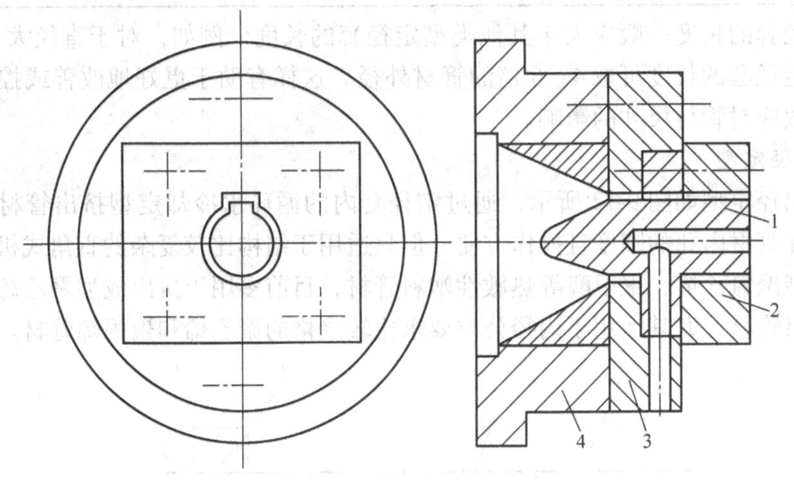

图9-13　板式机头
1—芯棒　2—口模　3—支承板　4—机头体

二、流线型机头

这种机头如图9-14所示，要求机头内流道从进料口开始至口模的出口，其截面必须由圆形光滑地过渡为异型材所要求的截面形状和尺寸，即流道（包括口模成型区）表壁应呈光滑的流线型曲面，各处均不得有急剧过渡的截面尺寸或死角。由此可见，流线型机头的加工难度要比板式机头大，但它能够克服板式机头内流道急剧变化的缺陷，从而可以保证复杂截面的异型材及热敏性塑料的挤出成型质量，同时也适合大批量生产。

流线型机头一般采用整体式或分段拼合式。图9-14所示为整体式流线型机头，其机头内流道由圆环形渐变过渡到所要求的形状，各截面形状如图9-14中$A—A \sim F—F$所示，它的制造比分段拼合式困难，在设计时应注意使过渡部分的截面由容易加工的旋转曲面或平面组成。在异型材截面复杂的情况下，要加工出一个整体式的流线型机头是件很困难的工作，为了降低机头加工难度，采用分段拼合式流线型机头，分段拼合式流线型机头是将机头体分段以后，利用逐段局部加工和拼装方法制造出来的，这样虽然能够降低流道整体加工的难度，但拼合时难免在流道拼接处或多或少地出现一些不连续光滑的截面尺寸过渡，因此，塑料熔体在分段拼合式流线型机头中的流动条件相对较差，成型质量也比较难于控制。

三、异型材挤出成型机头的设计要点

（1）必须对口模成型区的截面形状进行一定的修正　从理论上讲，异型材口模出料处的截面形状应与异型材所要求的截面形状保持一致，但实际上由于塑料性能、成型压力、成型温度、流速分布以及离模膨胀和长度收缩等因素影响，塑料熔体从口模中流出的情况非常复杂，如果仅靠异型材截面的理论几何形状来设计口模截面，则从口模中挤出的异型材型坯经常会发生很严重的截面形状畸变，当然也就无法生产出质量合格的塑料制件。目前，基本上

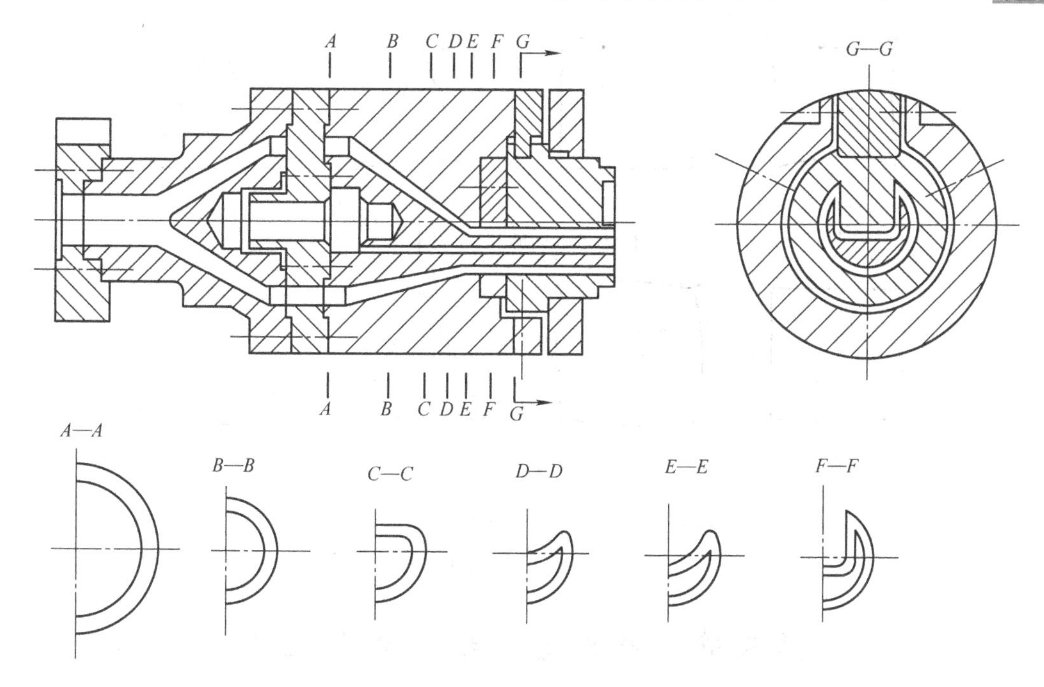

图 9-14　流线型机头

是依靠经验对口模成型区的截面形状给予一定的修正，也有一些理论分析和计算公式可以参考，这里从略。图 9-15 所示为口模形状与塑件形状的关系。

（2）机头结构参数　分流器扩张角 α 小于 70°，对于成型条件要求严格的塑料如硬聚氯乙烯等应尽量控制在 60°左右；机头压缩比 ε 可取 3 ~ 13；压缩角 β 取 25° ~ 50°。

（3）机头口模的尺寸　机头口模的定型段长度 L_1 和口模流道缝隙的间隙尺寸 δ 在设计上可参考表 9-10 选取。

口模径向尺寸在异型材挤出成型机头中是指口模流道的外围尺寸，由于受离模膨胀效应、工艺条件波动及塑料本身收缩率偏差和波动的影响，口模径向尺寸较难确定，因此生产尺寸精度较高的中空异型材是机头口模设计中的难题，设计时可参考表 9-11 选取。

表 9-10　不同塑料口模的 L_1、δ、t 的关系

塑　料	软聚氯乙烯（SPVC）	硬聚氯乙烯（HPVC）	聚乙烯（PE）	醋酸纤维素（CA）	聚苯乙烯（PS）
L_1/δ	6 ~ 9	20 ~ 70	16	20	20
t/δ	0.85 ~ 0.90	1.0 ~ 1.1	0.85 ~ 0.90	0.75 ~ 0.90	1.0 ~ 1.1

注：t—塑件壁厚。

表 9-11　口模流道外围尺寸与塑件外围尺寸的关系

塑　料	软聚氯乙烯（SPVC）	硬聚氯乙烯（HPVC）	醋酸纤维素（CA）	乙基纤维素（EC）
B_s/B_m	0.80 ~ 0.90	0.80 ~ 0.93	0.85 ~ 0.95	1.05 ~ 1.15
H_s/H_m	0.70 ~ 0.85	0.90 ~ 0.97	0.75 ~ 0.90	0.80 ~ 0.95

注：1. B_s—塑件宽度；H_s—塑件高度；B_m—口模流道外围宽度；H_m—口模流道外围高度。

2. 对于开式异型材（截面外部轮廓曲线完全开放）表中数值应缩小 10% ~ 30%。

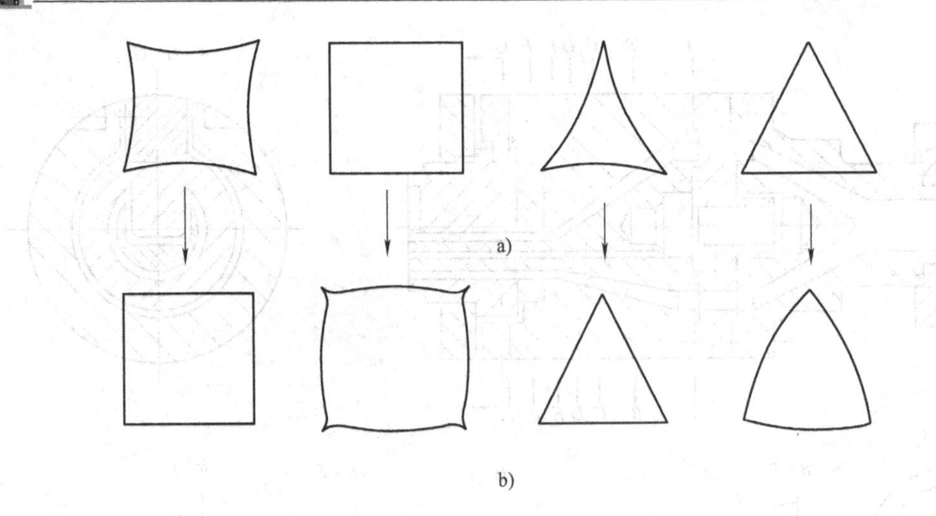

图 9-15　口模形状与塑件形状的关系
a）口模截面形状　b）塑件截面形状

第五节　电线电缆挤出成型机头

金属芯线包覆一层塑料做绝缘层和保护层，这在生产中被广泛应用，一般需在挤出机上用转角式机头挤出成型，典型结构常有两种形式。

一、挤压式包覆机头

这种机头如图 9-16 所示。塑料熔体通过挤出机过滤板进入机头体，转向 90°后沿着芯线

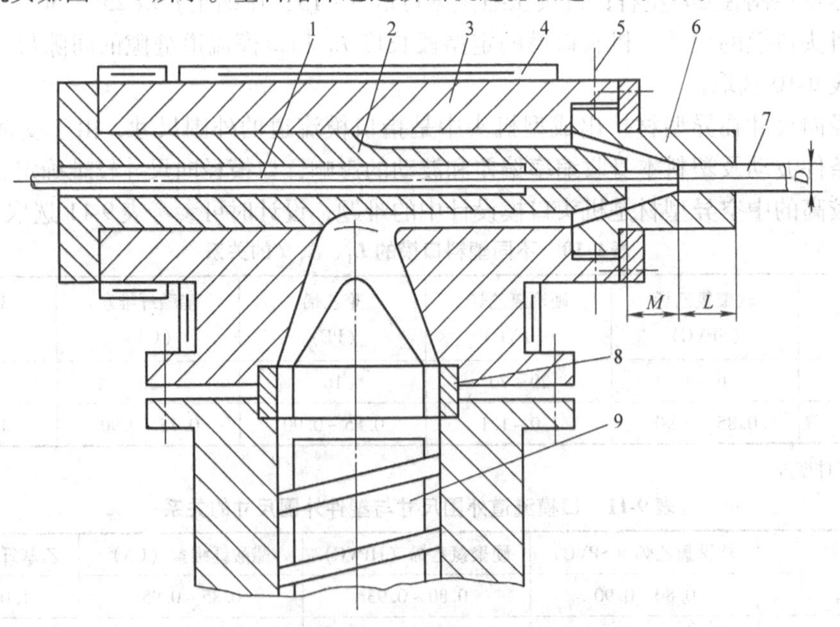

图 9-16　挤压式包覆机头
1—芯线　2—导向棒　3—机头体　4—电热器　5—调节螺钉　6—口模
7—包覆塑件　8—过滤板　9—挤出机螺杆

异向棒继续流动，由于异向棒一端与机头体内孔严密配合，熔体只能向口模一方流动，在导向棒上汇合成一封闭料环后，经口模成型区最终包覆在芯线上，芯线同时连续地通过芯线导向棒，因此包覆挤出生产能连续进行。

挤压式包覆机头通常用来生产电线。一般情况下，定型段长度 L 为口模出口处直径 D 的 1.0 ~ 1.5 倍；导向棒前端到口模定型段的距离 M 也可取口模出口直径 D 的 1.0 ~ 1.5 倍；包覆层厚度取 1.25 ~ 1.60mm。

二、套管式包覆机头

此类机头结构如图 9-17 所示，与挤压式包覆机头相似，不同之处在于套管式包覆机头是将塑料挤成管状，然后在口模外靠塑料管的遇冷收缩而包覆在芯线上。

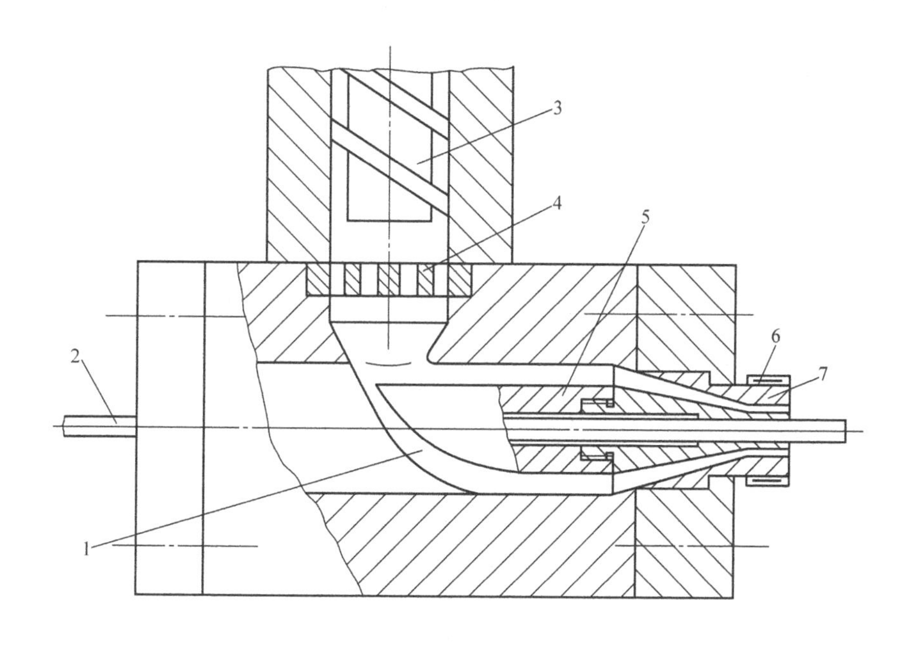

图 9-17　套管式包覆机头

1—螺旋面　2—芯线　3—挤出机螺杆　4—过滤板　5—导向棒　6—电热器　7—口模

塑料熔体通过挤出机过滤板进入机头体内，然后流向芯线导向棒，这时导向棒的作用相当于管材挤出机头中的芯棒，用以成型管材的内表面，口模成型管材的外表面，挤出的塑料管与导向棒同心，塑料管挤出口模后马上包覆在芯线上。由于金属芯线连续地通过导向棒，因而包覆生产也就连续地进行。

套管式包覆机头通常用来生产电缆。包覆层的厚度随口模尺寸、导向棒头部尺寸、挤出速度及芯线牵引速度等变化，口模定型段长度 L_1 为口模出口处直径 D 的 0.5 倍以下，否则螺杆的背压过大，使电缆表面出现流痕而影响表面质量，产量也会有所降低。

思　考　题

9-1　阐述热塑性塑料挤出成型的工艺过程。

9-2 指出管材挤出机头的组成与各部分的作用。

9-3 管材挤出机头的几何参数是如何确定的？

9-4 管材挤出机头有哪两种定径方法？述其定径的工作原理。

9-5 异型材挤出机头有哪两种形式？并指出它们不同的结构特点及成型性能。

9-6 电线与电缆挤出机头在包覆工艺上有何区别？

第十章 气动成型工艺与模具设计

气动成型是借助压缩空气或抽真空来成型塑料瓶、罐、盒类制品的方法，主要包括中空吹塑成型、真空成型及压缩空气成型。

第一节　中空吹塑成型工艺与模具设计

一、中空吹塑成型模具的分类、特点及成型工艺

中空吹塑成型是将处于塑性状态的塑料型坯置于模具型腔内，使压缩空气注入型坯中将其吹胀，使之紧贴于模腔壁上，冷却定型得到一定形状的中空塑件的加工方法。根据成型方法不同，中空吹塑成型可分为挤出吹塑成型、注射吹塑成型、多层吹塑成型及片材吹塑成型等。

（一）挤出吹塑成型

挤出吹塑是成型中空塑件的主要方法，图 10-1 所示是挤出吹塑成型工艺过程示意图。首先，挤出机挤出管状型坯，如图 10-1a 所示；截取一段管坯趁热将其放于模具中，闭合对开式模具同时夹紧型坯上下两端，如图 10-1b 所示；然后用吹管通入压缩空气，使型坯吹胀并贴于型腔表壁成型，如图 10-1c 所示；最后经保压和冷却定型，便可排出压缩空气并开模取出塑件，如图 10-1d 所示。挤出吹塑成型模具结构简单，投资少，操作容易，适于多种塑料的中空吹塑成型。缺点是壁厚不易均匀，塑件需后加工以去除飞边。

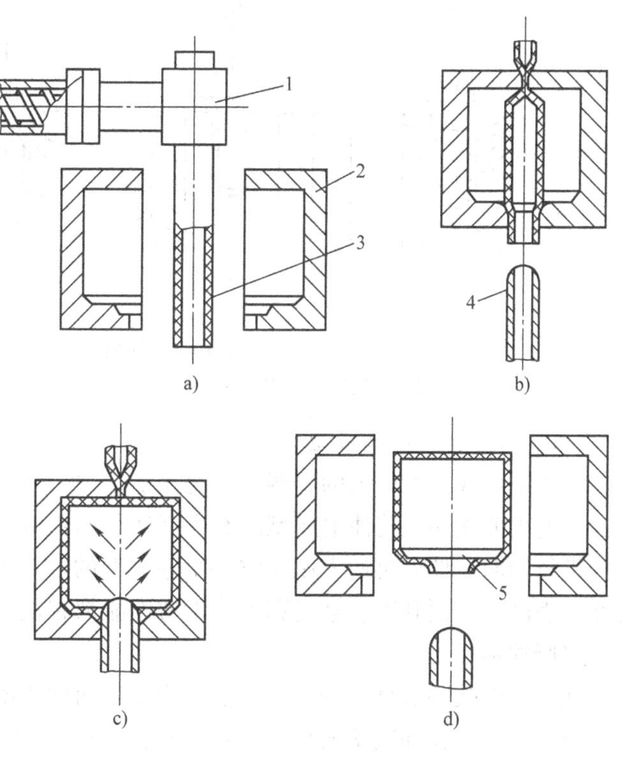

图 10-1　挤出吹塑中空成型

1—挤出机头　2—吹塑模　3—管状型坯

4—压缩空气吹管　5—塑件

（二）注射吹塑成型

注射吹塑成型是一种综合注射与吹塑工艺特点的成型方法，主要用于各种饮料瓶以及精细包装容器，它可以分为热坯注射吹塑成型和冷坯注射吹塑成型两种。

热坯注射吹塑成型的工艺过程如图 10-2 所示。首先注射机将熔融塑料注入注射模内形成管坯，管坯成型在周壁带有微孔的空心凸模上，如图 10-2a 所示；接着趁热移至吹塑模内，如图 10-2b 所示；然后从芯棒的管道内通入压缩空气，使型坯吹胀并贴于模具的型腔壁上，如图 10-2c 所示；最后经保压、冷却定型后放出压缩空气，并开模取出塑件，如图 10-2d 所示。这种成型方法的优点是壁厚均匀无飞边，不需后加工。由于注射型坯有底，故塑件底部没有拼合缝，强度高，生产率高，但设备与模具的投资较大，多用于小型塑件的大批量生产。

冷坯注射吹塑成型工艺过程与热坯注射吹塑成型工艺过程主要区别在于，型坯的注射和塑件的吹塑成型分别在不同设备上进行，首先注射成型坯，然后再将冷却的型坯重新加热后进行吹塑成型。冷坯注射吹塑成型好处在于，一方面专业塑料注射厂可以集中生产大量冷坯，另一方面，吹塑厂的设备结构相对简单。但是在拉伸吹塑之前，为了补偿型坯冷却散发的热量，需要进行二次加热，以保证型坯达到拉伸吹塑成型温度，所以浪费能源。

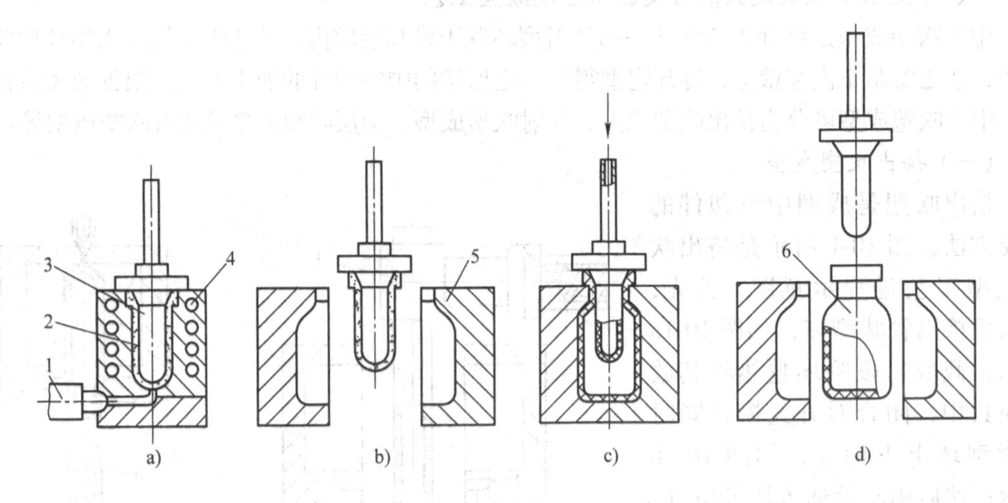

图 10-2 注射吹塑中空成型

1—注射机喷嘴 2—注射型坯 3—空心凸模 4—加热器 5—吹塑模 6—塑件

（三）注射拉伸吹塑成型

对于细长或深度较大的容器，有时还要采用注射拉伸吹塑成型。

注射拉伸吹塑是将注射成型的有底型坯加热到熔点以下适当温度后置于模具内，先用拉伸杆进行轴向拉伸后再通入压缩空气吹胀成型的加工方法。经过拉伸吹塑的塑件其透明度、抗冲击强度、表面硬度、刚度和气体阻透性能都有很大提高。注射拉伸吹塑最典型的产品是线性聚脂饮料瓶。

注射拉伸吹塑成型可分为热坯法和冷坯法两种成型方法。

热坯法注射拉伸吹塑成型工艺过程如图 10-3 所示。首先在注射工位注射成一空心带底型坯，如图 10-3a 所示；然后打开注射模将型坯迅速移到拉伸和吹塑工位，进行拉伸和吹塑成型，如图 10-3b、c 所示；最后经保压、冷却后开模取出塑件，如图 10-3d 所示。这种成型方法省去了冷型坯的再加热，所以节省能量，同时由于型坯的制取和拉伸吹塑在同一台设备上进行，占地面积小，生产易于连续进行，自动化程度高。

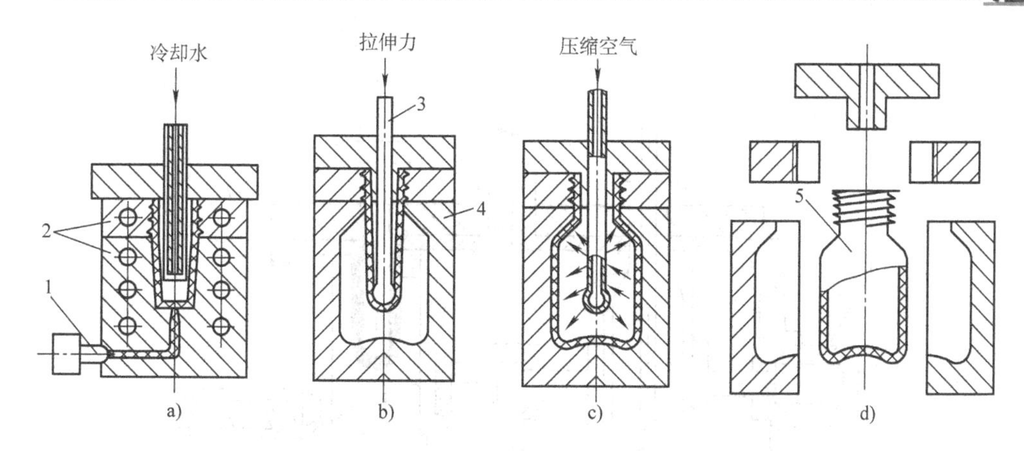

图 10-3　注射拉伸吹塑中空成型

a）注射型坯　b）拉伸型坯　c）吹塑型坯　d）塑件脱模

1—注射机喷嘴　2—注射模　3—拉伸芯棒（吹管）　4—吹塑模　5—塑件

冷坯法是将注射好的型坯加热到合适的温度后再将其置于吹塑模中进行拉伸吹塑的成型方法。采用冷坯成型法时，型坯的注射和塑件的拉伸吹塑成型分别在不同设备上进行，在拉伸吹塑之前，为了补偿型坯冷却散发的热量，需要进行二次加热，以确保型坯的拉伸吹塑成型温度。这种方法的主要特点是设备结构相对简单。

图 10-4 为圆周排列的热坯注射拉伸吹塑成型工位图，一共有四个工位。第 1 个工位用于注射；第 2 个工位用于拉伸与吹塑；第 3 个工位用于开模取件；第 4 个工位为空工位。在实际应用中，视机器结构的不同，工位可以圆周排列，也可以直线排列。用这种成型方法省去了冷型坯的再加热，所以节省能量；同时由于型坯的制取和拉伸吹塑在同一台设备上进行，虽然设备结构比较复杂，但占地面积小，生产易于进行，自动化程度高。

注射吹塑成型方法的优点是制件壁厚均匀，无飞边，不必进行后加工。由于注射得到的型坯有底，故制件底部没有接合缝，外观质量明显优于挤出吹塑，强度高，生产率高，但成型的设备复杂，投资大，多用于小型塑料容器的大批量生产。

二、吹塑成型的工艺参数

（一）型坯温度与模具温度

一般来说，型坯温度较高时，塑料易发生吹胀变形，成型的塑件外观轮廓清晰，但型坯自身的形状保持能力较差。反之，当型坯温度较低时，型坯在吹塑前的转移过程中就不容易发生破坏，但是其吹塑成型性能将会变差，成型时塑料内部会产生较大的应力，当成型后转变为残余应力时，不仅削弱塑料制件强度，而且还会导致塑件表面出现明显的斑纹。因此，挤出吹塑成型时型坯温度应在 $\theta_g \sim \theta_f$（θ_m）范围内尽量偏向 θ_f（θ_m）；注射吹塑成型时，只要保证型坯转移不发生问题，型坯温度应在 $\theta_g \sim \theta_f$（θ_m）范围内尽量取较高值；注射拉伸吹塑成型时，只要保证吹塑能顺利进行，型坯温度可在 $\theta_g \sim \theta_f$（θ_m）区间取较低值，这样能够避免拉伸吹塑取向结构因型坯温度较高而取向。但对于非结晶型透明塑料制件，型坯温度太低会使透明度下降。对于结晶型塑料，型坯温度需要避开最易形成球晶的温度区域，否则，球晶会沿着拉伸方向迅速长大并不断增多，最终导致塑件组织变得十分不均匀。型坯温度还与塑料品种有关，例如，对于线型聚酯和聚氯乙烯等非结晶塑料，型坯温度比 θ_g 高 10 ~

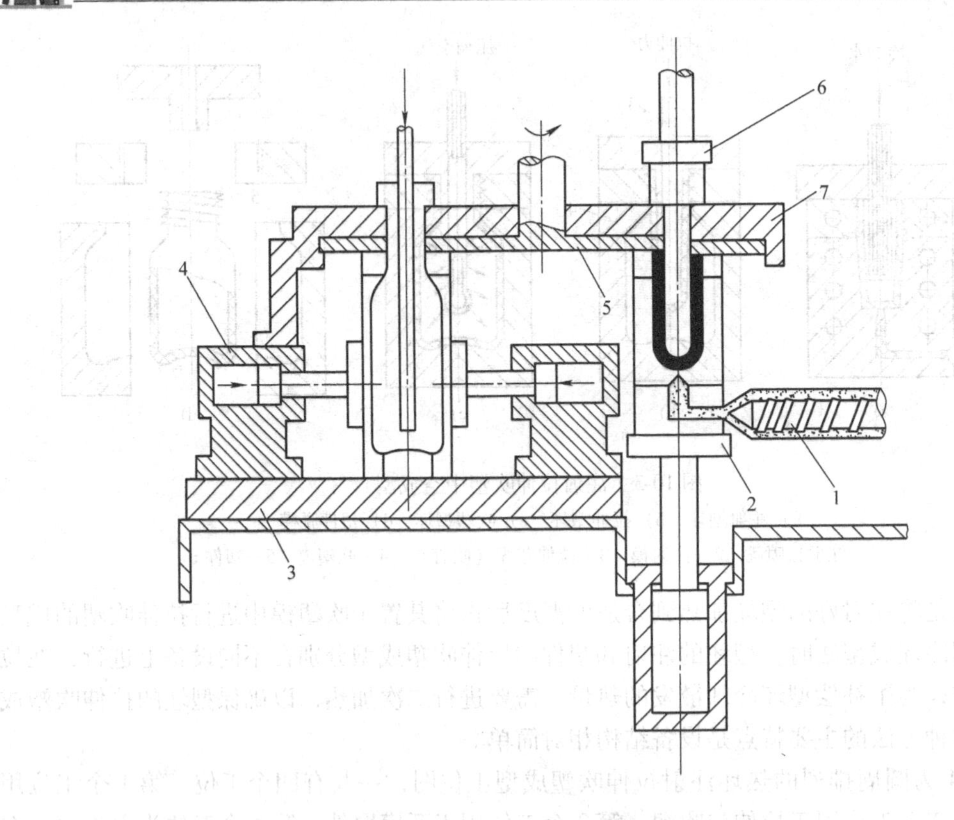

图 10-4　注射拉伸吹塑成型的装置

1—注射机喷嘴　2—下锁模板　3—下模固定板　4—吹塑合模液压缸

5—旋转顶板　6—上锁模板（可动型芯）　7—上基板

40℃，通常线型聚酯可取 90～110℃，聚氯乙烯可取 100～140℃。对于聚丙烯等结晶型塑料，型坯温度比 θ_m 低 5～40℃较合适，聚丙烯一般取 150℃左右。

吹塑模温度通常可在 20～50℃内选取。模温过高，塑件需较长冷却定型时间，生产率下降，并在冷却过程中，塑件会产生较大的成型收缩，难以控制其尺寸与形状精度。模温过低，则塑料在模具夹坯口处温度下降很快，阻碍型坯发生吹胀变形，还会导致塑件表面出现斑纹或使光亮度变差。

（二）吹塑压力

吹塑压力系指吹塑成型所用的压缩空气压力，其数值通常为：吹塑成型时取 0.2～0.7MPa，注射拉伸吹塑成型时吹塑压力要比普通吹塑压力大一些，常取 0.3～1.0MPa。对于薄壁、大容积中空塑件或表面带有花纹、图案、螺纹的中空塑件，对于粘度和弹性模量较大的塑件，吹塑压力应尽量取大值。

三、中空吹塑成型塑件设计

根据中空塑件成型的特点，对塑件的要求主要有吹胀比、延伸比、螺纹、圆角、支承面等。现分述如下。

（一）吹胀比

吹胀比是指塑件最大直径与型坯直径之比，这个比值要选择适当，通常取 2～4，但多用 2，过大会使塑件壁厚不均匀，加工工艺条件不易掌握。

吹胀比表示了塑件径向最大尺寸和挤出机机头口模尺寸之间的关系。当吹胀比确定以后，便可以根据塑件的最大径向尺寸及塑件壁厚确定机头型坯口模的尺寸。机头口模与芯轴的间隙可用下式确定：

$$Z = \delta B_{R} \alpha \tag{10-1}$$

式中　Z——口模与芯轴的单边间隙；

δ——塑件壁厚；

B_{R}——吹胀比，一般取 2 ~4；

α——修正系数，一般取 1 ~1.5，它与加工塑料粘度有关，粘度大取下限。

型坯截面形状一般要求与塑件轮廓大体一致，如吹塑圆形截面的瓶子，型坯截面应是圆形的；若吹塑方桶，则型坯应制成方形截面，或用壁厚不均的圆柱料坯，以使吹塑件的壁厚均匀。如图 10-5 所示，图 10-5a 吹制矩形截面容器时，则短边壁厚小于长边壁厚，而用图 10-5b 所示截面的型坯可得以改善；图 10-5c 所示料坯吹制方形截面容器可使四角变薄的状况得到改善；图 10-5d 适用于吹制矩形截面容器。

（二）延伸比

在注射拉伸吹塑成型中，塑件的长度与型坯的长度之比叫延伸比，图 10-6 所示的 c 与 b 之比即为延伸比。延伸比确定后，型坯的长度就能确定。实验证明延伸比大的塑件，即壁厚越薄的塑件，其纵向和横向的强度越高。也就是延伸比越大，得到的塑件强度越高。为保证

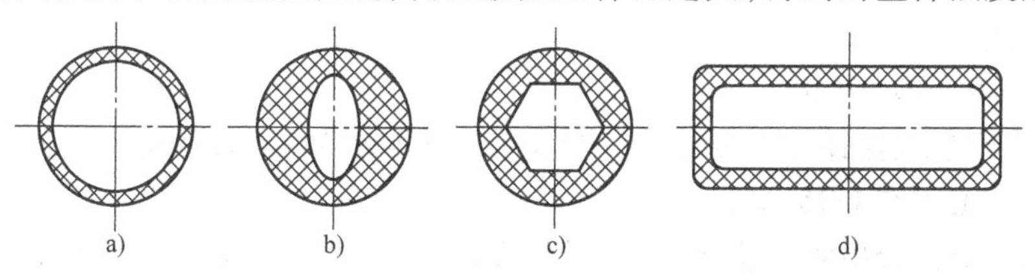

图 10-5　型坯截面形状与塑件壁厚的关系

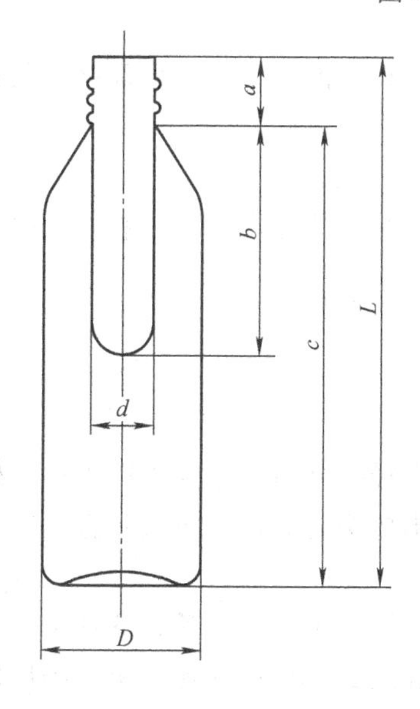

图 10-6　延伸比示意图

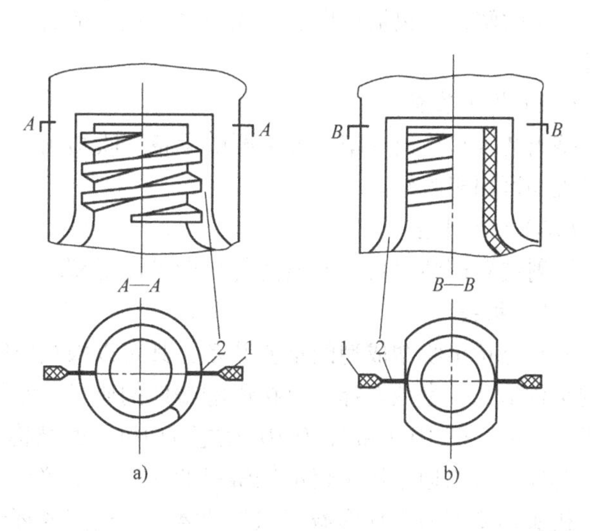

图 10-7　螺纹形状

1—余料　2—夹坯口（切口）

塑件的刚度和壁厚，生产中一般取延伸比 $S_R = (4 \sim 6)/B_R$。

(三) 螺纹

吹塑成型的螺纹通常采用梯形或半圆形的截面，而不采用细牙或粗牙螺纹，这是因为后者难以成型。为了便于塑件上飞边的处理，在不影响使用的前提下，螺纹可制成断续状的，即在分型面附近的一段塑件上不带螺纹，如图 10-7 所示，图 10-7b 比图 10-7a 易清理飞边余料。

(四) 圆角

吹塑塑件的侧壁与底部的交接及壁与把手交接等处，不宜设计成尖角，尖角难以成型，这种交接处应采用圆弧过渡。在不影响造型及使用的前提下，圆角以大为好，圆角大壁厚则均匀，对于有造型要求的产品，圆角可以减小。

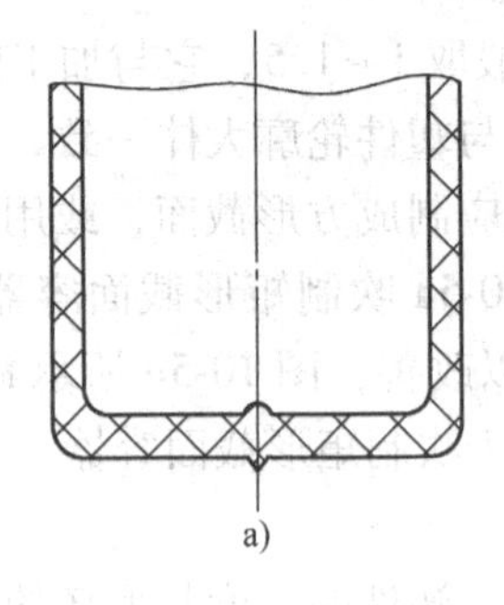

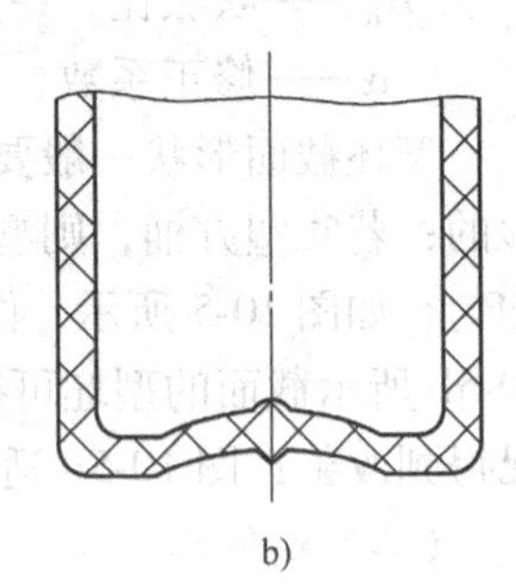

图 10-8 支承面

(五) 塑件的支承面

在设计塑料容器时，应减少容器底部的支承表面，特别要减少结合缝与支承面的重合部分，因为切口的存在将影响塑件放置平稳，如图 10-8a 为不合理设计，图 10-8b 为合理设计。

(六) 脱模斜度和分型面

由于吹塑成型不需凸模，且收缩大，故脱模斜度即使为零也能脱模。但表面带有皮革纹的塑件脱模斜度必须在 1/15 以上。

吹塑成型模具的分型面一般设在塑件的侧面，对矩形截面的容器，为避免壁厚不均，有时将分型面设在对角线上。

四、中空吹塑设备

中空吹塑设备包括挤出装置或注射装置、挤出型坯用的机头、模具、合模装置及供气装置等。

(一) 挤出装置

挤出装置是挤出吹塑中最主要的设备。吹塑用的挤出装置并无特殊之处，一般的通用型挤出机均可用于吹塑。

(二) 注射装置

注射装置即注射机，普通注射机即可注射型坯。

(三) 机头

机头是挤出吹塑成型的重要装备，其可以根据所需型坯直径、壁厚的不同予以更换。机头的结构形式、参数选择等直接影响塑件的质量。常用的挤出机头有芯棒式机头和直接供料式机头两种。图 10-9 和图 10-10 为这两种机头的结构。

芯棒式机头通常用于聚烯烃塑料的加工，直接供料式机头用于聚氯乙烯塑料的加工。

机头体型腔最大环形截面积与芯棒、口模间的环形截面和之比称作压缩比。机头的压缩比一般选择在 2.5 ~4 之间。

口模定型段长度可参考表 10-1。

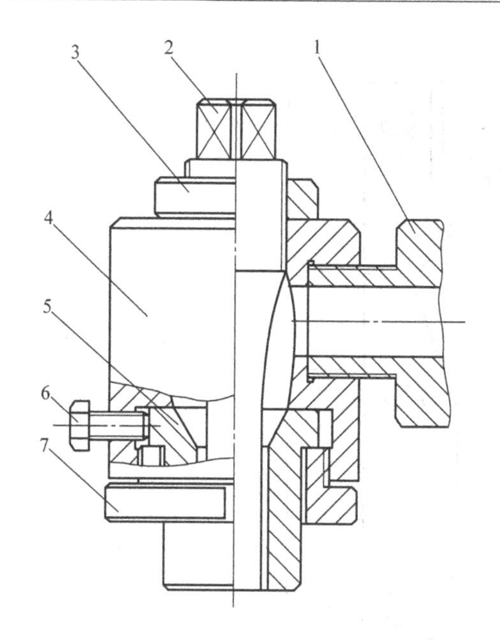

图 10-9　中空吹塑芯棒式机头结构

1—与主机连接体　2—芯棒　3—锁母　4—机头体　5—口模　6—调节螺栓　7—法兰

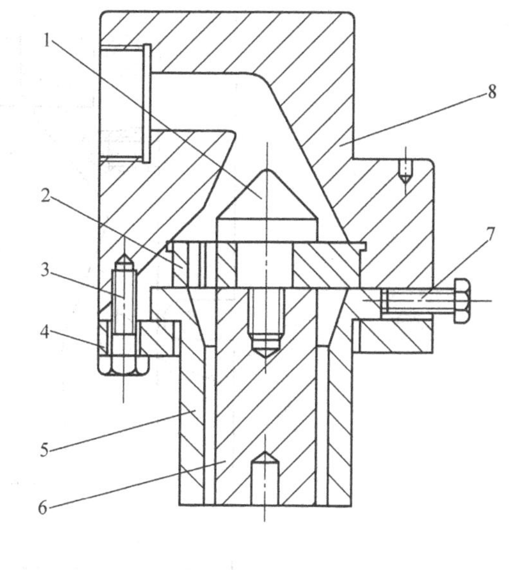

图 10-10　中空吹塑直接供料式机头结构

1—分流芯棒　2—过滤板　3—螺栓　4—法兰　5—口模　6—芯棒　7—调节螺栓　8—机头体

表 10-1　中空吹塑机头定型尺寸　（单位：mm）

（图：L、R_1、R_k）	口模间隙 $(R_k - R_1)$	定型段长度 L
	<0.76	<25.4
	0.76 ~ 2.5	25.4
	>2.5	>25.4

（四）模具设计

吹塑模具通常由两瓣合成（即对开式），对于大型吹塑模可以设冷却水通道。模口部分做成较窄的切口，以便切断型坯。由于吹塑过程中模腔压力不大，一般压缩空气的压力为 0.2 ~ 0.7MPa，故可供选择做模具的材料较多，最常用的材料有铝合金、锌合金等。由于锌合金易于铸造和机械加工，多用它来制造形状不规则的容器。对于大批量生产硬质塑料制件的模具，可选用钢材制造，淬火硬度为 40 ~ 44HRC，模腔可抛光镀铬，使容器具有光泽的表面。

从模具结构和工艺方法上看，吹塑模可分为上吹口和下吹口两类。图 10-11 所示是典型的上吹口模具结构，压缩空气由模具上端吹入模腔。图 10-12 所示是典型的下吹口模具，使用时料坯套在底部芯轴上，压缩空气自芯轴吹入。

吹塑模具设计要点如下：

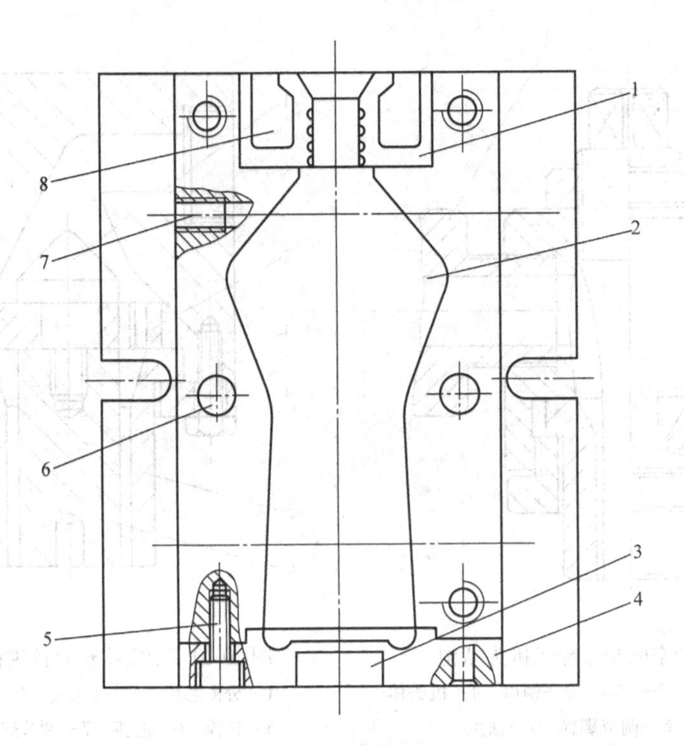

图 10-11　上吹口模具结构图

1—口部镶块　2—型腔　3、8—余料槽　4—底部镶块

5—紧固螺栓　6—导柱（孔）　7—冷却水道

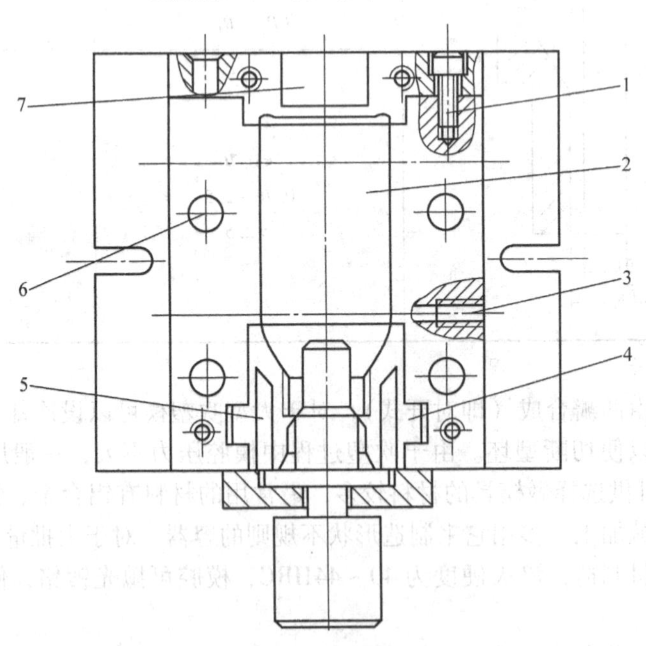

图 10-12　下吹口模具结构图

1—螺钉　2—型腔　3—冷却水道　4—底部镶块

5、7—余料槽　6—导柱（孔）

（1）夹坯口　夹坯口亦称切口。在挤出吹塑成型过程中，模具在闭合的同时需将型坯封口并将余料切除。因此，在模具的相应部位要设置夹坯口。如图 10-13 所示，夹料区的深度 h 可选择型坯厚度的 2 ~3 倍。切口的倾斜角 α 选择 15° ~45°，切口宽度 L 对于小型吹塑件取 1 ~2mm，对于大型吹塑件取 2 ~4mm。如果夹坯口角度太大，宽度太小，会造成塑件的接缝质量不高，甚至会出现裂缝。

（2）余料槽　型坯在夹坯口的切断作用下，会有多余的塑料被切除下来，它们将容纳在余料槽内。余料槽通常设置在夹坯口的两侧，如图 10-11 和图 10-12 所示。其大小应依型坯夹持后余料的宽度和厚度来确定，以模具能严密闭合为准。

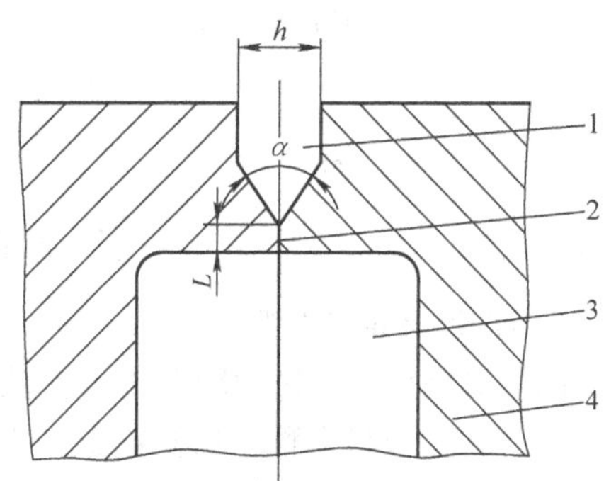

图 10-13　中空吹塑模具夹料区
1—夹料区　2—夹坯口（切口）
3—型腔　4—模具

（3）排气孔槽　模具闭合后，型腔呈封闭状态，应考虑在型坯吹胀时，模具内原有空气的排除问题。排气不良会使塑件表面出现斑纹、麻坑和成型不完整等缺陷。为此，吹塑模还要考虑设置一定数量的排气孔。排气孔一般在模具型腔的凹坑、尖角处，以及最后贴模的地方。排气孔直径常取 0.5 ~1mm。此外，分型面上开设宽度为 10 ~20mm、深度为 0.03 ~0.05mm 的排气槽也是排气的主要方法。

（4）模具的冷却　模具冷却是保证中空吹塑工艺正常进行、保证产品外观质量和提高生产率的重要因素。对于大型模具，可以采用箱式冷却，即在型腔背后铣一个空槽，再用一块板盖上，中间加上密封件。对于小型模具可以开设冷却水道，通水冷却。

第二节　真空成型工艺与模具设计

一、真空成型特点及成型工艺

真空成型是把热塑性塑料板、片材固定在模具上，用辐射加热器进行加热至软化温度，然后用真空泵把板材和模具之间的空气抽掉，从而使板材贴在模腔上而成型，冷却后借助压缩空气使塑件从模具中脱出。

真空成型方法主要有凹模真空成型、凸模真空成型、凹凸模先后抽真空成型、吹泡真空成型、柱塞推下真空成型和带有气体缓冲装置的真空成型等方法。

（一）凹模真空成型

凹模真空成型是一种最常用最简单的成型方法，如图 10-14 所示。把板材固定并加密封在模腔的上方，将加热器移到板材上方将板材加热至软，如图 10-14a 所示；然后移开加热器，在型腔内抽真空，板材就贴在凹模型腔上，如图 10-14b 所示；冷却后由抽气孔通入压缩空气将成型好的塑件吹出，如图 10-14c 所示。

用凹模成型法成型的塑件外表面尺寸精度较高，一般用于成型深度不大的塑件。如果塑件深度很大时，特别是小型塑件，其底部转角处会明显变薄。多型腔的凹模真空成型比同个数的凸模真空成型经济，因为凹模模腔间距离可以较近，用同样面积的塑料板，可以加工出更多的塑件。

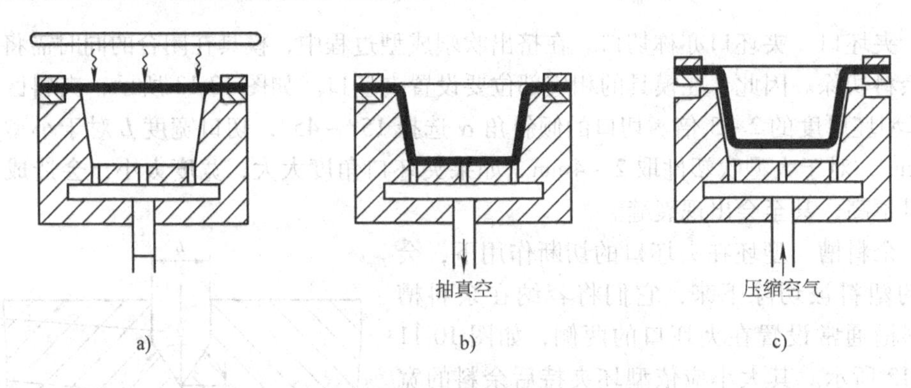

图 10-14　凹模真空成型

（二）凸模真空成型

凸模真空成型如图 10-15 所示。被夹紧的塑料板在加热器下加热软化，如图 10-15a 所示；接着软化板料下移，像帐篷似地覆盖在凸模上，如图 10-15b 所示；最后抽真空，塑料板紧贴在凸模上成型，如图 10-15c 所示。这种成型方法，由于成型过程中冷的凸模首先与板料接触，故其底部稍厚。它多用于有凸起形状的薄壁塑件，成型塑件的内表面尺寸精度较高。

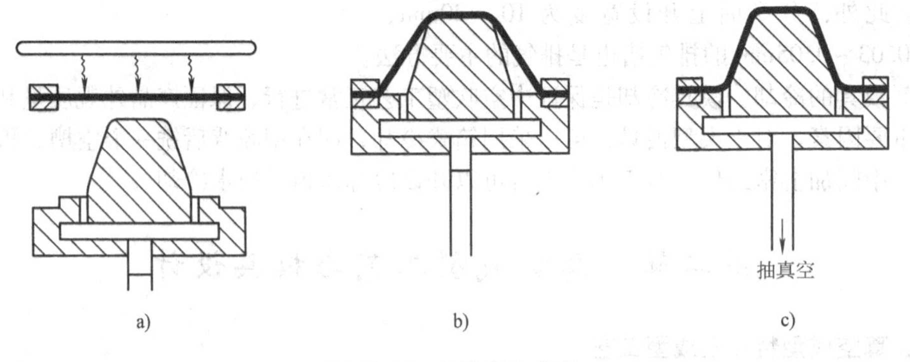

图 10-15　凸模真空成型

（三）凹凸模先后抽真空成型

凹凸模先后抽真空成型如图 10-16 所示。首先把塑料板紧固在凹模上加热，如图 10-16a 所示；软化后将加热器移开，然后通过凸模吹入压缩空气，而凹模抽真空使塑料板鼓起，如图 10-16b 所示；最后凸模向下插入鼓起的塑料板中并且从中抽真空，同时凹模通入压缩空气，使塑料板贴附在凸模的外表面而成型，如图 10-16c 所示。这种成型方法，由于将软化了的塑料板吹鼓，使板材延伸后再成型，故壁厚比较均匀，可用于成型深型腔塑件。

（四）吹泡真空成型

吹泡真空成型如图 10-17 所示。首先将塑料板紧固在模框上，并用加热器对其加热，如图 10-17a 所示；待塑料板加热软化后移开加热器，压缩空气通过模框吹入，待塑料板吹鼓后将凸模顶起，如图 10-17b 所示；停止吹气，凸模抽真空，塑料板贴附在凸模上成型，如图 10-17c 所示。这种成型方法的特点与凹凸模先后抽真空成型基本类似。

（五）柱塞推下真空成型

柱塞推下真空成型如图 10-18 所示。首先将固定于凹模的塑料板加热至软化状态，如图

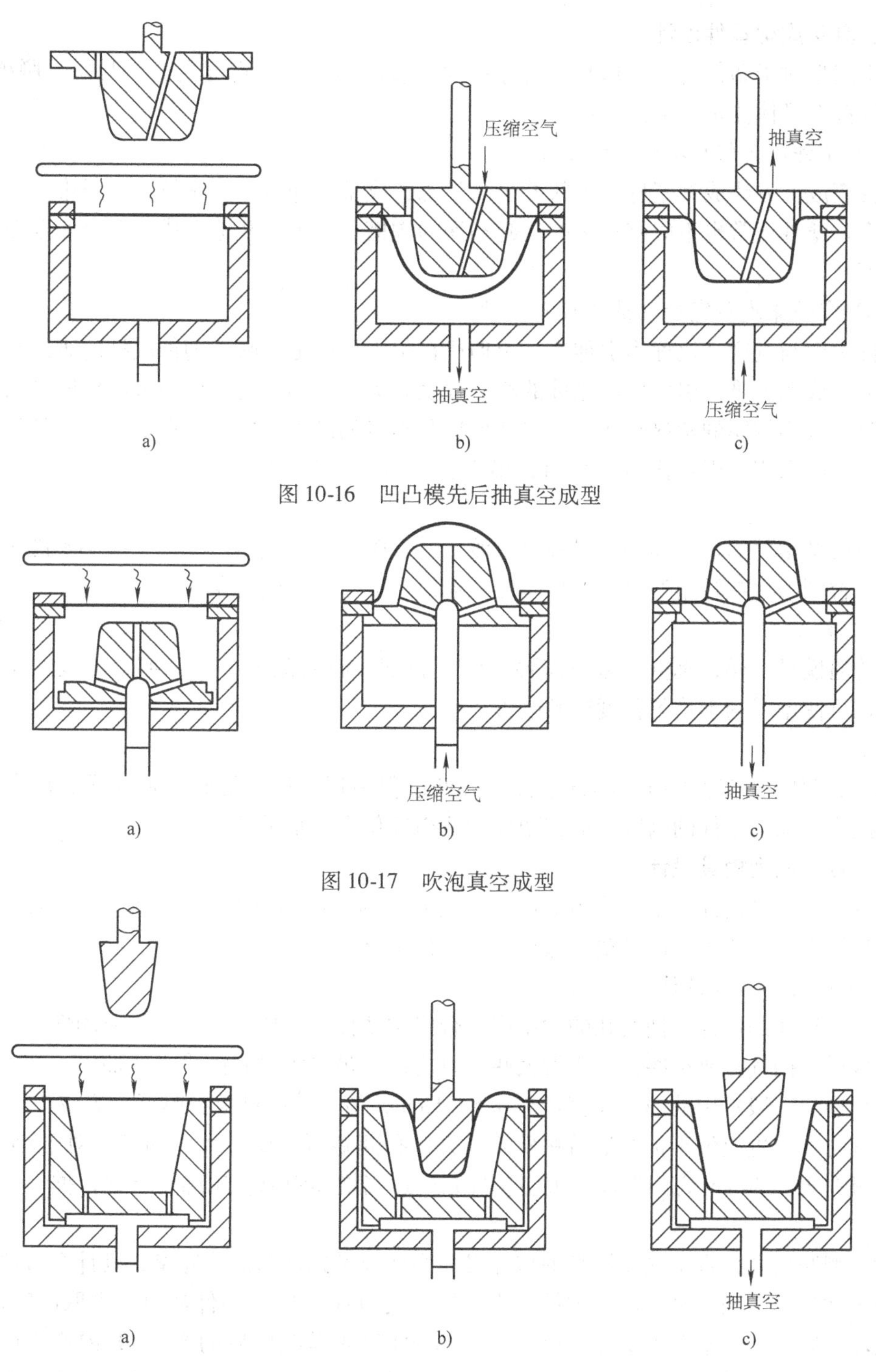

图 10-16　凹凸模先后抽真空成型

图 10-17　吹泡真空成型

图 10-18　柱塞推下真空成型

10-18a 所示；接着移开加热器，用柱塞将塑料板推下，这时凹模里的空气被压缩，软化的塑料板由于柱塞的推力和型腔内封闭的空气移动而延伸，如图 10-18b 所示；然后凹模抽真空而成型，如图 10-18c 所示。此成型方法使塑料板在成型前先延伸，壁厚变形均匀，主要用于成型深型腔塑件。此方法的缺点是在塑件上残留有柱塞痕迹。

二、真空成型塑件设计

真空成型对于塑件的几何形状、尺寸精度、塑件的深度与宽度之比、圆角、脱模斜度、加强肋等都有具体要求，下面分述之。

（一）塑件的几何形状和尺寸精度

用真空成型方法成型塑件，塑料处于高弹态，成型冷却后收缩率较大，很难得到较高的尺寸精度。塑件通常也不应有过多的凸起和深的沟槽，因为这些地方成型后会使壁厚太薄而影响强度。

（二）塑件深度与宽度（或直径）之比

塑件深度与宽度之比称为引伸比。引伸比在很大程度上反映了塑件成型的难易程度。引伸比愈大，成型愈难。引伸比和塑件的均匀程度有关，引伸比过大会使最小壁厚处变得非常薄，这时应选用较厚的塑料来成型。引伸比还和塑料的品种有关，成型方法对引伸比也有很大影响。一般采用的引伸比为0.5~1，最大也不超过1.5。

（三）圆角

真空成型塑件的转角部分应以圆角过渡，并且圆弧半径应尽可能大，最小不能小于板材的厚度，否则塑件在转角处容易发生厚度减薄以及应力集中的现象。

（四）斜度

和普通模具一样，真空成型也需要有脱模斜度，斜度范围在1°~4°，斜度大不仅脱模容易，也可使壁厚的不均匀程度得到改善。

（五）加强肋

真空成型件通常是大面积的盒形件，成型过程中板材还要受到引伸作用，底角部分变薄，因此为了保证塑件的刚度，应在塑件的适当部位设计加强肋。

三、真空成型模具设计

真空成型模具设计包括：恰当地选择真空成型的方法和设备；确定模具的形状和尺寸；了解成型塑件的性能和生产批量。选择合适的模具材料。

（一）模具的结构设计

（1）抽气孔的设计　抽气孔的大小应适合成型塑件的需要，一般对于流动性好、厚度薄的塑料板材，抽气孔要小些，反之可大些。总之需满足在短时间内将空气抽出、又不要留下抽气孔痕迹。一般常用的抽气孔直径是0.5~1mm，最大不超过板材厚度的50%。

抽气孔的位置应位于板材最后贴模的地方，孔间距可视塑件大小而定。对于小型塑件，孔间距可在20~30mm之间选取，大型塑件则应适当增加距离。轮廓复杂处，抽气孔应适当密一些。

（2）型腔尺寸　真空成型模具的型腔尺寸同样要考虑塑料的收缩率，其计算方法与注射模型腔尺寸计算相同。真空成型塑件的收缩量，大约有50%是塑件从模具中取出时产生的，25%是取出后保持在室温下1h内产生的，其余的25%是在以后的8~24h内产生的。用凹模成型的塑件比用凸模成型的塑件，其收缩量要大25%~50%。影响塑件尺寸精度的因素很多，除了型腔的尺寸精度外，还与成型温度、模具温度等有关，因此要预先精确地确定收缩率是困难的。如果生产批量比较大，尺寸精度要求又较高，最好先用石膏模型试出产品，测得其收缩率，以此为设计模具型腔的依据。

（3）型腔表面粗糙度　真空成型模具的表面粗糙度值太大时，对真空成型后的脱模很不利，一般真空成型的模具都没有顶出装置，靠压缩空气脱模。如果表面粗糙度值太大，塑料板粘附在型腔表面上不易脱模，因此真空成型模具的表面粗糙度值较小。其表面加工后，最好进行喷砂处理。

（4）边缘密封结构 为了使型腔外面的空气不进入真空室，在塑料板与模具接触的边缘处应设置密封装置。

（5）加热、冷却装置 对于板材的加热，通常采用电阻丝或红外线。电阻丝温度可达350～450℃，对于不同塑料板材所需的不同的成型温度，一般是通过调节加热器和板材之间的距离来实现。通常采用的距离为80～120mm。

模具温度对塑件的质量及生产率都有影响。如果模温过低，塑料板和型腔一接触就会产生冷斑或内应力以致产生裂纹；而模温太高时，塑料板可能粘附在型腔上，塑件脱模时会变形，而且延长了生产周期。因此模温应控制在一定范围内，一般在50℃左右。各种塑料板材真空成型加热温度与模具温度见表10-2。塑件的冷却一般不单靠接触模具后的自然冷却，要增设风冷或水冷装置加速冷却。风冷设备简单，只要喷入压缩空气即可。水冷可用喷雾式，或在模内开冷却水道。冷却水道应距型腔表面8mm以上，以避免产生冷斑。冷却水道的开设有不同的方法，可以将铜管或钢管铸入模具内，也可在模具上打孔或铣槽。用铣槽的方法必须使用密封元件并加盖板。

表10-2 真空成型所用板材加热温度与模具温度 （单位：℃）

温度 \ 塑料	低密度聚乙烯（HDPE）	聚丙烯（PP）	聚氯乙烯（PVC）	聚苯乙烯（PS）	ABS	有机玻璃（PMMA）	聚碳酸酯（PC）	聚酰胺-6（PA-6）	醋酸纤维素（CA）
加热温度	121～191	149～202	135～180	182～193	149～177	110～160	227～246	216～221	132～163
模具温度	49～77	—	41～46	49～60	72～85	—	77～93	—	52～60

（二）模具材料

真空成型和其他成型方法相比，其主要特点是成型压力极低，通压缩空气的压力为0.3～0.4MPa，故模具材料的选择范围较宽，既可选用金属材料，又可选用非金属材料，主要取决于塑件形状和生产批量。

（1）非金属材料 对于试制或小批量生产，可选用木材或石膏作为模具材料。木材易于加工，缺点是易变形，表面粗糙度值大，一般常用桦木、槭木等木纹较细的木材。石膏制作方便，价格便宜，但其强度较差。为提高石膏模具的强度，可在其中混入质量分数为10%～30%的水泥。用环氧树脂制作真空成型模具，有加工容易、生产周期短、修整方便等特点，而且强度较高，相对于木材和石膏而言，适合数量较多的塑件生产。

非金属材料导热性差，对于塑件质量而言，可以防止出现冷斑。但所需冷却时间长，生产效率低。而且模具寿命短，不适合大批量生产。

（2）金属材料 适用于大批量高效率生产的模具是金属材料。铜虽有导热性好、易加工、强度高、耐腐蚀等诸多优点，但由于其成本高，一般不采用。铝容易加工、耐用、成本低、耐腐蚀性较好，故真空成型模具多用铝制造。

第三节 压缩空气成型工艺与模具设计

一、压缩空气成型特点及成型工艺

压缩空气成型有很多地方与真空成型相同，如塑件的几何形状和尺寸精度、塑件的引伸比、圆角、斜度和加强肋等。下面主要介绍压缩空气成型工艺过程及模具。

压缩空气成型是借助压缩空气的压力，将加热软化的塑料板压入型腔而成型的方法。其工艺过程见图10-19、图10-19a是开模状态；图10-19b是闭模后的加热过程，从型腔通入微压空气，使塑料板直接接触加热板加热；图10-19c为塑料板加热后，由模具上方通入预热的压缩空气，使已软化的塑料板贴在模具型腔的内表面成型；图10-19d是塑件在型腔内冷却定型后，加热板下降一小段距离，切除余料；图10-19e为加热板上升，最后借助压缩空气取出塑件。

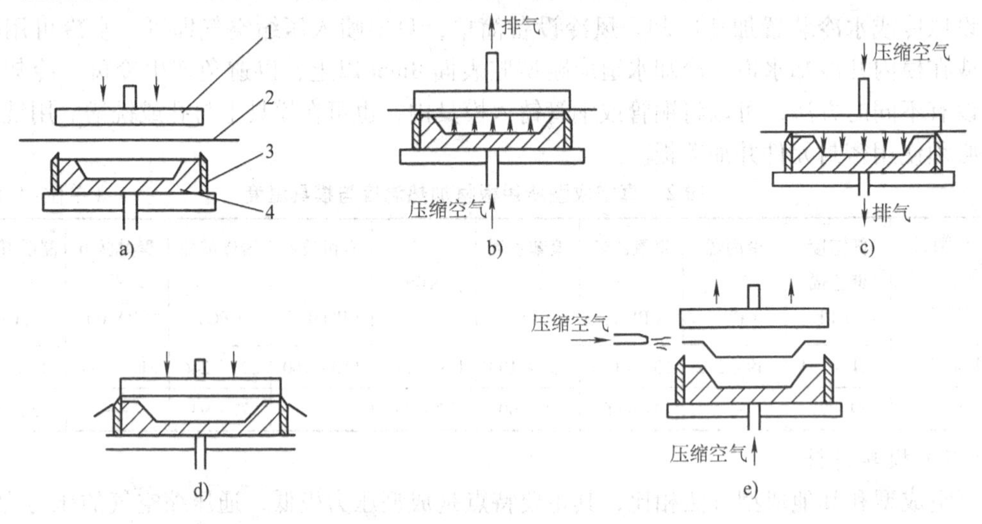

图10-19 压缩空气成型工艺过程

1—加热板 2—塑料板 3—型刃 4—凹模

二、压缩空气成型模具

（一）压缩空气成型模具结构

压缩空气成型模具分为凹模压缩空气成型模具和凸模压缩空气成型模具，但通常采用凹模压缩空气成型。

图10-20所示是凹模压缩空气成型用的模具结构，它与真空成型模具的不同点是增加了模具型刃，因此塑件成型后，在模具上就可将余料切除。另一不同点是加热板作为模具结构的一部分，塑料板直接接触加热板，因此加热速度快。

压缩空气成型的塑件，其壁厚的不均一性随着成型方法不同而异。采用凸模成型时，塑件底部厚，如图10-21a所示；而采用凹模成型时，塑件的底部薄。如图10-21b所示。

（二）模具设计要点

压缩空气成型的模具型腔与真空成型模具型腔基本相同。压缩空气成型模具的主要特点是在模具边缘设置型刃，型刃的形状和尺寸如图10-22所示。型刃角度以20°~30°为宜，顶端削平0.1~0.15mm，两侧以$R=0.05$mm的圆弧相连。型刃不可太锋利，避免与塑料板刚

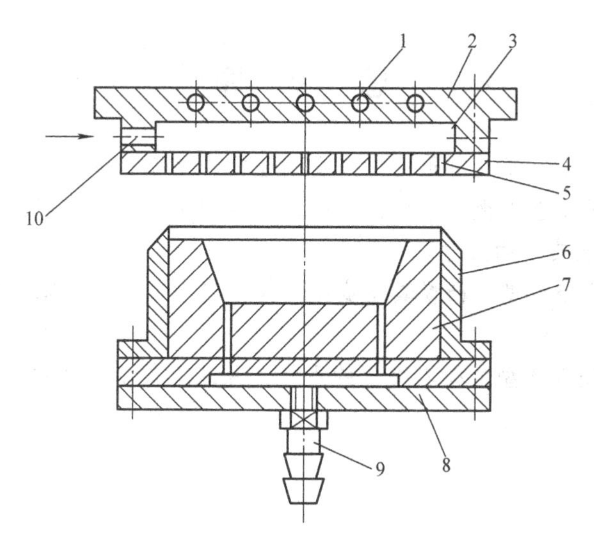

图 10-20　凹模压缩空气成型

1—加热棒　2—加热板　3—热空气室　4—面板　5—空气孔

6—型刃　7—凹模　8—底板　9—通气孔　10—压缩空气孔

一接触就切断；型刃也不能太钝，造成余料切不下来。型刃的顶端比型腔的端面高出的距离 h，为板材的厚度加上 0.1mm，这样在成型期间，放在凹模型腔端面上的板材同加热板之间就能形成间隙，此间隙可使板材在成型期间不与加热板接触，避免板材过热造成产品缺陷。型刃的安装也很重要。型刃和型腔之间应有 0.25～0.5mm 的间隙，作为空气的通路，也易于模具的安装。为了压紧板材，要求型刃与加热板有极高的平行度与平面度，以免发生漏气现象。

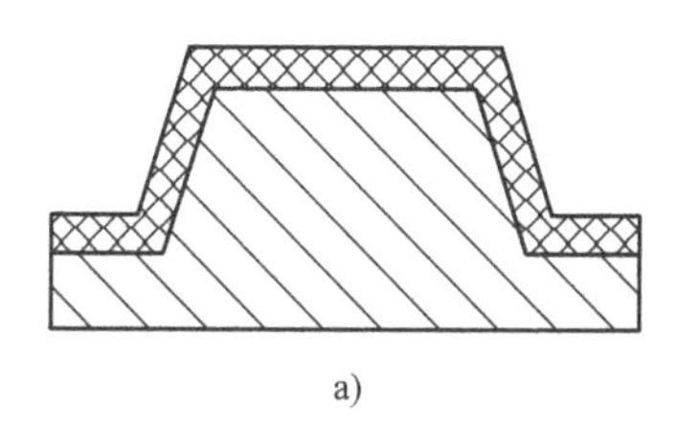
a)

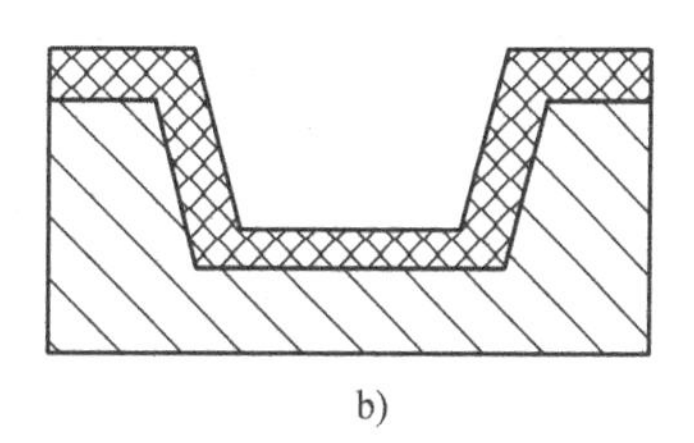
b)

图 10-21　压缩空气成型塑件壁厚

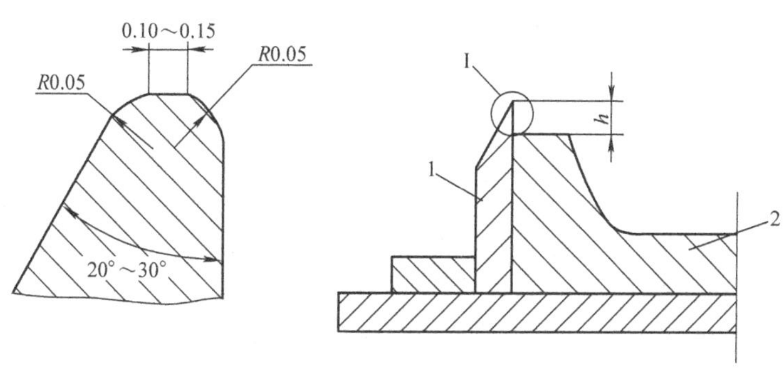

图 10-22　型刃的形状和尺寸

1—型刃　2—凹模

思 考 题

10-1　中空吹塑成型有哪几种形式？分别阐述其成型工艺过程。

10-2　在吹塑成型工艺参数中，何谓吹胀比与延伸比？如何选取？画简图表示出挤出吹塑模的夹料区，并注上典型的尺寸。

10-3　说明凹模真空成型、凸模真空成型、吹泡真空成型及柱塞下推式真空成型的工艺过程。

10-4　绘出压缩空气成型的模具型刃的形状，并注上典型的尺寸。

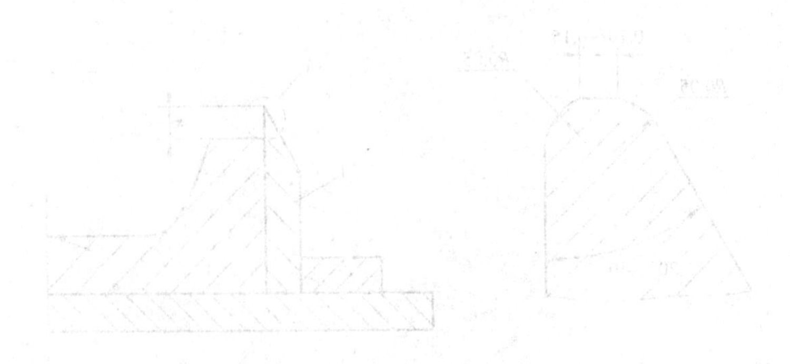

第十一章 塑料注射模设计的技术要求及设计程序

塑料注射成型模具设计包括设计注射成型模具的装配图、模具的零件图和模具材料的选择等。在模具的装配图样上，要标注出注射成型模具的装配关系，填写标题栏、明细栏及技术要求等；在模具的零件图样上，要填写标题栏，标注出注射成型模具结构零件的尺寸与公差、公差与配合、形位公差、表面粗糙度值、零件材料的热处理以及技术要求等。

第一节 塑料注射模设计的技术要求

一、注射成型模具装配的技术要求

塑料注射模装配图设计完成后，一般要标明以下一些技术要求：

1. 塑料注射模装配图需标明的技术要求

1）选用的注射模标准模架型号。

2）模具的最大外形尺寸（长×宽）和合模高度。

3）选用注射机的型号。

4）选用注射机的定位孔的直径。

5）在注射机上模具采用的最小开模行程。

6）模具推出机构的推出行程。

7）模具有关的附件规格及数量。

8）模具（尤其是特殊机构）的动作过程。

9）塑料制件选用的原材料。

2. 塑料注射模装配后应达到的技术要求

1）在分型面上，定、动模镶块平面应分别与定、动套板齐平或略高，但高出量应在0.10mm范围内。

2）推杆应与对应的动模型芯表面平齐或允许高出其表面，但高出量不大于0.05～0.1mm。

3）复位杆应与分型面平齐或允许略低于分型面，但不得大于0.05mm。

4）模具所有活动部件，应保证位置准确，动作可靠，不得有歪斜和卡滞的现象。相对固定的零件之间不允许窜动。

5）侧滑块运动应平稳，合模后侧滑块与楔紧块均匀接触并且压紧，开模后定位准确可靠。

6）合模后分型面应紧密贴合，局部间隙一般不大于0.04mm（排气槽除外）。

7）模具分型面对定、动模板安装平面的平行度有一定要求，见表11-1。

8）导柱、导套对定、动模座板安装面的垂直度有一定要求，见表11-2。

表11-1　定、动模板安装平面的平行度　（单位：mm）

被测面最大直线长度	≤160	>160～250	>250～400	>400～630	>630～1000	>1000～1600
公差值	0.03	0.05	0.07	0.09	0.12	0.15

表11-2　导柱、导套对座板安装面的垂直度　（单位：mm）

导柱、导套的有效长度	≤40	>40～63	>63～100	>100～160	>160～250
公差值	0.015	0.020	0.025	0.030	0.040

二、注射成型模具结构零件的公差与配合

注射模是在一定温度条件下进行工作的，但是，模具的工作温度并不高（一般在300℃以下），因此，在选择结构零件的配合公差时，模具的工作温度对结构零件的配合影响不大。为了确保注射成型生产的正常进行，保证各结构零部件的稳定性和动作可靠性，要求在室温下达到一定的装配精度，包括固定成型零件（凹模、凸模及各类型芯等）和活动零件（活动镶件、活动侧向型芯推杆、推管及复位杆等）的装配精度。

注射模的尺寸公差包括成型零件的尺寸公差与位置公差。注射模的配合公差主要包括：凹模、凸模与模板固定部分之间的配合公差，各类型芯与镶块或模板固定部分之间的配合公差，浇口套与模板固定部分之间的配合公差，推杆、推管及复位杆与模板固定部分之间的配合公差，推杆、推管、推件板及复位杆工作部分之间（活动部分）的配合公差，活动镶件、侧滑块与导滑槽之间的配合公差，导柱、导套与模板固定部分之间的配合公差，导柱与导套工作部分（活动部分）之间的配合公差等。以上尺寸公差和配合公差在本书的相关章节中已经作了详细的介绍，只要仔细查阅即可，这里不再重复。

三、注射模结构零件的形位公差

形位公差是指零件表面形状和位置的偏差。注射模具成型部位或结构零件的基准部位，其形状和位置的偏差范围一般均要求在尺寸的公差范围内，在图样上不再另加标注。注射模零件其他表面的形位公差按表11-3选取，标注在图样上。

表11-3　注射模零件的形位公差

形位公差种类	有关要素的形位公差	选用精度
同轴度	导柱固定部位的轴线与导滑部分轴线的同轴度	5～6级
	圆形镶块各成型台阶表面对安装表面的同轴度	5～6级
	导套内径与外径轴线的同轴度	6～7级
	套板内镶块固定孔轴线与其他各套板上的孔的公共轴线的同轴度	圆孔6级，非圆孔7～8级
垂直度	导柱或导套安装孔的轴线与套板分型面的垂直度	5～6级
	套板的相邻两侧面与工艺基准面的垂直度	5～6级
	镶块相邻两侧面和分型面对其他侧面的垂直度	6～7级
	套板内镶块孔的表面对其分型面的垂直度	7～8级
	镶块上型芯固定孔的轴线对其分型面的垂直度	7～8级

（续）

形位公差种类	有关要素的形位公差	选用精度
平行度	套板两平面的平行度 镶块相对两侧面和分型面对其底面的平行度	5级 5级
圆跳动	套板内镶块孔的轴线与分型面的端面圆跳动 圆形镶块的轴线对其端面的圆跳动	6～7级 6～7级

注：图样中未注的形位公差，应符合GB/T 1184—1996《形状和位置公差未注公差的规定》，其公差等级按C级。

四、注射模结构零件的表面粗糙度

注射模结构零件的表面粗糙度直接影响到各机构的正常工作和模具使用寿命。成型零件的表面粗糙度以及加工后遗留的加工痕迹及方向，直接影响到塑件表面质量、脱模的难易，甚至是导致成型零件表面产生裂纹的起源。表面粗糙度也是产生金属粘附的原因之一。塑料模型腔和型芯的表面粗糙度值 R_a 应在0.4～0.1μm（一般情况下，型腔的表面粗糙度值应比型芯的表面粗糙度值略大），其抛光的方向应该与塑件的脱模方向一致，不允许存在有凹陷、沟槽、划伤等缺陷。注射模各零件工作部位的表面粗糙度值可参照表11-4选用。

表11-4 各种结构工作部位推荐的表面粗糙度值

<table>
<tr><th colspan="2">分　类</th><th>工作部位</th><th>表面粗糙度 R_a/μm</th></tr>
<tr><td colspan="2">成型表面</td><td>型腔和型芯</td><td>0.40　0.20　0.10</td></tr>
<tr><td colspan="2">浇注系统表面</td><td>主流道、分流道、内浇口</td><td>0.80</td></tr>
<tr><td colspan="2">安装面</td><td>动模和定模座板、模脚与注射机的安装面</td><td>0.80</td></tr>
<tr><td colspan="2">受压力较大的摩擦表面</td><td>分型面、滑块楔紧面</td><td>0.80　0.40</td></tr>
<tr><td rowspan="2">导向部位表面</td><td>轴</td><td rowspan="2">导柱、导套和斜销的导滑面</td><td>0.40</td></tr>
<tr><td>孔</td><td>0.80</td></tr>
<tr><td rowspan="2">与塑料熔体不接触的滑动件表面</td><td>轴</td><td rowspan="2">复位杆与孔的配合面，滑块、斜滑块传动机构的滑动表面</td><td>0.80</td></tr>
<tr><td>孔</td><td>0.80</td></tr>
<tr><td rowspan="2">与塑料熔体接触的滑动件表面</td><td>轴</td><td rowspan="2">推杆、推管与孔的表面，推件板及侧型芯滑动面，滑块的密封面等</td><td rowspan="2">0.80　0.40</td></tr>
<tr><td>孔</td></tr>
<tr><td rowspan="2">固定配合表面</td><td>轴</td><td rowspan="2">导柱和导套、型芯和镶块、斜销和弯销、楔紧块和模套等固定部位</td><td rowspan="2">0.80</td></tr>
<tr><td>孔</td></tr>
<tr><td colspan="2">组合镶块拼合面</td><td>成型镶块的拼合面、精度要求较高的固定组合面</td><td>0.80</td></tr>
<tr><td colspan="2">加工基准面</td><td>划线的基准面、加工和测量基准面</td><td>1.6　0.80</td></tr>
<tr><td colspan="2">受压紧力的台阶表面</td><td>型芯、镶块的台阶表面</td><td>1.6</td></tr>
<tr><td colspan="2">不受压紧力的台阶表面</td><td>导柱、导套、推杆和复位杆台阶表面</td><td>1.6</td></tr>
<tr><td colspan="2">排气槽表面</td><td>排气槽</td><td>1.6　0.80</td></tr>
<tr><td colspan="2">非配合表面</td><td>其他</td><td>6.3　3.2</td></tr>
</table>

第二节　塑料注射模设计程序

塑料注射模设计时，必须全面分析塑料制件的结构和特点，熟悉注射机注射生产的过程特性与技术参数，熟悉注射成型的工艺，掌握不同条件下塑料熔体流动行为和特性，并考虑模具结构的可靠性、加工性和经济性等因素。

一、对塑料制件进行结构分析

在设计注射模之前，首先要对塑料制件进行结构分析，在可能的情况下，使塑料制件更加符合注射成型工艺的要求。

1）在满足强度条件下应尽量采用薄壁件，并且尽量要求塑料制件壁厚均匀。这样，可以减少塑料制件的质量，防止塑料制件在厚薄交接处产生凹陷的缺陷。

2）塑料制件上应尽量避免窄而深的凹穴，以避免模具相应部位出现尖劈，使得加工条件恶化而产生断裂。

3）塑料制件的所有转角处，应以适当的圆角连接，以防止模具或塑料制件在该处应力集中而产生裂纹，同时也改善塑料熔体对模具型腔的充填阻力。

4）了解生产纲领、生产批量和塑料制件的具体材料。

二、选择注射机

根据塑料制件的形状、尺寸及生产批量，考虑工厂拥有注射机的实际情况初步选择注射机的型号规格。

三、确定成型方案

（1）确定塑料制件在模具中的位置和选择合适的分型面　根据生产纲领和生产批量确定一模单腔还是一模多腔。如果是一模多腔，同时考虑塑料制件具体的侧抽芯情况和选择注射机的型号规格，结合所选择浇注系统的形式，确定型腔在模具分型面上的排布形式（是平衡式还是非平衡式）。

（2）确定成型零部件的镶拼形式　合理选择在模具的动、定模镶块中的成型零件的镶拼形式，采用成型零件的镶拼结构时，要注意到有利于机械加工、有利于避免尖角、有利于脱模、有利于热处理、有利于维修与更换等。

（3）成型零部件材料的选择　模具中各结构零部件应有足够的刚性，以承受塑料熔体充填时的压力和锁模力，并且不产生变形。

（4）确定采用浇注系统的形式及选择正确的浇口位置　根据塑料制件的形状、技术要求和注射机的具体型号，确定采用浇注系统的形式和选择正确的浇口位置，要尽量防止塑料熔体正面冲击或冲刷小型芯，避免小型芯变形。

（5）进行侧向抽芯机构的设计　确定抽芯力和抽芯距，选择合适于所设计模具的侧向抽芯机构的类型和具体的结构形式。在进行侧向抽芯机构的设计时，应尽量优先采用斜销侧向抽芯机构，然后再考虑采用液压抽芯机构。采用斜销侧向抽芯机构时，要仔细分析斜销固定在定模还是动模；侧滑块与斜销安装在两侧还是同一侧。

（6）确定脱模形式和采用合理的推出机构　根据塑料制件的具体形状和脱模力的大小，确定脱模形式，采用合理的推出机构，尤其要分析清楚采用简单推出机构还是采用二次推出机构。在采用简单推出机构中的推杆推出机构时，要考虑是否还要采取推管推出机构等。

（7）冷却系统的设计　注射模一般均要设计冷却系统，根据塑料制件与模具结构的不同，冷却水道的形式和截面形状与大小也不同。

四、绘制模具装配图

注射模装配图反映了注射模各零部件之间的装配关系，主要零件的形状、尺寸及注射成型的工作原理。在注射模装配图设计时，首先要选择合适的标准模架，另外，还需要做以下工作：

（1）注射机有关技术参数的校核　对于所选定注射机的技术参数进行校核，如果初选的注射机的参数不符合要求，则重新选择注射机。

（2）进行强度和刚度的校核和计算　对于结构零件和成型零件要进行强度和刚度的校核和计算，尤其要对支承板的厚度和斜导柱的直径进行刚度的校核或计算。

（3）填写装配图的明细栏　装配图的明细栏要按照国家标准设置，将明细栏中的序号、代号、名称、数量及热处理要求等一一填好。凡是要设计的零件图，在代号栏目中填上它的图号，在备注栏目中填上热处理要求；凡是不需要设计的标准件，在代号栏目中填上它的国标代号。

（4）填写注射模装配图的技术要求　注射模装配图的技术要求包括：选用的注射模标准模架型号；模具的最大外形尺寸（长×宽）和合模高度；选用注射机的型号；选用的注射机孔直径；模具采用的最小开模行程和推出机构的推出行程；模具有关的附件规格及数量；模具（尤其是特殊机构）的工作原理（动作过程）；塑料制件选用的原材料等。

五、绘制注射模零件图

在绘制注射模零件图时，应注意以下几点：

1）计算模具成型部分尺寸，标注出尺寸公差、配合公差和形位公差。

2）标注模具材料的热处理要求。

3）模具零件非工作部位棱边均应倒角或倒圆。成型面与分型面或型芯、推杆等相配合的交接边缘不允许倒角或倒圆。

4）零件设计应考虑加工制造的可能性。

5）零件图的绘制应首先从成型零件开始，然后再逐步设计出动模板、定模板、垫板、滑块等结构零件。

6）零件设计结束后应经过仔细复核，以免造成差错。

思　考　题

11-1　注射模在装配图上要标明哪些技术要求？

11-2　如何掌握注射模结构零件的公差与配合？

11-3　在图样上如何标注形位公差和表面粗糙度？

附　　录

附录A　塑料及树脂缩写代号（GB/T 1844—1980）

缩写代号	英文名称	中文名称
ABS	Acrylonitrile-butadiene-styrene	丙烯腈-丁二烯-苯乙烯共聚物
A/S	Acrylonitrile-styrene copolymer	丙烯腈-苯乙烯共聚物
A/MMA	Acrylonitrile-methyl meth acrylate copolymer	丙烯腈-甲基丙烯酸甲酯共聚物
A/S/A	Acrylonitrile-styrene-acrylate copolymer	丙烯腈-苯乙烯-丙烯酸酯共聚物
CA	Cellulose acetate	醋酸纤维素
CAB	Cellulose acetate butyrate	醋酸-丁酸纤维素
CAP	Cellulose acetate propionate	醋酸-丙酸纤维素
CF	Cresol-formaldehyde resin	甲酚-甲醛树脂
CMC	Carboxymethyl cellulose	羧甲基纤维素
CN	Cellulose nitrate	硝酸纤维素
CP	Cellulose propionate	丙酸纤维素
CS	Casein plastics	酪素塑料
CTA	Cellulose triacetate	三乙酸纤维素
EC	Ethyl cellulose	乙基纤维素
EP	Epoxide resin	环氧树脂
E/P	Ethylene-propylene copolymer	乙烯-丙烯共聚物
E/P/D	Ethylene-propylene-diene terpolymer	乙烯-丙烯-二烯三元共聚物
E/TFE	Ethylene-tetrafluoroethylene copolymer	乙烯-四氟乙烯共聚物
E/VAC	Ethylene-vinylacetate copolymer	乙烯-乙酸乙烯酯共聚物
E/VAL	Ethylene-vinylalcohol copolymer	乙烯-乙烯醇共聚物
FEP	perfluorinated ethylene-propylene copolymer	全氟（乙烯-丙烯）共聚物
GPS	Gencral polystyrene	通用聚苯乙烯
GRP	Glass fibre reinforced plastics	玻璃纤维增强塑料
HDPE	High density polyethylene	高密度聚乙烯
HIPS	High impact polystyrene	高冲击强度聚苯乙烯
LDPE	Low density polyethylene	低密度聚乙烯
MC	Methyl cellulose	甲基纤维素
MDPE	Middle density polyethylene	中密度聚乙烯
MF	Melamine-formaldehyde resin	三聚氰胺-甲醛树脂
MPF	Melamine-phenol-formaldehyde resin	三聚氰胺-酚甲醛树脂
PA	Polyamide	聚酰胺
PAA	Poly（acrylic acid）	聚丙烯酸
PAN	Polyacrylonitrile	聚丙烯腈
PB	Polybutene-1	聚丁烯-1

（续）

缩写代号	英　文　名　称	中　文　名　称
PBTP	Poly（butylene terephthalate）	聚对苯二甲酸丁二（醇）酯
PC	Polycarbonate	聚碳酸酯
PCTFE	Polychlorotrifluoroethylene	聚三氟氯乙烯
PDAP	Poly（diallyl phthalate）	聚邻苯二甲酸二烯丙酯
PDAIP	Poly（diallyl isophthalate）	聚间苯二甲酸二烯丙酯
PE	Polyethylene	聚乙烯
PEC	Chlorinated polyethylene	氯化聚乙烯
PEOX	Poly（ethylene oxide）	聚环氧乙烷，聚氧化乙烯
PETP	Poly（ethylene terephthalate）	聚对苯二甲酸乙二（醇）酯
PF	Phenol-formaldehyde resin	酚醛树脂
PI	Polyimide	聚酰亚胺
PMCA	Poly（methyl-α-chloroacrylate）	聚-α-氯代丙烯酸甲酯
PMI	Polymethacrylimide	聚甲基丙烯酰亚胺
PMMA	Poly（mathyl methacrylate）	聚甲基丙烯酸甲酯
POM	Polyoxymethylene（polyformaldehyde）	聚甲醛
PP	Polypropylene	聚丙烯
PPC	Chlorinated polypropylene	氯化聚丙烯
PPO	Poly（phenylene oxide）	聚苯醚（聚2，6二甲基苯醚）；聚苯撑氧
PPOX	Poly（propylene，oxide）	聚环氧丙烷，聚氧化丙烯
PPS	Poly（phenylene sulfide）	聚苯硫醚
PPSU	Poly（phenylene sulfon）	聚苯砜
PS	Polystyrene	聚苯乙烯
PSU	Polysulfone	聚砜
PTFE	Polytetrafluoroethylene	聚四氟乙烯
PUR	Polyurethane	聚氨脂
PVAC	Poly（vinyl acetate）	聚乙酸乙烯酯
PVAL	Poly（vinyl alcohol）	聚乙烯醇
PVB	Poly（vinyl butyral）	聚乙烯醇缩丁醛
PVC	Poly（vinyl chloride）	聚氯乙烯
PVCA	Poly（vinyl chloride-acetate）	氯乙烯-乙酸乙烯酯共聚物
PVCC	Chlorinated poly（vinyl chloride）	氯化聚氯乙烯
PVDC	Poly（vinylidene chloride）	聚偏二氯乙烯
PVDF	Poly（vinylidene fluoride）	聚偏二氟乙烯
PVF	Poly（vinyl fluoride）	聚氟乙烯
PVFM	Poly（vinyl formal）	聚乙烯醇缩甲醛
PVK	Poly（vinyl carbazole）	聚乙烯基咔唑
PVP	Poly（vinyl pyrrolidone）	聚乙烯基吡咯烷酮
RP	Reinforced plastics	增强塑料
RF	Resorcinol-formaldehyde resin	间苯二酚-甲醛树脂
S/AN	Styrene-acrylonitrile copolymer	苯乙烯-丙烯腈共聚物

（续）

缩写代号	英 文 名 称	中 文 名 称
SI	Silicone	聚硅氧烷
S/MS	Styrene-α-methylstyrene-copolymer	苯乙烯-α-甲基苯乙烯共聚物
UF	Urea-formaldehyde resin	脲甲醛树脂
UHMWPE	Ultra-high molecular weight polyethylene	超高分子量聚乙烯
UP	Unsaturated polyester	不饱和聚酯
VC/E	Vinylchloride-ethylene copolymer	氯乙烯-乙烯共聚物
VC/E/MA	Vinylchloride-ethylene-methylacrylate copolymer	氯乙烯-乙烯-丙烯酸甲酯共聚物
VC/E/VAC	Vinyl chloride-ethylene-vinylacetate copolymer	氯乙烯-乙烯-乙酸乙烯酯共聚物
VC/MA	Vinyl chloride-methylacrylate copolymer	氯乙烯-丙烯酸甲酯共聚物
VC/MMA	Vinyl chloride-methyl methacrylate copolymer	氯乙烯-甲基丙烯酸甲酯共聚物
VC/OA	Vinyl chloride octylacrylate copolymer	氯乙烯-丙烯酸辛酯共聚物
VC/VAC	Vinyl chloride-vinylacetate copolymer	氯乙烯-醋酸乙烯酯共聚物
VC/VDC	Vinyl chloride-vinylidene chloride copolymer	氯乙烯-偏二氯乙烯共聚物

附录 B　常用塑料的收缩率

塑料种类	收缩率（%）	塑料种类	收缩率（%）
聚乙烯（低密度）	1.5～3.5	尼龙 6（30% 玻璃纤维）	0.35～0.45
聚乙烯（高密度）	1.5～3.0	尼龙 9	1.5～2.5
聚丙烯	1.0～2.5	尼龙 11	1.2～1.5
聚丙烯（玻璃纤维增强）	0.4～0.8	尼龙 66	1.5～2.2
聚氯乙烯（硬质）	0.6～1.5	尼龙 66（30% 玻璃纤维）	0.4～0.55
聚氯乙烯（半硬质）	0.6～2.5	尼龙 610	1.2～2.0
聚氯乙烯（软质）	1.5～3.0	尼龙 610（30% 玻璃纤维）	0.35～0.45
聚苯乙烯（通用）	0.6～0.8	尼龙 1010	0.5～4.0
聚苯乙烯（耐热）	0.2～0.8	醋酸纤维素	1.0～1.5
聚苯乙烯（增韧）	0.3～0.6	醋酸丁酸纤维素	0.2～0.5
ABS（抗冲）	0.3～0.8	丙酸纤维素	0.2～0.5
ABS（耐热）	0.3～0.8	聚丙烯酸酯类塑料（通用）	0.2～0.9
ABS（30% 玻璃纤维增强）	0.3～0.6	聚丙烯酸酯类塑料（改性）	0.5～0.7
聚甲醛	1.2～3.0	聚乙烯醋酸乙烯	1.0～3.0
聚碳酸酯	0.5～0.8	氟塑料 F-4	1.0～1.5
聚砜	0.5～0.7	氟塑料 F-3	1.0～2.5
聚砜（玻璃纤维增强）	0.4～0.7	氟塑料 F-2	2
聚苯醚	0.7～1.0	氟塑料 F-46	2.0～5.0
改性聚苯醚	0.5～0.7	酚醛塑料（木粉填料）	0.5～0.9
氯化聚醚	0.4～0.8	酚醛塑料（石棉填料）	0.2～0.7
尼龙 6	0.8～2.5	酚醛塑料（云母填料）	0.1～0.5

（续）

塑料种类	收缩率（%）	塑料种类	收缩率（%）
酚醛塑料（棉纤维填料）	0.3～0.7	三聚氰胺甲醛（矿物填料）	0.4～0.7
酚醛塑料（玻璃纤维填料）	0.05～0.2	聚邻苯二甲酸二丙烯酯（石棉填料）	0.28
脲醛塑料（纸浆填料）	0.6～1.3	聚邻苯二甲酸二丙烯酯（玻璃纤维填料）	0.42
脲醛塑料（木粉填料）	0.7～1.2	聚间苯二甲酸二丙烯酯（玻璃纤维填料）	0.3～0.4
三聚氰胺甲醛（纸浆填料）	0.5～0.7		

附录 C　注射成型塑件成型缺陷分析

序号	成型缺陷	产生原因	解决措施
1	制品形状欠缺	1. 料筒及喷嘴温度偏低	提高料筒及喷嘴温度
		2. 模具温度太低	提高模具温度
		3. 加料量不足	增加料量
		4. 注射压力低	提高注射压力
		5. 进料速度慢	调节进料速度
		6. 锁模力不够	增加锁模力
		7. 模腔无适当排气孔	修改模具，增加排气孔
		8. 注射时间太短，柱塞或螺杆回退时间太早	增加注射时间
		9. 杂物堵塞喷嘴	清理喷嘴
		10. 流道浇口太小、太薄、太长	正确设计浇注系统
2	制品溢边	1. 注射压力太大	降低注射压力
		2. 锁模力过小或单向受力	调节锁模力
		3. 模具碰损或磨损	修理模具
		4. 模具间落入杂物	擦净模具
		5. 料温太高	降低料温
		6. 模具变形或分型面不平	调整模具或磨平
3	熔合纹明显	1. 料温过低	提高料温
		2. 模温低	提高模温
		3. 擦脱模剂太多	少擦脱模剂
		4. 注射压力低	提高注射压力
		5. 注射速度慢	加快注射速度
		6. 加料不足	加足料
		7. 模具排气不良	通模具排气孔
4	黑点及条纹	1. 料温高，并分解	降低料温
		2. 料筒或喷嘴接合不严	修理接合处，除去死角
		3. 模具排气不良	改变模具排气
		4. 染色不均匀	重新染色
		5. 物料中混有深色物	将物料中深色物取缔
5	银丝、斑纹	1. 料温过高，料分解物进入模腔	迅速降低料温
		2. 原料含水分高，成型时气化	原料预热或干燥

（续）

序号	成型缺陷	产生原因	解决措施
5	银丝、斑纹	3. 物料含有易挥发物	原料进行预热干燥
6	制品变形	1. 冷却时间短 2. 顶出受力不均 3. 模温太高 4. 制品内应力太大 5. 通水不良,冷却不均 6. 制品薄厚不均	加长冷却时间 改变顶出位置 降低模温 消除内应力 改变模具水路 正确设计制品和模具
7	制品脱皮、分层	1. 原料不纯 2. 同一塑料不同级别或不同牌号相混 3. 配入润滑剂过量 4. 塑化不均匀 5. 混入异物气疵严重 6. 进浇口太小,摩擦力大 7. 保压时间过短	净化处理原料 使用同级或同牌号料 减少润滑剂用量 增加塑化能力 消除异物 放大浇口 适当延长保压时间
8	裂纹	1. 模具太冷 2. 冷却时间太长 3. 塑料和金属嵌件收缩率不一样 4. 顶出装置倾斜或不平衡,顶出截面积小或分布不当 5. 制件斜度不够,脱模难	调整模具温度 降低冷却时间 对金属嵌件预热 调整顶出装置或合理安排顶杆数量及其位置 正确设计脱模斜度
9	制品表面有波纹	1. 物料温度低,粘度大 2. 注射压力 3. 模具温度低 4. 注射速度太慢 5. 浇口太小	提高料温 料温高,可减小注射压力,反之则加大注射压力 提高模具温度或增大注射压力 提高注射速度 适当扩展浇口
10	制品性脆强度下降	1. 料温太高,塑料分解 2. 塑料和嵌件处内应力过大 3. 塑料回用次数多 4. 塑料含水	降低料温,控制物料在料筒内滞留时间 对嵌件预热,保证嵌件周围有一定厚度的塑料 控制回料配比 原料预热干燥
11	脱模难	1. 模具顶出装置结构不良 2. 模腔脱模斜度不够 3. 模腔温度不合适 4. 模腔有接缝或存料 5. 成型周期太短或太长 6. 模芯无进气孔	改进顶出装置 正确设计模具 适当控制模温 清理模具 适当控制注射周期 修改模具
12	制品尺寸不稳定	1. 机器电路或油路系统不稳 2. 成型周期不一致 3. 温度、时间、压力变化 4. 塑料颗粒大小不一	修理电器或油压系统 控制成型周期,使一致 调节,控制基本一致 使用均一塑料

（续）

序号	成型缺陷	产生原因	解决措施
12	制品尺寸不稳定	5. 回收下角料与新料混合比例不均 6. 加料不均	控制混合比例，使均匀 控制或调节加料均匀

附录D 压缩成型塑件成型缺陷分析

序号	成型缺陷	产生原因	解决措施
1	表面不平或产生波纹	模塑粉流动性大；水分及挥发物含量大；保压时间短，模具加热不均匀	预热、预压，调整模塑料的流动性；改用较软的物料，延长保压时间；改进模具加热系统，增加物料
2	填充不足，有绉折	计量不足，物料流动性差；模塑压力不够，模温高	调节加料量和改用流动性好的物料，或用高密度物料；提早排气；增加模塑压力，降低模温（如果外部疏松，则加快闭模，尽快施高压；如果内部疏松，则低压慢慢闭模）
3	表面起泡、鼓泡和有气眼	物料中水分与挥发物含量太大；排气不够；模温过高或太低；模塑压力低或固化时间短；压缩比太大使包裹空气过多；模壁厚度不均衡或加热不均匀	物料先干燥或预热；增加排气次数或改进排气孔；适当调节模温，通常是降温以防烧焦；增加模塑压力和固化时间，物料预压成锭料并改进堆放方式；修整模具结构和加热系统
4	表面无光泽	模具表面粗糙度粗、被污染；润滑剂质量差，脱模剂使用不当或用量大；模温过高或过低；物料吸湿或挥发物质	研磨模具并镀铬，清洗模具；改变配方，少用脱模剂；调整模温（通常是降温）和固化时间、物料预热或改进排气；闭模速度稍慢，要在低压下保持一段时间
5	制件颜色不均或有雾斑	物料着色剂分散差；树脂流动性差或物料变质；混入异物；固化程度不够	改进混合或更换物料；改变组分提高流动性；加强物料管理，严防混入杂物；改进预热条件，降低模温而延长固化时间
6	制件变色	模温太高	降低模温
7	呈现流痕	挥发分太多；模温太高或物料太软或流动性差；预热时间太长，闭模速度太快	预热物料；降低模温或改变物料或模塑工艺；降低闭模速度和预热时间
8	表面呈现小斑点或小缝	物料中混入杂质，尤其是油类物质；模具清扫不彻底，留有毛边或杂物	物料加强保管，严防混入杂质、油类物质；物料过筛，仔细清扫模具
9	翘曲	塑料固化不足；保压时间短；塑料中水分或挥发物含量过大；物料流动性太大；闭模前物料与模腔内停留时间太长，物料固化速度太慢；模温过高或阴、阳两模表面温度差太大，制件厚薄相差大，以致使收缩率不一致；制件结构的刚度差	延长固化时间，物料预热、预压锭；调整模塑料的流动性；缩短物料在闭模前于模腔内的时间，降低模温或调整阴、阳模的温差在范围内，改进制品设计

（续）

序号	成型缺陷	产生原因	解决措施
10	欠压（制件没完全成型，制件局部疏松）	加料量不足；模压太低；物料排气不畅；物料流动性太大或太小，闭模太快或排气太快，致使部分粉料吹出，闭模太慢或模温太高，以致大物料过早固化	调节加料量；提高模塑压力；开大排气孔；改进物料流动性或改变闭模速度、模温和压力（物料流动性大则减慢加压速度，反之则增大压力而降低模温），如果制品外部疏松则加速闭模，尽快用高压，如果是内部疏松则减慢低压闭模
11	粘模	保压时间短；温度低；水分或挥发物含量大，无润滑剂或用量不当；模具表面粗糙度粗	延长保压时间；提高模温，降低模压；物料预热，加入适量润滑剂；增加模具光洁度，清扫模具，用脱模剂
12	制件有裂纹	嵌件结构不正确，嵌件位置不当，嵌件太多；推出装置设计或制造不当；制件厚度相差大；物料挥发物和水分含量太大，制件在模内冷却时间太长；加热条件不当，固化不足	改进嵌件结构、模具结构，嵌件周围增加壁厚，选用收缩率小的物料；改进或修整顶出装置；改进制品设计；物料预热，缩短或免去在模内冷却时间，修改加热温度与时间，制品于93℃的烘箱中热处理，增加制件的圆半径和肋条
13	表面呈桔皮状	物料在高压下闭模太快，物料流动性过大，物料水分大或颗粒太粗	减慢闭模速度；改用较软的树脂或进行较高温度预热，改用较细的物料，降低模温，在加高压前于低压下滞留2～3s
14	制件脱模时呈柔软状	塑料固化不够，物料水分大；润滑剂用量大	提高模温或延长固化时间；预热物料，少用润滑剂
15	毛边多而厚	加料量大，物料流动性差；模具设计不当或模板不平，台模面不密台或夹料，导合模套筒夹料	减少加料量，更换物料或降低模温，调节加料量，降低模温，提高压力，改进模具设计或修整模板和合模面；清除模具中的夹料
16	制品尺寸不合格	加料量不准，物料中水分或挥发物含量变化大；操作有误或控制条件变化；模具有损或物料不合格	调整加料量，预热物料；修改操作条件和模具；更换物料
17	脱模困难	模温和压力太高；加料量多；脱模剂效果差	降低模温和模压；减少加料量；使用合适的脱模剂
18	电性能差	物料湿含量大；固化程度差；物料中夹杂污物或油脂	物料预热；延长固化时间或提高模温；防止外来杂质
19	力学性能和化学性能差	塑料固化程度差，模温低；模压低或加料量偏低	提高模温或延长固化时间；增加模压和加料量，高频预热，增加料量
20	制件有灼烧痕迹	预热温度过高使表皮过热；排气孔太小或孔眼堵塞；加压速度太快	降低预热温度和模温；开大排气孔；减慢闭模速度

附录 E　压注成型塑件成型缺陷分析

序号	成型缺陷	产生原因	解决措施
1	表面气泡	固化时间长、熔体温度高；模温高或加热不均、浇口过小	缩短固化时间、降低熔体温度；调节模温、修整浇口和加热器
2	表面皱纹	物料过热或加热不均匀；工艺条件不当或充模速度太慢、浇口不合适	降低物料温度、调节加料腔和模具温度，使它们保持均匀；加快充模速度、修整浇口
3	流痕	物料温度低、成型压力高、模温高；流道和浇口截面过小	提高物料温度、降低成型压力和模温；修整浇注系统
4	光泽差	物料中挥发组分多；脱模剂用量大；加热条件不适当；模腔表面不光滑	更换物料或改进预热条件；减少脱模剂用量；改进加热条件；研磨或抛光模腔表壁
5	变色	物料过热；加热不均匀使局部过热	降低加热温度；改善加热条件和调整加热器
6	裂纹、碎裂	物料塑化不均匀；欠熟、过熟；制品壁厚太薄；制品凸起部位不易脱模	调整工艺条件，修整或改进模具结构
7	变形	物料塑化不均匀、固化条件不适当；嵌件安放不合适	调整改善预热和加热条件；修改模具
8	气眼	物料不合适；塑化不完全；局部过热	改换物料；调整改善预热和加热条件；降低模温
9	电性能下降	物料不合适；物料吸湿、混入异物；加热温度低；加热时间短	更换物料；改进预热措施；提高加热温度；延长加热时间
10	力学性能下降	物料不合适；成型压力低；嵌件、浇口的位置不合适	更换物料；提高成型压力；修改模具

附录 F　挤出成型塑件成型缺陷分析

附录 F-1　聚氯乙烯硬管的挤出成型缺陷及其解决措施

序号	成型缺陷	产生原因	解决措施
1	管材表面有分解黑点	1. 机筒和机头温度过高 2. 机头和多孔板未清理干净 3. 机头或分流器设计不合理，有死角 4. 物料中有分解黑点 5. 物料热稳定性差，配方不合理 6. 控制仪表失灵	1. 降低温度并检查温度计是否失灵 2. 清理机头和多孔板 3. 改进机头或分流器结构 4. 改换合格的成型物料 5. 检查聚合物质量，改进配方 6. 检修仪表
2	管材表面有黑色条纹	1. 机筒或机头温度过高 2. 多孔板未清理干净	1. 降低机筒或机头温度 2. 重新清理多孔板
3	管材表面无光泽	1. 口模温度过低 2. 口模温度过高、表壁光亮度低且粗糙	1. 提高口模温度 2. 降低口模温度、对口模抛光
4	管材表面有皱纹	1. 口模四周温度不均匀 2. 冷却水太热 3. 牵引太慢	1. 检查加热装置 2. 开大冷却水 3. 调快牵引速度

（续）

序号	成型缺陷	产生原因	解决措施
5	管材内壁粗糙	1. 芯模温度偏低 2. 机筒温度过低 3. 螺杆温度太高	1. 提高芯模温度 2. 提高机筒温度 3. 螺杆通水冷却
6	管材内壁有裂纹	1. 物料中有杂质 2. 芯模温度太低 3. 机筒温度低 4. 牵引速度太快	1. 调换使用无杂质的物料 2. 提高芯模温度 3. 提高机筒温度 4. 调慢牵引速度
7	管材内壁有气泡	物料受潮或吸湿	对物料进行干燥预处理
8	管材壁厚不均匀	1. 口模、芯模未对中 2. 机头温度不均匀，出料有快有慢 3. 牵引速度不稳定 4. 内压定径时，管坯内压缩空气不稳定	1. 调整口模与芯模的同轴度 2. 检查加热装置及螺杆转速 3. 检修牵引装置 4. 检查空压机，使其供气稳定
9	管材内壁凸凹不平	1. 螺杆温度太高 2. 螺杆转速太快	1. 降低螺杆温度或对螺杆通水冷却 2. 降低螺杆转速
10	管材弯曲	1. 管壁厚度不均匀 2. 机头各处温度不均匀 3. 冷却定型装置与牵引装置不同轴 4. 冷却水槽两端孔位不同轴	1. 重新调整口模和芯模 2. 检查加热装置 3. 重新调整安装冷却定型装置与牵引装置 4. 重新调整冷却水槽，使其两端孔位同轴

附录 F-2　板、片材挤出成型缺陷及其解决措施

序号	成型缺陷	产生原因	解决措施
1	板、片材断裂	1. 机筒或机头温度偏低 2. 模唇开度太小 3. 牵引速度太快	1. 适当提高成型温度 2. 调节模唇位置、增大开度 3. 调节三辊压光机或牵引装置的速度
2	板、片材厚度不均匀	1. 物料塑化不均匀 2. 机头、口模温度不均 3. 流动阻力不均 4. 模唇开度不均匀 5. 牵引速度不稳定 6. 压光辊间距不均	1. 找出塑化不均匀的原因，并解决之 2. 检修加热装置，调节机头、口模温度 3. 调节阻力棒各处位置 4. 检修模唇位置调节装置，调节模唇开度 5. 检修三辊压光机和牵引装置 6. 调节压光辊间距
3	板、片材纵向产生连续线条纹路	1. 模唇受损（粘结、划伤等） 2. 口模内有杂质堵塞 3. 压光辊表面受损	1. 研磨、抛光模唇表面 2. 清理口模 3. 更换压光辊辊筒
4	板、片材表面出现气泡	物料吸湿、受潮或有易挥发物	对物料进行干燥预处理

（续）

序号	成型缺陷	产生原因	解决措施
5	板、片材表面出现黑色或变色的线条斑点	1. 成型温度偏高，物料发生分解 2. 机头内有死角，发生滞料降解 3. 杂质阻塞机头流道、物料分解 4. 压光辊表面有析出物粘结	1. 调节机头、口模温度 2. 检修机头，去除死角 3. 清理机头 4. 清洗压光辊，检验塑料配方有无问题
6	板、片材表面出现成簇横向抛物线状隆起	1. 口模温度中间高、两侧低 2. 螺杆转速过快 3. 模唇开度不均匀 4. 阻力棒调节不正常	1. 检查加热装置、调节口模温度，使其中间低、两侧高 2. 调节螺杆转速 3. 调节模唇各处开度，使其保持出料均匀 4. 重新调节阻力棒各处位置
7	板、片材表面出现横向排骨状纹路	1. 压光辊间堆料太多 2. 压光辊温度不均匀 3. 压光辊温度过高 4. 压光辊压力过大	1. 降低螺杆转速，或提高压光辊转速或提高牵引速度 2. 检修压光辊温控系统，使辊温均匀 3. 适当降低压光辊温度 4. 增大三辊间距，减小辊间压力
8	板、片材表面凹凸不平或光泽不好	1. 机头、口模温度偏低 2. 压光辊表面粗糙 3. 压光辊温度偏低 4. 模唇流道太短 5. 模唇表面粗糙 6. 物料吸湿受潮 7. 挤出速度快、牵引速度慢，板、片材冷却不下来	1. 适当提高机头、口模温度 2. 更换辊筒，或研磨、抛光辊筒表面 3. 适当提高压光辊温度 4. 更换模唇，增大模唇流道长度 5. 研磨、抛光模唇表面 6. 对物料进行干燥预处理 7. 调节螺杆转速和牵引速度，使二者相互适应

附录G　常用模具材料与热处理

模具零件	使用要求	模具材料	热处理		说明
导柱导套	表面耐磨、有韧性、抗弯曲、不易折断	20、20Mn2B	渗碳淬火	≥55HRC	
		T8A、T10A	表面淬火	≥55HRC	
		45	调质、表面淬火低温回火	≥55HRC	
		黄铜H62、青铜合金			用于导套
成型零部件	强度高、耐磨性好、热处理变形小、有时还要求耐腐蚀	9Mn2V、9CrSi、CrWMn、9CrWMn、CrW、GCr15	淬火、低温回火	≥55HRC	用于制品生产批量大、强度、耐磨性要求高的模具
		Cr12MoV、4Cr5MoSiV、Cr6WV、4Cr5MoSiV1	淬火、中温回火	≥55HRC	同上，但热处理变形小、抛光性能较好

（续）

模具零件	使用要求	模具材料	热处理		说明
成型零部件	强度高、耐磨性好、热处理变形小、有时还要求耐腐蚀	5CrMnMo、5CrNiMo、3Cr2W8V	淬火、中温回火	≥46HRC	用于成型温度高、成型压力大的模具
		T8、T8A、T10、T10A、T12、T12A	淬火、低温回火	≥55HRC	用于制品形状简单、尺寸不大的模具
		38CrMoAlA	调质、氮化	≥55HRC	用于耐磨性要求高并能防止热咬合的活动成型零件
		45、50、55、40Cr、42CrMo、35CrMo、40MnB、40MnVB、33CrNi3MoA、37CrNi3A、30CrNi3A	调质 淬火（或表面淬火）	≥55HRC	用于制品批量生产的热塑性塑料成型模具
		10、15、20、12CrNi2、12CrNi3、12CrNi4、20Cr、20CrMnTi、20CrNi4	渗碳淬火	≥55HRC	容易切削加工或采用塑性加工方法制作小型模具的成型零部件
		铍铜			导热性优良、耐磨性好，可铸造成形
		锌基合金、铝合金			用于制品试制或中小批量生产中的模具成型零部件，可铸造成型
		球墨铸铁	正火或退火	正火≥200HBS 退火≥100HBS	用于大型模具
浇口套	耐磨性好、有时要求耐腐蚀	45、50、55以及可用于成型零部件的其他模具材料	表面淬火	≥55HRC	
顶杆、拉料杆等	一定的强度和耐磨性	T8、T8A、T10、T10A	淬火、低温回火	≥55HRC	
		45、50、55	淬火	≥45HRC	
各种模板、推板、固定板、模座等	一定的强度和刚度	45、50、40Cr、40MnB、40MnVB、45Mn2	调质	≥200HBS	
		结构钢Q235、Q255、Q275			
		球墨铸铁			用于大型模具
		HT200			仅用于模座

参考文献

[1] 伦克 RS. 高聚物流变学[M]. 宋家琪,徐支祥,译. 北京:国防工业出版社,1983.
[2] 屈华昌,伍建国. 塑料模设计[M]. 北京:机械工业出版社,1993.
[3] 曹宏深,赵仲治. 塑料成型工艺与模具设计[M]. 北京:机械工业出版社,1993.
[4] 李钱志屏. 塑料制品设计与制造[M]. 上海:同济大学出版社,1993.
[5] 李德群. 塑料成型工艺与模具设计[M]. 北京:机械工业出版社,1993.
[6] 王旭. 塑料模结构图册[M]. 北京:机械工业出版社,1994.
[7] 陈嘉真. 塑料成型工艺与模具设计[M]. 北京:机械工业出版社,1994.
[8] 成都科技大学. 塑料成型工艺学[M]. 北京:轻工业出版社,1995.
[9] 宋玉恒. 塑料注射模具实用手册[M]. 北京:航空工业出版社,1996.
[10] 手册编写组. 塑料模设计手册[M]. 北京:机械工业出版社,1982.
[11] 冯炳尧. 模具设计与制造简明手册[M]. 上海:上海科学技术出版社,1985.
[12] 吉田弘美. 模具加工技术[M]. 王旭,译. 上海:上海交通大学出版社,1987.
[13] 周殿明. 塑料成型中的故障排除[M]. 北京:化学工业出版社,2002.
[14] 陈万林. 实用塑料注射模设计与制造[M]. 北京:机械工业出版社,2002.
[15] 黄虹. 塑料成型加工与模具[M]. 北京:化学工业出版社,2003.
[16] 马德柱. 高聚物的结构与性能[M]. 北京:科学出版社,2003.
[17] 陈剑鹤. 模具设计基础[M]. 北京:机械工业出版社,2003.
[18] 王树勋,苏树珊. 模具实用技术设计综合手册[M]. 广州:华南理工大学出版社,2003.
[19] 袁国定. 模具常用机构设计[M]. 北京:机械工业出版社,2003.
[20] 李德群,唐志玉. 中国模具设计大典(第2卷)[M]. 南昌:江西科学技术出版社,2003.
[21] 申开智. 塑料成型模具[M]. 北京:中国轻工业出版社,2003.
[22] 张孝民. 塑料模具设计[M]. 北京:机械工业出版社,2003.
[23] 屈华昌. 塑料成型工艺与模具设计[M]. 北京:高等教育出版社,2006.
[24] 屈华昌. 塑料成型工艺与模具设计[M]. 2版. 北京:机械工业出版社,2007.